JN384173

개정판

전쟁법

지대남

바른지식

머리말 (개정판)

  2021년 2월에 전쟁법 저서를 발간한 후 2년 6개월 만에 1차 개정판을 발간하게 되었다. 2022년 2월 24일 러시아의 우크라이나 침공으로 시작된 전쟁은 현재도 치열하게 전개되고 있다. 이 전쟁에서 여러 유형의 전쟁범죄 행위가 많이 발생하고 있다. 우리나라도 국군을 해외에 파견하거나, 한반도에서 전쟁이 발발할지도 모를 경우를 대비해서 군대 구성원은 전쟁법에서 규율하고 있는 전투수칙을 숙지하여야 한다. 이와 같은 관점에서 전쟁 시 전투수단과 방법의 규제에 관한 내용을 보완하였다.

  또한 이번 개정판에서는 공전법규(空戰法規)와 해전법규(海戰法規)를 새로이 추가하였다.

  국제인도법의 원칙에 입각하여 제정된 전쟁법(다수의 국제조약으로 구성됨)의 입법목적은 모든 인류의 인권을 보장함에 있으므로 이에 관한 중요한 바탕인 유엔헌장 상의 인권조항, 세계인권선언, 국제인권규약 등의 내용을 새로이 추가하였다.

  앞으로 독자 여러분의 질책과 격려에 힘입어 보다 필요하고 업데이트한 내용을 담은 전쟁법 저서로 계속 발전할 수 있도록 노력하고자 한다.

2023년 8월
저 자

머 리 말

우리 국군은 국가의 안전보장과 국토방위의 신성한 임무를 수행함을 사명으로 하고 있고, 장차 군 간부가 되어 이 임무를 수행하게 될 장교 및 부사관의 양성 과정은 현재 다양하게 존재하고 있다. 즉, 각급 사관학교(육·해·공군사관학교, 육군3사관학교, 국군간호사관학교)와 일반 대학(교)의 군사학과와 부사관학과, ROTC 등이 설치되어 운영되고 있다. 이들 각급 학교에 재학 중인 사관생도 및 대학생들은 장차 장교 및 부사관으로 임관하게 되면 전후방 각지에서 군간부로서 부대를 직접 지휘통솔하게 된다.

일반 사회에서도 사회질서를 유지하기 위해서 법규범을 제정하고 그 준수가 필요하듯이 군대에서도 조직을 운영하고 군기강을 확립하기 위하여 군사관계법을 제정하고 그 준수를 매우 중요시하고 있다.

더욱이 전쟁 시에는 민간주민뿐만 아니라 전투원에게도 보장된 인간의 존엄과 가치를 포함한 기본적 인권이 말살되는 경우가 많았음을 우리는 잘 알고 있다.

따라서 오늘날에는 민간주민에 대한 전투공격은 어떠한 경우에도 국제전쟁법은 금지하고 있다. 또한 전투원에 대한 공격도 전투수단이나 전투방법에 있어서 많은 제한을 받도록 국제전쟁법이 규제하고 있다.

특히 군대의 부상자 및 병자(病者), 그리고 포로에 대하여도 인도주의적(人道主義的)으로 대우를 해야 하며, 어떠한 경우에도 이들을 보복의 대상으로 삼을 수 없도록 국제전쟁법규가 엄격히 규제하고 있다. 이와 같은 비인도적 행위를 금지하고 있는 국제전쟁법을 위반한 행위를 한 사람은 국내 법원 또는 국제형사재판소의 재판을 받아서 전쟁범죄인으로 처벌된다. 따라서 전투원이 전쟁 시에 준수해야 할 전쟁법 과목은 군대구성원은 물론이고 장교·부사관 양성과정에 재학 중인 사관생도 및 대학생들도 이수할 것을 국제전쟁법은 강력히 요구하고 있다.

따라서 군사업무를 수행하는 군 지휘관을 포함한 모든 군대 구성원과 양성과정에 재학 중인 사관생도·대학생들에게 실무 교범으로서 활용될 수 있도록 고려하여 서술하였다.

졸저(拙著)가 우리 군(軍)의 법과 질서를 유지하고 전투력을 향상하는 데 크게 이바지하기를 기대해 본다.

2021년 2월
저 자

차 례

제1편 법학기본이론

제1장 법의 의의 ·· 1
제1절 법의 개념 ·· 1
제2절 법의 규범성 ·· 2
  Ⅰ. 규범법칙 ·· 2
  Ⅱ. 자연법칙 ·· 2
제3절 법의 사회규범성 ·· 3
제4절 법의 강제규범성 ·· 4
제5절 법과 도덕의 관계 ·· 4

제2장 법원(法源) ·· 6
제1절 법원의 의의 ·· 6
제2절 성문법(成文法) ·· 6
  Ⅰ. 헌법(憲法) ·· 7
  Ⅱ. 법률(法律) ·· 9
  Ⅲ. 명령(命令) ·· 11
  Ⅳ. 규칙(規則) ·· 12
  Ⅴ. 자치법규(自治法規) ·· 13
  Ⅵ. 조약(條約) ·· 13
제3절 불문법(不文法) ·· 14
  Ⅰ. 관습법(慣習法) ·· 14
  Ⅱ. 판례법(判例法) ·· 17
  Ⅲ. 조리(條理) ·· 18

제3장 법의 분류 ·· 20
제1절 국내법(國內法)과 국제법(國際法) ························ 20
제2절 공법(公法)·사법(私法)·사회법(社會法) ················ 21
  Ⅰ. 공법과 사법의 구별 ·· 21
  Ⅱ. 사회법(社會法) ·· 23

제3절 일반법(一般法)과 특별법(特別法) ······················ 25
Ⅰ. 의의 ·· 25
Ⅱ. 일반법과 특별법의 구별표준 ·· 25
Ⅲ. 일반법과 특별법 구별의 실익(實益) ································ 26
제4절 강행법과 임의법 ·· 26
Ⅰ. 의의 ·· 26
Ⅱ. 강행법과 임의법의 구별표준 ·· 27
Ⅲ. 강행법·임의법과 공법·사법 ·· 28
Ⅳ. 강행법과 임의법의 구별 필요성 ······································ 28

제4장 법의 효력 ·· 29
제1절 법의 효력의 의의 ·· 29
제2절 법의 실질적(實質的) 효력 ·· 29
Ⅰ. 법의 타당성(妥當性) ·· 29
Ⅱ. 법의 실효성(實效性) ·· 31
Ⅲ. 법의 타당성과 실효성의 관계 ·· 31
Ⅳ. 악법(惡法)의 문제 ·· 32
제3절 법의 형식적 효력(形式的 效力) ······································ 32
Ⅰ. 법의 시(時)에 관한 효력 ·· 33
Ⅱ. 법의 인(人)에 관한 효력 ·· 36
Ⅲ. 법의 장소(場所)에 관한 효력 ·· 38

제5장 법의 적용(適用)과 해석(解釋) ·· 39
제1절 법의 적용 ·· 39
Ⅰ. 의의 ·· 39
Ⅱ. 사실의 확정 ·· 40
제2절 법의 해석 ·· 42
Ⅰ. 개념 ·· 42
Ⅱ. 법의 해석의 방법 ·· 43

제6장 권리와 의무 ·· 48
제1절 법률관계와 권리·의무 ·· 48
Ⅰ. 법률관계 ·· 48

Ⅱ. 권리와 의무의 관계 ·· 49
　제2절 권리와 의무의 의의 ·· 49
　　Ⅰ. 권리의 의의 ··· 49
　　Ⅱ. 의무의 의의 ··· 51
　제3절 권리와 의무의 분류 ·· 51
　　Ⅰ. 권리의 분류 ··· 51
　　Ⅱ. 의무의 분류 ··· 55
　제4절 권리의 행사(行使)와 의무의 이행(履行) ······················ 56
　　Ⅰ. 권리의 행사 ··· 56
　　Ⅱ. 의무의 이행 ··· 57

제7장 국제법(전쟁법)과 국내법의 효력 관계 ························ 58
　제1절 개념 ·· 58
　제2절 학설(이원론과 일원론) ·· 58
　　Ⅰ. 이원론(二元論) ··· 58
　　Ⅱ. 국내법 우위론의 일원론(一元論) ································· 59
　　Ⅲ. 국제법 우위론의 일원론(一元論) ································· 59
　제3절 우리나라에 있어서 국제법과 국내법의 효력 순위 ······ 60
　　Ⅰ. 세계 각 국가의 실제 ··· 61
　　Ⅱ. 우리나라의 실제 ·· 62

제2편 전쟁과 인권보장

제1장 전쟁 시 인권보장의 당위성 ··· 65
제2장 기본적 인권의 의의 ··· 66
제3장 인권법의 국제적 발전(국제인권조약) ·························· 67
　제1절 UN헌장 ··· 67
　제2절 세계인권선언 ··· 68
　　Ⅰ. UN 총회의 채택 ·· 68
　　Ⅱ. 내용 ··· 69
　　Ⅲ. 법적 효력 ·· 74

제3절 국제인권규약 · 75
- Ⅰ. UN 총회의 채택 · 75
- Ⅱ. 내용 · 75
- Ⅲ. 법적 효력 · 76

제4장 기본적 인권보장과 우리나라 헌법 · 77
제1절 기본권의 일반이론 · 78
- Ⅰ. 기본권 보장의 역사적 전개 · 78
- Ⅱ. 기본권의 의의와 법적 성격 · 80
- Ⅲ. 기본권의 분류 · 84
- Ⅳ. 기본권의 주체 · 86
- Ⅴ. 기본권의 효력 · 87
- Ⅵ. 기본권의 제한 · 89
- Ⅶ. 기본권의 침해(侵害)와 구제(救濟) · 95

제2절 인간의 존엄(尊嚴)과 가치(價値)·행복추구권 · 96
- Ⅰ. 인간의 존엄과 가치 · 96
- Ⅱ. 행복추구권 · 101

제3절 평등권(平等權) · 102
- Ⅰ. 평등사상의 전개(展開) · 102
- Ⅱ. 헌법규정 · 103
- Ⅲ. 평등권의 내용 · 103
- Ⅳ. 평등권의 주체 · 109
- Ⅴ. 평등권의 효력 · 109
- Ⅵ. 평등권의 제한 · 110

제4절 신체(身體)의 자유(自由) · 111
- Ⅰ. 신체의 자유의 연혁(沿革) · 111
- Ⅱ. 신체의 자유의 의의와 법적 성격 · 112
- Ⅲ. 신체의 자유의 보장 · 113
- Ⅳ. 형사피의자(刑事被疑者)와 형사피고인(刑事被告人)의 권리 · 121
- Ⅴ. 신체의 자유의 제한과 그 한계(限界) · 125

제3편 전쟁법(戰爭法)

제1장 전쟁법 일반론 ····· 126
제1절 전쟁의 개념 ····· 126
Ⅰ. 전쟁의 주체 ····· 127
Ⅱ. 전쟁의 의사 ····· 129
Ⅲ. 법률상 전쟁과 사실상 전쟁 ····· 130
Ⅳ. 적법한 전쟁과 위법한 전쟁 ····· 131
제2절 전쟁법의 개념 ····· 131
Ⅰ. 전쟁법의 의의 ····· 131
Ⅱ. 전쟁법의 연혁 및 발전 ····· 132
Ⅲ. 전쟁법의 분류 ····· 136
제3절 전쟁법의 기본원칙 ····· 138
Ⅰ. 서(序) ····· 138
Ⅱ. 기본원칙(基本原則) ····· 138
제4절 전쟁의 개시(開始)와 그 법적 효과 ····· 142
Ⅰ. 전쟁의 개시 ····· 142
Ⅱ. 전쟁 개시의 법적 효과 ····· 145
제5절 휴전(休戰)과 전쟁의 종료 ····· 149
Ⅰ. 휴전 ····· 149
Ⅱ. 전쟁의 종료 ····· 152
제6절 중립국(中立國)의 지위와 의무 ····· 154
Ⅰ. 중립국의 지위와 개념 ····· 154
Ⅱ. 중립과 구별되는 개념 ····· 154
Ⅲ. 중립국의 의무 ····· 156
제7절 전시금제품(戰時禁制品) ····· 160
Ⅰ. 의의 ····· 160
Ⅱ. 전시금제품에 관한 법규 ····· 160
Ⅲ. 전시금제품의 구성 요소 ····· 161

제2장 육전법규(陸戰法規) ····· 165
제1절 교전자(交戰者) ····· 165

Ⅰ.「1907년 헤이그 육전규칙」상 교전자 ·· 165
　　　Ⅱ.「1949년 제네바 제3협약」상의 교전자 ··· 169
　　　Ⅲ.「1977년 제1추가의정서」상의 교전자 ··· 170
　제2절 전투수단과 전투방법의 규제 ··· 175
　　제1항 전투수단의 규제 ·· 175
　　　Ⅰ. 전투수단에 관한 법적 규제의 역사 ·· 175
　　　Ⅱ. 특정 재래식 무기사용 규제협약 ·· 178
　　　Ⅲ. 대량파괴무기의 규제 ·· 190
　　제2항 전투방법의 규제 ·· 199
　　　Ⅰ. 군사목표물 원칙 ·· 199
　　　Ⅱ. 공격면제 목표물 ·· 200
　　　Ⅲ. 특별히 금지된 전투의 방법 ·· 206
　　제3항 1998년 로마규정에 의한 규제 ·· 209
　　　Ⅰ. 국제형사재판소에 관한 로마규정 ·· 209
　　　Ⅱ. 국제형사재판소의 관할 범죄 ·· 211
　　　Ⅲ. 국제형사재판소 관할 범죄의 처벌 등에 관한 법률 ······················ 220

제3장 공전법규(空戰法規) ··· 225
　제1절 공전법규의 연혁과 발전 ··· 225
　　　Ⅰ. 1899년 제1회 평화회의 ··· 225
　　　Ⅱ. 1907년 제2회 평화회의 ··· 226
　　　Ⅲ. 1923년 공전법규안(空戰法規案) ·· 226
　　　Ⅳ. 1977년 추가의정서 ··· 227
　제2절 공전법의 기본원칙 ··· 227
　　　Ⅰ. 민간인에 대한 폭격금지 원칙 ·· 227
　　　Ⅱ. 군사목표주의 원칙 ··· 228
　　　Ⅲ. 합리적 주의(注意)의 원칙 ·· 228
　제3절 교전자(交戰者) ·· 228
　　　Ⅰ. 군용항공기 ··· 228
　　　Ⅱ. 군용항공기로 변경된 일반항공기 ·· 228
　　　Ⅲ. 승무원의 외부표지 ··· 229
　제4절 전투수단과 방법 ··· 229
　　　Ⅰ. 항공기에 대한 공격 ··· 229

Ⅱ. 군사목표물 ··· 231
　　Ⅲ. 공전(空戰)에서 특히 허용된 무기 ·· 232

제4장 해전법규(海戰法規) ··· 233
제1절 해전법규의 연혁과 발전 ·· 233
제2절 교전자(交戰者) ·· 234
　　Ⅰ. 군함(軍艦) ··· 234
　　Ⅱ. 군함으로 변경된 상선(商船) ··· 234
　　Ⅲ. 저항사선(抵抗私船) ·· 235
제3절 전투수단과 방법 ·· 235
　　Ⅰ. 군함과 공선(公船)에 대한 공격 ·· 235
　　Ⅱ. 군함과 공선에 대한 공격의 규제 ·· 236
　　Ⅲ. 사선(私船) ··· 237
제4절 군사적 방조(軍事的 幇助) ·· 238
　　Ⅰ. 의의 ··· 238
　　Ⅱ. 경방조(輕幇助)와 중방조(重幇助) ·· 238
　　Ⅲ. 제재(制裁) ··· 239
제5절 봉쇄(封鎖) ·· 240
　　Ⅰ. 의의 ··· 240
　　Ⅱ. 형태(形態) ··· 240
　　Ⅲ. 봉쇄의 성립요건 ·· 242
　　Ⅳ. 봉쇄침파(封鎖侵破) ·· 244
제6절 기뢰(機雷) ·· 245
　　Ⅰ. 기뢰사용의 금지 ·· 245
　　Ⅱ. 기뢰사용의 규제 ·· 246
　　Ⅲ. 중립국 해역 ·· 246
제7절 해상포획(海上捕獲) ·· 247
　　Ⅰ. 해상포획법규의 변천 ·· 247
　　Ⅱ. 적선·적화의 포획 ·· 249

제5장 전쟁희생자(戰爭犧牲者)의 보호 ··································· 251
제1절 제네바 협약(協約) ·· 251
　　Ⅰ. 서(序) ··· 251

II. 내용 ·· 252
제2절 포로(捕虜) ··· 253
 I. 포로의 개념 ··· 253
 II. 포로의 신분(身分)을 얻을 수 있는 자 ······················· 254
 III. 포로의 대우(待遇) ··· 257
제3절 민간인(民間人)의 보호(保護) ······································· 273
 I. 제네바 제4협약상의 민간인 보호 ······························ 273
 II. 제1추가의정서상의 민간인 보호 ······························· 287
제4절 부상자(負傷者) 및 병자(病者)의 보호(保護) ··············· 293
 I. 제네바 제1협약상의 보호 ··· 293
 II. 제1추가의정서상의 보호 ·· 293

제6장 1950년 한반도 전쟁과 정전협정 ······························· 296
제1절 한반도 정전체제 ·· 296
 I. 한반도 정전체제의 발생 배경 ···································· 296
 II. 한반도 정전협정의 법적 성격과 당사자 ·················· 304
제2절 한반도 평화협정 체결 방안 ·· 313
 I. 평화체제의 개념 ·· 313
 II. 평화협정의 개념 ·· 314
 III. 한반도 평화협정체결에 있어서 견지해야할 기본원칙 ···· 316
 IV. 평화협정에 포함할 주요 내용 ··································· 318
 V. 평화협정의 체결로 제기되는 문제 ···························· 318

제7장 전쟁법 준수와 교육 의무 ·· 322
제1절 국제법에 따른 전쟁법 준수·교육 의무 ····················· 324
 I. 「1949년 제네바 4개 협약」 및 「1977년 제1추가의정서」 ········ 324
 II. 「1954년 무력충돌시 문화재 보호에 관한 협약」 ······ 324
 III. 「1980년 특정 재래식 무기사용 규제협약」 ·············· 325
제2절 국내법에 따른 전쟁법 준수·교육 의무 ····················· 325
 I. 「군인의 지위 및 복무에 관한 기본법」(약칭: 군인복무기본법) ······· 325
 II. 「군인의 지위 및 복무에 관한 기본법 시행령」 ········ 326
 III. 「전쟁법 준수를 위한 훈령」(국방부훈령 제2746호) ······· 326
 IV. 「국제형사재판소 관할 범죄의 처벌 등에 관한 법률」 ······ 328

부 록

- 『1907년 육전의 법 및 관습에 관한 협약』/『육전의 법 및 관습에 관한 규칙』(본 협약 부속서) ······ 333
- 『1949년 제네바 제1협약』 ······ 341
- 『1949년 제네바 제3협약』 ······ 356
- 『1977년 제1추가의정서』 ······ 392
- 『1980년 과도한 상해 또는 무차별적 효과를 초래할 수 있는 특정재래식무기의 사용금지 또는 제한에 관한 협약』 ······ 443
- 『과도한 상해 또는 무차별적 효과를 초래할 수있는 특정재래식무기의 사용금지 또는 제한에 관한 협약 제1조 개정』 ······ 447
- 『1996년 5월 3일 개정된 지뢰, 부비트랩 및 기타 장치의 사용금지 또는 제한에 관한 제2부속의정서』 ······ 448
- 『국제형사재판소 관할 범죄의 처벌 등에 관한 법률』 ······ 458

사항색인 ······ 466

제1편 법학기본이론

제1장 법의 의의

제1절 법의 개념

법의 개념의 문제는 「법이란 무엇인가」하는 물음이다. 이 물음은 법학의 가장 근본적인 문제로서 법학연구의 최초의 문제이고 동시에 최후의 과제이다. 이 문제에 대해서 동서고금(東西古今)의 많은 학자들이 논하여 왔으나 아직도 정확하고도 보편적인 정설(定說)은 없다. 물론 모든 학문에서 출발점으로 삼는 문제가 가장 궁극적인 문제며 마지막 물음이 되는 것이 보통이다.

법을 시대적 변천과정에서 살펴보면 그것은 처음에는 신(神)의 의사(意思)로, 다음에는 군주(君主)의 의사 또는 명령으로, 그 후에는 시민(市民)의 의사로 관념되어 왔으며 오늘날에는 시민상호간의 계약으로 이해되고 있다. 법이 무엇인가에 대한 해답을 얻기 어려운 이유는 이와 같이 시대사조(時代思潮)의 변천에 따라 법의 제정권자와 법의 내용이 달라지고, 사회풍토의 차이에 따라 법의 의미가 동일하지 않으며, 국가의 임무에 따라 법의 목적이 변동되고 법의 가치가 달라지기 때문이다.

그러나 법에는 시대를 초월하는 최소한의 공통된 개념요소가 있을 것이며, 이러한 법의 공통·보편의 요소를 찾는 것이 법의 개념의 문제이다. 이러한 의미에서 '법이란 무엇인가'에 대한 해답은 「법이란 국가권력(國家權力)에 의하여 강제(强制)되는 사회규범(社會規範)이다」라고 할 수 있을 것이다. 이와 같은 법의 개념을 분설(分說)하면 다음과 같다.

제2절 법의 규범성

 법은 규범(規範, norm, Norm)이다. 규범이란 인간에게 일정한 작위(作爲) 또는 부작위(不作爲)를 명하는 당위(當爲, ought to, Sollen)를 말한다. 즉 일정한 가치적 목적을 달성하기 위하여 인간에게 행할 바, 해서는 아니 될 바 등을 명령하고 지시하는 당위이다. 당위란 '마땅히 그러하여야 한다'는 것을 의미한다. 예컨대, '살인하지 말라', '남의 물건을 훔치지 말라', '부모에게 효도하라'와 같은 당위명제의 표시를 규범이라 한다.

Ⅰ. 규범법칙

 사람과 사물을 지배하는 법칙(law, Gesetz)에는 자연법칙(natural law, Natur Gesetz)과 규범법칙(normative law, normatives Gesetz)이 있으며, 이 규범법칙을 약(略)해서 규범이라 부르며, 여기에는 법뿐만 아니라 도덕, 관습, 종교가 이에 속한다. 규범법칙은 당위(Sollen)의 법칙이므로 사회질서를 유지하기 위하여 사람들은 이를 준수하여야 한다.
 규범법칙은 자연현상에 만족하지 않고 이상적인 목적을 실현하고자 정한 법칙이다. 따라서 그 사회의 문화에 따라 각이(各異)하게 만들어지고 그 사회의 문화발전과 함께 독특한 발전을 하는 것이다. 규범법칙에는 반드시 합목적적(合目的的, zweckmäßig)이고 명령적이며 가치판단을 수반한다.
 규범법칙은 일정한 요건이 구비되면 일정한 효과(목적)가 귀속되어야 한다는 의미로 귀속법칙 또는 목적법칙이라고도 부른다.
 이 규범법칙은 당위의 법칙이므로 마땅히 준수되어야 하나 모든 사람이 그대로 따라가는 것은 아니며 이를 위반하는 자가 있음을 전제하고 있다. 「남의 물건을 훔치지 말라」라는 규범은 사실상 훔치는 사람이 있기 때문에 생긴 것이다.

Ⅱ. 자연법칙

 「해는 동쪽에서 떠서 서쪽으로 진다」, 「물은 높은 곳에서 낮은 곳으로 흐른다」, 「봄이 오면 꽃이 핀다」, 「사람은 모두 죽는다」와 같은 자연계의 법칙을 일컬어 자연법칙이라 한다. 자연법칙은 인간의 의지와는 관계없이 객관적 세계에 엄존하는 인과관계를 표시하는 '인과율'(Kausalgesetz)로서, 모두 기계적이고 필연적이어서 선악의 가치판단을 가할 여지가 없는 절대적인 자연의 이치이다. 이와 같은 자연법칙에는 전혀 예외가 없다. 만일 예외적인 현상이 생긴다면 그것은 이미 자연법칙으로서의 생명을 잃게 되는 것이다.

규범법칙은 「마땅히 그러하여야 한다」라는 관계를 표시하는 당위(當爲, Sollen)의 법칙인 데 반하여 자연법칙은 「사실상 그러하다」라는 관계를 표시하는 존재(存在, be, Sein)의 법칙이다. 자연법칙은 인과(因果)의 법칙, 필연(必然, Müssen)의 법칙이라고도 부른다.

제3절 법의 사회규범성

사회규범은 사회질서를 유지하기 위하여 사회의 구성원이 지켜야 할 행위(行爲)의 준칙(準則)을 의미한다. 사회규범은 사회가 정립(定立)하고 사람들이 준수하도록 요구되는 행동의 기준인 것이다. 만약 이 사회에 아무런 규범도 없고 각자 자기의 이익과 욕심만을 주장한다면 그곳에는 끊임없는 갈등과 투쟁이 계속될 것이며, 결국에는 그 누구에게도 도움이 되지 않을 것이다.

따라서 사회질서를 유지하기 위한 행위의 준칙으로서 사회규범의 정립이 필요하고, 여기에는 법을 비롯하여, 도덕(道德), 관습(慣習), 종교(宗敎) 등이 있다.

이러한 사회규범은 원시사회에 있어서는 미분화된 상태로 서로 혼합되어 존재하고 있었으나, 인류사회의 발달과 더불어 점차로 분화(分化)되어 왔고, 그 중의 하나인 법도 독립한 사회규범으로서 인정되게 되었다.

사회규범은 여러 가지 형태로 분화되어 있으나 각 규범 사이에는 상호 밀접한 관련을 가지고 있는 것도 있다. 「강간을 하지 말라」는 규범은 법규범인 동시에 도덕규범이며 종교규범이다. 그러나 도덕규범이나 종교규범의 전부가 법규범은 아니다. 이를테면 법규범은 사회생활을 규율하는 사회규범 중의 하나이며 모든 사회규범이 법은 아니다.

제4절 법의 강제규범성

국가가 법을 선언하더라도 국민 중에는 법을 위반하는 사람들이 많다. 그러므로 국가는 가장 확실하게 법의 위신을 보전하기 위하여 그 위반자에게 일정한 제재를 가하여 법을 강행한다. 따라서 법은 사회규범 중 강제규범(強制規範, Zwangsnorm)에 속한다. 강제규범이란 규범을 위반한 행위에 대해 그 규범의 실효성(實效性)을 보장하기 위하여 조직화된 국가권력에 의해서 강제가 가하여지는 규범을 말한다. 이와 같이 법은 위법 행위자에게 형벌·징계·강제집행·손해배상 등과 같은 제재를 가(加)할 것을 규정하고 있다.

법의 강제성과 관련하여 독일의 법학자 예링(Rudolf von Jhering, 1818~1892)은 「강제가 없는 법은 타지 않는 불, 비치지 않는 등불이나 마찬가지로 그 자체가 모순이다」라고 하였다. 법은 자기를 거부하는 자에게는 반드시 제재(制裁, Sanktion)를 가한다는 점, 즉 법은 강제규범이라는 점에서는 다른 사회규범, 즉 강제성이 없는 도덕, 관습, 종교 등과 성격이 본질적으로 다르다.

제5절 법과 도덕의 관계

법과 도덕은 사회규범이라는 점에서 동일하다. 또한 법과 도덕은 가장 밀접한 상호관계를 가진 사회규범이다. 그러나 법과 도덕의 차이점과 공통점을 정확히 논하는 것은 대단히 어려운 문제이다. 이 문제를 가리켜 예링(Rudolf von Jhering)은 「법철학의 케이프 혼」(Cape Horn der Rechtsphilosophie)이라고 했다. 법의 개념을 보다 명확히 파악하는 데 도움을 주기 위해서는 법과 도덕의 상호 관계가 어떠한 것인가를 고찰할 필요가 있다.

법은 정의(正義)를 이념(理念)으로 하고 행위의 합법·위법(合法·違法)을 평가하는 데 반하여 도덕은 선(善)을 이념(理念)으로 하고 선·악(善·惡)의 판단 또는 성실·인자·절도(誠實·仁慈·節度) 등의 다원적인 가치판단을 하는 것이라고 할 수 있다. 일반적으로 자연법론자들의 입장은 법은 자연법(自然法)을 뜻하고 자연법은 도덕과 일치하는 것으로 보기 때문에 법과 도덕의 구별을 부인한다. 그러나 실정법론자들의 입장은 법과 도덕의 구별을 인정하고 있으나 무엇을 기준으로 구별할 것인가에 관하여는 여러 가지 견해가 있으나 규범의 실현보장방법에 따라 구분하는 것이 가장 유력한 견해이다.

즉, 법은 그 실현이 조직화된 국가권력의 강제력에 의해 보장되지만, 도덕은 그 실현이 국가권력의 강제력에 의해 보장되지 못하므로 구별된다는 견해이다. 즉, 규범의 실현보장 방법에 있어서 강제성(強制性)의 유무(有無)에 따라 구별하려는 입장이다. 이 견해가 가장 일반적 견해이다.

결국 법과 도덕의 가장 명확한 구별기준은 강제성의 유무(有無)라고 할 수 있다.

옐리네크(Georg Jellinek, 1851~1911)는 법과 도덕의 관계에 대하여 「법은 윤리적 최소한도」(倫理的 最小限度, das ethische Minimum)라 표현했다. 이것은 사회질서 유지를 위하여 도덕규범 중 그 실현을 강제할 필요가 있는 것을 최소한 택하여 법으로 정립(定立)하게 된다는 것을 의미한다.

슈몰러(G. Schmoller, 1838~1917)는 법과 도덕의 관계를 「법은 윤리적 최대한도」(倫理的 最大限度, das ethische Maximum)라 표현했으며, 이것은 도덕에는 강제성이 없지만 법에는 강제성이 있으므로 도덕의 내용이 법의 내용으로 정립될 때에는 법적 강제성을 갖추게 되어 도덕은 최대한도로 그 유효성을 발휘하게 된다는 것이다.

이것은 법과 도덕의 관계는 관점에 따라 여러 가지로 파악될 수 있다는 것을 보여주고 있다.

법과 도덕은 상이한 점도 있지만 양자는 상호 밀접한 관계를 가지고 있다. 상당 부분에 있어서 법의 영역과 도덕의 영역은 중복된다. 「살인하지 말라」, 「도둑질하지 말라」 등은 법의 내용이자, 도덕의 내용이다. 법과 도덕은 본래 하나의 사회규범을 이루고 있었다. 따라서 법은 그 근원(根源)인 도덕과 밀접한 관계를 가지고 있으므로 대부분의 법은 도덕으로부터 전화(轉化)된 것이다. 민법상 신의성실(信義誠實)의 원칙(原則)이나 공서양속(公序良俗)의 원칙을 규정한 법규범은 도덕규범을 그대로 법규범으로 옮긴 것이다.

법의 내용이 도덕의 내용으로 수용(受容)되는 경우도 있다. 예컨대 교통법규나 경제통제법규의 대부분은 그것이 제정될 당시에는 도덕과 무관한 것이었으나 오랜 시행을 통하여 국민의 생활 속에 깊숙이 뿌리 박혀 교통도덕이나 경제도덕으로 전화되어 법과 도덕의 내용이 일치하게 되는 경우가 있다. 이와 같은 법의 도덕화를 가리켜 라드브루흐(Gustav Radbruch, 1878~1949)는 「도덕의 왕국에의 법의 귀화(歸化)」라고 표현했다.

법이 강제력을 발휘하여 위법행위에 대한 강력한 제재(制裁)를 가한다고 하더라도 그것만으로는 현실에 있어서 법이 잘 준수되는 것은 아니다. 「법을 반드시 지킨다」고 하는 준법정신(遵法精神)이야말로 법의 효력을 궁극적으로 뒷받침하는 것이다. 이 준법정신은 하나의 도덕이지 법은 아니다. 이와 같이 법과 도덕은 서로 밀접한 보완관계를 가지고 사회생활의 질서를 유지하고 사회적 가치실현에 봉사하는 공동사명(共同使命)을 지닌 것이다.

제2장 법원(法源)

제1절 법원의 의의

법원(法源, source of law, Rechtsquelle) 또는 법의 연원(淵源)은 여러 가지 의미로 사용된다. 법을 제정하는 힘을 법원이라고 할 때가 있다. 이 의미에서는 신, 군주, 국가 또는 국민이 법원이 된다. 법률지식을 얻는 자료를 법원이라고 할 때가 있다. 이 의미에 있어서는 법전, 판례집, 저서, 논문 등이 법원이 된다. 그러나 일반적으로 법원이라고 하면 '법의 존재형식(存在形式)'을 말하는 데, 그 표현형식에 따라 성문법과 불문법으로 나누어진다.

제2절 성문법(成文法)

성문법(written law, geschriebenes Recht)은 입법권을 가진 자가 그 내용을 문서로 작성하여 일정한 형식과 절차를 밟아서 공포한 법을 말한다. 성문법은 국가 또는 지방자치단체에 의하여 제정되는 것이기 때문에 이것을 제정법(制定法)이라고도 한다.

오늘날 대부분의 문명국은 성문법주의를 원칙으로 하고 있으며, 우리나라도 성문법주의를 채택하고 있다. 불문법국가로 알려져 있는 영국 같은 데서도 점차 성문법이 늘어가고 있다.

성문법주의는 법의 존재와 내용을 명확히 하며, 한 국가의 법을 통일·정비할 수 있다는 장점이 있으나, 성문법 제정당시 완벽한 법을 제정한다 해도 법의 내용이 고정화(固定化)됨으로써 항상 유동하고 변천하는 사회현실과 간격이 생기는 단점이 있다.

우리나라의 성문법으로는 헌법, 법률, 명령, 규칙, 자치법규, 조약이 있다.

Ⅰ. 헌법(憲法)

헌법(constitution, Verfassung)은 국가의 근본법(根本法)으로서 국가의 통치조직(統治組織)과 통치작용(統治作用)의 원리를 정하고 국민의 기본권을 보장하는 최고법(最高法)이다. 헌법은 국가에 있어서 최상위법이며, 하위법인 법률, 명령, 규칙 등은 헌법에 저촉되어서는 아니 된다. 대한민국헌법은 1948년 7월 12일에 제정되어 동월 17일에 공포·시행되었으며, 그 동안 9차 개정되어 1988년 2월 25일부터 현행 헌법이 시행되었다. 이 헌법은 전문(前文)과 본문 130개조, 부칙 6개조로 구성되어 있다.

헌법개정의 방법에 관하여 세계 각 국가의 유형을 살펴보면 다음과 같이 대별할 수 있다. ① 의회만의 특별다수결에 의하여 헌법을 개정하는 경우(독일·오스트레일리아 등), ② 의회의 의결을 거친 후 국민투표에 의하여 헌법을 개정하는 경우(한국·일본·프랑스·덴마크·오스트리아 등), ③ 연방을 구성하는 주(州)〔(지방(支邦)〕의 동의를 얻어 헌법을 개정하는 경우(미국·멕시코 등) 등이다.

우리나라 현행 헌법은 성문·경성헌법에 속하기 때문에 그 개정절차가 법률의 개정절차보다 까다롭게 규정되어 있다. 우리나라 헌법의 개정절차는 다음과 같다.

1. 제안(提案)

헌법개정안(憲法改正案)을 제안할 수 있는 자는 대통령과 국회의원이다. 대통령은 국무회의의 심의를 거쳐(헌법 제89조 제3호) 헌법개정안을 제안한다(헌법 제128조 제1항). 국회의원은 재적의원 과반수의 찬성으로 헌법개정안을 제안한다(헌법 제128조 제1항).

2. 공고(公告)

제안된 헌법개정안은 대통령이 20일 이상의 기간 동안 이를 공고하여야 한다(헌법 제129조). 이것은 헌법개정안의 내용을 국민에게 주지시키기 위해서다.

3. 의결(議決)

국회는 헌법개정안이 공고된 날로부터 60일 이내에 이를 의결하여야 한다. 헌법개정안에 대한 국회의 의결은 재적의원 3분의 2 이상의 찬성을 얻어야 한다(헌법 제130조 제1항). 헌법개정안은 수정하여 의결할 수가 없다. 헌법개정안에 대한 국회의 표결은 기명투표(記名投票)로 한다(국회법 제112조 제4항).

4. 국민투표(國民投票)

국회의 의결을 거친 헌법개정안은 국회가 의결한 후 30일 이내에 국민투표에 부쳐 국회의원선거권자 과반수의 투표와 투표자 과반수의 찬성을 얻으면 헌법개정은 확정된다(헌법 제130조 제2항, 제3항).

5. 공포(公布)

국민투표를 통하여 헌법개정이 확정되면 대통령은 즉시 이를 공포하여야 한다(헌법 제130조 제3항).

6. 발효(發效)

헌법개정의 발효시기에 관해서 부칙(附則)에서 특별히 규정하고 있으면 그에 따라 효력이 발생한다. 현행 헌법(9차 개정)은 부칙 제1조에서 1988년 2월 25일부터 시행한다고 규정하고 있다. 발효시기에 관해서 부칙에서 규정하고 있지 않는 경우에는 공포한 날로부터 개헌의 효력은 발생한다고 보는 것이 일반적이다.

II. 법률(法律)

실질적 의미(광의)에 있어서의 법률은 법(law, Recht)과 같은 뜻으로 쓰인다. 법철학, 법질서, 법학자 등에 있어서 법이 그 예이다. 그러나 형식적 의미(협의)에 있어서의 법률은 헌법에서 말하는 법률, 즉 국회에서 의결되어 제정되는 성문법을 의미한다. 여기에서의 법률은 후자, 즉 형식적 의미의 법률(act, Gesetz)을 말한다.

법률은 헌법의 하위에 있으므로 헌법에 위반될 때에는 그 효력이 없다. 그러나 법률은 헌법을 제외하면 가장 큰 형식적 효력을 갖는다.

오늘날 법치국가에 있어서는 국민의 권리·의무에 관한 사항과 기타 중요한 사항은 법률로써 규정할 것을 요구한다. 이를 '법률사항' 또는 '입법사항'이라고 한다. 헌법상 「법률이 정하는 바에 의하여」 또는 「법률에 의하지 아니하고는」 등의 규정은 반드시 법률로 규정해야 한다.

입법권은 국회에 속한다(헌법 제40조). 법률의 제정 및 개정 절차는 법률안의 제출, 심의·의결, 정부에의 이송 및 공포절차를 걸친다.

1. 법률안의 제출

법률안의 제출권은 국회의원과 정부에 있다(헌법 제52조). 국회의원이 법률안을 발의하려면 의원(議員) 10인 이상의 찬성을 얻어 의장에게 제출하여야 한다(국회법 제79조). 정부가 법률안을 제출하는 경우에는 국무회의의 심의를 거쳐야 한다(헌법 제89조 제3호).

오늘날 국회를 통과한 법률 가운데 국회의원이 제안한 법률은 점점 줄어들고 있고 정부가 제출한 법률은 점점 증가하고 있다.

2. 법률안의 심의 및 의결

법률안이 제출되면 의장은 이를 인쇄하여 의원에게 배부하고 본회의에 보고하며, 소관상임위원회에 회부한다(국회법 제81조 제1항). 법률안의 심의는 상임위원회가 중심이 된다.

소관 상임위원회가 법률안의 심의 후 본회의에 상정할 필요가 없다고 판단한 때에는 본회의에 상정하지 아니한다(국회법 제87조 제1항 본문). 그러나 국회의원 30인 이상의 요구가 있을 때에는 본회의에 상정하여야 한다(국회법 제87조 제1항 단서).

본회의에서는 소관상임위원장의 심사보고를 듣고 질의와 토론을 거쳐 표결한다(국회법 제93조). 본회의에서의 법률안의 의결은 헌법 또는 법률에 특별한 규정이 없는 한 재적의원 과반수의 출석과 출석의원 과반수의 찬성으로 의결한다. 가부동수(可否同數)인 때에는 부결된 것으로 본다(헌법 제49조).

3. 정부에의 이송

국회 본회의에서 의결된 법률안은 국회의장이 이를 정부에 이송(移送)한다(국회법 제98조 제1항). 정부는 이송되어 온 법률안에 대하여 공포할 것인가 또는 거부할 것인가를 결정한다.

4. 법률안 거부

대통령은 이송되어 온 법률안에 대하여 이의(異議)가 있을 때에는 정부에 이송되어 온 날로부터 15일 이내에 이의서를 붙여 국회에 환부(還付)하고, 그 재의(再議)를 요구할 수 있다(헌법 제53조 제2항). 이것을 대통령의 법률안거부권(right of veto, Vetorecht) 또는 법률안재의요구권이라고 한다.

국회가 폐회중인 때에도 또한 같다. 대통령이 법률안을 거부(拒否)한 경우에는 국회는 동 법률안에 대하여 다시 심의하여 재의결하여야 한다. 법률안에 대한 재의결은 국회 재적의원 과반수의 출석과 출석의원 3분의 2 이상의 찬성이 있어야 한다. 이와 같은 재의결(再議決)이 있을 경우 그 법률안은 법률로서 확정된다(헌법 제53조 제4항).

5. 공포

정부에 이송된 법률안에 대하여 이의가 없는 경우에는 이송된 날로부터 15일 이내에 국무회의의 심의를 거친 다음 대통령이 서명하고 국무총리와 관계 국무위원이 부서한 후 공포한다. 공포는 관보에 게재하여 하도록 되어 있다.

법률안이 정부에 이송된 후 15일 이내에 대통령이 법률안에 대하여 재의를 요구하지 않거나 공포하지 아니한 법률안은 법률로서 확정된다(헌법 제53조 제5항). 이와 같이 확정된 법률을 대통령은 지체없이 공포하여야 한다(헌법 제53조 제6항). 대통령이 이를 이행하지 않을 경우 국회의장이 이를 공포한다(헌법 제53조 제6항).

또 국회의 재의결이 요구된 법률안은 국회에서 재의결된 때에 법률로서 확정된다. 이와 같이 확정된 법률은 정부에 이송된 후 5일 이내에 대통령이 공포하여야 하며, 공포하지 아니할 때에는 이를 국회의장이 공포한다(헌법 제53조 제6항).

6. 효력발생

법률은 특별한 규정이 없는 한 공포한 날로부터 20일을 경과함으로써 효력을 발생한다(헌법 제53조 제7항). 법률에 그 시행기일이 규정되어 있을 경우에는 그 시행기일부터 효력을 발생한다. 실제로는 시행기일이 공포와 동시에 효력을 발생하도록 규정하고 있는 법률이 많다.

III. 명령(命令)

1. 의의

국회의 의결을 거치지 않고 대통령 이하 행정기관이 제정한 법규를 명령(命令, ordinance, Verordnung) 또는 법규명령(法規命令)이라 한다. 명령은 형식적 효력에 있어서 법률(法律)의 하위(下位)에 있으므로 명령에 의하여 헌법 또는 법률을 개폐하지 못한다. 다만 대통령의 긴급명령(헌법 제76조 제2항) 및 긴급재정경제명령(헌법 제76조 제1항)은 법률과 같은 효력을 가지므로 예외가 된다.

2. 종류

명령은 그 명령을 제정하는 기관에 따라 대통령이 발하는 대통령령(大統領令), 헌법 제75조), 국무총리가 발하는 총리령(總理令, 헌법 제95조)과 행정각부(行政各部)의 장(長)이 발하는 부령(部令), 헌법 제95조)으로 구별된다. 대통령령은 총리령과 부령보다 상위(上位)의 법이나, 총리령과 부령은 동위(同位)의 법으로 보는 것이 일반적인 견해이다.

일반적으로 국회에서 법률을 제정하는 경우에는 근본적인 중요한 사항만을 법률로 정하고, 그 법률을 집행하는 데 필요한 세부사항은 각 행정기관이 정하는 것이 보통이다. 이 경우에 행정기관이 제정하는 명령을 집행명령(執行命令)이라고 한다. 또 법률에 의하여 구체적으로 범위를 정하여 위임받은 사항에 관하여 행정기관이 제정하는 명령을 위임명령(委任命令)이라고 한다.

대통령은 법률에서 구체적으로 범위를 정하여 위임받은 사항과 법률을 집행하기 위하여 필요한 사항에 관하여 대통령령을 발할 수 있고(헌법 제75조), 국무총리 또는 행정각부의 장은 소관 사무에 관하여 법률이나 대통령령의 위임 또는 직권으로 총리령 또는 부령을 발할 수 있다(헌법 제95조).

Ⅳ. 규칙(規則)

1. 국회규칙(國會規則)·대법원규칙(大法院規則)·헌법재판소규칙(憲法裁判所規則)·중앙선거관리위원회규칙(中央選擧管理委員會規則)

헌법은 특별한 국가기관에 규칙제정권을 인정하고 있다. (1) 국회는 법률에 저촉되지 아니하는 범위 안에서 의사와 내부규율에 관한 규칙을 제정할 수 있다(헌법 제64조 제1항). (2) 대법원은 법률에 저촉되지 아니하는 범위 안에서 소송에 관한 절차, 법원의 내부규율과 사무처리에 관한 규칙을 제정할 수 있다(헌법 제108조). (3) 헌법재판소는 법률에 저촉되지 아니하는 범위 안에서 심판에 관한 절차, 내부규율과 사무처리에 관한 규칙을 제정할 수 있다(헌법

제113조 제2항). (4) 중앙선거관리위원회는 법령의 범위 안에서 선거관리·국민투표관리 또는 정당사무에 관한 규칙을 제정할 수 있으며, 법률에 저촉되지 아니하는 범위 안에서 내부규율에 관한 규칙을 제정할 수 있다(헌법 제114조 제6항).

이 규칙들은 대체로 명령(命令)과 같은 순위의 효력을 가진다.

2. 행정규칙(行政規則)

행정규칙(Verwaltungsvorschrift)이란 행정기관에 의하여 정립되는 법규(法規)로서의 성질을 가지지 않는 일반적 명령을 말하며, 행정명령이라고도 한다. 행정규칙은 공법상의 특별권력관계 또는 행정조직 내부에 관한 사항을 정하는 데 그치며, 일반 국민의 권리·의무 등에 관한 사항을 정하는 것이 아니다. 따라서 행정규칙(행정명령)은 대내적 구속력은 있으나, 대외적 구속력은 없다. 이 규칙의 예로는 「정부공문서규정」, 「정부공문서규정시행규칙」, 「민원사무처리규정」 등이 있다.

V. 자치법규(自治法規)

자치법규는 지방자치단체가 법령(法令)의 범위 내에서 제정하는 자치에 관한 법규이다. 자치법규에는 「조례」(條例)와 「규칙」(規則)이 있다. 조례는 지방자치단체가 지방의회의 의결을 거쳐 법령의 범위 내에서 제정한 것이고, 규칙은 지방자치단체의 장(長)이 법령과 조례의 범위 내에서 제정한 것이다.

조례와 규칙이 국가의 법원(法源)으로 인정되는 것은 지방자치단체가 국가행정조직의 일부를 구성하기 때문이다. 그러므로 회사의 정관이나 노농조합의 노동협정 등은 자치법규에 속하지 않는다.

VI. 조약(條約)

조약(treaty, Vertrag)이란 국제법 주체인 국가 또는 국제조직 간의 문서에 의한 합의를 말하며, 그 명칭은 불문한다. 조약(條約, treaty)·협약(協約,

pact, convention)·규약(規約, covenant)·헌장(憲章, charter)·규정(規程, statute)·협정(協定, agreement)·의정서(議定書, protocol)·결정서(決定書, act)·약정(約定, arrangement, accord)·교환공문(交換公文, exchange of note)·잠정협정(暫定協定, modus vivendi) 등 어떠한 명칭이든 모두 조약이다.

헌법 제6조 제1항에서 「헌법에 의하여 체결·공포된 조약과 일반적으로 승인된 국제법규는 국내법과 같은 효력을 가진다」라고 하여 조약과 일반적으로 승인된 국제법규가 법원(法源)임을 명시하고 있다.

제3절 불문법(不文法)

불문법(unwritten law, ungeschriebenes Recht)이란 성문화되지 않고, 일정한 절차와 형식에 따라 제정·공포되지 아니한 법이다. 역사적으로 불문법은 성문법에 선행하나 오늘날 대부분의 국가는 성문법주의를 취하고 있다.

그러나 성문법이 사회생활 전체의 법관계를 빠짐없이 규정할 수 없으므로, 또는 규율하기에는 적당하지 아니한 경우가 있으므로, 성문법 외에 어느 범위에 있어서는 불문법이 존재하지 않을 수 없다. 이러한 불문법에는 관습법·판례법·조리가 있다.

Ⅰ. 관습법(慣習法)

1. 의의

관습법(customary law, Gewohnheitsrecht)은 입법기관의 법정립행위(法定立行爲)를 기다리지 아니하고 민중 사이에서 자연발생적으로 생겨난 법을 말한다. 관습(관행)이라 함은 오랜 세월에 걸쳐서 다수인에 의하여 같은 행위가 계속 반복되는 사실을 말한다. 관습이 사회일반(社會一般)에서 법적 확신(일정한 사항에 관하여 분쟁이 생겼을 때에는 이러 이러한 관습에 따라 해결되게 된다는 인식)이 생겼을 때 관습법이 된다.

2. 관습법의 성립기초

관습이 어떻게 하여 관습법이 되며 법으로서의 효력을 갖느냐에 관해서는 여러 가지 학설이 있다.

(1) 관행설(慣行說)

어떤 사항에 관하여 동일한 행위가 오랫동안 계속 반복된다는 사실, 즉 관행이 존재하면 그 관행이 관습법이 된다는 설로서, 찌텔만(E. Zitelmann, 1852~1923)이 주장하였다. 이 설의 주장은 이른바 「관행이기 때문에 법적으로 정당하다」는 것인데, 이 설은 관습법 그 자체와 그 내용을 형성하는 소재로서의 관습을 혼돈하고 있는 것이다.

(2) 법적 확신설(法的 確信說)

다수인이 어떠한 관습에 따르는 것을 권리 또는 의무라고 확신할 때, 즉 관습을 법이라고 확신할 때에 그 관습이 관습법으로 된다는 설이다. 이것은 사비니(F.K. von Savigny, 1779~1861), 푸흐타(G. Puchta, 1798~1846), 기르케(Otto von Gierke, 1841~1921) 등 역사법학파의 주장이다. 현재는 이 설이 우리나라에서 통설적 견해이다.

(3) 국가승인설(國家承認說)

국가가 어떤 관습의 내용을 법으로서 승인함으로써 관습법이 성립한다는 설이다. 이것은 빈딩(K. Binding, 1841~1920), 라손(A. Lasson, 1832~1917) 등이 주장하였다. 그러나 국가가 승인하기 이전에 관습법은 엄연히 존재한다. 법원은 사실인 관습을 법으로 창조할 수는 없으며, 오직 존재하는 관습법을 확인하는 것에 불과한 것이다.

3. 관습법의 성립요건(成立要件)

(1) 관행의 존재

오랜 세월을 두고 계속 반복되는 관행이 존재하여야 한다.

(2) 관행에 대한 법적 확신의 존재

국민이 그 관행에 대하여 단순한 도덕적·종교적인 규범이 아니고 법적 규범으로서의 의식, 즉 법적 확신이 있어야 한다. 이러한 법적 확신이 없는 경우에는 '사실로서의 관습'에 지나지 않는다.

(3) 관습이 선량한 풍속(善良한 風俗) 기타 사회질서(社會秩序)에 반하지 않을 것

선량한 풍속이란 사회의 일반적 도덕관념을 말하며 넓은 의미에서의 사회질서에 포함된다. 법은 사회의 질서유지를 목적으로 하므로 관습이 법으로서의 효력을 가지기 위하여는 사회질서에 위반해서는 안 된다(민법 제103조 「선량한 풍속 기타 사회질서에 위반한 사항을 내용으로 하는 법률행위는 무효로 한다」).

(4) 법령(法令)에서 「관습법에 의한다」고 규정하고 있거나(민법 제185조, 제224조, 제229조 제3항, 제234조, 제237조 제3항, 상법 제1조), 법령에 규정이 없는 사항에 관한 관습일 것

법령에 규정이 없는 사항이라고 하는 데에 관습법의 성문법에 대한 보충적 효력과 지위를 나타내고 있는 것이다.

4. 관습법의 효력(效力)

(1) 관습법과 성문법의 관계

1) 원칙 : 관습법의 보충적 효력(補充的 效力)

관습법은 성문법에 대하여 원칙적으로 보충적 효력을 가진다. 민법 제1조에는 「민사에 관하여 법률에 규정이 없으면 관습법에 의하고…」라고 규정하여 관습법은 단지 성문법의 규정이 없는 경우에 한하여 보충적으로 그 효력을 인정하고 있다.

2) 예외 : 관습법의 법률개폐적 효력(法律改廢的 效力)

관습법은 예외적으로 법률개폐적 효력이 있다. 즉 상법 제1조에는 「상사(商事)에 관하여 본법(本法)에 규정이 없으면 상관습법(商慣習法)에 의하고 상관습법이 없으면 민법(民法)의 규정(規定)에 의한다」라고 규정하여 상관습법은 상법에 대하여는 보충적 효력을 갖으나, 성문 민법규정(成文 民法規定)보다는 우선적으로 적용된다. 이것은 「특별법우선의 원칙」(特別法優先의 原則)을 적용한 것이다.

또한 민법 제185조는 「물권(物權)은 법률(法律) 또는 관습법(慣習法)에 의하는 외(外)에는 임의로 창설하지 못한다」라고 규정하여 '물권에 관해서는' 관습법이 성문(成文)의 법률과 동등한 효력이 있음을 인정하고 있다. 이것은 민법 제1조에 대한 예외를 인정한 경우이다. 따라서 실제로는 성문법과 모순되는 관습법이 효력을 발휘하는 경우가 있다. 왜냐하면 양자 사이에는 「신법우선의 원칙」(新法優先의 原則)이 적용되기 때문이다.

(2) 형법상의 관습법

형법에 있어서는 죄형법정주의가 기본원리로 되어 있으므로 관습법은 형법의 법원(法源)이 될 수 없다.

II. 판례법(判例法)

1. 의의

판례법(case law, judge-made law, Judikaturrecht)이란 법원의 판례의 형태로 존재하는 법을 말한다. 즉 일정한 법률문제에 관하여 동일취지의 판결이 반복되어 판례의 방향이 확정된 경우에 그 판례 내용은 법이 된다는 것이다.

2. 영·미법계(英·美法系)

영국의 보통법(common law)은 대부분이 판례(判例)의 축적으로 되어 있고, 성문법은 보통법을 정정, 보충, 정리할 필요가 있을 때에 제정된다. 영국에서는 상급법원의 판례는 이후 그 법원이나 하급법원에 있어서 같은 내용의 사건에 관하여 구속력이 있기 때문에 「선례구속의 원칙」(先例拘束의 原則, doctrine of stare decisis)에 의하여 동일취지의 판결이 반복되어 판례법이 형성된다. 이 판례법은 법원(法源)이 된다.

또한 미국에 있어서는 연방대법원이 헌법상 위헌법령심사권을 가지고 있기 때문에 그 판례가 최고 권위 있는 판례법이 된다.

3. 대륙법계(大陸法系)

대륙법계 국가에서는 성문법이 발달되어 순전히 법전주의에 입각한 결과 판례(判例)는 법원(法院)에 대하여 법률상의 구속력을 가지지 못하는 것이 원칙이다. 따라서 법원은 각각 독자적인 입장에서 법을 해석·적용하고, 앞서의 동급(同級) 및 상급법원(上級法院)의 판결에 아무런 법적 구속을 받지 않는다. 즉 판례는 법원(法源)이 되지 못한다.

4. 우리나라

우리나라에 있어서는「상급법원의 재판에 있어서의 판단은 당해 사건에 관하여 하급심을 기속(羈束)한다」(법원조직법 제8조).「법관은 헌법과 법률에 의하여 그 양심에 따라 독립하여 심판한다」(헌법 제103조)고 규정하여 판례의 법원성을 인정하지 않고 있다. 따라서 판례는 '법적 구속력'을 갖지 못한다.

그러나 실제에 있어서는 하급법원은 상급법원에서 행한 판례를 존중하여 동종(同種)의 사안(事案)에 관하여는 상급법원의 판례와 같은 취지의 재판을 하는 것이 보통이다. 또한 대법원이 종전의 판결을 변경할 필요가 있는 경우에는 대법관 전원의 3분의 2이상의 합의체에서 검토하도록 되어 있다(법원조직법 제7조). 그리고 일반 사람들도 대체로 비슷한 사건에는 같은 취지의 판결이 내리게 될 것이라는 판단아래 사실상 선례를 좇아서 행동하려는 법적 확신이 형성된다. 이와 같은 이유에서 우리나라에 있어서 판례(判例)는 엄밀한 의미에서의「법적 구속력」(法的 拘束力)을 갖지 못하나「사실상 구속력」(事實上 拘束力)을 갖는다.

Ⅲ. 조리(條理)

1. 의의

조리(nature of things, Natur der Sache)란 사물(事物)의 본성(本性) 또

는 사물필연(事物必然)의 이치(理致)를 말한다. 즉 사회생활에 있어서 일반 사회인이 정의심에서 보통 인정한다고 생각되는 객관적인 원리(原理) 또는 이치(理致)를 말한다. 이는 경우에 따라서는 정의(正義), 형평(衡平), 도리(道理), 사회통념(社會通念), 사회적 타당성(社會的 妥當性), 신의성실(信義誠實), 공서양속(公序良俗), 법의 일반원리(一般原理) 등으로 표현된다.

우리 사회생활 관계는 매우 복잡할 뿐만 아니라 계속 변화하고 있으므로 아무리 면밀한 성문법이 있고 또 관습법이 발달하였더라도 모든 법률관계를 완전히 망라할 수 없다. 그런데 법원(法院)은 구체적 사건에 관하여 적용할 법규가 없다는 이유로 재판을 거부할 수는 없다. 이러한 경우에 법원(法院)은 조리(條理)에 의하여 재판을 행하여 '법(法)의 흠결(欠缺)'을 보충할 수 있다.

2. 입법례(立法例)

스위스 민법 제1조 제3항은 성문법·관습법·판례가 없는 경우에는 「법원은 학설과 관례에 따라 입법자가 결정했을 방식에 따르며 재량에 따라 판단한다」고 규정하여 조리(條理)의 법원성(法源性)을 인정하고 있다.

우리 민법 제1조에서도 「민사(民事)에 관하여 법률에 규정이 없으면 관습법에 의하고, 관습법이 없으면 조리(條理)에 의한다」라고 규정하여 조리가 직접 민사법원(民事法源)의 하나임을 인정하고 있다. 조리와 성문법, 관습법과의 관계는 제1차적으로는 성문법, 제2차적으로는 관습법이 적용되고, 성문법도 관습법도 존재하지 않을 경우에 조리(條理)는 보충적(補充的)으로 효력을 가진다.

3. 형사상 조리(刑事上 條理)

형사재판에 있어서는 죄형법정주의 원칙상 법률을 적용하여 재판해야 하며 조리에 의해서는 재판할 수 없다. 즉 조리는 형사상 법원(法源)이 될 수 없다. 형사사건에 적용할 구체적 성문법이 없는 경우에는 피고인에게 무죄를 선고해야 한다.

제3장 법의 분류

법은 그 보는 관점에 따라서 여러 가지 종류로 분류할 수 있다. 국가의 법체계(legal system, Rechtssystem)는 일반적으로 다음과 같이 분류할 수 있다.

제1절 국내법(國內法)과 국제법(國際法)

국내법은 한 국가에 의하여 정립되어 그 국가 내에서만 적용되는 법으로서 국가와 국민 또는 국민 상호간의 권리·의무관계를 규율하는 법이고, 국제법(international law, Völkerrecht)은 국제사회의 법으로서 주로 국가 간의 관계를 규율하는 법을 말한다.

국제법은 국제법주체의 문서에 의한 명시적 합의(明示的 合意)인 「조약」(條約)과 법적 확신이 있는 관행(慣行)인 「관습국제법」(慣習國際法)의 형식으로 존재한다.

전쟁법(戰爭法, laws of war)은 헌법, 민법, 형법 등과는 달리 전쟁법이란 단일 법명칭을 가진 법전은 없으며 전쟁(무력충돌) 상황과 관계되는 내용을 규율하는 여러 가지 법을 총체적으로 표현한 것이다. 전쟁법은 일부 국내법을 제외하고는 대부분 국제법이다. 전쟁법은 거의 성문의 조약(국제조약) 형식으로 존재하며, 일부는 관습국제법의 형식으로도 존재한다. 전쟁법은 대부분 국가 간의 전쟁관계를 규율하므로 국제법이라고 인식하는 경우가 많다.

국제법은 「국제사법」(國際私法, internationales Privatrecht)과는 다르다. 국제사법은 국제법이 아니고 순수한 국내법이다. 국제사법은 국가 간의 상호관계를 정하는 것이 아니라 한 국가 내에서의 그 국민과 외국인과의 법률관계를 정하는 데 있어서 자국법(自國法)을 적용하느냐, 그 외국인의 본국법(本國法)을 적용하느냐를 정하고 있는 법이다. 우리나라는 국제사법에 관한 법으로서 「국제사법」(國際私法)이라는 법률이 있다.

제2절 공법(公法)·사법(私法)·사회법(社會法)

Ⅰ. 공법과 사법의 구별

 법의 분류에 있어서 가장 전통적이고 대표적인 것은 공법(öffentliches Recht)과 사법(Privatrecht)의 분류이다. 법을 공법과 사법으로 분류하는 것은 소송기술상(訴訟技術上)의 필요에서 로마법에서부터 있었던 것으로 매우 오래된 것이다. 그러나 공법과 사법을 어떤 표준에 의하여 구별하느냐 하는 문제는 간단하지 않으며 다양한 학설들이 전개되었다. 왜냐하면 공법과 사법의 구별은 법본질적·절대적인 것이 아니라, 역사적·상대적인 것이기 때문이다.

1. 공법과 사법의 구별표준(區別標準)

(1) 이익설(利益說)

 법이 보호하는 이익을 표준으로 하여 공익의 보호를 목적으로 하는 법을 공법, 사익의 보호를 목적으로 하는 법을 사법이라고 한다. 이 설은 일찍이 로마의 법학자 울피아누스(Domitus Ulpianus, 170~228)가 「공법(公法)은 로마 자신의 이익(공익)에 관한 법이고, 사법(私法)은 각 개인의 이익(사익)에 관한 법」이라고 말한 데서 비롯된다.

 그러나 법이 보호하는 이익을 공익(公益)과 사익(私益)으로 명백히 구별하는 것은 곤란하다. 왜냐하면 원래 법은 국가·사회생활에 관한 규범이므로 공익의 실현과 함께 사익의 보호를 위한 규정이 적지 않다. 예를 들면 공익을 보호하는 헌법·행정법·형법 등의 공법 속에도 개인의 생명·재산을 보호하는 법규범이 포함되어 있으며, 사익을 보호하는 민법·상법 등의 사법 속에도 공익에 관한 법규범이 포함되어 있다(예컨대: 실종선고, 반사회적 법률행위의 무효화, 등기제도, 혼인 등). 따라서 이 설은 부당하다는 비판이 가해진다.

(2) 주체설(主體說)

 법률관계의 주체를 표준으로 하여, 국가 기타 공공단체 상호간 또는 이들과 사인(私人)과의 관계를 규율하는 법이 공법이고, 사인(私人) 상호간의 관계를 규율하는 법이 사법이라고 하는 설이다. 그러나 국가 기타 공공단체와 사인과의 법률관계가 명령·복종의 관계가 아니라 전혀 대등한 입장에서 매매·임대차 등의 사적 거래를 맺을 경우에 적용되는 법은 사법(私法)임에도 불구하고, 이 설에 의하면 공법에 속하게 된다고 하는 난점이 있다.

(3) 법률관계설(法律關係說)

이 설은 법이 규율하는 법률관계의 성질을 표준으로 하여 공법과 사법을 구별하려는 견해이다. 이 설에 의하면 명령·복종의 관계, 불평등의 관계, 종적·수직적인 생활관계를 규율하는 법이 공법이고, 평등의 관계, 횡적·수평적인 생활관계를 규율하는 법은 사법이라고 한다.

그러나 이 설에 의하면 공법인 국제법은 평등한 국가 간의 관계를 규율하기 때문에 사법으로 간주되는 모순이 생긴다. 또 친족법상의 부모와 자녀간의 관계는 반드시 평등자간의 관계가 아니므로 친족법을 공법이라고 해야 할 모순이 생긴다.

(4) 생활관계설(生活關係說)

인간의 생활을 국가생활관계와 사회생활관계로 나누고, 전자를 규율하는 법은 공법이고, 후자를 규율하는 법은 사법이라고 한다. 즉 공법(公法)은 국가권력이 직접 지배하고 규제하는 공적·정치적 생활관계(예컨대: 유권자로서 선거권의 행사, 납세의무의 이행관계, 병역에 종사하는 관계 등)에 관한 법이며, 사법(私法)은 국가권력과 직접 관계가 없는 사적·경제적 또는 가족적 생활관계(예컨대: 친자·부부의 신분관계, 의식주나 거래에 관한 재산관계 등)에 관한 법이라 할 수 있다.

이상의 학설 중에서 생활관계설이 오늘날 통설적 견해이다. 그러나 공법과 사법의 구별은 어느 설이나 부분적 타당성을 가지고 있기 때문에 그 어느 하나의 표준에 의할 수 없고 여러 학설을 종합하여 판단하여야 할 것이다. 더구나 오늘날에는 사회법(社會法)이 등장함으로써 공·사법의 구별을 더욱 더 곤란하게 하고 있다.

일반적으로 헌법·행정법·형법·민사소송법·형사소송법·국제법 등은 공법에 속하고, 민법·상법 등은 사법에 속하는 것으로 보고 있다. 그러나 엄밀히 따져 공법인가 사법인가는 완결된 법전을 두고 논할 것이 아니라 개개의 법규마다 판단되어야 할 것이다.

2. 공법과 사법 구별의 실익(實益)

공법원리와 사법원리는 여러 가지 점에서 다르므로 공법과 사법을 구별할 필요가 있다. 즉 사법에서는 개인이 자유로이 법률관계를 창설할 수 있는 것이 광범하게 인정되어 있는 점(사적자치의 원리)이 공법과 다르다. 예컨대 갑이 을에게 물건을 판다면 갑·을 간에 매매(賣買)라는 법률관계가 발생한다. 이 경우 대금(代金)의 결정이나 물건의 인도시기 등은 갑·을의 의사의 합치로 결정할 수 있다. 그런데 공법에서의 법률관계는 사인(私人)이 자유로이 이를 창설할 수 없다. 즉 세금을 납부할 것인가, 또는 얼마를 납부할 것인가는 법으로 정하여지며 사인(私人)이 이를 자유로이 정할 수 없다.

이와 같이 사법의 지도원리와 공법의 지도원리가 서로 다르기 때문에 양자를 구별할 실제적 이익이 있다.

Ⅱ. 사회법(社會法)

1. 사회법의 발생

자본주의의 발전과 더불어 독점기업의 횡포, 부익부 빈익빈(富益富 貧益貧) 현상의 심화, 근로자의 생존권 위협 등 여러 가지 사회적 모순과 갈등이 발생하였다. 이와 같은 사회문제를 해결하기 위하여 국가는 종래의 자유방임적(自由放任的) 태도를 지양하고 시민생활에 적극적으로 개입·관여하여 국민의 '인간다운 생활'을 보장하는 복지국가(福祉國家, Wohlfahrsstaat)를 지향하게 되었다. 국가가 복지국가를 이념으로 기업과 근로자의 이해관계를 조절하고, 빈부간의 소유와 이용의 조화를 꾀하며, 독점기업의 횡포를 억제하려고 노력하게 되었다.

이러한 사명을 띠고 19세기 말에서 20세기 초에 걸쳐 나타난 공법과 사법의 중간적인 법영역(法領域), 즉 "제3의 법영역"(G. Radbruch의 표현)으로서의 사회법(社會法, social law, Sozialrecht)이 발생하게 되었다. 이와 같은 배경에서 발생한 사회법은 처음에는 근로자에게 인간다운 생활을 보장하기 위하여 사법(私法) 중에서 특히 고용계약법을 수정하여 노동법(labor law, Arbeitsrecht)의 발전을 보게 되었다. 그리고 한편 급격히 변천하는 경제관계를 통제하기 위한 경제법(Wirtschaftsrecht)의 발전을 보게 되었다. 이와 같은 노동법·경제법을 비롯하여 사회정책적 입법인 사회보장법·사회복지법 등을 포함하는 사회법이 "제3의 법영역"을 풍부하게 형성해 가고 있다.

사회법의 발생은 정치·경제·사회 등 여러 분야에서 많은 변화를 가져왔다. 이러한 변화는

(1) 실질적인 사고가 추상적 인격에서 구체적 인간으로 되었다.

(2) 국가의 성격은 입법국가에서 행정국가로, 야경국가에서 급부국가로, 시민적 법치국가에서 '사회적 법치국가'(sozialer Rechtsstaat)로 변하였다.

(3) 법사상도 개인주의 법사상에서 단체주의·사회 위주로, 또 기본권의 중심이 자유권적 기본권에서 생존권적 기본권으로 변하고 있다.

(4) 사법(私法)의 영역에서는 사유재산권 절대존중에서 재산권의 사회화·공익화로, 계약자유의 원칙이 계약자유제한으로, 과실책임의 원칙이 무과실책임으로 점차 발전하여 왔다.

사회법의 원리를 헌법에서 최초로 선언한 것은 1919년의 독일 바이마르(Weimar)헌법의 '인간다운 생활의 보장'과 '재산권의 의무수반'에 관한 규정이다. 이 헌법 제151조는 「경제생활의 질서는 각인으로 하여금 인간다운 생활을 보장하는 것을 목적으로 하는 정의의 원칙에 입각하여야 한다」라고 규정하였고, 또 이 헌법 제153조는 「소유권은 의무를 수반한다. 소유권의 행사는 동시에 공공복리에 이바지하여야 한다」라고 규정하였다.

2. 사회법과 사회주의법의 구별

사회법(Sozialrecht)은 어디까지나 자본주의의 부분적 모순을 수정하기 위한 법이지 자본주의를 부정(否定)하는 사회주의법(社會主義法, sozialistisches

Recht)과는 엄연히 구별되어야 한다.

제3절 일반법(一般法)과 특별법(特別法)

Ⅰ. 의의

일반법과 특별법의 구별은 법의 효력범위가 일반적인가 또는 특수적인가에 의한 분류이다. 사람·장소·사항 등에 관하여 일반적으로 넓은 효력범위를 갖는 법을 일반법이라 하고, 특수적인 좁은 효력범위를 갖는 법을 특별법이라 한다.

Ⅱ. 일반법과 특별법의 구별표준

1. 사람의 범위 표준

법이 적용되는 인적 범위를 표준으로 하여 일반인에게 적용되는 법이 일반법이고, 특수한 신분을 가진 사람에게만 적용되는 법이 특별법이다. 형법(刑法)은 일반인에게 적용되는 일반법임에 반하여, 군형법(軍刑法)은 군인에게만 적용되는 특별법이다.

2. 장소(場所)의 범위 표준

법이 적용되는 장소적 범위를 표준으로 하여 전국에 일반적으로 적용되는 법이 일반법이고, 일부 지역에만 적용되는 법이 특별법이다. 국토의 계획 및 이용에 관한 법률은 일반법임에 반하여, 도시개발법은 도시지역에 한하여 적용되는 특별법이다.

3. 사항(事項)의 범위 표준

법이 규율하는 사항을 표준으로 하여 일반적 사항을 규율하는 법이 일반법이고, 특별한 사항을 규율하는 법이 특별법이다. 민법과 상법을 비교할 때 민법(民法)은 사법관계(私法關係) 전반을 규율하므로 일반법이나, 상법(商法)은 사법관계 중 상사관계(商事關係)만 규율하므로 민법에 대하여서는 특별법이 된다.

일반법과 특별법의 구별은 절대적인 것이 아니라 상대적인 것이다. 예컨대 상법은 민법에 대하여서는 특별법이지만, 상거래 중 특수한 사항을 규율하는 은행법·보험법에 대하여서는 일반법의 지위에 있다.

또한 일반법과 특별법의 구별은 동일 법전(法典) 중의 규정(規定) 상호 간에도 존재한다. 형법 제250조 제2항의 존속살인의 규정은 형법 제250조 제1항의 보통살인 규정에 대한 특별규정이다.

Ⅲ. 일반법과 특별법 구별의 실익(實益)

일반법과 특별법을 구별하는 필요성은 법의 적용에 있어서 동일한 사항에 일반법과 특별법이 있는 경우에는 특별법이 일반법에 우선하여 적용된다는 점에 있다. 즉 「특별법(特別法)은 일반법(一般法)에 우선(優先)한다」는 원칙이다. 예컨대 상사(商事)에 관하여서는 특별법인 상법이 일반법인 민법보다 우선 적용되고 상법에 규정이 없는 경우에 한하여 민법이 보충적으로 적용된다.

제4절 강행법과 임의법

Ⅰ. 의의

1. 강행법(强行法)의 의의

강행법(imperative law, zwingendes Recht)이란 당사자의 의사와 관계없이 그 적용이 강행되어 효력을 발생하는 법을 말한다. 즉 당사자가 법의 규정과 다른 의사표시를 했을 때 그 법의 규정의 적용을 배제할 수 없는 경우 이 법의 규정은 강행규정(强行規定)이다.

2. 임의법(任意法)의 의의

임의법(dispositive law, nachgiebiges Recht)이란 그 적용이 강행되지 않고 당사자의 의사에 따라 그 효력을 발생시킬 수도 있고, 발생시키지 않을 수도 있는 법을 말한다. 즉 당사자가 법의 규정과 다른 의사표시를 했을 때 그 법의 규정의 적용을 배제할 수 있는 경우 이 법의 규정은 임의규정(任意規定)이다.

예컨대 민법 제105조에 「법률행위의 당사자가 법령 중의 선량한 풍속 기타 사회질서에 관계없는 규정과 다른 의사를 표시한 때에는 그 의사에 의한다」라는 규정은 이러한 임의법을 정한 것이다.

본래 법은 국가권력에 의하여 강행되는 것이지만 공적 질서(公的 秩序)와 관계되지 아니하는 개인의 법률관계에 대하여는 당사자의 의사를 존중하여 그 자치에 맡기는 것이 오히려 개인의 이익에 적합하므로 임의법의 존재를 인정한 것이다.

Ⅱ. 강행법과 임의법의 구별표준

1. 법문상(法文上)의 표시

(1) 강행법

개개의 법의 규정이 강행법인가 임의법인가의 구별은 법문상의 표시에 의하여 판단할 수 있다. 즉 법문 중에 「… 하여야 한다」 또는 「… 하지 못한다」라고 규정된 것은 강행법이다.

예컨대 민법 제5조 제1항에서 「미성년자가 법률행위를 함에는 법정대리인의 동의를 얻어야 한다」는 규정과 민법 제17조 제1항에서 「무능력자가 사술(詐術)로써 능력자로 믿게 한 때에는 그 행위를 취소하지 못한다」는 규성은 강행법이다.

(2) 임의법

법문(法文) 중에 「당사자의 특별한 의사표시가 없으면…」 또는 「다른 의사표시가 없으면…」라고 규정된 것은 임의법이다.

예컨대 민법 제468조에서 「당사자의 특별한 의사표시가 없으면 변제기전(辨

濟期前)이라도 채무자는 변제할 수 있다. 그러나 상대방의 손해는 배상하여야 한다」는 규정과 민법 제473조에서 「변제비용은 다른 의사표시가 없으면 채무자의 부담으로 한다」는 규정은 임의법이다. 따라서 이 임의법과 다른 의사표시(약속)가 있으면 그 약속에 따라야 한다.

2. 법의 목적

위와 같은 법문상 명백한 규정이 없는 경우에는 개개의 법의 규정이 강행법인가 임의법인가의 구별은 반드시 쉬운 일이 아니다. 이 경우에는 각 규정(規定)의 내용·성질·입법정신 등을 종합적으로 검토하여 당해 규정이 공익(公益)과 관계있는 규정(선량한 풍속 기타 사회질서와 관계 있는 규정)인가 또는 사익(私益)과 관계있는 규정(선량한 풍속 기타 사회질서와 관계없는 규정)인가를 표준으로 강행법인가 임의법인가를 판정해야 한다는 것이 통설로 되어 있다.

Ⅲ. 강행법·임의법과 공법·사법

일반적으로 헌법·행정법·형법·민사소송법·형사소송법 등 공법(公法)은 강행법 규정이 많고, 민법·상법 등 사법(私法)은 임의법 규정이 많다.

임의법은 민법전(民法典) 중의 계약에 관한 제 규정 및 상법전(商法典) 중의 상행위에 관한 제 규정에 많다.

강행법은 민법전 중의 친족·상속·권리능력·물권의 내용 등에 관한 규정 및 회사법·어음법·수표법 등과 공법의 제 규정은 대부분이 강행법에 속한다.

그러나 공법 중에도 임의법이 없지 아니하다. 예컨대 공법인 민사소송법 중 제1심재판관할에 관하여는 당사자의 합의의 유효성을 인정하고 있다(민사소송법 제29조 제1항 「당사자는 합의로 제1심 관할법원을 정할 수 있다」).

Ⅳ. 강행법과 임의법의 구별 필요성

강행법과 임의법을 구별하는 실익은 당사자가 법규의 내용과 상이한 의사표시를 한 경우에 그 효력을 달리하는 데 있다. 즉 의사표시가 임의법의 내용과 상이한 경우에는 그 의사표시는 유효하거나(민법 제105조 참조), 또는 적어도 무효는 아니다.

이에 반하여 의사표시가 강행법의 내용과 상이한 때에는 그 의사표시는 무효이거나[선량한 풍속 기타 사회질서에 위반한 사항을 내용으로 하는 법률행위는 무효로 한다(민법 제103조)], 또는 취소하거나[미성년자가 법률행위를 함에는 법정대리인의 동의를 얻어야 하며, 이에 위반한 법률행위는 취소할 수 있다(민법 제5조)], 또는 제재(制裁)의 대상이 된다(민법 제97조, 상법 제622조 이하 참조).

제4장 법의 효력

제1절 법의 효력의 의의

법은 사회생활을 규율하는 규범이므로 법의 생명은 그것이 현실사회에서 실현되는 데에 있다. 여기서 법의 효력(效力), validity of law, Geltung des Rechts)이란 법이 그 규범적 의미내용대로 실현될 수 있는 상태를 말한다.

법의 효력에는 실질적 효력(實質的 效力)과 형식적 효력(形式的 效力)의 두 가지가 있다. 법의 실질적 효력은 법이 타당성(妥當性)과 실효성(實效性)을 가지고 있는 힘을 말하고, 법의 형식적 효력은 법의 실질적 효력이 미치는 범위를 말한다. 즉 法이 시간·사람·장소를 기준으로 구체적으로 적용되는 범위를 말한다.

제2절 법의 실질적(實質的) 효력

Ⅰ. 법의 타당성(妥當性)

「타인의 물건을 훔치지 말라」, 「계약은 지켜야 한다」 등과 같이 행위규범으로서의 법은 사람에게 금지나 명령의 형식을 통하여 행위의 준칙을 제공한다. 타인의 물건을 훔치지 말라는 규범은 사실상 실현되지 못하는 경우에도(물건을 훔치는 자가 발생한 경우에도) 사회생활상 행위준칙을 제시하고 있다는 점에서, 즉 「현실적으로 법이 규정한 대로 지켜지기를 요구하고 있다는 사실」에서 효력을 갖는다. 이러한 법의 당위(當爲)로서의 효력을 법의 타당성(妥當性, Gültigkeit des Rechts) 또는 법의 규범적 타당성(規範的 妥當性, normative Gültigkeit des Rechts) 이라 한다.

법의 타당성은 법이 현실에서 준수되기를 요구하고 있는 것이라고 하였는데, 법이 타당성을 갖는 근거에 관하여는 여러 학설이 대립되어 있고 법철학에 있어서 아주 어려운 문제로 남아 있다. 여러 학설들의 내용을 간략히 살펴보면,

자연법설(自然法說)은 법의 타당성의 근거를 자연법에서 구한다.

신의설(神意說)은 그 근거를 신의 의사에 두고 있다.

실력설(實力說)은 법은 실력을 쥐고 있는 자의 명령이며 최고지배자의 지배형식이라고 한다.

승인설(承認說)은 법의 효력의 근거를 그 사회 사람들의 승인에서 구한다.

여론설(輿論說)은 다수의 신념(信念)으로서의 여론이 법의 타당성의 근거라는 견해이다.

역사법설(歷史法說)은 법의 타당성의 근거를 민족의 법적 확신(法的 確信)에서 구한다.

법단계설(法段階說)은 법의 타당성의 근거를 법질서의 단계구조에서 구한다. 켈젠(H. Kelsen)의 순수법학(純粹法學)에 의하면 법질서의 단계구조는 상위(上位)의 법에서 하위(下位)의 법으로 구성되어 있는 데, 모든 법은 그 상위의 법규범에 효력근거가 있다는 것이다. 즉 명령(命令)의 타당근거는 법률에서 구하고, 법률(法律)의 타당근거는 헌법(憲法)에서 구하고, 헌법의 타당근거는 근본규범(根本規範, Grundnorm)에서 찾을 수 있다고 한다. 이것이 이른바 켈젠의 법단계설 또는 근본규범설이다.

그런데 켈젠은 근본규범을 「법을 제정(制定)할 수 있는 가장 높은 권위의 소재(所在)를 가리키는 국가의 정치적 근본원리」라고 했다. 이와 같이 근본규범

이 정치성을 띠게 됨으로써 정치로부터 법의 순수성을 고수하려한 켈젠의 의도는 흔들리게 된다.

이와 같이 법의 타당성의 근거에 관하여 여러 학설이 주장되고 있으나, 그 어느 것도 절대적 지지를 확보하고 있지 못하고 있다.

Ⅱ. 법의 실효성(實效性)

행위규범으로서의 법은 명령·금지 등의 형식을 통하여 인간의 행위를 규율한다. 예를 들면 형법 제329조에는「타인의 재물을 절취한 자는 6년 이하의 징역 또는 1천만원 이하의 벌금에 처한다」고 규정하여 제1차적으로는「타인의 재물을 절취하지 말라」고 명령하고 있다. 그러나 이와 같은 행위규범을 위반하는 사례가 현실적으로 발생할 때, 그 위반자에 대하여 6년 이하의 징역이나 또는 1천만원 이하의 벌금을 과하여 제재(制裁)를 가하게 된다. 이러한 것은 법의 강제규범의 성격을 나타낸 것이다.

法의 실효성(實效性)이란 강제규범으로서의 법이 국가권력에 의하여 규범의 의미·내용대로 현실적으로 실현되는 상태를 말한다. 즉 강제규범으로서의 법이 조직적인 공권력(公權力)(법원·검찰·경찰 등)에 의하여 실현되는 상태를 법의 실효성(Wirksamkeit des Rechts) 또는 법의 사실적 실효성(事實的 實效性)이라고 한다.

Ⅲ. 법의 타당성과 실효성의 관계

법규범이 타당성을 가진다는 것은 법규범의 내용이 그 사회관계를 규율하기에 정당(正當)·적합(適合)하다는 것이다. 법의 타당성의 문제는 결국「법의 이념(理念)은 정의(正義)이다」에 연결된다.

법이 효력을 갖기 위해서는 타당성과 실효성을 함께 가져야 한다. 타당성은 있으나 실효성이 없는 법은 공문(空文)에 불과하며 현실을 규제하는 실정법으로서의 임무를 다하지 못할 것이다.

반면에 실효성은 있으나 타당성이 없는 법(예: 인종차별을 규정하고 있는 법 등)은 정의에 반하는 악법(惡法)에 불과한 것이다.

Ⅳ. 악법(惡法)의 문제

법이 타당성은 없으나 실효성을 가질 때 이 법을 악법이라 한다. "악법도 역시 법이므로 지켜야 한다"고 하면서 사형판결에 복종하고 죽어간 소크라테스(Socrates, B.C. 467~399)뿐만 아니라 악법에 의하여 처벌받은 경우가 역사상 많이 있었다.

악법도 법이기 때문에 아무리 악법이라 하더라도 그것이 실효성을 갖는 실정법일 경우 이에 따라야 한다면 이는 법의 형식적(形式的)인 측면만을 중시한 나머지 법의 내용적(內容的)인 측면을 간과(看過)한 것이라 할 것이다. 이러한 입장에서 초기에는 법의 절실한 임무는 정의(正義)의 실현보다 법적 안정성(法的 安定性)에 있다고 말하던 라드브루흐도 제2차대전 중 나치에 의한 실정법의 폐해를 통감하고, 세계 제2차대전 후에는 학설을 수정하여 법적 안정성 보다도 「정의」의 우월성을 인정하고, 정의에 반하는 「악법에 복종하는 것은 범죄행위이다」라고 까지 말하기에 이르렀다.

악법이 제정·실시되고 있는 정치적 상황에서 그 법의 준수를 강요받고 있는 국민의 경우, 그의 태도 여하에 따라서 민주주의의 존재문제와 결부되는 것이다. 즉 악법을 없애고 국민을 위한 법으로 개정하기 위해서는 민주주의 수호를 위한 국민의 적극적 자세와 책임있는 비판정신이 필요하다. 그것은 국민의 기본적 인권의 보장을 지향하는 현대 민주주의국가의 법이념이며, 목적이다. 또 악법에 대한 저항문제는 국민들에게 종국적으로 자연법적 저항권(抵抗權, Widerstandsrecht)이 유보되어 있다고 하겠다.

제3절 법의 형식적 효력(形式的 效力)

법을 해석·적용하기에 앞서서 「법의 효력범위를 정하는 문제」를 법의 형식적 효력이라고 한다. 즉 구체적으로 법이 적용되는 범위를 의미하며 여기에는 시간·사람·장소로 나누어 볼 수 있다.

Ⅰ. 법의 시(時)에 관한 효력

법의 시(時)에 관한 효력이란 법의 시간적 적용범위를 말한다. 즉 법이 언제부터 언제까지 효력을 갖는가 하는 문제이다.

1. 법의 시행(施行)과 폐지(廢止)(법의 유효기간)

제정법(制定法)은 시행일부터 폐지일까지 효력을 갖는다. 이 기간을 법의 시행기간 또는 법의 유효기간이라 한다.

(1) 법의 시행

법은 시행에 앞서 이를 공포(公布, promulgation, Publikation)하여야 한다. 공포는 법의 성립과 그 내용을 국민에게 주지시키기 위한 것으로서 관보에 의하여 공포된다(「법령 등의 공포에 관한 법률」 제12조).

공포일로부터 시행일까지의 기간을 법의 주지기간(周知期間)이라 한다.

법령의 시행기일(施行期日)에 관해서는 부칙(附則) 또는 시행법령 등에 직접 일정한 기일을 정한 경우에는 그 날부터 시행한다. 이와 같이 시행기일을 정한 경우에는 공포한 날로부터 시행기일까지 일정한 기간(주지기간)을 두는 경우도 있고, 급속(急速)을 요하는 경우에는 주지기간 없이 공포한 날로부터 시행하는 경우도 있다. 그러나 시행기일을 특별히 정하지 아니한 경우에는 법률은 공포한 날로부터 20일을 경과함으로써 효력을 발생한다(헌법 제53조 제7항).

(2) 법의 폐지(廢止)

제정법(制定法)은 폐지에 의하여 그 효력을 잃는다. 법의 폐지에는 명시적 폐지와 묵시적 폐지가 있다.

1) 명시적 폐지(明示的 廢止)

명시적 폐지란 명문(明文)의 규정에 의하여 법이 폐지되는 경우이다.

   a) 법령이 그 시행기간(유효기간)을 정한 때에는 그 기간의 종료로 그 법령은 당연히 폐지된다. 이러한 법을 한시법(限時法, Zeitgesetz)이라

고 한다.

　　b) 신법(新法)에서 명시규정으로 구법(舊法)의 일부 또는 전부를 폐지한다고 정한 때에는 구법의 일부 또는 전부는 당연히 폐지된다(형법 부칙 제10조 참조).

　2) 묵시적 폐지(默示的 廢止)

묵시적 폐지란 명문의 규정에 의한 폐지가 아닌 것으로서 법의 저촉에 의한 폐지와 목적사항 소멸에 의한 폐지가 있다.

　　a) 동일사항에 관하여 구법(舊法)과 신법(新法)이 서로 모순·저촉되는 경우에는 그 모순·저촉되는 범위 내에서 구법은 당연히 효력을 상실한다. 이것이 「신법(新法)은 구법(舊法)을 개폐(改廢)한다」(Lex posterior derogat legipriori)는 원칙이다.

그러나 일반법의 변경에 의하여는 기존의 특별법은 영향을 받지 않는다. 따라서 신법이라 하더라도 일반법인 신법은 특별법인 구법을 개폐하지 못한다. 즉「일반적 신법(一般的 新法)은 특별적 구법(特別的 舊法)을 개폐(改廢)하지 못한다」(Lex posterior peneruils non derogat legipriori speciali)는 원칙이다.

국가의사는 통일적이어야 한다. 이것을 위한 법 적용 순서는 첫째로「상위법우선(上位法優先)의 원칙」, 둘째로「특별법우선(特別法優先)의 원칙」, 셋째로「신법우선(新法優先)의 원칙」에 따라야 한다.

　　b) 법의 목적사항(目的事項)이 소멸되면 법은 당연히 폐지된다. 이 경우에는 법이 규율할 사항이 완전히 소멸되어 버렸으므로 법은 허공에 뜬 것이 되고, 따라서 법도 자연히 폐지되는 것이다.

2. 법률불소급(法律不遡及)의 원칙(原則)

(1) 의의

법은 그 시행기간(시행일부터 폐지일까지) 중에 발생한 사항에 대하여서만 적용되고, 시행 이전에 발생한 사항에 대하여는 적용되지 못한다. 이것을 법률불소급의 원칙(Prinzip der Nichtrückwirkung)이라 한다. 만약 법의 소급효를 인정하여 그 시행 이전에 발생한 사항에 대하여도 신법을 적용한다면, 국민의 법률생활 안정성(安定性)이 동요되고 법질서의 혼란을 가져올 우려가 클 것이다.

우리 헌법은「모든 국민은 행위시(行爲時)의 법률에 의하여 범죄를 구성하지 아니하는 행위로 소추(訴追)되지 아니하며」(헌법 제13조 제1항),「모든 국민은 소급입법에 의하여 참정권의 제한을 받거나 재산권을 박탈당하지 아니한다」(헌법 제13조 제2항)고 규정하고 있고, 또한 형법에서도「범죄의 성립과 처벌은 행위시(行爲時)의 법률에 의한다」(형법 제1조 제1항)고 규정하여 법률불소급의 원칙을 정하고 있다. 이 법률불소급의 원칙은 특히 형사(刑事)에 관하여는 엄격히 요구되고 있으며, 그 밖의 경우에도 법적 안정성과 기득권존중의 입장에서 일반적으로 인정되고 있다.

(2) 예외(例外)

그러나 법률불소급의 원칙은 절대적인 것이 아니다. 신법을 소급하여 적용하는 것이 오히려 사회의 현실적 요구에 적합하고, 정의·형평의 관념에 부합하는 경우에는 입법으로써 소급효(遡及效)를 인정함은 무방하다.

민법 부칙 제2조 전단(前段)에서는「본법(本法)은 특별한 규정이 있는 경우 외에는 본법(本法) 시행일전(施行日前)의 사항에 대하여도 이를 적용한다」라고 규정하여, 신법의 소급효를 일반적으로 인정하고 있다.

또한 형법 제1조 제2항에서도「범죄 후 법률의 변경에 의하여 그 행위가 범죄를 구성하지 아니하거나 형이 구법(舊法)보다 경(輕)한 때에는 신법(新法)에 의한다」고 규정하여 신법의 소급효를 인정하고 있다.

3. 기득권존중(旣得權尊重)의 원칙

기득권존중의 원칙이란 구법에 의하여 취득한 기득권은 신법의 시행에 의하여 박탈하지 못한다는 원칙이다. 자연법론자들이 개인의 재산권에 관하여 주장한 데서 유래한 것이며, 역사적으로 사유재산(私有財産)의 확립에 이바지한 이론이다. 그러나 이 원칙도 절대적인 것은 아니며 입법으로 제한할 수 있다. 물론 이미 취득한 권리를 함부로 제한·소멸시키는 것은 사회생활의 법적 안정성을 해치고 국민생활을 불안하게 할 우려가 있으므로, 법률적용상 또는 입법정책상(立法政策上) 가능한 한 기득권은 존중되어야 한다.

4. 경과법(經過法)

어떤 사항이 신·구 양법에 걸쳐 생겼을 때, 즉 구법시에 발생한 사항이 신법시까지 진행되고 있을 경우에 신·구 양법 중 어느 법을 적용할 것인가가 문제된다. 이러한 문제를 해결하기 위하여 법령을 개폐할 때 구법·신법 중 어느 법을 적용할 것인가에 관하여 정하는 규정을 경과법 또는 경과규정이라고 한다. 경과법은 대개 신법의 부칙에서 규정하는 것이 보통이나(민법 부칙 제15조), 상법시행법과 같이 별도로 규정하는 경우도 있다.

II. 법의 인(人)에 관한 효력

법의 인(人)에 관한 효력이란 법이 적용되는 인적(人的) 범위를 말한다. 즉 법의 효력이 누구에 대하여 미치며 또는 미치지 않는가 하는 문제이다.

1. 속지주의우선(屬地主義優先)의 원칙

법의 사람에 관한 효력에 관해서는 속인주의(屬人主義)와 속지주의(屬地主義)가 있다.

속인주의(Nationalitätsprinzip)란 사람의 국적을 표준으로 하여 자국민(自國民)이면 그 사람이 자국내(自國內)에 있거나 타국(他國)에 있거나를 불문하고 대인고권(對人高權, personal supremacy, Personalhoheit)에 의하여 자국법(自國法)의 적용을 받아야 한다는 주의이다.

속지주의(Territorialitätsprinzip)란 영역(領域)을 표준으로 하여 한 국가내에 있는 사람은 자국인(自國人)·외국인(外國人)을 막론하고 영토고권(領土高權)(territorial supremacy, Gebietshoheit)에 의하여 그 국가의 법을 적용받아야 한다는 주의이다. 고대국가(古代國家)에서는 종족관념이 강하게 지배하고 있었으므로 속인주의에 의하였지만, 오늘날에 있어서 국가는 영토를 그 본질적 요소로 하여 존립하고 있으므로 속지주의를 널리 채택하고 있다. 즉 「속지주의우선의 원칙」이 적용된다. 그러나 속지주의만을 적용하면 여러 가지 불편이 생기므로, 대부분의 국가는 속지주의를 원칙으로 하고 예외적으로 속인주의를 인정하고 있다.

2. 예외(例外)

(1) 속인주의(屬人主義)가 인정되는 경우

참정권(參政權)(헌법 제24조)·청원권(請願權)(헌법 제26조)·국방의무(國防義務)(헌법 제39조) 등과 같이 그 성질상 속지주의를 강행하기 어려운 것은 속인주의가 적용된다. 따라서 이에 관한 법(法)은 외국에 있는 자국민에게는 적용되나, 자국에 재류(在留)하는 외국인에게는 적용되지 아니한다.

사람의 신분·능력에 관한 법, 친족 및 상속관계 등은 각국의 풍속(風俗)·문화(文化)에 따라 다르기 때문에 이에 관한 법은 자국 내의 외국인에게는 적용하지 않는 것이 원칙이다[각 본국(本國)의 법이 적용된다]. 우리나라 국제사법도 이런 원칙을 인정하고 있다. 사람의 행위능력은 그 본국법에 의해서 정하고(국제사법 제13조 제1항), 상속은 사망 당시 피상속인의 본국법에 의한다고 규정하고 있다(동법 제49조 제1항).

(2) 외국에 있는 외국인에게 자국법을 적용하는 경우

형법 제5조는 내란죄, 외환죄, 국기에 대한 죄, 통화에 관한 죄, 유가증권·우표·인지에 관한 죄 등 일정한 범죄에 대하여는 대한민국의 영역 밖에서 그 죄를 범한 외국인에 대하여도 대한민국의 형법을 적용한다고 규정하고 있다. 그러나 외국인의 국외범소추권(國外犯訴追權)에 관한 문제는 실제에 있어서는 당해 국가의 실력에 따라서 결정되는 경우가 많다.

(3) 치외법권(治外法權)

국제법상 치외법권(exterritoriality, Extraterritorialität)이 인정된 자는 재류국(在留國)의 법이 아니라 본국법(本國法)의 적용을 받는다. 국가의 원수(元首), 외교사절 및 그 가족, 수행원, 군함의 승무원 등은 재류국(在留國)의 경찰권·재판권·과세권 등으로부터 면제된다.

(4) 대통령과 국회의원의 형사상 특권

국정상(國政上)의 필요에서 국가원수(國家元首) 및 국회의원에 대해서는 예외적으로 법의 효력이 미치지 않는 경우가 있다. 예컨대 우리 헌법에서「대통령은 내란 또는 외환의 죄를 범한 경우를 제외하고는 재직 중 형사상의 소추를 받지 아니 한다」고 규정하고(헌법 제84조), 또「국회의원은 현행범인인 경우를 제외하고는 회기 중 국회의 동의 없이 체포 또는 구금되지 아니한다」고 규정하여(헌법 제44조) 형사상 특권을 부여하고 있다.

(5) 특별법에 의한 인적(人的) 효력의 제한

법은 모든 국민에게 평등하게 제한 없이 적용되어야 할 것이나, 특별법은 일정한 신분을 가진 사람에게만 적용되는 경우가 많다. 예를 들면 국가공무원법은 국가공무원에게만 적용되고, 군인사법은 군인에게만 적용된다.

Ⅲ. 법의 장소(場所)에 관한 효력

법의 장소에 관한 효력이란 법이 실제로 적용되는 영역적(領域的) 범위를 말한다. 한 국가의 법은 원칙적으로 그 국가의 전영역(全領域)에 걸쳐 적용된다.

그러나 법이 적용되는 것은 영역 그 자체가 아니고 거기에 존재하는 사람의 행위이므로 법의 장소에 관한 효력의 문제는 결국에 있어서는 전술(前述)한 법의 사람에 관한 효력의 문제로 돌아간다고 할 수 있다.

1. 원칙

한 나라의 법은 그 나라의 전 영역에 걸쳐 적용되는 것이 원칙이다. 국가의 영역은 주권(主權)이 미치는 범위로서 영토(領土)・영해(領海)・영공(領空)을 포함하며, 이러한 영역 안에 있는 사람이면 내외국인을 막론하고 모든 사람에게 적용되는 것이 원칙이다(속지주의의 원칙).

2. 예외

(1) 자국의 군함, 선박 또는 항공기는 공해(公海)에서는 말할 것도 없고 타국(他國)의 영해(또는 영공)내에 있더라도 자국의 법이 적용된다(예컨대, 우리 형법 제4조「대한민국영역 외에 있는 대한민국의 선박 또는 항공기 내에서 죄를 범한 외국인에게도 적용한다」). 이러한 함선 또는 항공기는 자국영토의 연장으로 보기 때문이다.

(2) 정치적인 이유로 자국법의 적용이 배제되고 타국법이 적용되는 경우가 있다. 점령지, 조차지(租借地), 위임통치지, 영사재판권이 행하여지는 지역 등이 그 예이다. 외교사절의 공관·외국군대의 주둔지도 이에 준한다.

(3) 자국영역 내에 있어서도 일정한 법령이 어떠한 지방에만 적용되는 경우가 있다. 예컨대 지방자치단체가 제정한 조례와 규칙은 그 자치단체의 지역내에서만 적용된다.

제5장 법의 적용(適用)과 해석(解釋)

제1절 법의 적용

Ⅰ. 의의

법의 적용(適用)이란 법의 내용을 사회생활의 구체적 사실(事實)에 적용하여 실현시키는 것을 말한다. 법은 그 성질상 일반적이고 추상적인 내용을 지니기 때문에, 이와 같은 법의 내용을 우리들의 사회생활 속에서 현실적으로 발생한 구체적 사건에 대하여 어떻게 실현시키는가 하는 것은 중요하고도 어려운 문제이다.

법의 적용의 가장 전형적인 경우는 법원(法院)의 재판과정에서 잘 나타난다. 재판과정을 살펴보면, 추상적인 법규를 대전제로 하고, 사회에서 발생하는 구체적 사건을 소전제로 하여, 거기에서 판결이라는 결론을 이끌어 내는「삼단

논법」(三段論法)의 형식을 밟아서 법이 적용된다.

예컨대 「사람을 살해한 자는 사형, 무기 또는 5년 이상의 징역에 처한다」(형법 제250조 제1항)는 법규를 대전제(大前提)로 하고, A가 B를 권총으로 살해 했다는 사실을 소전제(小前提)로 하여, 거기에서 판결로써 A를 사형에 처한다는 결론을 이끌어 내는 것이 법의 적용이다.

법을 적용하려면 먼저 구체적 사실이 어떠한가를 확정하여야 한다. 다음에 그 확정된 구체적 사실에 적용할 올바른 법규를 발견하여야 하며, 이를 위해서는 법의 의미내용을 분명히 알아야 한다. 전자는 사실의 확정문제(사실문제)이고, 후자는 법의 해석문제(법률문제)이다. 이를 차례로 살펴보기로 한다.

II. 사실의 확정

법을 적용하려면 먼저 소전제가 되는 구체적 사실을 확정하여야 한다. 예컨대 A가 B를 살해했는가, 살해하지 않았는가. 살해했다면 고의(故意)인가·과실(過失)인가, 가해자와 피해자는 어떤 관계에 있는가 등의 사실을 명백히 하여야 한다. 사실이 확정되지 않으면 법을 적용할 수 없다. 사실을 확정하는 데는 다음과 같은 방법이 있다.

1. 사실의 입증(立證)

증거에 의하여 사실을 인정하는 것을 입증이라고 한다. 재판에서 사실의 존부(存否)에 관하여 확신을 얻게 하는 자료가 증거(Beweis)이며, 재판관의 사실인정의 객관성을 담보한다. 우리 형사소송법과 민사소송법은 증거에 의하여 사실을 인정하는 증거재판주의를 채택하고 있다.

재판에 있어서 어느 당사자가 입증책임을 지느냐에 대해서는, 「입증책임은 주장하는 자에게 있지 부정하는 자에게 있지 아니하다」는 원칙이 있다.

형사소송에서는 검사가 입증책임을 지며, 「의심스러운 때에는 피고인의 이익」으로 한다는 원칙이 적용된다. 추정사실의 부존재(不存在, Alibai)에 대하여는 피고인이 주장할 수 있다.

증거의 증명력은 법관의 자유판단에 의하는 자유심증주의(自由心證主義)를 채택하고 있다.

사실의 인정은 증거에 의하여야 하나 모든 경우에 입증이 가능한 것이 아니며, 또한 입증에 따르는 번잡하고 곤란한 문제를 피하기 위하여, 법의 규정에 의해 증거에 의하지 않고 추정이나 간주로서 사실을 인정하는 경우가 있다.

2. 사실의 추정(推定)

추정(Vermutung)이란 아직 증거를 통하여 확정되지 않은 사실을 일단 사실로서 인정하여 법률효과를 발생시키는 것을 말한다. 추정은 입증의 번거로움을 면하기 위해서 우선 현존하는 사실에 의하여 법률관계를 확정하여 보자는 것이다.

법문에 「… 한 것으로 추정한다」라고 규정하고 있는 경우로서 특히 반증이 없는 한 일정한 사실의 성립을 일단 인정하는 것이다. 따라서 반대의 사실을 주장하는 당사자는 반대의 증거를 들어 이를 부정할 수 있다.

예컨대 민법 제844조 제1항에서 「처(妻)가 혼인 중에 포태(胞胎)한 子는 부(夫)의 子로 추정한다」라고 규정하고 있다. 이는 처가 포태한 子가 夫 이외의 남자의 子임을 입증하기가 어려울 뿐만 아니라 부부생활 중에 처가 포태한 子는 夫의 子라는 개연성을 갖고 있음을 기초로 하고 있는 것이다. 그러나 사실은 그 子가 처의 불륜행위로 인한 타인의 子라는 것이 입증된다면 추정의 효과는 부정(否定)된다.

3. 사실의 간주(看做), 의제(擬制)

법률질서의 안정이나 공익의 보호를 위하여 사실의 진실성 여부와는 관계없이 법률정책상으로 사실관계를 확정하는 것을 간주 또는 의제라 한다. 법문(法文)에서는 「본다」 또는 「간주한다」라는 용어를 쓰고 있다.

예컨대 민법 제28조에서 「실종선고를 받은 자(者)는 전조(前條)의 기간이 만료한 때에는 사망한 것으로 본다」고 규정한 것이나, 민법 제1000조 제3항에서 「태아(胎兒)는 상속순위에 관하여는 이미 출생한 것으로 본다」고 규정한 것이 그 예이다.

간주는 추정과 달라서 상대적인 법률효과를 인정하는 것이 아니고 절대적인 법률효과를 확정하는 것이기 때문에 이에 대하여는 반증(反證)을 가지고도 법규가 의제한 효과를 뒤집을 수 없다. 전례(前例)의 경우 실종선고는 사망한 것으로 추정하는 것이 아니라 사망한 것으로 간주해 버리므로, 그 실종선고가 사실과 어긋난다는 것이 뒤늦게 입증되더라도 법원(法院)의 심판절차를 거쳐 실종선고 취소를 확정하지 않는 한 사망이라는 법률적 효과는 뒤집어지는 것이 아니다. 이렇게 볼 때 사실의 확정에 있어서 추정보다 간주의 효력이 더 강함을 알 수 있다.

제2절 법의 해석

Ⅰ. 개념

1. 법의 발견

구체적 사실이 확정되면 다음에는 그 사실에다가 적용할 법을 발견하여야 한다. 법의 발견이란 수많은 법규 중 적용할 법을 찾아내는 것을 말한다. 이것을 「법의 검색(檢索)」이라고도 한다.

그런데 어느 사실관계에 꼭 해당하는 법을 발견하기 위해서는 먼저 법의 의미내용을 명백히 할 필요가 있으며, 이것이 바로 「법의 해석」이다.

2. 법의 해석의 의의

법의 해석(interpretation, Auslegung)이란 법규의 의미내용(意味內容)을 명백히 밝히는 것을 말한다. 법은 특정한 사건에 적용하기 위하여 제정된 것이 아니기 때문에 그 내용은 일반적이고 추상적이다. 법을 구체적 사건에 적용하기 위하여는 이 일반적(一般的)·추상적(抽象的)인 법의 의미내용을 논리적·체계적으로 이해하고 법의 목적에 따라서 규범의 의미를 명확히 밝혀야 한다. 이것이 법의 해석이다.

또한 법을 해석함에 있어서는 법에 내재해 있는 이념과 정신을 객관화해야 한다. 따라서 법의 해석은 단순한 형식논리적 방법을 넘어서 목적론적으로 해석함이 타당하다.

그러므로 법의 해석은 각 법규가 가지고 있는 객관적 목적과 그 시대의 사회적 제 사정을 고려하여 목적적(目的的)·가치론적(價値論的)으로 해석하여야 한다.

해석의 대상이 되는 법은 주로 성문법(成文法)이며, 불문법(不文法)은 해석보다는 그 존재 유무가 문제로 된다.

Ⅱ. 법의 해석의 방법

법의 해석의 방법에는 여러 가지가 있다. 첫째 해석이 구속력을 가지느냐의 여부에 따라 유권해석과 학리해석으로 구분된다.

또 학리해석은 해석의 방법에 따라서 다시 문리해석과 논리해석으로 나누어지며, 논리해석에는 확장해석·축소해석·반대해석·물론해석·연혁해석·보정해석 등의 방법이 있다.

1. 유권해석(有權解釋)

유권해석은 국가기관에 의하여 행하여지는 해석으로서 공적(公的)인 구속력(拘束力)을 갖는다. 유권해석은 해석하는 국가기관에 따라서 입법해석·사법해석·행정해석으로 나누어 진다.

(1) 입법해석(立法解釋)

입법기관이 법을 제정할 때 법령의 조문(條文) 자체에 해석규정을 두는 경우를 말한다. 민법 제98조에서 「본법(本法)에서 물건이라 함은 유체물 및 전기 기타 관리할 수 있는 자연력을 말한다」고 규정한 것이 그 예이다.

(2) 사법해석(司法解釋)

사법기관인 법원이 하는 법의 해석을 말하며, 판결의 형식으로 나타나므로 재판해석이라고도 한다. 사법해석은 재판의 심급제도(審級制度)에서 오는 제한이 있다. 즉 하급심의 심판이 상급심으로 올라간 경우에는 파기될 수 있다. 또 대법원의 해석도 그 후 타 사례(他 事例)에서 그대로 답습되는 것은 아니다. 그러나 대법원의 해석은 당해사건에 관하여는 최종적인 구속력이 있다.

(3) 행정해석(行政解釋)

행정해석은 행정관청이 하는 해석이며, 법의 집행의 형식으로 또는 상급관청의 하급관청에 대한 회답·훈령·지시 등의 형식으로 나타난다. 상급관청의 해석은 하급관청의 해석에 대하여 구속력이 있다. 그러나 행정해석이 잘못되었을 때에는 그 해석은 행정소송을 통해 법원의 해석에 의하여 취소된다.

2. 학리해석(學理解釋)

학리해석은 국가기관이 아닌 개인이 행하는 사적(私的)인 해석이다. 이 해석은 대체로 법학자들이 순학문적인 입장에서 법의 의미내용을 확정함을 말한다. 이 해석은 국가권력에 의한 뒷받침이 없으므로 하등의 구속력이 없으나 유권해석에 대하여 상당한 영향을 미친다.

법을 해석하는 것은 첫째 성문법 조문의 자구(字句)나 문장(文章)의 의미내용을 파악하는 것이고(문리해석), 둘째는 논리법칙에 따라서 해석하는 것이고(논리해석), 셋째는 타 법규와 관련하여 체계성·통일성을 유지하도록 해석하는 것이다(체계해석). 이와 같은 법의 해석을 살펴보면 다음과 같다.

(1) 문리해석(文理解釋)

문리해석은 법조문(法條文)의 자구(字句)나 문장(文章)의 의미를 글자 그대로 충실하게 국어적(國語的)으로 해석하는 방법이다. 이 해석을 문언해석(文言解釋) 또는 자의적 해석(字意的 解釋)이라고도 한다. 이 해석은 성문법 해석의 출발점이다. 이러한 의미에서 가장 기초적이며 제1단계적인 해석이라고 할 수 있다.

그러나 법문(法文) 중에는 특별한 법률용어로서 통상의 국어적 의미와는 다른 의미로 사용되는 경우가 있다. 그 예로서 「선의」(善意)의 통상적 의미는

「호의」(好意)를 뜻하나 법률용어로서는 「어떤 사정을 알지 못하고」의 뜻으로 사용되고, 「악의」(惡意)의 통상적 의미는 「해칠 의사」를 뜻하나 법률용어로서는 「어떤 사정을 알면서」의 뜻으로 사용된다. 이러한 해석방법은 문언해석만으로는 도저히 불가능 하며, 또한 자구(字句)·문언(文言)의 의미는 시대와 사정(事情)을 달리하는 데 따라 변화하여 나가므로 법의 해석은 문언해석 외에 다시 논리해석을 필요로 하게 된다.

(2) 논리해석(論理解釋)

논리해석은 법령의 자구(字句)·문언(文言)의 의미만을 기초로 하지 않고 법 제정 당시의 사회사정, 입법의 목적, 사회생활상의 필요, 해석하려는 조문과 다른 조문 내지 법 전체와의 관계 등을 고려하여 논리적 법칙에 따라 법의 객관적 의미를 밝히는 것이다.

논리해석에는 다음과 같은 여러 가지 해석방법이 있다.

1) 확장해석(擴張解釋)

확장해석이란 법문(法文)의 의미를 일상 보통의 의미보다 넓게 해석하는 것을 말한다. 예를 들면 형법 제257조 제1항에 규정된 사람의 신체를 「상해한 자」라고 할 때의 '상해'(傷害)의 보통의 의미는 생리적 장애를 초래한 경우를 뜻하지만, 여성의 머리카락을 절단함으로써 외관상 손상을 초래한 경우도 상해죄를 적용하도록 상해의 의미를 확장하여 해석한 경우이다.

2) 축소해석(縮小解釋)

축소해석이란 法文의 의미를 통상의 의미보다 좁게 해석하는 것을 말한다. 예를 들면 형법 제329조의 절도죄의 객체인 '재물'(財物)'에는 부동산(不動産)이 포함되지 아니한다고 해석하는 경우이다.

3) 반대해석(反對解釋)

반대해석이란 法文에 일정한 사항이 규정되어 있는 경우에 그 규정에서 빠져있는 사항에 대해서는 법문과 반대의 취지로 해석하는 것을 말한다. 예를 들면 민법 제800조에 「성년에 달한 자는 자유로 약혼할 수 있다」고 규정되어 있는 데, 성년에 달하지 않은 자(미성년자)는 자유로 약혼할 수 없다고 해석하는 경우이다.

반대해석은 형식논리적으로 당연한 방법인 것 같으나 반드시 절대적인 것은 아니다. 반대해석의 당부(當否)는 법의 목적에 비추어 판단할 문제이다.

4) 물론해석(勿論解釋)

물론해석이란 法文에 일정한 사례를 규정하고 있는 경우에 그 이외의 사례에 관해서도 사물의 성질상 당연히 그 규정에 포함되는 것으로 해석하는 것을 말한다. 예컨대 '담배 꽁초'를 버리지 말라는 경우에 '담배'도 물론 버리지 말라는 뜻이다.

5) 보정해석(補正解釋)

보정해석이란 法文의 자구(字句)가 잘못되었거나 표현이 부정확하다고 인정되는 경우에 그 자구를 보정하거나 변경하여 해석함을 말한다. 이를 변경해석이라고도 한다. 예를 들면 민법 제7조에서 「법정대리인은 미성년자가 아직 법률행위를 하기 전에는 전2조(前2條)의 동의와 허락을 취소할 수 있다」고 규정하고 있으나, 여기에서의 '취소'(取消)는 '철회'(撤回)라고 보정하여 해석함이 옳다. 왜냐하면 취소는 의사표시의 효과를 소급적으로 소멸시키는 데, 여기서는 법정대리인이 미성년자에게 준 동의나 허락이 장래에 대해서만 그 효력이 발생하지 않도록 막는 데 불과하기 때문이다.

6) 연혁해석(沿革解釋)

연혁해석이란 법이 성립한 연혁에 의하여 법의 의미를 밝히는 해석방법이다. 예컨대 법안의 이유서, 제안자의 의견, 의사록(議事錄), 입법정책상의 이유, 외국법의 모법적(母法的) 관계 등을 특히 참작하여 법을 이해하려는 것이다.

7) 유추해석(類推解釋)

a) 유추해석의 의의

유추해석이란 어떤 사항에 관하여 직접 규정한 법규가 없는 경우에 이와 가장 비슷한 사항을 규정한 법규를 적용하여 같은 법적 효과를 인정하는 것을 말한다. 예를 들면 '권리능력 없는 사단(社團)'(법인의 실체를 갖추었으나 아직 설립등기가 안 되어 법인격을 취득하지 못한 단체)의 법률관계에 관해서는 민법에 규정이 없으므로 민법상 法人의 규정을 유추적용해야 한다고 해석되고 있다. 유추해석을 인정할 수 있는 실질적 근거는 동일한 법이유가 존재하는 점에 있다.

b) 확장해석과의 차이

유추는 직접 적용할 법규가 없는 경우에 다른 법규를 적용하는 것이므로, 법규 자체의 의미를 목적에 적합하도록 확장하여 해석하는 확장해석과는 다르다.

c) 반대해석과의 차이

반대해석은 법규에 일정한 사항이 규정되어 있는 경우에 그 규정에서 빠져 있는 사항에 대해서는 그 규정과 반대의 의미로 해석하므로, 그 법조문에 근거를 두고서 해석한다. 그러나 유추는 문제가 되는 사례에 관하여 전혀 법규가 존재하지 않을 때에 다른 법규를 가져다가 적용하는 방법이므로 반대해석과는 다르다.

d) 형법상의 유추

형법에서는 유추를 허용하지 않는다는 것이 해석상의 원칙이다. 형법상 죄형법정주의(罪刑法定主義)에 따라 당연하다.

(3) 체계해석(體系解釋)

체계해석은 법질서의 전체적 체계에 맞도록 법을 해석하는 것이다. 문리해석과 논리해석이 끝나면 체계해석을 하여야 한다. 원래 한 법규(法規)는 단편적으로 존재하는 것이 아니라 다른 법규들과 합쳐서 통일적 체계를 이루고 있으므로, 한 법규의 의미내용을 다른 법규와 대조 내지 관련시켜서 법규 간에 서로 모순이 없도록 해석하여야 한다. 가령 어떤 법률규범의 의미를 밝히는 데 있어서 상위(上位)의 수권규범(授權規範)인 헌법규범(憲法規範)까지 그 해석을 추구해 나아가야 할 것이다.

예컨대 민법 제211조에서 「소유자는 법률의 범위 내에서 그 소유물을 사용, 수익, 처분할 권리가 있다」고 규정하고 있는 데, 여기 소유자의 사용(使用)·수익(收益)·처분권능(處分權能)의 의미를 해석함에는 헌법 제23조 제1항 「모든 국민의 재산권은 보장된다. 그 내용과 한계는 법률로 정한다」의 규정과 동조(同條) 제2항 「재산권의 행사는 공공복리에 적합하도록 하여야 한다」의 규정을 항상 체계적으로 관련시켜야 하는 것이다.

제6장 권리와 의무

제1절 법률관계와 권리·의무

I. 법률관계

사람의 생활관계(生活關係)는 여러 가지로 복잡·다양하며 법·도덕·관습·종교 등 많은 사회규범에 의하여 규율되고 있다. 이 중 법규범에 의하여 규율되는 생활관계를 법률관계(法律關係)라고 말한다. 따라서 종교규범이나 도덕규범에 의해서 규율되는 생활관계는 법률관계가 아니다. 물건을 팔고 사는 관계는 법률관계이나, 교회에서 기도하고 친구를 만나기로 한 약속은 법률관계가 아니다.

이 법률관계는 보통 권리와 의무의 관계로 결합되어 있다. 예컨대 매매(賣買)에 있어서 甲이 乙에게 물건을 팔면 甲은 乙에게 물건을 인도(引渡)할 의무가 있는 동시에 乙로부터 대금(代金)을 지급받을 권리가 발생하고, 또 乙은 甲에게 대금을 지급할 의무가 있는 동시에 乙로부터 물건을 인도받을 권리가 발생한다. 이와 같이 법률관계는 권리의무관계로 나타난다.

Ⅱ. 권리와 의무의 관계

권리와 의무는 원칙적으로 서로 대응하여 존재한다. 따라서 권리가 있으면 이에 대응하는 의무가 있는 것이 원칙이다.

그러나 이것은 절대적인 것은 아니고 때로는 권리만 있고 의무는 없는 경우가 있는가 하면, 반대로 의무만 있고 권리를 수반하지 않는 경우도 있다. 예를 들면 형성권(形成權, Gestaltungsrecht)은 의무를 수반하지 않는 권리로서 전자에 속하고, 헌법상의 납세의무나 국방의무는 권리를 수반하지 않는 의무로서 후자에 속한다. 사법관계(私法關係)의 경우에는 대부분 권리와 의무가 서로 대응하여 존재하나, 공법상의 의무에는 권리를 수반하지 않는 경우가 많다.

역사적으로 법은 의무본위(義務本位)로부터 권리본위(權利本位)로 발달해 왔다. 즉 중세봉건사회에 있어서는 일반시민과 군주(君主) 또는 봉건영주(封建領主)와의 관계는 신분적 예속관계에 있었으므로 양자 간의 법률관계는 권리적 성격이 아니라 의무적 성격에서 규율되었다. 그러나 근대 자본주의사회에서는 개인주의 내지는 자유주의사상의 흐름에 따라 법률관계도 의무본위로부터 권리본위로 변천하였다.

그러나 이와 같은 사상을 기반으로 한 사회제도가 차츰 그 폐단을 드러내게 되자, 20세기에 들어서면서는 복지국가적인 정치이념이 대두되고 개인중심적인 사고에서 사회중심적인 사고로 사회사조가 발전함에 따라, 권리보다는 의무가 강조되게 되었다. 「소유권에는 의무를 수반한다」는 독일의 바이마르(Weimar)헌법 제153조가 이를 잘 나타내 주고 있다. 우리나라 헌법에서 「재산권의 행사는 공공복리에 적합하도록 하여야 한다」고 규정한 헌법 제22조 제2항도 이를 잘 보여 주고 있다.

제2절 권리와 의무의 의의

Ⅰ. 권리의 의의

권리(right, Recht)라 함은 「일정한 이익을 향수(享受)하게 하기 위하여 법이 부여한 힘」이다. 이와 같이 법과 권리는 아주 밀접한 관계가 있다. 이와 같은 밀접한 관계는 우선 그 용어에서 나타나고 있다. 독일어의 Recht는 권리 및 법의 두 가지 의미를 가지고 있다. 독일어 외에도 라틴의 ius, 프랑스어의 droit, 이탈리아어의 diritto, 스페인어의 derecho, 러시아어의 provo 등은 모두 권리와 법의 두 가지 의미를 가지고 있다.

권리의 의의를 분석해 보면, 우선 권리는 법률상의 힘이다. 권리는 주관적으로 인정되는 의사력(意思力)이 아니라 객관적으로 법에 의하여 주어진 법적인 힘인 것이다. 이 법률상의 힘은 폭력과 같은 사실상의 실력과는 구별되며, 이 힘은 타인의 행위를 구속하고 강제한다. 따라서 만약 권리의 침해가 있을 때에는 그것을 제거하고 권리의 보호를 청구할 수 있는 법적 힘이 있다.

또한 권리는 이익을 목적으로 한다. 여기서의 이익은 인간의 사회생활 유지 및 발전을 위한 이익 일반에 관한 것으로서 반드시 재산적 이익에 한하는 것이 아니고 생명·신체·자유·명예 등과 같은 비재산적 이익도 포함하며, 또한 개인적 이익뿐만 아니라 국가 내지 사회적 이익도 포함하는 이익 전반을 말한다.

1. 권리와 구별되는 용어

(1) 권능(權能)

권능은 권리 속에 포함되어 있는 개개의 기능(機能)을 말한다. 즉 한 개의 권리가 있으면 그로부터 여러 가지 권능이 나오는 것이다. 그렇다고 해서 반드시 몇 개의 권능이 합쳐져 한 개의 권리를 이루는 것은 아니다. 예컨대 소유권이라는 권리로부터 그 소유물을 사용(使用)·수익(收益)·처분(處分)의 권능이 나온다. 권리 중에 포함된 개개의 권능도 흔히 무슨 무슨 권(權)으로 불리어 진다. 사용권·수익권·처분권 등과 같다.

(2) 권한(權限)

권한이란 국가·공공단체의 기관의 행위 또는 법인(法人)의 기관의 행위가 법령·정관 등에 의하여 국가·공공단체 또는 법인의 행위로서의 효력을 발생하는 범위를 말한다. 대통령의 권한, 장관의 권한, 지방자치단체장의 권한, 법인의 이사(理事)의 권한 등이 이것이다.

(3) 권원(權原)

권원이란 어떤 법률적 또는 사실적 행위를 하는 것을 정당화시키는 법률상의 원인을 말한다. 예컨대 타인의 부동산에 자기의 동산을 부속시킬 수 있는 권원은 지상권·임차권 등이다.

Ⅱ. 의무의 의의

의무(duty, Pflicht)란 의무자의 의사를 불문하고 일정한 행위를 해야 할 법적 구속을 말한다. 다시 말해서 의무란 자기의 의사 여하를 묻지 않고 일정한 작위(作爲) 또는 부작위(不作爲)을 해야 할 법적 강제를 말한다. 예컨대 금전을 차용한 채무자가 채무를 변제해야 할 의무, 국민이 국가에 대하여 세금을 납부해야 할 의무 등이다.

제3절 권리와 의무의 분류

Ⅰ. 권리의 분류

권리는 여러 가지 표준에 의하여 분류할 수 있다. 법을 공법·사법·사회법으로 분류하는 것과 대응하여 권리도 공권(公權)·사권(私權)·사회권(社會權)으로 분류하는 것이 일반적이다.

1. 공권(公權)

공권이란 공법관계에서 당사자가 가지는 권리이다. 공권은 국내법상의 공권과 국제법상의 공권으로 나눌 수 있다.

(1) 국내법상(國內法上)의 공권

1) 국가적 공권(國家的 公權)

국가적 공권은 국가나 공공단체가 그 자체의 존립을 위하여 가지는 권리와 국민에 대하여 가지는 권리의 양자를 포함한다. 국가적 공권은 다시 그 작용에 따라서 입법권·사법권·행정권으로 나누어지고, 또 그 목적에 따라서 조직권·경찰권·군정권·형벌권·재정권 등으로 나누어진다.

2) 개인적 공권(個人的 公權)

개인적 공권은 국민이 국가 또는 공공단체에 대하여 가지는 권리이다. 개인적 공권에는 자유권(自由權)·수익권(受益權)·참정권(參政權) 등이 있다.

(2) 국제법상(國際法上)의 공권

국가는 대내적으로 최고의 지배권을 갖는 동시에 대외적으로는 독립적인 국제법상의 권리·의무의 주체가 된다. 그리고 국제법상으로 국가에게 인정되는 권리가 국제법상의 공권이며, 여기에는 독립권·평등권·자위권 등이 있다.

2. 사권(私權)

사권이란 사법관계(私法關係), 즉 재산과 신분에 관한 법률관계에 있어서 인정되는 권리로서 여러 가지 표준에 의하여 분류된다.

(1) 권리의 내용(內容)에 의한 분류

1) 인격권(人格權)

인격권은 권리자 자신의 인격적 이익을 위한 권리로서 생명권·신체권·자유권·명예권·성명권·정조권 등이 이에 속한다.

2) 신분권(身分權)

신분권은 가족·부부·친족 등의 일정한 신분관계에 있는 자들 사이에서 신분적 이익을 내용으로 하는 권리이다. 신분권에는 친족권과 상속권이 있다.

3) 재산권(財産權)

재산권은 권리자의 경제적 이익을 내용으로 하는 권리로서 물권·채권·무체재산권 등이 이에 속한다. 물권(物權)은 물건을 직접 지배하여 이익을 받는 권리이고, 채권(債權)은 특정인에 대하여 특정한 행위를 할 것을 청구할 수 있는 권리이다. 무체재산권(無體財産權)은 저작권(著作權)·특허권(特許權)·상표권(商標權) 등 지능적·정신적 산물에 대한 권리이다.

4) 사원권(社員權)

사원권은 사단법인을 구성하는 사원(社員)이 그 사원의 자격에서 법인에 대하여 가지는 권리로서 주식회사에 있어서의 주주권(株主權) 등이 이에 속한다.

(2) 권리의 작용(作用)에 의한 분류

1) 지배권(支配權, Herrschaftsrecht)

지배권은 권리의 객체(물건·무체재산·사람 등)를 직접 지배하는 권리이다. 물권·무체재산권(저작권·특허권·상표권 등) 및 친족권의 대부분이 이에 속한다. 지배권은 타인의 침해를 배척할 수 있는 효력, 즉 배타적(排他的) 효력을 갖는다.

2) 청구권(請求權, Anspruchsrecht)

청구권은 타인의 행위(작위 또는 부작위)를 요구할 수 있는 권리이다. 청구권은 지배권과 달라서 권리의 목적인 이익을 향수하기 위하여 타인의 행위를 필요로 하는 것이 특색이다. 청구권의 전형적인 것으로는 채권을 들 수 있고, 그 밖에도 물권적 청구권, 부부간의 동거청구권, 친족 간의 부양청구권 등이 있다.

3) 형성권(形成權, Gestaltungsrecht)

형성권은 권리자의 일방적(一方的) 의사표시에 의하여 법률관계를 발생·변경·소멸시키는 권리를 말한다. 권리자가 일방적으로 법률관계를 변동시킬 가능성이 있는 권리라는 뜻에서 가능권(可能權, Kannsrecht)이라고도 한다. 여기에는 취소권(민법 제140조, 제141조)·추인권(민법 제43조, 제130조)·해제권(민법 제154조) 등이 있다.

형성권의 행사는 원칙적으로 보통의 의사표시로 족하지만, 신분관계나 제3자에 대하여 많은 영향을 미치는 법률관계에 있어서는 법원의 판결로 확인될 때 비로소 형성의 효력이 생기는 경우가 있다(민법 제840조: 이혼청구권).

4) 항변권(抗辯權, Einrede)

항변권은 타인이 요구하는 청구권에 대하여 그 청구를 거절할 수 있는 권리이다. 항변권은 상대방에게 청구권이 있음을 부인하는 것이 아니라, 그것을 전제하고 다만 그 행사를 배척하는 것으로서 상대방의 공격을 막는 방어적 수단으로 사용된다. 「동시이행(同時履行)의 항변권」(민법 제536조), 「보증인(保證人)의 최고(催告)·검색(檢索)의 항변권」(민법 제437조), 「한정상속인(限定相續人)의 항변권」(민법 제1028조) 등이 그 예이다.

항변권은 청구를 일시적으로 저지하여 연기의 효력을 낳게 하는 연기적 항변권(延期的 抗辯權)과 청구를 영구적으로 저지하여 청구권 소멸의 효과를 생기게 하는 영구적 항변권(永久的 抗辯權)이 있다. 동시이행의 항변권과 보증인의 최고·검색의 항변권은 전자에 속하고, 한정상속인의 항변권은 후자에 속한다.

(3) 기타의 분류

1) 절대권(絶對權, absolutes Recht)과 상대권(相對權)(relatives Recht)

절대권은 누구에게나 주장할 수 있는 권리이고, 상대권은 특정인에게 대해서만 주장할 수 있는 권리이다. 절대권은 배타성이 있고, 상대권에는 배타성이 없다. 물권은 절대권의 예이고, 채권은 상대권의 예이다.

2) 일신전속권(一身專屬權, nichtübertragbares Recht)과 비전속권(非專屬權, übertragbares Recht)

일신전속권은 성질상 권리자에게만 전속하여 양도나 상속으로 타인에게 이전할 수 없는 권리이고, 비전속권은 이전할 수 있는 권리이다. 인격권·신분권은 일신전속권이고, 재산권은 대체로 비전속권이다.

3) 주(主)된 권리와 종(從)된 권리

주된 권리란 독립하여 존재하는 권리이며 다른 권리에 종속되지 않는 권리이다. 반면에 종된 권리란 다른 권리에 종속되는 권리를 말한다. 원본채권(元本債權)은 주된 권리이고, 원본채권에 대한 이자채권은 종된 권리이다.

3. 사회권(社會權)

사회권은 사회법상의 권리이다. 사회법이 공법·사법의 중간영역적인 지위에서 성립되어 있는 관계로 사회권도 공권·사권의 혼합적 성격을 띠고 있다.
우리 헌법상 근로의 권리, 교육을 받을 권리, 근로자의 단결권·단체교섭권·단체행동권, 인간다운 생활을 할 권리, 신체장애자 및 생활무능력자의 국가의 보호를 받을 권리 등이 이에 속한다.

Ⅱ. 의무의 분류

1. 공의무(公義務)

공의무는 공법상의 의무를 말하며, 이는 국제법상의 공의무와 국내법상의 공의무로 나누어진다. 국제법상의 공의무는 한 국가가 다른 국가에 대하여 지는 의무를 말한다.

국내법상의 공의무는 다시 국가 또는 공공단체가 국민에 대하여 지는 국가적 공의무와 국민이 국가 또는 공공단체에 대하여지는 개인적 공의무로 나누어진다. 국가가 부담하는 국민의 기본권보장의무는 전자의 예이고, 국민의 납세·국방·교육·근로·환경보전의 의무 등은 후자의 예이다.

2. 사의무(私義務)

사의무는 공법상의 의무가 아닌 사인 상호 간의 관계에서 발생하는 의무를 말한다. 예컨대, 사인 간에 주택 매매가 이루어진 경우에 매수자는 주택 가격을 지불할 의무가 있고, 매도자는 주택을 양도할 의무가 발생한다. 이 의무의 이행은 동시이행의 의무관계에 있다.

제4절 권리의 행사(行使)와 의무의 이행(履行)

Ⅰ. 권리의 행사

1. 권리행사의 의의

권리의 행사라 함은 권리자가 권리의 내용을 실행하는 행위를 말한다. 권리행사의 형태는 권리의 내용에 따라서 다르다. 즉 권리의 행사는 형성권에 있어서는 의사표시를 하는 것이고, 물권과 같은 지배권에 있어서는 주로 사실행위이고, 채권과 같은 청구권에 있어서는 급부(給付)를 청구하고 수령하는 행위이다.

2. 권리행사의 자유

권리의 행사는 권리자의 자유에 맡겨져 있는 것을 원칙으로 한다. 그러므로 일찍이 로마법시대부터「자기의 권리를 행사하는 자는 누구에 대하여도 불법을 행하는 것이 아니다」라는 법격언도 있다. 이것은 특히 사권(私權)의 행사는 자유로이 할 수 있다는 원칙을 단적으로 표현하는 말이다.

3. 권리행사의 제한(制限)

(1) 제한의 필요성

권리의 행사는 권리자 개인의 문제에만 그치는 것이 아니라 사회와의 관련성이 있으므로 권리행사에 있어서는 그 개인성과 사회성의 조화를 요구하게 되었고, 사회성의 요구의 결과 권리의 행사는 무제한 허용될 수 없으며 일정한 제한을 받게 되었다.

(2) 제한의 내용

1) 재산권(財産權)의 제한

1919년 바이마르 헌법이「소유권은 의무를 부담한다. 그 행사는 동시에 공공복리에 부합하도록 하여야 한다」고 규정한 것은 소유권 행사의 자유를 제한한 규정이다. 우리 헌법에도 「재산권의 행사는 공공복리에 적합하도록 하여야 한다」(헌법 제23조 제2항)고 규정하고 있다.

2) 신의성실(信義誠實)의 원칙(原則)

우리 민법에서 「권리의 행사와 의무의 이행은 신의에 좇아 성실히 하여야 한다」(민법 제2조 제1항)고 규정하고 있다.

신의성실(Treu und Glauben)이란 정의·형평 등의 뜻이며, 사회의 일반적인 도덕의식을 가리킨다고 할 것이다. 권리자가 신의성실의 원칙에 어긋나게 권리를 행사한 때에는 그 행위는 선량한 풍속 기타 사회질서에 반하는 것으로 취급되어 무효가 되고, 때에 따라서는 권리남용으로 인정되는 때도 있을 것이다.

3) 권리남용(權利濫用)의 금지(禁止)

우리 민법에서 「권리는 남용하지 못한다」(민법 제2조 제2항)고 규정하고 있다. 외형상으로는 권리행사처럼 보이나 실질적으로는 권리행사가 사회성에 반하는 경우에는 정당한 권리행사라고 볼 수 없으며, 이런 권리행사는 권리의 남용이라고 하여 금지하고 있는 것이다.

권리가 남용되면 불법행위로 인정되는 경우도 있고, 남용의 정도가 심한 때에는 권리 자체를 박탈하는 경우도 생긴다.

II. 의무의 이행

의무의 이행은 의무자가 부담하는 의무내용을 실현하는 것을 말한다. 권리자는 자기의 권리를 포기할 수 있으나, 의무자는 자기의 의무를 반드시 이행하여야 한다. 의무를 이행하지 않을 때에는 법에 의한 책임을 지게 된다. 의무불이행의 경우에는 이행이 강제되거나(예: 민법 제389조 강제이행), 손해배상을 해야 하며(동법 제390조 채무불이행과 손해배상), 형법상의 처벌(형법 제271조의 유기죄 등)을 받기도 한다.

권리의 행사와 마찬가지로 의무의 이행도 신의에 좇아 성실히 하여야 한다(민법 제2조 제1항). 신의성실에 위반한 의무이행은 의무의 이행으로 볼 수 없으며, 의무불이행의 책임을 진다.

제7장 국제법(전쟁법)과 국내법의 효력 관계

제1절 개념

　전쟁법(戰爭法, laws of war)이란 전쟁 상황과 관계되는 내용을 규율하는 국제법(국제조약)이다. 전쟁법이라는 법명칭을 가진 단일 국제조약(국제법)은 없으며, 전쟁법은 전쟁(무력충돌) 상황과 관계되는 내용을 규율하는 여러 가지 국제조약(국제법)을 총체적으로 표현한 것이다.[1]
　국제법(전쟁법)과 국내법의 효력 관계는 국제법과 국내법의 내용이 상호 저촉될 수 있는가, 만일 양자가 저촉된다면 어느 법이 우선적 효력을 갖는가 하는 문제로 귀결된다.
　국제법과 국내법의 관계에 대한 학설은 통일되어 있지 않으며 또한 이에 관한 각국의 국내법의 규정도 여러 가지이나, 이 문제에 관해서는 일반적으로 일원론과 이원론으로 대별되고 있다.

제2절 학설(이원론과 일원론)

Ⅰ. 이원론(二元論)

　이원론은 국제법과 국내법의 관계를 상호 독립된 별개의 법체계를 구성한다고 본다. Triepel의 견해에 따르면 국내법은 국가의 단독의사에 의하여 성립되고 개인 상호 간 또는 개인과 국가와의 관계를 규율하는데 대하여, 국제법은 여러 국가의 공동의사에 따라 성립되며 평등한 국가 간의 관계를 규율한다고 한다. 따라서 국제법과 국내법이 저촉될 경우에도 상호 효력에 영향을 미치지 않고 양자는 각기 법대로 양립하여 효력을 가진다고 한다.
　이 이론을 주장한 사람은 Heinrich Triepel, L. Oppenheim, Dinisio

---

[1] 전쟁법에는 전쟁과 관계되는 내용을 규율하고 있는 일부 국내법도 포함이 되나, 전쟁은 보통 국가 간에 발생하는 무력충돌이므로 전쟁법은 국제법이라고 일반적으로 인식하는 경우가 많다.

Anzilotti 등이다.

최근의 국제법 발달의 전체적 경향은 이원론을 지지하는 학자보다는 일원론을 주장하는 학자가 많다.

II. 국내법 우위론의 일원론(一元論)

이원론과 대립되는 일원론은 국제법과 국내법은 별개의 독립되는 법체계를 이루고 있는 것이 아니라 통일적인 법체계를 이루고 있다는 것이다. 국내법 우위론은 통일적인 법체계 내에서 국내법이 국제법보다 우위에 있으며, 양자가 상호 저촉되는 경우에는 국내법이 우선 적용되어야 한다는 이론이다.

그 논거는 국제법의 체결권한은 직접 국내법(헌법)의 규정에 의하므로 국제법의 궁극적 타당근거는 국내법이므로 국내법이 국제법보다 상위에 있다고 주장한다. 이 이론은 19세기까지의 지배적 이론이었으며, 이 이론을 주장한 사람은 Albert Zorn, Max Wenzel, E. Kaufmann 등이다.

오늘날 국제법의 경향은 국내법 우위론의 주장은 거의 사라졌다고 할 수 있다.

III. 국제법 우위론의 일원론(一元論)

국제법 우위론은 국제법과 국내법은 상호 별개의 법체계를 구성하고 있는 것이 아니라 양자는 통일적인 법체계를 구성하고 있다는 것이다. 그리고 국제법이 국내법보다 상위에 있고 국내법이 하위에 있다고 주장한다. 따라서 국제법과 국내법이 상호 저촉되는 경우에는 국제법이 우선 적용되어야 한다는 주장이다. 이 이론은 Hans Kelsen, Adolf Verdross, Hugo Karbbe 등이 주장했다.

국제재판에서는 각국의 국내법이 구속력이 있는 법규범으로 인정받지 못하고 있으며, 국제법에 의하여 판단되고 있는 사실이 오래전부터 확립되어 있다.

국제법과 국내법의 관계에 있어서 국제재판소의 태도는 항상 국제법 우위의 원칙을 견지해 왔다.

국제재판소의 판결이나 국제적 실행에 나타난 이 원칙들을 요약하면 다음과

같다.2)

　（ⅰ） 국제관계에 있어서 국제법은 국내법에 우선한다. 예를 들면 체약국은 조약에 의하여 소수민족의 이동의 자유를 보장한 경우 이것과 상이한 내용의 국내법령이 있을지라도 이 자유에 대해서 제한을 가해서는 안 된다. 오히려 조약의 집행을 확보하는 데 필요한 관계법령의 개정을 약속하여야 하며, 이것을 방치하면 국가책임을 면할 수 없다.

　（ⅱ） 국가는 국제의무를 면(免)할 또는 제한할 목적으로 국내법을 원용하여 국제법상의 면책을 주장할 수 없다.

　（ⅲ） 국제법과 그 기관인 국제재판소의 입장에서 볼 때 국내법은 단순한 사실에 지나지 않는다. 즉, 국제재판소로서는 관계 국내법 그 자체를 해석해야 할 의무도 권한도 없고, 다만 분쟁당사국이 국제법상의 의무를 위반했는지의 여부를 판단하는 데 그친다.

　（ⅳ） 국제재판소는 국제법을 알고 있다고 간주되지만 국내법을 알고 있다고 간주되지 않는다.

　위와 같은 국제법 우위의 원칙은 과거 냉전시대에도 구미와 공산권 국가를 포함하여 국제적으로 확립되었으며 어느 국가도 국제법 위반의 항변으로서 국내법을 원용할 수 없었다. 그러나 국가가 국제법 위반의 국내법을 제정하였을 경우라도 그것이 타국과의 관계에서 직접 문제가 되지 않는 한 그 국내법은 그 국내에서 효력을 가진다.3)

제3절 우리나라에 있어서 국제법과 국내법의 효력 순위

　세계 각국은 국제법과 국내법의 관계에 있어서 현재 일원론의 입장을 취하는 국가가 다수이며, 우리나라도 마찬가지로 일원론의 입장을 취하고 있다.

　국제법과 국내법은 통일적인 법체계를 구성하고 있다며 일원론을 긍정하는 국가들 사이에도 국제법의 효력이 모든 국내 법규범보다 최상위에 있는지 아니면 각국의 헌법과 동일 또는 헌법보다 하위에 있는지, 형식적 의미의 법률과 같은 순위에 있는지 등에 관하여 그 입장이 다양하다.

---

2) 이한기, 국제법강의, 박영사, 2007, pp. 129-130.
3) 상게서, pp. 130-131.

Ⅰ. 세계 각 국가의 실제

1. 헌법보다 상위의 효력을 인정

네덜란드가 이에 해당한다. 조약의 비준 동의에 국회의 2/3 이상의 동의를 요하는 것은 조약이 헌법보다 상위의 효력을 인정하고, 1/2 이상의 동의를 요하는 것은 조약이 법률보다 상위의 효력을 인정한다(헌법 제63조, 제93조).

2. 헌법과 동위(同位)의 효력을 인정

오스트리아가 이에 해당한다. 네덜란드와 같이 조약을 2종으로 나누어 국회의 2/3 이상의 동의를 요하는 경우는 헌법과 동위의 효력을, 1/2 이상의 동의를 요하는 경우는 법률과 동위의 효력을 인정한다(제42조, 제49조).

3. 법률보다 상위의 효력을 인정

프랑스가 이에 해당한다. 조약의 효력은 헌법보다 하위의 효력, 법률보다는 상위의 효력을 인정한다. 즉, 헌법·조약·법률의 순위다(제55조).

4. 법률과 동위의 효력 인정

미국이 이에 속한다. 헌법은 제6조 제2항에서 「합중국의 권한에 의하여 체결된 또는 장차 체결될 모든 조약은 국가의 최고규범이다」라고 규정하고 있으나, 헌법관행상 조약의 효력은 헌법보다 하위의 효력을 인정하고 연방법률과 동위의 효력을 인정한다. 즉, 헌법은 1순위, 조약과 연방법률은 다같이 2순위의 효력을 인정한다. 연방법률은 관습국제법보다 우월한 효력을 가진다.[4]

5. 국제관습법은 법률보다 하위의 효력을 인정

영국이 이에 속한다. 관습국제법의 효력은 법률보다도 하위의 효력을 인정한다. 즉, 법률·국제관습법의 순위다. 영국에서 조약은 관습국제법과는 달리

---

[4] 김명기, 국제법원론(상), 박영사, 1996, pp. 117-118.

의회가 법제정을 통하여 그 내용에 국내적 효력을 부여해야만 집행될 수 있다. 영국에는 헌법전이 없기 때문에 헌법과의 관계는 논의의 대상이 아니다.

II. 우리나라의 실제

1. 헌법의 규정: 조약은 국내법과 같은 효력

우리나라 헌법 제6조 제1항은 「헌법에 의하여 체결·공포된 조약과 일반적으로 승인된 국제법규는 국내법과 같은 효력을 가진다」고 규정하고 있다. 국내법 중에서 어느 법과 동일한 효력을 갖는지 명확하지가 않다.

2. 학설과 효력의 순위

(1) 헌법·조약 동위설

이 학설은 조약은 국내법 중 헌법과 동일한 효력이 있다고 한다. 그 논거는 헌법 전문(前文)에서 국제평화주의와 국제법 존중주의를 헌법의 기본원칙으로 선언하고 있는 것을 든다.

(2) 헌법의 우위 및 법률·조약 동위설

이 학설은 헌법은 조약보다 상위의 효력을 가진다. 즉, 조약은 헌법보다 하위의 효력을 가진다.

조약은 국회의 비준 동의를 요하는 조약과 이를 요하지 않는 조약으로 구분하여, 전자에 대하여는 법률과 동일한 효력을 인정하고, 후자에 대하여는 대통령령과 동일한 효력을 인정한다. 이것은 조약에 대한 국회의 동의에 필요한 의결정족수와 법률안에 대한 그것이 동일하다는 것을 근거로 한다. 이 학설이 우리나라 통설이라고 할 수 있다.

3. 판례

우리나라 헌법재판소의 다수의 판례는 헌법은 조약보다 우위의 효력을 가지며, 국회의 동의를 필요로 하는 조약은 법률과 동위의 효력을 가진다는 입장이다.

즉, 헌법재판소의 판례는 「우리 헌법 제6조 제1항은 '헌법에 의하여 체결·공포된 조약과 일반적으로 승인된 국제법규는 국내법과 같은 효력을 가진다'고 규정하고, … 우리 헌법은 조약에 대한 헌법의 우위를 전제하고 있으며, 헌법과 동일한 효력을 가지는 이른바 헌법적 조약을 인정하지 아니한다고 볼 것이다. 한미무역협정의 경우, 헌법 제60조 제1항에 의하여 국회의 동의를 필요로 하는 우호통상항해조약의 하나로서 법률적 효력이 인정되므로, 규범통제의 대상이 됨은 별론으로 하고, 그에 의하여 성문헌법이 개정될 수 없다.」(헌법재판소 2013년 11월 28일 선고, 2012헌마166 결정).

조약의 우리나라 법체계상의 효력 순위에 관해서는 우리나라 판례와 학설은 같은 견해이다.

4. 헌법의 규정: '일반적으로 승인된 국제법규'는 국내법과 같은 효력

(1) 관습국제법설

이 학설에 의하면 '일반적으로 승인된 국제법규'라 함은 관습국제법을 의미한다고 한다. 우리나라가 당사자로 되어 있지 않은 조약은 그 조약이 국제사회에서 그 규범성이 인정되어 있는 일반조약이라 할지라도 '일반적으로 승인된 국제법규'에 포함되지 않는다고 한다. 일반적으로 승인된 국제조약의 당사자에 우리나라가 제외된 것이 명백하며, 조약은 제3국을 구속할 수 없다는 것은 확립된 원칙이기 때문이라는 것이다. 주로 국내 국제법 학자들이 주장하는 이론이다.

(2) 관습국제법·조약설

이 학설에 의하면 '일반적으로 승인된 국제법규'에는 관습국제법 이외에 우리나라가 조약당사자가 아닌 조약으로서 국제사회에서 일반적으로 그 규범성이 승인된 일반조약도 포함된다고 한다. 그 예로 1928년의 부전조약(不戰條約) 등을 제시하기도 한다. 주로 국내 헌법학자들이 주장하는 이론이다.

5. 국내법과 국제법의 적용 순위

국내법과 국제법의 내용이 서로 저촉되는 경우에는 다음의 순위에 따라 적용한다.

첫째, '상위법 우선적용의 원칙'에 따라 헌법이 적용된다.

둘째, '특별법 우선적용의 원칙'에 따라 특별법이 적용된다.

셋째, '신법 우선적용의 원칙'에 따라 신법(新法)이 적용된다.

국제법인 조약에는 전쟁법이 포함된다. 따라서 국내법과 전쟁법의 내용이 서로 저촉되는 경우에는 위에서 기술한 상위법, 특별법 또는 신법 우선의 원칙에 따라 그 적용순위가 결정된다.

제2편 전쟁과 인권보장

제1장 전쟁 시 인권보장의 당위성

　인권(人權)이라 함은 인간이 인간이기 때문에 태어날 때부터 당연히 갖는 천부적 권리(天賦的 權利)를 말한다. 인권은 평화 시거나 전쟁 시를 막론하고 잘 보장되어야 한다. 특히 전쟁 시에는 인권의 침해나 유린이 평시보다 훨씬 많이 발생할 가능성이 높다. 국가는 국민의 인권이 침해되지 않고 이를 잘 보장해야 할 책임이 있다.

　국제조직이나 각 국가는 인권의 보장을 위한 법적·제도적 장치들을 마련하여 그 실현을 하고 있다. 예컨대, 국제적 조약의 체결이나 국내법의 제정을 통하여 인권을 보장하고 있다.

　사람의 인권(기본권)을 보장하고 있는 대표적인 조약은 1945년에 채택되어 발효된 UN헌장이다. 이 헌장은 인권의 존중을 UN 설립 목적의 하나로 보았다. 이 헌장에서는 인간의 존엄과 가치, 평등권 등을 선언하고 있다.

　이어서 UN은 1948년에 「세계인권선언」을 선포하였다. 이 선언에서도 「인권의 천부적(天賦的) 존엄성과 불가양(不可讓)의 권리임을 인정하는 것이 세계의 자유·정의 및 평화의 기초이며… 모든 사람과 국가가 성취하여야 할 공통의 기준이다」라고 선언하고 있다.

　또한 이 선언은 법 앞에 평등(평등권), 고문금지 등을 규정한 신체의 자유, 자유권적 기본권, 사회권적 기본권, 참정권, 재산권, 자유와 권리의 행사와 제한 등을 규정하고 있다.

　UN은 세계인권선언을 채택한 후 1966년에는 국제적인 인권보장을 위하여 「국제인권규약」을 채택하였다.

　이 국제인권규약은 「경제적·사회적 및 문화적 권리에 관한 국제규약(A규약)」과 「시민적 및 정치적 권리에 관한 국제규약(B규약)」을 채택하였다.

　국제인권규약에서 규정하고 있는 인권보장에 관한 내용은 세계인권선언에서 규정하고 있는 내용과 비교할 때 거의 대동소이하다고 볼 수 있다. 그러나 전자가 후자보다는 인권보장에 관한 내용과 그 보장절차가 보다 세부적이고 구체적으로 규정되어 있다고 볼 수 있다.

흔히들 「세계인권선언」과 「국제인권규약」을 합해서 '국제인권장전'(International Bill of Human Rights)이라고 말한다.

국제조약이나 국내법에서 규정하고 있는 인권보장에 관한 사항은 평시(平時)나 전시(戰時)를 불문하고 준수되어야 한다.

법규범으로서 조약이나 국내법은 인과율(Kausalgesetz)의 지배를 받는 자연현상과는 달리 위배가능성이 있다. 따라서 인권보장을 규정하고 있는 이들 법규범을 위배하는 경우에는 그에 관해서 제재를 가하고 있다.

특히 전시에는 인권이 침해받기 쉬우므로 전시에 적용되는 국제조약인 전쟁법의 제정을 통하여 인권침해를 예방하고 있으며, 전쟁법을 위반해서 인권을 침해하는 경우에는 전쟁범죄자가 되어 국내 재판소나 국제형사재판소 등에서 엄히 처벌을 받는다. 또한 형사적 처벌뿐만 아니라 손해배상 책임도 따른다.

전쟁범죄자 처벌 등 전쟁법에 관한 세부적인 내용에 관해서는 제3편 전쟁법 단원에서 설명하고자 한다.

제2장 기본적 인권의 의의

인권(human rights, Menschenrechte) 내지는 기본권(fundamental rights, Grundrechte)이라 함은 인간이 인간이기 때문에 당연히 가지는 생래적(生來的)이고 천부적(天賦的)이며 자연법적인 권리를 말한다.

인권의 개념이 처음 인식된 것은 인류 역사상 상당히 오래전부터 시작되었을 것이라고 생각된다. 그러나 인권의 개념과 그 보장은 근대의 계몽주의적 사상, 즉 천부인권론, 사회계약설 등 근대 자연법사상(自然法思想)에 기초를 두고 있다.

근대 자연법론자의 대표적 학자는 로크, 몽테스키외, 루소 등이다. 천부인권론 등 자연법사상은 근대 각국의 인권선언과 권리장전을 통하여 성문화(成文化)되었다.

미국의 1776년 6월의 버지니아 권리장전(Virginia Bill of Rights)은 천부불가침(天賦不可侵)의 자연권으로서 생명권, 행복추구권, 신체의 자유를 포함한 여러 가지 자유권, 재산권, 참정권, 저항권 등을 규정하였다. 이어서 1791년에 헌법을 개정하여 인권조항(권리장전)을 두었다.

프랑스의 1789년의 「인간과 시민의 권리선언」은 불가침(不可侵)·불가양(不可讓)의 자연권으로서의 평등권, 신체의 자유, 종교의 자유, 사상표현의 자유, 소유권의 보장 등을 규정하였다.

제3장 인권법의 국제적 발전(국제인권조약)

근대의 자연법사상에 입각한 기본적 인권의 발전은 세계 제1차 및 제2차 대전을 겪은 후 1945년 UN의 탄생으로 인권보장에 관한 국제적 움직임이 UN을 중심으로 활발하게 진행되었다. 이와 같은 인권보장의 목적 달성을 위한 임무를 UN헌장과 UN의 여러 기구, 즉 유엔총회, 경제사회이사회, 인권위원회, 인권이사회, 인권최고대표, 안전보장이사회 등에 부여하고 있다.

「UN헌장」, 「세계인권선언」, 「국제인권규약」을 일반적으로 국제인권조약이라고 말한다.

제1절 UN헌장

1945년 6월 26일 채택(1945. 10. 24. 발효)된 UN헌장(Charter of United Nations)은 인권의 존중을 UN 설립 목적의 하나로 보았다. 이 헌장 전문(前文)에서는 「양차 세계대전으로 인류에게 가져온 슬픔과 불행에서 다음 세대를 구하고, 기본적 인권, 인간의 존엄과 가치, 남녀평등 및 대소 각국의 평등을 재확인한다」고 선언하고 있다(UN헌장 전문 참조).

또한 UN 목적의 하나로서 「경제적·사회적·문화적 또는 인도적 성격의 국제문제를 해결하고 또한 인종·성별·언어 또는 종교에 따른 차별 없이 모든 사람의 인권 및 기본적 자유에 대한 존중을 촉진하고 장려함에 있어 국제적 협력을 달성한다」고 규정하고 있다(동 헌장 제1조 제3항).

그리고 총회는 「경제·사회·문화·교육 및 보건분야에 있어서 국제협력을 촉진하며, 인종·성별·언어 또는 종교에 따른 차별 없이 모든 사람의 인권 및 기본적 자유를 실현하는 데 있어 국제적 협력을 달성한다」(동 헌장 제13조 제1항 b).

또한 UN헌장 제55조에서는 「사람의 평등권 및 자결원칙의 존중에 기초한 국가 간의 평화롭고 우호적인 관계에 필요한 안정과 복지의 조건을 창조하기 위하여, 국제연합은 다음을 촉진한다.」

(a) 보다 높은 생활수준, 완전고용 그리고 경제적 및 사회적 진보와 발전의 조건

(b) 경제·사회·보건 및 관련 국제문제의 해결 그리고 문화 및 교육상의 국제협력

(c) 인종·성별·언어 또는 종교에 관한 차별이 없는 모든 사람을 위한 인권 및 기본적 자유의 보편적 존중과 준수

제2절 세계인권선언

Ⅰ. UN 총회의 채택

UN헌장은 기본적 인권을 존중할 것을 일반적으로 규정하였으나 존중해야 할 인권의 구체적 내용과 가맹국들에게 구체적인 행위를 요구하는 법적 의무를 규정하지 않았다.

UN이 창설된 후 우선 착수한 작업 중의 하나가 국제인권장전의 마련이었다. UN헌장을 기초한 일부 국가들은 UN헌장 내에 구체적인 인권보호조항을 포함할 것을 주장했으나, 합의를 도출하지 못했고 추후의 과제로 넘겼다.

UN은 창설 후 곧바로 경제사회이사회 산하에 인권위원회(Commission on

Human Rights)를 1946년 2월 15일 설치하고, 이 위원회에서 국제인권장전을 작성하도록 하였다. 인권위원회는 우선 법적 구속력이 없는 선언 형태의 문서를 먼저 만들고, 차후에 구속력이 있는 조약 형태의 문서를 만들기로 하였다.

이에 따라 인권위원회가 작성하여 1948년 12월 10일 UN의 제3차 총회에서 우선 채택된 문서가 「세계인권선언」(Universal Declaration of Human Rights)이다.

세계인권선언은 UN헌장에 규정된 추상적·일반적인 인권의 내용을 구체적·개별화하였다.

이 세계인권선언은 전문(前文)과 본문 30조로 구성되어 있으며, 크게 구분하여 시민적·정치적 권리에 관한 '자유권적 기본권'과 경제·사회·문화적 권리에 관한 '사회권적 기본권'의 두 가지로 구분할 수 있다.

세계인권선언의 내용은 모든 국가와 그 구성원이 달성해야 할 공통의 기준이라고 할 수 있으나, 그 자체가 UN 가맹국을 법적으로 구속하는 것은 아니다. 그러나 이 인권선언은 일부 국가의 기권은 있었으나 UN 가맹국의 제 국가가 반대 없이 이 선언의 채택에 동의(찬성 48, 반대 무, 기권 8)한 것은 그 의의가 매우 크며, 이 선언이 채택된 이래 지금까지 세계에 미친 영향력은 무시할 수 없다고 할 것이다.

세계인권선언에서 규정하고 있는 인권 내지 기본권의 내용은 다음과 같다.

Ⅱ. 내용

1. 전문(前文)

모든 인류 구성원의 천부의 존엄성과 동등하고 양도할 수 없는 권리를 인정하는 것이 세계의 자유·정의 및 평화의 기초이며, 인권에 대한 무시와 경멸이 인류의 양심을 격분시키는 만행을 초래하였으며, 인간이 언론과 신앙의 자유, 그리고 공포와 결핍으로부터의 자유를 누릴 수 있는 세계의 도래가 모든 사람들의 지고한 열망으로서 천명되어 왔으며… 모든 사람과 국가가 성취하여야 할 공통의 기준으로서 이 세계인권선언을 선포한다.

2. 인간의 존엄과 가치

모든 인간은 태어날 때부터 자유로우며 그 존엄과 권리에 있어 동등하다. 인간은 천부적으로 이성과 양심을 부여받았으며 서로 형제애의 정신으로 행동하여야 한다(제1조).

모든 사람은 어디에서나 법 앞에 인간으로서 인정받을 권리를 가진다(제6조).

3. 평등권

모든 사람은 법 앞에 평등하며 어떠한 차별도 없이 법의 동등한 보호를 받을 권리를 가진다. 모든 사람은 이 선언에 위반되는 어떠한 차별과 그러한 차별의 선동으로부터 동등한 보호를 받을 권리를 가진다(제7조).

모든 사람은 인종, 피부색, 성, 언어, 종교, 정치적 또는 기타의 견해, 민족적 또는 사회적 출신, 재산, 출생 또는 기타의 신분과 같은 어떠한 종류의 차별이 없이, 이 선언에 규정된 모든 자유와 권리를 향유할 자격이 있다(제2조).

더 나아가 개인이 속한 국가 또는 영토가 독립국, 신탁통치지역, 비자치지역이거나 또는 주권에 대한 여타의 제약을 받느냐에 관계없이, 그 국가 또는 영토의 정치적, 법적 또는 국제적 지위에 근거하여 차별이 있어서는 아니 된다(제2조).

4. 신체의 자유

모든 사람은 생명과 신체의 자유와 안전에 대한 권리를 가진다(제3조).

어느 누구도 고문, 또는 잔혹하거나 비인도적이거나 굴욕적인 처우 또는 형벌을 받지 아니한다(제5조).

누구든지 자의적으로 체포·구금 또는 추방되지 아니한다(제9조).

어느 누구도 노예상태 또는 예속상태에 놓여지지 아니한다. 모든 형태의 노예제도와 노예매매는 금지된다(제4조).

모든 사람은 헌법 또는 법률이 부여한 기본적 권리를 침해하는 행위에 대하여 권한이 있는 국내법정에서 실효성 있는 구제를 받을 권리를 가진다(제8조).

모든 사람은 자신의 권리, 의무 그리고 자신에 대한 형사상 혐의에 대한 결정에 있어서 독립적이며 공평한 법정에서 완전히 평등하고 공정하며 공개된 재판을 받을 권리를 가진다(10조).

모든 형사피의자는 자신의 변호에 필요한 모든 것이 보장된 공개 재판에서 법률에 따라 유죄로 입증될 때까지 무죄로 추정을 받을 권리를 가진다(제11조 제1항).

어느 누구도 행위 시에 국내법 또는 국제법에 의하여 범죄를 구성하지 아니하는 작위 또는 부작위를 이유로 유죄로 되지 아니한다. 또한 범죄 행위 시에 적용될 수 있었던 형벌보다 무거운 형벌이 부과되지 아니한다(제11조 제2항).

5. 통신·명예의 자유

어느 누구도 그의 사생활, 가정, 주거 또는 통신에 대하여 자의적인 간섭을 받거나 또는 그의 명예와 명성에 대한 비난을 받지 아니한다. 모든 사람은 이러한 간섭이나 비난에 대하여 법의 보호를 받을 권리를 가진다(제13조).

6. 주거·이전의 자유

모든 사람은 자국 내에서 이동 및 거주의 자유에 대한 권리를 가진다.

모든 사람은 자국을 포함하여 어떠한 나라를 떠날 권리와 또한 자국으로 돌아올 권리를 가진다(제13조).

7. 사상·양심·종교의 자유

모든 사람은 사상, 양심 및 종교의 자유에 대한 권리를 가진다. 이러한 권리는 종교 또는 신념을 변경할 자유와, 단독으로 또는 다른 사람과 공동으로 그리고 공적으로 또는 사적으로 선교, 행사, 예배 및 의식에 의하여 자신의 종교나 신념을 표명하는 자유를 포함한다(제18조).

8. 표현의 자유

모든 사람은 의견의 자유와 표현의 자유에 대한 권리를 가진다. 이러한 권리는 간섭없이 의견을 가질 자유와 국경에 관계없이 어떠한 매체를 통해서도 정보와 사상을 추구하고, 얻으며, 전달하는 자유를 포함한다(제19조).

모든 사람은 평화적인 집회 및 결사의 자유에 대한 권리를 가진다. 어느 누구도 어떤 결사에 참여하도록 강요받지 아니한다(제20조).

9. 사회권의 보장

(1) 사회보장을 받을 권리

모든 사람은 사회의 일원으로서 사회보장을 받을 권리를 가지며, 국가적 노력과 국제적 협력을 통하여, 그리고 각 국가의 조직과 자원에 따라서 자신의 존엄과 인격의 자유로운 발전에 불가결한 경제적, 사회적 및 문화적 권리들을 실현할 권리를 가진다(제22조).

(2) 직업선택의 자유 등

모든 사람은 일, 직업의 자유로운 선택, 정당하고 유리한 노동 조건, 그리고 실업에 대한 보호의 권리를 가진다(제23조 제1항).

모든 사람은 아무런 차별없이 동일한 노동에 대하여 동등한 보수를 받을 권리를 가진다(제23조 제2항).

노동을 하는 모든 사람은 자신과 가족에게 인간의 존엄에 부합하는 생존을 보장하는 보수, 필요한 경우에는 다른 사회보장방법으로 보충되는 정당하고 유리한 보수에 대한 권리를 가진다(제23조 제3항).

모든 사람은 자신의 이익을 보호하기 위하여 노동조합을 결성하고, 가입할 권리를 가진다(제23조 제4항).

(3) 생활무능력에 대한 보장을 받을 권리

모든 사람은 의식주, 의료 및 필요한 사회복지를 포함하여 자신과 가족의 건강과 안녕에 적합한 생활수준을 누릴 권리와 실업, 질병, 장애, 배우자 사망, 노령 또는 기타 불가항력의 상황으로 인한 생계 결핍의 경우에 보장을 받을 권리를 가진다.

어머니와 아동은 특별한 보호와 지원을 받을 권리를 가진다. 모든 아동은 적서(嫡庶)에 관계없이 동일한 사회적 보호를 누린다(제25조).

(4) 교육을 받을 권리

모든 사람은 교육을 받을 권리를 가진다. 교육은 최소한 초등 및 기초단계에서는 무상이어야 한다. 초등교육은 의무적이어야 한다. 기술 및 직업교육은 일반적으로 접근이 가능하여야 하며, 고등교육은 모든 사람에게 실력에 근거하여 동등하게 접근 가능하여야 한다.

교육은 인격의 완전한 발전, 인권과 기본적 자유에 대한 존중의 강화를 목표로 한다. 교육은 모든 국가, 인종 또는 종교 집단 간에 이해, 관용 및 우의를 증진하며, 평화의 유지를 위한 국제연합의 활동을 촉진하여야 한다. 부모는 자녀에게 제공되는 교육의 종류를 선택할 우선권을 가진다(제26조).

10. 참정권의 보장

모든 사람은 직접 또는 자유로이 선출된 대표를 통하여 자국의 정부에 참여할 권리를 가진다.

모든 사람은 자국에서 동등한 공무담임권을 가진다.

국민의 의사가 정부 권능의 기반이다. 이러한 의사는 보통·평등 선거권에 따라 비밀 또는 그에 상당한 자유 투표절차에 의한 정기적이고 진정한 선거에 의하여 표현된다(제21조).

11. 재산권의 보장

모든 사람은 단독으로 뿐만 아니라 다른 사람과 공동으로 재산을 소유할 권리를 가진다 .

어느 누구도 자의적으로 자신의 재산을 박탈당하지 아니한다(제17조).

12. 자유와 권리의 행사와 제한

모든 사람은 이 선언에 규정된 자유와 권리가 완전히 실현될 수 있도록 사회적, 국제적 질서에 대한 권리를 가진다(제28조).

모든 사람은 그 안에서만 자신의 인격이 자유롭고 완전하게 발전할 수 있는 공동체에 대하여 의무를 가진다.

모든 사람은 자신의 자유와 권리를 행사함에 있어, 다른 사람의 자유와 권리를 당연히 인정하고 존중하도록 하기 위한 목적과, 민주사회의 도덕, 공공질서 및 일반적 복리에 대한 정당한 필요에 부응하기 위한 목적을 위해서만 법에 따라 정하여진 제한을 받는다.

이러한 자유와 권리는 어떠한 경우에도 국제연합의 목적과 원칙에 위배되어 행사되어서는 아니 된다(제29조).

이 선언의 어떠한 규정도 어떤 국가, 집단 또는 개인에게 이 선언에 규정된 어떠한 자유와 권리를 파괴하기 위한 활동에 가담하거나 또는 행위를 할 수 있는 권리가 있는 것으로 해석되어서는 아니 된다(제30조).

III. 법적 효력

세계인권선언은 형식적으로는 조약이 아니었으므로 UN 가맹국을 법적으로 구속하는 것은 아니라고 할 수 있다. 그러나 이 선언이 일부 국가의 기권은 있었으나 반대 없이 채택되었다고 하는 것은 주목할 만하다. 특히 1968년의 Teheran 선언은 세계인권선언의 내용을 국제사회 구성원들이 준수해야할 의무로 선언하고 있다.[5]

세계인권선언은 인권의 보호와 증진을 위하여 국제사회에 광범위하면서 큰 영향을 미쳤다. 이 선언의 내용들은 이후 채택된 여러 인권조약들의 작성 모델이 되었고, 많은 국가들이 이 선언의 내용을 자국의 헌법 등 국내법으로 수용하고 있다. 우리나라도 마찬가지로 헌법과 인권관계법에서 수용하고 있다.

또한 세계 여러 국가들은 세계인권선언이 채택된 날(12월 10일)을 인권의 날로 기념하고 있다. 이와 같은 여러 사실 등을 고려할 때 이 선언 내용의 상당 부분은 이제 관습국제법화 되었다고 평가된다.[6]

국제사법재판소(ICJ) 판결에서 Ammoun 판사는 세계인권선언이 관습국제법화 되었으며, 특히 평등권은 이 선언 이전부터 관습국제법에 해당했다고 평가했다.[7]

---

5) 이한기, 전게서, p. 440.
6) 정인섭, 신국제법강의, 박영사, 2022, p. 919.
7) 정인섭, 상게서, p. 919.

제3절 국제인권규약

I. UN 총회의 채택

UN은 세계인권선언을 채택한 후 이 선언에서 규정한 기본적 인권의 내용을 조약을 체결하여 국제적으로 보장하기 위하여 국제인권규약 작성 준비에 전력을 기울였다. 이리하여 UN은 1950년부터 인권위원회, 경제사회이사회, 총회의 심의를 거친 후 1966년 12월 16일 제21차 UN총회에서 「국제인권규약」을 채택하였다.

1966년의 국제인권규약은 「경제적·사회적 및 문화적 권리에 관한 국제규약(A규약)」과 「시민적 및 정치적 권리에 관한 국제규약(B규약)」을 만장일치로 채택하였다(찬성 105, 반대 0). 또한 같은 날 「시민적 및 정치적 권리에 관한 국제규약 제1선택의정서(B규약 제1선택의정서)」를 찬성 56, 반대 2, 기권 38로 채택하였다.

A규약은 1976년 1월 3일, B규약 및 B규약 제1선택의정서는 1976년 3월 23일 발효되었다.

1989년 12월 15일에 채택된 「사형의 폐지를 목표로 하는 시민적 및 정치적 권리에 관한 국제규약 제2선택의정서(B규약 제2선택의정서)」(1991년 7월 11일 발효), 그리고 2008년 2월 10일 채택된 「경제적·사회적 및 문화적 권리에 관한 국제규약 선택의정서(A규약 선택의정서)」가 있다.

「세계인권선언」과 「국제인권규약」을 합해서 국제인권장전(International Bill of Humab Rights)이라고 흔히들 말한다.

II. 내용

국제인권규약(2개의 기본규약과 3개의 선택의정서로 구성)에서 규정하고 있는 인권보장에 관한 내용은 세계인권선언에서 규정하고 있는 내용과 비교할 때 거의 대동소이하다고 볼 수 있다. 그러나 전자가 후자보다는 인권보장에 관한 내용과 그 보장절차가 보다 세부적이고 구체적으로 규정하고 있다고 볼 수 있다.

「경제적·사회적 및 문화적 권리에 관한 국제규약(A규약)」은 사회권의 보장에 관한 내용이며 전문(前文)과 31개 조문으로 구성되어 있다.

A규약에서 규정하고 있는 주요 내용은 민족자결권(民族自決權), 차별금지, 근로의 권리, 공정한 임금과 안전하고 건강한 근로조건, 노동조합의 결성, 사회보장의 권리, 가정의 보호, 의식주에 관한 권리, 건강권, 교육의 권리, 학문·창작의 권리와 저작권 보호 등을 규정하고 있다.

「시민적 및 정치적 권리에 관한 국제규약(B규약)」은 자유권 보장에 관한 내용이며 전문(前文)과 53개조로 구성되어 있다.

B규약에서 규정하고 있는 주요 내용은 민족자결권, 평등권, 생명권, 사형제도 폐지, 고문금지와 인체실험 금지, 노예제도 금지, 신체의 자유, 불법적 체포·구금 금지와 형사보상제도, 구속적부심사, 형사피고인의 존엄성 존중, 거주 및 주거이전의 자유, 공정하고 신속한 공개재판을 받을 권리, 무죄추정권, 불리한 진술 거부권, 상소권(上訴權), 일사부재리(一事不再理) 원칙, 죄형법정주의, 사생활의 비밀과 자유, 양심과 종교의 자유, 표현의 자유, 집회의 자유, 노동조합 결성의 자유, 가정과 혼인의 보호, 어린이의 보호, 참정권, 소수민족의 보호 등이다.

Ⅲ. 법적 효력

국제인권규약은 UN 총회의 채택 의결과 UN 가입국의 비준절차를 거쳐서 발효된 국제법상의 조약으로서 본 규약(조약)에서 규정한 내용은 규약 당사국을 법적으로 구속한다.

「경제적·사회적 및 문화적 권리에 관한 국제규약(A규약)」과 「시민적 및 정치적 권리에 관한 국제규약(B규약)」은 권리의 성격상 차이가 있으므로 이를 고려하여 그 보장방법도 차이를 두었다.

A규약의 경우 권리의 실현에는 경제능력을 감안해야 했으므로 그 실현을 점진적으로 성취하기 위하여 당사국 가용자원의 최대한도까지 필요한 조치를 취할 것이 요구되었다. 그러나 점진적 실천의무가 부과되었다고 하더라도 이

규약 당사국은 실천할 능력이 있는 분야에 있어서는 즉각적인 실천의무가 부과된다. 그리고 권리 실현을 위하여 당사국의 경제적 능력이 필요하지 않는 영역의 권리는 즉시 실천할 의무를 진다.

반면에 B규약의 경우에는 규약 당사국은 그의 관할하에 있는 모든 개인들에게 차별없이 이 규약상의 자유와 권리를 보장하고 실현하기 위한 입법이나 기타 필요한 조치를 취할 것이 요구되었다.[8]

우리나라는 1990년 4월 10일 기본규약인 A규약과 B규약, 그리고 B규약 제1선택의정서에 동시에 가입했으나, B규약 제2선택의정서와 A규약 선택의정서에는 그 당시 가입하지 않았다.

국제인권규약의 내용은 우리나라 헌법에서 규정하고 있는 기본권의 내용과 대동소이하다. 국제인권규약의 규정과 우리나라 법의 규정이 저촉될 경우에는 그 인권규약의 조항을 유보하고 가입할 수 있다. 유보하지 않고 가입할 경우에는 우리나라 헌법 제6조 제1항의 규정에 의해서 이 인권규약은 국내법과 동일한 효력이 있으므로 '특별법우선의 원칙' 또는 '신법우선의 원칙'에 따라서 이 인권규약에 저촉되는 국내 법령은 그 효력을 잃게 된다.

우리나라가 1990년 국제인권규약에 가입하면서 유보한 인권규약의 조항은 (ⅰ) B규약 제14조 제5항, (ⅱ) 동 제14조 제7항, (ⅲ) 동 제22조 제1항, (ⅳ) 동 제23조 제4항이다. 그러나 현재는 B규약 제22조 제1항(결사의 자유 조항)만을 유보하고 있다.

제4장 기본적 인권보장과 우리나라 헌법

인권보장에 관한 국제적 규범은 유엔헌장, 세계인권선언, 국제인권규약, 전쟁법 기타 국제인권조약이 있을 뿐만 아니라 국내법이 있다. 국내법으로서는 헌법이 가장 중요하다. 현행 각 국가 헌법의 인권조항들은 대부분 국제인권조약의 내용을 수용하여 제정하였다.

---

8) 정인섭, 상게서, pp. 922-923.

그러므로 전쟁법을 포함하여 국제인권조약에서 규정하고 있는 인권보장의 내용이 국내법에서 규정하고 있는 인권보장의 내용과 동떨어진 것이 아니라 상호 밀접한 관계가 있으며 양자의 인권보장 내용은 대체적으로 대동소이하다.

전쟁법은 전쟁시에 전투수단(전쟁무기)과 전투방법을 규제하는 규정을 많이 두고 있다. 이것은 바로 전쟁 당사국이 적국(敵國)에 속한 주민에 대한 인권침해를 방지하기 위한 목적 때문이다.

따라서 전쟁법에서 규정하고 있는 기본적 인권의 내용을 이해하고 이를 실제 전시에 적용하기 위해서는 국내법 특히 우리 헌법에서 규정하고 있는 기본적 인권(기본권)의 종류와 그 내용을 알아야 한다. 왜냐하면 전쟁법에서 규정하고 있는 인권보장의 내용이 우리 헌법에서는 규정하지 않고 있는 경우가 몇 가지 있으나(포로의 대우 등), 인간의 존엄성, 평등권, 신체의 자유(불법 체포·구속 등 금지), 고문금지, 묵비권, 무죄추정권, 영장제도, 변호인의 조력, 구속적부심, 증거재판주의, 죄형법정주의, 일사부재리원칙, 소급입법 금지, 연좌제 금지, 거주·이전의 자유, 사생활의 비밀과 자유, 통신의 자유, 양심·종교의 자유, 표현의 자유, 학문과 예술의 자유, 재산권의 보장, 참정권, 청원권, 공평하고 공개재판을 받을 권리, 형사보상청구권, 국가배상청구권, 교육을 받을 권리, 근로의 권리, 근로3권, 인간다운 생활을 할 권리, 건강권과 환경권 등의 내용은 전쟁법에서도 규정하고 있다.

따라서 우리 헌법에서 규정하고 있는 국민의 기본적 인권을 간추려 살펴보고자 한다.

제1절 기본권의 일반이론

I. 기본권 보장의 역사적 전개

1. 세계 주요 국가의 인권선언(人權宣言)

(1) 영국

영국에서는 1215년에 군주와 등족(等族)간의 약정서(約定書)로서 Magna

Carta[대헌장(大憲章)]가 제정되었지만, 이것은 근대적인 의미의 인권선언이 아니고 국왕으로부터 영지(領地)를 수여 받았던 귀족들의 요구를 받아들인 헌장에 지나지 않았다. 근대적 인권보장의 기반은 17세기에 와서 확립되었다.

1628년의 권리청원(權利請願, Petition of Right)은 의회의 승인이 없는 과세의 금지와 일정한 신체의 자유를 규정하였다. 1679년의 인신보호법(Habeas Corpus Act)은 신체의 자유를 위한 절차적 보장을 강화하고 구속적부심사를 제도화 하였다. 명예혁명의 소산인 1689년의 권리장전(Bill of Rights)에서는 의회의 승인 없이는 국왕이 법률의 효력을 정지하거나 상비군을 설치하거나 조세를 부과할 수 없도록 하였고, 또한 청원권과 언론의 자유 및 형사절차의 보장 등을 규정하였다.

(2) 미국

미국에서는 1776년 6월 채택된 버지니아 권리장전(權利章典, Virginia Bill of Rights)은 천부불가침(天賦不可侵)의 자연권(自然權)으로서 생명권·자유권·재산권·행복추구권과 함께 저항권을 들고, 전통적인 신체의 자유, 언론·출판의 자유, 종교·신앙의 자유, 참정권 등을 규정하였다. 그 후 1776년 7월의 독립선언은 개별적인 인권목록을 제시하지는 않았으나, 인권에 대하여 자연법적 기초를 부여하고 생명·자유·행복추구권을 천부의 권리라 선언하고 저항권을 규정하였다. 로크(Locke)나 몽테스키외(Montesquieu) 등의 이론에 따라 인권이 자연권으로 규정된 것은 미국의 인권선언에서부터였다.

1787년에 제정된 미연방헌법[전문(前文)과 7개조로 구성]은 권리장전을 두지 않았다. 그러나 1791년 헌법을 개정하여 수정(修正) 10개조의 인권조항(권리장전)이 추가되었다.

(3) 프랑스

프랑스에서는 몽테스키외(Montesquieu)와 루소(Rousseau) 등 자유주의적 인권론자들의 인권사상고취를 바탕으로 일어난 1789년의 프랑스 시민혁명의 결과 인권선언이 이루어졌다. 프랑스의 인권선언은 1789년의 「인간(人間)과 시민(市民)의 권리선언(權利宣言)」에 기초를 두고 있다. 이 인권선언은 불가침

· 불가양의 자연권으로서의 평등권, 신체의 자유, 종교의 자유, 사상표현의 자유, 소유권의 보장 등을 규정하였다. 이 인권선언은 1791년 9월의 프랑스헌법에 수용되어 그 후의 유럽헌법에 많은 영향을 미쳤다. 그 후 프랑스에서는 인권사상이 일시 퇴조를 보였으나 1814년 프랑스헌장에서 일부의 인권이 다시 보장되었고, 1946년의 제4공화국헌법과 1958년의 제5공화국헌법에서 천부적 인권사상이 다시 부활하게 되었다.

(4) 독일

독일에서는 1807년의 베스트팔렌왕국헌법(王國憲法)과 1808년의 바이에른헌법에서 신체·재산·신앙·출판 등 전통적 자유권을 규정한 것이 인권선언의 효시라 할 수 있다. 1848년의 프랑크푸르트헌법은 비록 초안으로 끝나기는 하였으나, 진보적인 사상에 근거하여 독일국민의 기본권을 50여개 조나 상세하게 나열하고 있었다. 이 헌법은 그 후 바이마르헌법에 많은 영향을 끼쳤다.

1919년의 바이마르(Weimar)헌법은 프랑크푸르트헌법에서 인정된 전통적인 자유권을 규정하였을 뿐만 아니라 최초로 사회적 기본권을 규정하여 현대 헌법으로서의 면모를 과시하였으나 나치의 등장으로 단명으로 끝났다. 제2차 세계대전 후 제정된 1949년의 본(Bonn)기본법에서는 자연권적 인권사상이 확립되었다.

II. 기본권의 의의와 법적 성격

1. 기본권의 의의

인권(人權) 또는 인간의 권리(權利, human rights, Menschenrechte)란 인간이 인간이기 때문에 당연히 가지는 생래적이며 기본적인 권리를 말한다. 이러한 인권의 개념은 계몽주의적 자연법론과 사회계약설 등 근대적 사상의 전개과정에서 나타난 천부인권론(天賦人權論)에 사상적 기초를 두고 있다.

존 로크(John Locke)는 국가성립 이전의 자연상태에서 인간이면 누구나 가지는 생명·자유·재산을 내용으로 하는 인간에게 고유한 천부인권을 가지고 있으며, 이러한 자연권(自然權)의 보장을 위하여 인간 상호 간에 체결된 계약이

사회계약이라고 하였다. 근대 자연법론자들은 대개가 이러한 천부인권론을 주장하였는데, 그 대표적인 학자는 로크, 몽테스키외, 루소 등이다.

천부인권론은 근대 각국의 인권선언과 권리장전에서 성문화되었다. 버지니아 권리장전(제3조: 천부적 권리 또는 생래의 권리)과 프랑스 인권선언(제2조: 자연권) 등이 이러한 천부인권사상에 근거하여 성문화된 문서들이다.

한편, 기본권(fundamental rights, Grundrechte)은 헌법이 보장하는 국민의 기본적 권리를 말한다. 인권이란 인간의 본성에서 나오는 생래적 자연권을 의미하는 데 비하여, 기본권은 인간의 생래적인 권리(인권)도 포함하지만 국가 내적인 권리(청구권적 기본권 등)도 포함하고 있기 때문에 인권과 기본권은 그 내용에 있어서 반드시 일치하는 것은 아니다. 그러나 기본권은 인권사상에 바탕을 두고 인간의 권리를 실현하려고 하는 것이므로 기본권과 인권을 동일시하여도 무방하다. 독일에서는 인권 내지 인간의 권리를 기본권이란 말로 표현하고 있고, 우리나라에서도 기본권이란 용어를 사용하고 있다.

2. 기본권의 법적 성격

기본권의 법적 성격과 관련하여 다음과 같은 문제가 제기된다. 첫째, 기본권은 현실적인 권리로서 개인을 위한 주관적 공권인가 아니면 구체적 입법(立法)에 의해서만 현실적 권리가 될 수 있는 입법방침(立法方針)(Programm) 규정인가. 둘째, 기본권은 자연법상의 권리인가 아니면 실정법상의 권리인가가 문제된다.

(1) 주관적 공권성(主觀的 公權性)

헌법에서 규정하고 있는 기본권은 현실적이고 구체적인 권리로서 개인을 위한 주관적 공권이냐 아니면 입법의 방침을 규정한 입법방침규정에 불과한 것인가에 관하여는 견해가 대립되고 있다.

바이마르(Weimar)헌법 이후의 전통적 기본권이론[기본권이분설(基本權二分說)]에 의하면, 기본권 규정을 현실적·구체적 권리규정과 Programm적 규정(추상적 권리규정)으로 나누어 생존권적 기본권(사회적 기본권)은 Programm(입법방침)적 규정에 속하나, 기타 다른 기본권은 주관적 공권이라고 보고 있다(현대적 통설). 따라서 생존권적 기본권은 그에 관한 구체적 입법(立法)이 있는 경우에만 비로소 현실적이고 구체적인 권리가 될 수 있지만, 그 밖의 기본권은 개개인이 자신을 위하여 국가의 일정한 행위나 부작위를 요구할 수 있는 현실적이고 구체적인 권리로서 모든 국가권력을 직접 구속하는 주관적 공권으로 보고 있다.

(2) 자연권성(自然權性)

헌법에 규정된 기본권을 개인을 위한 주관적 공권으로 볼 경우에도 기본권이 자연권이냐 아니면 실정권이냐 하는 문제에 대해서는 견해가 대립되고 있다. 기본권을 자연법상의 권리로 보는 경우에는 헌법은 이를 확인하고 선언하는 데 불과하나, 기본권을 실정법상의 권리로 보는 경우에는 헌법에 규정되어야 비로소 권리로서 창설되는 것이라고 보게 된다. 이와 같이 기본권의 성격에 관하여 학설이 나누어지고 있으나 기본권을 자연권으로 보는 견해가 통설이다.

기본권을 초국가적 자연권으로 보고 있는 자연권설의 주장 근거는 다음과 같다.

첫째, 기본권은 그 성격상 실정헌법에 의하여 보장받는 것이 아니고 본질적으로 인간본성(人間本性)에 근거하여 가지는 권리이기 때문에 자연권으로 보아야 한다.

둘째, 헌법 제10조에서 「모든 국민은 인간으로서의 존엄과 가치를 가지며 행복을 추구할 권리를 가진다. 국가는 개인이 가지는 불가침의 기본적 인권을 확인하고 이를 보장할 의무를 진다」고 규정하고 있다. 이 제10조의 '확인'이라는 용어가 기본권의 자연권성을 근거 지우고 있다. 우리 헌법상 보장된 기본권은 전국가적 및 초국가적 기본권이기 때문에 헌법은 이를 사후적으로 확인할 수 있을 뿐이고 헌법에 의하여 창설할 수 없다. 만약 우리 헌법상의 기본권이 자연권이 아니라 실정권이라면 헌법상의 용어는 '확인'(確認)이 아니라 '창설'(創設)이 될 것이기 때문이다.

셋째, 헌법 제37조 제1항에서 「국민의 자유와 권리는 헌법에 열거되지 아니한 이유로 경시되지 아니한다」고 규정하고 있다. 이 제37조 제1항은 기본권의 자연권성을 규정한 헌법 제10조의 규정을 보완한 것으로 이해되어야 한다. 「… 경시되지 아니한다」는 규정은 기본권의 자연권성을 확인하는 주의적(注意的) 규정으로 해석되어야 하며, 헌법에 규정되지 아니한 기본권을 포괄적으로 창설한다고 해석하기에는 논리적으로 무리가 있기 때문이다.

넷째, 헌법 제37조 제2항 「국민의 자유와 권리는 국가안전보장·질서유지 또는 공공복리를 위하여 필요한 경우에 한하여 법률로써 제한할 수 있으며, 제한하는 경우에도 자유와 권리의 본질적인 내용을 침해할 수 없다」는 규정의 '본질적 내용'도 자연권설에 의하지 아니하고는 도출해 낼 수 없을 것이다. 왜냐하면 실정권설에 의한다면 자유나 권리의 본질적 내용이란 헌법이나 법률에 의하여서만 부여될 수 있을 뿐이요 그 본질적 내용이 헌법이나 법률보다 선존(先存)할 수 없을 것이기 때문이다.

(3) 기본권의 이중적 성격(二重的 性格)의 문제

기본권은 주관적으로는 개인을 위한 공권(주관적 공권)임을 인정하는 데에는 이론(異論)이 없다. 그러나 기본권을 주관적 공권성과 더불어 '국가의 객관적 질서의 기본요소'라는 성격까지 인정할 것인가에 관해서는 학설이 갈리고 있다.

긍정설에 의하면, 기본권은 민주주의질서, 법치국가질서, 사회국가질서, 문화국가질서라고 하는 객관적 질서의 기본요소가 된다고 본다. 가령 선거권과 민주적 선거의 제 원칙, 언론·출판·집회·결사의 자유, 정당의 자유와 기회균등, 양심의 자유 등과 같은 기본권이 민주주의질서의 기본요소가 된다는 것이다. 또한 기본권은 혼인과 가족, 재산권과 상속권 등을 보장함으로써 사법질서(私法秩序)의 기초를 보장한다고 본다.

부정설에 의하면, 기본권의 이중성을 인정한다면 기본권의 주관적 공권성을 약화시키고 기본권과 제도보장의 구별을 불명료하게 할 우려가 있다는 이유로 반대하는 입장이다.

헌법재판소는 기본권의 이중적 성격을 긍정하고 있다.

「헌재 1995. 6. 29. 93헌바45. 형사소송법 제313조 제1항 단서 위헌소원(합헌)」

「국가는 적극적으로 국민의 기본권을 보호할 의무를 부담하고 있다는 의미에서 기본권은 국가권력에 대한 객관적 규범 내지 가치질서로서의 의미를 함께 가지며, 객관적 가치질서로서의 기본권은 입법·사법·행정의 모든 국가기능의 방향을 제시하는 지침으로 작용하므로 국가기관에게 기본권의 객관적 내용을 실현할 의무를 부여한다.」

Ⅲ. 기본권의 분류

기본권의 분류는 분류기준을 기본권의 내용, 기본권의 효력, 기본권의 성질, 기본권의 주체 등을 기준으로 하여 여러 가지로 분류할 수 있다.

1. 내용(內容)에 따른 분류

옐리네크(Jellinek)는 기본권을 소극적 지위에서 자유권이, 적극적 지위에서 수익권이, 능동적 지위에서 참정권이, 수동적 지위에서 의무가 나온다고 보았다. 우리나라에서는 1960년대까지 옐리네크의 기본권 3분법(자유권·수익권·참정권)이 인용되어 왔으나 오늘날에는 학자에 따라 5분법·6분법·7분법 등으로 다양하게 주장되고 있다.

기본권을 그 내용을 기준으로 할 때 다음과 같이 분류할 수 있다.

(1) 인간의 존엄과 가치·행복추구권(제10조)

(2) 평등권(제11조)

(3) 자유권적 기본권

  1) 인신의 자유권

    ① 생명권, ② 신체를 훼손당하지 아니할 권리, ③ 신체의 자유

  2) 사생활 자유권

    ① 사생활의 비밀과 자유, ② 주거의 자유, ③ 거주·이전의 자유, ④ 통신의 자유

  3) 정신적 자유권

    ① 양심의 자유, ② 종교의 자유, ③ 언론·출판의 자유, ④ 집회·결사의 자유, ⑤ 학문과 예술의 자유

(4) 경제적 기본권

   1) 재산권, 2) 직업선택의 자유, 3) 소비자의 권리

(5) 정치적 기본권

   1) 정치적 자유, 2) 참정권, 3) 그 밖의 정치적 활동권

(6) 청구권적 기본권

   1) 청원권, 2) 재판청구권, 3) 국가배상청구권, 4) 국가보상청구권,

   5) 범죄피해자구조청구권

(7) 생존권적 기본권(사회적 기본권)

   1) 인간다운 생활권, 2) 근로의 권리, 3) 근로3권,

   4) 교육을 받을 권리, 5) 환경권, 6) 쾌적한 주거생활권, 7) 건강권

(8) 국민의 기본의무

   1) 납세의 의무, 2) 국방의 의무, 3) 교육을 받게할 의무,

   4) 근로의 의무, 5) 환경보전의 의무, 6) 재산권행사의 공공복리적합 의무

2. 성질(性質)에 따른 분류

(1) 초국가적(超國家的) 기본권과 국가내적(國家內的) 기본권

기본권은 그 성질에 따라서 초국가적 기본권과 국가내적 기본권으로 분류할 수 있다. 초국가적 기본권은 자연법상의 권리 또는 천부적 인권이라고도 하며, 이 기본권은 국가에 의하여 창설된 권리가 아니라 인간의 생래적 권리이다. 예를 들면 인간의 존엄과 가치·행복추구권, 평능권, 자유권 등이 이에 속한다. 이에 대하여 국가내적 기본권은 국가에 의하여 비로소 창설된 권리로서 국가의 입법에 의하여 그 내용이 확정되고 또 제한될 수 있는 권리를 말한다. 예를 들면 참정권이나 청구권적 기본권 등이 이에 속한다.

(2) 절대적(絶對的) 기본권과 상대적(相對的) 기본권

절대적 기본권은 어떤 경우에도 또 어떤 이유로도 제한되거나 침해될 수 없

는 기본권으로서, 내심(內心)의 작용으로서의 신앙의 자유·양심형성의 자유·학문연구와 예술창작의 자유가 여기에 속한다.

이에 대하여 상대적 기본권은 국가적 질서나 국가적 목적을 위하여 제한이 가능한 기본권을 말한다. 내심의 작용을 내용으로 하지 않는 모든 자유와 권리가 여기에 속한다.

3. 효력(效力)에 따른 분류

(1) 현실적(現實的) 기본권과 입법방침적(立法方針的) 기본권

기본권은 그것이 헌법에 명시적으로 보장되어 있더라도 각 기본권은 실제로 어느 정도의 효력을 나타내는가에 따라 차이가 있다. 현실적 기본권은 입법권·행정권·사법권 등 모든 국가권력을 직접적으로 구속하는 효력을 가진 기본권이다. 대부분의 기본권은 현실적 기본권에 속한다. 그 반면에 기본권 중에는 행정권과 사법권을 구속하지 못하고, 입법권에 대하여 입법의 방향만을 지시하고, 입법에 의하여 비로소 구체적이고 현실적인 권리가 발생하는 기본권을 입법방침(Programm)적 기본권이라고 한다. 생존권적 기본권은 입법 방침적 기본권이라 할 수 있다.

(2) 대국가적(對國家的) 기본권과 대사인적(對私人的) 기본권

대국가적 기본권은 국가에 대해서만 효력을 발생하는 기본권을 말하고, 대사인적 기본권(제3자적 기본권)은 국가에 대한 효력발생은 물론 제3자인 사인(私人)에 대해서도 효력을 발생하는 기본권을 말한다. 근로3권, 인간의 존엄과 가치·행복추구권, 평등권 등은 대사인적 기본권이라 할 수 있다.

Ⅳ. 기본권의 주체

1. 국민

(1) 일반국민

기본권의 주체란 헌법이 보장하고 있는 기본권의 향유자를 말한다. 대한민

국의 국민은 누구나 기본권의 주체가 된다. 기본권의 주체는 기본권보유능력과 기본권행위능력으로 나누어진다. 기본권보유능력은 기본권귀속능력을 의미하며 국민이면 누구나 가지고 있다. 기본권행위능력은 기본권을 현실적으로 행사할 수 있는 자격 또는 능력을 말한다. 선거권·피선거권 등 특정한 기본권은 일정한 연령요건을 구비하고 결격사유가 없어야 하는 등 기본권행위능력이 요구되는 경우가 있다.

(2) 특별권력관계(특수신분관계)에 있는 국민

공무원·군인·경찰관·수형자(受刑者) 등 특별권력관계(특수신분관계)에 있는 국민도 기본권의 주체, 즉 기본권의 향유자임에는 틀림이 없다. 다만 그 신분의 특수성으로 말미암아 헌법과 법률로써 일정한 경우에 특별히 기본권을 제한할 수 있다. 그러나 이 때에도 기본권의 본질적 내용은 침해할 수 없다.

2. 외국인

외국의 국적을 가진 자와 무국적자도 우리 헌법상 보장하는 기본권의 주체가 될 수 있는가에 관해서는 부정설과 긍정설이 대립하고 있는데, 인간의 권리에 관해서는 일정 범위에서 외국인도 기본권의 주체가 될 수 있다는 긍정설이 통설이다.

3. 법인(法人)

기본권의 주체는 원래 자연인이지만 법인에게도 기본권이 보장된다. 나만 성질상 법인에게 적용될 수 없는 것은 제외된다(예: 인간의 존엄과 가치·행복추구권, 신체의 자유, 종교의 자유, 양심의 자유 등).

V. 기본권의 효력

1. 기본권의 대국가적 효력(對國家的 效力)

기본권은 역사적 발전과정에서 대국가적인 권리로 발전되어 왔다. 즉 자유라 함은 원래 「국가권력으로부터의 자유(Freiheit von der Staatsgewalt)」를 의미했기 때문에 기본권규정은 국가권력을 제한하는 제한규범의 역할을 하여 왔다. 국민의 기본권은 원칙적으로 모든 국가권력을 직접 구속하는 효력을 가진다. 헌법도 「국가는 개인이 가지는 불가침의 기본적 인권을… 보장할 의무를 진다」(헌법 제10조 제2문)라고 규정함으로써, 모든 국가권력이 기본권을 존중·보장할 의무가 있음을 명백히 밝히고 있다. 따라서 기본권은 입법권·행정권·사법권 등 모든 국가권력을 구속하기 때문에 국가권력에 의해 국민의 기본권이 침해되었을 때는 국가의 손해배상책임 등이 따른다.

2. 기본권의 대사인적 효력(對私人的 效力)(제3자적 효력)

기본권은 원래 국가에 대한 국민의 공권(公權)으로 인정되었을 뿐 사인(私人) 상호 간의 관계에 있어서는 그 효력을 갖지 않는다는 것이 종전의 입장이었다.

그러나 오늘날에 와서는 국가에 의한 기본권 침해뿐만 아니라 사인(私人)이나 사회적 세력·단체들에 의한 기본권침해 사례가 빈발하여 문제되고 있다. 이를테면 대기업의 영향력이 증대되어 사인(私人)에 의해서도 평등권이나 근로자의 단결권 등 기본권이 침해될 수 있고, 인신매매와 같이 사인에 의해서도 인간의 존엄권이 침해될 수 있다. 이러한 경우에 사인 상호간의 기본권침해를 방지하여 개인의 생활을 보호하는 문제가 제기되는데, 여기에 기본권의 적용범위를 국가권력에만 국한시키지 아니하고 그 적용범위를 일반 제3자인 사인 상호 간의 관계에까지 확대 적용되어야 한다는 이론이 등장하게 되었다. 이것이 기본권의 제3자적 효력(Drittwirkung)의 문제이다.

기본권의 제3자적 효력에 관한 학설로서 ① 효력부인설(效力否認說) : 기본권은 원래 국가에 대한 국민의 권리라고 하는 전통적인 견해로서 기본권은 사인 상호 간에는 적용되지 않는다. ② 직접효력설 : 헌법상의 기본권은 사인 간에도 직접 적용되어야야 한다. ③ 간접효력설(공서양속설) : 기본권규정이 사법관계(私法關係)에 적용되는 것은 직접 적용되는 것이 아니라 사법상(私法上)의 일반조항(一般條項)(공서양속조항·신의성실조항 등)을 통하여 간접적으로 적용되어야 한다는 견해다. 즉 이 간접효력설은 기본권의 효력을 직접적으로 사인 상호 간의 관계에 도입하지 아니하고, 사법(私法)의 일반조항을 해석할 경우에 기본권을 존중·보장하는 취지에 따라서 해석함으로써 간접적으로 기본권의 효력을 사법관계(私法關係)에도 확장·적용하려고 하는 것이다. 그리하여 당사자의 기본권을 침해하는 계약이나 법률행위는 민법의 공서양속조항(公序良俗條項)(한국 민법 제103조) 등의 위반으로서 무효가 된다고 본다. 이 설을 공서양속설이라고도 하며 독일의 다수설이다.

이 공서양속설에 따르면, 기본권을 침해하는 사인 간의 계약(예: 인신매매)은 그것이 당사자의 '인간의 존엄과 가치'를 침해하는 때에는 민법 제103조의 선량한 풍속 기타 사회질서에 반하는 것이 되어 무효가 되는데, 이 경우 이 계약의 무효는 헌법 제10조가 직접 적용되는 것이 아니라, 헌법 제10조의 정신을 이어받은 민법 제103조를 통하여 헌법 제10조가 간접적으로 적용된다는 것이다.

이 공서양속설(간접효력설)이 한국의 통설적 입장이다. 그러나 기본권의 성질상 직접 적용될 수 있는 기본권 규정은 사인 간의 법률관계에도 직접 적용되는 것으로 보고 있다. 예를 들면 헌법 제33조 제1항 「근로자는 근로조건의 향상을 위하여 자주적인 단결권·단체교섭권·단체행동권을 가진다」의 근로3권 조항은 사용자에게도 직접 적용된다고 본다. 따라서 공서양속설의 입장에서도 이러한 직접적용이 되는 예외를 일반적으로 인정하고 있다.

Ⅵ. 기본권의 제한

1. 시설

헌법은 여러 가지의 기본권을 규정하여 보장하고 있고, 또한 국가에게 국민의 기본권을 최대한 보장할 의무를 부여하고 있다.

그러나 헌법에 규정된 기본권이라 할지라도 절대적인 것은 아니고 여러 가지 면에서 제한되고 있다. 헌법이 명문의 규정을 가지고 직접 기본권을 제한하는 경우가 있다. 예를 들면 헌법 제21조 제4항이 「언론·출판은 타인의 명예나 권리 또는 공중도덕이나 사회윤리를 침해하여서는 아니 된다」라고 규정하고 있는 것이 그것이다.

그러나 기본권 제한의 일반적 유형은 법률유보(法律留保)에 의한 기본권 제한이다. 이것은 헌법에서 기본권의 제한을 법률로 유보한 것을 말한다.

2. 기본권제한의 일반원칙

(1) 법률에 의한 기본권 제한

헌법은 제37조 제2항에서 기본권제한의 일반원칙을 규정하고 있다. 즉 「국민의 모든 자유와 권리는 국가안전보장·질서유지 또는 공공복리를 위하여 필요한 경우에 한하여 법률로써 제한할 수 있으며, 제한하는 경우에도 자유와 권리의 본질적인 내용을 침해할 수 없다」고 규정하고 있다.

기본권을 제한하는 법률을 제정하는 경우에는 반드시 국가안전보장·질서유지·공공복리를 위하여 필요한 경우에 한정된다.

(2) 기본권제한의 목적

1) 국가안전보장

국가의 안전보장이라고 함은 국가의 독립과 영토의 보전, 헌법과 법률의 규범력과 헌법기관의 유지 등 국가적 안전의 확보를 말한다. 국가안전보장을 위하여 기본권을 제한하는 법률로는 형법, 국가보안법, 군사기밀보호법 등을 들 수 있다.

2) 질서유지

질서유지라 함은 민주적 기본질서를 포함하는 헌법적 질서와 사회적 안녕질서의 유지를 의미한다. 이를 위한 법률로는 형법, 집회 및 시위에 관한 법률, 도로교통법, 성매매 알선 등 행위의 처벌에 관한 법률, 경찰관직무집행법, 경범죄처벌법 등이 있다.

3) 공공복리

국가안전보장과 질서유지는 현존질서의 유지라는 소극적인 목적을 지니고 있는 데 대하여, 공공복리란 현대적 복지국가의 이념을 적극적으로 실현하는 의미를 갖는 것으로서, 인권 상호 간의 충돌을 조정하고 각인(各人)의 인권을 최대한으로 보장하는 사회정의의 원리라고 할 수 있다. 따라서 공공복리란 사회구성원 전체를 위한 '국민공동(國民共同)의 이익', '공존공영(共存共榮)의 이익'을 의미한다고 할 수 있다.

공공복리에 의한 기본권제한의 법률로는 국토의 계획 및 이용에 관한 법률, 도시개발법, 건축법, 도시공원 및 녹지 등에 관한 법률, 도로법, 공익사업을 위한 토지 등의 취득 및 보상에 관한 법률 등이 있다.

(3) 기본권제한의 한계

기본권제한의 목적이 충족된 경우에도 과잉금지의 원칙(비례의 원칙) 등에 위반하는 방법과 정도로 기본권을 제한한다면 그것은 헌법상 허용되지 않는다. 즉 국민의 기본권을 제한하는 입법을 함에 있어서는 과잉(과잉입법)금지의 원칙이 준수되어야 하고, 기본권의 본질적 내용을 침해하지 않아야 한다.

1) 과잉금지의 원칙(비례의 원칙)

과잉금지의 원칙이라 함은 국민의 기본권을 제한함에 있어서 국가작용의 한계를 명시한 원칙으로서 ① 목적의 정당성, ② 방법의 적정성, ③ 피해의 최소성, ④ 법익의 균형성을 그 내용으로 하며, 그 어느 하나에라도 저촉되면 위헌이 된다는 헌법상의 원칙을 말한다.

가) 목적의 정당성(正當性)

목적의 정당성이라 함은 기본권을 제한하는 목적이 정당한 것이어야 한다. 우리 헌법 제37조 제2항은 기본권제한의 목적(사유)을 국가안전보장·질서유지·공공복리로 명시하고 있다. 따라서 국민의 기본권을 제한하려는 입법의 목적이 이와 같은 사유에 부합하는 경우에만 그 정당성이 인정된다. 즉, 기본권을 제한하려는 입법의 목적이 헌법 및 법률의 체계상 그 정당성이 인정되어야 한다.

나) 방법의 적정성(適正性)

방법의 적정성(방법의 적절성, 수단의 적합성)이라 함은 국민의 기본권을 제한하는 입법을 하는 경우에 법률에서 규정된 기본권제한의 방법(수단)은 입법목적을 달성하기 위하여 효과적이고 적절한 방법이어야 한다는 것을 말한다.

다) 피해의 최소성(最小性)

피해의 최소성(제한의 최소성)이라 함은 입법권자가 입법목적(공익실현 등)을 위하여 기본권을 제한하는 입법을 하는 경우에도 입법목적을 실현하기에 적절한 여러 수단 중에서 국민의 기본권을 최소한 침해하는 수단을 선택하여야 한다는 것을 말한다.

라) 법익의 균형성(均衡性)

법익의 균형성(이익형량의 원칙)이라 함은 기본권의 제한이 위의 여러 원칙들에 적합한 경우에도 입법에 의하여 보호하려는 공익(公益)과 침해되는 사익(私益)을 비교형량하여 보호되는 공익이 침해되는 사익보다 더 크거나 적어도 양자 간에 균형이 유지되어야 기본권을 제한할 수 있다는 원칙이다.

「헌재 1992. 12. 24. 92헌가8. 형사소송법 제331조 단서규정에 대한 위헌심판(위헌)」

「국가작용 중 특히 입법작용에 있어서의 과잉입법금지의 원칙이라 함은 국가가 국민의 기본권을 제한하는 내용의 입법활동을 함에 있어서 준수하여야 할 기본원칙 내지 입법활동의 한계를 의미하는 것으로서, 국민의 기본권을 제한하려는 입법의 목적이 헌법 및 법률의 체제상 그 정당성이 인정되어야 하고(목적의 정당성), 그 목적의 달성을 위하여 그 방법이 효과적이고 적절하여야 하며(방법의 적정성), 입법권자가 선택한 기본권제한의 조치가 입법목적달성을 위하여 설사 적절하다 할지라도 보다 완화된 형태나 방법을 모색함으로써 기본권의 제한은 필요한 최소한도에 그치도록 하여야 하며(피해의 최소성), 그 입법에 의하여 보호하려는 공익과 침해되는 사익을 비교형량할 때 보호되는 공익이 더 커야한다(법익의 균형성)는 법치국가의 원리에서 당연히 파생되는 헌법상의 기본원리의 하나인 비례의 원칙을 말하는 것이다. 이를 우리 헌법은 제37조 제1항에서 "국민의 자유와 권리는 헌법에 열거되지 아니한 이유로 경시되지 아니한다." 제2항에서 "국민의 모든 자유와 권리는 국가안전보장, 질서유지 또는 공공복리를 위하여 필요한 경우에 한하여 법률로써 제한할 수 있으며,

제한하는 경우에도 자유와 권리의 본질적인 내용을 침해할 수 없다."라고 선언하여 입법권의 한계로서 과잉입법금지의 원칙을 명문으로 인정하고 있다.」

2) 기본권의 본질적 내용의 침해금지

헌법은 기본권을 법률로써 제한하는 경우에도 자유와 권리의 본질적 내용을 침해할 수 없다고 규정하고 있다(헌법 제37조 제2항). 기본권의 본질적 내용이라 함은 당해 기본권의 근본요소(根本要素, Grundsubstanz)(당해 기본권의 핵이 되는 실체)를 의미하고, 본질적인 내용의 침해란 그 침해로 말미암아 당해 자유나 권리가 유명무실한 것이 되어 버리는 정도의 침해를 말한다.

3) 절대적 기본권의 제한금지

현행 헌법은 제37조 제2항을 통하여 일반적 법률유보조항을 두고 있기 때문에 법률에 의하여 제한할 수 없는 절대적 기본권이라는 것은 실정헌법상은 존재할 수 없게 되었다. 그러나 양심형성의 자유, 신앙의 자유, 학문연구와 예술창작의 자유와 같은 내심(內心)의 자유는 절대적 자유로 보아 법률로써 제한할 수 없다고 할 것이다. 왜냐하면 이러한 내심의 자유는 본질적 내용만으로 구성되어 있기 때문이다.

3. 기본권의 예외적 제한

기본권의 제한은 법률에 의해서만 가능하나, 예외적으로 국가비상시에는 대통령의 긴급명령이나 계엄사령관의 포고령과 같은 비상방법에 의한 기본권제한이 인정된다. 또 특별권력관계에 있어서 신분의 특수성에 따라 예외적으로 기본권이 제한될 수 있다.

(1) 긴급명령, 긴급재정·경제명령

헌법 제76조 제1항에 「대통령은 내우·외환·천재·지변 또는 중대한 재정·경제상의 위기에 있어서 국가의 안전보장 또는 공공의 안녕질서를 유지하기 위하여 긴급한 조치가 필요하고… 재정·경제상의 처분을 하거나… 법률의 효력을 가지는 명령을 발할 수 있다」고 하고, 동조 제2항에는 「대통령은 국가의 안위에 관계되는 중대한 교전상태에 있어서 국가를 보위하기 위하여… 명령을 발할 수 있다」고 규정하여 대통령의 긴급명령 등에 의한 기본권 제한을 인정하고 있다.

(2) 비상계엄

헌법 제77조 제3항은 「비상계엄이 선포된 때에는 법률이 정하는 바에 의하여 영장제도, 언론·출판·집회·결사의 자유, 정부나 법원의 권한에 관하여 특별한 조치를 할 수 있다」고 규정하고 있다.

(3) 특별권력관계(특수신분관계)에 따른 기본권제한

특별권력관계란 특별한 공법상의 목적(국방목적, 행정목적 등)을 달성하기 위하여 필요한 범위 안에서 일방이 타방을 포괄적으로 지배하고, 타방이 이 포괄적인 지배권에 복종함을 내용으로 하는 공법상 법률관계를 말한다.

특별권력관계(특수신분관계)에 있는 자로는 공무원, 군인, 군무원, 경찰관, 수형자(受刑者) 등이 있다. 특별권력관계에 있는 자에 대해서는 헌법상 보장된 국민의 기본권을 행정주체가 자의적으로 제한할 수 있는가가 문제되고 있다.

과거에는 특별권력관계에 있는 국민에게는 그들의 기본권을 법률의 근거 없이도 제한할 수 있다고 보았으나, 오늘날에는 법치주의가 전면적으로 적용되어야 하기 때문에 특별권력관계에 있는 국민이 일반국민보다 더 많은 기본권을 제한받을 수 있으나 헌법과 법률의 근거가 있어야 하고, 근거가 있는 경우에도 특별권력관계의 목적달성을 위하여 필요하고 또 합리적인 범위 내에서 기본권의 제한이 허용된다고 할 것이다. 그러나 이 때에도 기본권의 본질적 내용은 침해할 수 없다.

우리 헌법과 법률은 특별권력관계(특별신분관계)에 있는 사람들의 기본권을 제한하는 규정들을 두고 있다.

헌법상 이들에 관한 기본권 제한규정의 예를 든다면, 공무원 등의 근로3권의 제한(헌법 제33조 제2항, 제3항), 군인·군무원·경찰공무원 등의 국가배상청구권 제한(헌법 제29조 제2항), 군인·군무원 등에 대한 군사법원 재판(헌법 제27조 제2항), 비상계엄하의 군인·군무원 등의 범죄에 대한 군사재판의 경우 단심제(單審制)(단, 사형선고의 경우는 제외. 헌법 제110조 제4항) 등이 있다.

법률상 이들에 관한 기본권 제한규정의 예를 들면 정당법·국가공무원법은 공무원의 정당가입과 정치적 활동을 제한하고 있고, 행형법(行刑法)은 수형자(受刑者)의 통신을 검열할 수 있게 하고 있다. 또한 「간염병의 예방 및 관리에 관한 법률」은 환자들을 강제로 격리수용할 수 있게 하고 있다.

군인·군무원은 국방상 필요에 의하여 창설된 것으로 국방의 목적을 위하여 군사 관계법에 의하여 상당한 제한이 행해지고 있다. 이를테면 군인에게 영내 거주를 시킨다거나, 제복을 착용하게 하는 것 등이 그 예이다.

Ⅶ. 기본권의 침해(侵害)와 구제(救濟)

1. 의의

기본권 보장을 위해서는 기본권이 침해되지 않도록 완전한 사전적 예방조치가 강구되어야 하나, 이러한 완벽한 조치를 할 수 없는 것이 현실이다. 따라서 현실적으로 기본권이 침해된 경우에는 그 침해의 배제 및 사후의 구제절차가 충분히 보장되지 않으면 안 된다.

기본권의 침해와 구제는 주체에 따라 국가(입법·행정·사법)와 사인(私人)에 의한 침해와 구제로 나누어 볼 수 있다.

2. 입법기관(立法機關)에 의한 침해와 구제

적극적 입법으로 인한 침해인 경우에는 그 구제방법으로 헌법소송에 의한 헌법소원심판과 위헌법률심판을 하는 방법, 청원권행사에 의한 방법, 선거권행사에 의한 방법 등이 있다. 그리고 입법부가 입법의무가 있는데도 불구하고 입법부작위에 의하여 국민의 기본권을 침해한 경우에는 법원에 부작위위법확인소송을 제기할 수 있고 또한 헌법재판소에 헌법소원을 제기하여 구제받을 수 있다.

3. 행정기관(行政機關)에 의한 침해와 구제

행정기관에 의하여 기본권이 침해되는 경우가 많으며, 주로 법의 적용과정에서 일어난다. 그 구제방법에는 ① 청원권행사, ② 행정심판·행정소송·헌법소원, ③ 형사보상·국가배상 등이 있다.

4. 사법기관(司法機關)에 의한 침해와 구제

사법기관에 의한 침해는 법적용의 잘못으로 생기는데, 그 구제방법은 항소·상고·재심·비상상고·형사보상 등이 있다. 그리고 재판을 제외한 법원의 기본권침해에 대해서는 헌법소원에 의한 구제를 청구할 수 있다.

5. 사인(私人)에 의한 침해와 구제

사인에 의하여 기본권이 침해된 경우에는 형사상 구제(고소·고발)나 민사상 구제(손해배상·위자료·사죄광고)의 방법이 있다.

그리고 긴박한 상태하에서의 자력구제의 방법으로서 정당방위와 긴급피난 등이 인정된다.

제2절 인간의 존엄(尊嚴)과 가치(價値)·행복추구권

Ⅰ. 인간의 존엄과 가치

1. 연혁(沿革) 및 입법례(立法例)

인간은 원래 이성적인 인격체로 인정되면서도 노예제도, 인신매매 등으로 인간이 인간답지 못한 생활을 하는 경우가 많았다.

특히 제1·2차 세계대전을 거치면서 독일의 나치즘, 이탈리아의 파시즘, 일본의 군국주의 등 전체주의가 발호하여 대량살상·강제노동·인간실험·고문 등을 통하여 인간의 존엄성은 무시되었고, 개인은 국가를 위한 단순한 도구로 취급되었다. 이와 같은 비인간적인 극한상황을 겪음에 따라 제2차대전 이후의 각국은 이러한 비인도적 행위를 금지하기 위하여 인간의 존엄과 가치를 헌법에 규정하게 되었다.

특히 독일기본법(1949년)은 제1조 제1항에서 「인간의 존엄성은 불가침이다. 이를 존중하고 보호하는 것이 모든 국가권력의 의무이다」라고 규정하여 인간의 존엄성 존중에 대한 국가의무를 명문화하고 있다.

한편 인간의 존엄과 가치는 인권보장의 국제화 경향에 따라 UN헌장(1945년)을 비롯하여 세계인권선언(1948년), 국제인권규약(1966년), 유럽인권협약, 고문방지협약, 집단학살방지 및 처벌협약 등 국제협정 등에서도 규정하고 있다.

2. 헌법규정

우리나라는 1962년 제3공화국 헌법 제8조에서 인간의 존엄과 가치를 규정한 이래 지금까지 인간의 존엄과 가치조항을 헌법에 두고 있다.

현행헌법 제10조는 「모든 국민은 인간으로서의 존엄과 가치를 가지며, 행복을 추구할 권리를 가진다. 국가는 개인이 가지는 불가침의 기본적 인권을 확인하고 이를 보장할 의무를 진다」라고 규정하고 있다.

3. 인간의 존엄과 가치의 의미

인간의 존엄과 가치의 의미에 대해서는 인간의 인격과 그 평가, 인간의 본질로 간주되는 존귀한 인격주체성, 인간으로서의 자주적인 인격과 가치, 인격의 내용을 이루는 윤리적 가치 등 다양한 견해가 제시되고 있으나, 결국 각각의 인간이 전인격적으로 갖는 고유한 가치를 각기 달리 표현한 것이라고 할 것이다.

헌법 제10조에서 규정하고 있는 인간은 어떠한 인간을 의미하는가 하는 것이 문제된다. 헌법상 인간의 존재형태를 개인 대 사회의 관계 속에서 파악한다면, 인간의 존재형태는 개인주의사회, 인격주의사회 또는 전체(집단)주의사회라는 도식 속에서 파악할 수 있다.

개인주의사회에서의 인간이 고립적·이기적·독립적 인간상에 해당하는 것이라면, 전체주의사회에서의 인간은 자신의 자유와 자율적 판단으로 스스로 삶을 영위하지 못하고 국가권력의 객체로 전락한 인간상에 해당한다. 이에 대하여 인격주의사회에서의 인간은 인간으로서의 고유한 인격과 가치를 유지하면서(훼손당하지 아니하면서) 사회관계성 내지 사회구속성을 수용하면서도 자율적이고 자유로운 인간상을 의미한다.

우리나라 헌법은 극단적인 개인주의나 전체(집단)주의를 거부하고 있기 때문에 현행헌법 제10조의 인간은 개인주의적 인간상이나 전체주의적 인간상이 아니라 인격주의적 인간상을 의미한다.

헌법재판소도 동일한 취지의 판시를 하였다(헌재 1998. 5. 28. 96헌가5; 2000. 4. 27. 98헌가16; 2003. 10. 30. 2002헌마518).

「헌재 2003. 10. 30. 2002헌마518」

「우리 헌법질서가 예정하는 인간상은 '자신이 스스로 선택한 인생관·사회관을 바탕으로 사회공동체 안에서 각자의 생활을 자신의 책임 아래 스스로 결정하고 형성하는 성숙한 민주시민'인 바, 이는 사회와 고립된 주관적 개인이나 공동체의 단순한 구성분자가 아니라, 공동체에 관련되고 공동체에 구속되어 있기는 하지만 그로 인하여 자신의 고유 가치를 훼손당하지 아니하고 개인과 공동체의 상호 연관 속에서 균형을 잡고 있는 인격체라 할 것이다.」

4. 인간의 존엄과 가치의 법적 성격

위에서 살펴본 인간의 존엄과 가치의 의미를 전제로하여, 우리 헌법에서 인간의 존엄과 가치가 갖는 법적 성격을 살펴보면 근본규범성, 자연권성, 반전체주의적 성격, 기본권성 등으로 특징된다고 할 수 있다.

(1) 근본규범성(根本規範性)

인간의 존엄과 가치는 헌법의 기본원리인 기본권 존중주의를 규정한 헌법의 근본규범이다. 따라서 인간의 존엄과 가치는 모든 국가권력을 구속하며, 국가작용에 있어서 목적과 가치판단의 기준이 된다. 입법행위·행정행위·재판행위·통치행위 등 모든 국가활동의 법적 효력이나 정당성이 문제될 경우 그에 관한 최종적 가치판단의 기준이 된다.

인간의 존엄과 가치는 최고규범으로서 헌법의 각 조항과 법령의 효력이 문제될 경우 그에 관한 궁극적 해석의 최고기준이 된다.

근본규범으로서 인간의 존엄과 가치조항은 헌법개정절차에 의해서도 폐지할 수 없는 헌법개정의 한계 조항이다.

(2) 자연권성(自然權性)

헌법 제10조의 인간의 존엄과 가치는 전국가적(前國家的)인 자연법적 원리를 헌법의 틀 속으로 끌어들인 것이다. 그러므로「국가는 개인이 가지는 불가침의 기본적 인권을 확인하고 이를 보장할 의무를 진다.」(헌법 제10조 제2문).

(3) 반전체주의적(反全體主義的) 성격

국가는 개인을 위하여 존재하고 개인을 수단으로 삼을 수 없으며, 국가와 개인의 이익이 충돌할 때에는 개인의 이익에서 출발하여야 하고, 개인의 기본권을 제한하는 국가작용은 최소한에 그쳐야만 한다. 인간의 존엄과 가치를 존중하는 헌법의 태도는 인간존엄성을 말살하는 전체주의에 대하여 적대적일 수밖에 없다.

(4) 기본권성(基本權性)

헌법 제10조의 인간의 존엄과 가치를 헌법상 타 기본권과 같이 그 자체가 독자적 내용을 가진 주관적 공권이며 동시에 모든 기본권조항에 적용될 수 있는 일반원칙(기본원리)의 선언으로 보아야 할 것이냐, 아니면 주관적 공권성을 부정하고 모든 기본권의 전제가 되는 기본원리의 선언으로만 볼 것이냐 하는 논의가 있다. 즉 주관적 공권으로서 기본권성을 인정할 수 있느냐가 문제이다.

1) 기본권성 인정설

인간의 존엄과 가치·행복추구권을 통합하여 하나의 주기본권으로 파악하여 모든 기본권을 포괄하는 권리로 보고 그 아래에 다시 협의의 인간의 존엄과 가치·행복추구권과 자유권적 기본권, 청구권적 기본권, 생존권적 기본권 등의 개별적 기본권이 파생된다고 하는 견해이다.

또한 인간의 존엄과 가치는 다른 기본권의 이념적 출발점이자 동시에 기본권보장의 목표임을 부정할 수는 없으나 인간의 존엄과 가치는 기본권으로서의 성격도 아울러 가지고 있다고 보아야 한다는 주장이다. 인간의 존엄과 가치를 실현하기 위해서는 필요하지만, 그러나 개별기본권의 명문 규정상으로나 또는 해석상으로 인정될 수 없는 구체적인 기본권을 인정하는 근거규정으로서 인간의 존엄과 가치의 기본권성을 인정하는 것이 타당하다는 견해이다.

2) 기본권성 부정설

인간의 존엄과 가치를 규정한 헌법 제10조 제1문 전단은 구체적 기본권을 보장한 조항이 아니라 모든 기본권의 이념적 전제(理念的 前提)가 되고 모든 기본권보장의 목적이 되는 객관적 헌법원리를 규범화한 것으로 보아야 한다. 여기서 '모든 기본권의 이념적 전제가 된다'라 함은 인간으로서의 존엄과 가치가 모든 기본권의 근원(根源, Wurzel aller Grundrechte) 내지 핵(核, Grundrechtskern)이 된다는 의미이고, '모든 기본권보장의 목적이 된다'라 함은 제10조 제1문 전단(인간으로서의 존엄과 가치의 존중)과 제10조 제1문 후단 ~ 제37조 제1항까지(헌법에 열거된 모든 기본권과 헌법에 열거되지 아니한 자유와 권리의 보장)는 목적과 수단이라는 유기적 관계에 있다는 견해이다.

3) 판례

헌법재판소는 인간의 존엄과 가치의 기본원리적 성격과 더불어 구체적 권리성을 인정하고 있다. 즉「인간으로서의 존엄과 가치를 핵으로 하는 헌법상의 기본권보장이 다른 헌법규정을 기속하는 최고의 헌법원리이다.」(헌재 1992. 10. 1. 91헌마31).「헌법 제10조는 '모든 국민은 인간으로서의 존엄과 가치를 가지며, 행복을 추구할 권리를 가진다'고 규정하고 있는데, 이로써 모든 국민은 그의 존엄한 인격권을 바탕으로 하여 자율적으로 자신의 생활영역을 형성해 나갈 수 있는 권리를 가지는 것이다.」(헌재 1997. 3. 27. 95헌가14 등).「헌법 제10조는 모든 기본권보장의 종국적 목적(기본이념)이라고 할 수 있는 인간의 본질이며 고유한 가치인 개인의 인격권을 보장하고 있다.」(헌재 1990. 9. 10. 89헌마82).

5. 인간의 존엄과 가치의 주체

헌법규정상 인간의 존엄과 가치의 향유자는 모든 국민이다. 그러나 인간으로서의 존엄과 가치는 인간으로서 가지는 권리이기 때문에 국적의 유무에 영향을 받지 않는다. 따라서 이 기본권의 주체는 국민뿐만 아니라 외국인 및 무국적자도 포함된다. 그러나 자연인이 아닌 법인은 여기에 포함되지 않는다.

또 인간의 존엄과 가치는 인간의 정신적·신체적 조건과는 무관하기 때문에 신체상 불구자, 병자, 정신병자, 태아, 유아, 미성년자, 알콜중독자 등 모든 인간에게 인정된다.

6. 인간의 존엄과 가치의 효력

헌법 제10조의 인간의 존엄과 가치는 기본권보장의 이념적 기초이고 최고원리로서 모든 국가권력과 사인에 대하여 효력을 갖는다. 따라서 공권력 등에 의한 인간의 존엄과 가치의 침해가 있는 경우에는 침해의 배제 등을 요구할 수 있다.

Ⅱ. 행복추구권

1. 행복추구권의 개념

행복추구권(幸福追求權)은 미국의 버지니아 권리장전(1776년)과 같은 해 미국의 독립선언에서 최초로 규정한 이래 일본헌법(1947년) 등에서 규정하고 있다. 우리 헌법은 1980년 제5공화국 헌법에서 행복추구권을 처음으로 규정한 후 현행헌법까지 계속 규정하고 있다.

행복추구권에서의 행복이란 매우 주관적이고 다의적(多義的)인 개념이므로 각 개인의 인생관이나 가치관에 따라서 그 인식이 달라질 수 있다. 결국 행복이란 생활환경이나 조건도 중요하지만 그 안에 살고 있는 개인에 따라 다를 수밖에 없다.

행복추구권이란 각자가 행복이라고 생각하는 바를 얻기 위하여 자유롭게 노력하고 행동할 수 있는 권리라고 할 수 있다. 여기서 자유로운 행동이란 결코 동물적 행동이 아니라 '인간으로서의 행동', 즉 '인격적 행동'을 말한다. 결국 행복추구권이란 개인에 따라 상이할 수 있는 행복을 인격적 행동을 통해 얻으려는 권리라고 할 수 있다.

2. 행복추구권의 주체

행복추구권은 자연법사상을 바탕으로 하고 인간의 존엄과 가치 존중과 밀접·불가분의 관계를 가진 인간의 권리이므로 자연인만이 누릴 수 있다. 자연인이면 자국민뿐만 아니라 외국인이나 무국적자도 이를 향유할 수 있다.

3. 행복추구권의 효력

행복추구권은 입법·행정·사법권 등 국가권력을 직접적으로 구속한다. 또한 사법상의 일반원칙에 의하여 사인(私人) 간에도 적용된다(간접적용설).

제3절 평등권(平等權)

Ⅰ. 평등사상의 전개(展開)

평등사상은 고대에는 정의(正義)의 관념과 결부되어 있었다. 아리스토텔레스는 정의를 평균적 정의와 배분적 정의로 나누고, 평균적 정의는 모든 사람을 절대적으로 평등하게 취급하는 것을 말하고 배분적 정의는 사람을 능력에 따라 구별하여 취급하는 것을 의미한다고 했다.

근대사회에 접어들면서 평등의 이념은 한편으로는 국가기관의 구성과 통치과정에 평등하게 참여하여야 한다는 참정평등(參政平等)의 요구로, 다른 한편으로는 법을 모든 국민에게 평등하게 적용하여야 한다는 법적용평등의 요구로 나타났다. 이러한 평등사상은 18세기 후반부터 버지니아권리장전을 비롯하여 미국의 독립선언과 프랑스인권선언 및 각국의 헌법에 명문화되었으며, 나아가 근대 시민적 법치국가의 지도원리로 되었다.

그러나 근대사회의 평등은 기회의 평등과 출발에 있어서 평등만을 의미하는 형식적 평등으로 일관하였다. 그러나 형식적 평등에 기초한 기회균등과 자유경쟁은 경제적 약자와 경제적 강자의 심각한 대립을 초래하였으며, 이것은 종래의 형식적 평등관에 대한 반성을 촉구하였다. 그 결과 자유의 평등, 형식적 평등만이 아니라 사회적·경제적 측면에서 인간다운 생활을 보장하기 위한 실질적 평등사상이 대두하였다.

이러한 현대의 실질적 평등은 그 주요 관심방향을 정치적 평등에서 사회·경제적 평등으로 전환하였으며, 결과에 있어서 평등을 실현하려는 것이다. 이러한 실질적 평등사상은 바이마르헌법 이후 현대의 각국의 헌법에서 규정하게 되었다.

II. 헌법규정

평등권에 관하여 우리 헌법 제11조 제1항은 「모든 국민(國民)은 법(法)앞에 평등(平等)하다. 누구든지 성별·종교 또는 사회적 신분에 의하여 정치적·경제적·사회적·문화적 생활의 모든 영역에 있어서 차별을 받지 아니한다」고 규정하고 있다.

그 밖에도 우리 헌법은 여러 곳에서 평등사상을 다양하게 규정하고 있다. 즉 헌법 전문(前文)의 「모든 영역에 있어서 각인의 기회를 균등히 하고」라는 규정, 제11조 제2항의 사회적 특수계급제도의 부인, 제11조 제3항의 영전일대(榮典一代)의 원칙, 제31조 제1항의 교육의 기회균등, 제32조 제4항의 근로관계에 있어서 여성의 차별금지, 제36조 제1항의 혼인과 가족생활에 있어서 양성(兩性)의 평등, 제41조 제1항, 제67조 제1항, 제116조 제1항의 선거와 선거운동에 있어서 평등, 제119조 제2항의 균형 있는 국민경제의 성장, 제123조 제2항의 지역 간의 균형 있는 발전 등이 그것이다.

III. 평등권의 내용

헌법 제11조에서 규정하고 있는 평등권의 내용은 ① 모든 인간을 원칙적으로 평등하게 다루어야 한다는 평등의 원칙, ② 개개의 인간이 국가로부터 부당하게 차별대우를 받지 아니함은 물론 국가에 대하여 평등한 처우를 요구할 수 있는 주관적 공권으로서 평등권, ③ 사회적 특수계급제도의 부인, ④ 영전일대(榮典一代)의 원칙으로 나누어 볼 수 있다.

1. 평등의 원칙(法앞에 平等)

(1) 평등의 원칙의 의의와 법적 성격

평등의 원칙이라 함은 모든 인간을 평등하게 취급할 것을 요구하는 법원칙을 말하며, 그 중심적 내용은 모든 인간의 '기회의 균등'과 공권력의 '자의(恣意)의 금지'이다. 평등의 원칙은 '동일한 것은 평등하게, 상이한 것은 불평등하게' 다룸으로써 사회정의를 실현하려는 원리이다. 따라서 평등하게 다루어야 할 것을 불평등하게 다루거나 불평등하게 다루어야 할 것을 평등하게 다루는 것은 정의에 반하고 평등의 원칙에 위배된다.

평등의 원칙의 법적 성격은 ① 기본권보장에 관한 최고의 헌법원리이다. ② 또 이 원칙은 헌법을 포함한 모든 법령의 해석과 적용의 기준이 되며, ③ 자연법상의 원리로서 헌법개정에 의해서도 폐지할 수 없고, ④ 사회정의의 실현을 위한 사회적 법치국가의 이념적 기초이다.

(2) 법(法)앞에 평등(平等)

평등의 원칙은 법앞에 평등을 그 내용으로 한다.

1) 「법」의 의미

여기서 말하는 법이란 국회에 의하여 제정된 형식적 의미의 법률뿐만 아니라 모든 국법을 말한다. 따라서 헌법·법률·명령·규칙·자치법규 등 성문법은 물론 관습법·판례법·조리 등 불문법을 포함하며, 국내법과 국제법을 가리지 아니한다.

2) 「법앞에」의 의미

법앞에라는 것이 행정과 사법(司法)만을 의미하는가 또는 입법까지도 포함하는가가 문제된다. 여기에 관해서는 법적용평등설과 법평등설이 대립하고 있다.

a) 법적용평등설[입법비구속설(立法非拘束說)]

법앞에 평등은 법의 내용은 불문하고 법의 적용만을 평등하게 하면 된다는 입장으로 법을 구체적으로 적용하는 국가기관인 사법부와 행정부에 대한 규제원리로 이해하고 있다.

b) 법평등설[입법구속설(立法拘束說)]

법앞에 평등은 법의 적용을 평등하게 할 뿐만 아니라 법의 내용도 평등한 것이어야 한다는 입장으로 법의 제정까지도 평등원칙에 구속된다는 입장이다.

c) 결어

법적용평등설에 의해서는 형식적인 법만능주의를 통한 입법권 그 자체에 의한 평등원리의 침해를 방지할 수 없다. 법률의 위헌심사권을 명백히 규정한 우리 헌법(제111조)에서는 법의 적용뿐만 아니라 법의 내용도 평등한 것이어야 한다는 법평등설이 타당하다. 이것이 현재의 통설·판례이다.

3) 「평등」의 의미

평등의 본질에 관해서는 절대적 평등설(絶對的 平等說)과 상대적 평등설(相對的 平等說)이 갈리고 있다. 평균적 정의론(平均的 正義論)에 입각한 절대적 평등설은 평등이란 모든 인간을 모든 경우에 모든 점에서 무차별하게 또는 평등하게 취급하여야 한다는 입장이다.

이에 대하여 배분적 정의론(配分的 正義論)에 입각한 상대적 평등설은 평등이란 모든 인간을 평등하게 취급하되, 정당한 사유가 있거나 합리적 근거가 있는 차별(합리적 차별)은 허용된다고 본다.

현재 우리 헌법의 해석상 통설은 평등을 상대적 평등으로 이해하고 있다. 따라서 합리적 근거가 없는 차별은 자의적 차별(恣意的 差別)로서 정의(正義)의 원칙에 반한다고 보며, 평등의 이념=자의의 금지=정의라는 도식이 성립한다.

헌법재판소도 평등의 개념을 상대적 평등으로 이해하고 있다. 헌법재판소는 「헌법 제11조 제1항이 규정하는 평등의 원칙은 일체의 차별적 대우를 부정하는 절대적 평등을 의미하는 것이 아니라 법의 적용이나 입법에 있어서 불합리한 조건에 의한 차별을 하여서는 안 된다는 상대적·실질적 평등을 뜻하는 것이므로 합리적 근거 없이 차별하는 경우에 한하여 평등의 원칙에 반할 뿐이다.」라고 판시하고 있다(헌재 1999. 7. 22. 98헌바14).

평등을 상대적 평등으로 이해한다 하더라도 합리적 차별(合理的 差別) 여부의 판단 기준에 관해서는 ① 인간의 존엄성 존중, ② 정당한 입법목적(공공복리 등) ③ 수단의 적정성(適正性)이라는 세 가지 복합적 요소를 기준으로 판단하여야 한다고 본다. 결국 인간의 존엄성 존중의 원리에 반하지 아니하면서 입법목적이 공공복리의 실현에 있는 것이고 입법목적달성을 위한 수단도 적정(適正)한 것이면 합리적 차별이고, 이러한 요건을 충족하지 아니한 차별은 합리적 차별이 아닌 자의적 차별(恣意的 差別)이라고 해야 할 것이다.

「헌재 1997. 5. 29. 94헌바5. 주택건설촉진법 제3조 제9호 위헌소원 (기각)」

「헌법 제11조 제1항의 평등의 원칙은 일체의 차별적 대우를 부정하는 절대적 평등을 의미하는 것이 아니라 합리적 근거 없는 차별을 하여서는 아니 된다는 상대적 평등을 뜻하며, 합리적 근거 있는 차별인가의 여부는 그 차별이 인간의 존엄성 존중이라는 헌법원리에 반하지 아니하면서 정당한 입법목적을 달성하기 위하여 필요하고도 적정한 것인가를 기준으로 판단되어야 한다.」

「헌재 2001. 11. 29. 99헌마494. 재외동포의출입국과 법적지위에관한법률 제2조 제2호 위헌(확인)」

「우리 헌법 제11조 제1항은 "모든 국민은 법 앞에 평등하다. 누구든지 성별·종교 또는 사회적 신분에 의하여 정치적·경제적·사회적·문화적 생활의 모든 영역에 있어서 차별을 받지 아니한다."라고 규정하여 평등원칙을 선언하고 있는 바, 평등의 원칙은 국민의 기본권 보장에 관한 우리 헌법의 최고원리로서 국가가 입법을 하거나 법을 해석 및 집행함에 있어 따라야 할 기준인 동시에, 국가에 대하여 합리적 이유없이 불평등한 대우를 하지 말 것과, 평등한 대우를 요구할 수 있는 모든 국민의 권리로서, 국민의 기본권 중의 기본권인 것이다. 헌법 제11조 제1항의 평등의 원칙은 일체의 차별적 대우를 부정하는 절대적 평등을 의미하는 것이 아니라 입법과 법의 적용에 있어서 합리적 근거 없는 차별을 하여서는 아니 된다는 상대적 평등을 뜻하고 따라서 합리적 근거 있는 차별 내지 불평등은 평등의 원칙에 반하는 것이 아니다. 그리고 합리적 근거 있는 차별인가의 여부는 그 차별이 인간의 존엄성 존중이라는 헌법원리에 반하지 아니하면서 정당한 입법목적을 달성하기 위하여 필요하고도 적정한 것인가를 기준으로 판단되어야 한다.」(헌재 1994. 2. 24. 92헌바43; 헌재 1998. 9. 30. 98헌가7등 참조).

2. 차별대우금지(差別待遇禁止)

구체적 평등권으로서의 차별대우금지는 국가로부터 차별대우를 받지 않을 소극적 권리인 동시에 국가에 대하여 적극적으로 평등보호를 요구할 수 있는 적극적 권리로서 개인을 위한 주관적 공권이다.

차별대우금지는 성별·종교·사회적 신분에 의한 정치적·경제적·사회적·문화적 영역에서의 차별을 받지 않음을 그 내용으로 한다. 이러한 차별대우금지를 규정한 헌법 제11조 제1항에 관해서는 이 조항이 한정적인 차별금지사유와 한정적인 차별금지영역을 정한 것이라는 견해[한정설(限定說)]와 차별금지사유와 영역을 예시한 것에 불과하다는 견해[예시설(例示說)]가 대립되고 있으나 예시설이 통설이다.

(1) 차별금지사유

현행 헌법은 제11조 제1항 제2문에서 차별금지사유로서 성별·종교 및 사회적 신분을 예시하고 있다.

1) 성 별

성별에 의한 차별금지는 남녀평등을 의미한다. 이에 따라 공법적 영역뿐만 아니라 사법의 영역에서도 성(性)에 관한 가치판단을 기초로 한 차별대우를 하여서는 아니 된다. 다만 생리적·신체적 이유에 의한 합리적 차별은 허용된다. 예를 들면 여자의 근로에 대한 특별보호, 남성에게만 병역의무를 부과하는 것

등이 여기에 해당한다.

2) 종 교

종교 또는 신앙에 의한 차별금지는 종교상의 평등을 의미한다. 이에 따라 종교 또는 신앙을 이유로 한 차별대우는 허용되지 않는다.

3) 사회적 신분

사회적 신분이란 사회에 있어서 일시적이 아니고 장기적으로 계속하여 가지고 있는 지위를 말한다.

(2) 차별금지영역

차별이 금지되는 영역은 인간의 모든 생활영역이다. 헌법은 정치·경제·사회·문화의 영역에서 차별대우금지를 규정하고 있다.

1) 정치적 생활영역에 있어서는 국정에의 참여가 모든 국민에게 평등하게 보장되어야 하고, 투표와 선거 및 공직취임 등에서 평등이 보장되어야 한다.

2) 경제적 및 사회적 생활영역에 있어서도 차별대우가 허용되지 않는다. 예컨대 고용, 임금, 근로조건, 담세율 등에 있어서 차별대우는 허용되지 않는다. 또 거주, 여행, 공공시설의 이용 등에서 차별, 적자와 서자의 차별, 혼인과 가족생활에 있어서의 남녀의 차별이 허용되지 않는다.

3) 문화적 생활에 있어서도 평등이 보장되어야 한다. 교육의 기회균등, 문화적 활동과 문화적 자료이용의 기회균등, 정보이용의 기회균등이 보장되어야 한다.

3. 사회적 특수계급제도(社會的 特殊階級制度)의 부인(否認)

헌법 제11조 제2항은 「사회적 특수계급의 제도는 인정되지 아니하며, 어떠한 형태로도 이를 창설할 수 없다」라고 규정하고 있다. 사회적 특수계급이란 양반, 노예, 귀족 등과 같은 법률상 신분상의 특권이 인정되거나 의무만이 인정되는 계급을 말한다. 이러한 계급은 평등원칙에 반하기 때문에 인정되지 않고 어떠한 형태로도 창설할 수 없다.

4. 영전일대(榮典一代)의 원칙

헌법 제11조 제3항은 「훈장 등의 영전은 이를 받은 자에게만 효력이 있고, 어떠한 특권도 이에 따르지 아니한다」라고 규정하고 있다. 이 규정은 영전세습을 금지하여 특수계급의 발생을 방지하기 위한 것이다. 따라서 영전을 받은 자의 자손에 대한 처벌의 면제 또는 공직채용상의 우대는 인정되지 아니한다. 그러나 훈장에 따른 연금의 지급이나 국가유공자 또는 군경유가족에 대한 구호는 인정된다.

IV. 평등권의 주체

현행 헌법은 제11조 제1항에서 「모든 국민은 법앞에 평등하다」고 규정하여 모든 국민이 평등권의 주체가 됨을 명시하고 있다. 그러나 헌법은 국민이라고 규정하고 있으나 대한민국 국민만이 평등권의 주체가 되는 것이 아니라 외국인에게도 원칙적으로 평등권의 주체성이 인정된다. 다만 참정권과 같은 공권과 일정한 사권에 대해서는 외국인에게 평등권의 주체성이 인정되지 않는다. 또 평등권은 자연인에게만 인정되는 것이 아니라 법인에게도 그 주체성이 인정된다.

V. 평등권의 효력

평등조항은 국가권력을 직접 구속하는 대국가적 효력을 가진다. 따라서 입법기관이 불평등한 내용의 법을 제정하거나 행정기관이나 사법기관이 불평등하게 법을 적용·집행하는 것은 평등원칙에 위배되고 평등권을 침해하는 것으로 된다.

또한 평등권은 대사인적(對私人的) 효력을 가진다. 평등권의 대사인적 효력에 관해서는 견해가 대립하고 있으나 대사인적 효력을 인정하는 것이 통설이다. 통설에 의하면 평등권은 기본권 중에서 사인 간에 적용가능성이 가장 큰 기본권으로서, 사법(私法)의 공서양속(公序良俗) 규정을 매개로 하여 간접적으로 대사인적 효력을 가진다.

Ⅵ. 평등권의 제한

1. 헌법에 의한 제한

우리 헌법은 헌법의 개별유보를 통하여 일정한 평등권의 제한을 인정하고 있는데 그 주요 내용은 다음과 같다.

(1) 정당의 특권

정당은 그 목적이나 활동이 민주적 기본질서에 위배되어 헌법재판소의 심판에 의하여 해산되는 경우를 제외하고는 해산당하지 아니하고(헌법 제8조 제4항), 그 운영에 필요한 자금을 국고로부터 보조받는 등 일반결사에 비하여 일정한 특권이 부여되어 있다(제8조 제3항). 이는 현대 민주주의에 있어서 정당이 갖는 기능을 효과적으로 발휘하기 위한 것이다.

(2) 대통령과 국회의원의 특권

대통령과 국회의원은 그 직무에 관하여 일정한 특권을 갖는다. 대통령은 내란 또는 외환의 죄를 범한 경우를 제외하고는 재직 중 형사상 소추를 받지 아니하며(제84조), 국회의원은 불체포특권과 면책특권이 인정된다. 그러나 법률이 정하는 직(職)의 겸직이 금지된다. 이러한 특권과 의무는 모두 직무의 원활한 수행을 위하여 헌법에서 규정하고 있는 것이다.

(3) 공무원과 방위산업체 근로자의 근로3권의 제한

공무원인 근로자는 법률이 정하는 자에 한하여 단결권·단체교섭권 및 단체행동권이 인정되며(제33조 제2항), 주요 방위산업체에 종사하는 근로자에 대해서는 법률이 정하는 바에 의하여 단체행동권이 제한된다(제33조 제3항).

(4) 군인 등의 국가배상청구권의 제한

군인·군무원·경찰공무원 기타 법률로 정한 자가 전투·훈련 등 직무집행과 관련하여 받은 손해에 대해서는 법률이 정한 보상 외에 국가 또는 공공단체에 대하여 공무원의 직무상 불법행위로 인한 배상은 청구할 수 없다(제29조 제2항).

(5) 현역군인의 문관임용제한

군인은 현역을 면한 후가 아니면 국무총리 또는 국무위원으로 임명될 수 없다(제86조 제3항, 제87조 제4항).

(6) 국가유공자의 우선취업기회 보장

국가유공자·상이군경 및 전몰군경의 유가족은 법률이 정하는 바에 따라 우선적으로 근로의 기회를 부여받고 있다(제32조 제6항).

2. 법률에 의한 평등권의 제한

평등권도 국가의 안전보장·질서유지 또는 공공복리를 위하여 법률로써 제한할 수 있다. 법률에 의하여 평등권을 제한하는 구체적인 예는 다음과 같다.
① 공무원법에 의한 공무원의 정당가입의 금지와 정치활동의 제한 및 주거지의 제한
② 군사관계법에 의한 군인·군무원의 영내거주, 정치활동의 제한
③ 행형법에 의한 수형자의 서신검열·통신과 신체의 자유 등에 대한 제한
④ 공직선거법에 의한 일정한 전과자의 공무담임권의 제한
⑤ 출입국관리법에 의한 외국인의 체류와 출국의 제한, 외국인토지법에 의한 외국인의 토지소유 및 주식소유의 제한 등

제4절 신체(身體)의 자유(自由)

Ⅰ. 신체의 자유의 연혁(沿革)

신체의 자유를 최초로 규정한 것은 1215년의 영국의 대헌장이다. 그 후에 신체의 자유는 1628년의 권리청원, 1679년의 인신보호령, 1689년의 권리장

전 등에서 규정되었으며, 버지니아권리장전과 프랑스의 인권선언에서도 이를 선언하고 있다.

제2차 세계대전 후의 각국 헌법은 거의 예외 없이 신체의 자유를 규정하고 있다.

우리나라도 제헌헌법 이후 신체의 자유를 명문으로 규정하고 있으며, 현행 헌법 제12조는 「① 모든 국민은 신체의 자유를 가진다. 누구든지 법률에 의하지 아니하고는 체포·구속·압수·수색 또는 심문을 받지 아니하며, 법률과 적법한 절차에 의하지 아니하고는 처벌·보안처분 또는 강제노역을 당하지 아니한다. ② 모든 국민은 고문을 받지 아니하며, 형사상 자기에게 불리한 진술을 강요당하지 아니한다. ③ 체포·구속·압수 또는 수색을 할 때에는 적법한 절차에 따라 검사의 신청에 의하여 법관이 발부한 영장을 제시하여야 한다」고 규정하는 있으며, 그 이외에도 여러 규정을 두고 있다.

Ⅱ. 신체의 자유의 의의와 법적 성격

1. 의의

신체의 자유는 법률과 적법한 절차에 의하지 아니하고는 개인의 신체의 안전성(安全性)과 자율성(自律性)을 침해당하지 아니할 자유를 말한다. 즉 신체의 안전성이란 외부로부터의 물리적인 힘이나 정신적인 위협으로부터 침해당하지 않을 자유와 신체의 자율성이란 신체활동을 임의적이고 자율적으로 할 수 있는 자유를 말한다.

2. 법적 성격

신체의 자유는 인간의 원시적 욕구인 동시에 인간생존을 위한 최소한의 조건이다. 신체의 자유가 보장되지 않으면 그 밖의 자유와 권리를 향유할 수 없기 때문에 신체의 자유는 인간의 존엄성의 유지와 민주주의 그 자체의 존립을 위한 필수적인 조건이다.

또 신체의 자유는 인간이 자연법상 당연히 누리는 천부적·초국가적 권리이며, 국가의 침해에 대하여 그 침해의 배제를 요구할 수 있는 소극적·방어적 권리이며, 국가의 안전보장이나 질서유지를 위하여 불가피한 경우에는 최소한의 범위에서 제한될 수 있는 상대적 자유권이다.

Ⅲ. 신체의 자유의 보장

신체의 자유를 보장하기 위한 방법으로서는 크게 두 가지로 나눌 수 있는데, 그것은 대륙법계에서 발전한 실체적 보장과 영미법계에서 발전한 절차적 보장이다.

실체적 보장은 법치주의와 죄형법정주의 등 실체적 측면에서 신체의 자유를 보장하는 것으로서 죄형법정주의, 일사부재리의 원칙, 연좌제의 금지 등이 있다.

절차적 보장은 법의 지배와 적법절차 등 절차적 측면에서 신체의 자유를 보장하는 것으로서 적법절차, 영장제도, 구속이유 등 고지제도, 구속적부심사제도 등이 있다.

1. 신체의 자유의 실체적 보장(實體的 保障)

(1) 죄형법정주의(罪刑法定主義)

죄형법정주의는 「법률 없으면 범죄 없고, 법률 없으면 형벌 없다」는 것으로서, 근대형법의 근본원칙이다. 죄형법정주의는 국가의 형벌권으로부터 국민의 자유와 권리를 보호하기 위한 헌법상의 원칙인 동시에 형법상의 원칙으로서 ① 관습형법의 배제, ② 형벌법규의 소급효 금지, ③ 유추해석의 금지, ④ 절대적 부정기형의 금지와 같은 파생원칙을 담고 있다.

헌법 제12조 제1항에서 「법률과 적법한 절차에 의하지 아니하고는 처벌·보안처분 또는 강제노역을 받지 아니한다」라고 하고, 제13조 제1항은 「모든 국민은 행위시의 법률에 의하여 범죄를 구성하지 아니하는 행위로 소추되지 아니하며」라고 하여 죄형법정주의를 규정하고 있다.

(2) 일사부재리(一事不再理)의 원칙

헌법 제13조 제1항에서 「동일한 범죄에 대하여 거듭 처벌받지 아니한다」라고 규정하여 일사부재리의 원칙을 인정하고 있다.

일사부재리의 원칙은 실체 판결이 확정되어 기판력이 발생하면 그 후 동일한 사건에 대하여는 거듭 처벌하는 것을 금지하는 형사상의 원칙이다. 따라서 무죄판결이 있은 행위와 이미 처벌이 끝난 범죄에 대하여는 다시 형사책임을 물을 수 없다.

일사부재리의 원칙은 형사피고인의 법적 안정을 보호하는 제도적 의의를 가진다.

(3) 연좌제(連坐制)의 금지(禁止)

연좌제는 자신의 행위가 아닌 타인의 행위에 대하여 형사상 책임을 지는 것을 말한다. 이는 근대형법의 기본원칙인 자기책임의 원칙에 반하는 것으로서 과거 우리 사회의 병폐가 되어 왔다.

헌법 제13조 제3항은 「모든 국민은 자기의 행위가 아닌 친족의 행위로 인하여 불이익한 처우를 받지 아니한다」라고 규정하여 연좌제를 금지하고 있다.

2. 신체의 자유의 절차적 보장(節次的 保障)

(1) 적법절차(適法節次)(due process of law)

헌법 제12조 제1항은 「누구든지… 적법한 절차에 의하지 아니하고는 처벌·보안처분 또는 강제노역을 당하지 아니한다」라고 하고, 제12조 제3항은 「체포·구속·압수 또는 수색을 할 때에는 적법한 절차에 따라…」라고 하여 적법절차를 규정하고 있다.

적법절차란 절차가 법률로써 규정되고 이에 따라야 한다는 절차적 적법성뿐만 아니라 법률의 실체적 내용도 합리성·정당성을 갖춘 실체적 적법성이 있어야 한다.

(2) 영장제도(令狀制度)

1) 영장제도의 의의

영장제도는 범죄수사로 인한 부당한 인권침해를 방지하는 데 그 의의가 있다. 즉 수사기관에 의한 불법적 체포·구속·압수·수색 등을 방지하기 위하여 일정한 요건 하에 법관이 발부한 영장으로써만 위의 행위를 할 수 있도록 하는 제도이다.

형사피의자와 형사피고인은 범죄혐의로 인하여 수사기관으로부터 수사를 받고 있는 사람이기 때문에 이들 수사기관으로부터 헌법상 보장된 신체의 자유 등 기본권이 침해될 위험성이 일반인보다 훨씬 크다. 따라서 이와 같은 부당한 인권침해를 방지하기 위하여 헌법은 여러 가지 규정을 두어 이들의 권익을 보장하고 있다.

헌법 제12조 제3항은 「체포·구속·압수 또는 수색을 할 때에는 적법한 절차에 따라 검사의 신청에 의하여 법관이 발부한 영장을 제시하여야 한다」라고 하여 영장제도를 규정하고 있다.

따라서 체포·구속·압수 또는 수색을 할 필요가 있을 경우에는 사전에 영장을 발부받아야 한다(사전영장주의). 개정된 형사소송법(1995. 12. 29)은 구속영장 외에 체포영장제도를 도입하였다. 이러한 체포영장제도는 임의동행과 같은 탈법적 수사관행을 근절하기 위하여 도입되었다.

a) 체포영장

피의자가 죄를 범하였다고 의심할 만한 상당한 이유가 있고, ① 정당한 이유없이 검사 또는 사법경찰관의 수사상 필요에 의한 출석요구에 응하지 아니하거나 ② 응하지 아니할 우려가 있는 때(체포사유의 존재)에는, 검사는 관할지방법원판사에게 청구하여 체포영장을 발부받아 피의자를 체포할 수 있고, 사법경찰관은 검사에게 신청하여 검사의 청구로 관할지방법원판사의 체포영장을 발부받아 피의자를 체포할 수 있다. 다만, 다액(多額) 50만원 이하의 벌금(罰金), 구류(拘留) 또는 과료(科料)에 해당하는 사건에 관하여는 ① 피의자가 일정한 주거가 없는 경우 또는 ② 정당한 이유 없이 검사나 사법경찰관의 수사상 필요에 의한 출석요구에 응하지 아니한 경우에 한한다(형사소송법 제200조의2 제1항, 군사법원법 제232조의2 제1항).

검사 또는 사법경찰관은 피의자를 체포하는 경우에는 피의자에 대하여 피의사실의 요지, 체포의 이유와 변호인을 선임할 수 있음을 말하고 변명할 기회를 주어야 한다(Miranda 원칙)(형사소송법 제200조의5, 군사법원법 제232조의5).

그리고 체포한 피의자를 구속하고자 할 때에는 체포한 때부터 48시간 이내에 구속영장을 청구하여야 하고, 그 기간 내에 구속영장을 청구하지 아니하는 때에는 피의자를 즉시 석방하여야 한다(형사소송법 제200조의2 제5항, 군사법원법 제232조의2 제5항).

b) 구속영장

피의자가 죄를 범하였다고 의심할 만한 상당한 이유가 있고 ① 일정한 주거가 없는 때, ② 증거를 인멸할 염려가 있는 때, ③ 피고인이 도망하거나 도망할 염려가 있는 때에는 검사는 관할지방법원판사에게 청구하여 구속영장을 받아 피의자를 구속할 수 있고 사법경찰관은 검사에게 신청하여 검사의 청구로 관할지방법원판사의 구속영장을 받아 피의자를 구속할 수 있다.

다만, 다액 50만원 이하의 벌금, 구류 또는 과료에 해당하는 범죄에 관하여는 피의자가 일정한 주거가 없는 경우에 한한다(형사소송법 제201조 제1항).

구속영장의 청구를 받은 지방법원판사는 신속히 구속영장의 발부 여부를 결정하여야 한다. 체포영장에 의한 체포, 긴급체포 또는 현행범인임을 이유로 체포된 피의자에 대하여 구속영장을 청구받은 판사는 지체 없이 피의자를 심문하여야 한다(영장실질심사제). 이 경우 특별한 사정이 없는 한 구속영장이 청구된 날의 다음날까지 심문하여야 한다(형사소송법 제201조의2 제1항).

체포되지 아니한 피의자에 대하여 구속영장을 청구받은 판사는 피의자가 죄를 범하였다고 의심할 만한 이유가 있는 경우에 구인을 위한 구속영장(구인장)을 발부하여 피의자를 구인한 후 심문하여야 한다. 다만, 피의자가 도주하는 등의 사유로 심문을 할 수 없는 경우에는 그러하지 아니하다(형사소송법 제201조의2 제2항).

검사와 변호인은 심문기일에 출석하여 의견을 진술할 수 있다.

지방법원판사는 피의자를 심문한 후 피의자를 구속할 사유가 있다고 인정할 때에는 구금을 위한 구속영장을 발부하여야 한다.

구속영장을 집행할 경우에 피의자에게 범죄사실의 요지, 구속의 이유와 변호인을 선임할 수 있음을 말하고, 변명할 기회를 준 후가 아니면 구속할 수 없다(Miranda 원칙)(형사소송법 제209조).

2) 영장제도의 예외

앞에서 본 바와 같이 체포·구속·압수 또는 수색을 할 필요가 있을 때에는 사전에 영장을 발부받아야 한다. 그러나 다음과 같은 일정한 경우에는 사후에 영장을 발부 받을 수 있다.

a) 현행범인의 경우

범죄의 실행 중이거나 실행의 직후인 자를 현행범이라고 하며, 현행범인은 누구든지 영장없이 체포할 수 있다. 다만 50만원 이하의 벌금·구류 또는 과료에 해당하는 경미한 죄의 현행범인에 대하여는 주거가 분명하지 아니한 때에 한하여 영장 없이 체포할 수 있다(형사소송법 제214조). 검사 또는 사법경찰관리가 현행범인을 체포하거나 현행범인을 인도받은 경우에 검사는 현행범인을 구속할 필요가 있다고 인정하면 관할지방법원판사에게 48시간 이내에 구속영장을 청구하여야 하고, 구속영장을 청구하지 아니하거나 구속영장을 발부받지 못한 때에는 피의자를 즉시 석방하여야 한다(형사소송법 제213조의2).

b) 긴급체포의 경우

검사 또는 사법경찰관은 피의자가 사형·무기 또는 장기(長期) 3년 이상의 징역이나 금고에 해당하는 죄를 범하였다고 의심할 만한 상당한 이유가 있고, 증거를 인멸할 염려가 있거나 또는 도망하거나 도망할 우려가 있는 경우에 긴급을 요하여 지방법원판사의 체포영장을 받을 수 없는 때에는 그 사유를 알리고 영장 없이 피의자를 체포할 수 있다(긴급체포). 이 경우 긴급을 요한다 함은 피의자를 우연히 발견한 경우 등과 같이 체포영장을 발부받을 시간적 여유가 없는 때를 말한다(형사소송법 제200조의3).

피의자를 긴급체포한 경우 피의자를 구속하고자 할 경우에는 검사는 피의자를 체포한 때로부터 48시간 이내에 관할지방법원판사에게 구속영장을 청구하여야 한다. 위의 경우에 구속영장을 청구하지 아니하거나 구속영장을 발부받지 못한 경우에는 피의자를 즉시 석방하여야 한다.

c) 비상계엄이 선포된 경우

영장주의는 비상계엄이 선포된 경우에는 계엄당국의 특별한 조치에 의하여 제한될 수 있다(헌법 제77조 제3항). 그러나 이 경우에도 법관에 의한 영장제도 그 자체를 전면적으로 배제할 수는 없다.

3) 별건체포·구속의 합헌성문제

별건(別件)체포·구속이란 중대한 사건을 수사하기 위하여 이미 증거가 확보된 경미한 사건으로 체포·구속하여 본건을 조사하는 수사방식을 말한다. 별건체포·구속은 영장제도의 존재의의를 상실하게 하며 적법절차에 위반한 것으로서 위헌이라는 것이 다수설이다.

(3) 구속이유(拘束理由) 등 고지제도(告知制度)

헌법 제12조 제5항은 「누구든지 체포 또는 구속의 이유와 변호인의 조력을 받을 권리가 있음을 고지받지 아니하고는 체포 또는 구속을 당하지 아니한다. 체포 또는 구속을 당한 자의 가족 등 법률이 정하는 자에게는 그 이유와 일시·장소가 지체 없이 통지되어야 한다」고 하여 구속이유 등의 고지제도를 규정하고 있다.

적법하게 발부된 영장에 의해 인신을 체포·구속하는 경우에도 체포·구속을 당하는 자에 대한 고지는 체포·구속 전에 하여야 하고 그 가족에 대한 통지는 체포·구속 후 지체 없이 하여야 한다.

수사기관이 구속이유 등을 고지하지 않아 권리가 침해당한 경우에는 그 이후의 수사증거는 위법수사로써 증거능력을 인정할 수 없을 것이다.

미국에서는 고지의무제도가 판례를 통하여 확립되었는데, 고지의무에 위반한 체포의 금지를 '미란다 원칙'이라고 한다. 미란다 원칙은 피의자의 보호를 위하여, 피의자가 진술거부권을 가지며, 피의자의 진술이 자신에게 불리한 증거로서 사용될 수 있으며, 피의자가 변호인의 조력을 받을 수 있다는 사실 등을 피의자에게 고지하지 아니하고 피의자를 구금한 상태에서 심문하여 얻은 피의자의 진술은 증거로 채택할 수 없다는 원칙을 말한다.

(4) 체포(逮捕)·구속적부심사제(拘束適否審査制)

1) 의의

체포적부심사와 구속적부심사라 함은 수사기관에 의하여 체포 또는 구속된 피의자 등의 청구에 의하여 법원이 체포 또는 구속의 적법여부를 심리하여 그 체포 또는 구속이 위법이라고 인정된 경우에는 피의자를 석방하는 제도이다.

헌법은 제12조 제6항에서「누구든지 체포 또는 구속을 당한 때에는 적부의 심사를 법원에 청구할 권리를 가진다」고 하여 체포·구속적부심사제를 채택하고 있다. 이러한 체포·구속적부심사제는 체포·구속영장에 대한 사후 심사를 통하여 불법적 체포·구속으로부터 인신의 자유를 보장하는 제도적 의의를 가진다.

따라서 체포·구속적부심사를 청구한 피의자에 대하여 이미 그 피의자에게 체포·구속영장을 발부한 판사는 체포·구속적부심사에 참여할 수 없다. 다만, 영장을 발부한 판사를 제외하면 당해 적부심사를 할 판사가 아무도 없는 경우에는 예외로 한다.

2) 적부심사제 적용대상자

헌법 제12조 제6항에서의 '누구든지'의 뜻은 형사피의자를 의미한다고 보아야 한다.

즉, 체포·구속된 형사피의자에게만 적부심사청구권을 부여하고 있고, 형사피고인에게는 이 청구권을 부여하고 있지 않다. 그 이유는 구속된 피고인은 공소제기 전까지는 구속된 피의자 신분으로서 구속적부심사를 청구할 수 있는 충분한 시간이 주어졌음에도 불구하고 이것을 청구하지 않고 있었는데, 피고인의 신분으로 전환된 후에도 이 청구권를 인정할 경우에는 재판 진행을 지연할 목적으로 이 제도를 남용할 가능성이 있기 때문에 피고인에게는 이 청구권을 제한하고 있다고 볼 수 있다.

피의자 신분으로서 구속적부심사를 청구하였는데, 이 적부심사를 진행하고 있는 과정에 공소가 제기되어 피의자가 피고인 신분으로 전환된 경우에는 그 적부심사의 진행에 영향을 미치지 않는다. 왜냐하면, 적부심사청구 시에는 피고인이 아니라 피의자 신분이었기 때문이다. 따라서 특별히 예외를 인정하는 것도 아니다.

구속적부심사제는 구속된 형사피의자에 대한 석방제도라는 점에서 구속된 형사피고인에 대한 석방제도인 보석제도(保釋制度)와는 다르다.

3) 적부심사제 청구권자

체포·구속을 당한 형사피의자는 누구든지 모든 범죄에 대하여 관할 법원에 체포·구속의 적부심사를 청구할 수 있다. 또한 피의자뿐만 아니라 피의자와 이해관계가 있는 변호인, 법정대리인, 배우자, 직계친족, 형제자매나 가족, 동거인 또는 고용주도 이를 청구할 수 있다.

4) 적부심사제 고지

피의자를 체포하거나 구속한 검사 또는 사법경찰관은 체포되거나 구속된 피의자와 변호인 등 이해관계자 중에서 피의자가 지정하는 사람에게 관할 법원에 체포 또는 구속의 적부심사를 청구할 수 있음을 고지하여야 한다.

5) 적부심사의 결정

적부심사의 청구를 받은 법원은 청구서가 접수된 때부터 48시간 이내에 체포 또는 구속된 피의자를 심문하고 수사 관계 서류 및 증거물을 조사하여 그 청구가 이유 없다고 인정하면 결정으로 기각하고, 이유 있다고 인정하면 결정으로 체포 또는 구속된 피의자의 석방을 명령하여야 한다. 심사청구 후 피의자에 대하여 공소가 제기된 경우에도 또한 같다.

검사, 변호인 또는 청구인은 심문기일에 출석하여 의견을 진술할 수 있다.

체포되거나 구속된 피의자에게 사선변호인이 없을 때에는 법원은 직권으로 국선변호인을 선정하여야 한다.

6) 구속석방 보증금

법원은 구속된 피의자(심사청구 후 공소 제기된 사람을 포함한다)에 대하여 피의자의 출석을 보증할 만한 보증금의 납입을 조건으로 하여 결정으로 석방을 명령할 수 있다. 다만, 다음 각호의 어느 하나에 해당하는 경우에는 그러하지 아니하다.
    a) 범죄증거를 없앨 우려가 있다고 믿을 만한 충분한 이유가 있는 경우
    b) 피해자, 해당 사건의 재판에 필요한 사실을 알고 있다고 인정되는 사람 또는 그 친족의 생명·신체·재산에 해를 끼치거나 그럴 우려가 있다고 믿을 만한 충분한 이유가 있는 경우

Ⅳ. 형사피의자(刑事被疑者)와 형사피고인(刑事被告人)의 권리

1. 무죄추정(無罪推定)의 원칙

헌법 제27조 제4항은 「형사피고인은 유죄(有罪)의 판결이 확정될 때까지는 무죄로 추정된다」고 규정하고 있다.

무죄추정의 원칙은 영미법상 피고인은 유죄의 확정판결을 받을 때까지 무죄인으로 취급받고, 또한 유죄의 증명이 없는 한 무죄를 선고하여야 한다는 사상에서 유래한다. 한편 대륙법상으로는 「의심스러운 때에는 피고인의 이익으로」라는 법언이 이에 해당한다.

이 원칙에 따라서 피고인이 유죄확정판결이 있기 전까지는 아무리 유죄의 심증이 가더라도 무죄로 추정하여야 한다. 그러므로 범죄사실의 입증책임은 기소자(검사)에게 있고 피고인이 스스로 무죄임을 적극적으로 입증할 책임을 지지 않는다.

무죄추정의 원칙은 형사피고인뿐만 아니라 형사피의자에게도 당연히 적용된다.

2. 고문금지(拷問禁止)와 진술거부권(陳述拒否權)

(1) 고문금지

헌법 제12조 제2항은 「모든 국민은 고문을 받지 아니하며…」라고 규정하여 고문을 금지하고 있다.

고문이란 자백을 강요하기 위하여 가해지는 불법적인 폭력을 말한다. 중세에는 자백을 얻기 위한 수단으로서 고문이 널리 자행되었다. 근대입헌주의 헌법이 제정되고 인권보장이 확립된 후 헌법상으로 고문이 금지되었으나 고문의

악폐가 완전히 근절된 것은 아니었다.

고문의 방지를 위해서는 고문금지의 선언만으로는 불충분하고 고문의 근절을 위한 구체적인 장치가 있어야 한다. 우리 헌법은 다음과 같은 제도적 장치를 통하여 고문을 방지하고 있다.

    1) 진술의 강요금지: 불리한 진술의 거부권(묵비권) 인정(제12조 제2항)
    2) 불법증거의 배척: 자백의 증거능력과 증명력의 제한(제12조 제7항)
    3) 고문자의 처벌: 형법(제125조), 특정범죄가중처벌 등에 관한 법률(제4조의2)

(2) 진술거부권

형사절차상 자백이나 증언을 강요하여 인권을 침해하는 것을 방지하기 위하여 헌법은 「형사상 자기에게 불리한 진술을 강요당하지 아니한다」(제12조 제2항)라고 하여 형사상 불리한 진술거부권(묵비권)을 인정하고 있다.

진술거부권의 내용을 살펴보면 ① 내외국인을 불문하고 모든 자연인은 진술을 거부할 수 있으며, ② 형사상의 진술거부권은 인정되나 민사상의 진술은 거부할 수 없으며, ③ 자신에게 불리한 진술을 거부할 수 있으나 배우자나 친족에게 불리한 진술은 거부할 수 없으며, ④ 범죄를 구성하거나 양형이 가중되는 경우 또는 그 우려가 있는 경우에 진술을 거부할 수 있으며, ⑤ 모든 공권력에 의한 절차, 즉 재판절차, 수사절차, 국회의 국정감사 또는 조사절차 등에서 진술을 거부할 수 있다.

그리고 진술거부권의 실효성을 확보하기 위하여 진술거부권을 미리 고지하여야 한다.

3. 자백(自白)의 증거능력(證據能力) 및 증명력 제한(證明力 制限)

헌법 제12조 제7항은 「피고인의 자백이 고문·폭행·협박·구속의 부당한 장기화 또는 기망 기타의 방법에 의하여 자의(自意)로 진술된 것이 아니라고 인정될 때 또는 정식재판에 있어서 피고인의 자백이 그에게 불리한 유일한 증거일 때에는 이를 유죄(有罪)의 증거로 삼거나 이를 이유로 처벌할 수 없다」고 규정하여 자백의 증거능력과 증명력을 제한하고 있다.

자백의 증거능력 제한이란 불법이나 부당한 방법에 의하여 피고인의 자백이 임의성(任意性)이 없는 경우는 그 자백을 증거로 사용할 수 없다는 것을 말한다.

자백의 증명력 제한이란 자백의 임의성(任意性)은 인정되나 보강증거(補强證據)가 없는 불리한 유일한 자백은 범죄사실로 인정할 수 없게 하여 그 증명력을 제한하는 것을 말한다.

자백의 증명력의 제한은 정식재판에서만 인정되고 즉결심판과 같은 약식재판에서는 자백만으로 유죄를 선고할 수 있다.

4. 구속이유(拘束理由) 등을 고지(告知)받을 권리

현행 헌법은「누구든지 체포 또는 구속의 이유와 변호인의 조력을 받을 권리가 있음을 고지 받지 아니하고는 체포 또는 구속을 당하지 아니한다. 체포 또는 구속을 당한자의 가족 등 법률이 정하는 자에게는 그 이유와 일시·장소가 지체 없이 통지되어야 한다」(헌법 제12조 제5항)라고 규정하고 있다.

5. 변호인(辯護人)의 도움을 받을 권리

(1) 의의

헌법 제12조 제4항은「누구든지 체포 또는 구속을 당한 때에는 즉시 변호인의 조력을 받을 권리를 가진다」고 하여 변호인의 도움을 받을 권리를 규정하고 있다. 이것은 국가형벌권의 일방적 행사로 인한 인신의 침해를 방지하기 위하여 무기평등의 원칙을 형사절차상 실현시킨 것이다. 변호인의 도움을 받을 권리의 내용은 변호인 선임권, 자유로운 변호인 접견 및 협의권, 선임된 변호인의 자유로운 소송기록열람권을 포함한다.

(2) 국선변호인제도

헌법 제12조 제4항은「형사피고인이 스스로 변호인을 구할 수 없을 때에는 법률이 정하는 바에 의하여 국가가 변호인을 붙인다」고 하여 국선변호인제도를 두고 있다.

국선변호인이라 함은 형사피고인의 이익을 위하여 법원이 직권으로 선임하는 변호인을 말한다. 법원이 직권으로 국선변호인을 선정해야할 경우는 다음과 같다.

1) 형사피고인

형사피고인으로서 ① 구속된 경우, ② 미성년자인 때, ③ 70세 이상인 때, ④ 농아자(聾啞者)인 때, ⑤ 심신장애의 의심이 있는 때, ⑥ 사형, 무기 또는 단기 3년 이상의 징역이나 금고에 해당하는 사건으로 기소된 때, ⑦ 빈곤 기타 사유로 변호인을 선임할 수 없는 때(이 경우는 피고인의 청구가 있는 때에 한함), ⑧ 피고인의 연령, 지능 및 교육정도 등을 참작하여 권리보호를 위하여 필요하다고 인정하는 때(피고인의 명시적 의사에 반하지 않을 때)이다(형사소송법 제33조).

2) 형사피의자

형사피의자에 대한 구속 전 피의자심문절차(영장실질심사)에서 피의자에게 변호인이 없는 경우(형사소송법 제201조의2 제8항)와 체포·구속적부심사에서 체포·구속된 피의자에게 변호인이 없는 경우이다(형사소송법 제214조의2 제10항).

6. 체포·구속적부심사청구권(拘束適否審査請求權)

헌법 제12조 제6항은 「누구든지 체포 또는 구속을 당한 때에는 적부의 심사를 법원에 청구할 권리를 가진다」고 규정하여 체포 또는 구속을 당한 자의 체포·구속적부심사청구권을 보장하고 있다.

체포 또는 구속된 피의자 또는 그 변호인·기타 이해관계자는 관할 법원에 체포 또는 구속의 적부심사를 청구할 수 있다(형사소송법 제214조의2 제1항).

체포·구속적부심사청구를 받은 법원은 청구서가 접수된 때부터 48시간 이내에 체포 또는 구속된 피의자를 심문한 후 그 적부심사청구가 이유가 있다고 인정한 때에는 결정으로 체포 또는 구속된 피의자의 석방을 명하여야 한다.

7. 신속(迅速)한 공개재판(公開裁判)을 받을 권리

「형사피고인은 상당한 이유가 없는 한 지체 없이 공개재판을 받을 권리를 가진다」(헌법 제27조 제3항). 다만, 심리는 국가의 안전보장 또는 안녕질서를 방해하거나 선량한 풍속을 해할 염려가 있을 때에는 법원의 결정으로 공개하지 아니할 수 있다(헌법 제109조 단서). 판결의 선고는 반드시 공개법정에서 하여야 한다.

8. 형사보상청구권(刑事補償請求權)

헌법 제28조는 「형사피의자 또는 형사피고인으로서 구금(拘禁)되었던 자가 법률이 정하는 불기소(不起訴)처분을 받거나 무죄판결을 받은 때에는 법률이 정하는 바에 의하여 국가에 정당한 보상을 청구할 수 있다」라고 규정하고 있다. 종전의 헌법은 형사피고인만의 형사보상청구권을 인정하였으나, 현행 헌법은 형사피의자에게도 법률이 정하는 불기소처분을 받으면 형사보상을 청구할 수 있도록 하고 있다. 형사보상청구권에 관해서는 「형사보상법」이 이를 자세히 규정하고 있다.

9. 국가배상청구권(國家賠償請求權)

헌법 제29조 제1항은 「공무원의 직무상 불법행위로 손해를 받은 국민은 법률이 정하는 바에 의하여 국가 또는 공공단체에 정당한 배상을 청구할 수 있다」라고 규정하여 국가배상청구권을 인정하고 있다. 수사기관의 고문 등 폭력행위로 인하여 손해를 받은 형사피의자 또는 형사피고인은 국가 또는 공공단체에 대하여 국가배상을 청구할 수 있다. 국가배상청구권에 관해서는 「국가배상법」이 이를 자세히 규정하고 있다.

V. 신체의 자유의 제한과 그 한계(限界)

신체의 자유도 절대적으로 무제한적으로 보장되는 것은 아니며, 국가안전보장·질서유지 또는 공공복리를 위하여 필요한 경우에는 법률로써 제한할 수 있다. 그러나 제한하는 경우에도 신체의 자유의 본질적 내용은 침해할 수 없다.

제3편 전쟁법(戰爭法)

제1장 전쟁법 일반론

제1절 전쟁의 개념

전쟁이란 무엇인가? 라는 전쟁의 개념은 국내법이나 국제법적으로 명문으로 규정하고 있지 않기 때문에 여러 가지 견해가 주장되었다.

세계 제1차대전 이전 시대의 국제법 학자들의 견해에 따르면 일반적으로 전쟁의 개념을 전쟁의 사실적 측면에 기초를 두었다. 즉, 무력사용과 적의 굴복이라는 목적에 기초를 두었다.

이러한 전쟁의 개념의 특징은 클라우스비치(Clausewitz)가 언급한 "전쟁은 적을 굴복시켜 자기의 의사를 강요하기 위하여 사용되는 일종의 폭력행위"라는 견해와 같이하는 것이었다.

세계 제1차대전 이전의 국제법 학자들의 전쟁에 관한 일반적 견해는 '전쟁이란 주로 무력사용을 통하여 상대방을 제압하고 자기가 원하는 평화의 조건을 부과하기 위하여 행해지는 복수 국가 간의 투쟁이다'라는 입장이었다.[9]

「국제연맹규약」과 「부전조약」(不戰條約)은 종래의 전통적인 용어인 전쟁이라는 용어를 사용하는 것을 금지하는 규정[10]을 두고 있으나, UN헌장은 「우리들의 일생 중에 두 번이나 말할 수 없는 비애를 인류에게 가져온 전쟁의 참사(the scourge of war)로부터 다음의 세대를 구출하고…」라 표현하여 전쟁이라는 용어를 이 헌장 전문(前文)에서 사용하고 있다.

UN헌장은 전쟁의 의미를 '무력의 위협 또는 행사'(the threat or use of force),[11] '평화에 대한 위협, 파괴 또는 침략행위'(threat of peace, breach

---

[9] J. G. Starke, Introduction to International Law, 9th ed., Butteworths, 1984, p. 501.
[10] 국제연맹규약 제12조 제1항, 제15조 제10항; 부전조약 제1조.
[11] UN헌장 제2조 제4항.

of the peace, or act of aggression)12) 라는 용어로 표현하고 있다.

오늘날 전쟁이라는 용어는 매우 다의적(多義的) 개념으로 사용되고 있다. 즉, 전쟁이란 단지 전통 국제법상의 의미로만 사용되는 것은 아니다. 이러한 개념을 포함하여 집단적 자위권을 위한 무력행사 역시 현상적으로 보면 주권국가 간 전쟁과 유사하고, 또한 이것을 흔히 일반적으로 전쟁이라고 불리어 왔다. UN헌장 제7장에 규정된 강제조치도 집단적 자위권을 위한 무력행사에 관한 내용이다.

그러므로 오늘날의 전쟁의 개념은 전통 국제법상의 전쟁개념은 물론이고 국제조직에 의한 법적 제재 조치까지 포함하는 포괄적 전쟁개념을 설정하는 것이 필요하다고 본다. 이를 위하여 전쟁의 주체, 전쟁의 의사, 전쟁의 상태, 전쟁의 수단에 관해서 검토해 보기로 한다.

Ⅰ. 전쟁의 주체

1. 국가

전쟁의 주체는 국가이다. 전통적 견해에 의하면 전쟁은 국가 간의 투쟁이다. 전쟁의 주체로서의 국가는 국내법상의 개념이 아니라 국제법상의 개념이다. 국제법상의 국가는 통치권이 대외관계에 미치는 기구라 할 수 있다.

전쟁의 주체로서의 국가는 그것이 국제법상 국가인 한 그 종류를 불문한다. 따라서 보호국과 피보호국 간, 종주국과 종속국 간, 연방국과 지방국가 간의 투쟁은 국제법상 전쟁이다.

포괄적 전쟁개념을 취할 때 UN이 승인하고 있는 합법적 무력행사의 주체는 전쟁의 주체라고 할 수 있다.

2. 교전단체(交戰團體)·반도단체(叛徒團體)

전쟁의 주체에서 가장 문제되는 것은 반도단체에 의한 투쟁이다. 국가 내에서 반란을 일으킨 단체가 그 국가 영역의 일부를 점령하여 여기에 하나의 사

---

12) UN헌장 제39조.

실상의 정부(de facto government)를 수립하여 중앙정부의 통치권이 전혀 이곳에 미치지 못한 경우가 있다. 이 경우 반도단체와 정통정부 또는 본국과의 사이에 벌어진 무력투쟁은 보통 전쟁이 아니라 내란13)으로 보고 있다.

그러나 반도단체가 교전단체로서 승인을 받는 경우에는 이 교전단체는 전쟁의 주체로서 인정된다. 그리고 전쟁의 주체로서 인정된 때로부터 그 내란은 전쟁으로 전환되며, 당사자 간에는 전쟁법규가 적용되고 제3국과 당사국 간에는 중립법규가 적용된다.

반도단체를 교전단체로 승인하는 이유는 중앙정부와 교전단체 간의 관계를 국제법적으로 규제할 필요가 있기 때문이다. 중앙정부는 반도단체의 점령지역에 있는 외국인의 신체와 재산상의 손해에 대하여 책임을 면할 필요가 있으며, 제3국은 반도단체와 교섭하여 자국민의 이익을 보호할 필요가 있다. 따라서 이와 같은 필요성 때문에 반도단체를 교전단체로 승인하여 교전단체에게 일정한 제한된 국제법상의 주체성을 부여하는 것이며, 이것이 바로 교전단체의 승인이다.14)

내란의 경우에도 외국으로부터 인적·물적 지원에 의하여 국제적 성격을 띠는 경향이 강하며, '교전단체의 승인'이나 '반도단체의 승인'(반도단체의 승인은 교전단체의 승인을 얻지 못하고 단지 반도단체의 존재 자체를 인정받는 것) 여부를 문제로 삼지 않고, 국제평화기구가 여기에 개입하는 경우가 많아짐으로써 전쟁으로의 전환은 당연한 것이라고 주장하는 국제법 학자들의 견해가 있다.

---

13) 내란을 "internal conflicts", "internal violence", "internal disorder", "civil strife", "civil war", "inter war" 등으로 불리어 지고 있는 데 그 의미는 동일한 것이다. 내란에 관한 몇몇 개념을 보면 다음과 같다. (1) H. Eckstein은 "내란은 한 정치질서 내에서 헌법, 정부 또는 정책을 변혁시키기 위한 폭력에의 호소"라고 한다. (2) Thomas and Thomas는 "한 국가 내에서 두 반대파가 권력획득의 목적으로 무력에 호소할 때 또는 한 국가의 인구 일부가 합법정부에 대해 무력을 들고 일어날 때 내란은 존재 한다"고 한다. (3) E de Vattel은 "내란은 사회와 정부의 결속을 깨뜨린다. 이것은 1국내에서 2개의 독립적인 당파를 일으키고 그 당파는 상호 적(敵)으로 인정하며 Common Judge를 부인한다"고 한다. (4) L. Oppenheim은 "한 국가 내의 두 반대당이 그 국가의 권력을 장악하기 위한 목적으로 무력에 호소하거나 한 국가의 상당한 인구가 합법정부에 대해 무기를 들고 일어날 때 내란은 존재한다"고 한다. 김명기 외, 국제법, 일신사, 1980, pp. 357-358.
14) 이한기, 국제법강의, 박영사, 2007, p. 171.

반도단체와 관련하여 특히 문제가 되는 사항은 '식민지 해방투쟁'의 주체로서 '민족해방운동단체'의 지위에 관한 것이다. 이 운동단체를 폭도로 볼 것인가, 아니면 국제법적 지위를 인정하여 전쟁의 주체(교전단체)로 볼 것인가가 문제된다. 오늘날 다수의 국제법 학자들의 견해는 국제사회에서 일반적으로 승인을 받고 있는 '민족해방운동단체'는 전쟁의 주체로 보고 있다.

Ⅱ. 전쟁의 의사

평시상태에서 전시상태로의 전환을 명확하게 하는 전쟁의사의 표시(선전포고) 문제는 국가는 전쟁선언을 의무적으로 해야 한다고 주장되어 왔다. 그러나 관행상 전쟁선언의 의무와 필요성에 관하여 일정한 원칙은 없었다.

1907년 체결한 「전쟁개시에 관한 조약」의 목적은 전쟁개시의 절차를 신중히 하고 억제함과 동시에, 개전의 시기를 명확히 하고 적용법규를 확인한다고 하는 점에 있었다. 그러나 이 조약은 조약당사국에 대하여 전쟁선언 등의 사전통고를 요구했지만, 반드시 지켜지는 것은 아니었다.

그러나 전쟁당사국의 입장에서 볼 때 전쟁을 수행하려고 하는 한 전쟁의사를 부인함으로써 법적으로 크게 이익이 되는 것은 아니다. 왜냐하면 전쟁상태는 전쟁당사국과의 관계에 있어서나, 제3국과의 관계에 있어서 평시에 허용되지 않는 많은 조치를 취할 수 있기 때문이다. 따라서 근대 국제법에서는 전쟁상태의 개시를 오로지 당사국의 전쟁의사의 명시적 표시뿐만 아니라 묵시적 표시에 따르게 하는 것도 가능하였다.

전쟁의사의 표시를 기준으로 한 전시와 평시의 절대적 구분은 제1차 세계대전 이후 국제연맹에 의한 집단안보제도가 성립한 이후에는 당사국의 전쟁의사 표시 유무를 기준으로 하여 전쟁의 존재여부를 결부시키는 것에 대한 재검토가 요구되었다. 더욱이 1928년 부전조약(不戰條約)이나 UN헌장에 이르러서는 전쟁을 금지시켰다고 해석됨에 따라서 전쟁선언을 하는 것 자체가 오늘날에는 위법한 행위라고 보는 견해가 대두 되었다.

그러나 현행 UN 체제상 무력공격의 희생자로서 자위조치를 위하여 무력행사가 인정된 국가에 대하여 전쟁선언을 허용할 것인가에 관해서는 긍정적인

견해가 있다.15)

자위권발동의 경우를 본다면, 자위조치는 예견하지 못한 순간에 일어나는 무력공격에 대처하는 것이기 때문에 이론상 전쟁선언의 문제가 일어나기 어렵겠지만, 상황에 따라서는 전쟁선언이 바람직할 수도 있을 것이다.

III. 법률상 전쟁과 사실상 전쟁

제1차 세계대전 이후에는 전쟁선언을 동반하거나 전쟁선언을 기피하면서 크고 작은 여러 전쟁이 발생하고 있다. 따라서 국제법 학자들 중에는 전쟁을 2종으로 나누어 보기도 한다. 즉, 정식으로 전쟁의사표시가 있는 전쟁을 '법률상의 전쟁'(war in legal sense: 일명 정식전쟁)과, 전쟁의사표시가 없는 전쟁을 '사실상의 전쟁'(de facto war)으로 구분하기도 한다.

법률상의 전쟁은 전의(戰意)가 정식으로 표시된 전쟁 즉 선전포고나 최후통첩을 동반한 조건부선전포고가 행하여진 전쟁을 말하며, 사실상의 전쟁은 전쟁의 외형을 가지고 있으나 전의(戰意)가 선언되지 않은 전쟁이다. 사실상의 전쟁은 실질적 의미의 전쟁, 선언되지 않은 적대행위 등으로 표현되기도 한다.

세계 제1차대전 후 국가 간의 무력투쟁이 대규모적으로 전개되어 사실상 전쟁이 수행되고 있음에도 불구하고 당사국의 어느 일방도 이를 국제법상 전쟁으로 선전포고를 하지 않은 경향이 많았다. 그 이유는 제1차 세계대전 후 모든 국제조약이 전쟁을 금지하고 있었고 이 금지규정을 형식적으로나마 기피하고자 하는 의도에서 연유된 것이었다.

사실상의 전쟁에 있어서도 법률상의 전쟁에 있어서와 같이 교전당사국 간에 전쟁법규가 적용된다.

세계 제1차대전 후부터 전쟁금지를 규정한 대표적 조약은 ① 1919년 「Versailles 조약」 제231조, ② 1919년 「국제연맹규약」 제10조, ③ 1928년 「부전(不戰)조약」 제1조, ④ 1945년 「Nürnberg헌장」 제6조, ⑤ 1945년 「국제연합헌장」 제1, 29, 39조 등이다.

---

15) 이상철 외, 군사법원론, 박영사, 2018, p. 702.

Ⅳ. 적법한 전쟁과 위법한 전쟁

적법한 전쟁(legal war)이라 함은 국제법상 허용되어 있는 전쟁을 말하며, 위법한 전쟁이란 국제법상 금지되어 있는 전쟁을 말한다.

이 구별은 정전이론(正戰理論)의 관점에서의 전쟁의 구별이다. 제1차 세계대전 이후부터는 침략전쟁과 분쟁해결을 위한 전쟁은 여러 국제조약에서 금지되어 있으므로 이러한 전쟁은 위법한 전쟁이라고 할 수 있다. 자위(自衛)를 위한 전쟁은 국제법상 허용되어 있으므로 이는 적법한 전쟁이다.

집단안전보장기구에 의한 강제조치를 전쟁으로 보는 입장에 의하면 이것도 적법한 전쟁임은 물론이다. 위법한 전쟁은 범죄이고, 적법한 전쟁은 범죄로부터의 보호이다.

그러나 위법한 전쟁과 적법한 전쟁의 구별, 즉 침략전쟁과 정전(正戰)의 차이는 기본적인 것이지만 오늘날 이를 구별하려는 것은 실패되어 왔다고 볼 수 있다.

제2절 전쟁법의 개념

Ⅰ. 전쟁법의 의의

전쟁법(戰爭法, laws of war)이란 전쟁 상황과 관계되는 내용을 규율하는 법이다. 전쟁법은 헌법, 민법, 형법 등과는 달리 전쟁법이란 단일 법명칭을 가진 법전은 없으며, 전쟁법은 전쟁(무력충돌) 상황과 관계되는 내용을 규율하는 여러 가지 법을 총체적으로 표현한 것이다. 전쟁법은 국제적 무력충돌(국가 간의 전쟁)과 비국제적 무력충돌(한 국가 내의 중앙정부와 반군인 교전단체 간의 무력충돌)에 적용된다.

전쟁법은 국제법과 국내법으로 구별된다. 국제법은 조약과 관습국제법으로 존재한다.

오늘날 전쟁법(전쟁법을 구성하고 있는 여러 가지 국제조약)에서 규정하고 있는 주요 내용은 일반적으로 다음과 같다.

즉, 전쟁법의 기본원칙, 전쟁개시의 방법, 전쟁개시의 효과, 휴전(정전), 전쟁의 종료, 중립국의 지위와 의무, 교전자의 자격, 전투수단의 규제(사용이 금지된 전쟁무기 등), 전투방법의 규제(민간인과 그의 재산권·문화재·병원 등의 보호), 국제형사재판소(ICC)의 관할 범죄(전쟁범죄, 집단살해죄, 비인도주의적 범죄), 전쟁희생자 보호(포로·민간인·부상자 및 병자의 보호 등), 전쟁법의 준수·교육 의무 등이 중심내용이라고 할 수 있겠다.

전쟁법은 좁은 의미의 개념과 넓은 의미의 개념으로 나눌 수 있다. 좁은 의미의 전쟁법(laws of war)은 적대행위의 수단과 방법을 규율하고, 전쟁 기타 무력충돌의 희생자 보호문제를 규율하는 국제법을 말한다. 이를 '전시법'이라 부른다. Hugo Grotius는 1625년의 저서『전쟁과 평화의 법』에서 전시에 적용되는 전시법과 평시에 적용되는 평시법을 구분하였다.

넓은 의미의 전쟁법은 협의의 전쟁법인 '전시법' 이외에 전쟁 자체의 발생을 방지하기 위한 국제법, 즉 '반전법' 또는 '전쟁방지법'을 포함한다.

일반적으로 전쟁법이라 할 때는 협의의 전쟁법, 즉 '전시법'(戰時法)의 의미로 사용되고 있다. '반전법'(反戰法)은 Grotius의 개념에 의하면 평시법의 범주에 속한다.

II. 전쟁법의 연혁 및 발전

1. 19세기 이전

전쟁법의 역사는 중세 후반에 기사도와 기독교의 영향으로 시작되었다. 많은 국제법학의 선구자들이 전시에 적용될 법규를 만들기 위해 전쟁법 영역을 연구하였으며, 그로티우스가『전쟁과 평화의 법』을 저술함으로써 비로소 전쟁법체계가 확립되었다고 할 수 있다.

그러나 학자들의 전쟁에 관한 이론은 당사자 국가의 관행에 부합되지 않아 성문화되기가 어려웠다. 왜냐하면 중세의 전쟁은 이교도에 대한 종교전쟁으로 용병에 의해 수행되었기 때문에 약탈과 횡포를 억제하기가 곤란했기 때문이다.

그러나 18세기 이후 이교도에 대한 관용성이 제고되고 산업혁명 이후 국제

무역이 활기를 띠면서 경제적·인도적 배려가 요청되자 전쟁법의 발달이 촉진되었다.

19세기 이후부터는 성문 조약의 형태로 등장하게 되어 오늘에 이르기까지 많은 성문 전쟁법(국제법)이 탄생하게 되었다.

2. 19세기 이후

19세기 후반부터는 여러 가지 전쟁법이 조약의 모습으로 등장하게 되었으며, 이들 조약을 열거해 보면 다음과 같다.
  (1) 1856년 해법(海法)의 제문제를 규율한 파리선언
  (2) 1864년 전장에 있어서의 군대의 상병자의 상태 개선에 관한 제네바 협약(제1차 적십자 조약, 1906년 개정)
  (3) 1868년 400g 이하의 작열탄 및 소이탄의 금지에 관한 성 페테스부르크 선언
  (4) 1874년 브뤼셀 선언(비준을 하지 않아 효력은 발생하지 못했다)
  (5) 1899년 제1차 헤이그 평화회의의 제협약
   1) 국제분쟁의 평화로운 해결을 위한 협약
   2) 육전의 법 및 관습에 관한 협약(동 규칙을 포함)
   3) 1864년 제네바 협약의 제원칙을 해전에 적용하는 협약
   4) 작열성탄환에 관한 선언(Dum Dum탄의 금지선언)
   5) 공중의 항공기로부터 투하된 투사물에 관한 선언(공폭금지 선언)
   6) 질식성 또는 유독성가스를 살포하는 투사불에 관한 선언(녹가스금지 선언)
  (6) 1904년 전시 병원선의 공격면제에 관한 조약
  (7) 1906년 전장에 있어서의 군대의 상병자의 상태 개선에 관한 제네바 조약(제2차 적십자 조약)
  (8) 1907년 제2차 헤이그 평화회의의 제조약
   1) 제1호 조약 : 국제분쟁의 평화적 처리에 관한 조약
   2) 제2호 조약 : 계약상 채무회수를 위한 무력행사제한에 관한 조약

3) 제3호 조약 : 적대행위 개시에 관한 조약
4) 제4호 조약 : 육전의 법 및 관습에 관한 조약(동 규칙을 포함) (1899년의 조약을 개정)
5) 제5호 조약 : 육전의 경우에 있어서 중립국 및 중립인의 권리·의무에 관한 조약
6) 제6호 조약 : 개전 시 적상선(敵商船)의 취급에 관한 조약
7) 제7호 조약 : 상선을 군함으로 변경하는 데에 관한 조약
8) 제8호 조약 : 자동촉발기뢰의 부설에 관한 조약
9) 제9호 조약 : 전시 해군력에 의하여 행하는 포격에 관한 조약
10) 제10호 조약 : 제네바 조약의 제원칙을 해전에 적용하는 조약
11) 제11호 조약 : 해전에 있어서 포획권 행사의 제한에 관한 조약
12) 제12호 조약 : 국제포획심판소의 설치에 관한 조약(발효되지 못함)
13) 제13호 조약 : 해전의 경우에 있어서의 중립국의 권리·의무에 관한 조약
14) 제14호 조약 : 기구(氣球)로부터 투사물(投射物) 및 폭발물 발사의 금지선언

(9) 1909년 해전법규에 관한 런던 선언(발효되지 못함)
(10) 1922년 교전 시 잠수함 및 독가스 사용제한에 관한 워싱턴조약(발효되지 못함)
(11) 1923년 헤이그 법률가위원회에 의한 규칙안(발효되지 못함)
 1) 공전법규안
 2) 전시 무선관제규칙안
(12) 1925년 화학전 및 세균전의 금지에 관한 제네바 의정서
(13) 1928년 해상중립에 관한 Havana 협약
(14) 1929년 전장에 있어서의 군대의 상병자의 상태 개선에 관한 제네바 조약(제3차 적십자 조약)
(15) 1929년 전쟁포로의 대우에 관한 조약
(16) 1930년 해군의 군비제한 및 감축에 관한 런던 조약(제4편) / 1936년 '1930년 4월 22일의 런던조약 제4편(제22조)에 규정된 잠수함전 법규

에 관한 런던의정서'
(17) 1949년 전쟁희생자의 보호를 위한 제네바 4개 협약
 1) 제네바 제1협약 : 육전에 있어서 군대의 부상자 및 병자의 상태개선에 관한 협약
 2) 제네바 제2협약 : 해상에 있어서 군대의 부상자, 병자 및 조난자의 상태 개선에 관한 협약
 3) 제네바 제3협약 : 포로의 대우에 관한 협약
 4) 제네바 제4협약 : 전시에 있어서 민간인의 보호에 관한 협약
(18) 1954년 무력충돌 시 문화재보호에 관한 협약(19) 1968년 전쟁범죄와 인도에 관한 죄의 시효(時效) 부적용(不適用)에 관한 협약
(19) 1968년 전쟁범죄와 인도에 관한 죄의 시효(時效) 부적용(不適用)에 관한 협약
(20) 1972년 세균무기 및 독소무기의 개발, 생산 및 비축금지와 폐기에 관한 협약 : 세균무기와 독소무기 금지
(21) 1977년 환경변경기술의 군사적 및 기타 적대적 사용금지에 관한 협약(ENMOD 협약)
(22) 1977년 '1949년 8월 12일자 제네바 제협약에 대한 추가 및 국제적 무력충돌의 희생자 보호에 관한 추가의정서(제1추가의정서)'
(23) 1977년 '1949년 8월 12일자 제네바 제협약에 대한 추가 및 비국제적 무력충돌의 희생자 보호에 관한 추가의정서(제2추가의정서)'
(24) 1980년 과도한 상해 또는 무차별적 효과를 초래할 수 있는 특정재래식무기의 사용금지 및 제한에 관한 협약 및 부속의정서
 1) 탐지불능파편 사용금지에 관한 의정서(제1의정서)
 2) 지뢰, 부비트랩 및 기타 장치물 사용의 금지 또는 제한에 관한 의정서(제2의정서 : 1996년에 개정)
 3) 소이성(燒夷性) 무기사용의 금지 또는 제한에 관한 의정서(제3의정서)
 4) 실명(失明) 레이저무기사용의 금지에 관한 의정서(제4의정서: 1995년에 채택)

(25) 1989년 용병의 모집, 사용, 재정지원과 훈련의 금지에 관한 협약(용병협약)
(26) 1993년 화학무기금지협약 : 화학무기의 개발, 생산, 비축, 사용금지 및 폐기에 관한 협약
(27) 1997년 대인지뢰금지협약 : 대인지뢰의 사용, 비축, 생산 및 이전의 금지와 이들 무기의 폐기에 관한 협약(오타와 협약)
(28) 1998년 국제형사재판소에 관한 로마규정(ICC 로마규정)
(29) 2003년 폭발성 전쟁잔해(Explosive Remnants of War)에 관한 의정서: 적대행위 종료 후 폭발성 전쟁잔해를 제거할 것을 규정
(30) 2005년 추가 식별표장 채택에 관한 제3추가의정서
(31) 2017년 핵무기 금지협약

이와 같은 여러 조약이 총체적으로 현재 전쟁법의 법원(法源)을 형성하고 있다.

III. 전쟁법의 분류

1. 규율내용에 따른 분류

(1) 헤이그법

헤이그법은 전투수단과 방법을 규제하는 전시법을 말한다. 1899년과 1907년의 「헤이그 협약」이 대표적으로 이에 속한다.

그러나 '헤이그'라는 이름이 붙지 아니한 경우에도 적대행위의 수단을 규제하고 있는 1868년의 작열탄 및 소이탄의 금지에 관한 「성 페터스부르크 선언」(St. Petersburg Declaration), 1925년의 화학전·세균전 금지에 관한 「제네바 의정서」(Geneva Protocol) 등이 헤이그법에 속한다.

(2) 제네바법

제네바법은 문명과 평화의 요소인 인도주의적(人道主義的) 성격과 적십자정신에 입각하여 전쟁 기타 무력충돌 희생자, 민간인 등의 보호를 목적으로 하는 전시법을 말한다.

제네바법은 전쟁포로·부상자·병자·조난자(遭難者) 등 무력충돌의 희생자가 된 자, 민간인 일반, 무력충돌의 희생자를 돌보는 자(의무요원) 등을 보호함을 목적으로 한다. 1864년, 1906년, 1929년의 「제네바 제협약」과 이들 협약을 개정하고 완성한 1949년의 「제네바 4개 협약」 등이 이에 속한다.

(3) 혼합법

혼합법은 헤이그 및 제네바법적 규정들을 함께 포함하고 있는 형태의 법을 지칭한다. 이에 속하는 것으로는 문화재보호를 위해 전투수단과 방법을 규제함과 동시에 문화재보호에 종사하는 민간인의 보호를 규정하는 1954년의 「무력충돌시 문화재보호에 관한 협약」, 전통 전쟁법의 일반원칙을 확인·발전시키고 동시에 무력충돌시 민간주민의 보호조치를 강화시킨 1977년의 「제네바협약 추가의정서」 등이 있다.

2. 존재형식 표준

(1) 협약전쟁법

협약전쟁법(conventional laws of war)은 국제법상 조약의 형태로 성문화된 전쟁법을 말한다. 1907년 이래 대부분의 관습전쟁법은 협약전쟁법으로 성문 법전화되었다.

(2) 관습전쟁법

관습전쟁법(customary laws of war)은 성문하되지 아니하고 관습법의 형태로 존재하는 전쟁법을 말한다. 국가의 원수는 적에게 체포되면 포로의 대우를 받는다는 것은 관습전쟁법의 한 예다.

제3절 전쟁법의 기본원칙

Ⅰ. 서(序)

　국가 간의 분쟁이 평화적인 방법으로 해결되지 아니한 경우에는 부득이 국가 간의 무력충돌이 전쟁으로 나타난다. 그러나 그 전투수단과 전투방법은 무제한한 것이 아니라 국제법상 일정한 제한에 구속되지 않으면 안 된다. 이와 같이 전쟁행위를 규율하는 법규범을 '전쟁법'(laws of war), '전쟁법규'(rules of war) 또는 '무력충돌법'(laws of armed conflict)이라 부른다.

　20세기 이후 오늘날까지 여러 가지 많은 전쟁이 끊임없이 발생하였다. 그 중 큰 전쟁은 세계 제1차 및 제2차대전, 한국 전쟁, 베트남 전쟁, 걸프 전쟁(Gulf War), 러시아-우크라이나 전쟁 등이라고 할 수 있다.

　2022년 2월 24일 러시아는 우크라이나를 침공하여 현재 전쟁상황하에 있다.

　이와 같은 전쟁들의 수행과정에서 전쟁법 위반의 만행이 자행되었고, 전범자들은 임시 국제형사재판소(독일의 뉘른베르크 국제재판, 일본의 극동국제군사재판 등)의 재판을 통하여 사형 등의 처벌을 받았다.

　전쟁시 교전자가 해적수단과 방법을 선택하는 권리는 무제한적인 것이 아니며, 전쟁법의 기본원칙을 준수해야 한다.

Ⅱ. 기본원칙(基本原則)

　전통 전쟁법은 전쟁의 희생을 최소화하고 불명예스러운 전투수단과 방법을 제한하려는 목적에서 1868년 「성 페테스부르크 선언」을 하였다. 이 선언의 내용을 살펴보면, 문명의 진보는 가능한 한 전쟁의 참화를 완화시키는 효과를 가져와야 한다. 전쟁 중 국가가 성취하고자 노력해야 하는 유일한 정당한 목적은 적군을 약화시키는 것이다. 이 목적을 위해서는 가능한 범위에서 인간을 무력화 시키는 것으로 족하다. 이러한 목적은 무력화된 인간의 고통을 불필요하게 악화시키거나 필연적으로 그들을 사망에 이르게 하는 무기의 사용에 의하여 침해될 수 있다. 그러한 무기의 사용은 인도법(人道法)에 반하는 것이다.

성 페터스부르크 선언의 협약 당사자들은 그들 상호간의 전쟁에 있어서 그들의 육군과 해군에 의하여 400그람 이하의 무게가 나가는 탄환(projectile)을 사용하지 않기로 협약하였다.

1899년 및 1907년 헤이그 육전규칙 등에서 교전당사자가 준수해야 할 전투수칙에 관한 기본적인 내용을 규정하고 있다. 이것을 일반적으로 전쟁의 기본원칙이라고 표현하고 있으며, 그 대표적 내용은 군사필요의 원칙, 인도주의의 원칙, 기사도(騎士道)의 원칙 등이다. 전투수단과 방법을 규제하려는 노력은 그 이후에도 계속하여 보완·발전되어 왔으며, 1949년 제네바 4개 협약, 1977년 제네바협약 제1추가의정서 및 제2추가의정서, 1998년 국제형사재판소에 관한 로마규정(ICC 로마규정) 등이 대표적인 전쟁법규라 할 수 있다.

1. 군사필요(軍事必要)의 원칙

군사필요의 원칙(the principle of military necessity)이라 함은 최소한의 인적·경제적 자원의 손실로써 적의 군사력을 무력화시키는 데 필요불가결하고 동시에 전쟁법에 의해 금지되어 있지 않는 제한된 군사력의 사용조치는 정당화 된다는 원칙이다. 교전자는 각종 각양의 힘을 발휘하여 최소한의 시간적, 인적, 경제적 손실로써 적을 항복시키기를 바란다. 그러나 교전자는 그가 사용하기를 원하는 군사력의 양과 질을 결정하는 데 있어서 무제한한 자유재량을 갖는 것은 아니다. 즉, 교전자는 전쟁법에서 허용하고 있는 합법적인 강제조치만을 사용할 수 있다.

군사필요의 원칙과 인도주의의 원칙은 그 내용이 겹치는 밀접한 관계를 가지고 있고, 군사필요의 원칙 및 인도주의 원칙은 '불필요한 고통금지의 원칙'과 그 내용이 겹치는 밀접한 연관성을 가지고 있다. 전쟁목적의 달성에 불필요한 행위는 허용되지 않는다는 것이 불필요한 고통금지의 원칙이다.

교전자는 해적수단과 방법의 선택에 있어서는 규제를 받는다.

1907년 제2회 헤이그 평화회의의 제협약 중 제4호 협약 「육전의 법 및 관습에 관한 협약」의 부속서인 「육전의 법 및 관습에 관한 규칙」(이하에서는 '헤이그 육전규칙'으로 표시한다)은 「교전자가 해적수단을 선택하는 권리는 무제한한 것이 아니다」라고 규정하면서(헤이그 육전규칙 제22조), 구체적으로 금지사항을 다음과 같이 규정하고 있다(헤이그 육전규칙 제23조). 특별한 협약으로써 규정한 금지 이외에도 다음 사항은 특히 금지된다.
 (1) 독 또는 독을 가한 무기의 사용
 (2) 적국 또는 적군에 속하는 개인을 배신의 행위로써 살상하는 것
 (3) 무기를 버리거나 또는 자위수단이 없이 무조건 투항을 하는 적의 살상
 (4) 투항자를 구명(求命)하지 않을 것을 선언하는 것
 (5) 불필요한 고통을 주는 무기, 발사물, 기타 물질의 사용
 (6) 군사기(軍使旗), 적의 국기·군용휘장·제복 또는 제네바협약의 특수휘장의 부당한 사용
 (7) 전쟁의 필요상 부득이한 경우를 제외하고 적의 재산의 파괴 또는 압류

2. 인도주의(人道主義)의 원칙

인도주의의 원칙(the principle of humanity)이란 '그 종류와 정도를 막론하고 전쟁목적상 필요하지 않는 여하한 폭력작용도 금지된다는 원칙'이다. 즉 모든 행위는 인간의 선(善)을 위한 것이어야 한다는 원칙이다.

부상자, 병자와 포로 등은 이미 적에 대한 위협이 되지 않기 때문에 이들에 대한 폭력행사는 금지되고, 이들을 돌보아 주고 적대행위로부터 보호해 주어야 한다. 무기를 버리고 투항하는 자를 살해해서는 안 된다(헤이그 육전규칙 제23조). 불필요한 고통을 주는 무기의 사용을 금지한다(헤이그 육전규칙 제23조). 또한 투항자를 구명(求命)하지 않을 것을 선언하는 것을 금지하고 있다(헤이그 육전규칙 제23조).

「1949년 제네바 4개 협약」 및 「1977년 추가의정서」 등에서도 인도주의의 원칙에 입각하여 전쟁의 교전당사자들은 상병자(傷病者)·포로 및 전쟁에 참여하지 않은 민간인에 대하여는 일정한 보호를 해야 한다고 규정하고 있다.

특히 1980년의 「특정 재래식 무기사용 규제협약 및 의정서」는 인도주의의 원칙 및 불필요한 고통금지에 관한 원칙을 집약적으로 표현하고 있다.

3. 기사도(騎士道)의 원칙

기사도의 원칙(the principle of chivalry)이란 교전당사자들은 불명예스러

운 수단·방법 및 행위를 금지하여 공격·방어에 있어서 공명정대성을 유지하고 상호 존중해야 한다는 원칙이다. 기사도라는 개념을 정의하는 것은 어렵지만 널리 인정받은 주지(周知)의 형식과 절차, 예절과 정중함, 조화된 전투행위로 전쟁을 수행해야 한다는 원칙을 말한다.

중세시대 기사도는 전투원이 특권계급에 속한다는 관념, 무장전투가 하나의 의식이라는 관념, 적에게도 존경과 명예가 주어진다는 의식, 적도 무장 기사단의 형제애 속의 한 형제라는 의식을 포함하였다. 한편 이와 같은 기사도적 행위는 귀족적 장교가 사라지고 과도기를 통하여 유니폼을 착용한 직업인으로 대체됨에 따라 기사도의 정신은 그 세력을 점차 잃게 되었다.

그러나 기사도의 원칙은 독 또는 독을 가한 무기의 사용 금지(헤이그 육전규칙 제23조), 불명예스럽거나 배신적인 부정행위의 금지(동 육전규칙 제23조), 군사기(軍使旗), 적의 국기·군용휘장·제복 또는 제네바협약의 특수휘장의 부당한 사용 금지(동 육전규칙 제23조) 등의 내용으로 남아 있다.

기사도의 원칙은 전쟁에 있어서 전투원 개개인을 덜 야만적이고 보다 더 문명적으로 만들고자 하는 것이다.

4. 환경보전의 원칙

환경보전에 관한 새로운 전쟁법의 원칙은 인류사회에 심각한 문제로 대두되고 있는 환경보전의 필요성을 인식했기 때문이다. 1977년 「제네바 제협약 제1추가의정서」에서는 전투수단과 방법에 관한 기본원칙의 하나로서 자연환경에 대하여 광범위하고 장기간의 극심한 손상을 야기하려는 의도를 갖거나 그렇게 될 것으로 예상되는 전투수단과 방법의 사용을 금지하고 있다(동 의정서 제35조 제3항).

또한 전투 중 광범위하고 장기간의 극심한 손상으로부터 자연환경을 보호하기 위한 조치를 취할 것을 부과하면서, 주민의 건강 또는 생명을 침해할 것이 예상되는 전투수단과 방법의 사용과 복구(復仇)에 의한 자연환경에 대한 공격을 금지시키고 있다(동 의정서 제55조).

1977년 5월 18일에 채택된(1978. 10. 5. 발효) 「환경변형기술의 군사적 또는 기타 적대적 사용의 금지에 관한 협약」(Convention on the prohibition of military or any other hostile use of environmental modification techniques)은 역시 환경보전의 원칙에 관한 중요한 조약이다.

이 협약에서는 「협약의 당사국이 다른 당사국에 대하여 파괴·손상·위해의 수단으로서 광범위하거나 장기적이거나 또는 극심한 효과를 미치는 환경변형기술을 군사적으로 또는 기타 적대적으로 사용함을 금지하고 있다」(동 협약 제1조).

또한 이 협약에서는 '환경변형기술'에 관하여 정의하기를 「환경변형기술이란 자연과정에 고의적 조작을 통하여 생물상·암석권·수권 및 대기권을 포함한 지구의 또는 외기권의 역학·구성 또는 구조를 변화시키는 모든 기술을 의미한다」고 규정하고 있다(동 협약 제2조).

오늘날의 과학기술의 발전에 따른 신형무기는 인류환경을 심각하게 위협할 수 있는 존재가 되고 있다. 그러므로 전쟁법은 이 새로운 사태에 대처해 나가야 할 것이다.

제4절 전쟁의 개시(開始)와 그 법적 효과

I. 전쟁의 개시

1. 의의

전쟁의 개시(commencement of war)라 함은 평시 국제법 관계를 전시 국제법 관계로 전환시키는 행위를 말한다.

1907년 헤이그 제조약이 채택되기 이전에는 적대행위를 개시하기 전에 선전포고를 할 필요성이 있다는 데 일부 국제법 학자들 간에는 논의가 되기도 하였으나, 1907년 이전에는 통상적 관행이 아니었다.

그러나 1904년 러·일 전쟁시 일본의 어뢰정이 경고 및 사전의 포고 없이 러시아 함대에 대하여 공격한 후에 선전포고를 국제법상의 요건으로 하려는 경향이 발생하였다.

1907년 10월 18일 제2회 Haegue(헤이그) 평화회의에서 채택된 제조약 중 제3호 조약「적대행위 개시에 관한 조약」제1조는 다음과 같이 규정하고 있다. 즉,「조약당사국(the contracting powers)은 사전에 명백한 경고 없이 그들 사이의 적대행위를 개시하여서는 안 되며, 그 경고는 이유를 첨부한 선전포고의 형식이거나 최후통첩을 붙인 조건부선전포고의 형식을 취하여야 한다」고 규정하고 있다.

따라서 이 조항에서 인정하고 있는 전쟁개시의 방법으로는 1) 이유를 붙인 '선전포고'(declaration of war) 또는 2) 최후통첩(ultimatum)을 포함한 '조건부선전포고'(conditional declaration of war)를 들고 있으며, 이 두 가지 이외의 적대행위에 의한 전쟁개시의 방법은 인정하지 않고 있다.

선전포고 없이 적대행위를 개시하는 경우에는 이 조약에 의하면 이 조약 위반이 된다.

2. 방법

전쟁개시의 방법은 일반적으로 3가지로 구분하는 데. 선전포고, 조건부선전포고, 적대행위의 실행이다.

(1) 선전포고

선전포고(宣戰布告)란 전쟁개시의 의사를 타방 교전당사자국에게 명시적으로 통고하는 것을 말한다. 선전포고의 법적 성격은 일방적 법률행위이다. 따라서 수락될 필요는 없다. 선전포고는 전쟁상태 존재의 증거가 된다. 선전포고의 경우 개전 시기는 선전포고 통고 직후이며 이때부터 전쟁상태가 되어 적대행위가 가능하다.

그러나 1907년의「적대행위 개시에 관한 조약」이 채택된 이후 지금까지 국가들의 관행을 보면은 선전포고 없이 적대행위를 개시한 예들이 대부분이며, 무력충돌의 당사자들은 이 협약의 적용가능성을 무시하기에 이르렀다. 선전포고를 거치지 않고 전쟁을 개시한 대표적인 예들을 살펴본다면, 예컨대 1894년의 청(淸)·일(日) 전쟁, 1904년의 러·일 전쟁, 1939년의 독일·Poland 전쟁, 1941년의 독일·소련 전쟁, 1941년의 일본·미국 전쟁, 1950년의 북한에 의한 6·25 기습남침 전쟁, 2022. 2. 24일 러시아의 침공에 의한 러시아·우크라이나 전쟁 등이다.

이와 같이 무력충돌의 현대적 양상에 비추어 볼 때「적대행위 개시에 관한 조약」의 실효성을 인정하기는 매우 어려운 실정이다. 그렇다고 해서 이 조약이 완전히 사문화(死文化)되었다고 단정할 수도 없다. 세계 제2차대전 후 임시 독일 뉘른베르크 국제군사재판소에서 독일의 전범자들에 대한 공소사실 중에는 1907년의「적대행위 개시에 관한 조약」에 대한 위반혐의가 포함되어 있다.

선전포고는 중립국(中立國)에 지체 없이 통고되어야 한다. 중립국에 통고되기 전까지는 그 중립국에 대하여 선전포고의 효력이 발생하지 않는다. 그러나 중립국이 사실상 전쟁상태를 알고 있음이 확실한 때에는 중립국은 통고의 흠결(欠缺)을 주장할 수 없다(「적대행위 개시에 관한 조약」제2조). 중립국에 대한 선전포고의 통고는 중립국과의 관계에서 대항요건이지 전쟁개시의 성립요건은 아니다.

(2) 조건부선전포고

조건부선전포고(條件附宣戰布告)라 함은 일정한 요구를 제시하고, 그 요구가 일정한 기간 내에 수락되지 않을 때에는 그것을 조건으로 그 기간이 지난 즉시 전쟁에 돌입할 것을 명시한 최후통첩(最後通牒)을 포함한 선전포고이다. 조건부선전포고는「적대행위 개시에 관한 조약」에서 전쟁개시의 방법으로 이를 인정하고 있다(제1조). 조건부선전포고도 선전포고이므로 그 법적 성격은 일방적 법률행위이다. 최후통첩(ultimatum)의 내용이 수락되지 않으면 전쟁은 자연적으로 개시되며, 다시 새로운 절차를 요하지 않는다. 수락은 명확한 답변으로 해야 하며 답변이 없는 것은 요구의 거절로 본다.

(3) 적대행위의 실행

전쟁의사를 가진 적대행위, 예컨대 무력행사와 함께 외교 관계를 단절하는 행위에 의해 전쟁을 개시하는 '묵시적 전쟁개시방법'이다. 이것은「적대행위 개시에 관한 조약」에 의하면 위법한 개전방법(開戰方法)이다. 그러나 관습국제법은 이를 개전의 방법으로 인정하고 있다. 즉, 적대행위에 의한 '불선언전쟁

'(不宣言戰爭, undeclared war)도 관습국제법상 전쟁으로 인정되고 있다.

적대행위에 의한 묵시적 개전에 있어서 전쟁개시의 시점이 문제된다. 적대행위와 더불어 전쟁의사가 있다고 추측할만한 사실이 발생하였을 때, 즉 전쟁수행 의사를 가진 첫 무력행사가 있을 때이다. 또한 전쟁수행 의사가 없는 무력행사에 대해서 대항하는 국가로부터 전쟁의사로 간주하는 첫 무력행사가 있을 때 전쟁의 개시를 인정할 수 있다. 그러나 단순한 복구(復仇)나 야전지휘관의 독단적 무력행사는 전쟁의사가 없는 것이다. 또 단순한 외교사절의 철수나 embargo도 전쟁개시의 표시가 되지 않는다.

묵시적 개전방법의 개전 시기는 전쟁의사를 가진 첫 무력행사 시이며, 적대행위 후에 선전포고가 있는 경우 개전 시기는 적대행위 시까지 소급된다.

1941년 12월 7일 11시 30분에 일본은 미국의 진주만(眞珠灣)을 기습 공격하였으며, 미국 의회는 다음날인 12월 8일에 이는 전쟁이라고 선언했고, 일본은 진주만 공격시부터 66시간 지난 뒤에 정식으로 선전포고 하였으나 전쟁개시의 시기는 진주만 공격개시시이다.

1907년 「적대행위 개시에 관한 조약」은 적대행위의 실행에 의한 개전방식을 금지하고 있다. 이 금지는 오직 이 조약에 가입한 당사국에만 적용되며, 특히 총가입조항(總加入條項)에 의해 교전국 중 한 국가라도 이 조약에 가입하지 않은 국가가 있으면 이 조약은 적용되지 않는다.

미국과 일본은 이 조약의 당사국이므로 이 협약이 적용된다. 세계 제2차대전 후 일본 전범자들을 처벌하기 위하여 설치된 일본 극동국제군사재판소는 일본의 진주만 공격은 사전 선전포고 없는 적대행위로서 「적대행위 개시에 관한 조약」 위반이라고 일본 극동국제군사재판소는 판시하였다.[16]

II. 전쟁개시의 법적 효과

전쟁개시의 효과는 교전당사국 상호 간의 관계에 영향을 미칠 뿐만 아니라 교전당사국(交戰當事國)과 중립국(中立國) 간의 관계에도 영향을 미친다. 교전당사국은 평시관계로부터 전시관계로 전환됨과 동시에 전시법규의 적용을 받

---

16) 김명기 외, 전게서, pp. 379-380.

게 되어 전시 국제법(전쟁법)에 의한 특수한 권리와 의무가 발생하게 된다.

교전당사국과 중립국 간의 관계는 중립법규에 의한 새로운 권리와 의무가 발생한다.

1. 외교관계

외교관계란 국가 간의 우호관계를 전제로 하는 것이므로 전쟁개시로 외교관계는 중단된다. 따라서 외교사절은 주재국(駐在國)으로부터의 요청에 의하여 또는 자진하여 본국(本國)으로 귀국한다.17) 이들은 퇴거에 필요한 일정기간 중 계속 외교특권을 향유하며, 주재국은 이를 인정하여야 한다. 주재국으로부터 요구된 일정기간 내에 퇴거하지 않으면 일반인과 같은 취급을 받게 된다.

외교사절의 공관은 전쟁 중 폐쇄되지만 폐지되는 것은 아니며, 그 재산은 보호된다. 공관, 공문서, 적국에 잔류하는 국민과 그들의 재산보호는 전쟁 중 중립국의 외교사절에게 위탁하는 것이 통례이다. 이 경우의 중립국을 이익보호국(protecting power)이라 한다.

외교관계와 마찬가지로 영사관계도 전쟁개시와 더불어 중단된다. 영사(領事)의 주재국으로부터의 퇴거의 자유는 국제관행으로 인정되어 왔으나 외교사절의 경우처럼 확립된 국제관습은 아니다. 제1차 세계대전 중 독일은 독일주재 영국영사를, 영국은 영국주재 독일영사를 각각 억류하였으며 이들은 교환협정을 체결한 후에 교환되었다.

영사공관과 그 공문서 등의 보호는 외교사절의 경우와 같이 이익보호국에게 위탁된다.

2. 조약관계

전쟁의 개시가 조약에 미치는 효과에 대해서는 1969년의 「조약법에 관한 비엔나 협약」에 아무런 규정을 두고 있지 않으므로 학설이 대립하고 있으며 국제법상 확립된 원칙은 존재하지 않는다.

---

17) 그러나 1941년 12월 미국 내 일본 외교관들의 경우와 같이 적국 외교직원의 면제(immunity)와 안전을 보장하기 위하여 이들을 특별한 장소에서 보호한 경우도 있다. 김정건, 국제법, 박영사, 1990, p. 643.

조약은 특별히 전쟁을 위해서 체결된 것을 제외하고는 전쟁의 개시로 인하여 교전당사국 간에 체결된 모든 조약은 그 효력을 상실한다는 것이 세계 제1차대전 말까지의 일반적인 견해이었다. 그러나 그 이후 이 견해는 지나친 극단론으로 취급되었고 국가들의 관행도 그러하지 않았다.

오늘날에는 전쟁의 개시로 조약이 모두 효력을 잃는 것이 아니라 조약에 따라 효력이 발생, 정지, 상실하는 것으로 나뉜다는 것이 국제법 학자들의 일반적인 견해다. 그러나 전쟁의 개시에 따라 효력이 상실되는 조약과 그러하지 아니한 조약이 각각 어떠한 것인지에 관해서는 일치된 견해는 없다.

따라서 이러한 조약들을 구별할 명확한 기준을 설정하기는 매우 어려운 일이지만 국제법 학자들의 견해와 국제관행을 고려하여 몇 가지 구별 원칙을 제시하면 다음과 같다.

(1) 전쟁 시에 적용되도록 명시된 조약은 전쟁개시와 더불어 그 효력이 당연히 발생한다.
(2) 일반적으로 전쟁상태와 양립할 수 없는 것이 아닌 조약은 전쟁의 개시로 인하여 그 효력이 정지되거나 상실되지 않는다.
(3) 교전당사국과 비교전당사국을 당사자로 하는 조약, 즉 다자조약의 경우는 교전당사국과 여타의 당사국 간에 있어서는 계속 효력을 가진다. 특히 입법적 성질의 조약(law-making treaty)은 전쟁의 발발로 효력을 상실하지 않는다. 다만, 그 다자조약의 시행이 전쟁상태와 양립할 수 없을 때에는 조약체결 당시에 별단의 의도가 존재하지 아니한 경우에는 당해 조약이나 그 규정 일부의 효력이 정지된다.
(4) 정치적인 조약, 예컨대 동맹조약, 평화조약, 우호통상조약 등 당사국 간의 선린우호관계를 전제로 한 조약은 전쟁개시와 함께 폐기된다.
(5) 영토할양조약이나 국경획정조약과 같은 처분적 조약은 조약의 목적이 이미 달성되어 전쟁의 영향을 받지 않기 때문에 그 효력이 상실되지 않는다.

3. 통상관계

교전당사국 간의 통상관계 및 계약의 효력문제는 당사국의 정책과 국내법이 정하는 바에 따른다. 그러나 전쟁이 개시되면 상대국 국민과 자국민 간의 모든 경제교류 및 법률관계가 단절되는 것이 오늘날의 일반적인 관행이다.

4. 적국민 및 적산(敵産)

(1) 적국민

18세기 이전에는 적 국민을 모두 포로로 억류하는 것이 국제관습법이었으며, 이들은 평화 시에 체결한 특별 조약에 의해 서로 그들의 영역으로 퇴거함이 허용되었다. 이러한 조약이 그 이후 국제관습으로 되었다.

오늘날에는 교전국은 자국 내의 적 국민에게 상당한 기간 내에 퇴거하는 것을 허용하여야 한다. 단, 적국의 병력에 속한 자 또는 과학기술자나 징집적령기의 장정 등 적국의 전쟁능력의 증강에 이바지할 수 있는 중요 인물들에 대하여는 거주구역의 지정이나 수용 등 억류조치를 취할 수 있다.

한편 1949년의 「전시에 있어서 민간인의 보호에 관한 협약」(제4협약)은 적국민의 퇴거의 권리를 명백히 인정하고 있으며, 만약 퇴거의 신청을 거부한 경우에는 그 거부의 이유를 신속히 본인에게 통보하여야 하는 것으로 규정하고 있다(제35조).

(2) 적산(敵産)

1) 일반재산

개전 당시 자국의 영역 또는 전투지역 내에 있는 적국의 국유재산은 외교공관을 제외하고는 모두 몰수된다.

2) 사유재산

자국 내에 있는 적국민의 사유재산은 이를 몰수하지 않고 일시적으로 억류만 하는 것이 오늘날의 일반적인 관행이다. 그러나 현재 자국 내에 있는 적국민의 사유재산에 대해서는 억류까지도 자제하는 것이 새로운 추세이다.

3) 상선(商船)

전쟁개시 당시 자국의 항구에 와 있는 적의 상선이나 이에 선적되어 있는 화물은 교전자의 전쟁수행에 이용될 가능성이 많기 때문에 몰수하는 것이 관행이었으나, 1853년 크리미아전쟁 이후로는 자유출항을 허용할 은혜기간(恩惠期間)을 설정하게 되었다. 1907년 「개전시 적상선의 취급에 관한 조약」(제6호 조약)도 자유출항을 위한 은혜기간의 부여, 불가항력에 의한 출항불능상선의 몰수금지, 개전을 알지 못한 채 항해 중인 적상선의 몰수 금지를 규정하고 있다(제1조~제3조).

4) 민간항공기

전쟁개시 당시 자국의 영역 내에 있는 적국의 민간항공기의 취급에 관하여는 아직 조약이나 확립된 관행이 없으나 개전시 자국의 영역 내에 있는 적국 적의 상업용 항공기를 비롯한 모든 사항공기는 군용기로 전용될 우려가 있다는 이유로 몰수를 인정하는 것이 관례이다. 1923년의 「헤이그 공전법규안」(발효되지 않았음)도 「적국의 민간항공기는 모든 경우에 포획할 수 있다」고 규정하였다(제52조).

제5절 휴전(休戰)과 전쟁의 종료

Ⅰ. 휴전

1. 휴전의 의의

휴전(armistice)이라 함은 교전당사국 간의 상호 합의에 의하여 전투행위의 전부 또는 일부를 정지(停止)시키는 것을 말한다.

휴전은 공식적으로 또한 적당한 시기에 권한 있는 당국 및 군대에 통고되어야 한다. 적대행위는 통고 후 즉시 또는 소정의 시기에 정지된다.

따라서 휴전은 전쟁상태의 종료를 위한 강화조약(講和條約)과 다르다. 휴전은 단순한 적대행위의 정지에 불과하므로 중립국에 관한 권리와 의무관계는 그대로 유지된다. 휴전은 일시적 또는 부분적 평화가 아니다.

　이와 같이 휴전을 사실상이나 법률상으로도 전쟁상태를 종료시키지 않는 것으로 여기는 것이 세계 제2차대전 이전까지의 일반적 견해였다.

　그러나 이와 같은 고전적 이론에 대하여 스톤(J. Stone)은 휴전에 관한 현대적 경향을 분석한 후, 휴전은 그것이 일반적 휴전(general armistice)인 경우에는 일종의 '전쟁의 사실상의 종료'에 해당한다고 주장하였다. 따라서 스톤은 1953년의 한국전쟁의 휴전도 전면적인 일반적 휴전이므로 전쟁의 사실상 종료에 해당하는 역할을 할 수 있다는 견해를 피력하면서, 1907년 「헤이그 육전규칙」 제36조 내지 제41조에서 규정하고 있는 휴전규정은 재검토를 요한다고 주장하였다.[18]

　스톤의 견해와 같이 일반적 휴전의 경우에는 전쟁의 '사실상' 종료로 볼 수 있지만, 법적으로는 휴전 자체가 전쟁을 종료시키는 것은 아니다.

　휴전기간 중에도 교전당사국 간에는 여전히 전쟁상태가 계속되며, 휴전기간은 전시로 규정되는 것이다.

　그러나 복잡 다양한 양상을 지닌 현대전에 있어서는 휴전과 강화조약의 체결 사이에는 그 시간적 간격이 차츰 길어지는 경향이 있어, 그러한 휴전기간에 관한 전통적인 법제도에 대한 재고가 요청되고 있다.

2. 휴전의 종류

　(1) 일반적 휴전(general armistice)

　1907년 헤이그 육전규칙은 「휴전은 일반적으로 또는 부분적으로 할 수 있다. 일반적 휴전은 교전국의 모든 전투행위를 정지시키며, 부분적 휴전은 특정한 지역에서 일부 교전군 사이에서만 전투행위를 정지시킨다」라고 규정하여 (제37조) 휴전을 '일반적 휴전'과 '부분적 휴전'의 2가지로 구분하고 있다.

　일반적 휴전은 교전당사자 간의 전투지역 전부에 걸쳐서 적대행위를 전면적으로 정지하는 휴전이다. 이는 당해 전쟁 전체에 관련된 정치적 중요성을 갖는 것으로서 교전국 정부 또는 군의 총사령관(總司令官)의 합의에 의해 이루어

---

18) 이상철 외, 전게서, p. 740.

진다. 일반적 휴전은 사실상 전쟁의 종료와 같은 효력이 있으며, 통상 강화(講和)의 전제가 된다.

(2) 부분적 휴전(partial armistice)

부분적 또는 국지적 휴전은 전군(全軍)의 전쟁구역에 걸친 적대행위의 중지가 아니라 일부 군(軍)에 한하거나 또는 일정한 지역에 한하여 일시적으로 적대행위를 정지하는 휴전이다. 부분적 휴전도 일반적 휴전과 같이 정치적 중요성과 정치적 효과를 갖는다. 부분적 휴전도 교전국 정부 또는 군의 총사령관(總司令官)의 합의에 의해 이루어진다.

(3) 정전(停戰)

정전(suspensions of arms)은 교전국 군대의 합의에 의하여 이루어진다. 정전은 단기간의 부분적·일시적인 전투행위의 중지를 말한다. 부분적 휴전과의 차이점은 정전에는 정치적 목적이 없고, 일시적인 국지적 의미밖에 없다. 정전은 국지적 휴전의 최소형태라고 할 수 있다.

정전은 교전국 지휘관의 합의에 의해 이루어지며, 지휘관 자신이 지휘하는 병력에 한하여 일시적으로 적대행위를 정지시킨다.

(4) 정화(停火)

정화(ceace-fire)는 일시적으로 전지역 또는 일부지역에 대한 전투행위를 중지하는 것을 말한다. 예를 들면, 한국전쟁 당시 유엔군과 중공군 사이에 이루어진 크리스마스 기간 동안 일시적인 전투행위의 중지 합의가 여기에 해당된다.

3. 휴전의 내용과 형식

(1) 휴전의 내용

휴전조약에는 통상 다음 사항이 포함된다. 1) 휴전개시의 정확한 일시, 2) 휴전기간, 3) 원칙적인 휴전선과 필요하다면 교전자의 부대의 위치를 결정할 표지, 4) 전지에서 교전자와 주민과의 관계 및 주민 상호간의 관계, 5) 휴전 간 금지된 행위, 6) 포로의 처리, 7) 자문기관 등

(2) 휴전의 형식

휴전의 형식에 관한 법적 규제는 없다. 따라서 휴전은 문서 또는 구두로 행하여진다. 그러나 오해를 피하기 위해서 또는 의견의 차이가 일어날 경우를 대비해서 당사자가 합의한 내용을 기재한 문서에 서명함으로써 이루어지는 것이 일반적이다.

4 휴전의 종료

휴전조약에 휴전기간이 정해진 경우에는 그 기간의 만료와 동시에, 또 해제조건이 정해진 경우에는 그 해제조건의 성취와 동시에 당연히 휴전은 종료된다.

휴전조약에 휴전기간이 정하여지지 아니한 경우에는 교전당사국은 언제든지 작전을 재개할 수 있지만 휴전조약에 사전통고의무를 정한 경우에는 작전개시 전에 사전통고를 하여야 한다(헤이그 육전규칙 제36조).

휴전협정을 체결한 교전당사국 일방이 휴전조약의 중대한 위반을 한 경우에는 타 당사국은 휴전조약을 폐기할 권리를 가지며, 긴급한 경우에는 즉시 전투를 개시할 수 있다(헤이그 육전규칙 제40조).

개인이 스스로 휴전조약의 조건을 위반한 때에는 위반자의 처벌을 요구할 수 있고, 필요한 경우 그에 따른 손해의 배상을 요구할 수 있다. 그러나 휴전조약 자체를 폐기할 권한은 없다(헤이그 육전규칙 제41조).

II. 전쟁의 종료

전쟁은 일반적으로 강화조약(講和條約)의 체결에 의하여 종료된다. 그러나 교전당사국 쌍방이 사실상 적대행위를 중지하고 전쟁의사를 포기한 경우에도 전쟁은 종료한다.

1. 강화조약의 의의

전쟁종료의 가장 일반적인 방식은 강화조약의 체결이다. 강화조약(평화조약)은 전쟁의 종료를 위한 교전당사국 간의 합의로서 전쟁종료의 가장 만족스러운 형식이다. 왜냐하면, 당사자가 합의한 내용대로 전쟁을 종료시키고, 전쟁 중 야기된 당사자 간에 존재하는 모든 차이점과 문제점을 정확한 용어로 정리할 기회를 제공하기 때문이다.

전쟁의 종료를 목적으로 체결한 조약인 한, 그 조약의 명칭이 무엇이든 상관없이 강화조약이다.

2. 강화조약의 체결권자

강화조약의 체결권자는 일반조약의 그것과 마찬가지로 국가의 원수(元首)이다. 따라서 휴전조약의 체결권자와 강화조약의 체결권자는 차이가 있다.

3. 강화조약의 효력

강화조약의 효력은 전쟁상태를 종결시키고 평화상태를 회복하는 것이다. 전쟁상태가 존재하는 동안 국제관계를 지배하던 전쟁법과 중립법은 평시관계를 규율하는 평시 국제법으로 대체된다. 즉, 전쟁당사자 간의 평시의 권리·의무관계는 회복되고 제3국의 중립지위는 당연히 해제된다.

4 적대행위의 중지 및 전쟁의사의 포기

교전당사국 쌍방이 강화조약을 체결하지 않고, 사실상으로 모든 적대행위를 중지하여 전쟁을 계속하겠다는 의사를 포기한 경우에도 전쟁은 종료된다. 물론 이러한 전쟁종료의 방식은 대개 19세기 이전의 현상이었다.

제6절 중립국(中立國)의 지위와 의무

Ⅰ. 중립국의 지위와 개념

중립은 전쟁을 전제로 한다. 여기서의 전쟁은 '선언된 전쟁'뿐만 아니라 '선언되지 아니한 전쟁'도 포함된다.

중립의 개념은 형식적 개념과 실질적 개념으로 나누어 볼 수 있다. 형식적 개념은 전쟁에 참가하지 아니한 국가의 국제법상의 지위(地位)를 말한다. 즉, 전쟁에 참가하지 않은 국가와 전쟁에 참가한 국가와의 사이에 존재하는 법적 관계를 말한다.

반도단체(叛徒團體)가 교전단체(交戰團體)로 승인된 경우에는 내란은 전쟁으로 전환되므로 제3국은 중립의 의무를 지게 된다.

중립의 실질적 개념은 공평성과 무원조성(無援助性)을 말한다. 공평성은 중립은 모든 교전당사자에게 공평하게 권리를 행사하고 의무를 이행할 것을 내용으로 한다.

무원조성은 모든 교전당사자에게 공평한 것이라 할지라도 원조를 내용으로 할 때는 그것은 실질적 중립의 개념에서 제외된다. 만약에 중립국이 전쟁에 관여하는 것(원조하는 것)을 억제하지 않는다면 중립국은 공평성을 잃게 된다.

형식적·실질적 개념을 포함한 중립의 개념은 전쟁에 참가하지 아니한 국가의 국제법적 지위로 공평과 무원조를 내용으로 하는 것이라 할 수 있다.

Ⅱ. 중립과 구별되는 개념

1. 준중립(準中立)

종래에 있어서 제3국의 중립은 전통적인 전쟁을 전제로 한 개념이었다. 그러나 오늘날은 전통적인 전쟁개념을 지양하고 실질적 전쟁개념을 중시하게 되었고 중립의 개념도 그러한 추세에 따라 파악하게 되었다. 따라서 전통적인 전쟁 이외의 실질적인 무력의 행사, 즉 비전쟁 무력충돌이나 평화의 파괴에 대한 제3국의 중립을 준중립이라고 한다.

2. 영세중립(永世中立)

영세중립(permanent neutrality) 또는 영구중립이라 함은 스위스, 오스트리아와 같이 특별조약에 의하여 전쟁을 행하지 않을 것을 조건으로(자위권 행사는 가능) 영구히 그 독립과 영토보전을 보장받는 것을 말한다. 영세중립국의 중립의무는 전시뿐만 아니라 평시에도 있으므로 전쟁을 전제로 한 개념인 중립과 구별된다.

3. 완전중립과 불완전중립

완전중립이라 함은 양 교전당사자에 대하여 직접적·간접적으로 완전한 공평성을 유지하는 중립을 말한다.

불완전중립은 중립국이 중립을 지키면서도 전쟁 전에 체결한 조약상의 의무에 따라서 직접적 또는 간접적으로 일방 교전당사자에게 제한된 원조를 주는 것을 말한다.

4. 비교전상태(非交戰狀態)

(1) 개념

비교전상태라 함은 세계 제2차대전 초기에 사용한 개념으로서 전쟁에 비참여 국가와 교전국가 사이에 발생한 특수한 상태로서 중립도 아니고 교전상태도 아닌 그 중간의 상태를 말한다. 이러한 상태에 있는 국가를 비교전국(非交戰國)이라 한다.

(2) 유형

1) 원조국이 비교전국

전쟁비참여 국가가 교전국의 일방에 원조를 제공하는 것은 중립위반이므로 이를 피하기 위하여 중립국이 아니라, 자칭 비교전국이라고 하면서 원조를 제공하는 것이다.

미국은 1940년 9월 영국 영내에 해군기지의 설치를 조건으로 구축함 50척을 영국에 제공하였고, 다음해 3월 「무기대여법」을 제정하여 연합국에 무기·항공기·군함 등을 매각·교환·대여 등의 방법으로 공급하였다. 1941년 봄에는 미국의 항공기와 군함이 대서양에서 순찰 임무를 수행하고 독일의 선박을 발견하여 영국에 통고하였다. 당시 미국의 학자들은 미국은 비교전상태에 있다고 하였다.19)

2) 피원조국이 비교전국

전쟁비참여 국가가 일방교전국에 원조를 제공하기 위하여 그 피원조국가를 비교전국이라고 칭하였다. 이 경우는 원조를 제공하는 국가를 비교전국이라 하지 않고, 원조를 받는 국가를 비교전국이라고 하였다. 그 원조가 중립국으로서는 제공할 수 없는 것이므로 실질적으로는 교전국인데 용어상 비교전국이라고 칭하여 교전국에 원조를 했던 것이다.

1942년 1월의 「추축교전국(樞軸交戰國)20)에 대한 비교전상태에 대한 결의」가 미주제국회의에서 채택되었는데 이 결의는 태평양전쟁에 참가한 미국과 몇몇 남미제국에 원조를 제공하기 위한 것이었다. 이 결의에 따르면 참전한 미주제국을 교전국으로 인정하지 않을 것, 이러한 비교전국에 대하여 특별한 편의를 제공할 것 등이다. 이 결의에 따라서 제공한 원조는 주로 미국의 공군이나 해군에 대한 기지 제공이나 군용물자의 공급 등이었다.21)

1945년 제2차 세계대전이 끝난 후 1949년에 채택된 「포로대우에 관한 제네바 협약」(제3협약)은 비교전국이라는 용어를 사용하고 있다(제4조 제2항).

III. 중립국의 의무

1. 회피의무(回避義務)

회피의무(duty of abstention)는 중립국이 교전당사국의 일방에 대하여 직접 또는 간접으로 전쟁수행에 관계되는 원조를 제공하지 아니할 의무이다. 교

---

19) Hersch Lauterpacht(ed.), International Law, 7th ed., Vol. 2(London: Longmans, 1952, p. 638; 김명기, 국제법원론(하), 박영사, 1996, p. 1461.
20) 제2차 세계대전 때 독일·이탈리아·일본의 세 동맹국이 스스로를 이르던 말
21) 김명기, 전게서, pp. 1461-2.

전당사국으로부터 원조 요청을 받더라도 중립국은 이를 회피하여야 한다.

중립국이 교전당사국에 원조를 금지할 사항은 다음과 같다.

(1) 군대

중립국의 교전당사국에 대한 군대의 파견은 금지된다. 그러나 사인(私人)이 개인적 자격으로 교전당사국의 군대에 참여하기 위하여 국경을 통과하는데 대하여 중립국은 책임을 지지 아니한다(1907년 「육전에 있어서 중립국의 권리·의무에 관한 조약」(이하 '육전중립조약'으로 표기함) 제6조).

중립국이 그의 영역 내에서 교전당사국을 위하여 전투부대를 편성하거나 징집사무소를 개설해서는 아니 된다.[22]

(2) 무기 등 군수품

중립국은 교전당사국에 대하여 직접 또는 간접으로 군함·탄약 또는 일체의 군용재료를 제공할 수 없다(1907년 「해전에 있어서 중립국의 권리·의무에 관한 조약」(이하 '해전중립조약'으로 표기함) 제6조).

(3) 군자금(軍資金)

중립국은 교전당사국에 대하여 어떤 명의로든 군자금을 제공할 수 없다. 따라서 교전당사국의 공채(公債)의 모집에 응할 수 없고, 보증할 수 없고, 보조금을 제공할 수 없다.

2. 금지의무(禁止義務)

금지의 의무는 중립국 영역이 교전당사국의 전쟁수행을 위한 목적에 이용되는 것을 방지(防止, prevention)하는 중립국의 의무를 말한다. 회피의 의무가 소극적인 부작위(不作爲)의 의무인 데 반하여, 금지의 의무는 적극적인 작위(作爲)의 의무이다.

---

22) 육전중립조약 제4조.

(1) 적대행위(敵對行爲)

중립국의 영토는 불가침이다. 중립국 영토에서 교전당사국은 적대행위를 할 수 없다.[23] 중립국은 이를 방지할 의무를 진다.

(2) 군대·군수품의 통과

교전당사국은 군대·탄약·군수품을 중립국의 영토를 통하여 수송할 수 없다.[24] 중립국은 그 통과를 방지할 의무가 있다.[25] 중립국은 교전당사국 군대에 속한 상병자(傷病者)가 중립국의 영토를 통과하는 것을 허락할 수 있다.[26]

(3) 통신기관(通信機關)

교전당사자는 무선통신국 또는 육상이나 해상에서의 교전당사자의 통신으로 제공되는 일체의 기계를 중립국 영토에 설치할 수 없다.[27]

(4) 포로(捕虜)

도주한 포로가 중립국에 들어온 경우에는 중립국의 자유에 맡긴다. 그 영토 내에 체류함을 허용한 경우에는 일정한 거소를 지정할 수 있다.[28]

(5) 피난군(避難軍)

중립국 영토에 피난하려는 군대에 대해 중립국은 피난을 허락할 의무는 없다. 미리 허락을 받지 않고 중립국 영토에 들어온 군대에 대해서 병력으로 추방할 수 있다. 피난을 허락한 경우에는 가급적 전지(戰地)로부터 격리하여 유치하여야 한다. 중립국은 피난군에게 식량·피복 등을 제공하여야 한다.[29]

---

[23] 육전중립조약 제1조.
[24] 육전중립조약 제2조.
[25] 육전중립조약 제5조.
[26] 육전중립조약 제14조.
[27] 육전중립조약 제3조.
[28] 육전중립조약 제13조.
[29] 육전중립조약 제11조, 12조.

(6) 영해(領海)의 불가침

중립국 영해 내에서는 선박의 포획을 포함하여 일체의 적대행위를 할 수 없다. 선박의 임검·수색에 관하여도 같다.[30]

교전당사자는 중립국 항구나 영해를 작전근거지로 삼을 수 없다. 특히 무선전신국이나 교전당사자의 병력과의 통신에 제공되는 기계를 설치할 수 없다.[31]

교전당사자의 군함 및 그가 포획한 선박이 중립국 영해를 단순히 통과(무해통항)하는 것은 중립침해가 되지 않는다. 국제교통의 요로가 되지 않는 중립국은 통과를 제한할 수 있다. 이 경우 쌍방 교전당사자에게 공평히 해야 한다. 교전당사자 군함은 중립국 영해에 정박할 수 있으나 중립국은 이를 제한할 수 있다. 정박이 허락된 경우에는 24시간을 초과하여 정박할 수 없다. 동일한 항구에 동시에 정박할 수 있는 군함의 수는 교전당사자 각각에 대하여 3척을 초과할 수 없다.[32]

3. 묵인의무(默認義務)

묵인의 의무(duty of acquiescence)라 함은 중립법에 의해서 행한 교전당사국의 일정한 행위는 중립국이 이를 용인 내지는 묵인해야 한다는 것이다.

일방 교전당사자는 타방 교전당사자의 군대에 입대한 중립국 국민을 타방 교전당사자의 국민과 같이 취급할 수 있으며 이들은 중립인으로 취급되지 아니 한다.[33]

중립국 국민과 교전당사자와의 통상(通商)은 원칙적으로 자유이며, 교전당사자는 이것을 제한할 수는 없으나, 전시금세품에 관해서는 몰수할 수 있다.

---

30) 해전중립조약 제2조. 3조.
31) 해전중립조약 제9조.
32) 해전중립조약 제9조-제16조.
33) 육전중립조약 제7조.

제7절 전시금제품(戰時禁制品)

Ⅰ. 의의

전시금제품(contraband of war)이라 함은 중립국의 국민이 전시 군수물자를 일방 교전당사자에게 공급하는 것을 타방 교전당사자가 해상에서 그 수송을 방지하고 포획·몰수할 수 있는 물품을 말한다.

Ⅱ. 전시금제품에 관한 법규

1. 1856년 파리선언

「파리선언」은 전시금제품과 관련하여 「중립국의 국기를 게양한 선박에 적재한 적국의 화물과 적국의 국기를 게양한 선박에 적재한 중립국의 화물은 전시금제품을 제외하고는 이를 나포할 수 없다」고 규정하고 있다(동 선언 제2조, 제3조). 따라서 파리선언에 의하면 적선(敵船)에 적재된 중립국 화물과 중립국선에 적재된 적화물이 전시금제품일 경우에는 이에 대하여는 포획을 허용하고 있다.

2. 1909년 런던선언

1909년 「런던선언」 이전의 종래에는 군용에 제공될 수 있는 물품이라도 당연히 모두 전시금제품이 되는 것이 아니고 조약, 관습국제법, 교전국의 국내법 등에 입각하여 전시금제품으로서 선언함으로써 비로소 전시금제품이 되었다.

1909년 런던선언은[34] 모든 물품을 전시금제품과 자유품으로 나누고, 전시금제품은 절대적 금제품과 상대적 금제품으로 나누고 있다. 전자는 전적으로 전쟁의 용도에 제공되는 물자를 말하고, 후자는 전쟁 용도로도 평화 용도로도 사용되는 물자를 말한다.

---

[34] 1909년 런던선언은 서명은 되었으나 비준이 되지 않아서 정식으로 발효되지 않았다. 그러나 이 런던선언은 그 당시 해전법규에 관한 학설·판례를 종합한 것으로 실정법과 다름없이 취급되고 있다.

절대적 전시금제품으로 11종을 규정하고 있으나(제22조), 이 이외에 교전당사자는 절대적 전시금제품을 추가할 수 있는 것으로 하였다(제23조).

상대적 전시금제품으로 14종을 규정하고 있으나(제24조), 이 이외에 교전당사자는 상대적 전시금제품을 추가할 수 있도록 규정하였다(제25조).

자유품(비전시금제품)은 17종을 규정하고 있다(제27조).

Ⅲ. 전시금제품의 구성 요소

전시금제품을 구성하기 위해서는 ⅰ) 군용에 제공될 수 있는 물품, ⅱ) 적성목적지(enemy destination)를 가질 것, 이 두 가지 요소를 갖추어야 한다.

1. 군용에 제공될 수 있는 물품

1909년 런던선언은 어떠한 물자를 전시금제품으로 인정할 것인가에 관하여 처음으로 일반적 규정을 두었다. 런던선언은 전시금제품과 자유품(17종)으로 구분하고, 전시금제품은 절대적 금제품(11종)과 상대적 금제품(14종)으로 구분하여 규정하고 있다.

(1) 절대적 전시금제품
 1) 모든 무기(수렵용 무기 포함) 및 그 부품인 것이 명백한 것
 2) 모든 탄환·장약·탄약포 및 그 부품인 것이 명백한 것
 3) 특히 전쟁용으로 제조된 화약 및 폭발물
 4) 포가(砲架), 탄약차, 전차, 군용운반차, 야전단공기(野戰鍛工器) 및 그 부품인 것이 명백한 것
 5) 군용인 것이 명백한 피복 및 무장구(武裝具)
 6) 군용인 것이 명백한 모든 마구
 7) 전쟁에 사용할 수 있는 승용·견인용 및 하물용(荷物用)의 동물
 8) 진영구(陣營具) 및 그 부품인 것이 명백한 것
 9) 갑철판
 10) 전투용 함정 및 특히 이에 사용할 수 있음이 명백한 부분품

11) 무기·탄약의 제조를 위하여 또는 육군용·해군용의 무기 및 재료의 제조나 수리용으로 제작된 기계기구(機械器具)

(2) 상대적 전시금제품
 1) 식량
 2) 동물의 사료용에 적합한 곡류 또는 잡초
 3) 군용에 적합한 의복·피복용의 직물 및 가죽류
 4) 금·은·화폐 및 기타의 지금(地金), 화폐의 대용지폐
 5) 전쟁용에 제공될 수 있는 모든 차량 및 그 부분품
 6) 모든 선박 및 단정·부(浮)도크·도크의 부분 및 그 부분품
 7) 철도의 고정적 및 운전용 재료와 전신, 무선전신 및 전화용의 재료
 8) 비행선, 비행기, 기구(氣球) 및 그 부분품인 것이 명백한 것과 항공기에 제공되는 것으로 인정되는 부속품 및 재료
 9) 연료 및 기계 윤활용품
 10) 특히 전쟁용으로 제조된 것이 아닌 화약 및 폭발물
 11) 유자철선(有刺鐵線)과 그 가설용 또는 절단용으로 제공되는 기계 기구
 12) 체철(諦鐵) 및 체철용 재료
 13) 견인용 및 안장용으로 사용되는 물건
 14) 쌍안경, 망원경, 크로노미터(천문학상의 관측, 항해중의 경도측정 등에 사용되는 시계) 및 각종 항해용구

(3) 자유품(비전시금제품)
 1) 생면, 양모, 견, 황마, 아마와 기타 직물업용 원료와 그 직계
 2) 유제품의 원료인 견과, 곡종(穀種) 및 코프라
 3) 코쥬, 고무 수지, 고무, 칠 및 호프
 4) 생피(生皮), 각(角), 골(骨) 및 상아
 5) 천연비료 및 인조비료(농업용으로 사용할 수 있는 초산염 및 인삼염 포함)
 6) 광석
 7) 흙, 점토, 석회, 초크석(石)(대리석 포함), 연와, 판석 및 기와
 8) 자기 및 유리기

9) 종이류 및 제지재료
10) 비누, 채료(彩料, 그 제조에 사용되는 재료 포함), 양칠(洋漆)
11) 클로르석회, 소다회(灰), 가성소다, 솔트케이크, 암모니아, 유화암모니아 및 유화동(硫化銅)
12) 농사용, 채광용, 직물업용 및 인쇄용 기계
13) 귀석, 준귀석, 진주, 진주모 및 산호
14) 벽시계, 탁상시계 및 크로노미터 이외의 회중시계
15) 기호품 및 사치품
16) 각종 우모 및 강모류
17) 가구용·장식용 물건과 사무용 기구 및 그 부속품

세계 제1차대전에서는 각국의 전시금제품 품목이 현저히 확대되었으며, 자유품도 계속 금제품으로 편입되었다. 세계 제2차대전에서는 각국 공통의 현상은 금제품의 품목을 구체적으로 열거하지 않고, '육상·해상 및 공중의 무장에 직접 소용(所用)되는 모든 품목과 재료'와 같이 전시금제품을 일반적으로 규정하였다. 이로써 전시금제품의 범위가 크게 확장되었으며, 또한 절대적 금제품과 상대적 금제품의 구별도 의미가 없어지게 되었다. 따라서 런던선언 이후 세계 제1차·제2차대전의 시기에 모든 물품이 사실상 전시금제품으로 인정되었다.35) 따라서 세계 제1차대전과 제2차대전을 거치면서 1909년 런던선언상의 전시금제품과 자유품의 구별은 그대로 인정하기가 곤란하게 되었다.

2. 적성목적지(enemy destination)

전시금제품은 전쟁에 사용되는 물품이고, 또한 적성(敵性)을 가지는 것이어야 한다. 적성을 가진다 함은 물품의 수송 목적지가 적국의 영역(이하 점령지 포함)이어야 한다.

---

35) 1916년 4월 영국정부는 "현 전쟁의 특수상황으로 보아 2가지 종류의 전시금제품의 구분은 실제적인 목적상 의미를 상실한 것으로 인정한다"고 하여 적국이 모든 물품을 사실상 전시금제품으로 취급하고 있는 한 영국도 그와 같이 취급하겠다고 선언한 바 있다. Green H. Hackworth, Digest of International Law, Vol. 7(Washington, D.C. : U.S. Government Printing Office, 1944), pp. 15-16; 김명기, 전게서, p. 1473; 이한기, 전게서, p. 781.

(1) 화물의 적성을 결정하는 표준

1) 선박의 목적항(目的港)을 표준으로 하는 방법

선박의 목적항이 적국(敵國)에 있는 항구를 선박의 최종목적항 또는 중간기항지(中間寄港地)로 하는 경우에는 적성목적지를 갖는 것으로 인정되어 화물은 전시금제품이 된다. 이 방법에 따르면 물품의 목적지가 적국인 경우에도 선박의 목적항이 적국항(敵國港)이 아닌 중립항(中立港)에만 기항할 때에는 금제품이 되지 않는다. 이것은 세계 제1차대전 시 영국이 채택하였다.

2) 화물의 목적지를 표준으로 하는 방법

화물의 목적지가 적국의 지배하에 있는 때에는 기항지 여하를 불문하고 전시금제품이 된다. 그러나 목적지가 중립국일 때에는 적국항에 기항할 때에도 금제품이 되지 않는다. 이것은 프랑스가 채택하였다.

3) 선박의 목적항 및 화물의 목적지가 모두 적국인 경우

선박의 목적항 및 화물의 목적지가 모두 적국일 때에만 그 화물은 금제품이 된다. 이것은 영국이 세계 제1차대전 시 상대적 금제품에 대하여 채택하였다. 이것은 중립국에 유리하다.

4) 선박의 목적항 또는 화물의 목적지가 적국인 경우

선박의 목적항 또는 물품의 목적지 중 어느 하나가 적국일 경우에는 그 물품은 전시금제품이 된다. 미국의 남북전쟁 당시 북군이 채택하였다. 이것은 교전당사자에게 유리하다.

5) 1909년 런던선언

절대적 금제품은 선박의 목적항 또는 화물의 목적지 중 어느 하나가 적국일 경우에 인정하였다(제35조). 상대적 금제품은 선박의 목적항 및 화물의 목적지 모두 적국일 경우에 인정하였다(제30조, 제37조).

(2) 연속항해주의 (連續航海主義)

 화물이 적성목적지에 직접적으로 수송되는 경우에만 전시금제품으로 인정되는 것은 아니다. 현재 수송하고 있는 선박에 의해 중립항(中立港)에 일단 수송되었다가 다시 동일한 선박 또는 다른 선박 혹은 육로로 적에게 수송될 때 전후의 항해 또는 육로수송을 동일한 1개의 항해로 인정하는 것을 연속항해주의라고 한다. 이 주의는 미국의 남북전쟁 중 북군에 의해 최초로 주장되었다.

 연속항해주의에 관해서는 영·미의 학자는 인정하나 대륙의 학자는 이를 부정하는 것이 일반적이다.

 1909년 런던선언은 절대적 금제품에 대하여는 이를 인정하고(제35조), 상대적 금제품에 대하여는 이를 부정하고 있다. 그러나 상대적 금제품이라도 해안이 없는 적국(敵國)인 경우에는 예외적으로 인정하였다(제36조).

 세계 제1차대전시에도 연속항해주의가 인정되었으며 상대적 금제품에도 적용하는 경향이 생기고, 세계 제2차대전시에는 이 경향이 한층 강화되었다.[36]

제2장 육전법규(陸戰法規)

제1절 교전자(交戰者)

I. 「1907년 헤이그 육전규칙」상 교전자

1. 교전자의 의의

 교전자(belligerents)라는 용어는 전쟁의 주체로서 국가 또는 교전단체, 즉 교전당사자를 지칭하는 경우와 교전당사자의 병력, 즉 교전자격자를 의미하는 경우가 있다. 「1907년 헤이그 육전규칙」(이하 '헤이그 육전규칙' 또는 '육전규칙'이라 한다) 제1장의 교전자는 후자를, 동 규칙 제29조 및 제32조의 교전자

---

36) 김명기, 전게서, pp. 1473-1475.

는 전자를 가리킨다. 그러나 일반적으로 전쟁법규상 교전자라 할 때에는 후자(교전자격자)를 의미한다.

교전자가 아닌 자는 이를 비교전자 또는 평화적 인민이라 부르며, 헤이그 육전규칙상 교전자만이 적의 교전자에 대해서만 적대행위(敵對行爲)를 할 수 있는 것이 원칙이다. 즉, 교전자만이 무력에 의한 해적행위를 할 수 있는 주체인 동시에 객체이다.

2. 교전자의 구분

헤이그 육전규칙상 교전자는 정규군(regular armies)과 비정규군(irregular armies)으로 구분된다.

정규군은 다시 전투원(combatant)과 비전투원(noncombatant)으로 구별된다. 비정규군은 민병(militia), 의용병(volunteer corps), 군민병(levée en masse) 등을 지칭하는 용어이다.

(1) 정규군(正規軍)

1) 정규군의 의의

정규군이란 교전자의 중요 부분으로 국가가 정식으로 임명한 지휘자 밑에서 일정한 조직을 갖고 통상 제복을 착용한 상비군(常備軍)을 말한다. 어떤 종류의 병력이 정규군을 구성하느냐는 국내법이 배타적으로 결정하고[37] 국제법은 이에 관여하지 않는다. 군인의 국적이나 인종은 국제법상 정규군의 자격에 관계가 없다.[38]

2) 정규군의 구분

정규군은 전투원과 비전투원으로 구분된다(육전규칙 제3조). 육전규칙에서는 전투원과 비전투원에 대한 정의를 내리고 있지는 않다. 그러나 일반적으로 전투원이란 직접적으로 해적행위에 종사하는 것을 임무로 하는 군인을, 그리고

---

[37] 사관생도는 정규군의 병력에 속하지 않는 것이 일반적이다.
[38] 세계 제1차대전 중 프랑스가 흑인부대를 사용한 데 대하여 독일이 항의한 바 있다. 그러나 프랑스는 계속해서 Africa 부대를 사용했고, 영국은 Indian 부대를, 미국은 Negro 부대를 아무 항의 없이 사용했다. 김명기 외, 전게서, p. 390.

비전투원이란 의무, 종교, 법무 등의 임무에 종사하는 특수병과요원을 말한다.

전투원과 비전투원의 구분은 정규군 내에서의 직무분담에 의한 것이며, 양자는 모두 정규군이다. 여군도 정규군이며 직무에 따라서 전투원과 비전투원으로 구분된다.

(2) 비정규군(非正規軍)

1) 비정규군의 의의

비정규군이란 정규군이 아닌 자로서 전시에 임시로 군에 종사하는 비상비군을 말한다. 비정규군도 일정한 자격요건을 구비할 경우 정규군과 마찬가지로 교전자격자이다.

2) 비정규군의 구분

헤이그 육전규칙에 의하면 비정규군에는 소속된 교전당사국에 의해 인가된 병력(민병 및 의용병)과 인가되지 않은 병력(군민병)이 있으며, 비정규군은 소속된 교전당사국의 인가 여부와 관계없이 일정한 조건하에서 모두가 교전자격자로 인정되고 있다(육전규칙 제1조).

a) 민병(民兵)·의용병(義勇兵)

민병은 평시에 수시로 훈련을 받고 전시에 정부로부터 소집되어 조직되는 병력이다. 우리나라의 향토예비군이 민병의 부류에 속한다고 할 수 있다.

의용병(義勇兵)은 전시에 국가를 위기에서 구하고자 자발적으로 지원한 자에 대해서 국가가 인가함으로써 조직되는 병력이다. 헤이그 육전규칙에 의하면 민병과 의용병은 정규군에 편입시킬 수 있다(육전규칙 제1조).

b) 군민병(郡民兵)

군민병은 점령되지 아니한 지역의 주민으로서 적이 접근해 올 때 민병 또는 의용병을 조직하여 교전자로서의 요건을 구비할 시간적 여유가 없어서 자발적으로 무기를 들고 적군에 대항하는 조직화되지 못한 주민의 집단이다(육전규칙 제2조).

군민병은 국가에 의해 인가된 병력이 아니고, 정규군에 편입될 수 없다는 점에서 민병 및 의용병과 구별되며, 그 활동공간이 미점령지역이며 조직화되지 못한(비조직적) 병력이라는 점에서 후술하는 '조직적인 저항운동단체의 구성원'과도 구별된다.

군민병에게 일정한 조건하에 교전자격을 인정하는 것은 조국애와 향토애에 불타 적의 공격에 저항하는 것은 국제법이 방해할 필요가 없으며, 또한 이들이 적에게 체포되었을 때 포로로서 대우를 받고 전쟁범죄자로서 처벌되지 않도록 하려는 인도주의적 고려에 기인한 것이다.

3. 교전자의 교전자격요건(交戰資格要件)

(1) 의의

해적행위(害敵行爲)를 할 수 있는 자(주체)는 교전자에 한하며, 교전자 이외의 평화적 인민은 해적행위를 할 수 없다. 만약 평화적 인민(비교전자)이 해적행위를 하였을 경우에는 전쟁범죄인으로서 처벌의 대상이 된다. 헤이그 육전규칙에서 교전자의 범위는 정규군, 민병, 의용군, 비조직적 군민병이다.

교전자격요건이란 교전자로서 인정받을 수 있는 전쟁법상의 요건들을 말한다.

(2) 정규군의 교전자격요건

정규군의 교전자격요건은 제복의 착용을 통하여 평화적 인민과의 구별이 명확하기 때문에 문제될 것이 없다. 정규군의 경우에는 전쟁법(전쟁에 관한 국제조약과 관습국제법)에 따라 작전수행을 하면 된다. 물론 정규군도 전쟁법을 준수하지 않고 위반할 경우에는 전쟁범죄인으로 처벌의 대상이 된다.

(3) 비정규군의 교전자격요건

비정규군의 경우에는 교전자격요건을 갖춘 자만이 해적행위를 할 수 있으며 전쟁범죄인으로서 처벌의 대상이 되지 않고 포로의 대우를 받을 수 있다. 교전자격요건이 특히 문제되는 것은 비정규군의 경우이다.

1) 민병 및 의용병

헤이그 육전규칙은 민병 및 의용병에 대하여 다음과 같은 조건을 구비한 경우에는 교전자격을 인정하고 있다.[39]

첫째, 부하의 행위에 대하여 책임을 지는 자에 의하여 지휘될 것
둘째, 멀리서 식별할 수 있는 특수한 휘장을 부착할 것
셋째, 공공연(公公然)하게 무기를 휴대할 것
넷째, 작전수행에 있어서 전쟁의 법 및 관습을 준수할 것

2) 비조직적 군민병

헤이그 육전규칙은 비조직적 군민병에 대하여는 민병 및 의용병에 관한 위의 네 가지 요건 중에서 셋째 및 넷째의 요건을 구비할 경우에는 교전자격을 인정하고 있다. 즉, 1) 공공연하게 무기를 휴대할 것, 2) 작전수행에 있어서 전쟁의 법 및 관습을 준수할 것을 요구하고 있다.[40]

II. 「1949년 제네바 제3협약」상의 교전자

1. 교전자의 구분

1949년의 제네바 제3협약에서 교전자의 범위는 정규군, 민병, 의용병, 조직적인 저항운동단체의 구성원이다. 헤이그 육전규칙에서 규정되었던 비조직적 군민병은 그 활동공간이 미점령지역으로 제한되었다. 그러나 군민병의 활동범위를 포함하여 점령지역의 내외를 불문한 전지역을 활동공간으로 한 '조직적인 저항운동단체의 구성원'이 교전자의 범위에 포함되었다.

(1) 교전자 중 정규군, 민병, 의용병의 개념은 위의 헤이그 유전규칙상의 정의와 같다.

(2) 조직적인 저항운동단체의 구성원

'조직적인 저항운동단체의 구성원'(members of organized resistance

---

[39] 헤이그 육전규칙 제1조.
[40] 헤이그 육전규칙 제2조.

movements)은 1949년 제네바 제3협약에서 사용된 용어로서 전쟁법상 교전자로서의 지위가 인정되었다. '조직적인 저항운동단체의 구성원'의 개념은 게릴라와 유사한 개념이라 할 수 있다. 그러나 동 협약에서는 게릴라라는 표현이나 이에 대한 정의가 명시되어 있지는 않다. 그러나 일반적으로 게릴라라는 개념은 첫째, 게릴라는 정규군이 아니라 비정규군으로 구성된다. 둘째, 게릴라는 전선(戰線)을 넘어서 이미 적이 점령한 지역에서 활동하는 소규모 집단의 구성원이다. 셋째, 게릴라는 정규군과 같은 제복을 착용하지 않는다.

2. 교전자의 교전자격요건

1949년 제네바 제3협약 제4조는 민병, 의용병 또는 조직적인 저항운동단체의 구성원이 헤이그 육전규칙 제1조에 규정된 것과 동일한 4개의 자격요건을 갖추면 교전자격을 인정하고 있다.

첫째, 부하의 행위에 대하여 책임을 지는 자에 의하여 지휘될 것
둘째, 멀리서 인식할 있는 고정된 식별표지를 할 것
셋째, 공공연(公公然)하게 무기를 휴대할 것
넷째, 전쟁에 관한 법규 및 관행에 따라 그들의 작전을 행할 것

Ⅲ. 「1977년 제1추가의정서」상의 교전자

1907년 헤이그 전쟁규칙, 1949년 제네바 제협약 등은 1950년대 이후 발발한 전쟁, 특히 한국전, 베트남전, 중동전 등에서의 새로운 전쟁양상을 경험하면서 재검토의 필요성이 제기되었다. 이에 따라서 ICRC(국제적십자위원회)의 주관하에 1974년부터 1977년까지 스위스 제네바에서 개최되었던 「무력충돌에 적용되는 국제인도법의 재확인 및 발전에 관한 외교회의」에서 기존의 1949년 제네바 제협약을 보완·수정한 「1949년 제네바 제협약에 대한 제1추가의정서와 제2추가의정서」를 채택하였다.

교전자와 교전자의 교전자격요건에 관해서 규정하고 있는 「1907년 헤이그 육전규칙」과 「1949년 제네바 제3협약」과 비교해 볼 때, 「1977년의 추가의정서」에서는 이에 관하여 직접적으로 개념 정의를 규정하지 않고 있다. 따라서

교전자와 그의 교전자격요건에 관해서는 종전과 실질적으로 크게 달라진 것은 없다고 볼 수 있다.

그러나 1977년 제1추가의정서는 교전자와 관련된 내용으로서 3가지 사항을 규정하고 있는 데, 첫째는 처음으로 군대에 대한 정의를 내렸다. 둘째는 게릴라의 교전자격을 명문으로 인정하였다. 셋째는 용병(傭兵)사용을 금지하였다.

1. 군대(軍隊)의 정의

1977년 제1추가의정서에 의하면 충돌당사국이 적대국에 의하여 승인된 당사국인지 여부와는 상관없이, 충돌당사국의 군대(armed forces)는 자기 부하의 행위에 대하여 책임을 지는 지휘관의 지휘하에 있는 조직된 병력, 단체 그리고 부대로써 구성된다. 이러한 군대는 특히 무력충돌시에 적용되는 국제법(전쟁법)의 내용과 배치되지 아니하게 설정된 내부적인 규율체계에 복종하여야 한다.[41]

이와 같은 충돌당사국의 군대 구성원은 전투원이며, 직접 적대행위에 가담할 권리를 갖는다.[42]

제1추가의정서상의 충돌당사국의 개념은 광의의 개념으로서 국가뿐만 아니라 최소한 국제 전쟁법규를 따르는 실체(entities)도 포함한다. 즉, 제1추가의정서 제1조 제4항에서 「민족자결권을 행사하기 위하여 식민통치, 외국의 점령 및 인종차별정권에 대항하여 투쟁하는 무력충돌을 포함한다」고 규정하여 민족자결권에 의한 민족해방운동에 참여하는 집단의 구성원도 교전자로 인정하고 있다.

제1추가의정서는 군대를 정규군과 비정규군으로 구분하지 않고 지휘관의 지휘하에 있는 조직된 병력, 단체, 부대로 구성된다고 함으로써 군대를 다양한 구성원을 포함하는 넓은 개념으로 인정하고 있다.

그리고 제1추가의정서는 이러한 군대에 대하여 다음과 같은 요건을 규정하고 있다.[43]

---

41) 제1추가의정서 제43조 제1항.
42) 제1추가의정서 제43조 제2항. 단, 의무요원과 종교요원은 제외됨(동 제43조 제2항).
43) 제1추가의정서 제43조 내지 제44조.

(1) 부하의 행동에 대하여 책임을 지는 지휘관의 지휘하에 있고, 조직화되어 있을 것
(2) 무력충돌에 적용되는 국제법 제 규칙의 존중을 보장하게 하는 내부적 규율체계에 복종할 것. 따라서 이들 교전자는 전쟁 국제법규의 제 규칙을 준수해야 한다.
(3) 교전자는 그들의 적대행위로부터 민간인 보호를 위하여 전투 또는 전투 준비 군사작전에 참가하는 동안 그들 자신을 민간인과 구별되도록 하여야 한다. 이 규정의 내용은 정규군의 경우에는 제복착용에 의하여, 비정규군의 경우에는 멀리서 인식할 수 있는 특수표지의 부착과 공공연한 무기휴대 등의 구별방법을 의미한다고 보아야 할 것이다.

이러한 구별을 하지 않을 경우에는 교전자로서 간주되지 않으며, 적국의 권력내에 들어갈 경우 포로자격을 상실한다.

2. 게릴라의 교전자격

헤이그 육전규칙이나 1949년 제네바 제협약에서는 게릴라 또는 게릴라전에 관해서 명시적으로 규정하고 있지 않았다. 단지 1949년 제네바 제3협약에서 게릴라와 그 개념이 유사한 '조직적인 저항운동단체의 구성원'에 대해서 규정하고 있다.

1977년 제1추가의정서는 명시적으로 게릴라(guerilla fighters)에게 교전자격을 부여하고 그 자격요건을 규정하고 있다.

일반적으로 게릴라전의 개념요소는 다음과 같은 요소를 포함하고 있다.
첫째, 게릴라전은 정규군에 의하여 행하여지는 것이 아니라 비정규군인 민간인에 의하여 수행된다.
둘째, 게릴라는 전선(戰線)을 넘어서 이미 적이 점령한 지역에서 활동하는 소규모 집단의 구성원이다.
셋째, 게릴라는 정규군과 같은 제복을 착용하지 않는다. 따라서 정규군이 제복을 착용하고 게릴라전술을 적용하여 적진에 깊숙이 잠입하여 전투지휘소, 군수물자 생산시설, 발전소, 철로, 교량, 보급시설 등을 파

괴하는 경우 이들은 게릴라의 개념에서 제외되며, 이들은 작전을 수행하는 정규군이다.

넷째, 게릴라전은 그 전투방법이 특이하므로 게릴라는 외관상 일반주민과 구별하기가 어렵다. 멀리서 인식할 수 있는 고착된 특수표지도 부착하지 아니한다. 또한 공공연하게 무기를 휴대하는 것도 사실상 어렵다는 특수성이 있다.

그러므로 게릴라에게는 헤이그 육전규칙이나 제네바 제3협약상의 4가지 교전자격요건을 모두 갖추는 것은 기대할 수가 없었고, 따라서 종래의 교전자로 인정될 수 없었다.

그러나 세계 제2차대전 후에 민족해방전쟁의 지위를 국제적 무력충돌로 격상하는 문제가 제기되면서 게릴라에 대한 교전자격의 인정문제가 대두되었다.

이 문제를 제기한 것은 세계 제2차대전 후에 성립한 아시아, 아프리카의 대다수 식민지 독립 국가들과 이들을 지원하는 국가들이었다. 이들 국가는 열악한 군사력 때문에 그들보다 월등한 무기체계를 갖춘 기성 국가와의 전쟁은 게릴라전만이 유일한 전투방법이라는 것이다.

게릴라에게 교전자격을 인정하되, 그 교전자격요건을 어떻게 정할 것인가에 관하여 열악한 식민지 독립국가와 월등한 기성 국가들 간에 의견대립이 있었으나 결국 이 문제는 다음과 같은 요건으로 게릴라에게 교전자격을 인정하는 것으로 결정되었다.

즉, 1977년 제1추가의정서는 「전투원은 그들의 적대행위의 영향으로부터 민간주민의 보호를 제고하기 위하여 공격 또는 공격준비 군사작전에 참가하는 동안 그들 자신을 민간주민과 구별되도록 하여야 한다. 그러나 무장전투원이 적대행위의 성격으로 인하여 자신을 그와 같이 구별되도록 할 수 없는 무력충돌상황이 존재함을 감안하여 무장전투원은 그러한 상황하에서 아래의 기간 중 공연히 무기를 휴대한 경우에 한하여 전투원으로서의 지위를 보장한다.」

(1) 매회(每回)의 군사교전기간 중

(2) 자신이 참가하는 공격의 개시에 선행하는 군사적 작전에 가담하면서 적에게 노출되는 기간 중(제1추가의정서 제44조 제3항).

3. 용병(傭兵)의 금지

1977년 제1추가의정서는 「용병(mercenaries)은 전투원 또는 전쟁포로가 될 권리를 갖지 아니 한다」고 규정하면서, 다음과 같은 요건을 갖춘 자를 용병이라고 말하고 있다(제47조 제2항).

(1) 무력충돌에서 전투하기 위하여 국내외에서 특별히 모집된 자
(2) 실제로 적대행위에 직접 참가하는 자
(3) 근본적으로 사적 이익을 얻을 목적으로 적대행위에 참가한 자 및 충돌당사국에 의하여 또는 충돌당사국을 위하여 그 당사국 군대의 유사한 지위 및 기능의 전투원에게 약속되거나 지급된 것을 실질적으로 초과하는 물질적 보상을 약속받은 자
(4) 충돌당사국의 국민이 아니거나 충돌당사국에 의하여 통치되는 영토의 주민이 아닌 자
(5) 충돌당사국의 군대의 구성원이 아닌 자
(6) 충돌당사국이 아닌 국가의 군대구성원으로서 이 국가에 의하여 공적인 임무를 띠고 파견되지 아니한 자

이 제47조 제2항의 규정은 누적적인(accumulative) 조항이기 때문에 한 가지 요건이라도 충족하지 못하면 용병으로 볼 수 없다.

보수를 받고 외국으로부터 초빙된 군사고문(military advisors)은 여기에서 말하는 용병에 해당하지 않는다. 왜냐하면, 군사고문은 직접 전투행위에 참가하지 않기 때문이다. 그러나 군사고문이 일반적인 군사조언 또는 훈련이 아닌 특정무력분쟁에 있어서 전투지휘 등 적대행위에 직접적으로 참가하는 경우는 용병의 범위에 포함된다고 볼 수 있다.

또한 외국인이 고용된 경우에도 충돌당사국의 군대구성원으로 편입된 경우에는 상기 용병에 해당하지 않는다.[44]

---

44) 정운장, 국제인도법, 영남대학교 출판부, 1994, pp. 261-264.

제2절 전투수단과 전투방법의 규제

전쟁을 수행하는 데 있어서 승전의 목적달성을 위해서 필요한 것이라면 어떠한 전투수단(means of warfare)과 전투방법(methods of warfare)을 사용하여도 괜찮은 것은 아니며 전쟁법상 규제를 받는다.

제1항 전투수단의 규제

Ⅰ. 전투수단에 관한 법적 규제의 역사

전투수단(戰鬪手段)이란 적에게 가하기 위한 폭력의 수단을 말하며, 구체적으로는 다양한 각종 전쟁무기를 말한다.

필승을 쟁취하기 위해서 필요한 것이라면 어떠한 전투수단을 사용하여도 괜찮은 것은 아니다.

여러 전쟁법규들은 지속적인 무기의 발달에 대응하여 인도주의적 차원에서 전투행위시 사용을 금지하거나 제한하는 전쟁무기를 규정하고 있다.

전투수단을 규제하고 있는 중요한 조약을 살펴보면 다음과 같다.

1. 1868년 성 페테스부르크(St. Petersburg) 선언

전쟁무기의 규제에 관한 국제조약의 체결은 「1868년 성 페테스부르크 선언」으로부터 시작되었다. 이 선언에서는 무게 400g 이하의 소총탄환으로서 폭발성 또는 소이성(燒夷性) 물질을 충전한 것의 사용을 금지하였다. 소총탄은 사람을 살상하는 효과밖에 없으므로 폭발성 또는 소이성이 없는 보통의 소총탄으로 충분히 목적을 달성할 수 있기 때문이다.

2. 1899년 담담탄 사용금지에 관한 헤이그 선언

이 선언에서는 담담(Dum-Dum)탄의 사용을 금지하였다. 담담탄은 영국이 인도의 Calcutta 근교에 있는 Dum Dum의 병기공창에서 제조한 탄환인 데, 인체에 명중되면 편평(扁平)하게 전개되어 불필요한 고통을 주는 탄환이다. 특히 군사상 효과가 있는 것도 아니므로 그 사용이 금지되었다.

3. 1899년 육전의 법 및 관습에 관한 헤이그 협약45)

1899년 헤이그에서 체결된 「육전의 법 및 관습에 관한 협약」은 해적수단의 선택에 있어서 교전자의 무제한적인 권리를 부인하는 전쟁법의 기본원칙을 확인하고, 더불어 독무기 등 불필요한 고통을 주는 무기의 사용을 금지하였다.

1899년의 헤이그 협약(부속규칙 포함)은 1907년 개정되었으나 부속규칙인 「육전의 법 및 관습에 관한 규칙」은 양자 사이에 내용상 차이는 별로 없다.

4. 1925년 제네바 의정서

이 제네바 의정서에서는 독가스 및 생물학무기의 사용을 금지하였다.

5. 1949년 제네바 제협약

1949년 전쟁희생자 보호를 위한 제네바 제협약(4개 협약)에서는 해적수단에 관한 사항은 규정하지 않았다.

6. 1907년 헤이그 육전규칙46)과 1977년 제1추가의정서47)

---

45) 1986년 2월 네덜란드 정부는 대한제국이 가입한 6건의 다자조약에 관하여 그 조약의 효력을 계속 유지할 것인가에 대한 공한(公翰)을 대한민국 정부에 통보해 왔다. 이에 대하여 1986년 8월 대한민국 정부는 6건의 조약 중 이미 다른 조약으로 대체되었거나 실효되었다고 판단되는 3건을 제외한 나머지 3건의 조약은 대한민국에 대해서도 계속 효력이 있다고 선언함과 동시에, 이에 새로운 조약 번호를 부여하고 관보에 공포했다. 그 3건의 대상 조약은 (1) 1899년 「육전의 법 및 관습에 관한 협약」(1899. 7. 29. 헤이그에서 채택, 1903. 3. 17. 대한제국 가입), (2) 「1864년 8월 12일자 제네바협약의 제원칙을 해전에 적용하기 위한 협약」(1899. 7. 29. 헤이그에서 채택, 1903. 2. 7. 대한제국 가입), (3) 1904년 「전시 병원선에 대한 국가 이익을 위하여 부과되는 각종의 부과금 및 조세의 지불면제에 관한 협약」(1904. 12. 21. 헤이그에서 채택, 1904년 대한제국 서명, 1907. 3. 26. 대한제국 비준서 기탁), 정인섭, 신국제법강의, 박영사, 2022, p. 636 참조.
  1905년 11월 17일 일본이 대한제국의 외교권을 박탈하기 위해 강제로 체결한 조약인 을사늑약을 체결하기 전이기 때문에 대한제국이 자주적으로 국제조약에 가입할 수 있었다.
46) 1907년 육전의 법 및 관습에 관한 협약 제4조는 『본 협약이 정식으로 비준된 후 체약국 간의 관계에 있어서는 1899년 7월 29일의 육전의 법 및 관습에 관한 협약을 가름

1907년 헤이그 육전규칙 제22조는 「교전자는 해적수단의 선택에 있어서 무제한의 권리를 갖는 것이 아니다」라고 선언하고, 「불필요한 고통을 주는 무기, 투사물, 기타의 물질을 사용하는 것은 금지된다」[48]고 명시하고 있다.

1907년 헤이그 육전규칙과 1977년 제1추가의정서에서 규정하고 있는 전투수단의 사용에 관한 3개의 기본원칙을 살펴보면 다음과 같다.

첫째, 어떠한 무력충돌에 있어서도 전투수단을 선택할 충돌당사국의 권리는 무제한한 것이 아니다(헤이그 육전규칙 제22조, 제1추가의정서 35조 제1항).

둘째, 과다한 상해 또는 불필요한 고통을 야기하는 성질의 무기, 발사물 및 물자 등을 사용하는 것을 금지한다(헤이그 육전규칙 제23조 제5항, 제1추가의정서 제35조 제2항).

셋째, 자연환경에 대하여 '광범위하고 지속적이며 심각한 피해'를 야기할 의도를 가지거나 또는 그러한 것이 예측될 수 있는 전투수단의 사용은 금지된다(제1추가의정서 제35조 제3항). 이 셋째 원칙은 제1추가의정서에서 새로이 규정된 기본원칙이다.

뿐만 아니라 1977년 제1추가의정서 제36조는 모든 조약당사자에게 「새로운 무기, 전투수단 또는 전투방법을 연구·개발·획득 또는 채택함에 있어서 그러한 것들의 사용이… 이 의정서에 의하여 또는 조약당사자에게 적용되는 여타의 국제법 규칙에 의하여 금지되는 것인지의 여부를 결정하여야 할 의무를 진다」고 규정하고 있다.

하는 것으로 한다. 1899년의 조약에 가입을 하였으나 본 협약(1907년 협약을 말함)을 비준하지 아니한 제 국가 간의 관계에 있어서는 1899년의 조약은 여전히 효력을 가진다」고 규정하고 있다.

그러므로 대한제국은 일본과 1905년 을사늑약을 체결한 후에 1907년 육전의 법 및 관습에 관한 협약이 헤이그에서 체결되었으므로 이 조약에 가입할 수 없었으나, 대한제국이 1899년 헤이그 협약에 가입(1903. 3. 17.)하고, 대한민국이 이 협약을 승계하였으므로 이 협약의 효력은 그대로 존속되고 있다.

47) 우리나라는 1977년 제1추가의정서에 1982. 7. 15. 서명 및 발효하였다.
48) 1907년 헤이그 육전규칙 제23조 제5항.

7. 1980년 특정 재래식 무기 사용의 금지 또는 제한에 관한 협약

국제인도법(國際人道法) 외교회의(1974-77년)에서는 '특정' 재래식 무기의 사용에 대한 규제의 필요성이 제기되었다. 재래식 무기라 함은 대량 살상무기인 핵무기와 생물·화학무기 등을 제외한 종래부터 일반적으로 사용해 왔던 무기를 말한다.

재래식 무기 중에서도 '특정' 재래식 무기라 함은 일반적 재래식 무기보다 그 성질상 특히 불필요한 고통이나 과다한 상해 또는 무차별적 살상효과를 가져오는 유형의 무기를 말한다. 국제인도법 외교회의에서는 규제대상을 특정 재래식 무기에만 한정하고 핵무기 등 대량살상무기의 규제는 제외하였다.

1979년 9월 제1차 'UN 특정 재래식무기 사용규제회의'가 개최되었고, 이어서 1980년 9월-10월에 제2차 회의가 제네바에서 개최되었다. 이 제2차 회의에서 「과도한 상해 또는 무차별적 효과를 초래할 수 있는 특정 재래식 무기의 사용금지 또는 제한에 관한 협약」(Convention on the Prohibitions or Restrictions on the Use of Certain Conventional Weapons Which May Be Deemed to Be Excessively Injurious or to Have Indiscriminate Effects)(약칭 「특정 재래식 무기사용 규제협약」) 및 제1, 2, 3부속의정서가 채택되었다(1980. 10. 10일 서명, 1983년 12. 2일 발효). 제4부속의정서는 1995년 개최된 「특정 재래식 무기사용 규제협약」에 대한 제1차 검토회의에서 추가 채택되었다.[49]

이 「특정 재래식 무기사용 규제협약」에서 규정하고 있는 내용은 다음과 같다.

II. 특정 재래식 무기사용 규제협약

1948년 UN의 재래식 군축위원회가 안보리에 제출한 결의문에 의하면, 재래식 무기란 '원자무기 및 대량파괴무기를 제외한 모든 무기'를 말한다고 하고 있다.

그리고 1985년 UN의 전문가그룹은 핵무기·화학무기·생물학무기·방사선

---

49) 정운장, 상게서, pp. 83-86.

무기, 환경무기, 그리고 여타의 대량파괴무기를 제외한 모든 무기를 일반적으로 지칭하여 재래식 무기라 정의하고 있다.

따라서 레이저유도무기(laser-guided weapon), 미립자광선무기(particle beam weapon), 지향성에너지무기directed energy weapon) 등의 신무기는 재래식 무기로 간주되고 있다.50)

1980년의 「과도한 상해 또는 무차별적 효과를 초래할 수 있는 특정 재래식 무기의 사용금지 및 제한에 관한 협약」(약칭 「특정 재래식 무기사용 규제협약」)의 특색은 규제대상인 특정 재래식 무기의 종류와 그 규제내용을 직접 동 협약의 본문(총 11개 조문으로 구성)에서 명시하지 아니하고 일반적인 규정(총칙에 해당하는 규정)만을 담고 있으며, 실체적 내용들은 각기 분리된 4개의 부속의정서에서 규정하고 있다.

1. 「특정 재래식 무기사용 규제협약」 본문의 주요 내용

1980년의 「특정 재래식 무기사용 규제협약」의 본문과 부속의정서의 적용범위에 관해서 본문 제1조에서 규정하고 있는 내용은 다음과 같다. 즉, 「본 협약 및 부속의정서는 전쟁희생자 보호를 위한 1949년 8월 12일자 제네바 제협약의 공통 제2조에서 언급하고 있는 상황과 동 제네바 제협약의 제1추가의정서 제1조 제4항에서 기술하고 있는 모든 상황에 적용 된다」고 규정하고 있다.

제네바 제협약의 공통 제2조에서 언급하고 있는 상황이란 제네바 제협약 체약국 간에 발생하는 모든 무력충돌을 말한다.

제네바 제협약의 제1추가의정서 제1조 제4항에서 기술하고 있는 상황이란 민족자결권을 행사하기 위하여 식민통치, 외국의 점령 및 인종차별정권에 대항하여 투쟁하는 무력충돌을 말한다.

충돌당사국의 일방이 본 협약 및 부속의정서의 체약국이 아닌 경우에도(구속을 받지 아니하는 경우에도), 비체약국 충돌당사자를 제외한 체약국 충돌당사자 상호간의 관계에 있어서는 여전히 본 협약 및 부속의정서에 의한 구속을 받는다(본문 제7조 제1항, 총가입조항의 적용 배제).

---

50) 이상철 외, 전게서, p. 764.

그러나 충돌당사국의 일방이 본 협약 및 부속의정서의 체약당사국이고, 타방의 충돌당사국이 비체약국인 경우에 비체약국이 본 협약 및 관계 부속의정서를 수락·적용하고 이를 본 협약의 수탁자(여기서는 유엔사무총장을 말함)에게 통고할 때에는, 쌍방의 충돌당사국은 수락된 범위 내에서 본 협약 및 부속의정서에 기속된다(본문 제7조 제2항).

위의 통고를 받은 수탁자(유엔사무총장)는 모든 통고내용을 즉시 관련 체약당사국들에게 통보한다.

또한 본 협약은 「본 협약 체약당사국들은 무력 충돌의 경우뿐만 아니라 평시에 있어서도 본 협약과 자국이 기속되는 부속의정서를 가능한 한 광범위하게 자국 내에 보급하며, 특히 이러한 문서들이 자국 군대에 주지될 수 있도록 자국의 군사교육프로그램에 이에 관한 과목을 포함시킬 의무가 있다」고 규정하고 있다(본문 제6조).

2. 제1부속의정서(탐지 불능한 파편성 무기의 사용 금지)

제1부속의정서는 1개 문장으로 구성되어 있다. 그 내용은 「무기의 주 효과가 인체 내 X선에 의한 탐지불능 파편에 의하여 사람을 상해하는 것인 경우에는 이의 사용은 금지된다」고 규정하고 있다.

탐지불능 파편성 무기는 통상 탄약이 폭발하면서 고속으로 또한 강한 충격력으로 사방으로 쇄편(碎片)으로 흩어지는데, 대인지뢰가 그 대표적인 예이다.

인체 내에 들어간 탐지 불능성 쇄편의 사용은 X-ray에 의해서도 파편의 탐지가 불가능함으로써 치료를 곤란하게 할 뿐만 아니라, 그 군사적 효과가 작은 데 비하여 부상자에게 불필요한 고통만을 야기하며, 때로는 우라늄이나 아연과 같은 독성물질이 첨가된 파편이 사용되기도 한다.

이와 같이 쇄편파편의 탐지불가 때문에 이것을 제거하지 못함으로써 부상자를 효과적으로 치료할 수 없게 되는 것을 방지하기 위한 목적에서 제1부속의정서가 채택되었다.

그러나 파편성 무기도 그 파편이 X-ray에 의해서 탐지가 가능한 것은 금지된 무기가 아니다.

3. 제2부속의정서(지뢰, 부비트랩 및 기타 장치의 사용 금지 또는 제한)

1980년 채택된 「특정 재래식 무기사용 규제협약」 제2부속의정서(8개 조문으로 구성)는 1996년 5월 3일 개정되었다(14개 조문으로 구성, 우리나라 발효일 1998. 12. 3).

1980년의 제2부속의정서에 비해 1996년에 개정·보완된 주요 내용은 다음과 같다.

첫째, 전자감응장치에 의하여 폭발되도록 고안된 모든 지뢰는 형태 여하를 불문하고 그 사용을 금지한다.

둘째, 영구적 대인지뢰는, 탐지할 수 있고, 민간인 보호를 위해 울타리를 쳐 표시하고, 보호표지를 설치한 지역에 부설하는 조건에서만 생산·이전 및 사용할 수 있다.

셋째, 비영구적 대인지뢰(일명 스마트 지뢰)는 탐지 가능하고, 울타리를 쳐 표시하고, 보호표지를 설치하며, 30일 이내에 자동 폐기되며(신뢰도 90%), 자동 폐기될 수 없는 비영구적 대인지뢰는 120일 이내에 자동 불발되는(신뢰도 99.9%) 조건하에서 생산·이전 및 사용을 허가하는 등 대인지뢰에 대한 새로운 제한규정을 추가하고 있다.[51]

제2부속의정서에서 규정하고 있는 주된 규제대상은 지뢰, 원격투하 지뢰, 부비트랩 및 기타 장치이다.

이들 무기는 오래 전부터 일반적으로 사용되어 왔으며, 학자들도 이들 무기의 사용은 합법적이라는 것이 다수설이다. 따라서 제2부속의정서에도 이들 무기의 사용이 합법임을 인정하고 있다. 다만, 이들 무기의 무차별적 사용으로부터 민간인을 보호하기 위하여 특정의 사용형태를 규제하고 있다.

현재 시행되고 있는 제2부속의정서의 주요 내용은 다음과 같다.

(1) 용어의 정의

1996년에 개정된 제2부속의정서에서 규정하고 있는 용어의 정의는 다음과 같다.[52]

---

51) 이민효, 무력분쟁과 국제법, 연경문화사, 2014, p. 290.
52) 제2부속의정서 제2조.

1) "지뢰"라 함은 지표 또는 기타 표면지역의 아래·위 또는 근접지에 설치되어 사람 또는 차량의 출현·접근 또는 접촉에 의하여 폭발되도록 고안된 탄약을 말한다.
2) "원격투발지뢰"라 함은 직접 설치되는 것이 아닌, 야포·미사일·로케트·박격포 또는 이와 유사한 수단에 의하여 투발되거나, 항공기에서 투하되는 지뢰를 말한다. 다만, 사거리 500미터 이내의 지상투발수단에 의하여 투발되는 지뢰는 제2부속의정서 제5조 및 기타 관련조항에 따라 사용되는 한 "원격투발지뢰"로 간주되지 아니한다.
3) "대인지뢰"라 함은 사람의 출현·접근 또는 접촉에 의하여 폭발되어 1인 이상의 사람을 무력화하고 살상하는 것을 그 일차적 목적으로 고안된 지뢰를 말한다.
4) "부비트랩"이라 함은 사람이 외견상 무해한 물체를 건드리거나 그것에 접근할 때 또는 안전한 것으로 여겨지는 행동을 할 때, 의외로 작동하여 인명을 살상하도록 고안·제조 또는 개조된 장치나 물체를 말한다.
5) "기타 장치"라 함은 인명을 살상하거나 피해를 입히기 위하여 즉석 제조되는 폭파장치를 포함하여 수동·원격조정 또는 일정시간의 경과 후에 자동적으로 작동되며 손으로 설치하는 탄약 및 장치를 말한다.
6) "군사목표물"이라 함은 그 성질·위치·목적 또는 사용이 군사적 행동에 효과적으로 기여하며, 그 당시의 지배적인 상황 하에서 그것의 전부 또는 일부의 파괴·노획 또는 무용화가 명백한 군사적 이익을 제공하는 물건을 말한다.
7) "민간물자"라 함은 위의 6)항에서 정의하고 있는 군사목표물이 아닌 모든 물건을 말한다.
8) "지뢰지대"라 함은 지뢰가 설치된 지역을 말하고, "지뢰지역"이라 함은 지뢰의 존재로 인하여 위험한 지역을 말한다. "위장지뢰지대"라 함은 지뢰지대로 위장한, 지뢰가 없는 지역을 말한다. "지뢰지대"라는 용어에는 위장지뢰지대를 포함한다.
9) "기록"이라 함은 지뢰지대·지뢰지역·지뢰·부비트랩 및 기타 장치의 위치확인을 용이하게 하여 주는 모든 가용한 정보를 공식적인 기록물로

등록하기 위한 목적으로, 이를 취득하고자 하는 물리적·행정적 및 기술적 작업을 말한다.
10) "자동폭파장치"라 함은 탄약 내부에 장착되거나 그 외부에 부착된 탄약의 폭파를 보장하여 주는 자동작동장치를 말한다.
11) "자동중화장치"라 함은 탄약의 작동을 불가능하게 하는 탄약내부에 장착된 장치를 말한다.
12) "자동무능화"라 함은 탄약의 작동에 필수적인 부품, 예를 들면 배터리의 불가역적(不可易的)인 소진 등을 통하여 자동적으로 탄약의 작동을 불가능하게 하는 것을 말한다.
13) "원격조정"이라 함은 원거리에서의 지시에 의한 통제를 말한다.
14) "지뢰제거 방지장치"라 함은 지뢰를 보호할 의도로 만들어진 장치로서, 지뢰에 내장·연결·부착되거나 지뢰 밑에 설치되어 지뢰를 조작하려고 할 때 폭파하는 장치를 말한다.
15) "이전"이라 함은 국가의 영역 안 또는 영역 밖으로의 물리적 이동뿐만 아니라, 지뢰에 대한 소유권 및 통제권의 이전을 포함한다. 설치된 지뢰를 포함하고 있는 영토의 이양은 여기에 포함되지 아니한다.

(2) 적용범위

본 의정서는 해안·수로 또는 하천의 도섭지점을 차단하기 위하여 설치된 지뢰를 포함하여 본 의정서에서 정의하고 있는 지뢰·부비트랩 및 기타 장치의 지상사용에 적용되나, 대함지뢰의 해상 또는 내륙수로에서의 사용에 대하여는 적용되지 아니한다(제2부속의정서 제1조 제1항).

본 의정서(제2부속의정서)는 본 협약(특정 재래식 무기사용 규제협약) 본문 제1조(개정 전은 제1조, 개정 후는 제1조 제1항)에서 언급하는 상황(국제적 무력충돌)에 추가하여 1949년 8월 12일자 제네바 제협약의 공통 제3조에서 언급하는 상황(비국제적 무력충돌)에도 적용된다(본 협약 본문 제1조 제2항).

본 협약과 본 의정서는 국제적·비국제적 무력충돌이 아닌 폭동, 개개의 산발적인 폭력행위 및 이와 유사한 성질의 기타 행위와 같은 국내적인 소요 및 긴장상황에는 적용되지 아니한다(본 협약 본문 제1조 제2항).

(3) 규제대상

1) 지뢰(mines)

지뢰는 여러 종류로 개발·사용되고 있다. 그 중에서도 사람의 직접 조작에 의하여 폭발하는 것, 사람 또는 차량의 출현·접근 또는 접촉에 의하여 폭발되도록 고안된 탄약을 말한다.

2) 원격투하지뢰

원격투하지뢰라 함은 종래 '확산성 지뢰'라 불리던 것으로서, 500m 이상의 원거리로부터 투하되는 지뢰를 말하며, 야포·미사일·로케트·박격포 등에 의하여 투발되거나, 항공기에서 투하되는 지뢰를 말한다.

3) 부비트랩(booby-traps)

부비트랩이라 함은 외견상 무해(無害)로 보이는 물체인 데에도 사람이 그 물체를 건드리거나 그것에 접근할 때, 또는 안전한 것으로 여겨지는 행동을 하는 때에 의외로 갑자기 작동하여 사람을 살상하도록 고안·제조 또는 개조된 장치나 물체를 말한다.

여기에서 안전한 것으로 여겨지는 행동을 한다고 함은, 예컨대 집에 들어가기 위하여 문을 여는 행위처럼 일반적으로 누구나 행하는 행위를 말한다.

4) 기타 장치(other devices)

기타 장치라 함은 사람을 살상하기 위하여 즉석 제조되는 폭파장치를 포함하여, 수동·원격조정 또는 일정시간의 경과 후에 자동적으로 작동되는 탄약 및 장치를 말한다.

(4) 규제내용

1) 지뢰, 부비트랩 및 기타 장치에 공통적으로 적용되는 규제(제3조)

a) 각 체약당사국 또는 각 충돌당사자는 본 의정서의 규정에 의하여 자신이 사용하고 있는 모든 지뢰·부비트랩 및 기타 장치에 대하여 책임을 지며, 본 의정서 제10조에 명시된 바와 같이 이것을 제거·철

거·파괴 또는 유지할 것을 약속한다.
b) 어떠한 경우에 있어서도 과도한 상해나 불필요한 고통을 발생시키는 모든 지뢰·부비트랩 및 기타 장치의 사용은 금지된다.
c) 지뢰·부비트랩 및 기타 장치는 기술부속서에서 분야별로 명시된 기준 및 제한사항에 엄격히 일치하여야 한다.
d) 어떠한 경우에 있어서도 지뢰·부비트랩 및 기타 장치를 공격·방어 또는 보복의 수단으로 민간인 집단이나 개개의 민간인 및 민간물자 등을 표적으로 하는 것은 금지된다.
e) 지뢰·부비트랩 및 기타 장치의 무차별적인 사용은 금지된다. 무차별적 사용이라 함은 이들 무기를 아래와 같이 설치하는 경우를 말한다.
  ⅰ) 군사목표물에 설치되지 아니하거나 이를 표적으로 하지 아니하는 무기의 설치. 그리고 예배장소, 민간 주거시설, 학교 등 통상 민간용도로 사용되는 시설이 군사활동에 기여하기 위해서 사용되고 있는지 여부에 관하여 의심스러울 경우에는 그 시설이 그와 같이 사용되지 아니하는 것으로 추정한다.
  ⅱ) 특정한 군사목표물을 표적으로 할 수 없는 투발방법 및 수단을 사용하는 무기의 설치
  ⅲ) 구체적이고 직접적인 군사적 이익에 비하여 과도한 우발적인 민간인 생명의 손실, 민간인에 대한 상해, 민간물자에 대한 피해 또는 그 복합적 결과를 야기할 가능성이 있는 무기의 설치
f) 지뢰·부비트랩 및 기타 장치의 효과로부터 민간인을 보호하기 위하여 모든 실행 가능한 예방조치가 취하여져야 한다. 실행 가능한 예방조치라 함은 인도주의적·군사적 고려사항을 포함하여, 당시의 지배적인 모든 상황에 비추어 실행가능하거나 실질적으로 가능한 예방조치를 말한다. 이러한 상황에는 다음의 경우가 포함되나, 이에 한정되지 아니한다.
  ⅰ) 지뢰지대의 존속기간동안 해당지역의 민간인에 대한 지뢰의 장·단기 효과

ⅱ) 민간인의 보호를 위한 가능한 조치(예를 들면, 담장설치·부호·경고 및 감시)

ⅲ) 지뢰·부비트랩 및 기타 장치 이외의 대체수단사용의 가용성 및 실행가능성

ⅳ) 지뢰지대에 대한 장·단기적 군사적 충족 여건

2) 원격투발지뢰가 아닌 대인지뢰의 사용제한

a) 탐지불가 대인지뢰의 사용은 금지된다(제4조).

b) 자동폭파 및 자동무능화에 관한 기술부속서의 규정에 일치하지 아니한 대인지뢰는 다음의 경우에 한하여 사용이 가능하다(제5조).

ⅰ) 민간인의 접근을 효과적으로 차단할 수 있도록 군인의 감시 하에 놓여 있으며, 담장 또는 다른 수단에 의하여 보호되는 경계선 표시지역 내에 대인지뢰가 설치되어 있는 경우이다. 경계선 표시는 구별가능하고 훼손되지 아니하여야 하며, 적어도 경계선 표시지역에 들어가려는 사람이 식별할 수 있어야 한다.

ⅱ) 경계표시구역의 경계선 설치에 사용되는 장치·시스템·물자의 무단제거·훼손·파괴 및 은닉을 방지하기 위하여 모든 실행가능한 조치를 취하여야 한다.

3) 원격투발지뢰의 사용제한(제4조, 6조)

a) 탐지불가 원격투발 대인지뢰의 사용은 금지된다.

b) 기술부속서상의 자동폭파 및 자동무능화 관련규정에 일치하지 아니하는 원격투발 대인지뢰의 사용은 금지된다.

c) 원격투발지뢰로서 대인지뢰가 아닌 지뢰는 실행가능한 범위 안에서 효과적인 자동폭파 또는 자동무능화 장치를 갖추지 못하거나 보조자동 무능화장치를 갖추지 못하는 경우 그 사용이 금지된다. 보조자동무능화장치라 함은 해당 지뢰가 최초로 설치된 군사적 목적에 맞지 아니하는 경우 지뢰로서의 기능을 상실하게 하도록 고안된 장치를 말한다.

d) 상황이 허락하는 한, 민간주민에 영향을 미칠 수 있는 원격투발지뢰의 투발이나 낙하에 관하여는 효과적인 사전경고를 실시한다.

4) 부비트랩 및 기타 장치의 사용제한(제7조)

첫째, 부비트랩 및 기타 장치는 어떠한 경우에 있어서도 다음에 열거한 물체에 부착 또는 결합하여 사용하는 것이 금지된다.

a) 국제적으로 승인된 보호 표장·부호 등(예컨대 적십자기장 등)
b) 병자·부상자 또는 사망자의 시체
c) 묘지 또는 화장(火葬)장소
d) 의료장비 및 시설·의약품 또는 의료수송수단
e) 아동용 장난감 기타 휴대품 또는 아동을 위한 급식·건강·위생·의류 또는 교육 목적으로 특별히 고안된 제품
f) 음식물 또는 음료수
g) 군시설·군주둔지·군보급창이 아닌 장소에 있는 주방용품 또는 주방기구
h) 명백하게 종교적 성격을 갖는 물품
i) 문화적·정신적 유산을 형성하는 역사적 기념물, 예술작품 또는 예배장소
j) 동물 또는 동물의 사체

둘째, 폭발물질을 내장할 수 있게 고안·제작되고, 휴대 가능한 물건으로서 외관상 무해(無害)로 보이는 데, 그것을 건드리거나 또는 그 물건에 접근할 때 폭발하도록 특별히 제작된 부비트랩 및 기타 장치를 사용하는 것은 금지된다.

셋째, 민간인이 밀집되어 있는 도시·읍·촌락 기타 지역으로서 지상군 간의 전투행위가 진행되고 있지 아니하거나 임박하지 아니한 것으로 보이는 경우에는 부비트랩 및 기타 장치의 사용은 다음의 경우에 한하여 가능하다.

즉, 군사목표물 상에 또는 이에 근접하여 설치하는 경우에 한하며, 더불어 경고목적의 초병배치, 경고발령 또는 담장설치 등 이들 무기의 효과로부터 민간인의 보호조치가 강구된 경우에 한하여 사용할 수 있다.

5) 지뢰, 부비트랩 등의 위치에 관한 기록과 통보(제9조)
　　　a) 지뢰지대 · 지뢰지역 · 지뢰 · 부비트랩 및 기타 장치에 관한 모든 정보는 기술부속서의 규정에 따라 기록한다.
　　　b) 충돌당사자들은 적극적 적대행위의 종료 후 지체없이 자신의 통제하에 있는 지뢰지대 · 지뢰지역 · 지뢰 · 부비트랩 및 기타 장치의 효과로부터 민간인을 보호하기 위하여 모든 필요하고도 적절한 조치를 취하여야 한다. 또한 충돌당사자들은 더 이상 자신의 통제하에 있지 아니한 지역에 자신이 설치한 지뢰지대 · 지뢰지역 · 지뢰 · 부비트랩 및 기타 장치에 관하여 보유하는 모든 정보를 충돌당사자 상호간 및 국제연합 사무총장에게 통보하여야 한다.

4. 제3부속의정서(소이성 무기의 사용제한)

　소이성(燒夷性) 무기란 소이성 작용제를 이용하는 무기에 대한 일반명칭이다. 소이성 무기라 함은 물질의 화학적 반응에 의하여 발생하는 화염(火焰)작용과 열(熱)작용 또는 그 둘 모두의 복합작용을 매개로 하여 사람에게 화상을 일으키거나 목표물을 불타게 하도록 고안된 무기 및 탄약을 말한다(동 의정서 제1조).

　소이성 작용제를 이용한 무기들은 모두가 무차별성의 효과를 지니고 있을 뿐만 아니라 치료가 매우 어려운 상처를 인체에 입힐 수 있다.

　소이성 무기들 중에서 가장 크게 비난을 받게 된 무기는 월남전에서 사용되었던 네이팜탄이다. 무차별 효과를 갖는 네이팜탄은 비인도적이고 불필요한 고통을 가져올 뿐만 아니라 대규모 화재를 일으키고, 경작지와 삼림에 장기적 영향을 미치며, 사회생태학적 변화에까지 영향을 미치자 네이팜탄을 금지하고자 하는 목적에서 제3부속의정서가 채택되었다.

　제3부속의정서에서 금지하고 있는 것은 소이성 무기의 사용 자체를 절대로 금지하고 있는 것은 아니다. 그러나 다음의 경우에는 소이성 무기의 사용을 금지하고 있다.[53]

---

53) 제3부속의정서 제2조.

첫째, 어떠한 상황에서도 민간주민, 개개 민간인, 또는 민간물자를 공격대상으로 사용하는 것은 금지된다. 다만, 민간인 밀집지역 내에 위치한 군사목표물이라 하더라도 그 군사목표물이 민간인 밀집지역으로부터 완전히 구분되고, 소이성 무기의 효과가 군사목표물에 한하여 발생하도록 하며, 또한 민간인의 생명·신체·재산에 대한 우발적 피해를 회피하고 최소화할 수 있도록 모든 가능한 예방조치들이 취해진 때에는 그러한 군사목표물에 대하여 사용할 수 있도록 허용하고 있다. 그러나 이 경우에도 공중운반수단의 소이성 무기는 사용이 금지된다.

둘째, 어떠한 상황에서도 공중에서 발사되는 소이성 무기는 민간인 밀집지역 내에 위치하는 군사목표물에 대하여 사용함을 금지한다.

셋째, 산림이나 식물군락을 소이성 무기의 공격대상으로 할 수 없도록 하였다. 그러나 산림 등의 경우에도 그것들 자체가 직접적인 군사목표물이거나, 교전자나 여타의 군사목표물을 엄폐·은폐하기 위하여 사용되고 있는 경우에는 소이성무기의 공격대상으로 할 수 있다.

5. 제4부속의정서(실명레이저 무기사용의 제한)

제4부속의정서는 1995년에 개최된「1980년 특정 재래식 무기사용 규제협약」에 대한 검토회의에서 추가 제정된 부속의정서이다(1998년 7월 30일 발효).

제4부속의정서는 인체에 대하여 영구적인 실명을 일으키는 것을 목적으로 하는 레이저무기의 사용을 금지하고 있다. 여기서 영구적 실명이라 함은 돌이킬 수 없는 그리고 교정할 수 없는 시력의 손실을 말한다.

그러나 본 의정서는 레이저체계의 합법적인 군사적 사용으로부터 발생하는 부수적 또는 우발적으로 인체에 대하여 실명(失明)을 일으키는 경우에는 이를 금지된 무기로 보지 않는다.[54]

---

54) 제4부속의정서 제1조, 제3조, 제4조.

Ⅲ. 대량파괴무기의 규제

1. 대량파괴무기의 정의

1985년 UN의 전문가그룹이 재래식 무기를 정의하면서 재래식 무기의 범주에서 제외되는 것으로 언급한 핵무기, 화학 및 생물학무기, 방사선무기, 환경무기, 그리고 이들과 유사한 파괴효과를 갖는 무기들을 대량파괴무기라고 할 수 있다.

오늘날 핵무기를 포함하여 대량파괴무기에 관해서 전체적으로 규제하는 조약은 체결되지 않고 있다.

2. 핵무기

(1) 핵무기에 관한 조약

핵무기(nuclear weapon)란 원자핵(atomic nuclei)의 분열, 융합 또는 양자를 매개로 하는 핵반응에서 발생하는 에너지로부터 폭발이 발생하는 무기들에 부여된 일반적 명칭이다. 원자탄, 수소탄, 중성자탄은 모두 핵무기이다.

전술핵무기란 그 위력이 0.5KT 내지 10KT 정도인 소위력 핵무기를 말한다.[55]

핵무기가 폭발하면 폭풍, 열, 방사선(radio-active)의 3가지 효과가 동시에 나타난다. 재래식 고폭탄의 폭발 시에도 폭풍효과와 열효과는 발생하지만 핵무기의 그 효과는 그것들과 비교할 수 없을 정도로 아주 크다. 방사선효과는 핵무기만의 특수한 효과이다.

핵폭발 시에 방출되는 방사선에 노출된 물질들은 방사능물질로 변하는 데, 일부 방사능 동위원소들(세슘, 스트론튬 등)은 반감기가 거의 30년에 이르므로 장기간에 걸쳐 피해를 가져오고, 암 발생과 더불어 체세포·염색체 변화라는 유전적 피해를 야기할 수 있다.

핵무기의 실제 사용은 세계 제2차대전 말기인 1945년 8월에 태평양전쟁의 충돌당사국인 미국과 일본의 전쟁에서 미국이 원자폭탄을 일본의 히로시마

---

[55] 이상철 외, 전게서, p. 770.

(1945. 8. 6일)와 나가사끼(1945. 8. 8일) 두 도시에 각각 투하하였다.

이 원폭투하를 계기로 일본은 전의(戰意)을 완전히 상실하였고, 곧 이어 1945년 8월 15일 낮 12시(미국시간은 14일에 해당함)에 일본 천황은 라디오 방송을 통하여 무조건적 항복을 선언함으로써 태평양 전쟁은 종말을 맞게 되었다.

이 원폭투하가 오늘날까지의 전쟁에서의 유일한 사용 사례이다. 미국과 일본의 태평양 전쟁의 발생은 일본이 1941년 12월 7일 미국 하와이의 진주만을 기습 공습함으로써 발단이 되었다.

핵무기에 관한 일반조약으로서는「대기권, 우주공간 및 수중에서의 핵무기 실험금지조약」(1963. 8. 8일 채택, 1963. 10. 10일 발효. 우리나라는 1964. 7. 24일 발효),「핵무기 비확산조약」(1968. 7. 1일 채택, 1970. 3. 5일 발효. 우리나라는 1975. 4. 23일 발효),「핵무기 및 기타 대량파괴무기의 해저(海底)설치 금지조약」(1971. 12. 11일 채택, 1972. 5. 18일 발효) 등이 있다.

1968년 채택된「핵무기 비확산조약」(Treaty on the Non-Proliferation of Nuclear Weapons: NPT)은 1967년 1월 1일을 기준으로 하여 기존의 5개 핵 보유국가(미국, 소련, 중국, 영국, 프랑스) 이외에는 더 이상의 핵 보유국가가 나오지 않도록 하자는 내용을 핵심으로 한다.[56] 핵무기 비보유국이 핵무기 개발을 하는 것을 막기 위한 감시자 역할을 국제원자력기구[IAEA]가 담당하고 있다.

1961년에 개최된 UN총회에서는 핵무기 사용은 무차별 살상을 가져오고 또한 모든 인류 문명을 파괴한다는 이유로써, 핵무기의 사용을 인류와 문명에 대한 범죄행위라고 선언하였다(1961년 UN총회결의 제1653호). 이 1961년 UN총회 선언의 경우 구 소련과 당시의 공산권 국가들 및 아프리카 국가들을 포함하여 55개국이 이에 찬성하였으나, 미국을 포함한 20개 서방 국가들은 이에 반대하였고, 중남미 국가들을 포함한 26개 국가들이 기권하였다. 이 UN총회의 선언은 각 국가의 이해관계의 대립으로 인하여 조약으로 체결되지 못

---

56) 2023. 6. 1일 현재 UN가입 국가는 193개국, NPT가입 국가는 191개국이다. https://bard.google.com, 2023. 6. 1일 검색.

하였다.

1996년 UN 총회는 모든 종류의 핵무기 실험과 핵폭발을 금지하는 내용을 핵심으로 하는 「포괄적 핵실험 금지협약」(Comprehensive Nuclear Test Ban Treaty: CTBT)을 채택하였다.

이 CTBT의 발효에는 기존 핵무기 보유국가 및 원자로 시설 보유국으로 핵 잠재력이 있는 국가 총 44개국 지정국의 비준이 반드시 있어야 발효될 수 있도록 하였다. 2023년 6월 1일 현재 대한민국 등 180개 국가가 CTBT를 비준했으나 지정국인 미국, 소련, 중국, 영국, 프랑스, 인도, 파키스탄, 이스라엘, 북한이 아직 비준을 하지 않아서 발효되지 못하고 있다.[57]

2017년 7월 7일 UN 총회는 새로이 「핵무기 금지협약」(Treaty on the Prohibition of Nuclear Weapons: TPNW)을 채택하였다. 이 협약은 핵무기의 개발, 실험, 생산, 저장, 이전, 사용, 사용위협 등을 포괄적으로 금지하고 있다. 또한 기존 핵보유국은 즉시 핵무기를 작전 대상에서 제외(전쟁무기에서 제외)시키고 가능한 조속히 핵무기를 해체시킬 것을 요구하고 있다.

이 협약은 2021년 1월 22일 발효되었다(발효요건으로 50개 국가 이상이 비준할 경우에 발효됨). 2023년 6월 1일 현재, 2017년의 「핵무기 금지 협약」에 가입한 국가는 86개 국가이다. 공식·비공식 핵무기 보유국인 미국, 영국, 프랑스, 중국, 러시아, 인도, 파키스탄, 이스라엘, 북한은 이 조약에 가입하지 않고 있으며, 우리나라도 가입하지 않고 있다.[58]

(2) 핵무기 사용에 관한 국제사법재판소의 결정[59]

1899년의 「육전의 법규 및 관례에 관한 조약」(1907년 개정) 전문(前文)에서 천명하고 있는 Martens 조항은[60] 「전쟁시 실제로 발생하는 모든 상황을 포함하는 규정에 대하여 차제에 합의하는 것은 불가능하다. 반면에 명문규

---

57) https://bard.google.com, 2023. 6. 1일 검색.
58) https://bard.google.com, 2023. 6. 1일 검색
59) 국제사법재판소(國際司法裁判所) (ICJ: International Court of Justice)
60) Martens 조항이란 1899년 제1차 헤이그 평화회의에서 채택된 제협약 중 제2호 협약인 『육전의 법 및 관습에 관한 협약』의 체결시에 러시아 대표로 참석한 Fyodor Martens(표도르 마르텐스)가 발안(發案)한 내용이 본 협약 전문(前文)에 실렸는데, 발안한 것에서 유래하여 마르텐스 조항(Martens' Clause)이라고 부른다.

정이 없음을 이유로, 규정되지 아니한 모든 경우를 군 지휘관의 자의적 판단에 맡기는 것이 체약국의 의도는 아니다. 보다 완비된 전쟁법에 관한 법전이 제정되기까지는 체약국은 그들이 채택한 규칙에 포함되지 아니한 경우에 있어서 주민 및 교전자는 문명국 간에 확립된 관행, 인도주의(人道主義)의 법칙 및 공공의 양심에 입각한 국제법의 제원칙에 따라서 여전히 보호 및 지배를 받는다」[61] 라고 전문에서 선언하고 있다.

이 Martens 조항은 전쟁법 규정이 존재하지 않는다는 이유로 비인도주의적 행위를 하는 것을 방지하려는 데 그 목적이 있다. 이 Martens 조항은 1949년 제네바 제협약과 1977년 제1추가의정서 등에서 재확인되었다.

따라서 이러한 Martens 조항에 비추어 볼 때, 핵무기의 사용이 금지되는가 하는 문제가 있다.[62]

1993년 세계보건기구[WHO]는 보건 및 환경적 영향과 관련하여 전쟁 기타 무력충돌에 있어서 특정 국가에 의한 핵무기 사용이 WHO헌장을 포함하여 국제법상의 의무를 위반하는가에 관하여 국제사법재판소[ICJ]에 권고적 의견을 요청하였다.

또한 1994년 유엔총회는 모든 상황하에서 핵무기의 사용은 국제법상 허용되는가에 관하여 국제사법재판소(ICJ: International Court of Justice)에 권고적 의견을 요청하였다.

이와 같은 요청에 대하여 국제사법재판소는 1996년 7월 다음과 같이 결정하였다.

WHO가 요청한 권고적 의견에 관해서는, 국제사법재판소는 WHO가 요청한 질문이 세계보건기구의 권능과 활동범위를 일탈하고 있기 때문에 그 요청에 응할 수 없다고 결정하였다.

유엔총회가 요청한 권고적 의견에 대해서는 응하기로 결정하였으며, 국제사법재판소가 표명한 권고적 의견의 주요 내용은 다음과 같다. 즉, 핵무기의 사

---

61) 「populations and belligerents remain under the protection and empire of the principles of international law, as they result from the usages established between civilized nations, from the laws of humanity, and the requirements of the public conscience.」
62) 이용호, 전쟁과 평화의 법, 영남대학교 출판부, 2001, pp. 239-240.

용 또는 그 위협에 관해서 특별히 허용하거나 특별히 금지하는 국제법은 없다. 핵무기의 사용 또는 그 위협은 무력충돌에 적용되는 국제법의 제 규칙, 특히 인도주의법의 제 규칙과 원칙에 일반적으로 반한다.

그러나 국제법의 현 상황과 본 재판소가 다룰 수 있는 사실적 요소에 비추어 볼 때, 국가의 존립 자체가 위협에 처한 극단적인 상황 하에서 자위의 수단으로써 행사하는 핵무기의 사용 또는 그 위협이 위법인지 또는 합법인지에 관해서 결론을 내릴 수 없다고 결정을 함으로써 명확한 법적 판단을 유보하고 있다.[63]

(3) 북한의 핵무기

북한은 1956년부터 주한 미군의 전술핵무기를 겨냥해 한반도 비핵화를 주장했다.

대한민국은 1975년에 핵무기 비확산조약(NPT)과 국제원자력기구(IAEA)의 안전조치협정을 비준하여 이들이 우리나라에도 발효되었다. 북한은 1985년에 NPT에 가입하고, 1992년에 IAEA의 안전조치협정에 비준했다.

대한민국의 노태우 대통령은 1991년 11월 8일「한반도 비핵화와 평화정책에 관한 선언」을 발표하고, 이어서 1991년 12월 18일 한반도 내 핵이 없음을 선언했다. 이것은 주한 미군의 핵무기가 철수되었음을 의미한다.

1991년 12월 31일 남북한은 「한반도의 비핵화에 관한 공동선언」을 합의했다(1992년 2월 19일 발효). 이 공동선언에서 남북한은 핵무기의 시험, 제조, 생산, 접수, 보유, 저장, 배치, 사용을 금지하기로 하였다.

IAEA는 1993년 북한의 영변 핵시설 의심지역에 대한 특별사찰을 요구하자 북한은 이를 거부하고 1993년 3월 12일 NPT 탈퇴를 선언했다가 동년 6월 11일에 탈퇴 유보를 발표했다. 그러다 2003년 1월 10일 다시 탈퇴를 선언했다. 북한은 1994년 6월 IAEA 탈퇴를 선언했다.

북한은 2005년 2월 10일 핵무기 보유를 선언했고, 2006년 10월 9일에는 1차 핵실험 성공을 발표했다.

UN 안전보장이사회는 동년 10월 14일 북한 제재 결의 제1718호를 채택했

---

[63] 이용호, 상게서, pp. 220-225.

다. 제재 내용은 북한 핵실험을 국제평화와 안전에 대한 위협이라고 판정하고, 북한에 대하여 모든 핵무기, 핵 프로그램, 대량살상무기, 탄도미사일 프로그램을 「완전한·검증가능한·비가역적인 방법으로 제거」(CVID: Complete, Verifiable, Irreversible Disarmament)하라고 요구했다.

여기서 '완전'은 북한이 보유한 모든 핵무기와 핵 관련 시설을 폐기해야 한다는 것을 의미한다. '검증가능'은 북한이 핵무기와 핵 관련 시설을 폐기했는지에 대한 여부를 국제사회가 검증할 수 있어야 한다는 것을 의미한다. '비가역적'(돌이킬 수 없는)은 북한이 핵무기와 핵 관련 시설을 폐기한 후 다시 복구할 수 없도록 해야 한다는 것을 의미한다. 따라서 CVID는 북한이 보유한 모든 핵무기와 핵 관련 시설을 영구적으로 폐기하는 것을 의미한다.

또한 북한 제재 결의 제1718호는 UN 회원국들에게 전략무기, 핵무기나 탄도미사일 관련 물자, 각종 사치품의 대북 금수조치를 요구했다.

북한은 2009년 5월 25일 2차 핵실험 성공을 발표했다(2009년 6월 12일 안보리 제재 결의: 제1874호).

2013년 2월 12일 3차 핵실험(2013년 3월 7일 안보리 제재 결의: 제2094호), 2016년 1월 6일 4차 핵실험(2016년 3월 2일 안보리 제재 결의: 제2270호). 2016년 9월 9일 5차 핵실험(2016년 11월 30일 안보리 제재 결의: 제2321호). 2017년 9월 3일 6차 핵실험(2017년 9월 11일 안보리 제재 결의: 제2375호). 북한이 핵실험을 할 때마다 UN 안보리는 더욱 강화된 제재 결의를 하였다.[64]

북한의 핵을 완전하고, 검증 가능하고, 돌이킬 수 없는 방법으로 제거하는 것은 북한 핵 문제에 대한 가장 효과적인 해법으로 여겨지고 있다. 그러나 북한의 강경한 대응과 계속적인 핵실험·탄도미사일 등의 프로그램을 감안할 때 CVID를 달성하기는 매우 어려울 것으로 예상된다.

2023년 4월 26일(현지시간) 대한민국 윤석열 대통령과 미국 조 바이든 대통령은 백악관에서 정상회담을 갖고 「워싱턴 선언」(Washington Declaration)을 하였다.

이 「워싱턴 선언」에서는 확장억제력 강화, 핵무기 운용의 공동 기획, 공동 실행, 정보 공유, 이에 필요한 공동 훈련 등을 위하여 한미 간 고위급 상설

---

64) 정인섭, 신국제법강의, 박영사, 2022, pp. 1183-4.

협의체인 핵협의 그룹(Nuclear Consultative Group, NCG)을 신설하기로 합의하였다.

미국 조 바이든 대통령은 미국이 한국에 제공할 확장억제력은 핵무기(nuclear weapons)를 포함한 모든 가용한 수단이 될 것이라고 워싱턴 선언을 통하여 밝혔다.

3. 화학무기

화학무기는 유독성 화학작용제에 의하여 사람, 동물 및 식물을 살상 또는 고사케 하기 위하여 고안된 전쟁무기를 말한다.

화학무기는 주로 개개의 대상물을 공격대상으로 하기 보다는 집단의 전투원 등을 공격대상으로 하는 무기이며, 이와 같은 성격은 생물학무기도 마찬가지 이다.

화학무기에 대한 최초의 법적 규제는 1899년 헤이그 평화회의에서 채택된 「헤이그 가스선언」(Hague Gas Declaration)이다. 이 선언에서는 금지대상을 질식성 또는 유독성 가스의 살포를 유일한 목적으로 하는 '발사체'의 사용만을 금지하였다. 그러나 이 헤이그 가스선언으로는 세계 제1차대전 당시의 화학무기의 대량적 사용을 사실상 규제하지 못했다.

1925년에 채택된 「제네바 가스의정서」는 미국, 러시아를 비롯하여 오늘날 대다수의 국가가 가입하고 있는 조약이며, 1899년 「헤이그 가스선언」과는 달리 화학무기의 사용을 직접 금지한 최초의 조약이다. 1925년 「제네바 가스의정서」에서는 「전시에 질식성 가스, 독성가스, 기타 가스, 그리고 이와 유사한 모든 액체, 물질, 장치물의 사용과 세균적 방법의 사용을 금지한다」고 규정하고 있다.

1993년에 파리에서 화학무기의 포괄적 금지에 관한 협약이 서명되었다(117개국 서명). 즉, 「화학무기의 개발·생산·비축·사용금지 및 폐기에 관한 협약」(「화학무기협약」이라고 약칭) [Convention on the Prohibition of the Development, Production, Stockpiling and Use of Chemical Weapons and on Their Destruction (약칭: CWC: Chemical Weapons Conventio n)〕 및 3개 부속서이다.

3개의 부속서는 화학제에 관한 부속서(제1부속서), 이행과 검증에 관한 부속서(제2부속서), 기밀정보의 보호에 관한 부속서(제3부속서)이다.

1993년 화학무기협약에서 규정하고 있는 체약국의 기본의무(제1조)는 「체약국은 화학무기의 개발, 생산, 취득, 비축, 직접·간접을 불문하고 타자(他者)에 대한 양도, 화학무기의 사용을 모두 금지하는 의무를 지며, 또한 어떤 형태로든 본 협약에 의하여 금지된 활동을 행하도록 타자(他者)를 지원하거나 권유하여서는 아니 된다. 또한 체약국은 보유중인 모든 화학무기 및 그 생산시설의 폐기의무를 진다」고 규정하고 있다.

우리나라는 이 화학무기협약(CWC)을 1993. 1. 14일 서명하고, 1997. 4. 29일 발효하였다.

본 협약상의 의무를 이행하기 위하여 이 협약이 발효되기 전인 1996년 8월 국내법인 「화학무기의 금지를 위한 특정 화학물질의 제조·수출입규제 등에 관한 법률」을 제정하였다. 동 법률 제25조는 화학무기를 개발·제조 또는 사용하는 자는 무기 또는 5년 이상의 징역에 처하고, 그리고 화학무기를 사용하여 사람의 생명·신체 또는 재산을 해한 자는 사형, 무기 또는 7년 이상의 징역에 처하도록 규정하고 있다.

4. 생물학무기

생물학무기란 사람이나 동식물에 죽음 또는 질병의 발생을 목적으로 사용되는 병원성 미생물·독소·질병 매개물 등 살아있는 유기체로 된 생물작용제와 이 생물작용제를 목표물에 살포하는 살포장치(생물작용제를 장전한 포, 폭탄 등)의 두 요소로 구성된다.

사람이나 동식물에 해로운 미생물이나 독소 등을 사용하여 적의 전투력을 약화시켜 전쟁을 승리로 이끌려는 생각은 고대, 중세를 거쳐 현대에도 존재하고 있다.

그리스 로마시대에는 적의 진영이나 요새에 질병에 감염된 사람이나 동물의 시체를 던지고, 우물을 오염시켜 질병을 만연시키는 경우가 많았다.

1346년 크리미아 전쟁에서 타타르 군인들은 흑해 연안의 도시인 카파시를 공격할 때에 페스트에 감염되어 희생된 사람들의 시체를 활용함으로써 많은 카파시 주민들을 사망케 하였다. 이로 인하여 유럽 전역에 흑사병이 퍼지게 되었고, 또한 많은 사망자의 발생으로 유럽 사회에 큰 영향을 미쳤다.

1763년 영국인들이 미국 인디언 추장들에게 오염된 담요를 제공하여 많은 인디언들이 사망하였다.

세계 제2차대전 중에는 여러 국가들이 생물학무기에 대한 실험 연구를 하였다. 특히 일본은 1942년 중국의 10여개 도시를 페스트, 탄저균, 파라티프스 등 생물학무기로 공격한 것은 주지의 사실이다.

세계 제2차대전 이후에도 아프가니스탄, 라오스, 캄보디아에서는 생물학무기가 국지적으로 쓰인 것으로 보이며, 걸프전 때에는 이라크에 의한 생물학무기의 사용이 문제가 되었다.[65]

생물학무기의 규제문제는 초기에는 화학무기와 구별되지 않고 같이 논의되었다. 화학무기와 그 성질이 유사하기 때문이었다. 따라서 1925년에 채택된 「제네바 가스의정서」에서도 화학전 금지에 부가하여 당사국 간 생물학전도 금지한다고 언급하였다.

1972년에는 「세균무기(생물무기) 및 독소무기의 개발・생산 및 비축의 금지와 그 폐기에 관한 협약」(약칭 「생물학무기금지협약」) [Convention on the Prohibition of the Development, Production and Stockpiling of Bacteriological(Biological) and Toxin Weapons and on Their Destruction (약칭: BWC: Bacteriological Weapons Convention)]이 체결되었다.

이 협약에서는 화학무기와 생물학무기를 분리하여 생물학무기에 한해서만 규제내용을 담고 있다.

1972년의 생물학무기금지협약은 1972년 4월 10일 채택되었고, 1975년 3월 26일 발효되었다. 우리나라는 이 협약을 1972. 4. 10일 서명하고 1987년 6월 25일 발효하였다.

이 생물학무기금지협약 제1조는 「체약국은 예방용, 방호용 또는 기타의 평화적 사용을 위하여 정당화되는 종류 및 양을 제외하고, 모든 미생물작용제・

---

65) 이민효, 전게서, pp. 316-317.

기타 생물작용제·독소(toxins) 그리고 이것들의 사용을 위하여 고안된 무기·장비·발사수단에 관하여 개발, 생산, 비축 또는 보유를 금지하여야 할 의무를 진다」고 규정하고 있다.66)

또한 위에서 적시한 독소 등과 발사수단 등을 보유하고 있는 체약국은 본 협약의 발효 후 9개월 이내에 이를 파괴하거나 평화적 목적을 위하여 전환할 의무를 진다고 밝히고 있다.67)

제2항 전투방법의 규제

전투방법(methods of warfare)이란 무력충돌에 있어서 적을 무력화시키기 위하여 필요한 각종 방법, 즉 군사목표물의 선택, 부대의 전개, 전투책략, 각종 정보활동 등 이용 가능한 각종 방법을 사용하는 전략·전술을 말한다. 그러나 이용 가능한 각종 방법이라고 하여 어떠한 전투방법도 무제한적으로 허용되는 것은 아니며, 전투방법을 규제하는 전쟁법규에 구속되는 것이다.

전투방법은 이를 규제하는 대표적인 전쟁법규인 1907년 헤이그 육전규칙 및 1977년 제1추가의정서를 포함하여, 기타 전쟁규제 법규에 위반하지 않는 범위 내에서만 허용된다.

전투방법의 규제와 관련하여 가장 중요한 사항은 군사목표물에 관한 것이다. 그러므로 전쟁법상 허용된 전투라 함은 전쟁법상 사용이 금지되지 아니한 전쟁무기로, 전쟁법상 금지되지 아니한 군사목표물만을 공격하는 것이라 할 수 있다.

Ⅰ. 군사목표물 원칙

군사목표물은 전쟁법상 합법적인 공격의 대상, 즉 공격이 허용된 대상이 될 수 있는 목표물을 말한다. 교전자는 군사목표물만을 공격할 수 있으며, 군사목표물 이외에는 모두 민간목표물로서 공격의 대상에서 제외된다. 이와 같은

---

66) 생물학무기금지협약 제1조.
67) 생물학무기금지협약 제2조.

원칙을 군사목표물의 원칙이라 한다.

군사목표물의 범위 내지 정의에 관하여 규정하고 있는 전쟁법을 살펴보면 다음과 같다.

즉, 1923년의「공전법규안」(空戰法規案)은 어떤 목표물의 파괴가 '분명한 군사적 이익'을 주는 것들을 군사목표물이라고 정의하면서, 군병력, 군사구조물, 군사저장소, 병기·탄약이나 명백한 군수품의 제조공장, 군사상의 목적에 사용되는 교통선 또는 운수선을 열거하고 있다(제24조 제2항).

또한 공전법규안 제24조 제2항에서 규정하고 있는 합법적 군사목표물이라 하더라도 그 위치상 폭격 시 민간인들에 대한 무차별 폭격이 불가피한 경우에는 폭격이 금지된다(동 제24조 제3항).

또한 공전법규안은 종교·기예·학술·자선의 목적에 사용되는 건물, 역사상의 기념건조물, 병원선, 병원, 상병자의 수용소는 그것이 동시에 군사상의 목적에 사용되지 않는 한 손해를 받지 않도록 모든 수단을 다하여야 한다. 이러한 시설 등은 항공기에서 볼 수 있는 표지로서 표시하여야 한다(동 제25조).

이 공전법규안은 조약으로 성립되지는 못하였지만, 군사목표물에 관한 국제법의 입장을 해석함에 있어서 중요한 역할을 수행하여 왔다.

1954년의「문화재보호에 관한 헤이그 협약」에서는 군사목표물로서 대규모 산업시설, 비행장, 방송국, 국방시설물, 중요한 항구 및 철도역, 주된 교통선 등을 열거하고 있다(제8조).

군사목표물의 원칙에 따라 민간주민이나 민간재산을 목표물로 하는 폭격은 금지된다. 그리고 폭격에 관한 전쟁규칙은 종래에는 공전법규로 취급되어 왔으나 오늘날은 지상·해상발사 미사일의 개발로 공전·육전·해전에 모두 적용되도록 하고 있다. 즉, 1977년 제1추가의정서는 폭격에 관한 법규칙들이 모든 형태의 전투에 다 적용될 수 있도록 하였다(제1추가의정서 제49조 제3항).

II. 공격면제 목표물

다음과 같은 목표물들은 군사목표물의 원칙에 따라 전쟁법의 개별 법규들이 명시적으로 공격의 대상에서 제외하고 있다. 즉, 공격면제 목표물들이다.

1. 민간인

민간인은 개인이나 집단의 경우 모두 공격의 대상에서 제외된다. 전쟁의 역사에서 민간인의 희생비율이 대폭적으로 증가하고 있다. 전쟁 중에 발생한 민간인 희생자(사상자 및 실종자)의 비율이 세계 제1차대전 중에는 5%에 불과했지만, 세계 제2차대전 중에는 48%, 한국전쟁에서는 84%, 월남전에서는 90%로 증가하였다.[68]

따라서 민간인을 공격대상에서 제외하는 전쟁법규들도 점차 발전되었다.

1907년 헤이그 육전규칙에서는 무방수(無防守) 지역에 대한 민간인 공격금지(제25조), 병원 및 종교시설 등의 보호(제27조), 점령지에서의 행동규칙(제42조 내지 제56조) 등의 민간인에 관한 보호규정이 있었지만 그 보호의 정도는 미약한 것이었다.

민간인 보호체계를 보다 발전적으로 수립한 것은 1949년 제네바 제협약과 1977년 제1추가의정서이다. 특히 한국전쟁과 베트남전쟁 이후에 체결된 제1추가의정서에서는 민간인 보호범위를 대폭 확장하였다. 즉, 전투원임이 증명되지 아니한 자는 민간인으로 간주하며(제50조), 군사적 이익의 획득을 위한 경우뿐만 아니라 복구(復仇, reprisal)의 수단으로도 민간인에 대한 공격을 금지한다(제51조 제6항)는 내용은 민간인 보호의 범위를 대폭 확장한 것이라 할 수 있다.

2. 전투능력을 상실한 교전자

교전자라 할지라도 이미 전투능력을 상실한 자에 대한 공격은 금지된다.

1907년 헤이그 육전규칙에 의하면, 무기를 버리거나 또는 더 이상 방어수단을 갖지 아니하고서 스스로 투항하는 자를 살상하여서는 아니 되며(제23조 제3항), 조명(助命: 목숨을 구해줌) 거부를 선언하는 것도 금지하고 있다(제23조 제4항).

1977년 제1추가의정서는 공격면제 목표물로서 1907년 헤이그 육전규칙에서 규정하고 있는 투항자를 포함하여 더욱 광범위하게 전투능력을 상실한 교

---

[68] 이상철 외, 전게서, p.777.

전자를 보호하고 있다. 즉, '전투능력을 상실한 교전자'를 공격목표로 하여서는 아니 된다(제41조 제1항)고 규정함으로써 최초로 전투능력을 상실한 교전자에 대한 보호규정을 마련하였다.

'전투능력을 상실한 교전자'에 해당하는 경우는 다음과 같다. 1) 적국의 권력 내에 있는 자, 2) 항복할 의사를 분명하게 밝힌 자, 3) 부상 또는 질병으로 인하여 의식불명이 되었거나 행동불능상태로 됨으로써 자신의 방어가 불가능 한 자이다(제41조 제1항).

그러나 위의 경우의 어느 하나에 해당하는 자가 적대행위를 행하지 아니하고, 도주를 시도하지 아니한 경우에 한한다(제41조 제2항).

1977년 제1추가의정서에서 공격이 면제되는 것으로 규정한 사람은 두 부류가 있는 데, 첫째는 적대행위에 전혀 참가한 바 없으며 정상적인 민간주민의 일부를 구성하는 민간인이고, 둘째는 전투능력을 상실한 교전자이다.

3. 조난된 낙하산병

적의 전투기는 공격목표물이지만 조난으로 낙하산을 타고 전투기로부터 탈출 중인 적군이 공격목표물인지는 논란이 될 수 있다. 그 이유는 적어도 지상에 도달할 때까지는 전투를 수행할 수 없기 때문이다.

이에 관하여 1977년 제1추가의정서는 그들을 전투능력 상실자와 동등하게 취급하여 낙하 중에는 공격대상이 아니며, 낙하 후에도 그들이 적대행위를 수행하고 있음이 분명하지 아니한 경우에는 공격에 앞서 항복의 기회를 부여해야 한다고 규정하고 있다(제42조 제1항, 제2항).

그러나 조난 탈출이 아닌 공수부대의 낙하산 하강에 대하여는 그러한 공격 면제가 적용되지 아니한다(제42조 제3항).

4. 군사(軍使)

군사라 함은 야전에서 군지휘관이 적의 군지휘관과 직접적으로 통신이나 교섭을 할 목적으로 적진(敵陣)으로 보내는 기관이라 할 수 있으며, 군사로 인정되기 위하여는 군지휘관이 서명한 신임장을 휴대하여야 한다.

군지휘관의 명령을 받아 적군과 교섭하기 위하여 백기를 들고 적군 지역으로 들어가는 자와 이에 따르는 나팔수·고수(鼓手)·기수(旗手) 및 통역은 1907년 헤이그 육전규칙에 의하여 공격대상에서 면제된다(제32조). 그러나 이러한 공격대상 면제는 물론 상호주의원칙의 적용을 받게 될 것이다.

5. 식료품 및 농작물

1977년 제1추가의정서는 민간주민에 대한 기아작전(飢餓作戰)이건 퇴거작전(退去作戰)이건 식료품·농작물·가축 및 음료수 등 민간주민의 생존에 불가결한 목표물에 대해서는 공격해서는 안 된다고 규정하고 있다(제54조 제1항, 제2항).

그러나 동 의정서는 오로지 군대 급식용으로 사용되거나 또는 군대 급식용이 아니더라도 결과적으로 군사작전에 대한 직접적인 지원용으로 사용되는 식료품이나 농작물 등에 대하여는 그러한 면제를 해제하고 있다. 다만, 어떠한 경우에라도 민간주민에게 기아를 야기하거나 퇴거를 강요할 정도로 식료품이나 농작물 등의 부족이 초래되어서는 아니 된다(제54조 제3항).

6. 병원 및 의무부대

군용이건 민간용이건, 군사작전에 동원되고 있건 아니건 불문하고 모든 병원 및 의무부대는 공격대상에서 면제된다(1907년 헤이그 육전규칙 제27조, 1949년 제네바 제4협약 제18조 및 제19조, 1977년 제1추가의정서 제12조).

그러나 병원과는 달리 의무부대의 경우에는 공격면제의 대상이지만, 교전당사자에게 다음과 같은 의무가 따른다.

첫째, 다른 군사목표물을 엄폐하기 위하여 의무부대를 이용해서는 안 된다(1907년 헤이그 육전규칙 제27조, 1949년 제네바 제1협약 제19조 및 제4협약 제18조, 1977년 제1추가의정서 제12조).

둘째, 교전당사자는 의무부대임을 명백하게 식별될 수 있도록 적에게 통보된 표지(1907년 헤이그 육전규칙 제27조) 또는 적십자표지(1949년 제네바 제1협약 제38조 및 제42조, 동 제4협약 제18조 및 제21조, 1977년 제1추가의정서 제18조 및 동 부록 제3조, 제4조)를 의무부대에 부착하여야 한다.

7. 문화재의 보호

(1) 정의

종래의 무력충돌에서 인류의 수많은 문화유산이 파괴되어 왔다. 오늘날에도 대량파괴무기 또는 고성능무기의 사용으로 문화재의 파괴 위험성은 더욱 증가하고 있다.

1907년 헤이그 육전규칙은 특정지역을 공격·포격함에 있어서는 종교, 예술, 학술 및 자선용의 건물과 역사상의 기념건조물 등이 군사목적으로 사용되지 않는 한 가급적 전투의 직접 영향으로부터 면제되기 위하여 필요한 조치를 취하도록 규정하고 있다.

그러나 세계 제1, 2차대전을 겪으면서 첨단무기로 무장한 현대전에 있어서는 문화재의 보호를 위한 보다 적극적인 조치가 필요하다는 데 공감대가 형성되었다.

따라서 1954년 5월 UNESCO가 주체한 정부 간 회의에서 「무력충돌에서의 문화재 보호에 관한 협약」(1956. 8. 7일 발효) 및 동법 시행규칙이 채택되었다.

본 협약에서 정의하고 있는 문화재라 함은 그 출처 또는 소유권의 여하를 불문하고 ① 각 국민의 문화적 유산으로서 매우 중요한 동산 또는 부동산(여기에는 건축·예술·역사(歷史)·종교상의 기념물, 고고학적 유적, 미술품, 중요한 서적 등이 포함), ② 박물관, 도서관, 기록보관소 및 기타의 건물로써 위의 ①에서 정하고 있는 동산 문화재를 소장 또는 전시할 것을 주요 목적으로 하는 것, ③ 위의 ①과 ②에서 정하고 있는 문화재가 다수 소재(所在)하는 '문화재 집중지구' 등을 가리킨다(제1조).

(2) 보호 의무

「무력충돌에서의 문화재 보호에 관한 협약」에서 규정하고 있는 문화재보호를 위한 일반적 보호제도의 주요 내용은 다음과 같다.

모든 문화재의 보호는 '보호 및 존중'으로써 구성된다(제1조).

체약국은 예측될 수 있는 무력충돌의 영향으로부터 자국 내의 문화재를 보존하기 위하여 평시에 적절한 조치를 마련하여야 한다(제3조).

체약국은 자국 또는 타 체약국의 영역 내에 있는 문화재를 존중하여야 하며, 이 존중의 의무의 내용은 다음과 같다(제4조, 제6조, 제7조).

1) 무력충돌 때에 충돌당사국은 문화재와 그 직접적인 주변 및 보호용 시설을 파괴하거나 손상을 입힐 목적으로 전투행위를 행하여서는 아니 된다. 그러나 이러한 의무는 절대적인 것은 아니며, 참으로 부득이한 군사상의 필요가 있는 경우에 한하여 이러한 의무로부터 면제될 수 있다.
2) 체약국은 문화재의 절취, 약탈, 불법점유와 문화재에 대한 야만적 행위를 금지하고, 이를 방지하기 위한 조치를 취하여야 하고, 동산 문화재를 징발하여서는 아니 된다.
3) 문화재에 대한 어떠한 보복도 금지된다.
4) 문화재는 그 식별을 용이하게 하기 위하여 식별표지로써 표시할 수 있다. 어떤 체약국도 다른 체약국이 문화재에 대하여 보존조치를 취하지 아니하였다는 이유로써 본 조항에 의한 존중의무로부터 벗어날 수 없다.
5) 체약국은 본 협약의 준수를 확보하기 위하여 평시부터 본 협약의 제 규정을 자국의 군사규칙 또는 군사훈령에 명시하여야 할 의무를 지며, 자국의 군대 구성원에게 모든 인류의 문화와 문화재에 대한 존중정신을 길러야 할 의무를 진다(제7조 제2항).
6) 체약국은 문화재의 존중을 확보하고 또한 문화재보존에 책임을 지는 민간당국과 협력하기 위하여 평시부터 자국 군대 내에 전문요원을 둘 것을 계획하고 또한 그러한 전문요원을 둘 것을 약정한다.

1977년 제1추가의정서에는 문화재 및 예배장소의 보호에 관하여 1개 조문(제53조)을 두고 있다. 동 조문은 「무력충돌에서의 문화재 보호에 관한 협약」(1954년) 및 국제법규의 제 규정을 준수하고, 다음과 같은 사항을 금지한다고 규정하고 있다.

1) 국민의 문화적 또는 정신적 유산을 구성하는 역사적 기념물, 예술작품 또는 예배장소에 대하여 행하여지는 모든 적대행위를 금지한다.
2) 이와 같은 대상물을 군사적 목적을 위하여 사용하는 행위를 금지한다.
3) 이와 같은 대상물을 보복의 대상으로 삼는 행위를 금지한다.

8. 위험한 시설물

1977년 제1추가의정서는 댐·제방·핵발전소 등 위험한 시설물들에 대한 공격을 금지하고 있다(제56조). 이러한 시설물들에 대한 공격은 민간인의 안전에 대한 큰 위험요인이 되기 때문이다.

9. 민방위

민방위활동이란 적대행위나 재난발생시 그 위험상태로부터 민간주민을 보호하고, 복구활동을 지원하며, 민간주민의 생존에 필요한 조건들을 충족시켜 주기 위하여 경보·소개(疏開)·응급치료·소화(消化) 등 인도주의적 임무를 말하는 데,[69] 1977년 제1추가의정서는 민방위활동을 담당하는 요원들과 그들이 사용하는 건물 및 재산들을 공격의 면제대상으로 규정하고 있다(제62조).

민방위요원, 건물 및 재산이 공격으로부터 면제를 받기 위해서는 오렌지색 바탕에 청색 정삼각형을 그려 넣은 국제적 식별표지를 부착하여야 하며, 민방위요원은 그들의 지위를 증명할 수 있는 국제적 양식의 신분증명서를 휴대하여야 한다(제66조 제3항, 제4항).

민방위요원은 적에게 유해한 행위를 하여서는 아니 된다. 민방위활동의 주체는 군당국이 아니기 때문에 민방위 임무가 군당국의 지시하에 수행될 경우에는 적에게 유해한 행위로 간주되어 보호의 대상이 되지 않는다(제65조 제2항).

Ⅲ. 특별히 금지된 전투의 방법

1. 배신행위

전투행위시에는 적군을 기만하고 오도(誤導)하기 위한 술책을 쓰기 마련이다. 전쟁법은 이러한 술책을 기계(奇計)와 배신행위로 구분하여 기계는 허용하지만 배신행위는 금지하고 있다.

(1) 1907년 헤이그 육전규칙

---

[69] 1977년 제1추가의정서 제61조(a).

헤이그 육전규칙 의하면 기계(奇計, ruses of war)는 진실을 고(告)해야 할 의무가 없는 위계로서 이는 적법한 행위로 인정하고 있다(헤이그 육전규칙 제24조). 예컨대, 복병(伏兵)의 배치, 위장(僞裝), 양동작전, 허위정보의 유포, 적 신호의 역이용 등이 이에 해당된다.

이에 반하여 배신행위(背信行爲, perfidy)는 진실을 고해야 할 법률상의 의무 또는 전투상의 신뢰성을 배반하는 행위를 말하며 이것은 위법행위라고 한다(헤이그 육전규칙 제23조 제2항).

예컨대, 적국 또는 적군에 속한 자를 배신적 방법으로 살해하거나, 또는 군사기(軍使旗, lag of truce: 휴전의 백기), 적의 국기·군용표장, 적십자표장의 부정한 사용, 또는 적국의 군복을 착용하고 교전하는 행위 등은 금지된다(헤이그 육전규칙 제23조 제6항).

(2) 1977년 제1추가의정서

1977년 제1추가의정서에는 기계와 배신행위에 관한 정의를 내리고, 동시에 각각 그 사례를 예시하고 있다.

제1추가의정서는 기계에 관하여 「전시에 기계는 금지되지 아니한다. 기계란 적을 오도하거나 무모하게 행동하도록 의도하는 것을 말하나, 이것은 전시 국제법에 위반되지 아니한다. 또한 법에 의한 보호와 관련하여 적의 신뢰를 유발하지 않기 때문에 배신행위가 아닌 행위이다. 예컨대, 위장·유인·양동작전·허위정보의 유포 등이 기계의 예이다」라고 규정하고 있다(제37조 제2항).

제1추가의정서는 배신행위에 관하여 「배신행위에 의하여 적을 살상하거나 포획하는 것은 금지된다. 적으로 하여금 자신이 무력충돌시 적용되는 국제법 규칙상의 보호를 부여받을 자격이 있다고 믿게끔, 또는 그러한 보호를 제공할 의무가 있다고 믿게끔 유도하기 위하여 적의 신뢰를 유발하는 행위로서 적의 신념을 배신할 목적으로 한 행위는 배신행위를 구성한다」라고 규정하면서, 다음의 행위를 배신행위의 예로 열거하고 있다(제37 제1항, 제38조, 제39조).

1) 항복기(降伏旗) 또는 휴전기(休戰旗)를 휴대한 협상의도의 가장(假裝)
2) 상병(傷病)으로 인한 전투능력상실의 가장
3) 민간인 신분으로의 가장

4) UN, 중립국 또는 여타 비충돌당사국의 기장(記章), 표지(標識) 등을 부착하거나 제복을 착용하여 피보호자의 지위를 가장
   5) 적국의 기(旗)·군용표장·계급장·제복의 착용
   6) 적십자 표장, 제네바 제협약 및 제1추가의정서에 규정한 표장·표지·신호, 문화재 보호표장, UN 식별표장 등의 고의적인 오용

2. 민간인 등에 대한 복구(復仇, reprisal)

1949년 제네바 제협약은 보호의 대상으로 규정한 인원·시설 및 장비에 대하여 복구(보복)를 가하는 것을 명시적으로 금지하고 있다(제1협약 제46조, 제2협약 제47조, 제3협약 제13조, 제4협약 제33조).

1954년 문화재 보호에 관한 헤이그 협약 제4조 역시 문화재에 대한 복구를 금지하고 있다.

1977년 제1추가의정서는 복구금지의 대상을 더욱 확대하여 민간인(제51조 제6항), 민간재산(제52조 제1항), 문화재 및 예배장소(제55조 제3항), 자연환경(제55조 제2항), 그리고 위험한 물리력을 포함한 공장 및 시설물(제56조 제4항)에 대한 복구를 모두 금지하고 있다.

3. 기아작전(飢餓作戰)

적을 굴복시키기 위한 책략으로서 민간주민을 굶주림에 몰아넣는 전투방법을 제한하는 전쟁법으로서는 1907년 헤이그 육전규칙(제23조)이나, 1949년 제네바 제4협약(제23조)이 있었으나 이들 규정은 미약하거나 초보적인 수준이었다.

그러나 이와 같은 전투방법을 명시적으로 그리고 전적으로 금지한 것은 1977년 제1추가의정서이다. 동 의정서 제54조 제1항은 「민간인을 굶주리게 하는 전투방법은 금지된다」고 규정하고 있다.

민간주민의 생존을 위하여 절대적으로 필요한 물자, 예컨대 식량 및 식량생산을 위한 농경지역, 농산물, 가축, 식수시설, 관개시설 등을 민간주민의 생계가치를 부정하는 특정 목적을 위하여 공격, 파괴, 철거하거나 혹은 사용불능

상태로 만드는 것은 그 동기여하를 불문하고 금지된다(동 의정서 제54조 제2항).

그러나 제54조 제2항의 금지조항에 대하여는 2개의 예외가 인정된다(동 의정서 제54조 제3항, 제5항).

첫째, 적국의 군대구성원이 전적으로 사용하는 식량과 식량 이외의 것도 적의 군사행동에 대한 직접적인 지원을 위하여 사용되는 것 등은 금지대상으로부터 제외된다. 단, 어떠한 경우에도 민간주민을 굶주리게 하거나, 민간주민이 부득이 이주하여야 할 정도로 식량 또는 식수를 부족한 상태로 두지 않을 것을 조건으로 한다.

둘째, 침략으로부터 자국 영역을 방어함에 있어서 긴박한 군사적 필요가 있는 경우에는 상기 금지조항을 파기할 수 있다.

4. 몰살작전(沒殺作戰)

적을 전멸시킬 목적으로 전멸명령을 내리거나 전멸명령으로 적을 위협하는 적대행위는 금지된다. 몰살작전의 금지는 1907년 헤이그 육전규칙(제23조 제4항) 및 1977년 제1추가의정서에서 명시적으로 규정하고 있다.

제1추가의정서는 「생존자에 대한 몰살명령을 내리거나 몰살명령으로 상대방을 위협하는 적대행위는 금지된다」고 규정하여, 몰살작전은 물론이고 위협용의 몰살명령도 금지하고 있다(제40조).

제3항 1998년 로마규정에 의한 규제

I. 국제형사재판소에 관한 로마규정

「국제형사재판소에 관한 로마규정」(Rome Statute of the International Criminal Court)은 국제범죄에 대한 형사처벌을 하기 위해서 설립된 국제형사재판소(ICC)의 관할권을 인정하기 위해서 체결된 다자조약이다. 보통 단축하여 「로마규정」이라고 부르기도 한다.

이 조약은 1998년 7월 17일 로마에서 채택되어 2002년 7월 1일 발효되었고, 2003년 3월 11일 상설 전범재판소인 국제형사재판소가 창설되었다. 국제형사재판소의 소재지는 네덜란드의 헤이그에 위치한다.

대한민국은 2000년 3월 8일에 이 조약을 서명하고, 2002년 7월 1일 발효하였다. 우리나라는 2003년 국제형사재판소가 설치되면서 재판관의 일원으로 한국인 1명이 임명되었다.

로마규정이 시행되기 전에도 임시 국제형사재판소를 설치하여 전쟁범죄자들을 형사 처벌한 사례가 있었으나,[70] 지금은 로마규정에 의해 전 세계를 재판 관할권으로 하는 상설 국제형사재판소가 설립되었으며, 앞으로는 국제형사재판소[ICC]가 전쟁범죄자들을 형사처벌 할 수 있게 되었다.[71]

국제형사재판소의 관할범죄에 대하여는 소급효를 인정하지 않기 때문에 2002년 7월 1일 로마규정이 시행되기 이전의 행위에 대하여는 이 규정에 따른 형사책임을 지지 아니한다(제24조 제1항). 반면에 로마규정이 시행된 이후에 발생한 국제형사재판소의 관할범죄에 대하여는 어떠한 공소시효도 적용되지 아니한다(로마규정 제29조).

국제형사재판소는 범행 당시 18세 미만의 자에 대하여 관할권을 가지지 아니한다(제26조).

국제형사재판소[ICC]가 관할범죄에 대하여 재판권을 행사하기 위한 전제조건은 다음 각호의 어느 하나에 해당하면 된다.

1. 범죄행위의 발생 장소가 로마규정 가입당사국의 영역(범죄 발생국가). 이 영역에는 가입당사국의 선박과 항공기가 포함된다(로마규정 제12조 제2항).

---

70) 역대 임시 국제형사재판소는 독일 뉘른베르크 국제군사재판, 일본 극동국제군사재판, 하바롭스크 전범재판, 구 유고슬라비아 국제형사재판소, 르완다 국제형사재판소, 시에라리온 특별법원, 캄보디아 재판소 비상회의, 레바논 특별법정 등이다.
71) 국제형사재판소(ICC)가 국가 원수급에 대한 재판으로는 「수단의 오마르 알 바시르 전 대통령」, 「리비아 독재자 무아마르 카다피 대통령」이고,
「러시아 블라디미르 푸틴 현직 대통령」에 대해서는 ICC가 2023. 3. 17일(현지시간) 체포영장을 전격 발부했다. 체포영장 발부 이유는 러시아가 우크라이나를 침략(2022. 2. 24.)한 당일부터 우크라이나를 점령한 지역에서 우크라이나 어린이를 불법적으로 러시아로 이주시킨 전쟁범죄에 대한 책임이 있다고 볼만한 합리적 근거가 있다고 밝혔다. ICC가 발부한 체포영장의 집행에는 공소시효가 없으므로 푸틴 사망 시까지 체포할 수 있다.

2. 범죄인의 국적국이 로마규정 가입당사국인 경우(범죄인의 국적국)(로마규정 제12조 제2항).

3. 로마규정 비가입국가이지만 범죄 발생국가 또는 범죄인의 국적국에 해당하는 경우에 ICC의 관할권 행사를 개별적으로 수락한 경우(로마규정 제12조 제3항).

4. UN 안전보장이사회의 결정으로 ICC의 재판에 회부된 경우(로마규정 제13조 b).

2011년 리비아의 카다피에 대해서 유엔 안보리가 수사를 요구하는 결의를 했다. 유엔 안보리의 소추에 의해 국제형사재판소에 관할권이 생긴 것은 수단 다르푸르 내전에 이어 리비아가 두 번째였다.

국제형사재판소의 관할범죄는 국제공동체 전체의 관심사인 가장 중대한 범죄에 한정되어, ① 집단살해죄(the crime of genocid), ② 비인도주의적 범죄(crimes against humamnity), ③ 전쟁범죄(war crimes), ④ 침략범죄(the crime of aggression)에 대해서만 재판관할권을 갖는다(제5조 제1항). 개인만 처벌하며 국가책임은 묻지 않는다(제25조).

Ⅱ. 국제형사재판소의 관할 범죄

1. 집단살해죄(the crime of genocid)

로마규정 제6조는 집단살해죄를 다음과 같이 규정하고 있다. 즉, '집단살해죄'라 함은 국민적·인종적·민족적 또는 종교적 집단의 전부 또는 일부를 파괴할 목적으로 범하여진 다음의 행위를 말한다.
 (1) 집단 구성원의 살해
 (2) 집단의 구성원에 대한 중대한 신체적 또는 정신적 위해(危害)의 야기
 (3) 전부 또는 부분적인 신체적 파괴를 초래할 목적으로 계산된 생활조건을 집단에 고의적으로 부과
 (4) 집단 내 출생을 방지하기 위한 의도된 조치의 부과
 (5) 집단의 아동을 강제로 다른 집단으로 이주

2. 비인도주의적 범죄(crimes against humanity)

① 로마규정 제7조 제1항

로마규정은 비인도주의적 범죄를 다음과 같이 규정하고 있다. 즉, "이 규정의 목적상 '비인도주의적 범죄'라 함은 민간인 주민에 대한 광범위하거나 체계적인 공격의 일부로서 고의적으로 범하여진 다음의 행위를 말한다"(제7조 제1항).

가. 살해
나. 절멸
다. 노예화
라. 주민의 추방 또는 강제 이주
마. 국제법의 근본원칙을 위반한 구금 또는 신체의 자유에 대한 심각한 침해
바. 고문
사. 강간, 성적 노예화, 강제 매춘, 강제 임신, 또는 기타 이에 상당하는 중대한 성폭력
아. 제7조 제1항에서 규정하고 있는 어떠한 범죄행위 또는 국제형사재판소 관할범죄와 관련하여, 정치적·인종적·국민적·민족적·문화적·종교적 사유, 성별 또는 그 밖의 국제법규에 따라 인정되지 아니하는 사유로 집단 또는 집합체 구성원의 기본적 인권을 박탈하거나 제한
자. 사람들의 강제실종
차. 인종차별 범죄
카. 신체적·정신적 건강에 대하여 중대한 고통이나 심각한 피해를 고의적으로 야기하는 유사한 성격의 다른 비인도적 행위

② 로마규정 제7조 제2항

로마규정 제7조 제2항에서 규정하고 용어의 정의는 다음과 같다.

가. "민간인 주민에 대한 공격"이라 함은 그러한 공격을 행하려는 국가나 조직의 정책에 따르거나 이를 조장하기 위하여 민간인 주민에 대하여

제7조 제1항에 규정된 행위를 다수 범하는 것에 관련된 일련의 행위를 말한다.
나. "절멸"이라 함은 주민의 일부를 말살하기 위하여 계산된, 식량과 의약품에 대한 접근 박탈과 같이 생활조건에 대한 고의적 타격을 말한다.
다. "노예화"라 함은 사람에 대한 소유권에 부속된 어떠한 또는 모든 권한의 행사를 말하며, 사람 특히 여성과 아동을 거래하는 과정에서 그러한 권한을 행사하는 것을 포함한다.
라. "주민의 추방 또는 강제이주"라 함은 국제법상 허용되는 근거 없이 주민을 추방하거나 또는 다른 강요적 행위에 의하여 그들이 합법적으로 거주하는 지역으로부터 강제적으로 퇴거시키는 것을 말한다.
마. "고문"이라 함은 자신의 구금하에 있거나 통제하에 있는 자에게 고의적으로 신체적 또는 정신적으로 고통이나 괴로움을 가하는 것을 말한다. 다만, 오로지 합법적 제재로부터 발생하거나, 이에 내재되어 있거나 또는 이에 부수하는 고통이나 괴로움은 포함되지 아니한다.
바. "강제임신"이라 함은 주민의 민족적 구성에 영향을 미치거나 또는 국제법의 다른 중대한 위반을 실행할 의도로 강제적으로 임신시킨 여성의 불법적 감금을 말한다. 이러한 정의는 임신과 관련된 각국의 국내법에 어떠한 영향을 미치는 것으로 해석되지 아니한다.
사. "박해"라 함은 집단 또는 집합체와의 동일성을 이유로 국제법에 반하는 기본권의 의도적이고 심각한 박탈을 말한다.
아. "인종차별범죄"라 함은 한 인종집단의 다른 인종집단에 대한 조직적 억압과 지배의 제도화된 체제의 맥락에서 그러한 체제를 유지시킬 의도로 범하여진, 제7조 제1항에서 언급된 행위들과 유사한 성격의 비인도적인 행위를 말한다.
자. "사람들의 강제실종"이라 함은 국가 또는 정치조직에 의하여 또는 이들의 허가·지원 또는 묵인을 받아 사람들을 체포·구금 또는 유괴한 후, 그들을 법의 보호로부터 장기간 배제시키려는 의도하에 그러한 자유의 박탈을 인정하기를 거절하거나 또는 그들의 운명이나 행방에 대한 정보의 제공을 거절하는 것을 말한다.

3. 전쟁범죄(war crimes)

로마규정 제8조 제2항에서 규정하고 있는 전쟁범죄(war crimes)의 유형은 1949년 제네바협약의 위반, 국제적 무력충돌 시 위반, 비국제적 무력충돌 시 위반으로 구분하여 규정하고 있다.

① 제8조 제2항

로마규정 제8조 제2항에서 규정하고 있는 전쟁범죄란 다음을 말한다.

가. 1949년 8월 12일자 제네바협약의 중대한 위반, 즉 제네바협약의 규정하에서 보호되는 사람 또는 재산에 대하여 다음의 행위를 한 경우를 전쟁범죄라고 적시하고 있다.
   (1) 고의적 살해
   (2) 고문 또는 생물학적 실험을 통한 비인도적 대우
   (3) 고의로 신체 또는 건강에 커다란 괴로움이나 심각한 위해(危害)의 야기
   (4) 군사적 필요에 의하여 정당화되지 아니하며 불법적이고 무분별하게 수행된 재산의 광범위한 파괴 또는 징수
   (5) 포로 또는 다른 보호인물들을 적국의 군대에 복무하도록 강요하는 행위
   (6) 포로 또는 다른 보호인물로부터 공정한 정식재판을 받을 권리를 박탈
   (7) 불법적인 추방이나 이송 또는 불법적인 감금
   (8) 인질행위

나. 국제적 무력충돌 시 적용: 확립된 국제법체계 내에서 국제적 무력충돌[72]에 적용되는 법과 관습에 대한 중대한 위반을 한 다음의 행위에 대하여

---

[72] 국제적 무력충돌은 국가와 국가 사이의 전쟁 또는 기타 무력충돌을 의미한다. 그러나 본래 국가와 국가 간의 충돌이 아닌 비국제적 무력충돌이었으나 제3국의 개입이나 UN의 강제조치에 의한 군대의 개입으로 인하여 국제적 무력충돌로 변하는 경우도 있다.
비국제적 무력충돌은 국가와 국가 간의 무력충돌이 아닌, 한 국가의 중앙정부와 반군 간의 무력충돌 또는 무장단체간의 무력충돌을 의미한다. 그러나 비국제적 무력충돌이 교전단체로서 승인을 얻으면 국제적 무력충돌로 인정된다. 김영석, 국제인도법, 박영사, 2012, p. 11, p. 14.

전쟁범죄를 인정하고 있다.
    (1) 민간인 주민 자체 또는 적대행위에 직접 참여하지 아니하는 민간인 개인에 대한 고의적 공격
    (2) 민간 대상물, 즉 군사 목표물이 아닌 대상물에 대한 고의적 공격
    (3) 유엔헌장에 따른 인도적 원조나 평화유지임무와 관련된 요원, 시설, 자재, 부대 또는 차량이 무력충돌에 관한 국제법에 따라 민간인 또는 민간 대상물에게 부여되는 보호를 받을 자격이 있는데도 그들에 대한 고의적 공격
    (4) 예상되는 구체적이고 직접적인 제반 군사적 이익과의 관계에 있어서 명백히 과도함에도 불구하고 민간인에 대한 살상, 민간대상물에 대한 손해, 또는 자연환경에 대한 광범위하고 장기간의 중대한 피해를 야기하는 고의적 공격의 개시
    (5) 어떤 수단에 의하든, 방어되지 않고 군사 목표물이 아닌 마을·촌락·거주지 또는 건물에 대한 공격이나 폭격
    (6) 무기를 내려놓았거나 더 이상 방어수단이 없는 항복한 전투원에 대한 살상행위
    (7) 사망 또는 심각한 중상을 가져오는, 제네바협약상의 식별표장뿐만 아니라 휴전 깃발, 적이나 국제연합의 깃발·군사표식·제복의 부적절한 사용
    (8) 점령국이 자국의 민간인 주민의 일부를 직접적 또는 간접적으로 점령지역으로 이주시키거나, 피점령지 주민의 전부 또는 일부를 피점령지 내 또는 밖으로 추방시키거나 이주시키는 행위
    (9) 군사목표물이 아닌 종교·교육·예술·과학 또는 자선 목적의 건물, 역사적 기념물, 병원, 상병자(傷病者)를 수용하는 장소에 대한 고의적 공격
    (10) 적대 당사자의 지배하에 있는 자를 당해인의 의학적·치과적 또는 병원적 치료로서 정당화되지 아니하며 그의 이익을 위하여 수행되지 않는 것으로서, 당해인의 사망을 초래하거나 건강을 심각하게 위태롭게 하는 신체의 절단 또는 여하한 종류의 의학적 또는 과학적

실험을 받게 하는 행위
(11) 적대국 국가나 군대에 속한 개인을 배신적으로 살상하는 행위
(12) 항복한 적에 대하여 구명(救命)을 허락하지 않겠다는 선언
(13) 전쟁의 필요에 의하여 반드시 요구되지 아니하는 적의 재산의 파괴 또는 몰수
(14) 적대 당사국 국민의 권리나 소송행위가 법정에서 폐지, 정지 또는 불허된다는 선언
(15) 비록 적대 당사국 국민이 전쟁개시 전 교전국에서 복무하였을지라도, 그를 자신의 국가에 대한 전쟁 수행에 참여하도록 강요하는 행위
(16) 습격에 의하여 점령되었을 때 도시 또는 지역의 약탈
(17) 독이나 독성 무기의 사용
(18) 질식가스, 유독가스 또는 기타 가스와 이와 유사한 모든 액체·물질 또는 장치의 사용
(19) 총탄의 핵심부를 완전히 감싸지 않았거나 또는 절개되어 구멍이 뚫린 단단한 외피를 가진 총탄과 같이, 인체 내에서 쉽게 확장되거나 펼쳐지는 총탄의 사용
(20) 과도한 상해나 불필요한 괴로움을 야기하는 성질을 가지거나 또는 무력충돌에 관한 국제법에 위반되는 무차별적 성질의 무기, 발사체, 장비 및 전투방식의 사용. 다만, 그러한 무기, 발사체, 장비 및 전투방식은 포괄적 금지의 대상이어야 하며, 제121조와 제123조에 규정된 관련 조항에 따른 개정에 의하여 이 규정의 부속서에 포함되어야 한다.
(21) 인간의 존엄성에 대한 유린행위, 특히 모욕적이고 품위를 손상시키는 대우
(22) 강간, 성적 노예화, 강제매춘, 제7조 제2항 바호에 정의된 강제임신, 강제불임 또는 제네바협약의 중대한 위반에 해당하는 여하한 다른 형태의 성폭력
(23) 특정한 지점, 지역 또는 군대를 군사작전으로부터 면하도록 하기 위하여 민간인 또는 기타 보호인물의 존재를 이용하는 행위

(24) 국제법에 따라 제네바협약의 식별표장을 사용하는 건물, 장비, 의무부대와 그 수송수단 및 요원에 대한 고의적 공격
(25) 제네바협약에 규정된 구호품 공급의 고의적 방해를 포함하여, 민간인들의 생존에 불가결한 물건을 박탈함으로써 기아를 전투수단으로 이용하는 행위
(26) 15세 미만의 아동을 군대에 징집 또는 모병하거나 그들을 적대행위에 적극적으로 참여하도록 이용하는 행위

다. 비국제적 무력충돌 시 적용: 비국제적 성격의 무력충돌의 경우 1949년 8월 12일자 제네바 4개 협약 공통 제3조의 중대한 위반, 즉 무기를 버린 군대 구성원과 질병·부상·억류 또는 기타 사유로 전투능력을 상실한 자를 포함하여 적대행위에 적극적으로 가담하지 않은 자에 대하여 범하여진 다음의 행위에 대하여 전쟁범죄를 인정하고 있다.
(1) 생명 및 신체에 대한 폭행, 특히 모든 종류의 살인, 신체절단, 잔혹한 대우 및 고문
(2) 인간의 존엄성에 대한 유린행위, 특히 모욕적이고 품위를 손상키는 대우
(3) 인질행위
(4) 일반적으로 필요불가결한 사법적 보장을 실현할 수 있는 정규로 구성된 법원의 판결이 없는 형의 선고 및 형의 집행

라. 위의 제8조 제2항 다호 규정은 비국제적 성격의 무력충돌에 적용되며, 따라서 폭동이나 국지적이고 산발적인 폭력행위 또는 이와 유사한 성격의 다른 행위와 같은 국내적 소요나 긴장사태에는 적용되지 아니한다.

마. 비국제적 무력충돌 시 적용: 확립된 국제법 체제 내에서 비국제적 성격의 무력충돌에 적용되는 법과 관습에 대한 여타의 중대한 위반으로서 다음의 행위에 대하여 전쟁범죄를 인정하고 있다.
(1) 민간인 주민 자체 또는 적대행위에 직접 참여하지 않는 민간인 개인에 대한 고의적 공격

(2) 국제법에 따라 제네바협약의 식별표장을 사용하는 건물, 장비, 의무부대와 그 수송수단 및 요원에 대한 고의적 공격
(3) 국제연합헌장에 따른 인도적 원조나 평화유지임무와 관련된 요원, 시설, 자재, 부대 또는 차량이 무력충돌에 관한 국제법에 따라 민간인 또는 민간 대상물에 대하여 부여되는 보호를 받을 자격이 있는데도 그들에 대한 고의적 공격
(4) 군사 목표물이 아닌 것을 조건으로 종교·교육·예술·과학 또는 자선 목적의 건물, 역사적 기념물, 병원, 병자와 부상자를 수용하는 장소에 대한 고의적 공격
(5) 습격에 의하여 점령되었을 때 도시 또는 지역의 약탈
(6) 강간, 성적 노예화, 강제매춘, 제7조 제2항 바호에서 정의된 강제임신, 강제불임 또는 제네바 4개 협약 공통 제3조의 중대한 위반에 해당하는 여하한 다른 형태의 성폭력
(7) 15세 미만의 아동을 군대 또는 무장집단에 징집 또는 모병하거나 그들을 적대행위에 적극적으로 참여하도록 이용하는 행위
(8) 관련 민간인의 안전이나 긴요한 군사적 이유상 요구되지 않음에도 불구하고, 충돌과 관련된 이유로 민간인 주민의 퇴거를 명령하는 행위
(9) 상대방 전투원을 배신적으로 살상하는 행위
(10) 항복한 적에 대하여 구명을 허락하지 않겠다는 선언
(11) 충돌의 타방당사자의 지배하에 있는 자를 당해인의 의학적·치과적 또는 병원적 치료로서 정당화되지 아니하며 그의 이익을 위하여 수행되지도 않는 것으로서, 당해인의 사망을 초래하거나 건강을 심각하게 위태롭게 하는 신체의 절단이나 또는 여하한 종류의 의학적 또는 과학적 실험을 받게 하는 행위
(12) 충돌의 필요에 의하여 반드시 요구되지 않는 적의 재산의 파괴 또는 몰수

바. 제8조 제2항 마호는 비국제적 성격의 무력충돌에 적용되며, 따라서 폭동이나 국지적이고 산발적인 폭력행위 또는 이와 유사한 성격의 다른 행위

와 같은 국내적 소요나 긴장사태에는 적용되지 아니한다. 제7조 제2항 마호는 정부당국과 조직화된 무장집단 간 또는 무장집단들 간에 장기적인 무력충돌이 존재할 때, 그 국가의 영역에서 발생하는 무력충돌에 적용된다.

4. 침략범죄(the crime of aggression)

침략범죄의 정의에 관해서는 로마규정에서 현재 규정하지 않고 있으며, 추후 개정을 통해서 정의하도록 미루어 놓았다. 현재의 실정 국제법에서는 침략전쟁의 정의가 존재하지 않는다. 다만, 유엔 안보리가 유엔헌장이 정한 절차에 따라서 침략행위의 존재를 결정하게 되면 침략국가가 결정되게 되고, 이에 따라 침략범죄에 대한 책임이 있는 자가 결정되게 될 것이다.

5. 지휘관 및 기타 상급자의 책임(제28조)

① 군지휘관 또는 사실상 군지휘관의 책임

군지휘관 또는 사실상 군지휘관으로서 행동하는 자가 자신의 실효적인 지휘와 통제하에 있는 군대가 범한 국제형사재판소 관할범죄에 대하여 다음과 같은 조건을 충족시키는 경우에는 그 군대를 적절하게 통제하지 못한 결과에 대하여 형사책임을 진다.
  (1) 군지휘관 또는 사실상 군지휘관으로서 행동하는 자가 군대가 그러한 범죄를 범하고 있거나 또는 범하려 하고 있다는 사실을 알았거나 또는 당시 정황상 알았어야 하고,
  (2) 군지휘관 또는 사실상 군지휘관으로서 역할을 하는 자가 그들의 범행을 방지하거나 억제하기 위하여 또는 그 사항을 수사 및 기소의 목적으로 권한 있는 당국에 회부하기 위하여 자신의 권한 내의 모든 필요하고 합리적인 조치를 취하지 아니한 경우이다.

② 기타 상급자의 책임

군지휘관 또는 사실상 군지휘관이 아닌 상급자와 하급자의 관계와 관련하여, 상급자는 자신의 실효적인 권위와 통제하에 있는 하급자가 범한 국제형사

재판소 관할범죄에 대하여 다음과 같은 조건을 충족시키는 경우에는 하급자를 적절하게 통제하지 못한 결과에 대하여 형사책임을 진다.

    (1) 하급자가 그러한 범죄를 범하고 있거나 또는 범하려 한다는 사실을 상급자가 알았거나 또는 이를 명백히 보여주는 정보를 의식적으로 무시하였고,

    (2) 범죄가 상급자의 실효적인 책임과 통제 범위 내의 활동과 관련된 것이었으며,

    (3) 상급자가 하급자의 범행을 방지하거나 억제하기 위하여 또는 그 사항을 수사 및 기소의 목적으로 권한 있는 당국에 회부하기 위하여 자신의 권한 내의 모든 필요하고 합리적인 조치를 취하지 아니한 경우이다.

Ⅲ. 국제형사재판소 관할 범죄의 처벌 등에 관한 법률

우리나라는 현재 국내에서는 무력충돌 상황에 놓여있지 않다. 그러나 한국군은 현재 UN평화유지군 또는 다국적군의 일원으로 세계 도처에서 발생하고 있는 무력충돌에 참여하고 있다. 만약 이러한 요원들이 중요한 전쟁범죄를 범할 경우, 국제형사재판소의 재판에 회부되는 비극이 발생할 수도 있다. 그러므로 우리나라는 국제형사재판소의 관할범죄에 관한 처벌(수사, 기소, 재판 및 형의 집행)을 국내 수사기관 및 법원이 할 수 있도록 법률을 제정하였다.

즉, 우리나라는 「국제형사재판소에 관한 로마규정」 협약에 가입한 후 2007년 12월 21일 「국제형사재판소 관할 범죄의 처벌 등에 관한 법률」을 제정하여 시행하고 있으며, 2011년 4월 12일 개정하였다.

「국제형사재판소 관할 범죄의 처벌 등에 관한 법률」은 로마규정의 국내이행법률의 성격을 가진다.

이 법률에서는 로마규정에서 전쟁범죄로 규정하고 있는 범죄유형을 거의 그대로 수용하여 전쟁범죄로 규정하여 처벌하고 있다. 이 법률은 우리나라에서 제정한 국내법으로서 우리 국민(특히 전쟁을 수행하는 교전자)에게 직접 적용된다는 점에서 매우 중요한 법률이다.

1. 법률의 제정 목적

「국제형사재판소 관할 범죄의 처벌 등에 관한 법률」을 제정한 목적은 "인간의 존엄과 가치를 존중하고 국제사회의 정의를 실현하기 위하여 '국제형사재판소에 관한 로마규정'에 따른 국제형사재판소의 관할 범죄를 처벌하고 대한민국과 국제형사재판소 간의 협력에 관한 절차를 정함을 목적으로 한다"고 규정하고 있다(제1조).

이 법률에서는 국제인도법에 따라 보호되는 사람의 의미, 즉 국제적 무력충돌과 비국제적 무력충돌의 경우에 보호되는 사람의 의미, 이 법률의 적용범위, 상급자의 명령에 따른 행위의 처벌여부, 지휘관과 그 밖의 상급자의 책임, 시효의 적용배제, 면소의 판결, 사람에 대한 전쟁범죄, 재산 및 권리에 대한 전쟁범죄, 인도적 활동이나 식별표장 등에 관한 전쟁범죄, 금지된 방법에 의한 전쟁범죄, 금지된 무기를 사용한 전쟁범죄, 지휘관 등의 직무태만죄, 사법방해죄, 친고죄·반의사불벌죄의 배제, 국제형사재판소규정상의 범죄구성요건을 고려 등의 내용으로 구성되어 있다.

우리 국민이 이미 국제형사재판소에서 유죄 또는 무죄의 확정판결을 받은 경우에는 우리 법원은 이중처벌을 할 수 없고 면소(免訴)의 판결을 하여야 한다(국제형사재판소 관할 범죄의 처벌 등에 관한 법률 제7조).

2. 적용범위

「국제형사재판소 관할 범죄의 처벌 등에 관한 법률」의 적용범위는 다음과 같다(동 법률 제3조).

(1) 대한민국 영역 안에서 이 법으로 정한 죄를 범한 내국인과 외국인에게 적용한다.
(2) 대한민국 영역 밖에서 이 법으로 정한 죄를 범한 내국인에게 적용한다.
(3) 대한민국 영역 밖에 있는 대한민국의 선박 또는 항공기 안에서 이 법으로 정한 죄를 범한 외국인에게 적용한다.
(4) 대한민국 영역 밖에서 대한민국 또는 대한민국 국민에 대하여 이 법으로 정한 죄를 범한 외국인에게 적용한다.

(5) 대한민국 영역 밖에서 집단살해죄 등을 범하고 대한민국영역 안에 있는 외국인에게 적용한다.

3. 상급자의 명령에 따른 행위

정부 또는 상급자의 명령에 복종할 법적 의무가 있는 사람이 그 명령에 따른 자기의 행위가 불법임을 알지 못하고 집단살해죄 등을 범한 경우에는, 명령이 명백한 불법이 아니고 그 오인(誤認)에 정당한 이유가 있을 때에만 처벌하지 아니한다(동 법률 제4조 제1항).

그러나 집단살해죄(동 법률 제8조) 또는 비인도적 범죄(동 법률 제9조)의 죄를 범하도록 하는 명령은 명백히 불법인 것으로 본다(동 법률 제4조 제2항).

4. 지휘관과 그 밖의 상급자의 책임

군대의 지휘관(지휘관의 권한을 사실상 행사하는 사람을 포함한다. 이하 같다) 또는 단체·기관의 상급자(상급자의 권한을 사실상 행사하는 사람을 포함한다. 이하 같다)가 실효적인 지휘와 통제하에 있는 부하 또는 하급자가 집단살해죄 등을 범하고 있거나 범하려는 것을 알고도 이를 방지하기 위하여 필요한 상당한 조치를 하지 아니하였을 때에는 그 집단살해죄 등을 범한 사람을 처벌하는 외에 그 지휘관 또는 상급자도 각 해당 조문에서 정한 형으로 처벌한다(동 법률 제5조).

5. 국제형사재판소와의 협력

(1) 「범죄인 인도법」의 준용

동 법률 제19조는 「① 대한민국과 국제형사재판소 간의 범죄인 인도에 관하여는 「범죄인 인도법」을 준용한다. 다만, 국제형사재판소규정에 「범죄인 인도법」과 다른 규정이 있는 경우에는 그 규정에 따른다.

② 제1항의 경우 「범죄인 인도법」 중 "청구국"은 "국제형사재판소"로, "인도조약"은 "국제형사재판소 규정"으로 본다」고 규정하고 있다.

6. 「국제형사사법 공조법」의 준용

동 법률 제20조는 「① 국제형사재판소의 형사사건 수사 또는 재판과 관련하여 국제형사재판소의 요청에 따라 실시하는 공조 및 국제형사재판소에 대하여 요청하는 공조에 관하여는 「국제형사사법 공조법」을 준용한다. 다만, 국제형사재판소 규정에 「국제형사사법 공조법」과 다른 규정이 있는 경우에는 그 규정에 따른다.
② 제1항의 경우 「국제형사사법 공조법」 중 "외국"은 "국제형사재판소"로, "공조조약"은 "국제형사재판소 규정"으로 본다」고 규정하고 있다.

7. 국제형사재판소의 관할범죄의 처벌

(1) 집단살해죄

국민적·인종적·민족적 또는 종교적 집단 자체를 전부 또는 일부 파괴할 목적으로 그 집단의 구성원을 살해한 사람은 사형, 무기 또는 7년 이상의 징역에 처한다(추가적인 내용은 본 저서 부록에 첨부된 「국제형사재판소 관할범죄의 처벌 등에 관한 법률」 제8조 참조).

(2) 인도에 반한 죄

민간인 주민을 공격하려는 국가 또는 단체·기관의 정책과 관련하여 민간인 주민에 대한 광범위하거나 체계적인 공격으로 사람을 살해한 사람은 사형, 무기 또는 7년 이상의 징역에 처한다(추가적인 내용은 동법 제9조 참조).

(3) 사람에 대한 전쟁범죄

국제적 무력충돌 또는 비국제적 무력충돌(폭동이나 국지적이고 산발적인 폭력행위와 같은 국내적 소요나 긴장 상태는 제외한다. 이하 같다)과 관련하여 인도에 관한 국제법규에 따라 보호되는 사람을 살해한 사람은 사형, 무기 또는 7년 이상의 징역에 처한다(추가적인 내용은 동법 제10조 참조).

(4) 재산 및 권리에 대한 전쟁범죄

국제적 무력충돌 또는 비국제적 무력충돌과 관련하여 적국 또는 적대 당사자의 재산을 약탈하거나 무력충돌의 필요상 불가피하지 아니한데도 적국 또는 적대 당사자의 재산을 국제법규를 위반하여 광범위하게 파괴·징발하거나 압수한 사람은 무기 또는 3년 이상의 징역에 처한다(추가적인 내용은 동법 제11조 참조).

(5) 인도적 활동이나 식별표장 등에 관한 전쟁범죄

국제적 무력충돌 또는 비국제적 무력충돌과 관련하여 다음 각호의 어느 하나에 해당하는 행위를 한 사람은 3년 이상의 유기징역에 처한다(추가적인 내용은 동법 제12조 참조).

(6) 금지된 방법에 의한 전쟁범죄

국제적 무력충돌 또는 비국제적 무력충돌과 관련하여 다음 각호의 어느 하나에 해당하는 행위를 한 사람은 무기 또는 3년 이상의 징역에 처한다(추가적인 내용은 동법 제13조 참조).

(7) 금지된 무기를 사용한 전쟁범죄(동법 제14조 제1항, 2항, 3항)

「① 국제적 무력충돌 또는 비국제적 무력충돌과 관련하여 다음 각호의 어느 하나에 해당하는 무기를 사용한 사람은 무기 또는 5년 이상의 징역에 처한다.
  1. 독물(毒物) 또는 유독무기(有毒武器)
  2. 생물무기 또는 화학무기
  3. 인체 내에서 쉽게 팽창하거나 펼쳐지는 총탄
② 제1항의 죄를 범하여 사람의 생명·신체 또는 재산을 침해한 사람은 사형, 무기 또는 7년 이상의 징역에 처한다.
③ 제1항에 규정된 죄의 미수범은 처벌한다.」

(8) 지휘관 등의 직무태만죄(동법 제15조 제1항, 2항, 3항)

「① 군대의 지휘관 또는 단체·기관의 상급자로서 직무를 게을리하거나 유기(遺棄)하여 실효적인 지휘와 통제하에 있는 부하가 집단살해죄 등을 범하는 것을 방지하거나 제지하지 못한 사람은 7년 이하의 징역에 처한다.
② 과실로 제1항의 행위에 이른 사람은 5년 이하의 징역에 처한다.

③ 군대의 지휘관 또는 단체·기관의 상급자로서 집단살해죄 등을 범한 실효적인 지휘와 통제하에 있는 부하 또는 하급자를 수사기관에 알리지 아니한 사람은 5년 이하의 징역에 처한다.」

(9) 사법방해죄

국제형사재판소에서 수사 또는 재판 중인 사건과 관련하여 다음 각 호의 어느 하나에 해당하는 사람은 5년 이하의 징역 또는 1천 500만원 이하의 벌금에 처하거나 이를 병과(倂科)할 수 있다(추가적인 내용은 동법 제16조 참조).

(10) 친고죄·반의사불벌죄의 배제(동법 제17조)

집단살해죄 등은 고소가 없거나 피해자의 명시적 의사에 반하여도 공소를 제기할 수 있다.

제3장 공전법규(空戰法規)

제1절 공전법규의 연혁과 발전

Ⅰ. 1899년 제1회 평화회의

공전법규에 관한 최초의 성문 규정화는 1899년 헤이그 제1회 평화회의에서 공전(空戰)의 가능성을 예측하고[73] 경기구(輕氣球) 또는 이와 유사한 방법에 의하여 폭발물의 투하를 금지하는 「공중으로부터 투하된 투사물에 관한 선언」이 채택되었다(이 선언은 5년 기한부로 체결되었으며, 1900년부터 시행되었다).

---

[73] 항공기가 발달하여 공군기로 이용된 것은 1914년 이후의 일이다.

Ⅱ. 1907년 제2회 평화회의

1899년 헤이그 제1회 평화회의에서 채택된 이 선언은 1907년 제2회 평화회의에서 부활되었으나 프랑스·이탈리아·독일·일본 등 여러 국가는 동 선언에 동의하지 않았다.

그러나 1907년 헤이그 육전규칙 제25조에서「방어되지 않은 도시, 촌락, 주택 또는 건물은 어떠한 수단에 의하건 이를 공격 또는 포격할 수 없다」라고 규정하여 공중으로부터 공격과 포격을 포함하고 있다. 또한 육전규칙 제29조, 제53조 등에서도 공전에 관하여 규정하고 있다.

Ⅲ. 1923년 공전법규안(空戰法規案)

제1차 세계대전이 종료된 후 공중전의 경험은 정비된 공전법규 제정의 필요성이 대두 되었다. 따라서 1922년 워싱턴 군비제한회의에서 '전쟁법규의 개정을 심의하는 법률가위원회에 관한 결의'가 채택되었다. 이 결의에 따라서 동 위원회는 미국·영국·프랑스·이탈리아·네델란드·일본의 대표들이 1922년 12월부터 1923년 2월까지 헤이그에서 회동하였다. 이 위원회 회의에서「공전법규안」(Draft Code of Air Warfare)과「전시 무선전신 통제에 관한 법규안」(Draft Code for the Control of Radio in Time of War)이 작성되었다. 이 두 법규안은 모두 조약으로서 성립되지는 못하였다.

영국의 Lauterpacht 교수는 이 공전법규안에 대해서 지적하기를 "전시 군용항공기 사용에 관한 법규를 형성하는 가장 권위 있는 시도이다"라고 밝히고 있다.[74]

또한 많은 국가들은 공전법규안에 따라 행동할 것을 선언한 경우가 많았으며, 공전법규안은 교전당사자와 중립국에 많은 영향을 주어왔다.[75]

육전이나 해전과는 달리 공전을 규율하는 확립된 조약은 없다. 그러나 공전법규안은 항공작전에 관한 주요 문제들을 규정하고 있으며, 제정 당시 공전을

---

74) 정운장, 국제인도법, 1994, 영남대학교 출판부, p. 69.
75) 김명기, 국제법원론(하), 박영사, 1996, p. 1367.

규율하던 관습법을 선언한 것이었다. 오늘날 공전법규안은 1949년 제네바 제 협약 및 기타 무력분쟁 관련 조약과 관련 판례를 통하여 관습국제법으로 인정되고 있다.76)

공전법규안은 총 62개 조문으로 구성되어 있으며, 이들 제 규정은 대부분이 관습국제법과 육전 및 해전에 관한 전쟁법상의 일반원칙에 부합(符合)하고 있다.

그 구성내용은 다음과 같다. 제1장(제1-10조) 적용범위, 종류 및 표지(標識), 제2장(제11-12조) 일반원칙, 제3장(제13-17조) 교전자, 제4장(제18-29조) 전투폭격 및 정탐행위, 제5장(제30-38조) 적국 항공기 및 중립국 항공기와 그 승무원에 대한 군의 권한, 제6장(제39-48조) 중립국에 대한 교전자의 의무와 교전자에 대한 중립국의 의무, 제7장(제49-60조) 임검·수색과 포획·몰수, 제8장(제61-62조) 정의(定義)이다.

Ⅳ. 1977년 추가의정서

1949년 제네바 협약에 대한 1977년의 추가의정서의 규정은 공전(空戰)에도 적용될 여러 조항을 포함하고 있다. 즉, 제1의정서 제37-39조, 제41조, 제51-57조, 제59-60조, 제85조 등이다.

제2절 공전법의 기본원칙

공전(空戰)도 전쟁법의 기본원칙이 지배함은 물론 공전 특유의 기본원칙이 있다. 공전의 3대 기본원칙은 1938년 10월 제네바에서 개최된 국제연맹총회에서 채택되었다.

Ⅰ. 민간인에 대한 폭격금지 원칙

민간인(평화적 인민)에 대한 폭격과 고의적인 공격은 전쟁법에 반한다는 원칙이다.

---

76) 이한기, "국제법강의", 박영사, 2006, p. 790.

Ⅱ. 군사목표주의 원칙

공중으로부터의 조준의 표적은 군사목표물에 한하며 또한 그 목표물에 일치되어야만 합법적이라는 원칙이다.

Ⅲ. 합리적 주의(注意)의 원칙

군사목표물을 공격할 때에 부주의(不注意)로 인하여 그 인근에 있는 민간인이 폭격당하지 않도록 합리적인 주의를 하여야 한다는 원칙이다.

제3절 교전자(交戰者)

Ⅰ. 군용항공기

공전에 있어서는 원칙적으로 군용항공기가 교전자격자이다(공전법규안 제13조).

군용항공기는 국가로부터 정식으로 임명되거나 또는 군무에 편입된 자의 지휘하에 있어야 하며, 그 승무원은 군인이어야 한다(동 제14조).

군용항공기는 그 국적(國籍) 및 군사적 성질을 표시하는 외부 표지(標識)를 하여야 한다(동 제3조). 이 표지는 비행 중에 변경할 수 없도록 고착된 것이어야 하며, 될 수 있는 대로 크고 위, 아래, 옆에서 볼 수 있는 것이어야 한다(동 제7조). 이 표지는 모든 국가에 통고하여야 한다(동 제8조),

허위의 외부 표지 사용은 금지되며(동 제19조), 허위의 외부표지 사용은 전쟁범죄를 구성한다. 예컨대 군용항공기가 타국이나 국제연합의 항공기, 민간항공기, 의무항공기인 것처럼 위장하는 경우 등이다.

Ⅱ. 군용항공기로 변경된 일반항공기

비군용항공기는 적대행위를 할 수 없다(동 16조). 그러나 사적 항공기거나 공적 항공기거나 비군용항공기는 군용항공기로 변경하여 사용할 수 있으며, 비군용항공기가 군용항공기로 변경된 후에는 교전자격이 있다. 그러나 이와 같은 변경은 자국의 관할 내에서만 할 수 있으며 공해에서는 할 수 없다(동 제9조).

Ⅲ. 승무원의 외부표지

군용항공기의 승무원은 탑승항공기에서 분리되는 경우에 원거리에서 인식할 수 있는 고착된 특수표지를 하여야 한다(동 제15조). 허위의 외부표지를 사용할 수 없으며(동 제19조) 이를 사용한 경우에는 배신행위로서 전쟁범죄를 구성한다.

승무원은 제복을 착용하는 한 특수표지는 필요하지 않으며 적에게 체포되면 포로의 대우를 받는다.

제4절 전투수단과 방법

Ⅰ. 항공기에 대한 공격

1. 군용항공기에 대한 공격

군용항공기는 적의 군용항공기를 공격할 수 있다(공전법규안 제13조). 동시에 군용항공기는 공격의 대상이 된다.

비군용항공기는 적대행위에 종사하지 못한다(동 제16조). 여기서 적대행위에는 교전자의 즉시 사용을 위한 군사정보의 항공전달을 포함한다. 적대행위에 종사하는 비군용항공기에 대해서는 곧 공격할 수 있으며 그 승무원은 전쟁법 위반으로 처벌을 받을 수 있다.

교전국이 점령한 지역 내의 중립국 민간항공기는 완전보상을 조건으로 징발할 수 있으며(동 제31조), 적대국 공용항공기는 나포절차 없이 몰수된다(동 제32조).

2. 군용항공기에 대한 공격의 제한

(1) 적의 군용항공기라도 전투능력을 상실한 항공기, 상병자(傷病者)나 조난자를 수송하는 의무항공기(flying ambulance), 항복의 신호를 해오는 항공기에 대해서는 공격할 수 없다.

(2) 적십자항공기에 대해서는 공격할 수 없다. 적십자항공기는 백색으로 칠하고 통상의 항공기 표지 이외에 적십자 표지를 하여야 한다(동 제17조).

(3) 적십자항공기 등 공격의 제한을 받는 항공기가 정보의 수집 기타 적대행위에 관한 행동을 할 경우에는 배신행위를 구성하며 공격을 받을 수 있다.

(4) 승무원이 낙하산으로 피난하기 위하여 하강(下降)할 때에는 이를 공격할 수 없다(동 제20조).

1977년 제네바협약 제1추가의정서는 하강자에 대한 공격과 관련하여 다음과 같이 규정하고 있다(제1추가의정서 제42조).

(1) 조난당한 항공기로부터 낙하산으로 하강하는 자에 대해서는 그의 하강 중 공격의 목표가 되어서는 아니 된다.

(2) 조난당한 항공기로부터 낙하산으로 하강하는 자에 대해서는 적대당사국에 의하여 통제되고 있는 영토내의 육지에 도달하면 그가 적대행위를 취하고 있음이 명백하지 않는 한 공격의 대상이 되기에 앞서 항복할 기회가 주어져야 한다.

3. 공수부대는 본 조에 의하여 보호되지 아니한다.

그러나 하강지역이 하강자 소속 국가의 영역이거나 그 점령지역인 경우에는 하강 후에 안전하게 자기 소속 군에 복귀할 수 있기 때문에 이 때에는 하강 중이라도 공격할 수가 있다고 본다.[77]

---

[77] Julius Stone, Legal Controls of International Conflict, New York: Rinehart, 1954, P. 616; 박관숙·최은범, 국제법, 문원사, 1988, p. 375.

Ⅱ. 군사목표물

1. 군사목표물 원칙

군사목표물이란 전쟁법상 합법적으로 교전자가 공격을 할 수 있는 목표물을 말한다. 교전자는 군사목표물 이외의 대상에 대해서는 공격을 해서는 안 된다. 이것을 군사목표물의 원칙이라고 한다.

공전법규안은 어떤 목표물의 파괴가 '분명한 군사적 이익'을 주는 것들을 군사목표물이라고 정의하였다(공전법규안 제24조 제1항). 이 공전법규안은 구체적으로 군사목표물의 대상을 다음과 같이 열거하고 있다. 즉, 군병력, 군사건조물, 군사저장소, 병기·탄약이나 명백히 군수품의 제조에 종사하는 중요하고 공지(公知)의 군수공장, 군사상의 목적에 사용되는 교통선 또는 운수선(運輸船)을 들고 있다(동 제24조 제2항).

또한 공전법규안 제24조 제2항에서 규정하고 있는 합법적 군사목표물이라 하더라도 그 위치상 폭격시 민간인들에 대한 무차별 폭격이 불가피한 경우에는 폭격이 금지된다(동 제24조 제3항).

그리고 군사목표물이라도 현금이나 물품의 징발을 목적으로 하는 폭격은 금지된다(동 제23조).

2. 군사목표물 제한

종교·기예·학술·자선의 목적에 사용되는 건물, 역사상의 기념건조물, 병원선, 병원 및 상병자의 수용소 등은 그것들이 동시에 군사상의 목적에 사용되지 않는 한 공중폭격의 대상으로 해서는 안 된다는 것은 육전이나 해전의 경우와 같다. 이러한 시설 등은 항공기에서 볼 수 있는 표지로서 표시하여야 한다(동 제25조).

군사목표물 원칙과 관련하여 폭격에 관한 전쟁규칙은 종래에는 공전법규로 취급되어 왔으나 오늘날에는 지상과 해상에서도 발사가 가능한 미사일 등의 개발로 공전·육전·해전에 모두 적용되도록 하고 있다. 1977년 제1추가의정서는 폭격에 관한 법규칙들이 모든 형태의 전투에 다 적용될 수 있도록 입법화 하였다. 즉, 「본 장(제4편 제1장을 말함)의 제 규정은 지상의 민간주민, 민간개인 또는 민간물자에 영향을 미칠 수 있는 모든 지상, 공중 및 해상에서의 전투에 적용된다. 동 제 규정은 또한 지상의 목표물에 대한 해상 및 공중으로부터의 모든 공격에도 적용 된다」(제1추가의정서 제49조 제3항).

Ⅲ. 공전(空戰)에서 특히 허용된 무기

전쟁일반에서 금지된 무기, 특히 육전(陸戰)에서 금지된 무기는 공전(空戰)이나 해전(海戰)에서도 금지되는 것이 원칙이다. 공전에서만 특히 금지되는 무기는 없다. 그러나 전쟁일반에서는 금지되나 공전에서는 특히 허용되는 무기가 있다.

첫째, 예광탄(曳光彈)과 소이탄(燒夷彈)은 육전에서는 금지된 무기이다. 즉, 육전에서는 폭발성(爆發性)·연소성(燃燒性) 발사물로서 400g 이하의 중량을 가진 무기의 사용은 금지된다. 그러나 공전에서는 사용이 금지되지 않는다.

공전법규안은 「항공기에 의한 또는 항공기에 대한 예광탄, 소이성이나 폭발성이 있는 투사물을 사용하는 것은 금지되지 않는다. 이 규정은 1868년의 St. Petersburg 선언의 당사국 및 기타 국가에 대해서도 다 같이 적용된다」고 규정하고 있다(공전법규안 제18조). 이는 항공기에 대한 공격에 있어서 소이성이나 폭발성이 없는 탄환은 그 효과를 발생할 수 없고, 항공기에 의한 폭격도 마찬가지기 때문이다.

둘째, 적으로부터 포획한 적의 항공기의 표지를 제거하고 포획국의 표지로 대체하여 군용항공기로 이용하는 것은 합법적이라 할 수 있다. 항공기의 국적이나 엔진의 형태는 항공기의 전투자격과는 아무런 관계가 없다.

제4장 해전법규(海戰法規)

제1절 해전법규의 연혁과 발전

19세기 이후 해전(海戰)에 있어서 교전법규에 관한 주요 조약은 다음과 같다.
1) 「1856년 해법(海法)의 제 문제를 규율하는 파리선언」
2) 「1899년 제1차 헤이그 평화회의의 제조약 중 제3조약: 1864년 제네바 협약의 제원칙을 해전에 적용하는 협약」[78]
3) 「1904년 전시 병원선의 공격면제에 관한 조약」
4) 「1907년 제2차 헤이그 평화회의의 제조약」 중 제6호 조약: 개전시 적상선(敵商船)의 취급에 관한 조약, 제7호 조약: 상선을 군함으로 변경하는 데 관한 조약, 제8호 조약: 자동촉발기뢰(機雷)의 부설에 관한 조약, 제9호 조약: 전시 해군력에 의하여 행하는 포격에 관한 조약, 제10호 조약: 제네바 조약의 제원칙을 해전에 적용하는 조약, 제11호 조약: 해전에 있어서 포획권 행사의 제한에 관한 조약, 제12조약: 국제포획심판소의 설치에 관한 조약(발효되지 못함), 제13조약: 해전의 경우에 있어서의 중립국의 권리·의무에 관한 조약
5) 「1909년 해전법규에 관한 런던선언(발효되지 못함)」
6) 「1922년 교전 시 잠수함 및 독가스 사용제한에 관한 워싱턴 조약(발효되지 못함」
7) 「1930년 해군의 군비제한 및 감축에 관한 런던 조약(제4편)」 및 「1936년 런던 의정서(정식 명칭: 1930년 4월 22일의 런던 조약 제4편(제22조)에 규정된 잠수함전 법규에 관한 런던 의정서)」
8) 「1949년 전쟁희생자의 보호를 위한 제네바 제협약 중 제2협약: 해상에 있어서 군대의 부상자, 병자 및 조난자의 상태 개선에 관한 협약」
9) 「1958년 공해(公海)에 관한 조약」
10) 「1977년 1948년 8월 12일자 제네바 제협약에 대한 추가 및 국제적

---

[78] 여기의 1864년 제네바 협약이라 함은 「전장에 있어서의 군대의 상병자의 상태 개선에 관한 제네바 협약(제1차 적십자 조약, 1906년 개정)을 말함.

무력충돌의 희생자보호에 관한 추가의정서(제1추가의정서)」
11) 「1977년 1948년 8월 12일자 제네바 제협약에 대한 추가 및 비국제적 무력충돌의 희생자보호에 관한 추가의정서(제2추가의정서)」
12) 「1982년 유엔해양법협약」
13) 「1998년 국제형사재판소에 관한 로마규정(ICC 로마규정)」

제2절 교전자(交戰者)

I. 군함(軍艦)

해전(海戰)에서는 군함이 교전자이다. 1958년 제네바 국제해양법회의에서 채택된 「공해에 관한 조약」79)에 의하면 「군함이란 일국의 해군부대에 속하는 선박으로서 그 국가의 군함인 것을 표시하는 외부표지(外部標識)를 가지며, 정부에 의해 정식으로 임명되고 또한 그 성명이 해군 군적부(軍籍簿)에 등재(登載)되어 있는 장교의 지휘하에 있으며, 또한 정규해군의 규율에 복종하는 승무원이 배치되어 있는 선박을 말한다」라고 규정하고 있다(제8조 제2항).

군함의 종류(순양함, 구축함, 잠수함 등)는 불문하고, 그 대소, 형태 및 무장의 유무에 관계없이 모든 군함은 교전자이다.

군함의 승무원은 군함 내에 있는 한 반드시 개별적인 표지(제복)를 할 필요는 없으며, 군함의 외부표지(깃발)로 충분하다.

승무원은 개별적인 표지가 없어도 적에게 체포되면 포로의 대우를 받는다.

II. 군함으로 변경된 상선(商船)

상선이 군함으로 변경되면 교전자격이 인정된다. 군함으로 변경된 상선의 승무원의 지위는 군함의 승무원의 지위와 동일하다.

1907년 헤이그 제2회 평화회의에서 채택된 제조약 중에서 제7호 조약 「상

---

79) '공해에 관한 조약'은 1961년 6월 10일에 발효되었다.

선을 군함으로 변경하는 데 관한 조약」은 상선을 군함으로 변경하는 요건을 아래와 같이 규정하고 있다(본 조약 제1조-제6조).

1. 국기(國旗)의 소속국의 직접적인 관할·감독을 받을 것
2. 군함의 외부표지를 할 것
3. 지휘관이 국가의 근무에 복종하고, 정식으로 임명되고, 그 성명이 함대의 장교명부에 기재되어 있을 것
4. 승무원은 군기(軍紀)에 복종할 것
5. 승무원은 전쟁법규와 관례를 준수할 것
6. 군함으로의 변경을 군함표에 기입할 것

Ⅲ. 저항사선(抵抗私船)

육전에서의 민간인과 마찬가지로 해전(海戰)에서의 사선(私船)과 그 선원은 교전자격이 인정되지 않으므로 적대행위를 할 수 없다. 그러나 적 군함의 공격에 대하여 저항하는 사선 및 그 선원은 전쟁법규와 관례를 준수하는 것을 조건으로 교전자격이 인정된다. 적 군함의 공격을 받아 이에 저항하는 사선상(私船上)의 선원은 적에게 체포되면 포로의 대우를 받으며 전쟁범죄로 처벌되지 않는다. 이것은 1907년 헤이그 제2회 평화회의에서 채택된 제조약 중에서 제11호 조약인 「해전에 있어서 포획권 행사의 제한에 관한 조약」 제8조에서 이를 간접적으로 규정하고 있다. 그러나 적 군함의 공격을 받았으나 아무런 저항도 없이 포획된 사선상의 선원은 차후 적대행위에 참가하지 않을 것을 조건으로 포로로 취급되지 않는다(해전에 있어서 포획권 행사의 제한에 관한 조약 제6조).

제3절 전투수단과 방법

Ⅰ. 군함과 공선(公船)에 대한 공격

군함과 기타의 공선에 대한 공격은 영해 또는 공해상에서 경고 없이 공격할

수 있으나 중립국의 영해상에서는 공격할 수 없다.

Ⅱ. 군함과 공선에 대한 공격의 규제

다음의 경우에는 군함과 기타의 공선에 대하여 영해 또는 공해상에서 공격할 수 없다.

1. 학술·종교 또는 박애(博愛)의 임무에 종사하는 선박

위의 임무에 종사하는 군함과 기타의 공선에 대하여는 공격할 수 없다. 단 이들이 적대행위를 하지 않을 것을 조건으로 한다(1907년 해전에 있어서 포획권 행사의 제한에 관한 조약 제4조).

2. 군용병원선(軍用病院船)

군용병원선에 대한 공격제한은 1949년 「해상에 있어서 군대의 부상자, 병자 및 조난자의 상태개선에 관한 조약」 제22조에서 규정하고 있다. 교전당사자는 병원선의 명칭과 형태를 상대방 교전국에게 동 병원선을 사용하기 10일 전에 통고하여야 한다(동 제22조). 상선(商船)의 병원선으로의 변경도 가능하다(동 제33조).

3. 조난선(遭難船)

본국이나 중립국 항구에 도달할 능력을 상실하고 적의 항구로 피난처를 구하는 선박은 인도주의에 의해 보호된다.

4. 카텔선(cartel ships)

카텔선은 포로교환선, 군사선(軍使船), 적과의 공적 통신을 수송하는 선박이다. 이는 관습국제법에 의하여 공격으로부터 면제된다.

Ⅲ. 사선(私船)

1. 원칙

일반 사선은 교전자격이 없으므로 일반 사선에 대해서는 즉시 공격할 수 없다(1930년 런던조약 제22조).

자위(自衛)를 위하여 무장한 사선에 대해서는 각 국가의 관행과 다수 학자들의 견해에 의하면 사선으로서의 지위를 변경하지 않는다고 한다. 이와 같이 사선이 공격으로부터 면제되는 것은 비전투원이 방어적 무기를 가져도 비전투원으로서의 지위를 상실하지 아니 한다는 기본적 이론에 근거한 것이다.

그러나 사선이 먼저 적대행위를 하면은 이 경우는 공격의 대상이 된다.

2. 예외

아래의 경우에는 일반 사선에 대하여 공격이 가능하다.

(1) 정선(停船), 임검(臨檢)을 거절하는 사선

사선은 정선이나 임검에 응하여야 할 의무는 없으며, 이를 거절한 사선에 대한 적의 공격시 이에 저항할 수 있다는 주장과 저항은 불법적이라는 주장이 있다. 전자의 주장은 미국·영국·이탈리아의 견해이고, 후자의 주장은 독일 학자들의 견해이다.[80]

그러나 잠수함에 의해서 공격하는 경우에는 사선(私船)에 대해서 정당한 신호에 의한 정선, 임검을 요구할 때에는 사선이 이를 적극적으로 거부하면 사선에 대해서 공격할 수 있다(「1936년 잠수함의 전투행위에 관한 의정서 규칙 (2)」).

(2) 선제공격을 하는 사선

사선이 먼저 적대행위를 하면은 이것은 전쟁범죄를 구성하는 행위이며, 공

---

80) Schwarzenberger, International Law, 7th ed., Vol. 2(London: Stevens, 1968), pp. 384-394.

격의 대상이 된다. 적대행위를 한 선원은 적에게 체포되면 포로의 대우를 받지 못한다.

제4절 군사적 방조(軍事的 幇助)

Ⅰ. 의의

군사적 방조(hostile assistance)라 함은 교전당사국에게 이익을 주는 중립인(中立人)의 행위를 말한다. 적국에 대한 전시금제품의 보급이나 거래가 아니고, 적국 군대의 수송, 이적(利敵)을 위한 정보의 전달, 기타 이와 유사한 행위로서 교전당사국에게 이익을 주는 행위를 말하며, 일명 비중립역무(非中立役務, unneutral service)라고도 한다.

1909년 런던선언 이전에는 교전당사국에게 군사적 이익이 되는 인원의 수송과 정보의 전달만을 군사적 방조라고 하여 전시금제품의 수송과 대비시켰으나 런던선언에서는 그 범위를 확대하여 전투행위에 참가하는 것, 기타 교전당사국에게 이익이 되는 행위로 확장하였다.

Ⅱ. 경방조(輕幇助)와 중방조(重幇助)

1909년 런던선언은 군사적 방조행위를 경한 군사적 방조와 중한 군사적 방조로 구별하였다.

1. 경방조

경한 군사적 방조는 교전당사국을 위한 방조의 성격이 비교적 경한 행위로서 이러한 행위를 하는 중립선(中立船)은 전시금제품을 수송하는 중립선과 동일하게 취급된다. 즉, 중립선으로서의 지위를 갖는다.

경방조의 행위는 다음과 같다.

(1) 중립선박(中立船舶)이 적군(敵軍)에 편입될 승객을 수송할 목적으로써 또

는 이적(利敵)을 위하여 정보를 전달할 목적으로써 특별히 항해하는 경우
(2) 선박의 소유자, 선박을 전체로 고용한 자 또는 선장이 사정을 알면서 적군대 또는 적의 작전을 원조할 자를 수송하는 경우(런던선언 제45조)

2. 중방조

중한 군사적 방조는 교전당사국을 위한 방조의 성격이 비교적 중한 행위로서 이러한 방조를 하는 중립선(中立船)은 적상선(敵商船)과 동일하게 취급된다. 즉, 중립선이지만 중립선의 지위를 상실하고 적선(敵船)으로서의 지위를 갖게 된다. 중방조의 행위는 다음과 같다.
(1) 중립선이 직접으로 전투에 가담하는 경우
(2) 중립선이 적국정부가 파견한 대리인의 명령 또는 감독하에 놓인 경우
(3) 중립선이 전체로서 적국정부에 고용된 경우
(4) 중립선이 현재 또한 전적으로 적국군대의 수송 또는 정보의 전달에 종사하고 있는 경우(런던선언 제46조)

Ⅲ. 제재(制裁)

1. 경방조

교전당사국을 위하여 경방조를 한 경우에는 중립선 및 그 선박소유자에 속하는 화물은 함께 몰수된다. 그 선박소유자의 소유가 아닌 화물은 몰수를 면한다. 중립선은 일반적으로 전시금제품을 수송하는 이유로 몰수되는 중립선과 같이 취급된다(런던선언 제45조). 승무원은 포로가 되지 않는다.

2. 중방조

교전당사국을 위하여 중방조를 한 경우에는 중립선 및 그 선박소유자에 속하는 화물은 함께 몰수 되며, 또한 적화물 및 전시금제품인 중립화물도 몰수된다. 중립선은 상대 교전당사국의 적선과 같이 취급한다(런던선언 제46조). 따라서 이러한 선박은 공격 격파시킬 수 있다. 승무원은 포로가 된다.

제5절 봉쇄(封鎖)

I. 의의

봉쇄(blockade)라 함은 교전당사국이 군사력에 의하여 적국(이하 적국의 점령지 포함)의 항구 또는 해안의 전부나 일부에 대하여 해상교통을 차단하여 보급로를 막음으로써 적국의 전력증강을 방지하는 전쟁행위이다(런던선언 제1조).

봉쇄는 적국의 항구나 해안에 실시할 수 있고(동 제1조), 중립국의 항구나 해안의 봉쇄는 금지된다(동 제18조). 교전당사국이 아닌 중립국은 봉쇄조치를 선언할 수 없다.

봉쇄는 적국의 항구나 해안을 공격하거나 점령하는 것이 아니라, 적의 해상교통을 차단하는 행위이다.

봉쇄는 군사력에 의하여 행해진다. 주로 해군력에 의하여 행하여지지만 항공기의 발달에 따른 공군력 및 장거리포 등에 의한 육군력도 봉쇄작전에 참가할 수 있다.

II. 형태(形態)

1. 전시봉쇄와 평시봉쇄

전시봉쇄(戰時封鎖, belligerent)라 함은 전쟁의 수행방법으로 행하여지는 전쟁행위를 말한다.

평시봉쇄(平時封鎖, pacific blockade)라 함은 전쟁을 전재로 하지 않고 평시에 복구수단(復仇手段)으로 행하여지는 봉쇄이다. 봉쇄라고 할 때에는 일반적으로 전시봉쇄를 의미한다. 전시와 평시의 봉쇄 구별은 전쟁과 복구의 구별 문제로 귀착된다.

2. 군사봉쇄와 상사봉쇄

군사봉쇄라 함은 군사목적을 위하여 군사력(주로 해군력)으로 적국의 항구 또는 해안을 공격하기 위하여 설정하거나 때로는 적군대의 군수보급로를 차단하기 위하여 선언되는 봉쇄를 말한다. 군사봉쇄를 전략봉쇄(strategic blockade)라고도 한다.

상사봉쇄(商事封鎖, commercial blockade)란 상사목적을 위하여 군사작전이 전개되기 전에 외부로부터 적국으로의 물자공급을 차단함으로써 적국의 경제력을 약화시키는 것을 목적으로 하여 선언되는 봉쇄를 말한다. 상사봉쇄를 경제봉쇄라고도 한다.

3. 정박봉쇄와 순항봉쇄

정박봉쇄(碇泊封鎖, anchored blockade)라 함은 봉쇄항이나 봉쇄해안의 전면에 함대가 계속적으로 정박하여 봉쇄구역을 침파(侵破)하려는 선박에게 위협을 주는 봉쇄를 말한다.

순항봉쇄(巡港封鎖, watched blockade)란 봉쇄항이나 봉쇄해안을 출입하는 선박을 포획할 수 있을 정도의 병력으로 감시하는 봉쇄를 말한다.

4. 내부봉쇄와 외부봉쇄

내부봉쇄(inward blockade)는 선박의 입항을 저지할 목적으로 선언되는 봉쇄를 말한다.

외부봉쇄(outward blockade)는 선박의 출항을 방지할 목적으로 선언되는 봉쇄를 말한다.

5. 지상봉쇄

지상봉쇄(紙上封鎖, paper blockade)란 병력에 의해 실효성이 보장되지 않고 단순히 선언에 의한 무형의 봉쇄를 말하는데 그 효력이 인정되지 않는다. 이 봉쇄를 위장봉쇄(僞裝封鎖)라고도 한다.

6. 장거리봉쇄

장거리봉쇄(長距離封鎖, long distance blockade)는 제1, 2차 세계대전에

서 영국과 프랑스가 독일 잠수함에 의한 무경고격침(無警告擊沈)에 대한 복구(復仇)로써 실시하였다.

장거리봉쇄는 해군력에 의하여 적국의 항구나 해안을 봉쇄하는 것이 아니라 '일정한 해역을 군사지역(military area)'으로 획정하여 놓고, 그 해역 내에서 발견되는 적상선(敵商船)은 사전에 정선(停船)이나 임검(臨檢)을 거치지 않고 직접 격침한다는 것을 선언함으로써 중립국 상선도 그 위험을 각오하지 않고는 그 해역 내에 들어갈 수 없는 봉쇄를 말한다. 이렇게 설정된 수역을 전쟁수역(war zones), 작전수역(operational zones), 폐쇄수역(barred areas), 군사구역(military areas) 등으로 불리 운다.

1914년 11월 3일 영국이 북해를 군사구역으로 선언한 것이나, 1915년 2월 독일이 영국본토의 근접해역에 군사구역을 선언한 것이나, 1939년 11월 27일 독일과 영국이 이와 같은 선언을 한 것은 장거리봉쇄의 좋은 예이다.

또한 한국전쟁 당시 1952년 9월 27일 국제연합군사령부가 설정한 '한국방위수역'(소위 Clark Line)과 1952년 1월 18일 대한민국이 선언한 '해양주의선언'도 장거리봉쇄의 일종이라 할 수 있다.

'한국방위수역'의 내용은 한국해안에 대한 공격의 방지, 국제연합 군보급선의 확보, 전시금제품 수송의 방지와 간첩활동의 방지 등이다.

장거리봉쇄도 봉쇄인가에 관하여는, 소위 차단수역의 교통이 실제로 해군력의 배치에 의하여 방지되는 것이 아니므로 봉쇄의 성립요건의 하나인 실효성을 구비하지 못하였다는 점, 적국뿐만 아니라 중립국의 해안까지 포함했다는 점, 공평의 요건에도 충실하지 않다는 등으로 논의의 여지가 적지 않다.[81]

Ⅲ. 봉쇄의 성립요건

봉쇄가 유효하게 성립하기 위해서는 실효적인 봉쇄일 것, 봉쇄의 사실을 고지할 것, 적국해안에 대하여 실시한 봉쇄일 것, 각 선박에 대하여 공평하게 적용된 봉쇄일 것 등이다.

---

81) 김명기, 국제법강의(하), 박영사, P. 1483.

1. 실효성

봉쇄는 적의 해안에 도달하는 것을 실제로 방지하는 데에 충분한 군사력으로써 유지될 것이 필요하다. 봉쇄를 실효적으로 하는 방법에 대해서는 대륙주의(프랑스주의)가 주장하는 정박봉쇄와 영미주의가 주장하는 순항봉쇄가 있다.

오늘날 과학무기의 발달로 인하여 정박봉쇄을 주장한다는 것은 무의미한 것이 되었다. 프랑스도 세계 제1차대전 이래 정박봉쇄의 주장을 방기(放棄)해 왔다. 따라서 각국 관행의 불일치는 해소되었으나, 봉쇄의 실효성에 관련하여 장거리봉쇄라는 새로운 문제가 제기되고 있다.

2. 고지(告知)

1909년 「런던선언」은 중립국 정부 및 적국 지방관헌에게 봉쇄의 선언을 고지할 것을 요구하고 있다(런던선언 제10조). 선언은 봉쇄개시일, 봉쇄구역의 범위, 중립선박에 허용되는 퇴거기간(동 제9조)이 명시되어야 한다.

고지에 관하여 영미주의는 고지를 봉쇄의 성립요건으로 하지 않고, 봉쇄침파처벌(封鎖鍼破處罰)의 요건으로 하고 있다. 즉, 고지가 없어 봉쇄사실을 알지 못한 경우에는 봉쇄선을 침파할지라도 처벌하지 않는다. 그러나 대륙주의는 고지를 봉쇄의 성립요건으로 하고 있다.

3. 공평(公平)

봉쇄는 모든 국가의 선박에 대하여 공평하게 적용되어야 한다(동 제5조). 공평이란 국가에 대한 평등을 의미하며, 모든 선박에 대한 평등을 뜻하는 것이 아니므로 각국에 대하여 평등하게 실시된다면 특정의 선박에 한하여 출입을 허용하더라도 봉쇄의 유효성을 저해하지 않는다.

4. 적국연안(敵國沿岸)

봉쇄는 적국의 항구나 해안에 대하여 실시할 수 있고(런던선언 제1조), 중립국의 항구나 해안에는 실시할 수 없다(동 제18조). 이 점은 봉쇄에 관한 연속항해주의의 적용, 장거리봉쇄에서 문제가 된다.

Ⅳ. 봉쇄침파(封鎖侵破)

봉쇄의 침파란 유효하게 성립한 봉쇄선을 선박이 통과하여 봉쇄구역으로 출입하는 행위이다. 봉쇄를 선언한 교전당사국은 봉쇄침파를 처벌할 수 있으나 봉쇄침파는 국제법상 금지되어 있는 것은 아니다.

1. 요건

봉쇄침파의 요건은 봉쇄의 지각(知覺)과 봉쇄선의 통과이며, 또한 현행 중에만 봉쇄침파를 구성한다.

봉쇄의 지각에 있어서 대륙주의는 추정적 지각으로는 부족하고 현실적 지각을 요한다고 한다. 따라서 개별적 고지(告知)가 있어야 한다고 한다. 영미주의는 추정적 지각으로 족하며 개별적 고지가 없어도 봉쇄의 사실을 알고 있는 것으로 추정하며, 부지(不知)의 사실은 선박 측에서 입증하여야 한다고 한다.

런던선언은 인지를 요한다고 규정하여(제14조) 대륙주의를 채택하고 있다.

그러나 제1차 세계대전에 있어서 대륙제국도 개별적 고지주의를 버리고 일반적 고지 후에 상당한 시간이 경과한 경우에는 봉쇄의 사실을 알고 있는 것으로 추정하는 입장을 취하였다.

봉쇄를 침파하는 선박은 공해나 봉쇄국 또는 피봉쇄국의 영해 내에서만 포획할 수 있으나 중립국 영해 내에서는 포획할 수 없다.

2. 처벌

봉쇄침파를 행한 선박은 적선·중립선을 불문하고 선박 내의 화물과 함께 몰 수 된다(런던선언 제21조). 1856년 「파리선언」에 의하여 포획을 면제하는 중립선 내의 비금제품인 적화 또는 적선 내의 비금제품인 중립화도 침파의 경우에는 일체 포획(몰수)의 대상이 된다.

그러나 런던선언은 화물에 관해서는 예외규정을 두어 선의의 화물소유자를 보호하고 있다. 즉, 화물소유자가 적화(積貨) 시에 봉쇄침파의 의도를 몰랐던 가 또는 알 수 없었던 것을 입증할 경우에는 몰수를 면한다(런던선언 제21조).

화물의 소유자와 선박의 소유자가 동일한 경우 또는 화물의 소유자와 선박의 소유자가 동일하지 않다고 하더라도 화물의 소유자가 화물을 선박에 적하(積荷)할 때 봉쇄항을 향하여 항행한다는 사실을 인식하였을 경우에는 몰수된다고 한다(영미주의).

봉쇄를 침파한 화물이라도 오로지 민간인을 위하여 사용된 의약, 의약재료, 의무 및 보건기구 등은 다른 목적에 비사용 및 남용금지가 보장될 때에는 자유로운 통과를 허용하여야 한다(「전시 민간인보호에 관한 협약」 제23조」).

선원(船員)은 포획심판소의 판결에 따라 즉시 석방되며 이를 포로로 할 수 없다. 그러나 적국의 선원은 대체로 포로가 된다.

제6절 기뢰(機雷)

러일전쟁(1904. 4.~1905. 9.) 기간 중 양국은 기뢰(機雷)를 다량으로 사용하였으며, 상선 등에 막대한 피해를 가져왔다. 이러한 경험은 공해상에서 중립국의 이익보호와 일반 사선(私船)에 대하여 경고 없이 격침하는 것을 방지하기 위해서 기뢰의 사용에 관한 규제의 필요성이 부각되었다. 그 결과 1907년 제2차 헤이그 평화회의의 제조약 중 제8호 조약(「자동촉발 기뢰의 부설에 관한 조약」)을 채택하였다.

Ⅰ. 기뢰사용의 금지

다음과 같은 경우에는 기뢰의 사용이 금지된다(「자동촉발 기뢰의 부설에 관한 조약」 제1조).

1. 기뢰 부설자(敷設者)의 관리를 벗어난 후(통제를 벗어난 후) 1시간 이내에 무해(無害)로 되지 않는 자동촉발 무계류기뢰(自動觸發 無繫留機雷)(자동촉발 부유기뢰(浮遊機雷)를 말함)

2. 계류(繫留)를 벗어난 후 즉시 무해(無害)로 되지 않는 자동촉발 계류기뢰(自動觸發 繫留機雷)
  3. 명중되지 않을 경우 무해로 되지 않는 어형어뢰(魚形魚雷)

II. 기뢰사용의 규제

자동촉발 기뢰의 부설에 관한 조약에서는 기뢰부설이 금지되어 있지 않은 경우에도 다음과 같은 조치를 취할 것을 규정하고 있다(동 제3조, 제5조).
  1. 평화적 항해의 안전을 위하여 할 수 있는 모든 예방수단을 다할 것
  2. 가능한 한 일정기간의 경과 후에는 무해가 되는 장치를 할 것
  3. 기뢰를 감시하지 않게 된 경우에는 군사상의 지장이 없는 한 신속히 항해자에게 위험구역을 알려주어야 하며, 그 고시(告示)는 외교적 절차에 의하여 각국 정부에 통지할 것
  4. 전쟁이 끝난 후에는 각자 부설한 기뢰(기뢰의 부설시에는 기뢰의 위치를 기록해 두어야 함)를 제거하거나 무력화하기 위해서 할 수 있는 수단을 다할 것
  5. 기뢰부설(機雷敷設) 장소에 관하여는 단순히 상업상의 항해를 차단할 목적으로 적의 연안 및 항구의 부근에 기뢰를 부설할 수 없다.

III. 중립국 해역

교전국은 중립국 수역에서 기뢰를 부설할 수 없다. 중립국 수역에서 적대행위인 기뢰부설의 금지는 1907년 제2차 헤이그 평화회의의 제조약 중 제13호 조약(「해전의 경우에 있어서의 중립국의 권리・의무에 관한 조약」)에서 금지하고 있다(제2조). 이러한 금지는 중립국이 자국의 수역에 기뢰를 부설할 수 있는 권리를 제한하는 것은 아니다.

교전국의 기뢰부설은 중립국 수역과 국제수역 간의 통항(通航)을 방해해서는 안 된다. 이러한 의무는 중립국의 이익에 관하여 부당하게 개입해서는 안 된다는 교전당사국의 의무이기 때문이다.

제7절 해상포획(海上捕獲)

Ⅰ. 해상포획법규의 변천

해상포획이란 전시에 있어서 교전국이 적국 또는 중립국의 선박(船舶)이나 화물(貨物)을 해상에서 포획하는 것을 말한다. 반면에 중립국 국민의 통상의 자유를 보호하는 것도 요청된다. 이 양면의 관계를 규율하는 해상포획법규를 살펴보면 다음과 같다. 해상포획에 관한 각국의 실행은 반드시 일치하지는 않았다.

1. Consolato del Mare(콘솔라토 델 마레)주의

해상포획법규의 가장 오랜 법전은 Consolato del Mare이다. 이는 12세기로부터 14세기에 걸쳐 편찬된 것으로 당시 지중해 연안의 여러 도시 사이의 해상에 관한 관례를 수록한 것이다. Consolato del Mare주의에 따르면 '적선'과 '적화물'이 몰수의 대상이 된다. 따라서 적선(敵船)과 이에 적재(積載)된 적화물(敵貨物)은 적선과 적화물이 함께 몰수된다. 적선에 적재된 중립화물은 적선만 몰수된다. 중립선에 적재된 적화물은 적화물만 몰수된다.

프랑스는 1650년, 영국은 18세기 중반과 19세기 전반에 이 주의를 채용하였다. 적화물을 적재한 중립국의 선박(중립선) 자체는 몰수가 면제되더라도 교전국의 포획재판소까지 인치되어 많은 불이익을 받았다.[82]

2. 적성감염주의(敵性感染主義)

적선(敵船)과 이에 적재된 적화물(敵貨物)과 중립화물, 그리고 중립선과 이에 적재된 적화물은 선박과 화물이 함께 몰수된다. 그러나 중립선(中立船)과 이에 적재된 중립화물(中立貨物)은 어느 것도 몰수되지 않는다.

이와 같이 적선과 중립화물, 중립선과 적화물이 동행할 경우에는 마치 적성(敵性)이 감염되는 것과 같이 취급하는 것으로 이를 적성감염주의라고 부른다.

---

[82] 이한기, 국제법강의, 박영사, 2007, P. 777.

이것은 선박과 화물 중 어느 하나가 적성(敵性)일 때 양자가 모두 몰수된다는 주의이다. 프랑스 (1543, 1548, 1690년의 칙령), 스페인(1718년) 등에서 이 주의를 채용하였다.83)

3. 적선·적화, 중립선·중립화주의

선박을 표준으로 하여 적선에 적재된 화물(적화물과 중립화물 구분 없이 모두 포함)은 적선과 함께 그 화물은 몰수되고, 반면에 중립선에 적재된 화물(적화물과 중립화물 구분 없이 모두 포함)은 중립선과 그 화물의 어느 것도 몰수가 면제된다는 주의가 적선·적화, 중립선·중립화주의이다. 이 주의는 네덜란드에 의하여 주장되었으며 일명 네덜란드주의라고도 한다. 이 주의는 18세기에 여러 국가가 관행으로 채택하였다.84)

4. 파리선언(宣言)

해상포획에 관한 가장 중요한 국제문서는 1856년 파리 평화회의에서 조인된 「해상포획법의 원칙에 관한 파리선언」이다. 이것은 또한 '1856년 파리선언'이라고 부르는데 이 선언의 내용이 해상포획에 관한 기본적인 제 문제를 다루고 있으며, 그 효력이 보편적이라는 의미에서 해전법상 큰 의미를 가지고 있다.

1856년 파리선언에 의하여 Consolato del Mare주의와 네덜란드주의는 중립국의 이익을 중심으로 다시 융합되었다.

이 파리선언에 의하면 적선과 적선 내의 적화물(적선내의 중립화물은 비몰수)만 함께 몰수의 대상이 된다는 것이다. 중립선과 중립선에 적재된 화물(적화물과 중립화물 모두 포함)은 몰수되지 않는다. 단 전시금제품은 예외로 취급하여 몰수할 수 있도록 하였다.85)

파리선언은 Consolato del Mare 이래 장기간에 걸쳐 여러 변천을 거듭하면서 이루어진 것이었으며, 나아가 1854년~1856년의 크리미아전쟁에서 교전

---

83) 이한기, 상게서, P. 777.
84) 김명기, 국제법원론(하), 박영사, p. 1361.
85) 이한기, 국제법강의, 박영사, 2007, P. 777.

국인 영국과 프랑스 양국이 중립국의 지지를 얻기 위한 내용 등이 파리선언에 포함되었다.

파리선언에서는 ① 전시금제품(戰時禁制品)을 제외하고 중립국기(中立國旗)를 게양한 선박에 적재된 적화물의 포획면제, ② 전시금제품을 제외하고 적국기(敵國旗)를 게양한 선박에 적재된 중립화물의 포획면제, ③ 봉쇄가 유효화 되기 위해서는 실력을 사용할 것 등의 규칙을 정하고 있다.

파리선언은 미국을 제외한 대부분의 국가가 가입하고 있고, 비가입국가도 실질적으로 파리선언에서 정한 규칙을 따르고 있으므로 이러한 규칙은 '일반적으로 승인된 국제법규'라고 할 수 있다. 그러나 파리선언 채택 이후에 연속항해주의(連續航海主義)가 채용되고, 세계 제1차대전 이후 전시금제품의 범위가 크게 확대되었으며, 나아가 중립국 하주(荷主)에게 무해의 입증책임을 부담하게 한 결과 파리선언의 효력은 대단히 감소되고 말았다. 이러한 현상은 세계 제2차대전 중에 더욱 심화되었다.[86]

Ⅱ. 적선·적화의 포획

적선과 적화의 포획에 관하여 파리선언(1856년), 런던선언(1909년) 기타 전쟁법규 등에 따른 내용을 간추려 보면 다음과 같다.

1. 적선(敵船)

적선(敵船)은 공선(公船)과 사선(私船)을 막론하고 원칙적으로 해상에서 포획대상이 된다. 적의 군함 기타 공선(公船)에 관해서는 경고없이 격침 또는 나포할 수 있으나, 사선(私船)에 대해서는 승무원의 보호 및 선박서류와 화물의 보전조치를 취하지 않고 무경고 격침을 하는 것은 허용되지 않는다.

선박의 적성(敵性)은 그가 게양하고 있는 국기(國旗)에 의하여 결정된다. 따라서 적기(敵旗)를 게양한 경우에는 적선으로 인정되고, 중립국기를 게양한 경우에는 중립선으로 인정된다(1909년 런던선언 제57조). 그러나 중립국기를 게양한 선박이라도 해상에서 교전국 군함에게 임검(臨檢)을 당했을 때 그 게양기

---

[86] 이한기, 상게서, p. 778.

의 국적을 갖지 않은 것이 확인되면 포획된다.

2. 중립선(中立船)

중립선에 대해서는 원칙적으로 해상에서 포획할 수 없다. 그러나 예외적으로 중립선이 포획되는 경우는 다음과 같다.

① 전시금제품의 수송에 종사하는 선박(런던선언 제37조)
② 군사적 원조에 종사하는 선박(런던선언 제46조)
③ 봉쇄를 침파하는 선박(런던선언 제21조)
④ 적군함의 호위하에 항행하는 선박(관습국제법)
⑤ 임검·수색 및 나포에 완강히 저항하는 선박(런던선언 제63조)
⑥ 포획을 면하기 위하여 국적을 전쟁개시 후에 중립국으로 이전한 선박(런던선언 제21조 단서의 해석)
⑦ 평시에 금지된 적국의 연안 수송에 종사하는 선박(1756년의 런던선언 제57조)

3. 적화(敵貨)

적선 내에 있는 적화는 몰수된다. 적선 내에 있는 중립화 및 중립선 내에 있는 적화는 몰수되지 않는다(1856년 파리선언 제3조). 화물의 적성은 그 화물의 소유자의 적성에 의하여 결정된다(1909년 런던선언 제58조).

소유자가 자연인인 경우는 영국주의에 의하면 소유자의 주소를 표준으로 하고 프랑스주의에 의하면 소유자의 국적을 표준으로 한다.

소유자가 법인(法人)인 경우는 영국주의는 세계 제1차대전 초기까지는 설립지주의(設立地主義)를 택하였으나 그 이후에는 사실상의 지배자의 국적표준주의로 전환하였고, 대륙주의는 대체로 설립지주의를 택하고 있다.

4. 적선·적화(敵貨) 포획의 예외

적선과 적선 내의 적화는 원칙적으로 포획되나 예외적으로 면제되는 경우는 다음과 같다.[87]

A. 병원선(病院船)(1949년 해상에 있어서 군대의 부상자, 병자 및 조난자의 상태개선에 관한 제네바 협약 제22조)
B. 카텔선. 즉 포로교환선, 군사선(軍使船), 적과의 공적 통신을 수송하는 선박(관습국제법)
C. 연안 어업 및 연안 무역에 전적으로 종사하는 선박(1907년 해전에 있어서의 포획권행사의 제한에 관한 조약 제2조)
D. 종교·학술 및 박애의 임무에 종사하는 선박(동 제4조)
E. 적선 및 중립선 내의 우편선(동 제1조)
F. 전쟁의 개시 전에 최종기항(最終寄港)을 출발하여 개전(開戰)의 사실을 알지 못하고 적항(敵港)에 입항한 선박 및 화물(1907년 개전시 적상선 취급에 관한 조약 제1조, 제2조, 제4조 제1항)
G. 개전시 교전국의 항구 내에 있는 적선(賊船)(동 제4조 제2항)
H. 전쟁의 개시 전에 최종기항을 출발하여 개전의 사실을 알지 못하고 해상에서 교전국의 군함과 조우(遭遇)한 적선 및 화물(동 제4조 제4항)
I. 허가선, 즉 적과의 무역의 특별한 인가를 교전국으로부터 받은 선박(관습국제법)
J. 조난선(遭難船)(관습국제법)

제5장 전쟁희생자(戰爭犧牲者)의 보호

제1절 제네바 협약(協約)

Ⅰ. 서(序)

「제네바 협약」(Geneva Conventions)이란 전쟁 기타 무력충돌희생자를 인도주의적(人道主義的)으로 보호하기 위한 국제협약이며 '제네바법' 혹은 '국제

---

87) 김명기, 국제법원론(하), 박영사, 1996, pp. 1362-1363.

인도법'(international humanitarian law)이라고도 한다. 제네바법은 순전히 전쟁을 포함한 무력 충돌의 희생자를 보호하는 법으로 1949년 제네바 협약을 근간으로 한다는 점에서, 전쟁의 방법·수단을 규율하는 법으로 1899년에서 1907년까지의 헤이그 제 협약이 주축을 이루고 있는 헤이그법과 구별된다.

II. 내용

제네바 협약은 좁게는 1949년의 4개의 협약으로 구성되어 있으며, 넓게는 4개의 협약 이외에 1977년의 2개의 추가의정서로 구성되어 있다.

1. 제네바 4개 협약

(1) 육전에 있어서의 군대의 부상자 및 병자의 상태개선에 관한 1949년 8월 12일자 제네바 협약(제Ⅰ협약)
(2) 해상에 있어서의 군대의 부상자, 병자 및 조난자의 상태개선에 관한 1949년 8월 12일자 제네바 협약(제Ⅱ협약)
(3) 포로의 대우에 관한 1949년 8월 12일자 제네바 협약(제Ⅲ협약)
(4) 전시에 있어서의 민간인의 보호에 관한 1949년 8월 12일자 제네바 협약(제Ⅳ협약)

2. 제네바 협약 2개 추가의정서

(1) 1949년 8월 12일자 제네바 제협약에 대한 추가 및 국제적 무력 충돌 희생자 보호에 관한 의정서(1977년 제1추가의정서)
(2) 1949년 8월 12일자 제네바 제협약에 대한 추가 및 비국제적 무력 충돌희생자 보호에 관한 의정서(1977년 제2추가의정서)

제2절 포로(捕虜)

Ⅰ. 포로의 개념

 오늘날 포로는 적군(敵軍) 지휘관의 선심이나 자비심에 의하여 특별한 대우를 받는 것이 아니라, 전쟁법에 의하여 포로의 대우에 관한 기준이 정하여져 있으므로, 이 기준에 따라서 억류국은 포로를 대우하여야 할 의무를 지며, 포로는 대우를 받을 권리를 가진다.
 이 기준은 포로의 대우에 관한 최소한의 기준이기 때문에 억류국은 전쟁법상의 기준 이상으로 포로를 대우하는 것은 무방하나, 그 기준 이하로 대우하여서는 아니 된다.
 포로의 대우에 관한 조약은 1899년·1907년 헤이그 육전규칙 및 제네바 제3협약(1949년)이 있다. 제1추가의정서(1977년)는 단지 포로의 자격을 약간 보완하고 있을 뿐이고, 포로의 대우에 관하여는 보완한 것이 없다.
 따라서 포로의 자격 및 대우에 관하여 핵심적인 조약인 제네바 제3협약을 중심으로 살펴보고자 한다.

1. 의의

 포로는 전쟁에 의하여 적대국의 세력 내에 들어와 군사적 이유로 자유를 박탈당했으나 전쟁법이나 특별협정에 의해 일정한 대우가 보장된 적국민이다.

2. 구별되는 개념

(1) 귀순자(歸順者)

 포로는 군사상의 이유로 적대국의 세력에 들어온 자이며, 체포된 자에 한하지 않는다. 전쟁 발발시 적국의 영역 내에 있던 군인은 적대국의 세력에 들어온 포로이지만, 자발적으로 소속부대를 이탈하여 적대국의 세력에 들어간 귀순자와는 구별된다.

(2) 전쟁범죄인(戰爭犯罪人)

전쟁범죄인은 전쟁범죄를 구성하는 행위를 한 자로서 포로와 같이 적의 세력 내에 들어갈 것을 요건으로 하지 않는다. 즉 적의 세력 내에 들어가지 않아도 전쟁법규를 위반하면 전쟁범죄인이 되는 것이다.

Ⅱ. 포로의 신분(身分)을 얻을 수 있는 자

1. 1949년 제네바 제3협약

1949년 제네바 제3협약 제4조 제1항에서 규정하고 있는 포로의 부류(部類)는 다음과 같다.

(1) 교전자

  1) 정규군

충돌 당사국의 군대의 구성원 및 그러한 군대의 일부를 구성하는 민병대 또는 의용대의 구성원이다.

  2) 민병대·의용대

충돌 당사국에 속하며 그들 자신의 영토(동 영토가 점령되고 있는지의 여부를 불문한다) 내외에서 활동하는 군대에 편입되지 않은 민병대의 구성원 및 의용대의 구성원이다(이에는 조직적인 저항운동의 구성원을 포함한다). 단, 민병대 또는 의용대는 다음의 조건을 충족시켜야 한다.
    a) 부하의 행위에 대하여 책임을 지는 자에 의하여 지휘될 것.
    b) 멀리서 인식할 수 있는 고정된 식별표지를 가질 것.
    c) 공공연하게 무기를 휴대할 것.
    d) 전쟁에 관한 법규 및 관행에 따라 그들의 작전을 행할 것.

  3) 군민병(郡民兵)

군민병이라 함은 점령되어 있지 아니하는 영토의 주민으로서, 적이 접근하여 올 때, 정규군 부대에 편입될 시간이 없어 침입하는 군대에 대항하기 위하여 자발적으로 무기를 든 자를 말한다. 단, 이들이 공공연하게 무기를 휴대하고 또한 전쟁 법규 및 관행을 존중하는 경우에 한한다.

(2) 억류국이 승인하지 않은 정부당국에 속하는 정규군의 구성원

정규군의 구성원으로서 억류국이 승인하고 있지 않은 정부당국에 충성을 서약한 자는 포로가 된다. 따라서 승인 전의 국가 또는 정부에 소속하는 정규군의 구성원은 포로가 된다.

(3) 종군자(從軍者)

실제로 군대의 구성원은 아니나 군대에 수행하는 자. 즉, 군용기의 민간인, 승무원, 종군기자, 납품업자, 군노무대원, 또는 군대의 복지를 담당하는 부대의 구성원이다. 단, 이들은 이들이 수행하는 군대로부터 인가를 받고 있는 경우에 한하며, 이를 위하여 당해 군대는 이들에게 부속서의 양식과 유사한 신분증명서를 발급하여야 한다.

(4) 상선(商船) 및 사항공기(私航空機)의 승무원

선장, 수로 안내인 및 견습 선원을 포함하는 충돌 당사국의 상선의 승무원 및 민간 항공기의 승무원은 포로가 된다. 그러나 이들이 먼저 적대행위를 하면 전쟁범죄인으로 처벌된다.

(5) 원수·장관·외교사절

원수·장관·외교사절과 같이 정치상 국가의 현직에 있는 자는 적에게 억류될 때 포로의 대우를 받는다(관습국제법). 이들은 포로로 되어 있는 동안 국제법상 대외적인 국가기관으로서의 권한을 행사할 수 없다.

2. 1977년 제1추가의정서

1949년 제네바 제3협약에서 규정하고 있는 포로의 부류에 관한 내용을 1977년 제1추가의정서는 그 내용을 그대로 수용하고 있다. 즉, 제1추가의정서 제44조 제6항은 「본 조(本 條)는 제네바 제3협약 제4조에 따른 어떠한 자

의 전쟁포로가 될 권리를 침해하지 아니한다」고 명시하고 있다.
제1추가의정서 제44조에서 규정하고 있는 포로에 관한 내용을 간추려보면 다음과 같다.

  (1) 제44조 제1항

제43조에 정의된 자로서 적대당사국의 권력 내에 들어간 모든 전투원은 전쟁포로가 된다(제44조 제1항). 제43조에서 정의된 자라 함은 군대의 구성원을 의미한다. 여기서 군대(armed forces)라 함은 자기 부하의 행위에 대하여 책임을 지는 지휘관의 지휘하에 있는 조직된 병력, 단체 그리고 부대를 의미한다.

  (2) 제44조 제2항

모든 전투원은 무력충돌에 적용되는 국제법의 규칙을 준수할 의무가 있으나 이들 규칙의 위반으로 인하여 전투원이 될 권리를 박탈당하지 아니하며, 적대당사국의 권력 내에 들어갈 경우에는 제44조 3항 및 4항에 규정된 요구조건을 충족시키지 못하는 경우를 제외하고는 전쟁포로가 될 권리를 박탈당하지 아니한다.

  (3) 제44조 제3항

적대행위의 영향으로부터 민간인 보호를 제고하기 위하여 전투원은 그들이 공격이나 공격전의 예비적인 군사작전에 참여하고 있는 동안 그들 자신을 민간인과 구별하여야 한다. 그러나 적대행위의 성격 때문에 무장전투원(게릴라를 지칭한다고 봄)이 자신을 그와 같이 구별시킬 수 없는 무력충돌의 상황이 존재함을 감안하여 그러한 상황 하에서 다음 기간 중 무기를 공공연히 휴대하는 경우에는 전투원으로서의 지위를 보유한다.
  1) 각 교전기간 중
  2) 공격 개시 전의 작전 전개에 가담하는 동안 적에게 노출되는 기간 중

  (4) 제44조 제4항

제44조 제3항의 2번째 문장에 제시된 요구를 충족시키지 못하는 동안(무기를 공공연히 휴대하지 아니한 경우를 말함) 적대당사국의 권력 내에 들어간

전투원은 전쟁포로가 될 권리를 상실한다. 그러나, 모든 면에 있어서 제네바 제3협약 및 본 의정서에 의하여 전쟁포로에게 부여되는 것과 대등한 보호를 받아야 한다. 이러한 보호에는 자신이 범한 어떠한 범죄로 인하여 심리(審理) 및 처벌을 받는 경우에 제3협약에 의거하여 전쟁포로에 부여되는 것과 동등한 보호가 포함된다.

(5) 제44조 제5항

공격 또는 공격전의 군사작전에 참여하지 아니하는 동안 적대당사국의 권력 내에 들어간 모든 전투원은 이전의 행위로 인하여 전투원 및 전쟁포로가 될 권리를 상실하지 아니한다.

Ⅲ. 포로의 대우(待偶)

1. 포로의 일반적 보호(一般的 保護)(제네바 제3협약 제12조-16조)

포로는 이를 체포한 개인이나 부대의 관할 하에 있는 것이 아니고 억류한 국가의 권력하에 있다. 따라서 포로의 취급에 대한 책임은 억류국 정부에 있다.

포로는 항상 인도적으로 대우되어야 한다. 그 억류하에 있는 포로를 사망케 하거나 그 건강에 중대한 위해를 가하는 여하한 억류국의 불법한 행위는 금지되어야 한다. 포로에 대하여 신체의 절단, 의료·치과 또는 임상치료상 부당하거나 포로의 이익에 반하는 모든 종류의 의료적·과학적 실험을 금지한다.

또한 포로는 특히 폭행, 협박, 모욕 및 대중의 호기심으로부터 항상 보호되어야 한다. 포로에 대한 복구(復仇)는 금지한다.

포로는 항상 신체와 명예를 존중받을 권리를 가진다. 여자 포로는 여성으로서 고려되는 대우를 받아야 하며, 항상 남자와 동등하게 대우되어야 한다.

억류국은 무상으로 포로에 대한 급양을 제공하고 또한 그들의 건강상태에 필요한 의료를 제공하여야 한다.

억류국은 포로의 계급 및 성별에 관한 본 협약의 규정을 고려하고, 또한 그들의 건강상태, 연령 또는 전문능력을 이유로 그들에게 부여할 수 있는 특전적인 대우를 허여(許與)하면서 인종·국적·종교적 신앙이나 정치적 의견, 기타 유사한 사유로 불합리한 차별을 두어서는 안 되며 모든 포로를 균등하게 대우하여야 한다.

2. 포로의 심문 등(제17조-20조)

(1) 포로 신문

모든 포로는 당해 문제에 관하여 심문(審問)을 받을 때에는 성명, 계급, 생년월일, 자신이 소속된 군과 연대의 명칭 및 군번을 진술하여야 한다. 이것이 없을 경우에는 이에 상당한 사항을 진술하여야 한다. 포로가 고의로 이 규칙을 위반할 경우에는 그의 계급 또는 지위에 해당하는 특전을 제한받을 수 있다.

각 충돌당사국은, 자국의 관할하에 있는 자로서 포로의 자격이 있는 모든 자에게 그의 성명, 계급, 소속 군(軍)과 연대의 명칭, 군번 또는 이에 상당한 사항 및 생년월일을 표시한 신분증명서를 발급하여야 한다.

신분증명서는 가능한 한 6.5×10cm 크기로 하여 정, 부 2통을 발급한다. 억류국의 요구가 있는 경우에는 포로는 신분증명서를 제시하여야 하나, 어떠한 경우에도 포로로부터 이 신분증명서를 탈취하여서는 아니 된다.

포로로부터 정보를 입수하기 위해서 포로에 대하여 신체적·정신적 고문이나 기타 모든 형태의 강제를 가하지 못한다. 답변을 거부하는 포로에 대하여 협박이나 모욕을 가하거나 모든 형태의 불리한 대우를 하지 못한다.

그들의 정신적·신체적 상태로 인하여 그들의 신분을 진술할 수 없는 포로는 의무대에 인도되어야 한다. 포로에 대한 심문은 그들이 이해하는 언어로 실시하여야 한다.

(2) 포로의 소지품

무기, 말(馬), 군 장비 및 군 문서를 제외한 모든 개인 용품, 그리고 철모와 방독면 및 인체의 보호를 위하여 교부된 유사한 물품은 포로가 계속하여 소지한다.

계급장, 국적표지, 훈장 및 정서적 가치를 가지는 물품을 포로로부터 탈취하지 못한다.

포로가 소지하는 금전은 장교의 허락 명령이 있고, 또한 소지자와 금액에 관한 내용이 장부에 기록되고, 영수증 발급자의 소속·계급·성명을 읽을 수 있도록 기재한 영수증이 발급된 후가 아니고는, 그들로부터 탈취하지 못한다. 탈취된 금액은 포로들의 구좌에 입금하여야 한다.

포로는 항상 신분증명서를 휴대하여야 한다. 억류국은 신분증명서를 소지하고 있지 않은 포로에게 그러한 증명서를 발급하여야 한다.

(3) 포로 후송

포로는 포로가 된 후 신속하게 전투지역으로부터 충분히 떨어진 그들에게 위험이 없는 지역의 수용소에 후송되어야 한다.

상병자(傷病者)에 대하여는 현재 그들이 체류하고 있는 소재지보다 후송됨으로써 더 큰 위험에 부딪치게 될 포로에 한하여 일시적으로 위험지대에 체류시킬 수 있다. 포로는 전투지대로부터 후송을 기다리는 동안 불필요하게 위험에 노출되어서는 아니 된다.

포로의 후송은 항상 인도적이고, 억류국 군대가 이동할 경우와 동일한 조건으로 실행되어야 한다.

억류국은 후송 중인 포로에게 충분한 식량, 음료수, 필요한 의복 및 의료를 공급하여야 한다. 억류국은 후송되는 포로의 명부를 신속히 작성하여야 한다.

포로가 후송 중에 임시 수용소를 통과하여야 할 경우에는 그곳에서의 체류는 가급적 단축되어야 한다.

3. 포로의 억류(抑留)(제21조-23조)

억류국은 포로를 억류할 수 있다. 억류국은 그들이 억류되어 있는 수용소를 일정한 한계를 넘어 떠나지 않도록 하는 의무를, 또는 수용소가 울타리로 둘러싸인 경우에는 그 주위 밖으로 나가지 않도록 하는 의무를 포로들에게 과할 수 있다.

형벌 및 징계벌에 관한 본 협약의 규정에 따라 포로는 엄중하게 감금되어서는 아니 된다. 단, 그들의 건강을 보호하기 위하여 필요한 경우와, 또한 그러한 감금을 필요로 하는 사정이 계속되는 동안은 예외로 한다.

포로는 위생상·보건상의 안전을 보장하는 지상의 건물에 억류 된다. 포로들을 형무소에 억류하지 못한다. 다만 포로들 자신의 이익이 된다고 인정되는 특별한 경우에는 예외로 한다.

비위생적인 지역이나 기후가 해로운 지역에 억류되어 있는 포로는 가능한 한 신속히 위생적이고 호적한 지역으로 이전되어야 한다.

억류국은 포로들을 국적·언어 및 관습에 따라 구분하여 수용소 건물에 집결시켜야 한다. 단, 그들의 동의 없이는 그들이 포로로 되었을 때 그들이 복무하던 군대에 소속한 포로로 부터 격리시키지 못한다.

포로는 어떠한 경우에도 전투지역의 포화에 노출될 우려가 있는 곳에 이송되거나 억류되지 못한다.

또한 특정지점이 포격당하는 것을 면하기 위하여 수용소의 위치를 이용해서는 안 된다.

포로는 지방의 민간인 주민과 동일한 정도로 공중 폭격과 기타의 전쟁의 위험에 대비한 대피소를 가져야 하며, 포로들은 경보발령과 동시에 신속히 대피소에 대피할 수 있다. 주민을 위하여 취한 기타의 보호조치도 그들에게 적용된다.

억류국들은 이익보호국의 중계를 통하여 포로수용소의 지리적 위치에 관한 모든 유용한 정보를 관계국에게 제공하여야 한다.

포로수용소는 군사상 고려에서 허용되는 경우에는 언제든지 주간에 공중으로부터 명료하게 식별할 수 있는 위치에 PW 또는 PG라는 문자로서 표지되어야 한다. 단, 관계 국가는 다른 표지 방법에 대하여 합의할 수도 있다. 포로수용소 이외에는 이와 같이 표지하지 못한다.

4. 포로의 보급(補給)(제25조-28조)

포로는 동일한 지역에 숙영하는 억류국의 군대와 동일하게 유리한 조건으로 영사(營舍)에 수용되어야 한다. 이와 같은 조건은 포로의 습관 및 풍속을 참작하고, 그들의 건강에 해롭지 아니하여야 한다. 이러한 조건은 특히 침실에 관하여 총 면적 및 최저한의 공간 및 일반적 설비, 침구 및 모포에 관하여 적용된다.

포로에게 제공되는 영사는 습기가 없고, 충분히 난방이 되며, 완전한 화재 예방조치가 되고, 일몰부터 소등 시까지 점등되어야 한다.

남자 포로뿐만 아니라 여자 포로도 수용되어 있는 수용소에는 그들에게 분리된 침실을 제공하여야 한다.

매일의 기본 급식은 양·질 및 종류에 있어서 양호한 건강상태의 유지, 체중의 감소 및 영양실조의 발생을 방지하는데 충분하여야 한다. 포로의 습관적 식품도 참작하여야 한다.

억류국은 노동하는 포로에게는 노동에 필요한 추가의 급식을 제공하여야 한다. 포로에 대하여는 충분한 음료수를 공급하고, 흡연을 허가하여야 한다.

포로는 가능한 한 그들 식사의 조리에 관여시켜야 하며, 이를 위하여 포로를 취사장에서 사용할 수 있다. 또한 포로에 대하여는 그들이 소지하는 다른 식량을 스스로 조리하는 수단을 제공하여야 한다.

억류국은 포로가 억류되어 있는 지역의 기후를 고려하여 피복, 내의 및 신발을 충분히 공급하여야 한다. 또한 노동하는 포로는 노동의 성질상 필요한 때에는 언제든지 적절한 피복을 공급받아야 한다. 기후에 적합한 경우에는 억류국이 획득한 적군의 제복을 포로의 피복으로 공급하여야 한다.

모든 수용소에는 포로가 식량, 비누, 담배 및 일상 사용하는 보통의 물품을 구매할 수 있는 매점이 설치되어야 한다. 가격은 지방의 시장 가격을 초과하지 못한다. 수용소의 매점에서 얻은 이익금은 포로를 위하여 사용하여야 한다. 포로의 대표는 매점 및 이 기금의 운영에 협력할 권리를 가진다.

5. 포로의 위생 및 의료(제29조-30조)

억류국은 포로수용소의 청결, 위생의 확보, 전염병의 방지를 위하여 필요한 위생상의 조치를 취하여야 하며, 위생상 청결한 상태로 유지되는 화장실이 있어야 한다.

여자 포로가 수용되어 있는 수용소에는 분리된 여자 화장실을 설비하여야 한다. 또한 수용소에는 목욕탕을 설비하고, 포로에게는 세면과 개인적 세탁을 위한 충분한 물과 비누를 공급하여야 하며, 이를 위하여 필요한 시설 및 시간이 허용되어야 한다.

각 수용소에는 포로들이 필요한 치료와 적당한 요양을 제공받을 수 있는 적절한 병동이 있어야 하며, 필요한 경우에는 전염병 또는 정신병 환자를 위하여 격리 병동이 마련되어야 한다.

중병 환자들은 그들의 송환이 가까운 장래에 예정되어 있는 경우에도 치료할 수 있는 군 또는 민간 의료 기관에 수용되어야 한다.

포로는 진찰을 받기 위하여 의료당국에 출두함이 방해되어서는 아니 된다.

포로의 건강상태 유지를 위하여 필요한 기구, 특히 의치 및 기타의 보신용 장구 및 안경의 비용을 포함하는 의료비용은 억류국이 부담한다.

포로의 신체검사는 적어도 월1회 행하여야 한다. 신체검사는 포로의 건강, 영양 및 청결상태의 일반적 상태를 관리하고 또한 전염병, 특히 결핵, 말라리아 및 성병의 검출을 목적으로 한다. 결핵의 조기 검출을 위하여 집단적인 소형 방사선 사진의 정기적 촬영 등 이용 가능하고 유효한 방법을 사용하여야 한다.

6. 포로를 원조하기 위하여 억류된 의무요원 및 종교요원(제33조)

억류국은 포로를 원조하기 위하여 의무·종교요원을 억류하는 동안은 그들은 포로로 간주되지 아니한다. 이들 요원들은 본 협약의 혜택 및 보호를 받으며 또한 포로에 대하여 의료상의 간호 및 종교상의 봉사를 제공하기 위하여 필요한 모든 편의를 제공받는다.

이들 요원들은 직업적 양심에 따라, 포로들 특히 자기가 소속하는 군대에 예속하는 포로들의 이익을 위하여 그들의 의료 및 종교에 관한 임무를 계속하여 수행 한다.

7. 포로의 종교적, 지적 및 육체적 활동(제34조-38조)

포로는 억류국 군대가 정하는 일상의 규율을 준수함을 전제로 하여, 그들은 종교의식에 참석하는 것을 포함하는 완전한 종교의 자유를 갖는다. 또한 종교적 의식을 거행할 수 있는 적당한 건물이 제공되어야 한다.

적국의 수중에 들어가거나 포로를 원조하기 위하여 억류되어 있는 목사는 그의 종교적 양심에 따라 포로에 대하여 자유로이 자기의 성직을 수행함이 허용되어야 한다. 이들 목사는 같은 군대에 속하고 같은 언어를 사용하며 같은 종교에 속하는 포로가 있는 각종의 수용소 및 작업반에 배속되어야 한다.

억류국은 모든 포로들의 개인적 취미를 존중하고, 지적·교육적·오락적 활동과 운동경기를 장려하며, 적당한 장소 및 필요한 설비를 제공하여 포로들이 이것을 활용할 수 있도록 필요한 조치를 취하여야 한다.

포로들은 신체 운동을 행할 기회와 문밖에 나갈 기회를 가져야 한다. 이를 위하여 모든 수용소에 충분한 공지(空地)를 제공하여야 한다.

8. 포로의 규율(제39조-42조)

모든 포로수용소는 억류국 소속의 책임 있는 장교의 직접지휘하에 두어야 한다. 그러한 장교는 (1) 본 협약의 사본을 소지하고, (2) 수용소 직원들이 본 협약의 규정을 확실히 숙지하도록 하여야 하며, (3) 그의 정부의 지시하에 본 협약의 적용에 대하여 책임을 진다.

포로들(장교포로는 제외)은 억류국의 장교들에 대하여 경례를 해야 하며, 장교 포로는 억류국의 상급 장교에 대하여만 경례를 해야 한다. 단, 모든 포로들은 그들의 계급과 상관없이 수용소장에 대하여는 경례를 하여야 한다.

국적표지·계급장 및 훈장의 착용은 허가하여야 한다.

모든 포로수용소는 (1) 본 협약 및 그 부속서의 본문과 (2) 본 협약 제6조에서 규정하는 특별 협정의 내용을 포로의 사용어로써 모든 포로가 볼 수 있는 장소에 게시하여야 한다.

포로의 행동에 관한 각종 규칙, 명령, 공시 등은 포로가 이해하는 언어로써 전하여야 하고, 볼 수 있는 장소에 게시하여야 하며, 그 사본은 포로 대표에게 배부한다.

도주하고 있거나 도주하려는 포로에 대한 무기 사용은 극단적 조치이므로 이에 앞서 당해 상황에 적합한 경고를 반드시 하여야 한다.

9. 포로의 계급(제43조-45조)

충돌당사국은 적대행위가 개시될 때에 동일 직위와 계급에 속하는 포로들 대우의 형평성을 보장하기 위하여 전투원을 포함하여 포로의 자격이 있는 모든 자의 직위와 계급을 상호 통지하여야 한다.

억류국은 포로가 소속하는 국가에 의하여 정식으로 통고된 포로의 계급의 승진을 승인하여야 한다.

장교인 포로(장교에 상당하는 지위의 포로 포함)는 그의 계급 및 연령에 상당한 대우와 고려를 하여야 한다. 장교 수용소에는 포로 장교의 계급을 고려하여 잡역(雜役)을 위하여 동일 군대의 사병을 동 수용소에 파견하여야 한다.

장교 이외의 포로는 그의 계급 및 연령에 적당한 고려와 대우를 하여야 한다.

장교 포로를 포함한 모든 포로에게는 그들 자신에 의한 식사 관리에 대하여 모든 방법으로 편의를 제공하여야 한다.

10. 포로의 노역(제49조-54조)

억류국은 포로들의 연령, 성별, 계급 및 신체적 적성을 고려하여 신체적으로 적합한 포로의 노동을 이용할 수 있다. 포로인 부사관에게는 본인이 원하지 않는 한 감독노동 이외의 노동을 과할 수 없다. 장교 포로(장교에 상당하는 지위의 포로 포함)에게는 본인이 원하지 않는 한 노동을 과할 수 없다.

포로들은 수용소의 행정, 시설 또는 유지에 관련된 노동 이외에 다음 종류의 노동에 한하여 이를 행하도록 강제할 수 있다.

(1) 농업
(2) 원료의 생산 또는 채취에 관련되는 산업, 제조공업(야금업, 기계공업 및 화학공업은 제외한다) 및 군사적 성질 또는 목적을 가지지 아니한 토목업과 건축업
(3) 군사적 성질 또는 목적을 가지지 않는 운송업과 창고업
(4) 상업 및 예술과 공예
(5) 가내 용역

(6) 군사적 성질 또는 목적을 가지지 않는 공익사업

위의 규정에 대한 위반이 있을 경우에는 포로들은 제78조에 따라 청원의 권리를 행사하도록 허용되어야 한다.

포로는 스스로가 희망하지 않는 한 건강에 해로운 또는 위험한 성질의 노동에 사용되지 못한다. 지뢰 또는 유사한 장치의 제거는 위험한 노동으로 간주한다.

포로들의 일일 노동시간은 억류국의 국민으로서 동일한 노동에 고용되고 있는 당해 지방의 민간인 노동자에게 허용되는 바를 초과하지 못한다. 포로들은 매일의 노동의 중간에 1시간 이상의 휴식을 허여받아야 한다.

그들은 이 휴식 외에, 일요일 또는 그들의 출신국에 있어서의 휴일에 매주 24시간 연속의 휴식을 받아야 한다. 또한 1년간 노동 후에는 모든 포로들은 8일간 연속의 유급 휴식을 받아야 한다.

포로들이 받아야 하는 노동 임금은 본 협약 제62조의 규정에 따라 결정되어야 한다. 노동과 관련하여 재해를 입거나 질병에 걸린 포로들은 그들이 필요로 하는 모든 간호를 받아야 한다.

11. 포로의 봉급(제60조)

포로에게도 봉급이 지불되며 그것은 매월 선불(先拂)로 지급된다. 봉급은 원래 포로의 소속 본국이 지불하여야 하나 포로가 억류되어 있으므로, 차후에 포로의 소속국으로부터 상환받는다는 조건으로 억류국이 매월 선불로 지급한다.

즉, 억류국은 모든 포로에 대하여 월급을 선지불 하여야 하며, 그 금액은 다음의 액을 억류국의 통화로 환산하여 정한다.

제1류 : 상병 이하의 계급: 8 스위스 프랑
제2류 : 병장 및 기타의 하사관, 또는 이에 상당하는 계급: 12 스위스 프랑
제3류 : 준위 및 대위 이하의 장교 또는 이에 상당하는 계급: 50 스위스 프랑
제4류 : 소령, 중령, 대령 또는 이에 상당하는 계급: 60 스위스 프랑

제5류 : 장성급 장교 또는 이에 상당하는 계급: 75 스위스 프랑

그러나 관계 충돌당사국은 특별 협정에 의하여 위의 부류의 포로가 받아야 할 선불 금액을 변경할 수 있다.

12. 포로의 외부와의 관계(제69조-70조)

억류국은 포로가 그의 권력내에 들어온 때에는 즉시 포로 및 포로의 본국에게(이익 보호국을 통하여) 본 협약 제5절(節)(제69조-77조)의 제 규정을 실시하기 위하여 취한 조치를 통지하여야 하며, 사후에 변경된 때에는 그 변경에 대하여 통지하여야 한다.

모든 포로는 포로가 된 때에는 즉시 또는 수용소에 도착한 후 1주일 이내에, 그리고 질병에 걸리거나 병원이나 다른 수용소로 이동된 때에는 그 후 1주일 이내에, 억류국은 그 포로가족 및 제123조에서 정하는 중앙포로정보처(중립국에 설치한다)로 포로로 된 사실, 주소 및 건강상태를 알리는 통지카드(corresponding card)를 직접 신속히 송부하여야 한다.

포로들은 편지나 엽서를 발송·수신할 수 있도록 허가되어야 한다. 억류국이 포로가 발송하는 편지 및 엽서의 수를 제한함이 필요하다고 인정할 경우에도 매월 편지 2통 및 엽서 4통 이상 허락하여야 한다.

억류국은 편지 및 엽서를 가장 신속한 방법으로 송부하여야 하며 징계의 이유로 지연시키거나 보류하여서는 아니 된다.

포로에게는 특히 식량, 피복, 의료품 및 포로가 필요로 하는 도서, 종교용품, 과학용품, 시험용지, 악기, 운동구 및 포로에게 연구 또는 문화 활동을 할 수 있게 하는 여러 용품을 포함하여 종교상, 교육상 또는 오락상의 용품이 들어 있는 개인 또는 집단적인 화물을 우편 또는 기타의 경로에 의하여 수령함을 허가하여야 한다.

포로를 위한 모든 구제품은 수입세, 세관수수료 또는 기타의 과징금으로 부터 면제된다. 포로가 발송·수신하는 통신, 구제품 및 허가된 송금으로서 우편에 의하는 것은 직접 송부 되거나 또는 제122조에서 정하는 포로정보처 및 제123조에서 정하는 중앙포로정보처를 통하여 송부되거나를 불문하고 발신국,

접수국 및 중계국에서 우편요금이 면제된다.

포로에게 보내오고 또는 포로가 발송하는 통신의 검열은 가능한 한 신속히 행하여야 하며, 발송국 및 접수국만이 각각 1회에 한하여 검열할 수 있다.

13. 포로와 수용소 당국과의 관계(제78조-81조)

포로들은 자신들을 권력하에 두고 있는 군 당국에 대하여 포로의 억류조건에 관하여 의견을 제시할 권리를 가진다.

또한 포로들은 그 억류조건 중 이의를 제기하려고 하는 사항에 관하여 직접 또는 포로대표를 통하여 이익보호국에 요청할 무제한의 권리를 가지며, 이 요청 및 불평이 이유가 없다고 인정되는 경우에도 처벌할 수 없다. 포로대표는 이익보호국에 수용소의 상태 및 포로들의 요청에 관하여 정기적 보고를 할 수가 있다.

포로들은 그들을 대표할 포로대표를 6개월마다(결원이 생겼을 때 포함) 자유·비밀투표로서 선출하며(장교 수용소는 제외), 포로대표는 재선될 수 있다.

장교 및 혼합수용소의 경우에는 포로 중의 선임장교가 그 수용소의 포로대표로 인정된다. 장교인 포로대표는 장교에 의하여 선출된 1인 또는 2인 이상의 포로자문위원의 보좌를 받는다. 혼합수용소라 함은 장교포로와 그 이외의 계급을 갖는 포로를 함께 수용하는 수용소를 말한다.

혼합수용소에서는 포로자문위원은 장교가 아닌 포로 중에서 장교가 아닌 포로에 의하여 선출된다.

선출된 포로대표는 그 임무에 취임하기 전에 억류국의 승인을 받아야 한다. 억류국이 포로대표의 승인을 거부한 때에는 그 거부의 이유를 이익보호국에 통지하여야 한다. 포로대표는 어떠한 경우에도 자기가 대표하는 포로와 동일한 국적, 언어 및 관습을 가진 자라야 한다. 이리하여 국적, 언어 및 관습에 따라 상이한 수용소에 구분 수용된 포로는 그 구분마다 각자의 포로대표를 가진다.

포로대표는 다른 포로가 범한 죄에 대하여 책임을 지지 아니한다.

포로대표에게는 여러 가지 편의, 특히 그 임무수행상 필요한 어느 정도의 행동의 자유(포로 노동장소의 방문 등)를 허가하여야 한다. 포로대표에게는 포로가 억류되어 있는 시설을 방문하도록 허용되어야 한다. 모든 포로는 포로대표와 자유롭게 상의할 권리를 가진다.

포로대표에게는 억류국 당국, 이익보호국, 국제적십자위원회(ICRC), 혼성의료위원회 및 포로원조단체와 우편 또는 전신으로써 통신할 수 있도록 모든 편의를 제공하여야 한다.

포로대표가 해임되는 경우에는 그에 대한 이유를 이익보호국에 통지하여야 한다.

14. 포로에 대한 형벌 및 징계조치(제82조-90조)

(1) 형벌

포로는 억류국의 군대에 적용되는 법률, 규칙 및 명령에 복종하여야 한다.

억류국의 법률, 규칙 및 명령에 대한 포로의 위반행위에 대하여 사법상(司法上) 또는 징계상의 조치를 취할 수 있다. 단, 그 절차와 처벌은 본 협약 제3장(형벌 및 징계벌, 제108조-119조)의 규정에 위배되어서는 아니 된다.

포로의 행위가 억류국의 법률 등에 의하면 형사처벌의 대상이 되나, 억류국 군대의 구성원에는 형사처벌의 대상이 되지 않는 경우에는 그러한 행위에 대하여는 형사처벌을 할 수 없다.

억류국은 포로의 위반 행위에 대한 처벌을 사법절차 또는 징계절차 중 어느 것에 의할 것인가를 결정함에 있어서는 가급적 사법적 조치보다는 징계조치를 취하도록 보장하여야 한다.

포로에 대한 재판은 군사법원만이 재판할 수 있다. 다만, 억류국의 군대의 구성원이 포로의 위반행위와 동일한 위반행위를 한 경우에 민간 법원에서 재판할 수 있도록 허용되어 있는 경우에는 당해 포로에 대해서도 민간법원이 재판을 할 수 있다.

포로는 독립성·공정성에 관한 보장을 하지 않는 법원, 특히 포로에게 정당한 변호의 기회를 보장하지 않는 법원에서 재판을 받지 아니할 권리가 있다.

포로가 되기 전에 행한 위반행위에 대하여 억류국의 법령에 의하여 소추(기소)된 포로는 유죄 판결을 받는 경우라도 본 협약의 혜택을 보유한다(제85조).

여기서 포로가 되기 전에 행한 위반행위라고 함은 그 대부분이 교전법규에 대한 위반행위를 말한다. 또한 1977년 제1추가의정서 제44조 제2항은 「무력충돌에 적용되는 국제법규의 위반으로 인하여 전투원의 자격을 박탈되지 아니하며, 또한 적국의 권력 내에 들어가는 경우 포로자격을 박탈되지 아니 한다」고 규정함으로써 제네바 제3협약 제85조의 규정내용을 확인하고 있다.

포로는 동일한 범죄행위에 대하여 거듭 처벌받지 아니한다고 하여 일사부재리(一事不再理)의 원칙을 선언하고 있다.

억류국의 군 당국 및 법원은 포로에 대하여 동일한 행위를 한 억류국의 군대구성원에 관하여 규정한 형벌 이외의 형벌을 과하지 못한다.

개인의 행위에 대한 집단적 형벌[연대벌(連帶罰)], 육체에 가하는 형벌, 일광이 들어오지 않는 장소에의 구금 및 모든 종류의 고문이나 잔학 행위는 금지한다.

억류국은 포로의 계급을 박탈하여서는 아니 되며, 포로의 계급장 착용을 못하게 해서는 아니 된다.

징계벌 또는 형벌에 복역하는 장교·부사관·병 포로(남녀 포로)에 대하여는 동등한 계급의 억류국 군대구성원에게 적용되는 대우에 비하여 더욱 가혹한 대우를 하여서는 아니 된다.

포로는 징계벌 또는 형벌을 복역한 후에도 다른 포로와 차별적 대우를 받아서는 아니 된다.

(2) 징계벌

포로에 대하여 과할 수 있는 징계벌은 다음과 같다.

1) 벌금은 포로가 수령하는 선지불의 봉급과 노동임금의 50% 이하의 범위에서 납부하도록 한다.
2) 본 협약에서 정하는 대우 이외에 부여 되고 있는 특권을 정지한다.
3) 1일 2시간 내의 노역을 과할 수 있다. 단 장교포로에게는 노역을 과하지 못한다.
4) 구치(拘置).

여기서 말하는 구치는 일반적으로 경구치(經拘置)와 중구치(重拘置)로 구분된다. 경구치는 수용소의 일과 후부터 다음날 아침의 기상 때까지의 시간에 집행되고, 일과시간에는 다른 포로들과 함께 생활하게 함을 말한다. 중구치는 금족(禁足), 감방구치 및 거실구치 등의 이른바 연속적인 구치를 말한다. 이 중에서 거실구치는 장교포로에게만 적용된다. 징계벌은 어떠한 경우에도 비인도적인 것, 잔학한 것 또는 포로의 건강에 해로운 것이어서는 아니 된다.

하나의 징계벌의 기간은 어떠한 경우에도 30일을 초과하지 못한다.

15. 포로 도주의 경우(제91조-94조)

포로의 도주는 다음과 같은 경우에는 성공한 것으로 간주한다.
(1) 포로가 본국 또는 동맹국의 군대에 복귀한 경우
(2) 포로가 억류국 또는 그 동맹국의 지배하에 있는 지역을 벗어났을 경우
(3) 포로가 억류국의 영해에서 본국 또는 동맹국의 국기를 게양한 함선에 승선했을 때. 단, 상기 함선이 억류국의 지배하에 있는 경우는 제외된다.

포로가 도주에 성공한 후 다시 포로가 된 경우에는 이전의 도주에 대하여 처벌할 수 없다.

도주를 기도하는 포로와 도주에 성공하기 전에 다시 붙잡힌 포로에 대하여는 그 위반행위가 반복된 경우라도 그것에 대하여는 징계벌만 과하여야 한다.

도주 또는 도주의 기도를 방조(傍助)하거나 교사(敎唆)한 포로에 대하여는 그 행위에 대하여 징계벌만을 과할 수 있다.

도주한 포로가 다시 붙잡힌 경우에는 억류국은 포로정보처를 통하여 포로 소속국에게 그 사실을 통고하여야 한다. 단, 그 도주가 이미 통고되어 있는 때에 한한다.

16. 포로에 대한 사법(司法)절차

(1) 기본적인 일반원칙

첫째, 죄형법정주의 원칙의 적용이다. 즉, 포로의 행위당시에 시행중인 억류국의 법령 또는 국제법에 의하여 금지하고 있지 않은 포로의 행위에 대하여는 이를 재판에 회부하거나 형벌을 과할 수 없다.

둘째, 강제금지의 원칙이다. 즉, 입건된 행위에 대해서 유죄를 자인(自認)하도록 포로에게 정신적 또는 육체적 강제를 가하여서는 아니 된다.

셋째, 변호권 보장의 원칙이다. 포로는 자신을 방어할 기회를 부여받아야 하고, 또한 자격있는 변호인의 도움을 받은 후가 아니면, 당해 포로에게 유죄를 선고할 수 없다.

(2) 사형에 관한 원칙

억류국은 포로 및 이익보호국에 대하여(이익보호국을 통하여 포로 본국에게) 억류국의 법령에 따라 사형에 처할 수 있는 범죄유형에 관하여 가능한 한 조속하게 통보하여야 한다. 범죄행위를 행한 연후에 사형에 처할 수 있는 범죄행위를 통보하는 것이 아니고, 포로가 억류국의 권력 내에 들어온 직후에 통보하는 것이 이 조항의 입법취지이다.

이와 같은 범죄유형을 통보한 후에 포로를 사형에 처할 수 있는 기타의 범죄유형을 추가하기 위하여 억류국의 법령을 개정하고자 하는 경우에는, 포로 본국의 동의가 없으면 억류국이 일방적으로 개정하지 못한다.

억류국의 법원은 피고인(포로)이 억류국의 국민이 아니므로 억류국에 대하여 충성의무가 없다는 사실과 피고인이 자신의 의사와는 무관한 사정에 의하여 억류국의 권력 내에 있다는 사실을 감안함이 없이, 즉 정상참작의 사정이 있음을 감안함이 없이 포로에게 사형을 선고하여서는 아니 된다.

포로에 대하여 사형을 선고한 경우에는 그 판결은 이익보호국이 상세한 통고를 받은 날로부터 최소한 6개월의 기간이 경과하기 전에는 집행되어서는 아니 된다(제101조). 이 조항의 취지는 이익보호국을 통하여 이를 통보받은 포로 본국이 사안을 검토한 후 감형을 위하여 억류국과 교섭할 수 있는 가능성을 가지려는 데에 있다.

(3) 판결에 대한 이의(異議)

각 포로는 자기에게 선고된 판결에 대하여, 억류국 군대구성원의 경우와 동일한 방식에 따라 상소·재심 등을 통하여 판결불복을 신청하거나 청원할 권리를 가진다. 그 포로에게는 상소·재심 등을 신청할 수 있는 충분한 기간이 주어져야 하고, 그 방법 등이 상세히 고지되어야 한다.

포로에게 선고된 판결은 요약된 문서로써 즉시 이익보호국에 통고되어야 한다. 이 문서에는 포로가 그 판결에 대해서 불복을 신청하거나 청원을 할 권리를 가지는지 여부도 기재되어야 한다. 이 문서는 관계 포로대표에게도 송부되어야 한다. 포로가 출두하지 않고 판결이 선고된 때에는 피고인인 포로에 대해서도 당해 포로가 이해하는 언어로 작성된 문서가 교부되어야 한다.

(4) 형의 집행

적법절차에 의해서 재판이 실시된 후 포로에 대하여 행하여진 유죄선고는 억류국 군대구성원의 경우와 동일한 시설, 동일한 조건하에 집행되어야 한다. 이 조건은 어떠한 경우에도 위생 및 인도상의 제 요건을 갖추어야 한다.

형이 선고된 여자 포로는 분리된 장소에 구금하고 또한 여자의 감시하에 두어야 한다.

자유형이 선고된 포로는 어떠한 경우에도 구금조건에 관하여 자기의 의견을 진술할 권리와 이익보호국 및 ICRC(국제적십자위원회) 대표와 만나는 권리를 계속 갖는다. 또한 이 포로는 통신을 송수신하며 매월 적어도 1개의 구호품 소포를 수령하고, 규칙적인 야외운동, 건강상 필요한 의료 및 희망하는 종교상의 도움을 받을 권리를 갖는다.

17. 포로의 적대행위 종료 시 석방과 송환(제118조-119조)

포로는 실질적인 적대행위가 종료한 후 지체 없이 석방되고 송환되어야 한다(제118조). 실질적인 적대행위의 종료라 함은 일반적으로 휴전의 성립을 말한다. 충돌당사국이 체결한 휴전협정에 포로의 석방과 송환에 관한 합의가 없는 경우에는 지체 없이 석방·송환되어야 한다는 원칙에 따라서 송환 계획을 작성하고 실천하여야 한다. 이와 같은 조치는 포로에게 통지하여야 한다.

제118조의 「지체없이 송환되어야 한다」는 규정에 대하여 ICRC(국제적십자위원회)의 해석은 다음과 같다.

즉, 실질적 적대행위가 종료한 경우 포로는 소속 본국으로 송환할 권리를 가진다. 따라서 억류국은 포로를 송환하고 또한 이에 필요한 수단을 제공하여야 할 의무를 진다. 그러나 이와 같은 억류국의 포로 송환 의무에 대하여 다음의 경우에는 예외를 인정하고 있다. 즉, 송환을 거부하는 포로가 강제로 송환되어 그 포로의 생명·자유에 대한 부당한 영향을 미치게 될 경우, 그러한 송환은 오히려 인간의 보호를 위한 국제법의 일반원칙에 반하게 되므로, 이러한 경우에 한하여 예외가 인정된다는 것이다.

따라서 포로 본인의 진정한 의사에 반하는 강제 송환은 위의 ICRC의 해석과 제네바 제3협약의 인도주의적 입법취지에 비추어 볼 때 허용되지 않는 것이라고 하겠다.[88]

포로 송환의 비용은 억류국과 포로 소속 본국에 공평히 할당하여야 한다.

이 할당은 다음 기초에 따라 행하여져야 한다.

양국이 인접하여 있을 경우에는 포로 소속 본국은 억류국 국경으로부터 소속 본국으로의 송환 비용을 부담하여야 한다.

양국이 인접하지 아니하는 경우에는 억류국은 억류국과 인접국가와의 국경에 이르기까지, 또는 포로 소속 본국 영토에 가장 가까운 억류국의 승선항에 이르기까지의 포로 수송비용을 부담한다. 충돌당사국은 기타의 송환비용을 공평히 부담하기 위하여 서로 협정하여야 한다. 이 협정 체결은 여하한 경우에도 포로의 송환을 지연시키는 이유로 하지 못한다.

포로가 위반 행위로 인하여 기소되어 재판이 진행 중인 경우, 또는 유죄판결의 선고를 받고 형 집행중인 경우는 필요에 따라서 형의 집행이 끝날 때까지 포로를 억류할 수 있다. 이 경우 충돌당사국은 억류되는 포로의 성명을 상호 통고하여야 한다.

제3절 민간인(民間人)의 보호(保護)

I. 제네바 제4협약상의 민간인 보호

오늘날의 전쟁에서 볼 수 있는 특징적 양상은 대량 살상무기의 놀라운 발달

---

[88] 정운장, 전게서, p.210.

로 인하여 교전자가 아닌 민간 주민의 희생이 격증하고 있다는 사실이다.

따라서 오늘날의 전쟁에 있어서는 최대 희생자는 적대행위에 가담하지 않은 민간인이라고 하여도 과언이 아니다.

종래의 전쟁법에서는 민간인 보호에 관하여 구체적 규정을 두지 않았다. 그러나 제1차 및 제2차 세계대전을 겪으면서 전시에 민간인 보호에 관한 필요성을 절실히 느끼게 되었다. 따라서 1949년 제네바 제협약을 채택하면서 그 중 제4협약 즉, 「전시에 있어서 민간인의 보호에 관한 1948년 8월 12일자 제네바 제4협약」을 채택하게 되었다. 그 후 1977년 제네바 협약 제1추가의정에서 민간인 보호에 관한 규정을 두고 있으나, 이 규정들은 제네바 제4협약의 내용을 보완하는 성격을 갖는 것이고, 민간인 보호에 관한 기본적인 내용은 제4협약에서 규정하고 있다. 다음은 제네바 제4협약에서 규정하고 있는 내용이다.

1. 일반주민의 일반적 보호

(1) 주민에 대한 차별 금지

충돌당사국은 인종, 국적, 종교 또는 정치적 의견에 따른 불리한 차별을 하여서는 아니 된다(제4협약 제13조, 이하에서는 제4협약 표시 생략).

(2) 병원, 안전지대 및 안전지구 설치(제14조)

충돌당사국은 각자의 영역 내에 또는 필요한 경우에는 점령 지역 내에, 부상자·병자·노인·15세 미만 아동·임산부·7세 미만의 유아의 모(母)를 전쟁의 영향으로부터 보호하기 위하여 병원, 안전지대(安全地帶) 및 안전지구(安全地區)를 설정할 수 있다.

여기서 지대라 함은 지구보다 비교적 넓은 범위의 한정된 지역을 말하고, 지구라 함은 일반적으로 건물이 존재하는 한정된 지역의 특정장소를 말한다. 보통 지역 안에 1개 또는 그 이상의 지구가 포함된다.

(3) 중립지대의 설치(제15조)

어느 충돌당사국 일방은 직접으로 또는 중립국 또는 인도적 기구(예컨대 ICRC)를 통하여, 전쟁이 계속되고 있는 지역 내에 다음과 같은 사람을 전쟁의 영향으로부터 차별없이 보호하기 위하여 중립지대(neutralized zones)를 설치할 것을 상대방 충돌당사국에게 제의할 수 있다.

1) 부상자 또는 병자(전투원, 비전투원 불문)
2) 적대행위에 참가하지 아니하고, 또한 그 지역에 거주하는 동안 어떠한 군사적 성질을 가진 사업도 수행하지 아니하는 민간인

관계국이 제안한 중립지대의 지리적 위치, 관리, 식량공급 및 감시에 관하여 합의를 하였을 경우에는 관계 충돌당사국은 문서에 의한 협정을 체결하여야 하며, 이 협정에서 중립지대의 시기와 존속 기간을 확정해 두어야 한다.

(4) 상병자 등의 절대적 보호와 포위된 지역으로부터 철수(제16-17조)

부상자, 병자, 허약자 및 임산부는 특별한 보호 및 존중의 대상이 되어야 한다. 각 충돌당사국은 사망자 및 부상자를 수색하고, 조난자 및 기타 중대한 위험에 처해있는 자를 구조하며, 약탈 및 학대로부터 이들을 보호하기 위하여 제반 조치를 취하여야 한다.

충돌당사국은 공격 또는 포위된 지역으로부터의 부상자, 병자, 허약자, 노인, 아동 및 임산부를 철수시키기 위하여, 또는 이 지역으로 향하는 종교요원, 의무요원 및 의료기재를 통과시키기 위하여 지역적 협정을 체결하도록 노력하여야 한다.

(5) 의약품 등의 탁송(託送)(제23조)

본 협약(제네바 제4협약)의 각 체약국은 타방 체약국(적국도 포함) 민간인에게만 향하는 의료품 및 병원용품, 그리고 종교상의 의식을 위하여 필요로 하는 물품 등 탁송품의 자유 통과를 허용하여야 한다.

각 체약국은 15세 미만의 아동 및 임산부에게 송부되는 불가결한 식료품, 피복 및 영양제 등 모든 탁송품의 자유통과를 허가하여야 한다.

(6) 아동 복지(제24조)

충돌당사국은 전쟁의 결과로 고아가 되었거나, 자기 가족들로부터 이산된 15세 미만의 아동이 버림받지 않도록 그들의 부양(扶養), 종교생활 및 교육이 용이하게 보장될 수 있도록 필요한 조치를 취하여야 한다. 그들의 교육은 가능한 한 유사한 문화적 전통을 가진 사람들에게 위탁되어야 한다.

충돌당사국은 12세 미만의 모든 아동들에게 명찰의 패용 또는 기타의 방법으로 그들의 신원을 식별하게 할 수 있도록 하여야 한다.

(7) 가족과 통신권(제25조)

충돌당사국의 영역 또는 그 점령지역내에 있는 모든 사람에 대하여는 그들의 가족이 있는 장소의 여하를 불문하고, 사적(私的) 성격을 가진 소식을 그들의 가족과 상호 전달할 수 있도록 하여야 한다.

이러한 서신은 신속히 전달되어야 한다. 만일 어떤 사정에 의하여 통상 우편으로는 자기 가족과의 서신교환이 곤란하게 되었을 경우에는 관계 충돌당사국은 중앙피보호자정보처(제140조)와 같은 중립적인 중개기관에 의뢰하고, 관계 국가와 협의를 하고, 또한 각국 적십자사의 협력을 얻어서 가장 안전하고 신속한 통신전달 경로를 확보하여야 한다.

만약 충돌당사국이 가족통신을 제한할 필요가 있다고 인정할 경우에도, 서신의 회수를 월1회로 하고, 서신의 양식(약 25개 단어가 들어갈 수 있는 표준서식)으로 제한하는 것에 국한되어야 한다.

(8) 민간병원의 보호(제18-22조)

부상자, 병자, 허약자 및 임산부를 간호하기 위하여 설립된 민간병원은 어떠한 경우에도 공격의 대상이 되어서는 아니 되며, 항상 충돌당사국에 의하여 존중되고 보호되어야 한다.

충돌당사국은 모든 민간병원에 대하여 그 병원이 민간병원이라는 것, 그리고 그 병원이 사용하는 건물이 제19조의 규정에 따라 병원으로서의 보호를 박탈당할 만한 목적(적에게 유해한 행위를 위하여 사용되는 경우)으로 사용되고 있지 않다는 것을 증명하는 증명서를 발급하여야 한다.

　민간병원은 국가의 허가가 있는 경우에는 「육전에 있어서의 군대의 부상자 및 병자의 상태 개선에 관한 1949년 8월 12일자 제네바협약(제1협약)」제38조에 규정된 적십자표장을 표지(標識)하여야 한다. 또한 민간병원은 가능한 한 군사목표물로부터 떨어진 곳에 위치할 것을 요망한다.

　민간병원이 향유할 수 있는 보호는, 그 병원이 인도적 임무로부터 벗어나서 적에게 유해한 행위를 위하여 사용된 경우를 제외하고는 보장되어야 한다.

　군대구성원인 부상자 또는 병자는 이들이 병원에서 간호되고 있는 사실, 또한 이들로부터 받아둔 소화기(消火器) 및 탄약이 존재하나, 아직 적절한 기관에게 인도되지 않고 있는 사실은 적에게 유해한 행위로 간주되지 아니한다.

　민간인 부상자 및 병자, 허약자 및 임산부의 수색, 수용 및 간호에 종사하는 직원, 민간병원의 운영 및 관리에 종사하는 직원은 존중되고 보호되어야 한다. 또한 이들 직원들은 점령지역 또는 군사작전지역 내에서 임무수행 중에 국가가 교부한 적십자표장이 표시된 방수용 완장을 왼팔에 둘러서 식별될 수 있도록 하여야 한다. 이 완장은 소지자의 사진을 첨부하고 책임있는 당국의 스템프를 날인하여야 한다. 또한 그들은 그의 신분을 증명하는 신분증명서를 휴대하여야 한다.

　각 병원의 사무소는 항시 그들 직원의 최근의 명부를 자국 또는 점령 당국이 사용할 수 있도록 비치하여야 한다.

　민간인 부상자 및 병자, 허약자 및 임산부를 수송하는 육상의 호송 차량대, 병원 열차, 또는 해상의 특수 선박은 민간병원과 동일하게 존중되고 보호되어야 한다. 이들의 수송기관은 국가의 동의를 얻어서 적십자표장을 표지하여야 한다.

　이와 같은 민간 수송기관은 의무용 수송수단으로서 사용되는 동안에 한하여 적십자표장을 사용하는 것이므로, 그 임무가 종료된 후에는 적십자표장을 제거하여야 한다.

　민간인 부상자 및 병자, 허약자 및 임산부의 후송, 의무요원 및 의료 기구의 수송을 위하여 전적으로 사용되는 항공기는 모든 관계 충돌당사국 간에 의하여 특별히 합의된 고도(高度), 시각 및 항로에 따라 비행하고 있는 동안은 공격되어서는 안 된다. 이들 항공기는 적십자표장을 표지하여야 한다.

그러나 이러한 항공기는 별도의 합의가 없는 한, 적국의 영역 또는 적국의 점령지역 상공을 비행하여서는 아니 된다. 이에 위반한 항공기는 착륙요구에 복종하여야 하며, 착륙한 항공기는 조사를 받은 후에 비행을 계속할 수 있다.

2. 피보호자의 보호에 관한 공통규칙

제네바 제4협약의 주된 보호대상은 충돌당사국의 점령지역 및 충돌당사국의 영역내에 있는 외국인(주로 적국인)이다.

충돌당사국의 영역 및 점령지역에 있는 피보호자의 대우에 관하여 공통적으로 적용되는 규칙은 다음과 같다.

첫째, 피보호자들은 모든 경우에 있어서 그들의 신체, 명예, 가족으로서 가지는 제 권리, 신앙 및 종교상의 행사, 풍속 및 관습을 존중받을 권리를 가진다. 그들은 항시 인도적으로 대우받아야 하며, 특히 모든 폭행, 협박, 모욕 및 대중의 호기심으로부터 보호되어야 한다.

부녀자들은 자신의 명예에 대한 침해, 특히 강간, 강제 매음 또는 기타 모든 형태의 외설행위로부터 특별히 보호되어야 한다.

충돌당사국은 자국의 권력 내에 있는 모든 피보호자를 건강상태, 연령, 종교, 성별, 인종 또는 정치적 의견에 따르는 차별을 두지 말고, 평등하게 대우하여야 한다.

그러나 충돌당사국은 전쟁으로 인한 필요한 통제 및 안보조치를 피보호자에게 취할 수 있다(제27조). 통제 및 안보조치에는 예컨대, 경찰당국에 등록 및 정기적 보고, 무기소지의 금지, 허가 없는 주소 변경의 금지, 특정지구에 대한 출입금지, 주소지정, 억류 등 여러 가지 조치가 포함된다.

둘째, 피보호자의 소재지는 적의 군사 행동으로부터 면제될 수 있는 지점 또는 지역으로 이용되어서는 안 된다. 즉, 적의 공격을 피하기 위하여 피보호자를 전략상의 중요한 장소, 예컨대 발전소, 저수지, 철도조차장(操車場) 등에 소재(所在)하게 하거나, 부대 엄호(掩護)를 위해서 자기 부대 주둔지나 그 부근에 소재하게 해서는 안 된다(제28조).

피보호자를 권력 내에 두고 있는 충돌당사국은 피보호자의 보호에 관하여 위반이 있을 경우, 위반자 개인책임 이외에 국가도 책임을 진다(제29조).

셋째, 피보호자의 기본적 권리를 보장하기 위하여 특히 다음과 같은 행위는 금지된다(제31-34조).

(1) 피보호자나 또는 제3자로부터 정보를 얻기 위하여 피보호자에게 육체적 또는 정신적 강제를 가해서는 아니 된다.

(2) 피보호자의 살해, 고문, 육체에 가하는 형벌, 신체의 절단, 의료상 필요하지 아니한 의학적 또는 과학적 실험 및 기타 모든 잔학한 행위 등을 금지한다.

(3) 피보호자는 자신이 행하지 아니한 위반행위에 대하여 처벌되어서는 아니 된다. 집단적 형벌, 협박 또는 공갈에 의한 모든 조치는 금지된다. 피보호자에 대한 약탈은 금지되며, 피보호자 및 그의 재산에 대한 보복은 금지된다. 인질도 금지된다.

넷째, 피보호자는 이익보호국, 국제적십자위원회(ICRC), 재류국(在留國)의 적십자사 또는 기타 피보호자 원조단체에 대하여 고통의 호소, 항의, 제안 또는 원조요청 등을 행할 수 있는 통신의 권리를 갖는다. 충돌당사국은 위의 원조단체에 대하여 가능한 한 제반 편의를 제공하여야 한다(제30조).

3. 충돌당사국의 영역 내에 있는 피보호자

충돌당사국의 영역내에 있는 외국인, 특히 적국(敵國)의 민간인에 대한 대우에 관하여 제4협약에서 처음으로 일반적인 명문 규정을 두어서 이들을 보호하고 있다. 이에 관한 주요 내용은 다음과 같다.

첫째, 여전히 피보호자의 퇴거의 권리를 인정하고 있다. 즉, 충돌당사국은 무력충돌이 개시될 때 또는 무력충돌의 기간 중에 재류 적국민이 충돌당사국의 영역으로부터 퇴거하기를 희망하는 경우, 그 퇴거가 자국의 국가적 이익에 반하지 않는 한, 모든 피보호자들은 그 영역으로부터 퇴거할 권리를 가진다는 것을 인정하여야 한다.

피보호자의 퇴거신청에 대하여는 정식으로 제정된 절차에 따라서 이를 결정하여야 하며, 또한 그 결정은 가능한 한 신속하게 행하여져야 한다.

퇴거를 허가 받은 피보호자는 여행에 필요한 금전 및 개인 용품을 휴대할 수 있다.

한편, 퇴거를 거부당한 피보호자는 당해 억류국이 지정하는 법원 또는 행정당국에서 퇴거 거부에 관하여 가능한 한 신속히 재심사를 받을 권리를 가진다.

피보호자의 퇴거신청을 거부한 억류국은 이익보호국 대표의 요청이 있을 때에는 퇴거신청을 거부당한 자의 성명과 퇴거거부 이유를 가능한 한 신속히 이익보호국에 통고하여야 한다(제35조).

둘째, 퇴거할 의사가 없거나 또는 퇴거가 거부되어 계속적으로 잔류하는 피보호자의 대우에 관해서도 명문의 규정을 두어 이들을 보호하고 있다.

잔류하는 피보호자의 보호에 관해서는 앞에서 설명한「피보호자의 보호에 관한 공동규칙」을 적용하는 것은 물론이다. 즉, 명예와 신체의 존중, 군사상의 이용금지, 정보강제의 금지, 잔학행위와 협박의 금지, 인질행위의 금지 등을 말한다. 이 외에도 피보호자에게는 특히 다음과 같은 제 권리가 인정되고 있다.

피보호자의 지위는 원칙적으로 평시의 외국인에 관한 규정에 의하여 계속 규율되나, 어떠한 경우에도 피보호자에게는 일정한 기본적인 권리를 부여하여야 한다. 이와 같은 기본적 권리는 다음과 같다.

(1) 피보호자는 그들 개인 또는 집단에게 송부되는 구호품을 받을 수 있을 것
(2) 피보호자는 그 건강상태로 보아 필요할 경우에는 억류국의 국민들과 동등한 정도로 의료상의 간호 및 입원치료를 받을 것
(3) 피보호자는 자기가 신봉하는 종교를 믿을 수 있고, 또한 동일한 종파에 속하는 성직자로부터 종교상의 원조를 받는 것을 허용받을 것
(4) 피보호자가 전쟁의 위험에 직면하고 있는 지구(地區)에 거주하고 있을 경우에는 관계국의 국민과 동일한 정도로 그 지구로부터의 이전을 허용받을 것
(5) 15세 미만의 아동, 임산부 및 7세 미만의 어린이의 모(母)는 억류국의 상당하는 국민과 동등한 대우와 혜택을 받을 것(제38조).

전쟁으로 인하여 유급 직업을 상실한 피보호자에 대하여는 유급 직업을 구할 기회를 부여하여야 한다. 그러한 기회는 피보호자가 체류하는 국가의 국민이 향유하는 것과 동등한 것이어야 한다.

충돌당사국이 어떤 피보호자에 대하여 통제 조치를 적용한 결과로 그 자신의 생계유지가 불가능하게 되었을 경우, 특히 안보상의 이유로 피보호자가 적당한 조건으로 유급 직업에 취업함을 방해받았을 경우에는 충돌당사국은 당해 피보호자와 그의 부양가족의 생활을 보장하여야 한다.

피보호자는 어떠한 경우에 있어서도 본국, 이익보호국 또는 제30조에서 언급한 구호단체(국제적십자위원회 등을 말함)로부터 수당을 지급받을 수 없다(제39조).

충돌당사국은 피보호자에게 자국 국민과 동등한 정도 이상으로 노동을 강제하여서는 아니 된다. 피보호자가 적국민인 경우에는 식량, 주거, 의류, 수송, 건강을 위하여 인간으로서 통상적으로 필요한 노동만을 강요할 수 있다. 군사행동의 수행에 직접 관계가 있는 노동을 그들에게 강요할 수 없으며, 노동을 강제 당한 피보호자는 특히 임금, 노동시간, 노동기구(器具), 사전의 작업훈련, 업무상의 노동재해 및 질병에 대한 보상에 관하여 재류국의 노동자와 동일한 노동조건 및 보호의 혜택을 받는다(제40조).

셋째, 피보호자에 대한 통제조치의 한계와 주거지정 또는 억류 등의 기준을 명시한 점이다(제42-45조).

피보호자에 대한 억류 또는 주거지정은 억류국의 안보상 이를 절대적으로 필요로 하는 경우에 한하여 이를 명할 수 있다.

피보호자가 이익보호국을 통하여 자발적으로 억류를 요청하고, 또한 그 자의 사정상 억류함이 필요하다고 인정할 때에는 충돌당사국은 그 자를 억류하여야 한다.

충돌당사국은 본 협약(제4협약)에서 말하는 통제조치를 적용함에 있어서, 사실상 어느 정부의 보호도 받지 못하는 정치적 난민(難民, 즉, 정치적 망명자)을 단지 법률상 적국의 국적을 가지고 있다는 이유만으로써 적성(敵性) 외국인으로 취급하여서는 아니 된다.

충돌당사국은 피보호자를 본 협약의 체약국이 아닌 국가로 이송(移送)하여서는 아니 된다. 또한 충돌당사국은 체약국이 본 협약을 적용할 의사 및 능력을 가지고 있음을 확인한 연후에 피보호자를 당해 체약국에 이송할 수 있다.

피보호자는 어떠한 경우에라도 그들의 정치적 의견 또는 종교적 신앙 때문에 박해를 받을 우려가 있는 국가에 이송되어서는 아니 된다.

또한 억류된 피보호자의 대우에 관하여 소상히 규정하고 있다(제79조-135조).

이들 규정 내용의 특징은 피억류자의 대우를 제네바 제3협약상의 포로의 대우에 준하고 있다는 점이다. 다만, 피억류자의 신분이 민간인이므로 포로의 경우와는 달리 경례, 계급의 존중 등에 관한 규정은 두고 있지 않다. 그러나 피억류자의 대우, 억류장소, 식량 및 피복, 위생 및 의료, 종교적·지적·육체적 활동, 개인재산 및 금전관계, 관리와 규율, 외부와의 관계, 형벌 및 징계조치, 사망, 석방, 소환 등에 관해서는 거의 포로의 경우와 유사하다.

그 이외에 특징있는 규정으로는 포로에게는 일정한 노동을 강제할 수 있음에 반하여, 민간인 피억류자에게는 그들이 희망하는 경우에 한하여 노동자로서 사용할 수 있다는 점(제95조), 그리고 동일한 가족구성원, 특히 부모와 자녀들을 가능한 한 동일 건물 내에 거주하게 해야 한다는 점(제82조) 등을 들 수 있다.

4. 점령지역의 주민

점령지역이라고 함은 일반적으로 적국 영역의 일부 또는 전부를 사실상 군의 권력하에 두는 것을 말한다.

헤이그 육전규칙에 의하면 점령군은 점령지역의 질서유지 및 군사상의 필요에 절대적으로 지장이 없는 한, 점령기간 중 점령지역의 현행법령을 존중하여야 한다고 규정하고 있다(헤이그 육전규칙 제43조). 이것은 잠정적인 군정(軍政)기간 중에 점령지역의 법률체계를 근본적으로 변경함으로써 주민에게 미치게 될 불필요한 혼란과 불편을 회피하려는 취지에서 입법된 규정이라 할 수 있다.

그러나 점령군은 흔히들 점령지역의 질서유지 및 군사적 필요를 구실로 삼아서 가혹한 형사법령을 제정하는 경우가 많았다.

특히 세계 제2차대전 당시의 경험을 비추어서 이와 같은 미비점을 보완하고, 점령군의 가혹한 형사법령에 의하여 점령지역의 주민들이 부당하게 대우받는 것을 방지하기 위하여 제네바 제4협약에서는 형사법령의 효력 및 적용에 관하여 소상하게 규정하게 되었다(제64-78조). 이하에서는 제네바 제4협약상의 점령지역내에서의 주민(민간인)의 보호에 관하여 서술하고자 한다.

(1) 현행법령의 존중

첫째, 현행법령의 효력에 관한 규정이다.

점령지역내에서 피점령국의 형사법령은 그것이 점령국의 안전을 위협하거나(예컨대 점령군에 대한 항거를 정당화 하는 법령) 또는 본 협약의 적용을 방해한 경우(예컨대 인종적, 종교적 소수민족에게 불리한 차별을 인정하는 법령)에 한하여 점령국이 이를 폐지 또는 정지시키는 경우를 제외하고는 계속하여 효력을 갖는다. 점령지역의 법원은 피점령국의 형사법령에서 규정하는 모든 범죄행위에 대하여 계속 임무를 수행하여야 한다.

점령국은 점령지역의 주민으로 하여금 본 협약(제4협약)상의 의무를 이행하고, 점령지역의 질서 있는 통치를 유지하며, 점령국의 안전과 점령군 또는 점령행정기관 구성원의 안전 및 그들의 재산을 보호하고, 그들이 사용하는 제반시설 및 통신선의 안전을 확보하기 위하여 꼭 필요한 법령만을 제정할 수 있다(제64조).

점령국이 제정한 형사법령은 주민이 사용하는 언어로 작성·공포하고, 또한 주민에게 주지시킨 후에 효력이 발생하며, 그 효력은 어떠한 경우에도 소급적용되어서는 아니 된다(제65조).

둘째, 군사법원에 관한 규정이다.

제64조에 의거하여 점령국이 공포한 형벌규정에 위반하는 행위가 있을 경우에는 점령국은 정당하게 구성되고 비정치적인 점령국의 군사법원에 피의자들을 인도할 수 있다. 농 군사법원은 점령지역 내에서 개정(開廷)되어야 하며, 상소(上訴)법원도 될 수 있는 한 점령지역 내에서 개정되어야 한다(제66조).

법원은 법의 일반원칙과 죄형법정주의의 원칙에 입각하여 현재 시행되고 있는 법령에 위반한 행위에 대해서만 재판을 통하여 책임을 물을 수 있다. 어떠한 경우에도 피고인의 행위가 그 실행시에 범죄를 구성하지 아니한 경우에는 처벌할 수 없다.

법원은 피고인이 점령국 국민이 아니라는 사실을 고려하여야 한다.

셋째, 형벌에 관한 규정이다.

설령 점령국을 해할 의사를 가지고 행하여진 범죄행위라 할지라도, 점령군 또는 점령행정기관 구성원들의 생명·신체에 위해를 가하지 않았고, 중대한 집단적 위험을 발생시키지 않았으며, 점령군 또는 점령행정기관의 재산이나 그들이 사용하는 시설에 대하여 중대한 손해를 주지 아니한 범죄를 행한 피보호자들은 억류 또는 단순한 구금형(拘禁刑)에 처한다. 단, 그 억류 또는 구금 기간은 범죄행위에 상응하는 것이어야 한다. 본 협약 제66조에 규정된 법원은 자유재량에 의하여 구금형을 동일한 기간의 억류형으로 변경할 수 있다.

제64조 및 제65조에 따라 점령국이 공포하는 형사법령을 위반하여 피보호자에게 사형을 과할 수 있는 경우는 다음의 같다. 즉, 간첩행위, 점령군의 군사시설에 대한 중대한 태업행위, 그리고 1인 또는 그 이상의 사람을 살해한 고의 살인범의 경우에 한하여 사형을 과할 수 있다.

법원은 피고인이 점령국의 국민이 아니고, 동 점령국에 대하여 충성 의무를 지지 않고 있다는 사실을 특별히 유의한 후가 아니면 피보호자들에게 사형을 선고하여서는 안 된다.

사형은 어떠한 경우라도 범죄행위시에 18세 미만인 피보호자들에게는 선고되어서는 안 된다(제68조).

(2) 점령지역 주민의 생명, 신체 및 자유의 존중

첫째, 명예와 신체의 존중, 정보의 강요금지, 학대행위, 협박, 공갈, 약탈금지, 인질행위 금지 등은 점령지역의 피보호자에게도 당연히 적용된다.

둘째, 피보호자를 점령지역으로부터 타국(他國)의 영역으로 개인적 또는 집단적으로 강제 이송 또는 추방하는 것은 그 이유 여하를 불문하고 금지된다. 그러나 점령국은 주민의 안전상 또는 군사상 이유로 꼭 필요한 경우에는 일정한 지역으로부터 이송(移送)을 할 수 있다. 그러나 이 경우에는 가급적으로 피이송자를 위한 적절한 시설, 위생, 보건, 안전 및 급식 등에 관하여 만족스러운 상태를 확보하여야 하고, 또한 동일가족이 이산되지 않도록 유의하여야 한다.

점령국은 피보호자를 이송할 때에는 즉시 이익보호국에 이를 통고하여야 한다. 점령국은 주민의 안전, 또는 군사상의 이유로 꼭 필요한 경우를 제외하고는 피보호자들을 전쟁의 위험을 많이 받고 있는 지역에 억류하여서는 안 된다 (제49조).

셋째, 노동문제에 관하여도 배려하고 있다.

점령국은 피보호자들을 점령국의 군대에 복무할 것을 강요하여서는 안 된다. 또한 자발적으로 지원시킬 목적으로 압력을 가하거나 선전(宣傳)하는 것을 금지하고 있다. 점령국은 피보호자들이 18세 이상이 아니면 노동을 강요할 수 없다.

피보호자들을 군사행동에 참가하는 노동에 종사할 것을 강요할 수 없다.

노동자에 대하여는 공정한 임금을 지불하여야 하며, 노동은 노동자의 육체적, 지적, 능력에 부합하는 것이어야 한다.

점령지역 내에서 시행되고 있는 노동조건 및 보호에 관한 법령, 특히 임금, 노동시간, 설비, 사전(事前)의 작업훈련 그리고 업무상의 재해 및 질병에 대한 보상에 관한 법령은 노동에 종사하는 피보호자들에게 적용된다(제51조).

(3) 동산 · 부동산의 파괴 금지

개인적인 것이거나 또는 공동적인 것임을 불문하고 사인(私人), 국가, 기타의 공공(公共)당국, 사회단체 또는 협동단체에 속하는 부동산 또는 동산에 대한 점령국에 의한 파괴는 그것이 군사행동상 절대적으로 필요한 경우를 제외하고는 일체 금지한다(제53조).

(4) 식량, 의약품 등의 공급 의무

점령지역 피보호자의 식량, 의약품 등 필수품을 공급하여야 할 점령국의 의무를 명시하고 있다.

점령국은 이용 가능한 모든 수단으로써 주민의 식량 및 의료품의 공급을 보장하여야 할 의무를 지며, 점령지역의 자원이 불충분할 경우에는 필요한 식량, 의료품 및 기타 물품을 수입하여야 한다.

점령국은 점령군 및 행정요원의 사용에 충당하는 경우와 주민의 수요에 충당하는 경우를 제외하고는 점령지역 내에 있는 식량, 물품 또는 의료품을 징발하여서는 아니 된다(제55조).

점령국은 이용 가능한 모든 수단을 다하여 현지 당국과의 협력 하에서, 점령지역 내의 의료 및 병원시설과 보건 및 위생을 확보하고 유지하여야 할 의무를 진다.

점령국은 특히 전염병 및 유행병의 만연을 방지하기 위하여 필요한 예방적 조치를 취하여야 한다.

점령국은 보건 및 위생조치를 채택하고 또 이를 실시함에 있어서 점령지역 주민들의 도덕적 윤리적 감정을 고려하여야 한다(제56조).

5. 피보호자 정보처

제4협약에서는 피보호자정보처에 관한 규정을 두고 있다. 피보호자정보처에는 각 충돌당사국이 자국 내에 설치하는 국내 피보호자정보처와 중립국에 설치하는 중앙피보호자정보처가 있다.

각 충돌당사국은 충돌의 개시 및 점령의 모든 경우에 있어서, 그 권한 내에 있는 피보호자에 관한 정보의 수령 및 전달에 대한 책임을 지는 공적인 정보처를 설치하여야 한다.

각 충돌당사국은 2주일 이상 구금하였거나, 주거를 지정하였거나 또는 억류한 모든 피보호자에 대한 조치에 대하여 자국의 피보호자정보처에 가급적 신속히 통보하여야 한다. 또한 억류국은 관계 각 부처로 하여금 피보호자에 관한 모든 이동(예를 들면 이송, 석방, 송환, 도주, 입원, 출생, 사망 등)에 관한 정보를 신속히 자국의 피보호자정보처에 제공하도록 요구하여야 한다(제136조).

국내 피보호자정보처는 이익보호국 및 중앙피보호자정보처를 통하여, 피보호자에 관한 정보를 피보호자의 본국 또는 주소지국(住所之國)에게 가장 신속한 방법으로 즉각 송부하여야 하고, 또한 피보호자에 관한 모든 조회(照會)에 대하여 회답하여야 한다(제137조).

중앙피보호자정보처는 피보호자(특히 피억류자)를 위하여 중립국 내에 설치하여야 한다. 국제적십자위원회(ICRC)는 필요하다고 인정할 경우에는 관계국에 대하여 중앙피보호자정보처를 설치할 것을 제의하여야 한다. 중앙피보호자정보처는 제네바 제3협약에 의하여 설치하는 중앙포로정보처와는 별도로 따로 설치할 수도 있고, 또는 단일 중앙정보처를 설치하여, 여기에서 포로와 민간인 피보호자에 관한 업무를 함께 수행하게 할 수도 있다(제140조).

중앙피보호자정보처의 임무는 제136조에 규정된 모든 종류의 정보로써 공적·사적 경로를 통하여 피보호자(특히 피억류자)에 관한 모든 정보를 수집하고, 이 정보를 피보호자의 본국 또는 주소지국(住所之國)에게 가급적 신속히 전달하는 것이다. 다만, 그 정보의 전달이 그 정보와 관계있는 자나 그의 근친자에게 유해로운 경우에는 그러하지 아니한다(제140조).

국내 피보호자정보처 및 중앙피보호자정보처가 수발하는 통신의 우편요금은 면제된다. 또한 피억류자가 수발하는 편지, 소포 등의 우편요금과 구호품의 수송요금, 관세 등도 면제된다. 또한 전보요금은 가능한 한 면제되거나 적어도 상당한 감액을 받아야 한다(제141조).

Ⅱ. 제1추가의정서상의 민간인 보호

1. 민간인에 대한 기본적 보장

민간인 보호에 관하여 1977년 제네바 협약 제1추가의정서에서 규정하고 있는 내용은, 제네바 제4협약에서 규정하고 있는 '충돌당사국의 권력 내에 있는 민간인 및 민간물자의 인도적 보호'와 '무력충돌 기간 중의 기본적 인권의 보호'에 관한 내용을 보완하고 있다.

이와 같이 보완적 성격을 갖는 규정의 주요 내용은 민간인에 대한 기본적 인권, 부녀자 및 아동의 보호, 종군기자의 보호이다.

제네바 제4협약에서의 민간인 보호는 주로 충돌당사국의 자국 영역 내에 있는 적국민 및 충돌당사국의 점령지역내에 있는 주민(단, 점령국 국민은 제외)의 피보호자를 대상으로 하고 있다.

이에 비하여 제1추가의정서 제75조에서 규정하고 있는 민간인 보호는 제4협약상의 피보호자에 해당하지 아니한 자를 보호하고 있다. 즉, 충돌당사국 국민뿐만 아니라 제4협약의 비체약국 국민, 중립국 국민, 공동교전국의 국민을 포함하고 있다.

또한 국가안보상 유해한 활동, 파괴활동, 간첩행위 등을 행한 명백한 혐의로 인하여 제4협약상의 보호를 받을 수 없는 자, 심지어 교전자격을 갖지 아니하고 적대행위에 가담함으로써 포로로서의 대우를 받지 못하는 자도 최소한 제75조에 의하여 보호를 받게 된다. 따라서 이제는 제네바법상의 보호를 전혀 받을 수 없는 민간인은 없게 되었다고 말할 수 있다.

제1추가의정서 제75조에서 규정하고 있는 민간인 보호에 관한 주요 내용은 다음과 같다.

(1) 충돌당사국의 권력 내에 있고 제네바 제협약 및 본 의정서의 규정에 의하여 유리한 대우를 받지 못하는 사람(즉, 제75조의 적용대상자를 말함)은 모든 상황에 있어서 인도적으로 대우되어야 하고, 인종·피부색·성별·언어·종교·신앙·정치적 의견 또는 기타 의견·국가적·사회적 출신여하·빈부·가문 또는 기타의 지위 및 기준에 근거한 불리한 차별을 받음이 없이(무차별조항), 최소한 본 조항(제75조)에 규정된 보호를 받는다. 각 당사국은 이러한 모든 사람의 신체·명예·신념 및 종교적 의식을 존중하여야 한다.

(2) 위의 민간인(제75조의 적용대상자)에 대하여는 다음과 같은 행위는 행위주체가 민간인이든 군인이든 불문하고, 시간과 장소에 관계없이 금지된다.

  1) 인간의 생명·건강 및 신체적 또는 정신적인 안녕에 대한 침해, 특히
    a) 살인
    b) 신체적이든 정신적이든 불문하고 모든 종류의 고문
    c) 체형
    d) 신체 절단
  2) 인간의 존엄성에 대한 침해, 특히 모욕적이고 치욕적인 대우, 강제매음 및 모든 형태의 외설행위
  3) 인질로 잡는 행위
  4) 집단적 처벌
  5) 위의 행위 중 어느 것을 행한다는 위협

(3) 위의 민간인(제75조의 적용대상자)이 무력충돌에 관계되는 행위로 인하여 체포 또는 구류되는 경우에는 그러한 조치가 취하여진 이유를 그들

에게 자신이 이해하는 언어로 신속히 통지하여야 한다.
(4) 정식재판에 의하지 아니한 형의 선고 또는 형의 집행은 금지되며, 재판은 일반적으로 승인된 정식의 사법절차 원칙을 존중하고 공정하여야 한다.
  1) 재판절차는 피고인이 자신의 혐의사실에 대하여 지체없이 통지받도록 규정하고, 재판의 전과 그 기간 중에 피고인에게 모든 필요한 항변의 권리와 수단을 제공한다.
  2) 누구도 개인적인 형사책임에 근거한 것을 제외하고는 범행에 대하여 유죄판결을 받지 아니한다(연좌제금지).
  3) 누구도 범행 당시에 자기가 복종하는 국내법 또는 국제법에 의하여 형사범죄가 구성되지 아니하는 행위(작위 또는 부작위)를 이유로 하여 형사범죄로 기소되거나 또는 유죄판결을 받지 아니한다(형벌법규 불소급의 원칙).
   또한 형사범죄의 행위당시에 적용되는 것보다 더 중한 형벌이 과하여져서는 아니 된다. 만일 범행 후에, 보다 경한 형벌을 과하기 위하여 규정이 개정된 경우에는 그 범행자에게는 보다 경한 형벌을 적용하여야 한다.
  4) 모든 피고인은 유죄의 판결이 확정될 때까지 무죄로 추정된다(무죄추정권).
  5) 모든 피고인은 출석재판을 받을 권리가 있다.
  6) 누구나 자신에게 불리한 증언을 하거나 또는 유죄를 자백하도록 강요되지 아니한다(불리한 진술거부권).
  7) 모든 피고인은 자기에게 불리한 증언을 심문할 권리와, 자기에게 불리한 증언과 동일한 조건하에서 자기에게 유리한 증언을 심문할 권리를 가진다.
  8) 이미 무죄로 판결이 확정된 행위와 이미 처벌이 끝난 범죄에 대해서는 동일한 당사국에 의하여 동일한 법률 및 사법절차에 따라 기소되거나 또는 처벌받지 아니한다(일사부재리의 원칙).
  9) 범행을 이유로 기소된 자는 누구나 공개적인 판결선고를 받을 권리가 있다(공개재판을 받을 권리).

10) 유죄판결을 받은 자는 선고 즉시 자기의 사법적 및 기타 구제책과 그것의 행사 시한에 관하여 통지받는다.

(5) 무력충돌에 관련된 이유로 자유가 제한된 여성은 남성 숙소로부터 분리된 숙소에 수용된다. 그들은 여성의 직접적인 감독 하에 놓인다. 단, 가족들이 구류 또는 억류되는 경우에는 그들은 가능하면 동일한 장소에 수용되고 가족단위로 숙박한다.

(6) 무력충돌에 관련된 이유로, 체포·구류 또는 억류된 자들은 무력충돌의 종료 후에도, 그들의 최종 석방, 송환 또는 복귀할 때까지 본 조항(제75조)에 규정된 보호를 받는다.

(7) 전쟁범죄 또는 인도주의(人道主義)에 관한 범죄로 기소된 사람의 소추(訴追) 및 심리에 관하여 어떤 의문점도 남기지 않기 위하여 다음의 원칙을 적용하여야 한다.

 1) 이와 같은 범죄로 기소된 사람은 적용 가능한 국제법규에 따라서 소추되고 심리되어야 한다.
 2) 제네바 제협약 및 본 의정서의 규정에 의하여 유리한 대우를 받지 못하는 사람은, 기소된 범죄행위가 제협약 또는 본 의정서의 중대한 위반에 해당하건 아니하건 불문하고, 본 조항(제75조)에 규정된 대우를 받아야 한다.

(8) 본 조항(제75조)의 어느 규정도 제75조 적용대상자에 대하여 더욱 유리하고 더욱 큰 보호를 부여하는 모든 국제법규의 적용을 제한하거나 침해하는 것으로 해석해서는 아니 된다.

2. 부녀자(婦女子) 및 아동의 보호

제네바 제4협약에서도 무력충돌에서 가장 약자인 부녀자 및 아동에 대한 특별대우를 부여하도록 규정하고 있다.

제1추가의정서는 부녀자 및 아동에 대한 특별보호를 재확인하는 동시에, 특별보호의 폭을 넓게 보완하였다. 그 특별보호의 주요내용은 다음과 같다.

(1) 부녀자의 보호(제76조)

1) 부녀자는 특별한 보호의 대상이 되며 특히 강간, 강제매음 및 기타 모든 형태의 저열한 폭행으로부터 보호되어야 한다.
2) 무력충돌과 관련된 이유로 체포, 구류 또는 억류된 임산부 및 영아의 모(母)는 최우선적으로 심리를 받아야 한다.
3) 충돌당사국은 가능한 최대한도로 임산부 또는 영아의 모(母)에 대하여 무력충돌에 관련된 범행을 이유로 하는 사형선고를 피하도록 노력하여야 한다. 또한 그러한 범행을 이유로 한 사형은 상기 부녀자에게 대하여 집행하여서는 아니 된다.

(2) 아동의 보호(제77조)

1) 아동은 특별한 보호의 대상이 되며 모든 형태의 저열한 폭행으로부터 보호된다. 충돌당사국은 그들의 연령 기타 어떠한 이유를 불문하고 그들이 필요로 하는 양호(養護) 및 원조를 제공하여야 한다.
2) 충돌당사국은 15세 미만의 아동이 적대행위에 직접 가담하지 아니 하도록, 특히 자국 군대에 그들을 징집하거나 편입하지 아니하도록 하기 위하여 실행가능 한 모든 조치를 취한다. 15세 이상 18세 미만의 자들 중에서 징집하는 경우에는, 충돌당사국은 최연장자들에게 우선순위를 부여하기 위하여 노력하여야 한다.
3) 만약 15세 미만의 징집금지 규정에도 불구하고 예외적으로 15세미만의 아동들이 적대행위에 직접 가담하여 적대국의 권력에 들어가는 경우에는, 그들이 포로이든 아니든 불문하고 그들은 본 조항(제77조)에 의하여 부여된 특별한 보호를 계속 받아야 한다.
4) 만일 무력충돌에 관련된 이유로 체포, 구류 및 억류된 경우에는 가족들이 가족단위로 숙박하게 되는 경우를 제외하고는 아동들은 성인의 숙소와 분리된 숙소에 수용된다.
5) 무력충돌에 관련된 범죄로 인한 사형은 범행 당시에 18세 미만인 자에 대하여는 집행되어서는 아니 된다.

(3) 아동의 소개(疏開)(제78조)

어떠한 충돌당사국도 자국민이 아닌 아동들을 외국으로 소개시키는 조치를 취하여서는 아니 된다. 단, 아동의 건강상 또는 치료상 불가피한 사유가 있거나, 또는 아동들의 안전을 위하여 필요한 경우에 한하여 외국(점령지역은 제외)으로의 일시적 소개는 인정된다.

아동에 대한 소개조치를 취함에 있어서 소개에 대한 부모 또는 법정후견인의 서명동의를 요한다. 만일 그러한 자들이 없는 경우에는 법률 또는 관습에 따라 아동의 양호에 1차적 책임을 지는 자가 소개에 대한 서명동의를 하여야 한다.

모든 아동의 소개는 관계 당사국, 즉 소개조치를 취하는 국가, 아동을 수용하는 국가 및 소개대상 아동의 본국의 동의를 얻어야 하며 이익보호국의 감독을 받아야 한다.

(4) 이산가족의 재결합(제74조)

본 의정서(제1추가의정서)의 체약국 및 충돌당사국은 무력충돌의 결과로 이산된 가족들의 재결합을 모든 가능한 방법으로 촉진하여야 한다. 특히 제네바제협약 및 본 의정서의 제 규정과 각국의 안전보장규칙에 따라 이러한 임무에 종사하는 인도적 단체들의 사업을 장려하여야 한다.

3. 기자의 보호조치(제79조)

제1추가의정서에는 기자에 대한 1개 조문을 신설하여 기자에 대한 보호조치를 다음과 같이 규정하고 있다.

(1) 무력충돌 지역 내에서 위험한 직업적 임무에 종사하는 기자는 제50조 제1항이 의미하는 민간인으로 간주된다.
(2) 기자는 민간인으로서의 자신의 지위에 불리한 영향을 미치는 어떤 행동도 하지 아니할 것을 조건으로 하여, 제네바 제협약 및 본 의정서에 의하여 민간인으로서 보호되며, 또한 종군기자의 권리를 침해받음이 없이 제3협약 제4조 제1항 (4)호에 규정된 지위(군대구성원은 아니지만 적국의 권력 내에 들어가는 경우 포로의 대우를 받는 지위)로서 군대에 파견된다.

(3) 기자는 본국 또는 소재지국(所在地國) 또는 언론기관 소재지국 정부에 의하여 발급되는 신분증명서를 소지하여야 한다. 신분증명서 양식은 본 의정서 제2부속서에 기재되어 있다.

제4절 부상자(負傷者) 및 병자(病者)의 보호(保護)

Ⅰ. 제네바 제1협약상의 보호

부상자 및 병자라 함은 부상 또는 질병으로 인해 전투능력을 상실하고 전열(戰列)로부터 이탈된 자로서 무력적 충돌의 결과로 적의 수중에 있어 보호가 요구되는 자를 말한다.

제네바 제1협약상 부상자 및 병자로서 대우를 받을 수 있는 자격은 포로자격과 동일했으나(제네바 제1협약 제13조), 제1추가의정서는 전투원과 민간인을 구별하지 않고 적대행위를 행하지 아니한 자로 그 범위를 확대하고 있다(제1추가의정서 제8조).

제네바 제1협약상 적대국의 권력 내로 들어간 부상자 및 병자는 포로가 되며, 포로에 관한 국제법규와 부상자 및 환자보호에 관한 국제법규가 동시에 적용된다(동 협약 제14조). 또한 교전당사국은 교전 후 사상자·환자의 조사를 행하고 수용장소, 사상자·환자의 성명 및 기타 필요한 사항을 신속히 통지하여야 한다(동 협약 제16조).

부상자 및 환자는 성별·인종·국적·종교·정치적 의견과 그 밖의 유사한 기준에 의해 불리한 차별대우를 받지 않고 인도적 대우를 받으며 생명·신체에 대한 위해(危害), 특히 살해·고문·생물학적 실험에 사용되거나 비위생적으로 방치되는 것이 금지된다(동 협약 제12조).

Ⅱ. 제1추가의정서상의 보호

제1추가의정서는 부상자 및 환자에 대한 보호·치료에 관한 제네바 제협약의 기본원칙을 재확인하고(동 의정서 제9조, 제10조), 특히 피보호자(상병자)

에 대한 신체절단 및 의학적·과학적 실험의 금지, 이식을 위한 신체조직·장기의 절제를 금한다는 규정 등을 두고 있다(동 의정서 제11조).

1. 피보호자 범위의 확대

제네바 제협약에 의하면 상병자(傷病者)를 각 협약마다 구분하여 규정하고 있다. 즉, 육전에 있어서의 군대 상병자는 제1협약에, 해상에 있어서의 군대 상병자 및 조난자는 제2협약에, 민간인 상병자는 제4협약에서 각각 규정하고 있다.

그러나 제1추가의정서에서는 육상, 해상이라는 장소적 구분을 배제하고, 또한 군대 상병자와 민간인 상병자라는 인적 구분을 배제하고 제2편에「부상자, 병자 및 조난자」라는 통합된 제목하에 규정하고 있으며, 피보호자의 범위를 확대하였다.

제1추가의정서에서 규정하고 있는 상병자와 조난자의 정의를 살펴보면 다음과 같다.

상병자, 즉 부상자(wounded) 및 병자(sick)라 함은 군인 또는 민간인을 불문하고 외상, 질병, 기타 신체적·정신적인 질환 또는 신체장애로 인하여 의료적 지원이나 치료를 필요로 하는 자로서 적대행위를 행하지 아니한 자를 말한다. 여기에는 임산부, 신생아 및 신체허약자 등 즉각적인 의료적 지원 또는 치료를 필요로 하는 자로서 적대행위를 행하지 아니한 자를 포함한다(제8조).

조난자(shipwrecked)라 함은 군인이나 민간인을 불문하고 본인 자신에게 또는 본인을 수송하는 선박 또는 항공기에 영향을 미친 재난으로 인하여 해상 또는 기타 수역에서 위험 속에 빠진 자로서 적대행위를 행하지 아니한 자를 말한다.

이러한 조난자는 적대행위를 행하지 아니하는 한, 다른 신분을 취득할 때까지의 구조기간 중 제네바 제협약 또는 본 의정서에 의하여 계속 조난자로 간주된다(제8조).

위의 정의를 통하여 다음과 같은 3개의 특성을 찾아볼 수 있다.

첫째, 상병자(傷病者)의 개념이 확대되었다. 육체적·정신적 질병의 환자뿐만 아니라, 최소한도 "의료상의 지원을 필요로 하는 자"는 모두가 본 의정서에서 말하는 상병자의 범주에 속한다.

둘째, '어떤 적대행위도 행하지 아니 한다'라는 조건하에서, 전투원·민간인을 구분하지 않고 모든 부상자, 병자 및 조난자를 제1추가의정서의 피보호자로 규정하였다. 적대행위를 하지 않는다는 단 하나의 조건으로써 전투원과 민간인의 구별없이 모든 상병자를 피보호자(보호대상자)로 명시하였다는 점에서 국제인도법의 발전에 크게 기여하였다고 볼 수 있다.

셋째, 조난자 개념의 확대이다. 전투원과 민간인이라는 인적 구분을 배제하였을 뿐만 아니라 조난 장소도 종전의 해상 이외에 기타의 수역, 예컨대 호수 또는 하천 수면으로 확대하고 있다.[89]

2. 피보호자 보호의 강화

부상자, 병자 및 조난자의 상태개선을 목적으로 하는 본 의정서 제2편의 제규정은 인종, 피부색, 성별, 언어, 종교, 신념, 정치적 또는 기타의 의견, 민족적·사회적 출신성분, 빈부, 출생 및 기타의 신분 혹은 기타의 모든 유사한 기준에 근거하는 어떠한 불리한 차별도 없이 국제적 무력충돌에 의하여 영향을 받은 모든 자에게 적용된다(제9조).

모든 부상자, 병자 및 조난자는 그들의 국적 여하를 불문하고 존중되고 보호되어야 한다. 그들은 모든 경우에 있어서 가능한 한 최대한도로 그리고 지체없이 그들의 상태에 따라 요구되는 의료적 치료와 간호를 받고 인도적으로 대우되어야 한다. 의료적인 것 이외의 다른 이유를 근거하여 그들 사이에 차별을 두어서는 아니 된다(제10조).

본 의정서 제11조에서는 억류국이 피보호자에 대하여 부당한 의료행위를 하지 못하도록 하기 위하여 필요한 내용들을 규정하고 있다. 그리고 제11조에서 규정하고 있는 피보호자의 범위는 비단 상병자 및 조난자뿐만 아니라 국제적 무력충돌로 인하여 억류국의 권력하에 있는 자, 구류되었거나 억류된 자, 또는 자유가 박탈된 모든 자를 그의 건강상태와 관계없이 제11조의 적용대상으로 규정하고 있다.

---

89) 정운장, 전게서, pp. 132-133.

그리고 제11조에서 규정하고 있는 내용(부당한 의료행위의 남용을 방지하기 위한 대책)은 제11조의 적용대상인 모든 자들에 대하여 본인의 건강상태에 비추어 보아서 의료행위를 필요로 하지 않고, 또한 억류국 자국민에게 통상 인정되는 의료기준에 부합(符合)하지 않는 의료상의 처치(작위와 부작위를 포함)를 행하는 것을 금지하고 있다(제11조 제1항).

특히 제11조의 적용대상자에 대하여 다음과 같은 행위는 그들의 동의가 있는 경우에도 금지하고 있다(제11조 제2항).

(1) 신체 절단
(2) 의학 또는 과학실험
(3) 이식을 위한 조직 또는 장기의 제거

단, 이러한 행위가 의료적으로 정당화되는 경우는 인정된다(제11조 제2항). 또한 위의 '이식을 위한 조직 또는 장기의 제거'의 금지에 관한 예외는 다음의 경우에 한하여 허용되고 있다. 즉, 수혈을 위한 헌혈 또는 이식을 위한 피부의 기증이 어떤 강제나 회유도 없이 자발적으로 또한 기증자와 수혜자 양측의 이익을 위하여, 일반적으로 인정되는 의료기준과 감독에 일치하는 상태에서 오직 치료목적으로 이루어진 경우에 한 한다(제11조 제3항).

제6장 1950년 한반도 전쟁과 정전협정

제1절 한반도 정전체제

I. 한반도 정전체제의 발생 배경

1. 세계 제2차대전의 종식과 한반도의 분단

제2차 세계대전중인 1943년 11월 22일부터 5일간 루즈벨트, 처칠, 장계석은 카이로에서 회담을 갖고 한국문제에 관하여 "한국 국민의 압박상태를 고려하여 3개국은 한국이 머지않은 장래에 자유 독립되어야 함을 결정하였다"고 카이로 선언을 통하여 밝혔다.90)

소련은 그 당시 일본과 미국·영국·중국 사이의 전쟁에 중립적인 입장을 취하였기 때문에 카이로 회담에 참가하지 않았으나, 그 후 1945년 2월 11일 소련이 얄타(Yalta) 비밀협약에 참가함으로써 비로소 카이로 선언에 참가한 국가들과 동맹을 맺게 되었다. 이 Yalta 비밀협약은 제2차 세계대전 종료 후 1946년 2월 11일 공포되었다. 이 Yalta 비밀협약에 따르면 소련은 독일 항복 후 2~3개월 이내에 동맹국의 입장에서 대일본전쟁(對日本戰爭)에 참가한다는 것이었다.91)

독일은 1945년 5월 7일 무조건 항복을 하였고, 같은 해 7월 26일 미국·영국·중국은 일본에 대해서 포츠담의 최후통첩을 발표했고, 8월 6일 첫번째 원폭(原爆)이 일본에 투하되고, 8월 8일 소련은 대일본 선전포고(對日本 宣戰布告)를 하고 만주지역에서 소련군과 일본군의 전쟁이 시작되었으며, 따라서 대일본전쟁(對日本戰爭)에 대한 미·영·중·소의 동맹체제가 구축되었다.

8월 10일 일본은 스위스와 스웨덴을 통하여 최후통첩을 받아들일 뜻을 전달하고 8월 15일 무조건 항복을 선언하고, 9월 2일 동경만에 정박하고 있던 미국 전함(戰艦) 미주리호에서 항복문서에 공식서명을 함으로써 태평양지역에서의 제2차 세계대전은 그 막을 내렸다.

일본 항복 후 한반도는 식민지로부터 해방되어 자주적이고 완전한 독립국가로서의 지위를 확보하는 듯 하였으나 해방과 더불어 소련군과 미국군은 한반도를 남북으로 분단 점령하였다.

소련이 대일본(對日本) 선전포고를 한 후 소련군은 1945년 8월 10일 웅기, 8월 13일 청진에 진입하였으며 곧 이어서 현 북한지역으로 진격해 들어왔다.92)

그 당시 일본의 항복은 미국인에게는 기대 이상으로 신속히 진행되었고 따라

---

90) Europa-Archiv, Februar-März 1947, S. 404 ; Stoecker, Helmuth (Hrsg.), Handbuch der Verträge 1871-1964, S. 330; Reseach Center for Peace and Unification, Documents on Korean-American Relations 1943-1976, S. 27.
91) Europa-Archiv, Februar-März 1947, S. 404.
92) Kim, Hak-Joon, The Unification Policy of South and North Korea, S. 32.

서 미국은 그 당시 한국점령을 위한 구체적 계획이나 부대를 가지고 있지 않았으며 한국점령을 위한 최 근거리 부대는 오끼나와에 주둔하고 있었다.93)

미국의 전 국무장관 Dean Rusk는 그 당시의 상황을 다음과 같이 설명했다. "미국무성은 가능한 한 한반도 북쪽 멀리까지 일본군의 항복을 받기를 원했다. 그러나 그 당시 곧바로 이용할 부대가 없었으며 소련군대가 진입하기 전에 북쪽 멀리 진입할 시간적 공간적 어려움이 있었다."94)

그 당시 한반도 주변의 군사적 상황을 고려할 때 소련군대가 한반도 전지역을 점령할 위험이 있었으며95) 이를 방지하기 위해서 미국 정책당국은 1945년 8월 10일에서 15일까지 여러 차례 회의를 개최하였고 미국은 1945년 8월 15일 General Oder No.1의 초안을 소련에 제시하였다.

이 General Oder No.1의 내용은 다음과 같다. 즉, 소련군대와 미국군대 사이에 군사분계선을 설정하여 한반도 38°선 이북지역의 일본군대는 소련군이 무장을 해제하고, 38°선 이남지역의 일본군대는 미국군이 무장을 해제한다는 것이었다.96)

미국이 이 제안을 소련에 제시하자 바로 다음날 스탈린은 곧 이 제안을 수락함으로써97) 한반도의 분단역사는 결정적 계기를 맞게 되었다.

한국은 독일과 달리 세계 제2차대전에 결코 참가한 일이 없음에도 불구하고 일반명령 제1호(General Oder No.1)에 의해서 38°선을 경계선으로 하여 분단되었다.

---

93) U. S. Department of State, Foreign Relations of the United States 1945: The British Commonwealth and the Far East, vol. Ⅳ, S.1039; Kim, Hak-Joon, a.a.O., S. 32.
94) U. S. Department of State, Foreign Relations of the United States 1945: The British Commonwealth and the Far East, vol. Ⅳ, S. 1039.
95) Goodrich, Leland M., Korea, A study of U. S. Policy in the United Nations, S. 13 f.; Kim, Hak-Joon, a.a.O., S. 34.
96) U. S. Senate, Committee on Foreign Relations, The United States and the Korean Problem: Documents 1943-1953, Document No.74, 83D Congress 1st Session, S. 2f.; Research Center for Peace and Unification, Documents on Korean-American Relations 1943-1976, S. 28.
97) Background Information on Korea, House Report No. 2495, 81st Cong., S. 2; U.S. Senate, Committee on Foreign Relations, a.a.O., S. 2 f.

일본항복의 공식 조인과 때를 같이하여 발표된 General Oder No.1은 승전 강대국인 소련 및 미국군대가 한반도를 점령할 수 있는 법적 근거를 마련하였으며, 미군은 1945년 9월 8일 남한에 진입하였다.

이 세계 제2차대전의 동맹국에 의한 한반도의 점령은 식민지로부터 해방된 국가의 평화적인 점령으로 볼 수 있다. 점령의 목적은 우선 일본군대의 무장해제에 있었고 일시적으로 이 목적을 위해서 채택되었던 북위 38°선을 따른 분단선은 한민족 분단의 결정적 요소가 되었다. 일본항복과 더불어 한국에 대한 지배권은 일본으로부터 사실적으로 소련과 미국으로 넘어갔다.

미국과 소련이 한국을 적국(敵國)으로 간주하여 군사적으로 점령하려 하거나 한반도 지역을 합병하려는 의도가 없었다는 사실을 고려할 때 당시 한반도에서 발생한 법적 상황은 UN헌장 제73조 이하에서 규정하고 있는 신탁통치 목적과 아주 비슷한 상황을 나타내고 있다. 물론 이 유엔헌장의 규정들은 한국에서 적용되지 않았다.

이미 언급한 1943년의 카이로 선언에 기초하여 소련과 미국은 법적 구속력은 없을지라도 적어도 한국을 다시 자유 독립국가로 회복할 정치적 의무를 지게 되었다. 이와 같은 이유에 의해서 모스크바에서 1945년 12월 16일부터 26일까지 미국, 소련, 영국의 3국 외상회의가 개최되었다.

이 회의에서 남북한에 대한 소련과 미국의 사실상의 신탁통치 상황을 하나의 단일적인 미·소·영·중의 법률적 신탁통치로 변경하였으며 그 기간은 최대한 5년으로 정하였다. 동시에 미소공동위원회를 조직하였다. 이와 같은 합의는 오랜 문화민족인 한국인에 대하여 모욕으로 간주되었다. 전국에 걸쳐 한국인의 커다란 저항을 불러 일으켰다.

한국인들은 다음과 같은 입장에 있었다. 즉, 한국은 동맹국의 적국이 아니라 오히려 해방된 국가이고, Atlantic Charter, 국민의 자주적 결정권, 그리고 카이로 선언에 따라서 독립국가가 되어야 한다고 주장했다.

미소공동위원회가 1946년 3월 서울에서의 회의 후 한국 임시정부수립을 준비하기 위하여 거의 1년 반 동안 회의를 계속하였으나, 소련은 한국에서 친소 공산주의 정부를 수립하려고 하였고, 미국은 이를 저지하기 위해서 온갖 노력을 다하였다.

모스크바의 신탁통치합의가 실행되기 어렵다고 판단한 미국은 한국문제 해결을 위하여 1947년 8월 미·소·영·중의 4대국 회의개최를 제안하였으나 소련은 이를 거절하였고, 따라서 미국은 1947년 9월 한국문제를 유엔에 넘겼다.

유엔총회는 1947년 11월 14일 소련 및 그 위성국들이 불참한 가운데 한국에서의 자유적이고 민주적인 선거실시를 감독할 유엔 한국임시위원회를 설치하였다. 그 유엔총회 결의는 다음과 같다. 즉, "자유선거를 통하여 구성된 의회가 국가정부를 수립하고, 이 정부는 점령당국으로부터 완전한 통치권을 되돌려 받으며, 한국은 자신의 군대를 창설하고, 또한 점령당국과 합의를 통해서 한국에서의 외국군 철수에 관하여 가능한 신속히 합의를 한다"고 결의하였다.

이와 같은 임무를 수행하기 위해서 유엔 한국임시위원회가 서울에 도착하였을 때 곧바로 어려움이 발생하였다. 평양에 주둔하고 있던 소련의 점령당국은 이 위원회가 북한지역으로 통과하는 것을 거부하였다.

따라서 유엔은 다시 이 위원회가 접근가능한 지역내에서, 즉 남한에서 1947년 11월 14일의 유엔결의를 수행할 것을 1948년 2월 26일 결정하게 되었고, 이 결정에 의해서 1948년 5월 10일 남한에서만 유엔 한국임시위원의 감시하에 국회의원 총선거가 실시되었고 이어서 국회를 구성하게 되었다.

그리고 한반도의 미군 점령지역에서 1948년 8월 15일 대한민국이 정식 수립되었고, 따라서 미국이 그 당시까지 실시한 사실상의 신탁통치는 종료되었고 한국정부는 미국의 군사행정당국으로부터 국가의 주권을 되돌려 받았다. 그리고 미군은 1949년 6월 한국에서 철수하였다.

북한은 1948년 8월 25일 서구 민주주의적 의미에서의 자유선거가 아닌 통일된 단일후보를 통한 공산주의적 의미에서의 선거를 통하여 최고인민회의 대의원이 선출되고 김일성의 주도하에 1948년 9월 9일 조선민주주의 인민공화국의 수립을 선포하게 된다.

미국은 새로 수립된 대한민국 정부의 국제법적 지위에 관한 결정을 UN에 넘겼으며, 유엔총회는 1948년 12월 12일 소련권 국가들의 반대하에서 다음과 같이 결의를 채택하였다. 즉, "1948년 5월 10일의 선거는 국민의 자유로운 의사의 표현임을 인정하며 따라서 대한민국의 정부는 한국민의 다수가 살고 있는 지역을 통제하고 있는 합법적 정부(a Lawful Government)임을 인정한다."

이와는 대조적으로 소련과 그 위성 공산권 국가들은 북한정부를 전한국의 유일정부로 인정하였으며, 이와 같은 절차를 걸쳐서 한반도에는 2개의 정치단체가 수립됨으로써 한반도 분단과정은 그의 종결을 보게 된다.

위에서 살펴본 바와 같이 한반도의 운명은 자신이 책임질 사유도 없이 전한국민의 의사에 반하여 외국의 열강들에 의해서 그들의 이해관계에 따라서 분단되었다. 국가내적인 요소나 국가분단을 합법 정당화할 근거도 없이 한반도는 분단되어지고 말았다.

2. 6.25 전쟁과 한반도 정전협정의 체결

한반도의 남북분단은 세계 제2차대전 후 두 번에 걸쳐 이루어졌다. 그 첫째가 1945년의 미·소의 전후 처리과정에서 분단되었던 '38선에 의한 분단'이고, 두 번째는 1953년의 '휴전선에 의한 분단'이다.

1950년 6월 25일 38선 일대에서 북한 공산군의 기습남침으로 시작된 한국전쟁은 1년간의 치열한 격전 후 1951년 7월부터 기동전은 정지되고, 전선이 고착상태에 빠지면서 분쟁은 군사적 방법보다 정치적 방법으로 해결하려는 노력이 점점 고조 되었다. 따라서 1953년 7월 휴전에 이르기까지의 이 기간 동안의 전투는 '정책의 시녀' 역할을 담당하게 되었다.

휴전이 제기되고 회담이 진행된 과정은 다음과 같다. 미국의 입장에서 한국전쟁의 휴전을 구상했던 것은 1950년 9월 15일 인천상륙작전을 감행한 때로부터이다. 이는 동년 9월 16일 미국무성 차관보 H. F. Matthews가 대외군사문제 및 원조담당 특별보좌관인 J. H. Burns 장군에게 보낸 1급 비밀문서에서 잘 나타나 있다.

미국의 휴전구상에는 5개항의 지침이 포함되어 있는데 그 내용은 다음과 같다.
(1) 모든 북한군은 정규, 비정규군을 막론하고 그 위치가 어디 있든 간에 적대행위를 중단하고 휴전과 관련되는 통합사령관의 군사적 요구에 순응한다.

(2) 38선 이남의 모든 북한군은 평화조약에 관한 국제연합의 결정이 내려질 때까지 국제연합군에 의해 행동의 전면 제약을 받는다.
(3) 국제연합군이 파견하는 특수임무반은 38선 이북 북한군의 무장해제를 감시할 목적으로 입북이 허용될 것이나, 38선 이북의 북한군의 신병은 억류되지 않는다.
(4) 국제연합의 평화조약이 완성될 때까지 북한의 공공기관은 38선 이북의 치안유지 책임을 지며, 이 목적을 위하여 통합사령관은 한정된 인원의 민간 경찰에게 필요하다고 생각되는 무기휴대를 허용한다.
(5) 현재 북한당국에 의해 억류되고 있는 모든 국제연합군의 포로와 민간인을 즉각 석방하고, 이들에 대한 보호대책이 마련되어야 하고 통합사령관이 지정하는 장소로 즉각 송환되어야 한다.[98]

이와 같은 미국의 휴전구상에 뒤이어 1950년 12월 14일 국제연합 총회는 휴전에 관해서 「총회는 극동에 있어서의 사태를 염려하고 한국전쟁이 타 지역에 확대됨이 없도록 방지하고 한국 자체의 전투를 종식시키기 위하여 즉각적인 조치를 취하여야 하며 그 다음에 국제연합의 목적과 원칙에 따라서 현안문제의 평화적 해결을 위하여 가일층의 조치를 취할 것을 희망한다」라는 내용의 결의를 하였다.

동 결의 후 '정전 3인단'(Three Men Group on Cease-Fire)이 설치되었으며,[99] 그의 임무는 한국에 있어 만족할 만한 정전의 기초를 결정하고 이를 총회에 권고하는 것이었다. 그러나 동 3인단의 중국대표와의 회담교섭은 완전히 실패하고 결국은 1951년 1월 1일 중국과 북한에 의한 대규모 공세가 시작되었다.

1951년 2월 1일 총회는 중국이 한국의 침략자라는 결의를 하게 되었고, 1951년 5월 18일 총회는 다시 중국과 북한에 대한 전쟁물자 공급중지를 가맹국들에게 권고하는 결의를 채택했다.

1951년 5월 20일까지 중국의 공세는 약화되고 전세는 다시 국제연합군에

---

[98] 김명기, 한국휴전협정의 법적 당사자에 관한 연구, 한국국제법학의 제문제, 박영사 1987, p.84.
[99] 카나다의 L. Pearson, 이란의 N. Entezam, 인도의 B. Rau 3인단이 구성됨, 김명기, 남북한연방제 통일론, 탐구원, 1993, p.67.

게 유리하게 역전되었다. 이와 같은 상황에서 동년 6월 23일 국제연합 소련 대표 J. Malik는 상호 38선에로의 철수를 조건으로 정전교섭의 가능성을 방송을 통하여 제시했다.

Malik의 이와 같은 휴전제의에 대하여 Truman 대통령은 6월 25일 한국 전쟁의 완전한 종식과 한국민의 평화와 안전을 회복하는 전제하에서 그 제의에 찬성한다고 밝혔다.

중국정부도 인민일보를 통하여 모든 외국군대가 한국으로부터 철수되고 한국민으로 하여금 문제를 해결하게 할 것을 조건으로 Malik의 제의를 수락한다고 밝혔다.

이어서 1951년 6월 30일 국제연합군 사령관 M. B. Ridway 장군은 방송을 통하여 공산군 사령관에게 각 사령부의 신임대표자가 원산항에 있는 Denmark 병원선 Jutlandia에서 정전교섭을 위해 회담할 것을 제의했다. 다음 날인 7월 1일 북한군최고사령관 김일성과 중국인민지원군사령관(中國人民志願軍司令官) 팽덕회는 공동명의로 방송을 통하여 개성에서 회담할 것을 제의했고, 국제연합군은 이에 동의했다.

이와 같은 방송을 통한 합의에 따라 1951년 7월 8일 개성에서 연락장교에 의한 첫 회담이 있었다. 이 회담은 수석대표의 회담시간, 장소 및 절차 등을 준비하기 위한 예비회담이었으며, 이때 남측 대표로는 J. Murray 미 해병 대령, A. J. Kinney 미 공군 대령, 이수영 한국 육군 중령이 국제연합군사령관에 의해 임명되었다. 북측 대표로는 장춘산 북한군 대좌, 채성문 중공군 중령, 김일파 북한군 중좌였다.

7월 10일에는 남측 대표와 북측 대표에 의한 휴전회담 본회담을 시작했다. 남측을 대표하여 국제연합군측이 임명한 C. T. Joy 미 해군 중장, H. I. Hodes 미 육군 소장, C. Craigie 미 공군 소장, A. A. Burke 미 해군 소장, 백선엽 한국군 소장이었고, 북측에서는 남일 북한군 대장, 이상조 북한군 소장, 장평산 북한군 소장, 등화(鄧華) 중공군 중장, 사방(謝方) 중공군 소장이 대표로 나왔다. 그런데 남측 대표로는 C. T. Joy 미 해군 중장을 국제연합대표(the United Nations Delegation) 또는 국제연합군 총사령관(the Commander in Chief, United Nations Command)의 대표로 표시하고,

북측 대표는 조선인민군(Korean People's Army) 대표, 중국인민지원군(中國 人民志願軍, the Chinese People's Volunteers)의 대표라고 표시하여 국제 연합과 북한, 중국이 본회담의 당사자임을 나타내고 있다.

한국 휴전협정은 휴전회담을 시작한 지 약 2년만에 국제연합군총사령관을 일방으로 하고 북한군최고사령관 및 중공인민지원군 사령관을 타방 서명자로 하는 휴전협정이 체결되었다. 휴전협정의 서명절차를 보면 다음과 같다. 1953 년 7월 27일 오전 10시 쌍방 수석대표자(국제연합군대표단 수석대표 미국 육 군 중장 윌리엄 K. 해리슨 2세와 조선인민군 및 중국인민지원군대표단 수석 대표 조선인민군 대장 남일)간에 먼저 서명이 있었으며, 이 시간은 휴전협정 의 발효시간, 즉 정전의 시간으로 하며, 그 후 서명된 문서부수의 절반(9부)을 각각의 사령관에게 보내어 이에 쌍방사령관이 각기 서명한 후 이 서명문서를 다시 판문점에 갖고 와서 교환한 후, 이 교환된 문서를 다시 각각의 사령관에 게 보내어 이에 쌍방사령관이 각기 서명한 후 다시 판문점으로 갖고 와서 이 를 다시 교환한 다음 이 중 일부(一部)를 군사정전위원회에 전달함으로써 모든 법적 절차는 29일로 완료되었다.

II. 한반도 정전협정의 법적 성격과 당사자

1. 정전협정의 법적 성격

정전이라 함은 넓은 의미에 있어서 교전 당사자 간의 합의에 의하여 적대행 위를 일시적으로 정지하는 행위와 그 행위에 의하여 발생한 적대행위의 정지 상태를 의미한다.[100]

전통 국제법에 의하면 정전은 합의에 의하여 성립되는 것이 일반 원칙이다. 이는 1907년 헤이그 육전규칙 제36조에서「정전은 교전 당사자의 합의로써 작전행동을 정지한다」라는 것으로부터 알 수 있다. 그리고 전통 국제법 이론 에 의하면 정전은 반드시 적대행위의 정지가 이루어져야 하고 쌍방의 대표가 합의하여 행하는 계약적 성질을 갖는 것으로서 정치적으로 중요한 의미를 갖

---

100) Oppenheim-Lauterpacht, International Law, Vol. II, 7th ed., 1952, p. 546; 배재식, 한국휴전의 법적 제문제, 법학 16권 제1호, 1975, p. 34.

는다.

그런데 정전의 이와 같은 일반적 성질과 관련하여 법적으로 문제가 되는 것은 정전기간이 어떠한 법적 지위를 갖는가 하는 것이다. 그것이 전시인가, 평시인가, 아니면 제3의 상태인가 하는 것이다. Oppenheim의 견해에 의하면 일반적으로 정전기간 중에는 교전자 쌍방 및 교전자와 중립국 간에는 단순한 적대행위의 정지 이외의 일체의 점에 있어서 여전히 전쟁의 제 조건이 존재하고, 국제법상의 제 관계가 정전기간 중에는 전시로 규정되며, 그 기간이 아무리 장기간 일지라도 정전기간의 법적 관계는 전시법의 적용을 받아야 하는 것으로 본다.101)

이와 같은 전통 국제법상의 이론에 의하면 정전은 사실상 내지는 법률상으로 전쟁의 종료를 의미하지 않으며, 전쟁의 종결은 보통 평화조약에 의하게 된다.102)

평화조약은 전쟁원인의 해결에 합의하여 사실적으로나 법적으로 전쟁을 종결시키는 것을 말한다. 반면에, 정전협정은 전쟁의 원인을 해결하지 않고 단지 교전행위만 중단하는 것이기 때문에 정전기간은 교전 당사국 간에는 정상적 외교관계가 단절되고 제3국은 국제법상 중립의무를 진다. 이러한 견해는 세계 제2차대전 이전의 국제법이나 전시법규에 기초하며, 그 대표적 학자가 Oppenheim이다.

그러나 이와 같은 전통적 국제법 이론에 따른 정전에 관한 정의는 세계 제1차대전 후부터 변하기 시작하여 제2차대전 후부터 그 절정을 이루었다. 즉, Julius Stone은 일반정전에 관한 현대적 경향을 분석한 후 정전은 그것이 일반정전인 경우 단순한 적대행위의 일시적 정지에 그치는 것이 아니라 일종의 전쟁의 사실상의 종결(de facto termination of war)로 귀착하는 것으로 보고 있다.103) 나아가 그는 정전당사자가 정전협정을 실시하는 상황에 따라서

---

101) Oppenheim-Lauterpacht, op. cit., p. 547.
102) 전쟁종결 방식은 가) 평화조약, 나) 교전 쌍방이 사실상 적대행위를 중지하고 전쟁의 사를 포기한 경우, 다) 일방 교전국이 타방 교전국을 정복, 병합한 경우, 라) 전승국에 의한 일방적 전쟁상태 종결선언 등이 있다. 이장희, 한국 정전협정의 평화체제전환을 위한 법제도적 방안, 아시아사회과학연구원, 1994. 11. 18, p. 13.
103) Julius Stone, Legal Controls of International Conflict, New York and London, 1959, p. 644.

평화협정의 체결 없이도 전쟁종결의 효과를 가져다 줄 수 있다고 본다.104)

현대적 일반정전은 전통적 정전과는 달리 정전기간이 장기간이며, 명백한 전쟁의사 포기, 전쟁재발 방지장치 등을 포함하고 있다. 특히 일반정전으로 인한 장기간의 정전기간을 전통국제법 이론에 따라 전시로 해석할 경우 포로문제, 재산처리문제, 국경확정문제 등의 복잡한 문제로 인해 국민생활과 국가정책수행에 막대한 부담과 고통을 주게 된다. 이러한 불합리를 피하기 위하여 현대에 들어와서는 일반정전에 따른 장기간의 정전기간을 전시보다 평시로 보는 경향이 있다. J. G. Starke도 여기에 동조하면서 한국전쟁은 정전으로 종료되었다고 보고 있다.105)

또한 근래에 와서는 평화조약을 반드시 체결하지 않고도 교전당사국 정상 간의 공동선언으로 전쟁상태를 종결짓고 외교관계를 정상화하는 경우도 있다. 그 좋은 예가 1956년 10월 19일 일·소 공동선언이다. 이 공동선언은 영토문제는 해결하지 않았지만 전쟁을 종료하는 평화조약의 한 형식이라 할 수 있다.

그러면 1953년의 한국 정전협정에 기초한 현재의 남북한 간의 법적관계는 전시인가 또는 평시인가가 문제이다. 북한의 입장은 정전협정에 따른 현재의 정전기간을 전시상태로 보고 있으며, 미국과의 평화조약 체결을 통하여 전시상태를 종결하자고 주장한 바도 있다.

북한의 이러한 논리 주장의 배경은 북한 주민에 대한 철저한 통제를 통한 체제유지 강화에 도움이 되고, 미국과 직접 정치적 수교를 통한 현재의 국제적 고립상태를 일시에 해결하는 동시에 민족문제 해결에 그들의 이해를 반영하는 데 도움이 되기 때문이라고 볼 수 있다.

우리의 입장은 어떠한가? 1980년 중반이후 탈냉전에 기초한 국내외 정세는 현 정전기간을 전시상태로 보는 것은 국민생활과 통일 및 외교정책에 많은 제약이 따른다. 또한 Stone의 일반적 정전이론에 의한다면 한국정전은 일반정전에 해당되며 사실상 전쟁의 종료로 볼 수 있다.

---

104) Julius Stone, ibid., p. 644.
105) J. S. Starke, An Introduction to International Law, London 1984, p. 546 참조; 유병화, 한국통일에 관련된 몇가지 국제법적 문제, 국제법학회논총 제33권 제2호, 1988년 12월, pp. 4-6 참조.

그러나 현재 국가안보에 대한 확실한 담보장치가 없는 상황에서, 또한 정전협정 위반사례가 빈번히 발생하고 있는 상황에서 현 정전기간을 평시상태로 보는 것은 현실상황을 지나치게 도외시하고 단순화시키는 것이기도 하다.

한국의 정전협정은 적대행위를 중지시키는 협정이고, 정전협정하의 상태는 사실상의 전투는 중지되고 있으나, 현 정전협정하의 남북한 간의 법적관계는 전시상태로 보아야 한다. 따라서 현실적으로 정전체제에 대한 확실한 대안이 없는 한, 현 정전체제(전시상태)를 유지한다는 전제하에 평화공존체제의 착실한 제도화장치 및 정치·군사적 신뢰구축을 제도화 함으로써 평화협정으로 점진적으로 이행하는 것이 합리적으로 보인다. 이러한 평화상태로의 전환은 1992년 남북기본합의서 제1장 남북화해의 핵심과제이다.

2. 정전협정의 법적 당사자

한국 정전협정은 6.25전쟁 발발 후 약 3년, 정전회담이 시작된 후 약 2년만인 1953년 7월 27일 10:00시에 체결되었다. 이 정전협정은 국제연합군총사령관을 일방으로 하고 조선인민군최고사령관 및 중국인민지원군사령관을 다른 일방으로 한 협정으로써, 국제연합을 대표하여 미국 육군 대장 마크 클라크, 북한을 대표하여 김일성, 중국을 대표하여 팽덕회가 이 협정에 서명하였다.

한국 정전협정에 관한 논의에 있어서 무엇보다도 법적 당사자 문제가 논의의 중점이 되는 가장 큰 이유는 6.25전쟁의 직접적이고 주된 교전자인 대한민국이 아주 중요한 의미를 가지는 이 정전협정에 직접 서명하지 않음으로써 대한민국이 이 정전협정의 당사자인가? 또는 당사자가 아닌가? 이 정전협정이 대한민국에도 직접 효력을 발생하는가? 또는 직접 효력을 발생할 수 없는가? 하는 어려운 법적 문제가 발생하며, 정전협정의 당사자 문제가 현재에도 많은 논란이 되고 있다.

대한민국이 정전협정에 직접 서명하지 않았다는 이유로 북한측은 남한을 정전협정의 당사자로 보지 않고 있고, 미국과 직접 평화협정을 체결할 것을 주장하고 있으며, 한국은 여기에 개입할 자격도 명분도 없다고 따돌리고 있는 실정이다.

1970년대부터 북한이 미·북한 간 평화협정체결을 주장하고 있는 데, 북한의 주장 배경에 따르면 정전협정의 당사자는 한국을 제외한 북한, 중국, 미국이라고 주장하면서, 그러나 중국인민지원군은 이미 북한지역에서 철수하였으므로 평화협정은 북한과 미국 간에 체결하여야 한다는 논리이다. 북한의 주장 근거는 한국 정전협정의 서명자가 국제연합군사령관 미육군대장 Clark, 조선인민군사령관 김일성, 중국인민지원군사령관 팽덕회로 되어 있는 사실에 기인하고 있다. 나아가 국제연합군 대부분이 미국군대이었고 미국이 국제연합군사령관을 임명하였으므로 미국이 실질적 교전국이고, 타방 교전국인 북한, 중국과 함께 실질적 당사자라는 것이다. 그러나 중국군은 북한에서 이미 철수하였으므로 북한과 미국만이 정전협정의 당사자로 남아 있으므로 북한과 미국 간에 정전협정을 대체할 평화협정을 체결해야 한다는 것이 북한의 일관된 주장이다.106)

정전협정이 체결됨으로써 한반도에서 실질적 적대행위는 중지되었으나 이 협정은 오랜 기간의 냉전체제하에서 남북한관계를 규율해 오고 현재도 규율하고 있는 중요한 법적 문서로써 국가안보와 통일 및 외교정책에 큰 영향을 미치고 있다.

정전협정의 당사자란 법적 당사자를 말하며, 법적 당사자는 권리·의무의 귀속자, 즉 권리·의무의 주체를 말한다. 일반 국제법상 모든 국가는 권리·의무의 주체가 되므로 국제법상 당사자가 될 수 있다. 그러나 일부 국가 간에 조약을 체결할 경우에는 그 국가만이 국제법의 주체가 되고 그 국가만이 당사자가 되는 것이다.

정전협정의 당사자란 정전협정이라는 특수한 국제법상의 권리·의무의 주체가 되고 정전협정의 구속을 받는 국제법의 실체를 말한다. 그것은 정전협정을 떠나서 일반 국제법상의 권리·의무의 주체를 의미하는 것이 아니고 단지 정전협정상의 권리·의무의 주체를 의미한다.

정전협정의 당사자 문제를 명백히 하기 위해서는 먼저 조약당사자(Party)와 조약서명자(Signatory)의 의미를 구별하는 것이 필요하다. 조약당사자란 '조약에 의해 구속을 받게되는 국가'를 의미한 반면, 조약서명자는 '이러한 당사자

---

106) 백진현, 휴전협정체제의 대체에 관한 소고(상), 국제문제, 92. 4, p. 111.

를 대표하여 조약을 서명하는 사람'으로 구별된다. 그래서 조약당사자와 조약 서명자의 국적은 별개의 사항이다.107) 그러므로 정전협정의 당사자 문제는 국제연합군사령관 클라크와 조선인민군사령관 김일성 및 중국인민지원군사령관 팽덕회가 어느 국가를 대표하여 이 협정에 서명하였는가에 달려 있다.

보통 정전협정은 적대 쌍방 간에 체결하는 양자조약이고 정식조약이 아닌 약식조약이며, 군사적 사항에 국한되는 협정이다. 그래서 교전자가 협정당사자가 되며 교전 쌍방의 군사령관이 교전자를 대표하여 체결하는 것이 통례이다. 한국전의 교전당사자는 한국과 UN 안보리 결의 83(1950. 6. 27)과 84(1950. 7. 7)에 의해 참전한 16개국으로 구성된 국제연합군이 일방이 되고, 북한과 중국이 다른 일방이 되었다.

한편 적대 쌍방의 작전지휘체계는 상이한 양상을 띠었다. 우선 UN 안보리 결의 84는 한국을 도와 참전한 16개국을 지휘할 통합사령부(United Command)를 구성하고 미국으로 하여금 그 사령관을 임명케 함으로써 작전지휘체계를 통일시켰다.

또 한국은 1950년 7월 14일 이승만 대통령이 서한을 통해 작전지휘권을 국제연합군사령부에 위임했다. 이에 따라 국제연합군사령부는 한국과 참전 16개국을 지휘했다.

이러한 단일 지휘체계를 감안할 때 국제연합군사령부는 이들 국가들을 대표하여 정전회담을 교섭하고 이 정전협정에는 이들 국가들을 대표하여 국제연합군사령관만이 서명한 것이 당연하다고 볼 수 있는가 하는 문제이다.

이를 긍정하는 견해가 있다. 이 견해는 연합군을 구성할 경우 정전협정은 연합군사령관이 관련국을 대표하여 서명하는 것이 통례이며, 이 경우 협정은 모든 관련국에 적용된다는 주장이다.108) 그리고 북한 및 중국은 별도의 단일

---

107) 백진현, 휴전협정체제의 대체에 관한 연구, 한민족 공동체통일방안의 실천을 위한 모색, 통일원, 통일방안 논문집 제3집, 1991년, pp. 132-133.
108) 이장희, 한국 정전협정의 평화체제전환을 위한 법제도적 방안, 아시아사회과학연구원, 1994. 11. 18, p. 15; 백진현, 휴전협정체제의 대체에 관한 소고(상), 국제문제, 92. 4, p. 112.
　　2차 세계대전 당시인 1943년 9월 3일 연합군총사령관인 미국 아이젠하워 장군은 미·영 등 연합국을 대표하여 이탈리아군 사령관 바도글리오와 휴전협정을 체결하였으며(시실리 휴전협정) 이는 모든 연합국에 적용되었다. 또 1차 세계대전 당시인 1918년 11월 11일 연합군총사령관인 프랑스의 포쉬 장군은 연합국을 대표하여 독일대표

지휘체계를 구성하지 않았고, 따라서 정전협정에도 동시에 참여 서명했던 것이며, 이렇게 볼 때 한국정전협정의 법적 당사자는 엄격히 말해 한국과 참전 16개국이 일방 당사자가 되고, 북한과 중국이 타방 당사자가 된다는 견해이다.109)

또 다른 견해는 정전협정에 대한민국의 대표자가 서명을 하지 않았기 때문에 대한민국은 정전협정의 당사자가 아니라는 견해다. 또한 국제연합군사령관의 서명에는 대한민국을 위한 현명(顯名)이 없으며, 대한민국은 정전협정에 반대해 왔다는 점을 고려할 때 대한민국은 정전협정의 법적 당사자가 될 수 없다는 것이다.110)

위에서 밝힌 바와 같이 대한민국이 한국 정전협정의 법적 당사자인가 하는 문제에 대하여 상반된 견해를 살펴보았다.

정전협정의 당사자 문제의 해결을 위해서 다음과 같이 두가지 관점에서 접근해 보고자 한다.

그 첫째는 국제연합군사령관에게 이양된 작전지휘권은 대한민국을 대표해서 정전협정을 체결할 수 있는 권한까지 당연히 갖고 있느냐 하는 문제이고, 둘째는 정전협정 체결 당시 이승만 정부가 국제연합군사령관에게 대한민국을 대표해서 정전협정을 체결하도록 동의했느냐 하는 문제이다.

한국군에 대한 작전지휘권은 1950. 7. 14. 이승만 대통령에 의해서 유엔군사령관 맥아더 장군에게 이양되었다. 이 경우 유엔군사령관에게 이양된 작전지휘권은 대한민국을 대표해서 정전협정을 체결할 수 있는 권한까지 당연히 포함되느냐, 아니면 대한민국을 대표해서 대한민국의 공식적 전권대표로서 국제법적 구속력이 있는 국가 간의 정전협정에 서명할 수 있는 권한을 당연히 갖고 있는 것은 아니다 라고 볼 것이냐가 문제이다.

국제적 관행에서 적용되고 있는 국제법에 따르면 대통령, 수상, 외무부장관은 전권의 위임장을 제시하지 않더라도 국제법적 조약을 최종적으로 체결할

와 휴전협정을 체결한 바 있다. 백진현, 휴전협정체제의 대체에 관한 소고(상), 국제문제, 92. 4, p. 112.
109) 이장희, 한국 정전협정의 평화체제전환을 위한 법제도적 방안, 아시아사회과학연구원, 1994. 11. 18, p. 15; 백진현, 휴전협정체제의 대체에 관한 소고(상), 국제문제, 92. 4, p. 112.
110) 김명기, 주한국제연합군과 국제법, 국제문제연구소, 1990, P. 122.

수 있는 권한이 주어진 것으로 보고 있다. 작전통제권을 부여받은 국제연합군 사령관은 적에 대한 한국군의 전투행위의 중지를 명령할 수 있으나 전권위임을 부여받음이 없이는 국제법적 구속력이 있는 정전조약을 체결할 수 없다는 것이 관습국제법상 인정된다고 주장하는 국제법 학자가 있다.111)

다음은 한국 정전협정 체결 당시 이승만 정부가 국제연합군사령관에게 대한민국을 대표해서 정전협정을 체결하도록 명백히 전권을 위임했는가 하는 문제이다. 그러나 그 당시 이승만 정부의 태도, 즉 한반도의 통일 없이 남한의 영토를 단지 회복하는 데에는 적극 반대 입장이었던 당시 상황을 고려할 때, 또한 이와 같은 이유로 정전회담 초기부터 이 회담에 소극적 태도를 보였던 상황을 고려할 때, 이승만 정부가 국제연합군사령관에게 대한민국을 대표해서 정전협정에 서명할 수 있는 권한을 구두로나마 명시적으로 부여했다거나 동의했다고 볼 수는 없다. 물론 정전협정 체결시까지 국제연합군사령관에게 전권대표의 신임장 문건을 발행하지 않았다.

그러나 상황에 따라서는 명백한 전권위임이 없다고 하더라도 국제법상의 조약을 대표자가 구속적으로 체결할 수 있음도 관습국제법상 인정하고 있다.112) 즉, 명시적이지는 않더라도 묵시적으로 전권위임 동의가 있는 경우로 간주되는 경우이다. 한국 정전회담 기간 중 한국이 정전협정에 대해 거의 회담 막바지까지 반대의 입장을 취했으며, 또한 회담기간 중 사실상 미국 주도의 회담 진행으로부터 상당히 소외되었던 것도 사실이다. 그러나 한국이 정전협정의 당사자인가, 아닌가 하는 법적 문제의 판단은 정전회담 진행과정에서의 한국 정부의 입장이 어떠하였는가가 중요한 것이 아니라, 정전협정 체결시(서명시)에 한국정부의 입장이 어떠하였는가가 법적 당사자 여부를 결정하는 판단기준이 되어야 한다. 왜냐하면 한국정부의 정전협정에 관한 입장이 바뀔 수도 있었기 때문이다.

실제로 정전협정 체결 직전에 급파된 미국 대통령 특사 월터 로벗슨 국무성 동아시아 담당 차관보와 이승만 대통령 간의 2주간에 걸친 협상 끝에 「한 · 미

---

111) Verdross, Alfred / Bruno, Simma, Universelles Völkerrecht: Theorie und Praxis, 3. Aufl., Berlin 1984, S. 442-443, Rz. 687.
112) Verdross, Alfred / Bruno, Simma, Universelles Völkerrecht: Theorie und Praxis, 3. Aufl., Berlin 1984, S. 442-443, Rz. 687.

상호방위조약」을 체결하기로 합의를 보았고(이 조약은 1953년 10월 1일 정식 체결되었다), 미국의 장기적 군사 및 경제 원조, 한국군 증강 등의 주요 현안이 타결되었고 협상 직후 1953년 7월 11일 이승만 대통령과 특사 로벗슨의 공동성명이 발표되었다.113) 이와 같은 한·미 협상 후에 이승만 정부의 정전에 관한 종전의 태도는 정전협정 체결 직전에 바뀌었다고 볼 수 있으며, 그 이후 곧 정전협정이 체결될 수 있었다고 볼 수 있다.

따라서 이승만 정부가 정전협정 체결을 명시적으로 동의하지는 않았더라도, 정전협정에 대해 구속동의(consent to be bound)의 부여를 법적으로 거부하는 태도는 취하지 않았음을 상기할 때, 국제연합군사령관이 대한민국을 대표하여 정전협정을 체결함에 있어서 적어도 묵시적 동의를 했다고 볼 수 있다. 따라서 국제연합군사령관은 대한민국과 국제연합을 대표하여 정전협정에 서명하였다고 볼 수 있으므로 대한민국은 국제연합과 더불어 정전협정의 남측 법적 당사자이며 북측 법적 당사자는 북한과 중국이다.

지금까지 살펴본 논거에 따라 결론을 내린다면 한국 정전협정의 법적 당사자는 대한민국, 국제연합, 북한, 중국이다.

또한 정전협정의 관행도 한국이 이 협정 당사자임을 보여주고 있다. 즉, 1953년 7월 27일 정전협정 체결 후 지금까지 70년 동안 한국은 협정상의 의무를 성실히 이행해온 사실에서도 한국이 이 협정 당사자임을 부인할 수 없다. 한국이 당사자가 아니라면 이 협정에 구속될 이유가 없었을 것이다. 또한 북한도 지금까지 한국의 정전협정 위반을 항의한 경우가 많은 것으로 보아, 한국이 협정에 구속됨을 북한 스스로가 인정하고 있는 것이다.

뿐만 아니라 정전협정 제60항에 따라 1953년 8월 28일 UN 총회 결의로 한국이 제네바 정치회의 참가자로 지명되어 1954년 4월 26일부터 개최된 제네바 정치회담에도 한국은 참가했었다. 그런데 아무도 한국의 참가를 반대하지 않았다. 한국이 정전협정의 당사자가 아니라면 정전체제를 대체할 새로운 체제를 논의하는 제네바 정치회의의 당사자 자격도 없었을 것이다.

그리고 1992년 남북기본합의서 제5조는 「남과 북은 현 정전상태를 남북사이의 공고한 평화상태로 전환하기 위하여 공동으로 노력하며 이러한 평화상태

---

113) 백진현, 휴전협정체제의 대체에 관한 소고(상), 국제문제, 92. 4, p. 112.

가 이룩될 때까지 현 군사정전협정을 준수한다」라고 하여, 정전협정의 당사자가 남북한임을 명문으로 명백히 약속한 바 있다.

정전상태는 평화의 전(前) 단계를 의미할 뿐 평화상태를 의미하지 않는다. 정전상태는 그것에 기초한 전쟁상태 자체를 종료한 것이 아니며 단지 적대행위의 휴지(休止)를 의미하며 휴화산 상태와 같은 것이다. 정전협정의 체결에 의하여 한반도의 전쟁상태가 현재까지 법적으로 끝나지 않았다. 예나 지금이나 남북한 간의 법적 관계는 전시상태에 놓여 있다.

제2절 한반도 평화협정 체결 방안

I. 평화체제의 개념

1. 평화체제의 일반적 개념

평화체제(peace regimes)는 평화에 관한 국제체제이다. 국제체제는 국가와 국가 간 또는 국가와 국제기구 간의 조약(협정)으로 형성되므로 평화체제란 평화에 관한 사회적 구조로서 이것은 조약에 의해 형성되는 것이다.

평화체제에 있어서 평화는 '평화의 보호'를 의미하며, 평화의 보호는 '평화의 유지'(maintenance of peace)와 '평화의 회복'(restoration)의 방법에 의하여 이루어진다. 평화의 유지는 전쟁의 발발의 방지에 의하여, 평화의 회복은 전쟁의 종지에 의하여 이루어진다.[114]

평화협정(평화조약)은 전쟁상태를 평화상태로 회복하는 조약으로 '평화의 회복'을 위한 조약이며, 불가침협정(불가침조약)은 평화상태를 그대로 유지하는 협정으로 '평화의 유지'를 위한 협정이다. 따라서 평화협정은 전쟁상태에서, 불가침협정은 평화상태에서 각각 체결하는 것이다. 평화협정을 체결하면서 그 평화협정 내에 불가침에 관한 규정을 두면 그 평화협정은 평화협정인 동시에

---

[114] 유엔헌장 제39조에서 「유엔 안전보장이사회는 '국제평화와 안전을 유지하거나 이를 회복하기 위하여'(to maintain or restore international peace and security) 권고하거나 어떤 조치를 취할 것인가를 결정한다」고 규정하고 있는 것은 유엔 안전보장이사회가 평화의 유지와 평화의 회복의 권능을 가졌음을 명시한 것이다.

불가침협정이 된다. 이 경우 평화협정의 발효와 동시에 평화가 회복되고 평화유지를 위한 불가침협정을 체결한 것이 된다.

2. 평화체제의 한국적 개념

한반도의 현 정전체제 상황을 고려할 때 한반도에서의 평화체제란 다음과 같은 의미로 사용될 수 있다.

첫째, 현 정전협정을 계속 유지하면서 적대행위의 재발을 방지하는 새로운 체제의 의미로 평화체제가 사용될 수 있다. 이 경우 평화체제의 개념은 '평화의 회복' 또는 '평화의 유지'를 의미하는 것이라고 할 수 없다. 왜냐하면 정전협정의 효력이 그대로 존속하는 한 한반도 상황은 국제법적 관점에서 정전상태이지 평화상태라고 볼 수 없기 때문이다. 따라서 한반도에서 '적대행위가 정지되어 있는 상태의 지속적 유지'의 의미로서의 평화체제는 '준평화의 유지'라고 할 수 있을 것이다.

둘째, 평화체제란 현 정전협정을 평화협정으로 대체하는 체제의 의미로 사용될 수 있다. 이 경우 평화체제란 '평화의 회복'을 의미하게 된다.

셋째, 평화체제란 현 정전협정을 평화협정으로 대체하고 동시에 적대행위의 재발을 방지하는 새로운 체제의 의미로 사용될 수 있다. 이 경우 평화체제는 '평화의 회복'과 그 후의 '평화의 유지'를 의미하게 된다.

한반도에 있어서 평화체제는 '평화의 회복'과 '평화의 유지' 양 측면을 모두 고려하여 수립되어야 할 것이다. 입법기술상 평화조약 내에 평화의 회복에 관한 규정과 불가침에 관한 규정을 둘 수도 있고, 평화조약을 체결하고 그와 별도로 불가침조약을 체결할 수도 있다. 불가침조약의 체결은 그 자체만을 체결할 수도 있고 불가침조약과 별도로 불가침보장조약을 체결할 수도 있다.

II. 평화협정의 개념

1. 평화협정의 일반적 개념

평화협정(평화조약)은 전쟁의 종료를 목적으로 하는 교전당사자 간의 문서에 의한 합의를 말한다. 전쟁은 평화협정의 체결로 종료된다. 평화협정은 평화조약 또는 강화조약이라고도 한다. 전쟁의 종료를 목적으로 하는 협정은 그 협정의 명칭이 무엇이든 모두 평화협정이다.

평화협정의 명칭을 어떻게 표시하느냐에 따라서 평화협정의 효력이 달라지는 것은 아니며 국제법상 동일한 효력을 갖는다. 1921년 5월 20일에 독일과 중국 간에 체결된 평화협정의 명칭은 '평화상태의 회복에 관한 협정'(Agreement Concerning Restoration of the Peace)이고, 1950년 10월 19일에 소련과 일본 간에 체결된 평화협정의 명칭은 '일·소 공동선언'(Japan-the Soviet Union, Joint Declaration)이고, 1973년 3월 2일의 베트남 평화협정은 '베트남에 관한 국제회의 의정서'(The Act of the International Conference on Vietnam)[115]라고 명칭되었다.

전쟁의 종료를 목적으로 하는 평화협정은 다른 조약에 비해서 다음과 같은 특성을 지니고 있다.

첫째, 평화협정은 전쟁상태를 평화상태로 변경시키는 특성을 갖는 조약이다. 따라서 현상을 그대로 유지하는 불가침조약과 구별된다.

둘째, 정전협정의 체결권자는 군사령관이지만 이 협정을 대체할 평화협정의 체결권자는 국가원수인 것이 일반적이다.

셋째, 평화협정은 중요한 조약이기 때문에 비준을 요한다. 평화협정이 서명되었으나 비준되지 않으면 정전협정으로서의 효력을 갖는다. 이미 체결되어 있는 정전협정이 있는 경우에는 이 정전협정을 개정한 것으로 본다.

넷째, 일반적으로 조약은 서명시에 그 내용이 확정되고, 비준서의 교환 또는 기탁시에 효력을 발생한다. 그러나 평화조약은 서명시에 효력을 발생하는 것이 일반적이다.

---

115) 베트남 정전협정은 1973년 1월 27일 미국·베트남공화국·베트남민주공화국·베트남임시혁명정부 간에 체결되었다. 이 정전협정 체결 후 1973년 3월 2일 파리에서 정전협정 당사자인 4개국 이외에 영국·캐나다·중국·소련·불란서·헝거리·인도네시아·폴란드의 8개국을 합한 12개 당사자에 의하여 베트남 평화협정인 「베트남에 관한 국제회의 의정서」가 공동선언의 형식으로 체결되었다. 그러나 이 평화협정은 공산베트남의 공산화통일로 파기되어 버리고 말았다.

2. 평화협정의 한국적 개념

한반도에서 평화협정이란 현 정전협정을 대체하여 평화를 회복하는 조약을 말한다. 이 평화협정은 '평화의 회복'을 위한 조약이며, '평화의 유지'를 위한 조약이 아니다.

그러나 한반도 평화협정 내에 '전쟁상태를 종료하고 평화를 회복한다'는 규정 이외에 '이후 상호 불가침한다'라는 규정을 두면 이 평화협정은 본래의 의미의 평화협정 성격 이외에 불가침조약의 성격을 갖게 된다. 따라서 이 경우 '평화의 회복'과 '평화의 유지'를 모두 포함하는 '평화체제'로 평화조약의 의미가 사용된다.

III. 한반도 평화협정체결에 있어서 견지해야할 기본원칙

한반도 정전협정은 순전히 군사적인 성격을 갖는 협정이다. 이 협정 제60항에서 외국군대의 철수 및 한국문제의 평화적 해결 등 정치문제 해결을 위한 정치회의 소집을 규정하고 있어 정전협정 자체가 새로운 협정에 의해 대체될 것을 예정하고 있다. 그러므로 한반도 정전협정은 전쟁의 종료가 아니고 적대행위의 정지를 내용으로 하는 잠정적 성격의 군사적 협정이므로 한반도에서 전쟁을 종결시키고 항구적으로 평화를 정착·보장하기 위해서는 정전체제를 대체할 새로운 평화체제 구축이 필요한 것이다.

우리는 한반도 현 정전체제를 평화체제로 전환하기 위하여 평화협정을 체결함에 있어서 다음과 같은 기본원칙 내지는 기본전략을 견지해 나가면서 한반도에 실질적인 평화체제가 구축될 수 있도록 노력해야 한다고 본다.

첫째, 민족자결원칙과 당사자해결원칙의 견지이다. 한반도에서의 평화와 통일 등 남북한이 직접 관계되는 제반 문제는 민족자결원칙과 당사자해결원칙에 따라서 직접 당사자인 남북한이 주체가 되고 중심이 되어 논의하고 해결해 나가야 한다. 다시 말해서 한반도 정전체제의 평화체제로의 전환문제는 한국전쟁의 직접 당사자이며 현재도 휴전선을 경계로 군사적으로 대치하고 있는 남북한 당사자가 마땅히 우선적으로 이 문제를 논의해서 해결해야 함은 당연한 것이다.

둘째, 남북한 간 체결된 기합의사항의 존중원칙이다. 남북한 간에는 기 체결된 여러가지 합의사항이 있다. 즉 국제법상 조약으로서의 법적 성격을 갖는 정전협정, 남북기본합의서, 한반도비핵화 공동선언 등 기존의 합의사항은 존중되고 이행되어야 한다는 것이다. 이것의 보장없이 지금의 남북 대결구도를 그대로 둔 채 평화협정을 체결한다는 것은 기존의 합의문서와 마찬가지로 그 실효성을 보장받을 수 없다.

북한이 정전체제를 무력화시키고 있고 각종 도발과 무력시위를 일삼고 있는 상황에서 기존의 합의를 무시하면서 새로운 합의서를 하나 더 체결한다고 해서 한반도에 항구적인 평화체제가 구축되는 것은 아니기 때문이다.

따라서 남북한은 무엇보다도 먼저 상호 교류·협력과 신뢰구축을 통해서 한반도에 평화의 뿌리를 확실히 내릴 수 있도록 모든 노력을 경주해야 할 것이다. 이를 위해서는 남북한 총리가 정부당국 차원에서 체결한 남북기본합의서의 이행 및 실천이 보장되어야 한다. 왜냐하면 남북기본합의서의 가장 기본적인 의무사항들(상호체제 인정 및 존중, 상호 비방 및 중상 중지, 내부문제 불간섭, 파괴·전복행위의 중지, 경제·사회·문화 분야에서의 가시적인 교류 협력의 이행과 실천 등)이 먼저 이행되지 않고는 평화체제로의 전환 노력은 결실을 맺기 어렵고 헛수고가 될 수 있을 것이기 때문이다.

또한 남북기본합의서 제5조에서 "남과 북은 현 정전상태를 남북사이의 공고한 평화상태로 전환시키기 위하여 공동으로 노력하며 이러한 평화상태가 이룩될 때까지 현 군사정전협정을 준수한다"고 명시하여 남북 쌍방의 현 정전협정 준수의무를 명확히 규정하고 있다. 그러나 북한은 이와 같이 합의한 정전협정 준수의무를 현재 파기하고 있다. 따라서 북한이 정전협정을 준수하고 기타 기본합의서의 핵심적인 사항들이 최소한 부분적으로라도 이행·실천될 때 비로소 평화체제로의 전환이 추진될 수 있다고 할 것이다.

셋째, 국제적인 한반도 평화체제 실효성 보장원칙이다. 이것은 현재의 한반도 정전체제에 불가피하게 관여되어 있는 주변 관련국들의 협조와 뒷받침을 적극적으로 활용하여 한반도 평화체제의 실효성을 국제적으로 보장하겠다는 것을 말한다. 우리 정부는 우선적으로 한반도 평화체제구축의 필요성과 당위성을 주변 관련국들에 설득하고 협조와 지원을 요구해야 할 것이다. 주변국의 협조를 통하여 평화협상에 북한의 참여를 유도하고 평화협정 체결에 이르는 과정에서도 주변국의 협조와 지원을 적극적이고 능동적으로 활용해야 할 것이다. 또한 한반도의 실질적인 평화체제 정착을 위해서는 주변국의 뒷받침을 통해 평화협정의 실효성이 국제적으로 보장될 수 있도록 제도적 장치를 마련함이 필요하다고 본다116).

따라서 한반도 정전체제가 처음부터 국제성을 내포하는 문제임을 감안할 때 한반도 평화체제구축은 국제적으로 보장받을 방안을 강구함이 필요하다. 독일의 통일에서 본 바와 같이 서독은 독일통일을 위하여 관련국들과 긴밀한 협의를 통하여 독일통일을 국제적으로 보장받았다. 즉 「2+4」회담(서독 및 동독, 미국, 소련, 영국, 프랑스) 방식을 통하여 통일을 완수하였다.

IV. 평화협정에 포함할 주요 내용

평화협정에 포함할 주요 내용을 고려해 본다면, 평화협정의 명칭, 전쟁상태의 종료와 평화의 회복, 평화협정체결의 당사자, 평화협정의 국제적 실효성 보장 방안, 영역의 경계선 설정, 상호불가침, 군사적 무력불행사와 우발적 무력충돌시 평화적 해결 방안, 돌발사태 발생시 유엔군 지원 요청 근거 명시, 비무장지대의 평화지대화, 평화지대관리기구, 평화적 통일의 원칙 천명, 정치적·군사적 신뢰구축, 통행·통신·통상분야 등 남북협력 방안, 기체결조약의 효력 등 여러 가지 사항이 포함될 것으로 본다.

V. 평화협정의 체결로 제기되는 문제

1. 유엔군사령부 해체문제

(1) 제기되는 문제

주한 유엔군사령부는 1950년 7월 7일 유엔 안전보장이사회 결의 제84호

---

116) 제성호, 한반도 평화체제 구축을 위한 한국의 전략, in: 곽태환 (외), 한반도 평화체제의 모색, 경남대교 극동문제연구소 1997, p. 35.

(S/1588)에 의거하여 설치되었다. 유엔군사령부의 설치 목적은 "대한민국 영역에서 무력적 공격을 격퇴하고 국제평화와 안전을 회복하기 위하여 대한민국에 원조를 제공하는 국가의 군대를 통할지휘"하기 위하여 설치되었다.

1950년 7월 7일 유엔 안전보장이사회의 결의 내용은 다음과 같다.

"북한에 의한 대한민국에 대한 무력적 공격은 평화의 파괴를 구성한다고 결정하고, 한국에 있어서 무력적 공격을 격퇴하고 국제평화와 안전의 회복을 위해 필요로 하는 원조를 대한민국에 제공할 것을 국제연합 회원국에게 권고하면서,

1. 무력적 공격에 대하여 자기방어를 하고 있는 대한민국을 원조하며, 이리하여 그 지역에 있어서의 국제평화와 안전을 회복하기 위하여 1950년 6월 27일의 결의에 대하여 국제연합의 정부 및 인민이 제공한 신속하고 열의 있는 지원을 환영하며,
2. 국제연합의 회원국이 대한민국을 위하여 원조의 제공을 국제연합에 전달했다는 것을 주목한다.
3. 앞의 안전보장이사회의 권고에 의거하여 군대와 기타 원조를 제공하는 모든 회원국은 이런 군대와 원조를 미국하의 통합사령부하에 가용하도록 하는 것을 권고한다.
4. 이러한 군대의 사령관은 미국이 임명하도록 요구한다.
5. 통합사령부는 그의 재량에 따라 제각기 참전국의 기와 더불어 국제연합기를 사용할 권한이 부여된다.
6. 미국은 통합사령부에 의해 취해진 조치의 과정을 안전보장이사회에 적절한 보고를 제공할 것을 요구한다."

위의 안전보장이사회의 결의 내용과 같이 북한을 평화의 파괴자로 규정하고 북한의 무력남침을 격퇴하여 한반도에서의 평화상태를 회복하기 위해서 설치된 유엔군사령부(United Nations Command: UNC)의 계속 존속은 현 정전체제가 유지되는 한 전혀 문제될 것이 없다. 그러나 1953년의 정전협정이 평화협정으로 대체되어서 한반도에서의 정전체제가 평화체제로 전환될 경우, 즉 한반도에 평화가 회복될 경우에는 유엔군사령부 해체문제가 제기될 것이며, 이는 대한민국의 안보와 직결되는 문제이다.

(2) 문제에 대한 대책방안

한국전쟁 중 한국 내 총병력이 가장 많았을 때는 74만명에 이르렀고 그 중 30만명 정도가 한국군이었다. 정전협정 체결 후 각 참전국들의 군대는 대부분 철수하였고 현재는 약 300여명의 국제연합군이 남아 있는데 이들 중 대부분은 국제연합군사령부의 간부직을 맡고 있는 미군이고, 그 외는 의전행사를 위한 의장대와 무관임무를 겸무하고 있는 각국의 소수 연락장교이다.

북한의 무력침략을 격퇴하고 정전협정이 체결된 이후 유엔군사령부의 주요 임무는 정전협정의 시행기관인 군사정전위원회의 유엔측 당사자로서 정전협정을 집행 감독하는 데 있으며, 부가적으로 일본에 있는 후방사령부를 통해 주일 유엔군기지 사용권을 계속 확보하는 데 있다.

지난 70년간 유엔군사령부는 북한의 많은 정전협정 위반사례에도 불구하고 군사정전위원회의 활동을 통해 한반도의 정전체제를 효과적으로 유지할 수 있도록 함으로써 무력충돌을 예방하고 전쟁억제력으로서의 역할을 성공적으로 수행해 왔다고 볼 수 있다.

북한은 정전 후 1954년 제네바 정치회담에서부터 주한 외국군 철수를 주장해온 이래로 1970년대부터는 미국과의 평화협정 체결 주장 및 유엔군사령부 해체를 계속 주장해오고 있다.

현 정전체제가 평화체제로 전환될 경우 유엔군사령부 해체의 가능성이 증대할 것으로 예상된다. 이 문제에 대한 대책방안으로는 현 정전협정상의 비무장지대를 평화협정에 의해서도 그대로 비무장지대(평화지대)로 존속시키고 이에 국제적 감시제도를 도입하는 방안 등 한반도 평화유지를 위한 국제적 보장·감시기관의 설치 방안이 마련되어야 한다고 본다.

또한 유엔군사령부의 존속 여부와 관계없이 한국군과 주한미군은 「한미상호방위조약」(1953. 10. 1.), 「군사위원회 및 한미연합군사령부 설치에 관한 권한위임사항」(1978. 7. 27.), 「한미연합군사령부 설치에 관한 교환각서」(1978. 10. 17.) 등에 의거한 한미 연합방위체제를 더욱 공고히 해야 할 것이다. 유엔군과 주한미군은 법적으로 전혀 별개로 존재하므로 유엔군사령부의 해체가 주한미군의 주둔과 법적 지위에 전혀 영향을 미칠 수가 없다.

2. 주한미군 철수문제

(1) 제기되는 문제

북한은 지금까지 주한미군 철수를 집요하게 주장해 오고 있다. 북한이 정전협정을 미·북간의 평화협정으로 대체하자고 주장한 것이나, 유엔군사령부 해체를 주장한 것 등의 저의는 모두 주한미군 철수를 겨냥하고 있는 것이다.

북한은 주한미군이 유엔군의 모자를 쓰고 한국에 주둔하고 있다는 주장에 입각하여 유엔군사령부가 해체될 경우 북한은 주한미군 철수를 위한 선전공세를 더욱 강화할 것으로 예상된다.

이와 같이 예상되는 북한의 집요한 미군철수 요구에 대한 대책방안 마련이 우리의 중요한 당면과제가 아닐 수 없다.

(2) 문제에 대한 대책방안

첫째, 미군의 한국주둔의 법적 근거와 유엔군사령부 설치의 법적 근거는 완전히 다르다. 주한미군은 1953년 10월 1일 체결된 한미상호방위조약 제4조에 의하여 주둔하고 있다. 동 조약 제4조는 미군의 한국주둔에 관하여 다음과 같이 규정하고 있다.

「상호 합의에 의하여 결정된 바에 따라 미합중국의 육군·해군과 공군을 대한민국의 영토 내와 그 주변에 배치하는 권리를 대한민국은 이를 허용하고 미국은 이를 수락한다.」

위 한미상호방위조약에 의거 미군은 대한민국에 주둔하게 되었으며, 또한 이 조약에 의거 1966년 「한·미 주둔군 지위협정」(SOFA)이 체결되었고, 또 1978년 「군사위원회 및 한미연합군사령부 설치에 관한 권한 위임사항」과 「한미연합군사령부 설치에 관한 교환각서」가 체결되어 「한미연합군사령부」(Korean-American Combined Forces Command: CFC)가 설치되었다. 따라서 주한미군은 국제법상 외국군대의 주류(駐留)에 관한 일반원칙에 의해서, 즉 우호관계에 있는 한국과 미국 간의 국제법상 조약의 체결에 의해서 한국에 주둔하고 있는 것이다.

반면에 유엔군사령부는 1950년 7월 7일 유엔 안전보장이사회 결의(S/1588)

에 의하여 설치되어 파한(派韓)되었다. 따라서 미군과 유엔군의 대한민국 주둔의 법적 근거는 완전히 상이하며, 주한미군과 유엔군은 법적으로 별개로 각각 존재한다. 그러므로 유엔군사령부가 해체될 경우 주한미군도 철수해야 한다는 북한의 주장은 법적으로 전혀 그 당위성이 없다. 따라서 주한미군과 유엔군을 연계시키려는 북한의 기도는 명백히 부당한 것임을 주장해야 할 것이다.

둘째, 주한미군의 역할이 점차 변하고 있음을 지적해야 한다. 과거 냉전적 대결구조하에서 주한미군의 중요한 역할은 북한의 무력남침 억제에 있었으며 또한 이에 크게 기여하였다. 그러나 현재 주한미군은 북한의 무력남침 억제를 통한 한반도의 평화유지뿐만 아니라 동북아의 평화와 안전을 보장하는 안정자 내지는 균형자로서의 역할을 수행하고 있다. 그러므로 평화협정의 체결을 이유로 주한미군의 철수를 주장하는 북한의 논리는 타당성이 없다. 평화협정의 체결과 주한미군의 철수문제는 전혀 별개의 사항이며, 주한미군 철수문제는 한미상호방위조약의 당사자인 한국과 미국이 결정할 사항이지 북한을 포함하여 어떤 제3국도 이 문제에 관여할 권한이 없다.

제7장 전쟁법 준수와 교육 의무

우리나라는 전쟁법을 구성하고 있는 국제조약들에 거의 대부분 가입하고 있으므로, 이와 같은 전쟁조약의 규정들은 우리나라를 직접적으로 구속하므로 이를 준수하여야 한다. 또한 국내법으로서의 전쟁법도 이를 준수해야 한다.

전쟁법을 위반한 경우에는 전쟁범죄자로서의 형사처벌, 손해배상 등의 책임이 따른다.

우리 국군을 해외에 파견하거나(전투부대, 평화유지군 등) 한반도에서 전쟁이 발발할지도 모를 경우를 대비해서 우리 군대구성원은 전쟁법에서 규정하고 있는 내용을 숙지하여야 한다. 따라서 각급 부대 지휘관은 전·평시를 막론하고 수시·정기적으로 부대원들에게 전쟁법 교육을 실시함이 필요하다.

2022년 2월 24일 러시아는 우크라이나를 전격 침공했다. 러시아는 우크라이나를 신속히 점령하리라 믿었지만 오판이었으며, 거의 1년 반이 지났지만 전선은 우크라이나 동남부 지역에서 교착 상태하에서 밀고 밀리는 상황하에 있으며, 언제 휴전 내지는 종전이 될지 예상하기가 어렵다.

러시아와 우크라이나 간 전쟁에서 여러 가지 전쟁법 위반사례가 정보매체를 통해서 자주 보도되고 있다. 비전투원인 민간인의 무차별 학살, 민간 재산의 광범위한 파괴, 포로에 대한 부당한 대우, 어린이의 강제 이주, 우크라이나 지역에 있는 카호우카댐을 고의적으로 파괴시켜 많은 인명과 재산피해의 발생 등 여러 유형의 전쟁범죄가 많이 발생하고 있으며, 이에 대한 국제적 여론도 매우 비판적이다.

적(敵)은 전쟁법을 지키지 않는데 우리만 지키면 우리만 손해보지 않습니까? 라고 부대원이 지휘관에게 질문을 한 경우를 생각해 보자.

가령 어린이를 포함한 민간인을 처참하고 무차별적인 학살·고문 장면 등을 실시간으로 전 세계가 보게 된다면 적국 국민들의 민심 이반은 물론이고 국내외 비판과 반전 여론은 뜨거워 질 것이고 전쟁의 정당성은 완전히 훼손될 것이다. 따라서 우방국으로부터 직간접 전쟁 지원도 중단될 것이며, 결국은 패전에 이를 수도 있다.

이와 같은 예를 하나 들어 보자.

베트남 전쟁에서 미라이 학살(My Lai Massacre) 사건은 베트남 전쟁 중인 1968년 3월 16일 남베트남 미라이(지명 이름)에서 발생한 미군에 의해서 자행된 민간인 대량 학살 사건이다.

미국 종군기자 하벌(Haeberle)이 찍은 학살 사진이 『라이프(Life)』지를 통해 세상에 공개되자 미국의 베트남 전쟁에 대한 명분은 완전히 사라져 버렸고, 미국 국민들에게 커다란 충격을 주었다.

미라이 학살로 미국 내에서 반전 여론 및 시위가 급격하게 확대되고, 대학가에서도 미군 철수 주장이 열렬했다. 이와 같은 여론의 극단적 악화 때문에 미국이 베트남 전쟁에서 미군을 완전히 철수하는 계기 중 하나가 되었다고 생각한다. 이와 같이 전쟁법을 위반한 한 사건이 전쟁의 패배로 이어질 수 있다는 것을 보여준 좋은 예라고 생각한다(미군이 1973년 3월 29일 베트남에서 완전히 철수한 후 1975년 4월 30일 남베트남은 북베트남에 의해 완전히 폐망했다).

　전쟁법의 준수·교육에 관해서 명시적으로 규정하고 있는 대표적인 국제법 및 국내법은 다음과 같다.

　국제법으로는 「1949년 제네바 4개 협약」, 「1977년 제1추가의정서」, 「1956년 무력충돌시 문화재 보호에 관한 협약」, 「1980년 과도한 상해 또는 무차별적 효과를 초래할 수 있는 특정 재래식 무기의 사용금지 및 제한에 관한 협약」 등이 있다.

　국내법으로는 「군인의 지위 및 복무에 관한 기본법」, 「국제형사재판소 관할 범죄의 처벌 등에 관한 법률」 등이 있다.

제1절 국제법에 따른 전쟁법 준수·교육 의무

Ⅰ. 「1949년 제네바 4개 협약」 및 「1977년 제1추가의정서」

　「1949년 제네바 4개 협약」 및 「1977년 제1추가의정서」는 이들 조약에 가입한 국가는 전 국민 특히 군인, 의무요원 및 종교요원에게 전쟁법을 교육시킬 의무를 부과하고 있다. 우리나라도 이들 조약에 가입하고 있다.

　즉, 제네바 제1협약은 「조약당사국은 전시·평시를 막론하고 본 협약 전문(全文)을 가급적 광범위하게 자국 내에 보급시킬 것이며 특히 군 교육계획, 가능하면 민간 교육계획에도 본 협약에 관한 학습을 포함시킴으로써 본 협약의 원칙을 전 국민, 특히 군인, 의무요원 및 종교요원에게 습득 시킬 것을 약속한다」고 규정하고 있다(제47조).

　이와 같은 내용을 제네바 제2협약 제48조, 제네바 제3협약 제127조, 제4협약 제144조, 제1추가의정서 제83조에서도 규정하고 있다.

Ⅱ. 「1954년 무력충돌시 문화재 보호에 관한 협약」

　본 협약은 「조약당사국은 본 협약의 준수를 확보하기 위하여 평시부터 본 협약의 제 규정을 자국의 군사규칙 또는 군사훈령에 명시하여야 할 의무를 지며, 자국의 군대 구성원에게 모든 인류의 문화와 문화재에 대한 존중정신을 길러야 할 의무를 진다」고 규정하고 있다(제7조 제1항).

Ⅲ.「1980년 특정 재래식 무기사용 규제협약」

1980년에 채택된「과도한 상해 또는 무차별적 효과를 초래할 수 있는 특정 재래식 무기의 사용금지 및 제한에 관한 협약」(약칭「특정 재래식 무기사용 규제협약」)은「본 협약 체약당사국들은 무력 충돌의 경우뿐만 아니라 평시에 있어서도 본 협약과 자국이 기속되는 부속의정서를 가능한 한 광범위하게 자국 내에 보급하며, 특히 이러한 문서들이 자국 군대에 주지(周知)될 수 있도록 자국의 군사교육프로그램에 이에 관한 과목을 포함시킬 의무가 있다」고 규정하고 있다(본문 제6조).

우리나라는 본 협약을 1983년 12월 2일부로 발효하였으므로 이 협약에서 규정하고 있는 내용을 국군에게 주지시켜야 한다.

제2절 국내법에 따른 전쟁법 준수·교육 의무

우리나라 현행 법령에서도 전쟁법에 대한 준수와 교육 의무를 규정하고 있는 데 그 내용을 간추려 보면 다음과 같다.

Ⅰ.「군인의 지위 및 복무에 관한 기본법」(약칭: 군인복무기본법)

군인복무기본법은「군인은 무력충돌 행위에 관련된 모든 국제법 중에서 대한민국이 당사자로서 가입한 조약과 일반적으로 승인된 국제법규(이하 "전쟁법"이라 한다)를 준수하여야 한다」고 하여 군인의 전쟁법 준수의 의무를 규정하고 있다(군인기본법 제34조 제1항).

또한「군인은 전쟁법을 숙지하여야 하며, 국방부장관은 대통령령으로 정하는 바에 따라 군인에게 전쟁법에 대한 교육을 실시하여야 한다」고 규정하여 전쟁법 숙지 및 교육 의무를 명시하고 있다(동법 제34조 제2항).

Ⅱ. 「군인의 지위 및 복무에 관한 기본법 시행령」

　전쟁법에 대한 교육에는 다음 각호의 내용이 포함되어야 함을 요구하고 있다(동법 시행령 제22조).
　　(1) 전쟁법의 개념과 필요성
　　(2) 전쟁법의 기본원칙
　　(3) 전쟁법상 공격목표 선정의 원칙
　　(4) 무력행사의 방법에 관한 사항
　　(5) 상병자(傷病者) 및 민간인 보호에 관한 사항
　　(6) 포로의 대우에 관한 일반원칙
　　(7) 전쟁법 위반행위의 처벌
　　(8) 그 밖에 전쟁법 교육에 필요한 내용

Ⅲ. 「전쟁법 준수를 위한 훈령」(국방부훈령 제2746호)

1. 훈령 제정의 목적과 적용 범위

　이 훈령은 군인기본법 및 동법 시행령에 따라 전쟁법에 대한 정책, 교육 및 전쟁법 위반 행위에 대한 처리절차를 규정함을 목적으로 하며, 전쟁을 포함하여 무력충돌이 일어나는 모든 분쟁에 적용한다. 무력충돌에는 '전자전', '사이버전', '심리전'을 포함한다(제1조, 제2조).

2. 전쟁법 교육의 주체(제7조)

　지휘관은 전쟁법에 대하여 소속부대 지휘관 및 장병을 교육할 책임이 있다.
　지휘관은 외부기관의 전쟁법 전문가를 초빙하여 전쟁법에 대한 교육을 실시할 수 있다.
　군법무관 등은 지휘관에 의한 교육을 지원한다.

3. 교육의 형식(제10조)

군법무관 등은 소속 기관 또는 부대 이외의 기관 또는 부대를 방문하여 교육할 수 있다.

지휘관은 각종 훈련 및 작전 중에도 수시로 전쟁법 교육을 실시하여야 한다.

국군을 해외에 파병하는 경우 파병 전에 군법무관 등에 의한 전쟁법 교육을 실시하여야 한다.

4. 국방부장관의 책무(제5조)

국방부장관은 전쟁법 준수를 위한 제반 사항을 관할한다(제5조).

5. 지휘관의 책임(제11조)

지휘관은 소속 장병이 자신의 임무 및 책임에 상응한 전쟁법 원칙과 규정을 알고 있도록 하여야 한다.

지휘관은 소속 장병이 전쟁법을 준수한 상태에서 작전을 수행하도록 지휘하여야 한다.

6. 전투수단의 제한(제4조 제2항)

교전자는 적에 대한 전투수단을 선택함에 있어 무제한의 권리를 가지는 것은 아니다.

7. 전쟁법 위반에 대한 보고 및 사실 확인(제13조)

누구든지 적군 또는 아군(동맹국 군대 포함)의 전쟁법 위반 사실을 알게 된 경우 지휘계통에 따라 보고하여야 한다.

전쟁법을 위반한 사실이 있다는 첩보를 접수한 지휘관은 즉시 지휘계통에 따라 보고한 후 사실을 확인하여야 한다. 다만, 부득이한 사정이 있는 경우 사실을 확인한 후에 지휘계통에 따라 보고할 수 있다.

전쟁법 위반자 또는 피해자가 소속이 다른 부대나 부대원인 경우 지휘관은 해당부대 지휘관에게 전쟁법 위반 사실을 통지하여야 한다.

지휘관은 동맹국의 군인 또는 민간인에 의하여 또는 그에 대하여 범하여진 전쟁법 위반 행위를 지휘계통에 따라 국방부장관에게 보고하여 동맹국 정부에 통지되도록 한다.

8. 전쟁법 위반에 대한 제재(제14조)

지휘관은 소속부대원의 전쟁법 위반 행위가 군형법 등 형사법에 위반되는 경우 관할 군사법기관에 형사처벌을 의뢰하여야 한다.

지휘관은 형사처벌 의뢰 이외에 징계 및 인사조치를 할 수 있다.

Ⅳ. 「국제형사재판소 관할 범죄의 처벌 등에 관한 법률」

우리나라는 2000년 3월 8일에 다자조약인 「국제형사재판소(ICC)에 관한 로마규정」에 가입한 후, 이 조약에서 규정하고 있는 집단살해죄·비인도주의적 범죄·전쟁범죄를 처벌하기 위하여 2007년 12월 21일 「국제형사재판소 관할 범죄의 처벌 등에 관한 법률」을 제정하여 시행하고 있다. 국내법인 이 법률은 「국제형사재판소에 관한 로마규정」의 국내 이행법률의 성격을 가진다.

이 법률에서는 로마규정에서 전쟁범죄 등으로 규정하고 있는 범죄유형을 거의 그대로 수용하여 처벌하고 있다. 이 법률은 우리 국민(특히 전쟁을 수행하는 교전자)에게 직접 적용되는 중요한 법률이다.

1. 범죄의 유형과 처벌

(1) 집단살해죄

국민적·인종적·민족적 또는 종교적 집단 자체를 전부 또는 일부 파괴할 목적으로 그 집단의 구성원을 살해한 사람은 사형, 무기 또는 7년 이상의 징역에 처한다(세부적인 내용은 본 저서 부록에 첨부된 「국제형사재판소 관할 범죄의 처벌 등에 관한 법률」 제8조 참조).

(2) 인도(人道)에 반한 죄

민간인 주민을 공격하려는 국가 또는 단체·기관의 정책과 관련하여 민간인 주민에 대한 광범위하거나 체계적인 공격으로 사람을 살해한 사람은 사형, 무기 또는 7년 이상의 징역에 처한다(세부적인 내용은 동법 제9조 참조).

(3) 사람에 대한 전쟁범죄

국제법규에 따라 보호되는 사람(민간인 주민 등)을 살해한 사람은 사형, 무기 또는 7년 이상의 징역에 처한다(세부적인 내용은 동법 제10조 참조).

(4) 재산 및 권리에 대한 전쟁범죄

적대 당사자의 재산을 약탈·파괴·징발하거나 압수한 사람은 무기 또는 3년 이상의 징역에 처한다(세부적인 내용은 동법 제11조 참조).

(5) 인도적 활동이나 식별표장 등에 관한 전쟁범죄

제네바협약에 규정된 식별표장·휴전기(休戰旗), 적이나 국제연합의 깃발·군사표지 또는 제복을 부정한 방법으로 사용하여 사람을 살상한 자는 5년 이상의 징역에 처한다(세부적인 내용은 동법 제12조 참조).

(6) 금지된 방법에 의한 전쟁범죄

전쟁법에서 금지하는 전투방법(공격면제목표물을 공격)을 사용한 사람은 무기 또는 3년 이상의 징역에 처한다(세부적인 내용은 동법 제13조 참조).

(7) 금지된 무기를 사용한 전쟁범죄

독물, 유독무기, 생물무기, 화학무기 등 금지된 무기를 사용한 사람은 5년 이상의 징역에 처한다(세부적인 내용은 동법 제14조 참조).

(8) 지휘관 등의 직무태만죄(동법 제15조)

「① 군대의 지휘관 또는 단체·기관의 상급자로서 직무를 게을리하거나 유기(遺棄)하여 실효적인 지휘와 통제하에 있는 부하가 집단살해죄·비인도적 범죄·전쟁범죄를 범하는 것을 방지하거나 제지하지 못한 사람은 7년 이하의 징역에 처한다.
② 과실로 제1항의 행위에 이른 사람은 5년 이하의 징역에 처한다.
③ 군대의 지휘관 또는 단체·기관의 상급자로서 집단살해죄·비인도적 범죄·전쟁범죄를 범한 실효적인 지휘와 통제하에 있는 부하 또는 하급자를 수사기관에 알리지 아니한 사람은 5년 이하의 징역에 처한다.」

2. 상급자의 명령에 따른 행위

정부 또는 상급자의 명령에 복종할 법적 의무가 있는 사람이 그 명령에 따른 자기의 행위가 불법임을 알지 못하고 집단살해죄·비인도적 범죄·전쟁범죄를 범한 경우에는, 명령이 명백한 불법이 아니고 그 오인(誤認)에 정당한 이유가 있을 때에만 처벌하지 아니한다(동법 제4조 제1항).

그러나 집단살해죄(동법 제8조) 또는 비인도적 범죄(동법 제9조)의 죄를 범하도록 하는 명령은 명백히 불법인 것으로 본다(동법 제4조 제2항).

3. 지휘관과 그 밖의 상급자의 책임

군대의 지휘관(지휘관의 권한을 사실상 행사하는 사람을 포함한다. 이하 같다) 또는 단체·기관의 상급자(상급자의 권한을 사실상 행사하는 사람을 포함한다. 이하 같다)가 실효적인 지휘와 통제하에 있는 부하 또는 하급자가 집단살해죄·비인도적 범죄·전쟁범죄를 범하고 있거나 범하려는 것을 알고도 이를 방지하기 위하여 필요한 상당한 조치를 하지 아니하였을 때에는 그 집단살해죄·비인도적 범죄·전쟁범죄를 범한 사람을 처벌하는 외에 그 지휘관 또는 상급자도 각 해당 조문에서 정한 형으로 처벌한다(동법 제5조).

부 록

- 『1907년 육전의 법 및 관습에 관한 협약』, 『육전의 법 및 관습에 관한 규칙』(본 협약 부속서) … 333
- 『1949년 제네바 제1협약』 … 341
- 『1949년 제네바 제3협약』 … 356
- 『1977년 제1추가의정서』 … 392
- 『1980년 과도한 상해 또는 무차별적 효과를 초래할 수 있는 특정재래식무기의 사용금지 또는 제한에 관한 협약』 … 443
- 『과도한 상해 또는 무차별적 효과를 초래할 수있는 특정재래식무기의 사용금지 또는 제한에 관한 협약 제1조 개정』(발효일: 2004. 5. 18.) … 447
- 『1996년 5월 3일 개정된 지뢰, 부비트랩 및 기타 장치의 사용금지 또는 제한에 관한 제2부속의정서』(과도한 상해 또는 무차별적 효과를 초래할 수 있는 특정재래식무기의 사용금지 또는 제한에 관한 협약 제2부속의정서) … 448
- 『국제형사재판소 관할 범죄의 처벌 등에 관한 법률』 … 458

【1907년 육전의 법 및 관습에 관한 협약 및 육전의 법 및 관습에 관한 규칙(본 협약 부속서)】

〔육전의 법 및 관습에 관한 협약〕

전문(前文) 생략

제1조 체약국은 그 육군에 대하여 이 협약에 부속된 "육전의 법 및 관습에 관한 규칙"에 합치되는 명령을 발하여야 한다.

제2조 제1조에서 언급된 규칙 및 본 협약의 규정은 교전국이 모두 본 협약의 당사자인 때에 한하여 체약국 간에만 이를 적용한다.

제3조 위에 언급된 규칙의 조항에 위반한 교전당사자는 손해가 발생한 때에는 손해배상의 책임을 져야한다. 교전당사자는 그의 군대를 구성하는 인원의 모든 행위에 대해서 책임을 진다.

제4조 본 협약이 정식으로 비준된 후 체약국 간의 관계에 있어서는 1899년 7월 29일의 육전의 법 및 관습에 관한 협약을 가름하는 것으로 한다. 1899년의 조약에 서명을 하였으나 본 협약을 비준하지 아니한 제 국가 간의 관계에 있어서는 1899년의 조약은 여전히 효력을 가진다.

제5조 본 협약은 가급적 조속히 비준되어야 한다. 비준서는 헤이그에 기탁한다. 제1회의 비준서 기탁은 이에 가입한 제 국가의 대표자 및 네델란드 외무부장관이 서명한 조서로써 이를 증명한다. 이후의 비준서는 첨부한 통고서로써 이를 행한다. 제1회의 비준서 기탁에 관한 조서, 전항에 기술한 통고서 및 비준서의 인증등본은 네델란드 정부에서 외교상의 절차로서 즉시 이를 제2회 평화회담에 초청된 제 국가 및 본 협약에 가입하는 다른 제 국가에 교부하여야 한다. 전항에 기술한 경우에 있어서 네델란드 정부는 동시에 동고서를 접수한 일사를 통시한다.

제6조 서명국이 아닌 제 국가는 본 협약에 가입할 수 있다. 가입하고자 하는 국가는 서면으로써 그 의사를 네델란드 정부에 통고하고 또한 가입서를 송부하여 이를 네델란드 정부의 문서고에 기탁하여야 한다. 네델란드 정부는 즉시 통고서 및 가입서의 인증등본을 다른 타국에 송부하며, 또한 이 통고서의 접수일자를 통고한다.

제7조 본 협약은 제1회의 비준서 기탁에 가입한 제 국가에 대하여는 그 기탁의 조서의 날로부터 60일 후, 또 그 후에 비준하거나 가입하는 제 국가에 대하여는 네델란드 정부가 그 비준 또는 가입의 통고를 접수한 때부터 60일 후에 그 효력을 발생하는 것으로 한다.

제8조 체약국 중 본 협약을 폐기하고자 하는 국가가 있을 때에는 서면으로써 그 의사를 네델란드 정부에 통고하여야 한다. 네델란드 정부는 즉시 그 통고서의 접수일자를 통고하여야 한다. 폐기는 그 통고서가 네델란드 정부에 도달한 때로부터 1년 후 이 통고를 행한 국가에 대해서만 효력을 발생한다.

제9조 네델란드 외무성은 장부를 비치하고 제5조 제3항 및 제4항에 의하여 행한 비준서의 기탁 일자와 가입(제6조 제2항) 또는 폐기(제8조 제1항)의 통고를 접수한 일자를 기입하는 것으로 한다. 각 체약국은 이 장부를 열람하며, 또한 그 인증등본을 청구할 수 있다. 이상의 증거로써 각 전권위원은 본 협약에 서명한다.

[육전의 법 및 관습에 관한 규칙(본 협약 부속서)]

제1관 교전자

제1장 교전자의 자격

제1조 전쟁의 법규 및 권리와 의무는 군대에 적용될 뿐만 아니라 다음 조건을 구비하는 민병 및 의용병단에도 적용된다.

 1. 부하에 대해 책임을 지는 자에 의하여 지휘될 것
 2. 멀리서 식별할 수 있는 특수한 휘장을 부착할 것
 3. 공공연히 무기를 휴대할 것
 4. 그 행동에 있어서 전쟁의 법규 및 관습을 준수할 것

민병 또는 의용병단이 군의 전부 또는 일부를 구성하는 국가에 있어서는 이들도 군대라는 명칭 중에 포함된다.

제2조 점령되지 아니한 지방의 주민으로서 적의 접근에 대하여 제1조에 따른 조직을 할 시간이 없어서 스스로 또한 보이게 무기를 휴대하고 침입군에 대항하는 자들은 그들이 전쟁의 법규 및 관습을 준수할 경우에는 교전자로 인정되어야 한다.

제3조 교전당사자의 병력은 전투원 및 비전투원으로 편성될 수 있다. 적에게 사로잡힌 경우에는 양자 모두 포로로서 대우를 받을 권리가 있다.

제2장 포 로

제4조 포로는 적대국 정부의 권력 내에 속하며, 그들을 사로잡은 개인 또는 부대의 권력 내에 속하는 것이 아니다.

포로는 인도적으로 취급되어야 한다.

포로의 개인적 휴대품은 무기, 말 및 군용서류를 제외하고는 그의 소유에 속한다.

제5조 포로는 일정한 지역 외에 나가지 않을 의무하에 도시, 요새, 진영 또는 기타 장소에 억류될 수 있다. 단, 부득이한 수단으로서 또한 그 수단을 필요로 하는 사정의 계속 중에 한하여 감금시킬 수 있다.

제6조 국가는 장교를 제외하고 포로를 그 계급 및 직능에 따라 노무자로서 사역시킬 수 있다. 그 노무는 과도해서는 아니 되며 또한 군사작전과 관계가 있어서는 아니 된다.

포로는 공무, 사인(私人) 또는 자기 자신을 위하여 노역하는 것이 허가될 수 있다. 국가를 위한 노역에 관하여는 동종의 노역에 종사하는 자국 군인에게 적용하는 현행의 비율에 따라 노임이 지급되어야 한다. 정해진 비율이 없을 때는 그 노무에 따른 비율로써 지급되어야 한다. 공무 또는 사인을 위한 노역에 대하여는 군당국과 협의하여 조건이 정하여져야 한다.

포로의 노임은 그 지위를 향상시키는데 기여할 것이며, 잔액은 석방시에 급양의 비용을 공제하고 포로에게 지급되어야 한다.

제7조 정부는 그 권력 내에 있는 포로를 급양하여야 할 의무를 진다. 교전자 간에 특별 협정이 없는 경우에는 포로는 식량, 숙소 및 피복에 관하여 포로를 사로잡은 정부의 군대와 동일한 대우를 받는다.

제8조 포로는 그들을 사로잡고 있는 국가의 육군 현행법률, 규칙 및 명령에 복종하여야 한다. 어떠한 불복종의 행위가 있을 경우에는 필요한 엄중한 수단을 포로에 대하여 취할 수 있다.

탈주한 포로로서 그의 소속 군대에 도달하기 전 또는 그를 잡았던 군대의 점령지역을 이탈하기 전에 다시 잡힌 자는 징벌에 회부된다.

탈주에 성공한 후 다시 포로가 된 자는 이전의 탈주에 어떠한 형벌도 받지 아니한다.

제9조 포로는 심문을 받을 때에는 진실하게 그의 성명과 계급을 밝혀야 한다. 만일 포로가 이 규칙을 위반하면 그와 같은 계급의 포로에게 부여되는 이익을 박탈당할 수 있다.

제10조 포로는 그의 본국의 법이 허용한다면 선서 후 석방될 수 있다. 이 경우에 본국 정부 및 포로를 잡은 정부에 대하여 일신의 명예를 걸고 그 선서를 엄중히 이행하여야 한다. 그러한 경우에 포로의 본국정부는 그 선서에 위반하는 근무를 명하거나 또는 포로의 이러한 근무요청을 수락하여서는 아니 된다.

제11조 포로는 선서에 의한 석방의 수락을 강요당하지 아니하며, 또한 적국정부는 포로가 선서에 의한 석방을 요청할 때 이에 응할 의무가 없다.

제12조 선서에 의하여 석방된 포로로서 그 명예를 걸고 선서한 정부 또는 그 정부의 동맹국에 대하여 무기를 들고 대항하다 다시 잡힌 자는 포로로서 취급받을 권리를 상실하며, 또한 재판에 회부될 수 있다.

제13조 신문의 통신원 및 기자, 종군상인 등과 같이 직접 군에 속하지 아니하는 종군자로서 적의 수중에 들어가, 적이 이를 억류함이 적절하다고 인정하는 자는 그들이 종군 중인 육군 군당국이 발행한 증명서를 제시할 수 있으면 포로로서 취급받을 권리를 가진다.

제14조 각 교전국은 전쟁개시 시부터 또한 중립국은 교전자를 그 영토에 수용한 때부터 포로정보국을 설치한다. 이 정보국은 포로에 관한 일체의 문의에 회답할 의무를 지며, 포로의 억류, 이동, 선서에 의한 석방, 교환, 도주, 입원, 사망에 관한 사항, 기타 각 포로에 관한 신상명세서를 작성·유지하기 위하여 필요한 정보를 여러 관계기관으로부터 제공받는다. 정보국은 포로의 입원 및 사망뿐만 아니라 억류 및 변경에 관하여도 통보를 받는다.

정보국은 이 신상명세서에 번호, 성명, 연령, 본적지, 계급, 소속부대, 부상, 포로된 날짜 및 장소, 억류, 부상과 사망의 날짜 및 장소, 기타 일체의 비고사항을 기재하여야 한다. 신상명세서는 평화회복 후 이를 타방교전국 정부에 교부하여야 한다. 또한 정보국은 선서에 의하여 석방되거나 도주하거나 또는 병원이나 구급차에서 사망한 포로의 남겨진, 그리고 전장에서 발견된 모든 개인용품, 귀중품, 서신 등을 접수, 수집하여 이를 그 관계자에게 전달할 의무를 진다.

제15조 자선행위의 중개자로 봉사할 목적으로 자국의 법에 따라 정식으로 설립된 포로구호단체는 그 인도적 사업을 유효하게 수행하기 위하여 군사상의 필요 및 행정상의 규칙으로 정해진 범위 내에서 그 단체 및 그 정당한 위임을 받은 대표자를 위하여 교전자로부터 모든 편의를 제공받는다. 이 단체의 대표자가 각자 육군 군당국의 허가증을 교부 받고, 또한 군당국이 정한 질서 및 치안에 관한 모든 규정을 준수할 것을 서면으로 약속한다면, 이들은 구호품 분배를 위하여 포로수용소 및 송환포로의 도중휴식 장소를 방문할 수 있다.

제16조 정보국은 우편요금을 면제받는다. 포로 앞으로 송부된 또는 포로가 발송한 서신, 우편환, 귀중품 및 소포우편물은 발송국, 접수국 및 통과국에 있어서 모든 우편요금이 면제된다.

포로에게 송부된 증여품 및 구호품은 수입세, 기타 제 세금 및 국유철도의 운임이 면제된다.

제17조 장교인 포로는 억류국의 동일계급의 장교가 받는 것과 동액의 봉급을 받을 수 있다. 이 봉급은 그 본국 정부로부터 상환되어야 한다.

제18조 포로는 육군당국이 정한 질서 및 치안에 관한 규칙을 준수할 것을 유일한 조건으로 하여 종교상의 예식에 참가하는 것을 포함하여 종교 행사에 관한 모든 자유를 향유한다.

제19조 포로의 유언은 자국의 육군군인과 동일한 조건으로 이를 접수 또는 작성한다.

포로의 사망증명에 관한 서류 및 매장에 관하여도 역시 동일한 규칙에 따라 그 계급 및 신분에 상당하는 취급을 하여야 한다.

제20조 평화의 회복 후에는 포로의 송환은 가급적 신속히 이루어져야 한다.

제3장 상병자(傷病者)

제21조 상병자의 취급에 관한 교전자의 의무는 제네바 협약에 의한다.

제2관 전 투

제1장 해적수단, 포위공격 및 포격

제22조 교전자는 해적수단의 선택에 관하여 무제한의 권리를 가지는 것은 아니다.

제23조 특별한 협약으로써 규정한 금지 이외에 특히 금지하는 것은 다음과 같다.

(a) 독 또는 독을 가한 무기의 사용

(b) 적국 또는 적군에 속하는 자를 배신의 행위로써 살상하는 것

(c) 무기를 버리거나 또는 자위수단이 없이 투항을 하는 적의 살상

(d) 투항자를 구명(救命)하지 않을 것을 선언하는 것

(e) 불필요한 고통을 주는 무기, 투사물, 기타 물질의 사용

(f) 휴전의 깃발, 적의 국기·군용휘장·군복, 제네바협약의 특수휘장을 부당하게 사용하는 행위

(g) 전쟁의 필요상 부득이한 경우를 제외하고 적의 재산의 파괴 또는 압류

(h) 적국민의 권리 및 소권(訴權)의 소멸·정지 또는 불수리를 선언하는 것

또한 교전자는 적국민을 강제하여 그 본국에 대한 작전에 참가하게 할 수 없다. 전쟁개시 전에 그 여무에 복무한 경우라도 또한 같다.

제24조 기계(奇計)와 저정 및 지형탐지를 위하여 필요한 수단의 행사는 적법한 것으로 한다.

제25조 방어되지 않은 도시, 촌락, 주택 또는 건물은 어떠한 수단에 의하더라도 이를 공격 또는 포격할 수 없다.

제26조 공격군대의 지휘관은 습격하는 경우를 제외하고는 포격을 개시하기 전에 관헌에게 통고하기 위하여 가능한 모든 수단을 다하여야 한다.

제27조 포위공격 또는 포격시 종교, 예술, 학술 및 자선의 용도에 제공되는 건물, 병원과 상병자의 수용소는 그것이 동시에 군사상의 목적에 사용되지 않는 한 가급적 피해를 면하게 하기 위하여 필요한 모든 조치가 취하여져야 한다.

포위공격을 당한 자는 눈에 띄는 특별한 휘장으로써 그러한 건물 또는 수용소를 표시하여야 하며, 그 휘장을 사전에 포위공격자에게 통보하여야 한다.

제28조 습격에 의한 경우라도 도시, 기타 지역의 약탈은 금지된다.

제2장 간 첩

제29조 교전자의 작전지역내에서 상대 교전자에게 전달할 의사를 가지고 은밀히 또는 허위의 구실하에 행동하여 정보를 수집하거나, 수집하려는 자가 아니면 이를 간첩으로 인정할 수 없다. 그러므로 변장하지 않은 군인으로서 정보를 수집하기 위하여 적군의 작전지역내에 진입한 자는 간첩으로 인정되지 아니한다. 또한 군인이건 민간인이건 자국군 또는 적군에 송부되는 통신을 전달하는 임무를 공공연히 이행하는 자도 간첩으로 인정되지 아니한다. 통신을 전달하기 위하여 그리고 각 군부대 간 또는 지역의 연락을 유지하기 위하여 경기구로 파견된 자도 이와 같다.

제30조 현행범으로 체포된 간첩은 재판에 회부되지 아니하고서는 처벌될 수 없다.

제31조 일단 소속군에 복귀한 후에 나중에 적에게 잡힌 간첩은 포로로서 취급되어야 하며, 이전의 간첩행위에 대하여는 어떠한 책임도 지지 아니한다.

제3장 군사(軍使)

제32조 교전자 일방의 허가를 받아 타방과 교섭하기 위하여 백기를 들고 오는 자는 이를 군사로 한다. 군사와 이를 따르는 나팔수, 고수, 기수 및 통역은 불가침권을 가진다.

제33조 군사를 맞이하는 상대방 군대의 부대장은 반드시 군사를 접수할 의무는 없다.

부대장은 군사가 정보를 탐지하기 위하여 그의 임무를 악용함을 방지하기 위하여 필요한 모든 조치를 취할 수 있다. 군사가 그의 임무를 악용할 경우에 부대장은 일시적으로 군사를 억류할 수 있다.

제34조 군사가 배신행위를 교사하거나 또는 자신이 이를 행하기 위하여 그의 특권적 지위를 이용한 것이 명백히 입증될 때에는 군사는 그 불가침권을 상실한다.

제4장 항복규약

제35조 체약당사자 간에 합의된 항복규약은 군의 명예에 관한 규칙에 따라야 한다. 항복규약이 일단 확정되면 쌍방 당사자는 이를 엄중히 준수하여야 한다.

제5장 휴 전

제36조 교전당사자 간의 상호 합의에 의한 휴전으로 전투행위는 정지된다.

휴전기간이 정하여지지 아니한 경우에는 교전당사자는 언제든지 작전을 재개할 수 있다. 다만, 휴전조건에 따라 합의된 기한 내에 이를 적에게 통고하여야 한다.

제37조 휴전은 전반적 또는 부분적으로 할 수 있다. 일반적 휴전은 모든 지역에서 교전국 간의 모든 전투행위를 정지시키며, 부분적 휴전은 특정한 지역에서 일부 교전군 사이에서만 전투행위를 정지시킨다.

제38조 휴전은 공식적으로 또한 적당한 시기에 권한있는 관헌 및 군대에 통고되어야 한다. 적대행위는 통고 후 즉시 또는 합의된 시기에 정지된다.

제39조 교전당사자는 전지(戰地)에 있어서 교전자와 주민과의 관계 및 주민 상호 간의 관계에 관하여 교전당사자 간의 합의 사항을 휴전협정에 포함한다.

제40조 당사자 일방이 휴전협정의 중대한 위반을 할 때에는 타 당사자는 협정을 폐기할 권리를 가지며, 긴급한 경우에는 즉시 전투를 개시할 수 있다.

제41조 개인이 자의로 휴전협정을 위반한 때에는 다만 위반자의 처벌을 요구하며, 또한 손해가 발생한 경우는 손해의 배상을 청구할 권리가 있다.

제3관 적군영토에 대한 군의 권력

제42조 사실상 적군의 권력내에 들어간 지역은 점령된 것으로 한다.

점령은 그러한 권력이 수립된, 또한 권력을 행사할 수 있는 지역에 한정한다.

제43조 국가의 권력이 사실상 점령자에게 이관된 이상 점령자는 절대적인 지장이 없는 한 점령지의 현행법을 존중하며, 가능한 한 공공의 질서 및 안녕을 회복하고, 확보하기 위하여 시행가능한 모든 수단을 다하여야 한다.

제44조 교전자는 점령지의 주민을 강제하여 타방교전자의 군 또는 그 방어수단에 관하여 정보를 제공하게 할 수 없다.

제45조 점령지의 주민을 강제하여 그 적국에 대하여 충성의 선서를 행하게 할 수 없다.

제46조 가문의 명예 및 권리, 개인의 생명 및 사유재산과 종교적 신앙 및 그 행사는 존중되어야 한다.

사유재산은 몰수될 수 없다.

제47조 약탈은 이를 엄금한다.

제48조 점령자가 점령지역에 있어서 국가를 위하여 부과하는 조세, 부과금 및 통과세를 징수할 때에는 가능한 한 현행 부과규칙에 의하여 징수하여야 한다.

점령자는 국가의 정부가 지출한 정도로 점령지의 행정비를 지출하여야 한다.

제49조 점령자가 점령지에 있어서 전조에 규정된 세금 이외의 다른 세금을 명하는 것은 군대의 수요 또는 점령지 행정상의 수요에 응하기 위한 경우에 한한다.

제50조 연대의 책임이 있다고 인정할 수 없는 개인의 행위로 인하여 주민들에게 금전적 또는 기타의 연대벌을 과할 수 없다.

제51조 조세는 총지휘관의 명령서에 의하여 또한 그 책임으로서만 징수될 수 있다.

조세는 가능한 한 현행의 조세부과규칙에 의하여 징수되어야 한다. 모든 조세에 대해서는 납세자에게 영수증이 교부되어야 한다.

제52조 현품징발 및 부역은 점령군의 필요를 위한 것이 아니면 시, 구, 읍, 면 또는 주민에 대하여 이를 요구할 수 없다. 징발 및 부역은 그 지방의 자력에 상응하여야 하며, 주민들에게 그 본국에 대한 군사작전에 가담케 하는 의무를 부과하지 아니하는 성질의 것이어야 한다.

징발 및 부역은 점령지역의 지휘관의 허가를 받지 않고는 이를 요구할 수 있다.

현품의 공급에 대하여는 가능한 한 현금으로 지불하며, 그렇지 않으면 영수증으로써 이를 증명하여야 하며, 또한 가급적 조속히 이에 대한 금액의 지불을 이행할 것으로 한다.

제53조 지방을 점령한 군은 국가의 소유에 속하는 현금, 기금 및 유가증권, 저장무기. 수송재료, 재고품 및 식량, 기타 모든 작전에 제공될 수 있는 국유재산 이외에는 이를 압수할 수 없다.

해상법에 의하여 규정된 경우를 제외하고는 육상, 해상 및 공중에 있어서 보도의 전송 또는 사람이나 물건의 수송의 용도에 제공되는 모든 기관, 저장병기, 기타의 각종의 군수품은 사인(私人)에 속하는 것일지라도 이를 압수할 수 있다. 단, 평화회복에 이르러 이를 반환하며, 또한 배상을 정하여야 한다.

제54조 점령지와 중립지를 연결하는 해저전선은 상당히 필요가 있는 경우가 아니면 이것을 압수하거나 파괴할 수 없다. 이 전선은 평화회복에 이르러 이를 반환하며, 또한 배상을 정하여야 한다.

제55조 적국에 속하며 또한 점령지내에 있는 공공건물, 부동산, 삼림 및 농장에 관하여 점령국은 그 관리자 및 용익권자에 불과함을 고려하여 이들 재산의 기본을 보호하며, 또한 용익권의 법칙에 따라 이를 관리하여야 한다.

제56조 시·군·읍·동·면의 재산, 그리고 국가에 속하는 것일지라도 종교, 자선, 교육, 예술 및 학술의 용도에 제공되는 건설물은 사유재산과 마찬가지로 이를 취급하여야 한다. 이와 같은 건설물, 역사적인 기념건조물, 예술 및 학술상의 제작품을 고의로 압수, 파괴 또는 훼손하는 것은 일체 금지되며, 또한 소추 되어야 한다.

【육전에 있어서의 군대의 부상자 및 병자의 상태 개선에 관한 1949년 8월 12일자 제네바협약】
(제1협약)

제1장 총 칙

제1조 체약국은, 모든 경우에 있어서 본 협약을 존중할것과 본 협약의 존중을 보장할것을 약속한다.

제2조 본 협약은, 평시에 실시될 규정외에도, 둘 또는 그 이상의 체약국 간에 발생할 수 있는 모든 선언된 전쟁 또는 기타 무력충돌의 모든 경우에 대하여, 당해 체약국의 하나가 전쟁상태를 승인하거나 아니하거나를 불문하고 적용된다. 본 협약은, 또한, 일 체약국 영토의 일부 또는 전부가 점령된 모든 경우에 대하여, 비록 그러한 점령이 무력 저항을 받지 아니한다 하드라도 적용된다. 충돌 당사국의 하나가 본 협약의 당사국이 아닌 경우에도, 본 협약의 당사국은, 그들 상호간의 관계에 있어서 본 협약의 구속을 받는다. 또한 체약국은, 본 협약의 체약국이 아닌 충돌 당사국이, 본 협약의 규정을 수락하고 또한 적용할 때에는, 그 국가와의 관계에 있어서 본 협약의 구속을 받는다.

제3조 일 체약국의 영토 내에서 발생하는 국제적 성격을 띠지 아니한 무력 충돌의 경우에 있어서, 당해 충돌의 각 당사국은, 적어도 다음 규정의 적용을 받아야 한다.

1. 무기를 버린 전투원 및 질병, 부상, 억류, 기타의 사유로 전투력을 상실한 자를 포함하여 적대행위에 능동적으로 참가하지 아니하는 자는, 모든 경우에 있어서 인종, 색, 종교 또는 신앙, 성별, 문벌이나 빈부 또는 기타의 유사한 기준에 근거한 불리한 차별 없이 인도적으로 대우 하여야 한다. 이 목적을 위하여 상기의 자에 대한 다음의 행위는 때와 장소를 불문하고 이를 금지한다.

가. 생명 및 신체에 대한 폭행, 특히 모든 종류의 살인, 상해, 학대 및 고문

나. 인질로 잡는 일

다. 인간의 존엄성에 대한 침해, 특히 모욕적이고 치욕적인 대우

라. 문명국인이 불가결하다고 인정하는 모든 법적 보장을 부여하고 정상적으로 구성된 법원의사전 재판에 의하지 아니하는 판결의 언도 및 형의 집행

2. 부상자 및 병자는 수용하여 간호하여야 한다. 국제 적십자 위원회와 같은 공정한 인도적 단체는 그 용역을 충돌당사국에 제공할 수 있다. 충돌 당사국은, 특별한 협

정에 의하여 본 협약의 다른 규정의 전부 또는 일부를 실시하도록 더욱 노력하여야 한다. 전기의 규정의 적용은 충돌 당사국의 법적 지위에 영향을 미치지 아니한다.

제4조 중립국은 그 영토내에 접수 또는 억류된 충돌 당사국 군대의 부상자, 병자 및 의무요원과 종교요원 및 발견된 사망자에 대하여는 본 협약의 규정을 유추하여 적용하여야 한다.

제5조 본 협약에 의하여 보호되는 자로서 적의수중에 들어가 있는 자에 대하여서 본 협약은 그들의 송환이 완전히 종료될 때까지 적용된다.

제6조 체약국은 제10조, 제15조, 제23조, 제28조, 제31조, 제36조, 제37조 및 제52조에서 명문으로 규정한 협정외에도 그에 관하여 별도의 규정을 두는 것이 적당하다고 인정하는 모든 사항에 관하여 다른 특별 협정을 체결할 수 있다. 어떠한 특별 협정도 본 협약에서 정하는 부상자, 병자, 의무 요원 및 종교요원의 지위에 불리한 영향을 미치거나 또는 본 협약이 그들에게 부여하는 권리를 제한하여서는 아니된다. 부상자, 병자, 의무요원 및 종교요원은, 본 협정이 그들에게 적용되는한, 전기의 협정의 혜택을 계속 향유한다. 단, 전기의 협정 또는 추후의 협정에 반대되는 명문의 규정이 있는 경우 또는 충돌 당사국의 일방 또는 타방이 그들에 대하여 더 유리한 조치를 취한 경우는 제외한다.

제7조 부상자, 병자, 의무요원 및 종교요원은 어떠한 경우에도 본 협약 및 전조에서 말한 특별 협정(그러한 협정이 존재할 경우)에 의하여 그들에게 보장된 권리의 일부 또는 전부를 포기할 수 없다.

제8조 본 협약은 충돌 당사국의 이익의 보호를 그 임무로 하는 이익 보호국의 협력에 의하여, 또한 그 보호하에 적용된다. 이 목적을 위하여 이익 보호국은, 자국의 외교관 또는 영사를 제외한 자국민이나 다른 중립국 국민중에서 대표단을 임명할 수 있다. 전기의 대표는 그들의 임무를 수행할 국가의 승인을 받아야 한다. 충돌 당사국은 이익 보호국의 대표 또는 사절단의 활동에 있어서 가능한 최대한의 편의를 도모하여야 한다. 이익 보호국의 대표 또는 사절단은 어떠한 경우에도 본 협약에 의한 그들의 임무를 초월하여서는 아니된다. 그들은 특히 그들이 임무를 수행하는 국가의 안전상 절대적으로 필요한 사항을 참작하여야 한다. 그들의 활동은 군사상의 절대적인 요구로 인하여 소요될때에 한하여서만예외적이고 임시적인 조치로서 제한 하여야 한다.

제9조 본 협약의 제 규정은, 국제 적십자 위원회 또는 기타의 공정한 인도적인 단체가, 관계충돌 당사국의 동의를 얻어 부상자, 병자, 의무요원 및 종교요원의 보호 및 그들의 구제를 위하여 행하는 인도적인 활동을 방해하지 아니한다.

제10조 체약국은 공정과 효율을 전적으로 보장하는 단체에, 본 협약에 따라 이익 보호국이 부담하는 의무를, 언제든지 위임할 것에 동의할 수 있다. 이유의 여하를 불문하고 부상자, 병자, 의무요원 및 종교요원이, 이익 보호국 또는 전항에 규정한 단

체의 활동에 의한 혜택을 받지 아니하거나 또는 혜택을 받지 아니하게 되는 때에는 억류국은 충돌당사국이 지정한 이익 보호국이 본 협약에 따라 행하는 임무를, 중립국 또는 전기의 단체가 인수 하도록 요청하여야 한다. 보호가 제대로 마련되지 못할때에는, 억류국은 이익 보호국이 본 협약에 의하여 행하는 인도적 업무를 인수하도록 국제적십자 위원회와 같은 인도적 단체의 용역의 제공을, 본 조의 규정에 따를 것을 조건으로, 요청하거나 수락하여야 한다. 여사한 목적을 위하여 관계국이 요청하거나 또는 자청하는 어떠한 중립국이나단체도, 본 협정에 의하여 보호되는 자가 의존하는 충돌 당국에 대하여 책임감을 가지고 활동함을 요하며, 또한 그가 적절한 업무를 인수하여 공정하게 이를 수행할 입장에 있다는 충분한 보장을 제공하여야 한다. 군사상의 사건으로 특히 그 영역의 전부 또는 상당한 부분이 점령됨으로써 일방국이 일시적이나마 타방국 또는 그 동맹국과 교섭할 자유를 제한 당하는 경우, 국가간의 특별 협정으로서 전기의 규정을 침해할 수 없다. 본 협약에서 이익 보호국이라 언급될때, 그러한 언급은 언제든지 본 조에서 의미하는 대용단체에도 적용된다.

제11조 이익 보호국이 보호를 받는자를 위하여 적당하다고 인정할 경우, 특히 본 협약의 규정의 적용 또는 해석에 관하여 충돌 당사국간에 분쟁이 있을 경우에는, 이익 보호국은 분쟁을 해결하기 위하여 주선을 행하여야 한다. 이를 위하여 각 이익 보호국은, 일당사국의 요청에 따라 또는 자진하여, 충돌 당사국에 대하여 그들의 대표들의, 특히 부상자, 병자, 의무요원 및 종교요원에 대하여 책임을 지는 당국의, 회합을 가능하면 적절히 선정된 중립지역에서 열도록 제의할 수 있다. 충돌 당사국은 이 목적을 위하여 그들에게 행하여지는 제의를 실행할 의무를 진다. 이익 보호국은 필요할 경우에는 충돌 당사국의 승인을 얻기 위하여, 중립국에 속하는 또는 국제 적십자 위원회의 위임을 받는 자를 추천할 수 있으며, 이러한 자는 전기의 회합에 참석하도록 초청되어야 한다.

제2장 부상자 및 병자

제12조 다음의 조항에서 말하는 군대의 구성원과 기타의 자로서 부상자 또는 병자인 자는 모든 경우에 존중되고 보호되어야 한다. 그들은, 그들을 그 권력속에 두고 있을 충돌 당사국에 의하여 성별, 인종, 국적, 종교, 정견 또는 기타의 유사한 기준에 근거한 차별 없이 인도적으로 대우 또한 간호되어야 한다. 그들의 생명에 대한 위협 또는 그들의 신체에 대한 폭행은 엄중히 금지한다. 특히 그들은 살해되고 몰살되거나 고문 또는 생물학적 실험을 받도록 되어서는 아니된다. 그들은 고의로 치료나 간호를 제공 받음이 없이 방치 되어서는 아니되며 또한 전염이나 감염에 그들을 노출하는 상태도 조성되어서는 아니된다. 치료의 순서에 있어서의 우선권은 긴급한

의료상의 이유로서만 허용된다. 부녀자는 여성이 당연히 받아야 할 모든 고려로서 대우되어야 한다. 충돌 당사국은, 부상자 또는 병자를 부득이하게 적측에 유기할 경우에는, 군사상의 고려가 허용하는 한 그들의 간호를 돕기 위한 의무요원과 자재의 일부를 그들과 함께 잔류시켜야 한다.

제13조 본 협약은 다음의 부류에 속하는 부상자 및 병자에게 적용된다.

1. 충돌 당사국의 군대의 구성원 및 그러한 군대의 일부를 구성하는 민병대 또는 의용대의 구성원

2. 충돌 당사국에 속하며 또한 그들 자신의 영토(동 영토가 점령되고 있는지의 여부를 불문)의 내외에서 활동하는 기타의 민병대의 구성원 및 기타의 의용대의 구성원(조직적인 저항운동의 구성원을 포함)단, 그러한 조직적 저항운동을 포함하는 그러한 민병대 또는 의용대는, 다음의 조건을 충족 시켜야 한다.

가. 그 부하에게 대하여 책임을 지는 자에 의하여 지휘될 것

나. 멀리서 인식할 수 있는 고정된 식별 표지를 가질 것

다. 공공연하게 무기를 휴대할 것

라. 전쟁에 관한 법규 및 관행에 따라 그들의 작전을 행할 것

3. 억류국이 승인하지 아니하는 정부 또는 당국에 충성을 서약한 정규 군대의 구성원

4. 실제로 군대의 구성원은 아니나 군대에 수행하는 자, 즉, 군용기의 민간인 승무원, 종군 기자, 납품업자, 노무대원 또는 군대의 복지를 담당하는 부대의 구성원. 단, 이들은 이들이 수행하는 군대로부터 인가를 받고 있는 경우에 한한다.

5. 선장, 수로안내인 및 견습선원을 포함하는 충돌 당사국의 상선의 승무원 및 민간 항공기의 승무원으로서, 국제법의 다른 어떠한 규정에 의하여서도 더 유리한 대우의 혜택을 향유하지 아니하는 자.

6. 점령되어 있지 아니하는 영토의 주민으로서 적이 접근하여올 때 정규군부대에 편입할 시간이 없이 침입하는 군대에 대항하기 위하여 자발적으로 무기를 든자. 단, 이들이 공공연하게 무기를 휴대하고 또한 전쟁법규 및 관행을 존중하는 경우에 한한다.

제14조 제12조의 규정을 따를 것을 조건으로, 적의 수중에 들어가는 교전국의 부상자 및 병자는 포로가 되며 그들에게는 포로에 관한 국제법의 규정이 적용된다.

제15조 충돌 당사국은 항상, 특히 매 교전후에 부상자 및 병자를 찾아 수용하고 그들을 약탈 및 학대로부터 보호하며, 그들에 대한 충분한 간호를 보장하고 또한 사망자를 찾아 그들이 약탈을 당하는 것을 방지하기 위하여 모든 가능한 조치를 지체 없이 취하여야 한다. 충돌 당사국은 사정이 허용하는 한, 전장에 남아 있는 부상자의 수용, 교환 및 이송을 가능하게 하기 위하여 휴전이나 발포정지를 약정하든가

현지협정을 마련하여야 한다. 같은 방식으로 점령 또는 포위된 지역으로부터의 부상자 및 병자의 수용과 교환 또는 동 지역으로 갈 의무요원, 군목 및 장비를 통과시키기 위하여, 충돌 당사국 상호간에 현지 약정을 체결하여야 한다.

제16조 충돌 당사국은 그들의 수중에 들어오는 적측의 부상자, 병자 및 사망자에 관하여 가능한 한 조속히 그러한자의 신원판별에 도움이 될 어떠한 세부사항이라도 기록하여야 한다. 이들 기록은 되도록 다음의 사항을 포함하여야 한다.

가. 그가 의존하는 국가명

나. 소속부대명 및 군번

다. 성

라. 이름

마. 생년월일

바. 신분증명서 또는 표지에 표시된 기타의 상세

사. 포로가 된 일자 및 장소 또는 사망일자 및 장소,

아. 부상, 질병 또는 사망의 원인에 관한 상세 전술한 자료는 포로의 대우에 관한 1949년8월12일자 제네바협약 제122조에 기술한 정보국에, 가능한 한 조속히 송부되어야 하며, 동 정보국은 이익 보호국 및 중앙포로 기구를 중개로 하여 이들이 의존하는 국가에 이 자료를 전달하여야 한다. 충돌 당사국은, 사망 증명서 또는 정당하게 인증된 사망자 명부를 작성하여 동 정보국을 통하여 상호 송부 하여야 한다. 충돌 당사국은, 사망자에게서 발견된 이중 신분표지의 반, 근친자에 대한 유서나 기타의 중요한 서류, 금전 및 일반적으로 고유의 가치 또는 정서적 가치를 가지는 모든 물품을 동일하게 수집하여, 동 정보국을 통하여 상호 송부하여야 한다. 이들 물품은 확인 되지 않은 물품과 함께 밀봉된 뭉치로 송부되어야 하며, 이에는 사망한 소유자의 신원확인에 필요한 모든 상세를 기재한 서류와 동 뭉치의 내용을 완전히 표시하는 표를 첨부하여야 한다.

제17조 충돌 당사국은, 사망을 확인하고 신원을 확실히하며 또한 보고서의 작성을 가능하게 하기 위하여, 사정이 허용하는 한 개별적으로 실시될 사망자의 매장이나 화장이 시체의 면밀한 검사, 가능하면 의학적 검사가 있은 다음에 행하여 지도록 보장하여야 한다. 이중 신분표지가 사용되는 경우에는, 동 표지의 반은 시체에 남겨 두어야 한다. 시체는 위생상 절대로 필요한 경우 및 사망자의 종교상 이유를 제외하고는 화장을 하여서는 아니된다. 화장을 하였을 때는 사망 증명서 또는 인증된 사망자 명부에 화장의 사정과 이유를 상세하게 기재하여야 한다. 충돌 당사국은, 또한, 사망자를 가능한 한 이들이 신봉하는 종교의 의식에 따라서 정중히 매장하고 동 사망자의 묘소를 존중할것이며, 가능하면 사망자의 묘지를 국적별로 구분하며 언제든지 찾을 수 있도록 적절히 유지하고 표시하도록 하여야 한다.

이 목적으로, 충돌 당사국은 전쟁 개시에 제하여 공식 분묘등록소를 설치함으로서 매장후의 발굴을 가능하게 하고, 또한 분묘의 위치 여하를 불문하고 시체의 식별 및 경우에 따라 본국으로의 이송이 가능하도록 보장하여야 한다. 이 규정은 본국의 희망에 따라 적절히 처리 될때까지 분묘등록소가 보관하여야 할 유골에 대하여도 적용하여야 한다. 사정이 허락하는 즉시 그리고 늦어도 전쟁종료시까지, 각 분묘등록소는, 제16조 제2항에서 말한 포로 정보국을 통하여, 분묘의 정확한 위치와 표지 및 그곳에 매장되어 있는 사망자에 관한 상세를 교환하여야 한다.

제18조 군당국은 주민에 대하여 그의 지시하에 자발적으로 부상자 및 병자를 수용하고 또한 간호해주는 자선을 호소할 수 있다. 군 당국은 이 요청에 응하는 자에 대하여 필요한 보호 및 편의를 부여한다. 적국이 그 지역을 점령하거나 또는 탈환하게 될 때에도 그 적국은 이러한 주민에게 동일한 보호와 편의를 부여하여야 한다. 군 당국은 침공 또는 점령한 지역에 있어서도, 주민과 구호 단체에 대하여, 국적의 여하를 불문하고 자발적으로 부상자 또는 병자를 수용, 간호하는 것을 허가하여야 한다. 민간인은 이들 부상자 및 병자를 존중하여야 하며, 특히 그들에게 폭행을 가하지 않도록 하여야 한다. 여하한 자도 부상자 또는 병자를 간호하였다는 이유로 박해 또는 유죄 선고를 받을 수 없다. 본 조의 규정은 점령국에 대하여 부상자 및 병자에 대한 위생상 또는 정신상의 간호를 부여하는 의무를 면제하지 않는다.

제3장 의무부대 및 의무시설

제19조 충돌 당사국은 어떠한 경우를 막론하고 의무기관의 고정시설이나 이동 의무부대를 공격하여서는 아니되며, 항상 이를 존중하고 보호하여야 한다. 이들이 적국의 수중에 들어 갈 경우, 점령국은 이러한 시설 및 부대내에 있는 부상자 및 병자에 대하여 필요한 간호를 스스로 보장하지 못하는 한, 이들 시설 및 부대의 요원은 자유로이 그 임무를 수행할 수 있어야 한다. 책임있는 당국은 가능한 한 전기의 의무 시설 및 의무부대가 군사목표에 대한 공격에 의하여 그 안전이 위태로워 지지 않게 위치하도록 보장하여야 한다.

제20조 해상에 있어서의 군대의 부상자, 병자 및 조난자의 상태개선에 관한 1949년 8월12일자 제네바 협약의 보호를 받을 권리를 부여받은 병원선은, 육상으로 부터 공격되어서는 아니된다.

제21조 의무기관의 고정 시설 및 이동 의무부대가 향유할 수 있는 보호는, 그들 시설 및 부대가 인도적 임무로부터 이탈하여 적에게 유해한 행위를 행하기 위하여 사용된 조치를 제외하고는 소멸되지 아니한다. 단, 이 보호는 모든 적당한 경우에, 합리적인 기한을 정한 경고가 있고 또한 그 경고가 무시된 후에 한하여 소멸될 수 있

다.

제22조 다음의 상황은 의무부대 또는 의무 시설로부터 제19조에 의하여 보장되는 권리를 박탈하는 것으로 간주하여서는 아니된다.

1. 부대 또는 시설의 요원이 무장하고 또한 자위 또는 그들의 책임하에 있는 부상자 및 병자의 방위를 위하여 무기를 사용하는 것.

2. 무장한 위생병이 없기 때문에, 감시병, 보초 또는 호위병이 부대나 시설을 보호하는 것.

3. 부상자 및 병자로부터 받아둔 소무기 및 탄약으로서, 아직 적당한 기관에 인도되지 않은채로, 부대 또는 시설내에서 발견되는 것.

4. 의무부대 또는 의무시설내에서 수의 기관의 요원 및 자재가 발견되더라도, 이것이 동부대 또는 시설의 불가분의 일부분을 구성하지 아니하는 것.

5. 의무부대 및 시설 또는 이들 요원의 인도적활동이, 부상자 및 병자의 간호에 까지 미치는 것.

제23조 평시에 있어서의 체약국과 적대행위의 개시 이후의 충돌 당사국은 자국 영역 내에, 그리고 필요한 경우에는 점령지역내에, 부상자 및 병자를 전쟁의 영향으로부터 보호하기 위하여 조직되는 병원 지대와 지구를 설정하고, 또한 동 지대와 지구의 조직, 관리 및 그곳에 수용되는 자의 간호를 책임맡을 요원을 정할수 있다. 적대행위가 발발하였을 때와 적대행위가 계속중일때, 관계당사국은 그들이 설정할 병원 지대와 지구의 상호승인을 위한 협정을 체결할 수 있다. 이를 위하여 관계 당사국은 필요하다고 생각되는 경우에는 수정을 가하여서, 본 협약에 부속하는 협정안의 규정을 시행할 수 있다. 이익 보호국 및 국제적십자위원회에 대하여 지대와 지구의 설치 및 식별을 용이하게 하기 위하여 주선을 행하도록 요청할 수 있다.

제4장 인 원

제24조 부상자 또는 병자의 수색, 수용, 수송이나 치료 또는 질병의 예방에만 전적으로 종사하는 요원, 의무부대 및 시설의 관리에만 전적으로 종사하는 직원, 및 군대에 수반하는 종교요원은 모든 경우에 있어서 존중되고 보호되어야 한다.

제25조 부상자 및 병자의 수용, 수송 또는 치료를 필요한 경우에 담당할 병원당직, 간호원 또는 보조들것 운반보조원으로 충당하기 위하여 특별히 훈련받은 군대 구성원도, 그들의 임무를 수행하려고 할 경우, 적과 접촉하고 있을 때나 또는 적의수중에 들어가 있을 때에 역시 존중되고 보호되어야 한다.

제26조 국립 적십자사의 직원 및 본국 정부가 정당히 인정한 독지 구호단체의 직원

으로서, 제24조에 열거한 요원과 동일한 임무에 종사하는 자는, 동조에 열거한 요원과 동일한 지위에 놓인다. 단, 이들 단체의 직원은 군관계법령에 따를 것을 조건으로 한다. 각 체약국은 평시에 있어서나, 적대행위의 개시 또는 적대행위가 계속되는 동안에, 그들 단체를 실질적으로 이용하기에 앞서 자국군의 정규 의무기관에 원조할것을 자국의 책임하에 인정한 단체의 명칭을, 타방체약국에 통고하여야 한다.

제27조 중립국의 승인된 단체는, 미리 자국 정부의 동의 및 관계당국의 승인을 얻은 경우에 한하여, 그 위생요원 및 위생부대의 원조를 충돌 당사국에 제공할 수 있다. 그들 요원 및 부대는 당해충돌 당사국의 관리하에 둔다. 중립국 정부는 그와같은 원조를 받는 국가의 적국에 대하여 전기의 동의를 통고하여야 한다. 이러한 원조를 수락하는 충돌당사국은 원조를 수락하기에 앞서 자국의 적국에 대하여 통고할 의무를 진다. 어떠한 경우에도 이 원조는 충돌에의 개입이라고 인정하여서는 아니된다. 제1항에 기술한 요원은 그들이 속하는 중립국을 떠나기 전에, 제40조에 정하는 신원 증명서를 정식으로 교부받아야 한다.

제28조 제24조 및 제26조에 지정된 요원으로서 적국의 수중에 들어간 자는 포로의 건강상태, 종교상의 요구 및 포로의 수에 의하여 필요하다고 인정되는 한도를 넘어서 억류하여서는 아니된다. 이와 같이 억류된 요원은 포로라고 인정하여서는 아니된다. 단, 그들 요원은 적어도 포로의 대우에 관한 1949년8월12일자 제네바 협약의 모든 규정에 의한 이익을 향유한다. 그들 요원은 억류국의 군법의 범위내에서, 억류국의 권한있는 기관의 관리하에, 그 직업적 양심에 따라서 포로, 특히 자기가 소속하는 군대의 포로에 대한 의료상 및 종교상의 임무를 계속 수행하여야 한다. 그들 요원은, 그 의료상 또는 종교상의 임무의 수행을 위하여 또한 다음의 편의를 향유한다.

가. 그들 요원은 수용소밖에 있는 노동 분견대 또는 병원에 있는 포로를 정기적으로 방문할 수 있어야 한다. 억류국은 그들 요원에 대하여 필요한 수송수단을 자유로이 사용케 하여야 한다.

나. 각 수용소에 있어서 선임 군의관인 위생요원은 억류되고 있는 위생 요원의 직접적 활동에 관하여, 수용소의 군 당국에 대하여 책임을 진다. 그러므로 충돌 당사국은 적대행위 개시시부터 자국의 위생요원(제26조에 지정하는 단체의 위생요원을 포함) 상호간에 상당하는 계급에 관하여 합의하여야 한다. 이 선임군의관 및 종교요원은 그 임무로 부터 생기는 모든 문제에 대하여 수용소의 군당국 및 의료 당국과 직접 교섭할 수 있어야 한다. 이러한 당국은 그러한 문제에 관한 통신을 위하여 그들이 필요로 하는 편의를 부여하여야 한다.

다. 수용소 내에 억류된 요원은 수용소 내의 기율률 따르지 않으면 안되나, 그들에게 의료상 또는 종교상의 임무 이외의 노동을 요구해서 아니된다. 충돌 당사국은 적대행위의 계속중에 억류된 요원을 가능한 경우에 교체하기 위한 조정을 행하고 그 교체의 절차를 정하여야 한다. 전기의 규정은 억류국에 대하여 포로의 의료상 및 종교상의 복지에 관하여 억류국에 과하는 의무를 면제하는 것이어서는 아니된다.

제29조 제25조에서 말하는 요원으로서 적의 수중에 들어가 있는자는 포로가 된다. 단, 필요한 한 의료상의 임무에 종사하여야 한다.

제30조 제28조의 규정에 의하여 억류를 필요로 하지 않는 요원은 그 귀로가 열리고 또한 군사상의 요건이 허용하는 때에는, 즉시 그들 요원이 속하는 충돌 당사국에 귀환시켜야 한다. 그들 요원은 귀환할 때까지 포로로 인정되지 아니한다. 단, 그들 요원은 적어도 포로의 대우에 관한 1949년8월12일자 제네바 협약의 모든 규정에 의한 혜택을 향유한다. 그들 요원은 적국의 명령하에 자기의 임무를 계속 수행하고 또한 가능한 한 자기가 속하는 충돌 당사국의 부상자 및 병자의 간호에 종사하여야 한다. 그들 요원은 출발에 재하여 그 소유에 속하는 개인용품, 유가물 및 기구를 휴대할 수 있어야 한다.

제31조 제30조에 의하여 귀환되는 요원의 선택은 그 인종, 종교 또는 정견의 여하를 불문하고 가능한 한 그들 요원의 포로가 된 순서 및 그들 요원의 건강 상태에 따라서 행하여야 한다. 충돌 당사국은, 적대행위의 개시시로 부터 특별 협정에 의하여 포로의 인원수에 비례하여, 억류하여야 할 정도 및 수용소에 있어서의 그들 요원의 배치를 정할 수 있다.

제32조 제27조에서 말하는 자로서, 적국의 수중에 들어가 있는자는 억류하여서는 아니된다. 반대의 합의가 없는한, 그들은 그 귀로가 열리고 또한 군사상의 고려가 허용하는 경우에는 즉시 자국에 귀환할 것이 허용되어야 하며, 자국에의 귀환이 불가능할 경우에는 그들이 근무한 기관이 속하는 충돌 당사국의 영역에 귀환함이 허용되어야 한다. 그들은 석방 될때까지 적국의 지휘하에서 계속 자기의 임무를 수행하여야 한다. 그들은 가능한 한 그들이 근무한 충돌 당사국의 부상자 및 병자의 간호에 종사하여야한다. 그들은 출발 할때 자기의 소유에 속하는 개인용품, 유가물, 기구, 무기 그리고 가능하면 차량도 휴대할 수 있어야 한다. 충돌 당사국은 그들 요원이 그 권력하에 있는 동인 그들 요원에게 싱딩하는 자국 군대의 요원에게 부녀하고 있는 것과 마찬가지의 식량, 숙사, 수당 및 급여를, 그들 요원을 위하여 확보하여야 한다. 식량은 여하한 경우에도 그량 및 종류에 있어서 그들 요원이 통상의 건강 상태를 유지함에 충분한 것이어야 한다.

제5장 건물 및 자재

제33조 적의 권력하에 들어간 군대의 이동 위생부대의 재료는, 부상자 및 병자의 간호를 위하여 보지된다. 군대의 고정 위생시설의 건물, 재료 및 저장품은 계속 전쟁

법규의 적용을 받는다. 단, 그들 건물, 재료 및 저장품은 부상자 및 병자의 간호를 위하여 필요한 그 사용 목적을 변경하여서는 아니된다. 특히 육전에 있어서의 군대의 지휘관은 긴급한 군사상의 필요가 있을 경우에는 전기의 시설내에서 간호를 받는 부상자 및 병자의 복지를 위하여 미리 조치를 취할것을 조건으로, 그들 건물, 재료 및 저장품을 사용할 수 있다. 본조에서 말하는 재료 및 저장품은 고의로 파괴하여서는 아니된다.

제34조 이 협약에 의한 특권이 인정되는 구제단체의 부동산 및 동산은 사유 재산으로 간주한다. 전쟁법규 및 관례에 의하여 교전국에 인정되는 징발권은, 긴급한 필요가 있는 경우를 제외하고는 행사할 수 없으며, 부상자 및 병자의 복지가 확보된 연후에만 행사하여야 한다.

제6장 의료수송

제35조 부상자 및 병자 또는 위생재료의 수송 수단은 이동 위생부대의 경우와 같이 존중 보호되어야 한다. 그들 수송 수단 또는 차량이 적국 수중에 들어가는 경우에는, 그들을 포획한 충돌 당사국이 그속에 있는 부상자 및 병자의 간호를 모든 경우에 있어서 확보할것을 조건으로 전쟁법규의 적용을 받는다. 징발에 의하여 얻은 민간요원 및 모든 수송수단은 국제법의 일반 원칙의 적용을 받는다.

제36조 교전국은, 위생항공기 즉 부상자 및 병자의 수용과 위생요원 및 재료의 수송에 전적으로 사용되는 항공기가 관계교전국간에 특별히 합의된 고도, 시각 및 항로에 따라서 비행하고 있는 중에는 공격하여서는 아니되며, 존중하여야 한다. 위생항공기는 그 하면, 상면 및 측면에, 제38조에 정하는 특수포장을 자국의 국기와 함께 명백히 표시하여야 한다. 위생항공기는, 적대행위의 개시 또는 진행중 교전국간에 합의될 다른 표지 또는 식별수단을 갖추어야 한다. 별도의 합의가 없는한 적의 영역 또는 점령지역 상공의 비행은 금지된다. 위생 항공기는 모든 착륙요청에 따라야 한다. 이와 같은 강제착륙의 경우, 항공기는 그 탑승자와 함께 검문이 있다면 그것을 받은후, 비행을 계속할수 있다. 위생항공기의 승무원은 물론, 부상자 및 병자도 적의 영역 또는 점령지 역내에 불시착 할 경우에는 포로가 된다. 위생요원은 제24조 이하의 규정에 따라 대우하여야 한다.

제37조 충돌 당사국의 위생항공기는, 제2항의 규정에 따를 것을 조건으로, 중립국 영역의 상공을 비행하고 필요한 경우에는 그 영역에 착륙하여 또는 그 영역을 기항지로 사용할 수 있다. 그들 위생항공기는 당해 영역 상공의 통과를 중립국에 사전 통고하고 또한 착륙 또는 착수의 모든 요청에 따라야 한다. 그들 위생항공기는 충돌당사국과 관계 중립국간에 특별히 합의된 항로, 고도 및 시각에 따라서 비행하고 있는 경우에 한하여 공격을 받지 아니한다. 특히 중립국은 위생항공기의 자국 영역

의 통과 또는 착륙에 관하여 조건 또는 제한을 과할 수 있다. 그 조건 또는 제한은 모든 충돌 당사국에 대하여 평등히 적용하여야 한다. 중립국과 충돌 당사국간에 반대의 합의가 없는한, 현지 당국의 동의를 얻어 위생항공기가 중립지역에 내려 놓는 부상자 및 병자는, 국제법상 필요가 있는 경우에는 군사행동에 다시 참가 할 수 없도록 중립국이 억류하여야 한다. 그들의 입원 및 수용을 위한 비용은 그들이 속하는 국가가 부담하여야 한다.

제7장 식 별 표 장

제38조 스위스에 경의를 표하기 위하여, 스위스 연방의 국기를 반대로 작성한 흰바탕에 적십자의 문장을 군대의 위생기관의 포장 및 식별기장으로서 계속 사용하도록 한다. 특히 적십자 대신에, 흰바탕에 붉은 초생달 또는 붉은 사자와 태양을 표장으로 이미 사용하고 있는 국가의 경우 이러한 표장은 이 협약상 동일하게 인정된다.

제39조 관할 군 당국의 지시에 따라 의무기관이 사용하는 기, 완장 및 모든 장비에는 흰바탕의 적십자 문장을 표시하여야 한다.

제40조 제24조, 제26조 및 제27조에서 규정하는 요원은 군 당국이 압인 발급한 특수표장이 된 방수성의 완장을 왼팔에 둘러야 한다. 이러한 요원은 제16조에 규정하는 신분표지에 부가하여 식별표장이 표시된 특별한 신분 증명서를 휴대하여야 한다. 이 증명서는 방수성이며, 또한 호주머니에 들어갈만한 크기의 것이어야 한다. 이 증명서는 자국어로 기입되어야 하며, 적어도 소지자의 성명, 생년월일, 계급 및 군번이 표시되고 또한 소지자가 어떤 자격으로 본 협약의 보호를 받을 권리가 있는가가 기재되어 있어야 한다. 이 증명서에는 또한 소지자의 사진, 서명이나 지문 또는 그 양자가 첨부되어야 하며, 군 당국의 인장을 압인하여야 한다. 본 신분증명서는 동일국의 전군을 통하여 동일 규격이어야 하며 가능한 한 모든 체약국의 군대에 대하여 유사한 규격이어야 한다. 충돌 당사국은 본 협약의 부록에 예시된 양식에 따를 수 있다. 충돌 당사국은 적대행위의 개시전에 각국이 사용하는 신분 증명서의 양식을 상호 통보 하여야 한다. 신분증명서는, 가능하면 적어도 2매를 작성하여 그 1매는 본국이 보관하여야 한다. 어떠한 경우에도 전기의 요원은 그들의 계급장 또는 신분증명서, 완장을 두를 권리를 박탈당하지 아니한다. 이들은 신분증명서 또는 계급장을 분실하는 경우 신분증명서의 부본을 재교부 받거나 계급장을 재수령할 권리를 가진다.

제41조 제25조에 지정하는 요원은 의무상의 임무 수행중에 한하여, 가운데 작으마한 식별 기장을 표시한 백색의 완장을 둘러야 한다. 그 완장은 군당국이 압인 발급하여야 한다. 그들 요원이 휴대할 군의 신분증명서류에는 그들 요원이 받은 특수 훈련의 내용, 그들 요원이 종사하는 임무의 일시적인 성격 및 완장 패용권등을 명기

하여야 한다.

제42조 본 협약에서 정하는 식별기는 본 협약에 의하여 존중되는 권리를 가지며 군당국의 동의를 얻은 의무부대 및 의무시설에 한하여 계양하여야 한다. 이동 부대는 고정시설에 있어서와 마찬가지로 그들 부대 또는 시설이 속하는 충돌당사국의 국기를 전기의 국기와 더불어 계양할 수 있다. 특히 적의 수중에 들어간 의무부대는 이 협약에서 정하는 기 이외의 기를 계양하여서는 아니된다. 충돌 당사국은 군사상의 고려가 허용하는 한, 의무부대 또는 의무시설에 대한 공격의 가능성을 제거하기 위하여, 적의 지상군, 공군 또는 해군이 식별 표지를 명백히 식별할 수 있도록 필요한 조치를 취하여야 한다.

제43조 제27조에 정하는 조건에 따라서 일 교전국에 용역을 제공하도록 된 중립국의 의무부대는, 그 교전국이 제42조에 의하여 부여된 권리를 행사할 시에는 언제나 그 교전국의 국기를 이 협약에서 정하는 기와 더불어 계양하여야 한다. 이들 의무부대는 책임 있는 군당국의 반대의 명령이 없는 한, 모든 경우에 있어서, 비록 적국의 수중에 들어간 경우라 하더라도 자국의 국기를 계양할 수 있다.

제44조 본조의 다음 각 항에서 말하는 경우를 제외하고, 흰바탕의 적십자 표장 및 적십자 또는 「제네바 십자」라는 말은, 평시 전시를 불문하고 이 협약 및 이 협약과 유사한 사항을 정하는 다른 협약에 의하여 보호되는 위생부대, 위생시설, 요원 및 재료를 표시하고 또는 보호하기 위하여서가 아니면 사용할 수 없다. 제38조 제2항에서 말하는 표장에 관하여도 그들을 사용하는 국가에 대하여는 동일하게 적용된다. 국제적십자사 및 제26조에서 지정하는 기타의 단체는 이 협약의 보호를 부여하는 특수표장을 본항의 범위내에서만 사용하는 권리를 가진다. 또한 국립 적십자사(적 신월사, 적사자와 태양사)는, 평시에 있어서 자국의 국내법령에 따라 적십자 국제회의가 정하는 원칙에 합치하는 자기의 기타의 활동을 위하여 적십자의 명칭 및 표장을 사용할 수 있다. 그 활동이 전시에 행하여질 때에는, 표장은 그 사용에 의하여 이 협약의 보호가 부여된다고 인정될 우려가 없도록 하여야 한다. 즉, 이 표장은 비교적 작은 것이어야 하며, 또한 완장 또는 건물의 지붕에 표시하지 말아야 한다. 적십자 국제 기관 및 정당히 권한이 부여된 그 직원에 대하여는 언제든지 흰바탕에 적십자의 표장을 사용할것이 허용된다. 예외적 조치로서, 이 협약에서 정하는 표장은 국내법령에 따라 또한 국립 적십자사(적 신월사, 적사자와 태양사)의 어느 하나로부터 명시의 허가를 받고 구급차로서 사용되는 차량을 식별하기 위하여, 또한 부상자 및 병자를 무상으로 치료하기 위하여 전적으로 충당되는 구호소의 위치를 표시하기 위하여 평시에 있어서 사용할 수 있다.

제8장 협약의 실시

제45조 각 충돌 당사국은 그 총사령관을 통하여 본 협약의 일반원칙에 따르는 전 각 조의 세부 시행령을 마련하고 예견할 수 없는 경우에 대비하여야 한다.

제46조 본 협약에 의하여 보호되는 부상자, 병자, 요원, 건물 또는 장비에 대한 보복을 금지한다.

제47조 체약국은 전시·평시를 막론하고 본 협약 전문을 가급적 광범위하게 자국내에 보급시킬 것이며 특히 군 교육계획, 가능하면 민간 교육계획에도 본 협약에 관한 학습을 포함시킴으로써 본 협약의 원칙을 전 국민, 특히 군인, 의무요원 및 종교요원에게 습득 시킬 것을 약속한다.

제48조 체약국은 스위스 연방 정부를 통하여, 또한 전시중에는 이익 보호국을 통하여 본 협약의 공식번역문과 협약의 시행을 위하여 제정한 제법령을 상호 통보하여야 한다.

제9장 남용과 위반의 방지

제49조 체약국은, 본 협약에 대하여 다음조에 정의하는 중대한 위반 행위를 범하였거나 또는 범할 것을 명령한자에 대한 유효한 형벌을 규정하기 위하여 필요한 입법조치를 취할것을 약속한다. 각 체약국은 중대한 위반행위를 범하였거나 범할 것을 명령한 혐의가 있는 자를 수사할 의무를 지며 이러한 자는 국적 여하를 불문하고 자국의 법원에 기소되어야 한다. 또한 각 체약국은 희망이나 또는 국내법의 규정에 따라 이러한 자를 다른 관계체약국에서 재판을 받도록 인도할 수 있다. 단, 관계 체약국이 해사건에 관하여 일단 유리한 증거를 제시하는 경우에 한한다. 피고인은 모든 경우에 있어서 포로의 대우에 관한 1949년 8월 12일자 제네바 협약 제105조 이하에 정하는 것보다 불리하지 않은 정당한 재판과 변호가 보장되어야 한다.

제50조 전조에서 말하는 중대한 위반행위란, 본 협약이 보호하는 사람 또는 재산에 대하여 행하여지는 다음의 행위를 의미한다. 고의적인 살인, 신체 또는 건강을 고의로 크게 해치거나 고통을 주는 고문이나, 비인도적 대우(생물학적 실험을 포함) 또는 군사상의 필요로서 정당화되지 아니하며 불법적이고 고의적인 재산의 광범위한 파괴 또는 몰수.

제51조 체약국은 전조에서 말한 위반 행위에 관하여 자국이 져야할 책임을 벗어나거나 또는 타방 체약국으로 하여금 동국이 져야할 책임으로부터 벗어나게 하여서는 아니된다.

제52조 충돌 당사국의 요청이 있을 때에는 본 협약에 대한 위반 혐의에 관하여 관계 국가 간에 결정하는 방법으로 심문 하여야 한다. 심문절차에 관한 합의가 이루어지

지 아니할 때에는 관계국은 그 절차를 결정할 심판관의 선임에 관하여 합의하여야 한다. 위반행위가 확인되었을 때 충돌 당사국은 지체없이 위반행위를 종식시키거나 억제하여야 한다.

제53조 공사를 불문하고 개인, 단체, 상사 또는 회사에서 본 협약에 의하여 사용할 권리가 부여되지 않은 자가 "적십자" 또는 "제네바 십자"의 표장, 명칭 또는 그것을 모방한 기장이나 명칭을 사용하는 것은 그 사용의 목적 및 채택일자 여하를 불문하고 항상 금지한다. 스위스 연방의 국기의 배색을 반대로 작성한 문장의 채용에 의하여 동국에 대하여 주어지는 경의와 더불어 스위스의 문장 및 본협약의 특수 표장 간에 발생할 수 있는 혼동을 고려하여 상표이건 또는 그 일부이건을 불문하고 상업상의 도덕에 반대되는 목적 또는 스위스인의 국민감정을 해할 우려가 있는 상태로서 사인, 단체 또는 상사가 스위스 연방의 문장 또는 이것을 모방한 기장을 사용하는 것은 금지한다. 특히 본 협약의 체약국으로 1929년 7월 27일자 제네바 협약의 체약국이 아니었던 국가는 제1항에 말하는 표장, 명칭 또는 기장을 이미 사용하지 않고 있는자에 대하여 그 사용을 금지 시키기 위하여 본 협약의 효력 발생시부터 3년을 넘지 않는 유예기간을 줄수 있다. 단, 그 사용이 전시에 있어서 본 협약의 보호가 부여될 것으로 인정될 우려가 있을 경우에는 그러하지 아니하다. 본조 제1항에 정하는 금지는, 제38조 제2항에 말하는 표장 및 기장에 대하여도 적용한다. 단, 종전부터의 사용에 의하여 취득되어 있는 권리에는 영향을 미치지 아니한다.

제54조 체약국은 자국의 법령이 충분하지 않은 경우에는 제53조에서 말하는 남용을 미리 방지하며 또한 억제하기 위하여 필요한 조치를 취하여야 한다.

최 종 규 정

제55조 본 협약은 영어와 프랑스어로 작성되며 양자 공히 정본이다. 스위스 연방정부는 본 협약이 쏘련어와 스페인어로 공식번역 되도록 조치하여야 한다.

제56조 오늘날자의 본 협약은 1949년4월21일 제네바에서 개최된 회의에 대표를 파견한 국가와, 동회의에 대표는 파견하지 않았으나, 육전에 있어서의 군대의 부상자 및 병자의 상태개선에 관한 1864년, 1906년, 1929년의 제네바협약의 체약국에 대하여 1950년2월12일까지 그 서명을 위하여 개방한다.

제57조 본 협약은 가급적 조속히 비준되어야 하며 비준서는 베른에 기탁한다. 스위스 연방정부는 각 비준서의 기탁에 관한 기록을 작성하며 그 기록의 인증등본을 본 협약 서명국과 가입국에 송부하여야 한다.

제58조 본 협약은 2개 이상의 비준서가 기탁된 6개월후부터 효력을 발생한다. 그 이후 본 협약은 각 체약국이 비준서를 기탁한 6개월후에 각 체약국에 대하여 효력을

발생한다.

제59조 본 협약은 체약국간의 관계에 있어서 1864년8월22일, 1906년7월6일 및 1929년7월27일자 제네바 협약에 대치한다.

제60조 본 협약은 그 효력 발생일로 부터 본 협약에 서명하지 않는 모든 국가의 가입을 위하여 개방된다.

제61조 본 협약에의 가입은 스위스연방 정부에 서면 통고해야 하며 그 가입서가 접수된 날로부터 6개월후에 발효한다. 스위스 연방 정부는 가입사실을 본 협약 서명국과 가입국에 통고하여야 한다.

제62조 제2조와 제3조에 규정된 경우는, 전쟁 또는 점령의 개시전후에 충돌 당사국이 행한 비준 또는 가입을 즉시 발효시킨다. 스위스 연방정부는 충돌 당사국으로부터 접수된 비준서 또는 가입서를 가장 신속한 방법으로 통고하여야 한다.

제63조 각체약국은 본 협약에서 자유로이 탈퇴할 수 있다. 탈퇴는 서면으로 스위스 연방정부에 통고하여야 하며 스위스 연방 정부는 그 통고를 모든 체약국 정부에 전달하여야 한다. 탈퇴는 스위스 연방정부에 통고한 1년후에 발효한다. 단, 탈퇴국이 탈퇴를 통고할 당시에 전쟁에 개입하고 있을 경우에는 강화조약 체결시까지, 또한 본 협약에 의하여 보호되는 자의 석방과 송환업무가 종료될때까지 발효되지 아니한다. 탈퇴는 탈퇴하는 국가에 대해서만 효력을 발생한다. 탈퇴는 문명인 간에 확립된 관행, 인도의 법칙, 대중적 양심에 기인한 국제법의 원칙에 따라 충돌 당사국이 계속 이행하여야 할 의무를 행하여서는 아니된다.

제64조 스위스 연방정부는 본 협약을 국제연합 사무국에 등록하여야 한다. 스위스 연방정부는 또한 본 협약에 관하여 동 정부가 접수하는 모든 비준, 가입, 탈퇴를 국제연합 사무국에 통고하여야 한다. 이상에 증거로서 하기인은 각자의 전권위임장을 기탁하고 본 협약에 서명하였다.

【포로의 대우에 관한 1949년 8월 12일자 제네바협약】
(제3협약)

제1편 총 칙

제1조 체약국은 모든 경우에 있어서 본 협약을 존중할 것과 본 협약의 존중을 보장할 것을 약속한다.

제2조 본 협약은 평시에 실시될 규정외에도, 둘 또는 그 이상의 체약국간에 발생할 수 있는 모든 선언된 전쟁 또는 기타 무력충돌의 모든 경우에 대하여 당해 체약국의 하나가 전쟁상태를 승인하거나 아니하거나를 불문하고 적용된다. 본 협약은, 또한 일 체약국 영토의 일부 또는 전부가 점령된 모든 경우에 대하여 비록 그러한 점령이 무력 저항을 받지 아니한다 하더라도 적용된다. 충돌 당사국의 하나가 본 협약의 당사국이 아닌 경우에도, 본 협약의 당사국은 그들 상호간의 관계에 있어서 본 협약의 구속을 받는다. 또한 체약국은 본 협약체약국이 아닌 충돌 당사국이 본 협약의 규정을 수락하고 또한 적용할때에는 그 국가와의 관계에 있어서 본 협약의 구속을 받는다.

제3조 체약국의 영토내에서 발생하는 국제적 성격을 띠지 아니한 무력충돌의 경우에 있어서 당해 충돌의 각 당사국은 적어도 다음 규정의 적용을 받아야 한다.

1. 무기를 버린 전투원 및 질병, 부상, 억류, 기타의 사유로 전투력을 상실한 자를 포함하여 적대행위에 능동적으로 참가하지 아니하는 자는 모든 경우에 있어서 인종, 색, 종교 또는 신앙, 성별, 문벌이 나 빈부 또는 기타의 유사한 기준에 근거한 불리한 차별없이 인도적으로 대우하여야 한다. 이 목적을 위하여, 상기의 자에 대한 다음의 행위는 때와 장소를 불문하고 이를 금지한다.
   가. 성명 및 신체에 대한 폭행, 특히 모든 종류의 살인, 상해, 학대 및 고문
   나. 인질로 잡는 일
   다. 인간의 존엄성에 대한 침해, 특히 모욕적이고 치욕적인 대우
   라. 문명국인이 불가결 하다고 인정하는 모든 법적 보장을 부여하는 정상적으로 구성된 법원의 사전 재판에 의하지 아니하는 판결의 언도 및 형의 집행.
2. 부상자 및 병자는 수용하여 간호하여야 한다. 국제 적십자 위원회와 같은 공정한 인도적 단체는 그 용역을 충돌 당사국에 제공할 수 있다. 충돌 당사국은 특별한 협정에 의하여, 본 협약의 다른 규정의 전부 또는 일부를 실시하도록 더욱 노력하여야 한다. 전기의 규정의 적용은 충돌 당사국의 법적 지위에 영향을 미치지 아니한다.

제4조 1. 본 협약에서 포로라 함은 다음 부류의 하나에 속하는 자로서 적의 수중에 들어간 자를 말한다.
   가. 충돌 당사국의 군대의 구성원 및 그러한 군대의 일부를 구성하는 민병대 또는 의용대의 구성원.
   나. 충돌 당사국에 속하며 그들 자신의 영토(동 영토가 점령되고 있는지의 여부를 불문한다.) 내외에서 활동하는 기타의 민병대의 구성원 및 기타의 의용대의 구성원(이에는 조직인 저항운동의 구성원을 포함한다.). 단, 그러한 조직적 저항운동을 포함하는 그러한 민병대 또는 의용대는 다음의 조건을 충족시켜야 한다.
      (1) 그 부하에 대하여 책임을 지는 자에 의하여 지휘될 것.
      (2) 멀리서 인식할 수 있는 고정된 식별표지를 가질 것.
      (3) 공공연하게 무기를 휴대할 것.
      (4) 전쟁에 관한 법규 및 관행에 따라 그들의 작전을 행할 것.
   다. 억류국이 승인하지 아니하는 정부 또는 당국에 충성을 서약한 정규 군대의 구성원.
   라. 실제로 군대의 구성원은 아니나 군대에 수행하는 자. 즉, 군용기의 민간인, 승무원, 종군기자, 납품업자, 노무대원, 또는 군대의 복지를 담당하는 부대의 구성원. 단, 이들은 이들이 수행하는 군대로부터 인가를 받고 있는 경우에 한하며, 이를 위하여 당해 군대는 이들에게 부속서의 양식과 유사한 신분 증명서를 발급하여야 한다.
   마. 선장, 수로 안내인 및 견습선원을 포함하는 충돌 당사국의 상선의 승무원 및 민간 항공기의 승무원으로서, 국제법의 다른 어떠한 규정에 의하여서도 더 유리한 대우의 혜택을 향유하지 아니하는 자
   바. 점령되어 있지 아니하는 영토의 주민으로서, 적이 접근하여 올 때, 정규군 부대에 편입될 시간이 없이, 침입하는 군대에 대항하기 위하여 자발적으로 무기를 든 자.
   단, 이들이 공공연하게 무기를 휴대하고 또한 전쟁 법규 및 관행을 존중하는 경우에 한한다.
2. 다음의 자들도 또한 본 협약에 의하여 포로로 대우되어야 한다. 가. 피 점령국의 군대에 소속하는 또는 소속하고 있던 자로서, 특히 그러한 자가 그들이 소속하는 교전중에 있는 군대에 복귀하려다가 실패한 경우, 또는 억류의 목적으로 행하여진 소환에 불응한 경우에, 전기의 소속을 이유로 하여 점령국이 그들을 억류함을 필요하다고 인정하는 자. 단, 동 점령국이 본래 그가 점령하는 영토외에서 적대 행위가 행하여 지고 있는 동안에 그들을 해방하였다 하드라도 이를 불문한다. 나. 본조에 열거한 부류의 하나에 속하는 자로서, 중립국 또는 비 교전국이 자국의 영토내에 접수하고 있고, 또한 그러한 국가가 국제법에 의하여 억류함을 요하는 자. 단, 이들 국가가 부여하기를 원하는 더욱 유리한 대우를 행하지 못하며, 또한 제8조, 제10조, 제15조, 제30조제5항, 제58조 내지 제67조, 제92조 및 제126조와 충돌 당사

국과 관계중립국 또는 비 교전국과의 사이에 외교관계가 존재하는 때에는, 이익보호국에 관한 조항은 예외로 한다. 전기의 외교관계가 존재하는 경우에는, 이들이 속하는 충돌 당사국은 이들에 대하여 본 협약에서 규정하는 이익 보호국의 임무를 행함이 허용된다. 단, 이들 충돌 당사국이 외교상 및 영사 업무상의 관행 및 조약에 따라 통상 행하는 임무를 행하지 않는다. 3. 본 조는 본 협약의 제33조에 규정하는 의무직 및 군목의 지위에 하등의 영향도 미치지 아니 한다.

제5조 본 협약은 제4조에 말한 자에 대하여 이들이 적의 권력내에 들어간 때부터 그들의 최종적인 석방과 송환 때까지 적용된다. 교전 행위를 행하여 적의 수중에 빠진 자가 제4조에 열거한 부류의 1에 속하는 가의 여부에 대하여 의문이 생길 경우에는, 그러한 자들은 그들의 신분이 관할 재판소에 의하여 결정될 때까지 본 협약의 보호를 향유한다.

제6조 체약국은 제10조, 제23조, 제28조, 제33조, 제60조, 제65조, 제66조, 제67조, 제72조, 제73조, 제75조, 제109조, 제110조, 제118조, 제119조, 제122조 및 제132조에 특별히 규정된 협정외에 그에 관하여 별도의 규정을 두는 것이 적당하다고 인정하는 모든 사항에 관하여 다른 특별협정을 체결할 수 있다. 어떠한 특별 협정도 본 협약에서 정하는 포로의 지위에 불리한 영향을 미치거나 또는 본 협약이 포로에게 부여하는 권리를 제한 하여서는 아니된다. 포로는 본 협약이 그들에게 적용되는 동안 전기의 협정의 이익을 계속 향유한다. 단, 전기의 협정 또는 추후의 협정에 반대되는 명문의 규정이 있는 경우, 또는 충돌 당사국의 일방 또는 타방이 포로에 대하여 더 유리한 조치를 취한 경우는 예외로 한다.

제7조 포로는 어떠한 경우에도 본 협약 및 전조에서 말한 특별 협정(그러한 협정이 존재할 경우)에 의하여 그들에게 보장된 권리의 일부 또는 전부를 포기할 수 없다.

제8조 본 협약은 충돌 당사국의 이익의 보호를 그 임무로 하는 이익 보호국의 협력에 의하여 또한 그 보호하에 적용된다. 이 목적을 위하여 이익 보호국은 자국 외교관 또는 영사를 제외한, 자국민이나 다른 중립국 국민중에서 대표단을 임명할 수 있다. 전기의 대표는 그들의 임무를 수행할 국가의 승인을 받아야 한다. 충돌 당사국은 이익 보호국의 대표 또는 사절단의 활동에 있어서 가능한 최대한의 편의를 도모하여야 한다. 이익 보호국의 대표 또는 사절단은, 어떠한 경우에도, 본 협약에 의한 그들의 임무를 초월하여서는 아니된다. 그들은, 특히 그들이 임무를 수행하는 국가의 안전상 절대적으로 필요한 사항을 참작하여야 한다.

제9조 본 협약의 제 규정은, 국제적십자위원회 또는 기타의 공평한 인도적인 단체가 관계충돌당사국의 동의를 얻어 포로의 보호 및 그들의 구제를 위하여 행하는 인도적인 활동을 방해하지 아니한다.

제10조 체약국은 공정 및 효율을 전적으로 보장하는 단체에 본 협약에 따라 이익 보호국이 부담하는 임무를 언제든지 위임할 것에 동의할 수 있다. 포로가 이유의 여

하를 불문하고 이익 보호국 또는 전항에 규정한 단체의 활동에 의한 혜택을 받지 아니하거나 또는 혜택을 받지아니하게 되는 때에는, 억류국은 충돌 당사국이 지정하는 이익 보호국이 본 협약에 따라 행하는 임무를 중립국 또는 전기의 단체에 인수하도록 요청하여야 한다. 보호가 제대로 마련되지 못할 때에는, 억류국은 이익 보호국이 본 협약에 의하여 행하는 인도적 업무를 인수하도록 국제 적십자 위원회와 같은 인도적 단체의 용역의 제공을, 본조의 규정에 따를 것을 조건으로 요청하고 또는 수락하여야 한다. 어떠한 중립국이거나 또는 여사한 목적을 위하여 관계국의 요청을 받았든 또는 자원하는 어떠한 단체라도, 본 협약에 의하여 보호되는 자가 의존하는 충돌 당사국에 대하여 책임감을 가지고 행동함을 요하며, 또한 그가 적절한 업무를 인수하여 공평하게 이를 수행할 입장에 있다는 충분한 보장을 제공하여야 한다. 군사상의 사건으로, 특히 그 영토의 전부 또는 상당한 부문이 점령되므로 인하여 그 일국이 일시적이나마 타방국 또는 그 동맹국과 교섭할 자유를 제한당하는 경우 여러 국가간의 특별 협정으로써 전기의 규정을 침해할 수 없다. 본 협약에서 이익 보호국이 언급될 때에는 그러한 언급은 언제든지 본 조에서 의미하는 대용 단체에도 적용된다.

제11조 이익 보호국이 보호를 받는 자를 위하여 적당하다고 인정할 경우, 특히 본 협약의 규정의 적용 또는 해석에 관하여 충돌 당사국간에 분쟁이 있을 경우에는, 이익 보호국은 그 분쟁을 해결하기 위하여 주선을 행하여야 한다. 이를 위하여 각 이익 보호국은, 일 당사국의 요청에 따라 또는 자진하여 충돌 당사국에 대하여 그들의 대표나 특히 포로에 대하여 책임을 지는 관계당국의 회합을 가능하면 적절히 선정된 중립지역에서 열도록 제의할 수 있다. 충돌 당사국은 이 목적을 위하여 그들에게 행하여지는 제의를 실행할 의무를 진다. 이익 보호국은, 필요할 경우에는 충돌 당사국의 승인을 얻기 위하여 중립국에 속하는 자 또는 국제 적십자 위원회의 위임을 받는자를 추천할 수 있으며, 이러한 자는 전기의 회합에 참가하도록 초청되어야 한다.

제2편 포로의 일반적 보호

제12조 포로는 적국의 권력내에 있는 것이지, 그들을 체포한 개인이나 군 부대의 권력내에 있는 것이 아니다. 억류국은 있을 수 있는 개인적 책임에 관계없이 포로에게 부여하는 대우에 관하여 책임을 진다. 억류국은 이송을 받는 국가가 본 협약을 적용할 의사와 능력이 있음을 확인한후 본 협약 당사국에 한하여 포로를 이송할 수 있다. 억류국에 의하여 포로가 전기와 같은 사정하에 이송될 때에는, 본 협약의 적용에 대한 책임은, 포로가 자국내에 억류되고 있는 동안 포로를 접수한 국가에 있다. 동 국가가 어떤 중요한 점에 관하여 본 협약의 규정을 실시하지 않을 경우, 포로를 이송한 국가는, 이익 보호국의 통고가 있을 시 동 사태를 시정하기 위한 유효한 조치를 취하거나 또는 포로의 반환을 요청하여야 한다. 이러한 요청은 반드시

응낙되어야 한다.

제13조 포로는 항상 인도적으로 대우되어야 한다. 그 억류하에 있는 포로를 사망케 하거나 그 건강에 중대한 위해를 가하는 여하한 억류국의 불법한 작위 또는 부작위도 금지 되어야 하며, 이는 또한 본 협약의 중대한 위반으로 간주된다. 특히, 포로에 대하여, 신체의 절단 또는 의료, 칫과 또는 임상치료상 정당하다고 인정될 수 없고 또한 그 이익에 배치되는 모든 종류의 의료 또는 과학적 실험을 행하지 못한다. 또한 포로는 특히 폭행, 협박, 모욕 및 대중의 호기심으로 부터 항상 보호되어야 한다. 포로에 대한 보복조치는 이를 금지한다.

제14조 포로는 모든 경우에 있어서 그들의 신체와 명예를 존중받을 권리를 가진다. 여자는 여성이 당연히 받아야 할 모든 고려로서 대우되며, 또한 여하한 경우에도 남자와 동등하게 대우되어야 한다. 포로는 그들이 포로가 될 때에 향유하던 완전한 사법상의 행위 능력을 보유한다. 억류국은, 포로라는 신분때문에 불가피한 경우를 제외하고는 자국의 영토내외에서, 그들의 행위 능력이 부여하는 권리의 행사를 제한하여서는 아니된다.

제15조 포로를 억류하는 국가는 무상으로 포로에 대한 급양을 제공하고 또한 그들의 건강상태상 필요한 의료를 제공하여야 한다.

제16조 억류국은 계급 및 성별에 관한 본 협약의 규정을 고려하고, 또한 그들의 건강 상태, 연령 또는 전문능력을 이유로 그들에게 부여할 수 있는 특전적인 대우를 허여 하면서 인종, 국적, 종교적 신앙이나 정치적 의견에 근거를 둔 불리한 차별 또는 유사한 기준에 근거를 둔 기타의 모든 차별없이, 모든 포로를 균등하게 대우하여야 한다.

제3편 포로의 신분
제1부 포로 신분의 개시

제17조 모든 포로는 당해 문제에 관하여 심문을 받을 때에는, 그 성명, 계급, 출생 년월일 및 소속군번호, 연대번호, 군번을 진술하여야 하며, 또는 이것이 없는 경우에는 이에 상당한 사항을 진술하여야 한다. 포로가 고의로 이 규칙을 위반할 경우에는, 그는 그의 계급 또는 지위에 해당하는 특전을 제한 받을 수 있다. 각 충돌 당사국은, 동국 관할하에 있는 자로서 포로가 되어야 할 모든 자에게 소지자의 성명, 계급, 소속군번호, 연대번호, 군번 또는 이에 상당한 사항 및 출생년월일을 표시한 신분증명서를 발급하여야 한다. 더우기 신분 증명서에는 소지자의 성명이나 지문, 또는 양자를 기재할 수 있으며, 또한 충돌당사국이 그 군대에 소속하는 자에 관하여 부가하기를 원하는 기타의 사항도 기재할 수 있다. 증명서는 가능한한 6.5×10㎝의 크기로 하며, 정,부 2통을 발급한다. 신분증명서는 요구가 있을 때 포로에 의하여 제시되어야 하며, 그러나 여하한 경우에도 포로로 부터 탈취되어서

는 아니된다. 종류의 여하를 불문하고 정보를 그들로 부터 입수하기 위해, 포로에 대하여 육체적 또는 정신적 고문이나 기타 모든 형태의 강제를 가하지 못한다. 답변을 거부하는 포로에 대하여 협박이나 모욕을 가하거나 또는 모든 형태의 불쾌하거나 불리한 대우를 주지 못한다. 그들의 신체적 또는 정신적 상태로 인하여 그들의 신분을 진술할 수 없는 포로는 의무대에 인도되어야 한다. 그러한 포로의 신분은 전항의 규정에 따라 모든 가능한 방법으로 확정되어야 한다. 포로에 대한 심문은 그들이 이해하는 언어로 실시하여야 한다.

제18조 무기, 마필, 군장비 및 군 문서를 제외한 모든 개인 용품은 포로가 계속하여 소지하며, 철모와 방독면 및 인체의 보호를 위하여 교부된 유사한 물품도 또한 동일하다. 포로의 의식을 위하여 사용되는 물품도, 비록 그들 정규의 군장비에 속하는 것이라고 하더라도, 그들이 계속하여 소지한다. 포로는 항상 신분증명서를 휴대하여야 한다. 억류국은 그러한 증명서를 소지하고 있지 않은 포로에게 그러한 증명서를 발급하여야 한다. 계급장 및 국적표시, 훈장 및 특히 개인적인 또는 정서적 가치를 가지는 물품을 포로로부터 탈취하지 못한다. 포로가 소지하는 금전은, 장교의 명령에 의하지 않고는, 또는 금액과 소지자에 관한 상세가 특별 장부에 기록되고 영수증 발행자의 성명, 계급 및 부대를 읽을 수 있도록 기재한 항목별 영수증이 발급된 후가 아니고는, 그들로부터 탈취하지 못한다. 억류국의 통화로 되어 있거나 또는 포로의 요청으로 그러한 통화로 교환된 금전은 제64조에 규정한 바에 따라 동 포로들의 구좌에 입금하여야 한다. 억류국은 안전을 이유로 하는 경우에 한하여 포로로부터 귀중품을 회수할 수 있다. 그러한 물품을 회수할 때에는 금전을 압수할 경우와 동일한 절차를 적용하여야 한다. 그러한 물품은, 억류국 이외의 통화로 압수되고 또한 그 교환이 소유자에 의하여 요청되지 않은 금전과 함께 억류국이 이를 보관하여야 하며 그들의 포로 신분이 종료될때에 원상대로 포로에게 반환하여야 한다.

제19조 포로는 포로가 된 후 가능한 한 신속히, 그들에게 위험이 없을 정도로 전투지역으로부터 충분히 떨어진 지역에 소재하는 수용소에 후송되어야 한다. 부상 또는 질병으로 인하여, 후송됨으로써 현재의 그들의 소재지에 머물어 있느니보다 더 큰 위험에 부딪치게 될 포로에 한하여 일시적으로 위험지대에 체류시킬 수 있다. 포로는 전두 지대로부터 후송을 기다리는 동안 불필요하게 위험에 노출되어서는 아니된다.

제20조 포로의 후송은 항상 인도적으로, 또한 억류국 군대가 이동할 경우와 동일한 조건으로, 실행하여져야 한다. 억류국은 후송되고 있는 포로에게 충분한 식량과 음료수 및 필요한 의복과 의료를 공급하여야 한다. 억류국은 후송중의 그들의 안전을 보장하기 위하여 적당한 모든 예비조치를 취하여, 또한 후송되는 포로의 명부를 가능한한 조속히 작성하여야 한다. 포로가 후송중에 임시 수용소를 통과하여야 할 경우에는, 그러한 수용소에서의 체재는 가급적 단축되어야 한다.

제2부 포로의 억류
제1장 총 칙

제21조 억류국은 포로를 억류할 수 있다. 억류국은 그들이 억류되어 있는 수용소를 일정한 한계를 넘어 떠나지 않도록 하는 의무를, 또는 위에 말한 수용소가 울타리로 둘러싸인 경우에는 그 주위밖으로 나가지 않도록 하는 의무를 포로들에게 과할 수 있다. 형벌 및 징계벌에 관한 본 협약의 규정에 따라 포로는 엄중하게 감금되어서는 아니된다. 단, 그들의 건강을 보호하기 위하여 필요한 경우와, 또한 그러한 감금을 필요로 하는 사정이 계속되는 동안은 예외로 한다. 포로는, 그들이 의존하는 국가의 법률에 의하여 허용되는 한, 선서 또는 약속에 의하여 불완전 또는 완전 석방을 받을 수 있다. 그러한 조치는 특히 그들의 건강상태의 증진에 이바지하게될 경우에 취하여져야 한다. 포로는 선서 또는 약속에 의하여 자유를 수락하도록 강제되어서는 아니된다. 전쟁이 개시되면, 각 충돌 당사국은 그 국민이 선서나 약속에 의한 자유의 수락을 허용하거나 또는 금지하는 자국 법령을 상대국에 통고하여야 한다. 그렇게 통고된 법령에 따라 선서 또는 약속 석방된 포로는 그들의 개인적인 명예를 걸어 그들이 의존하는 국가와 그들을 포로로 한 국가에 대하여 그들의 선서 또는 약속 사항을 양심적으로 수행할 의무를 진다. 그러한 경우에 그들의 의존하는 국가는 행하여진 선서 또는 약속에 배치되는 용역을 그들에게 요구하거나 수락하지 아니할 의무를 진다.

제22조 포로는 육지에 소재하며 또한 위생상 및 보건상의 모든 보장을 주는 건물에 한하여 억류될 수 있다. 포로들 자신의 이익이 된다고 인정되는 특별한 경우를 제외하고는 포로들을 형무소에 억류하지 못한다. 비 위생적인 지역에, 또는 기후가 그들에게 해로운 지역에 억류되어 있는 포로는 가능한 한 조속히 더 호적한 기후로 이전하여야 한다. 억류국은 포로를 그들의 국적과 언어 및 관습에 따라 수용소 건물에 집결시켜야 한다. 단, 그러한 포로는, 그들의 동의가 없는 한, 그들이 포로로 되었을 때 그들이 복무하던 군대에 소속한 포로로 부터 격리시키지 못한다.

제23조 포로는 어떠한 때에도 전투 지대의 포화에 노출될 우려가 있는 지역에 보내거나 또는 억류하지 못하며, 또한 그의 존재를 일정한 지점이나 지역을 군사작전으로부터 면제되도록 이용하지 못한다. 포로는 지방의 민간인 주민과 동일한 정도로 공중 폭격과 기타의 전쟁의 위험에 대한 대피소를 가져야 한다. 그들의 숙사를 위에 말한 위험으로 부터 보호하는 임무에 종사하는 자들을 제외하고 포로들은 경보발령과 동시에 조속히 그러한 대피소에 대피할 수 있다. 주민을 위하여 취한 기타의 보호조치도 그들에게 적용된다. 억류국들은, 이익 보호국의 중계를 통하여, 포로 수용소의 지리적 위치에 관한 모든 유용한 정보를 관계국에게 제공하여야 한다. 포로 수용소는 군사상 고려로서 허용되는 경우에는 언제든지, 주간에 공중으로 부터 명료하게 식별할 수 있는 위치에 PW 또는 PG라는 문자로서 표시되어야 한다. 단,

관계국가는 다른 표지 방법에 대하여 합의할 수도 있다. 포로수용소 이외에는 위와 같이 표시하지 못한다.

제24조 반 영구적인 임시 수용소나 심사 수용소는 본부에 기술한 바와 유사한 조건하에 설비되어야 하며, 또한 동 수용소내의 포로는 다른 수용소내에서와 동일한 대우를 받는다.

제2장 포로의 숙사, 식량 및 피복

제25조 포로는 동일한 지역에 숙영하는 억류국의 군대와 동일하게 유리한 조건으로 영사에 수용되어야 한다. 위에 말한 조건은 포로의 습관 및 풍속을 참작한 것이어야 하며 또한 어떠한 경우에 있어서도 그들의 건강에 해롭지 아니하여야 한다. 앞의 규정은 총 면적 및 최저한의 공간 및 일반적 설비, 침구 및 모포에 관하여 특히 포로의 침실에 대하여 적용된다. 포로의 개인적 또는 집단적 사용을 위하여 제공되는 건물은 습기가 완전히 방지 되고 또한 충분히 난방이 되며, 특히 일몰부터 소등시까지 점등되어야 한다. 화재의 위험에 대하여 만전의 예방조치가 취하여 져야 한다. 남자 포로 뿐만 아니라 여자 포로도 수용되어 있는 수용소에 있어서는, 그들에 대하여 분리된 침실을 제공하여야 한다.

제26조 매일의 기본 급식은 양, 질 및 종류에 있어서, 포로로 하여금 양호한 건강상태를 유지할 수 있도록 하고 또한 체중의 감소 또는 영양 실조의 발생을 방지하는데 충분하여야 한다. 포로의 습관적 식품도 참작하여야 한다. 억류국은 노동하는 포로에게, 그들이 취업하고 있는 노동에 필요한 추가의 급식을 제공하여야 한다. 포로에 대하여는 충분한 음료수를 공급하여야 하며 흡연을 허가하여야 한다. 포로는 가능한 한 그들 식사의 조리에 관여시켜야 하며, 이를 위하여 포로를 취사장에서 사용할 수 있다. 또한 포로에 대하여는 그들이 소지하는 다른 식량을 스스로 조리하는 수단을 제공하여야 한다. 적절한 건물을 식당으로 제공하여야 한다. 식량에 영향을 미치는 집단적인 징벌은 금지 한다.

제27조 억류국은, 포로가 억류되어 있는 지역의 기후를 고려하여 피복, 내의 및 신발을 충분히 공급하여야 한다. 기후에 적합한 경우에는 억류국이 포획한 적군의 제복을 포로의 피복으로 제공하여야 한다. 억류국은 전기물품의 정기적인 교환 및 수선을 보장하여야 한다. 또한 노동하는 포로는 노동의 성질상 필요한 때에는 언제든지 적절한 피복을 공급받아야 한다.

제28조 모든 수용소에는, 포로가 식량, 비누, 담배 및 일상 사용하는 보통의 물품을 구매할 수 있는 주보가 설치되어야 한다. 가격은 지방의 시장 가격을 초과하지 못한다. 수용소의 주보에서 얻은 이익금은 포로를 위하여 사용하여야 한다. 이를 위하여 특별 기금을 설정 하여야 한다. 포로의 대표는 주보 및 이 기금의 운영에 협력

할 권리를 가진다. 수용소가 폐쇄될 때에는 특별기금의 잔액은, 그 기금에 기여한 자들과 동일한 국적의 포로들을 위하여 사용되도록, 국제 복지 기구에 인도하여야 한다. 전반적 송환의 경우에는 그러한 이익금은 관계국가간에 반대되는 협정이 없는한 억류국에 의하여 보관된다.

제3장 위생 및 의료

제29조 억류국은 수용소의 청결 및 위생의 확보와 전염병의 방지를 위하여 필요한 모든 위생상의 조치를 취하여야 한다. 포로에게는 그들이 주야로 사용하기 위한 것으로서 위생상 규칙에 합치되고 항상 청결한 상태로 유지되는 변소가 있어야 한다. 여자포로가 수용되어 있는 수용소에 있어서는 그들을 위하여 분리된 변소를 설비하여야 한다. 또한 수용소에 설비되어야 할 목욕탕 및 샤워외에, 포로에게는 세면과 개인적 세탁을 위한 충분한 물과 비누를 공급하여야 한다. 이를 위하여 포로에게는 필요한 설비, 시설 및 시간이 허용되어야 한다.

제30조 각 수용소에는 포로들이 필요한 치료와 적당한 식사 요양을 제공받을 수 있는 적절한 변동이 있어야 한다. 필요한 경우에는 전염병 또는 정신병 환자를 위하여 격리 병동이 마련되어야 한다. 중병에 걸린, 또는 그 상태가 특별한 치료, 외과수술 또는 입원 치료를 필요로 하는 포로들은, 그들의 송환이 가까운 장래에 예정되어 있는 경우라 하더라도 그러한 치료를 행할 수 있는 어떠한 군 또는 민간 의료 기관에라도 수용되어야 한다. 신체 장해자, 특히 맹인에게 부여될 치료를 위하여 및 그들의 갱생을 위하여 송환시까지 특별한 편의를 제공하여야 한다. 포로는 가급적 그들이 의존하는 국가의 또한 가능하면 그들의 국적을 가진 의료 요원의 치료를 받아야 한다. 포로는 진찰을 받기 위하여 의료당국에 출두함을 방지되어서는 아니된다. 억류 당국은, 요청이 있을 때에는, 치료를 받는 모든 포로에 대하여, 그들의 병 또는 부상의 성격과 치료받는 기간 및 종류를 표시하는 정식 증명서를 발급하여야 한다. 이 증명서의 사본 1통은 중앙 포로기구에 송부한다. 포로를 양호한 건강상태로 유지하기 위하여 필요한 기구, 특히 의치 및 기타의 보신용 장구 및 안경의 비용을 포함하는 의료비용은 억류국이 부담하여야 한다.

제31조 포로의 신체검사는 적어도 월1회 행하여야 한다. 그 검사에서는 각 포로의 체중을 측정하고 기록하여야 한다. 그 검사는 특히 포로의 건강, 영양 및 청결상태의 일반적 상태를 관리하고 또한 전염병, 특히 결핵, 말라리아 및 성병을 검출함을 목적으로 하여야 한다. 이를 위하여 결핵의 조기 검출을 위하여 집단적인 소형 방사선 사진의 정기적 촬영등 이용 가능하고 가장 유효한 방법을 사용하여야 한다.

제32조 억류국은 그들 군대의 의무대에 배속되지 아니한 자로서 의사, 치과의사, 간호부 또는 간호원인 포로에 대하여 동일한 국가에 소속하는 포로를 위하여 그들의 의료상의 업무를 행하도록 명령할 수 있다. 이 경우에 그들의 포로신분은 계속되지

만, 억류국에 의하여 억류된 대등한 의무요원과 동일한 대우를 받는다. 그들은 제49조에 의거한 다른 어떠한 노동으로 부터도 면제된다.

제4장 포로를 원조하기 위하여 억류된 의무 요원 및 종교요원

제33조 의무 요원 및 종교요원은 억류국이 포로를 원조하기 위하여 억류하는 동안, 포로로 간주되지 아니한다. 단, 그들은 적어도 본 협약의 혜택 및 보호를 받으며 또한 포로에 대하여 의료상의 간호 및 종교상의 봉사를 제공하기 위하여 필요한 모든 편의를 제공받아야 한다. 그들은, 억류국의 군법의 범위내에서 억류국의 권한 있는 기관의 관리하에 그들의 직업적 양심에 따라, 포로들 특히 자기가 소속하는 군대에 예속하는 포로들의 이익을 위하여 그들의 의료 및 종교에 관한 임무를 계속하여 수행하여야 한다. 그들은 또한 그들의 의료 또는 종교상의 임무를 수행하는데 있어 다음의 편의를 향유한다.

가. 그들은 수용소 밖에 있는 작업반 또는 병원에 있는 포로들을 정기적으로 방문함이 허가된다. 이를 위해서 억류국은 필요한 수송수단을 그들이 자유롭게 사용하도록 제공한다.

나. 각 수용소의 선임 군의관은 억류되어 있는 의무 요원의 활동에 관련하는 모든 사항에 관하여 수용소의 군 당국에 책임을 진다. 이를 위하여 충돌 당사국은 전쟁의 개시와 함께 육전에 있어서의 군대의 부상자 및 병자의 상태개선에 관한 1949년 8월 12일 제네바협약 제26조에 말한 단체의 의무 요원을 포함하는 전 의무 요원의 상당한 계급에 관하여 합의하여야 한다. 이 선임 군의관 및 군종은 그들의 임무에 관한 모든 문제에 대하여 수용소의 권한 있는 당국과 교섭할 권리를 가진다. 그러한 당국은 이들 문제에 관한 통신을 위하여 모든 필요한 편의를 그들에게 제공하여야 한다.

다. 그러한 요원은 그들이 억류되어 있는 수용소의 내부규율에 따라야 하나, 그들의 의무상 또는 종교상의 임무에 관계가 있는 것이외의 작업을 수행하도록 강제당하지 아니한다. 충돌 당사국들은, 전쟁중 억류된 요원의 가능한 교체에 관하여 합의하고 또한 따라야 할 절차를 정하여야 한다. 전기의 규정은 포로에 관한 의무 또는 종교상의 분야에서 억류국에 부과되는 의무를 면제하지 아니한다.

제5장 종교적, 지적 및 육체적 활동

제34조 포로는, 군 당국이 정하는 일상의 규율에 따를 것을 조건으로 하여, 그들 신앙의 종교의식에 참석하는 것을 포함하는 그들의 종교상 의무의 이행에 있어서 완전한 자유를 가진다. 종교적 의식을 거행할 수 있는 적당한 건물이 제공되어야 한다.

제35조 적국의 수중에 들어가거나 포로를 원조하기 위하여 머물러 있거나 억류되고

있는 목사는 그의 종교적 양심에 따라 포로에 대하여 종교상의 임무를 행하고 또한 같은 종교에 속하는 포로에 대하여 자유로이 자기의 성직을 행함을 허용하여야 한다. 이들 요원은 같은 군대에 속하고 같은 언어를 사용하며 또는 같은 종교에 속하는 포로가 있는 각종의 수용소 및 작업반에 배속되어야 한다. 이들 요원은 그들의 수용소 밖에 있는 포로를 방문하기 위하여 제33조에 규정하는 수송 수단을 포함하는 필요한 편의를 향유한다. 이들 요원은 검열을 받을 것을 조건으로 그들의 종교상의 임무에 관한 사항에 대하여 억류국의 종교기관 및 국제적 종교단체와 통신할 자유를 가진다. 그들이 이 목적으로 발송하는 서한 및 엽서는 제71조에 규정하는 할당량과는 별도로 한다.

제36조 성직자인 포로로서 그의 소속 부대의 군종이 아닌 자는 종파의 여하를 불문하고, 동일한 종파에 속하는 자에 대하여 자유로이 군종의 직무를 행할 자유를 가진다. 이를 위하여 그들은 억류국이 억류하는 종교요원들과 동일한 대우를 받아야 한다. 그들은 다른 어떠한 노동도 강요당하지 아니한다.

제37조 포로들이 억류된 목사나 그들 종파에 속하는 포로인 성직자의 원조를 받지 못할 경우에는 그 포로들의 종파이거나 또는 그러한 성직자가 없을 때에는 종교적 견지에서 가능하다면, 자격 있는 평신도는, 관계 포로들의 요청에 따라, 이 자리를 메우기 위하여 임명되어야 한다. 이 임명은 억류국의 승인을 조건으로 하고 관계포로들 및 필요한 때에는 동일한 종교의 현지 종교기관의 동의를 얻어서 행하여야 한다. 이와같이 하여 임명된 자는 억류국이 기율 및 군사상의 안전을 위하여 확립한 모든 규칙에 복종하여야 한다.

제38조 억류국은 모든 포로의 개인적 취미를 존중하여 포로들의 지적, 교육적 및 오락적 활동과 운동경기를 장려하며 또한 포로들에게 적당한 장소 및 필요한 설비를 제공하여 포로들이 이것을 활용하도록 필요한 조치를 취하여야 한다. 포로들은 운동 경기를 포함하는 신체 운동을 행할 기회와 또한 문밖에 나갈 기회를 가져야 한다. 이를 위하여, 모든 수용소에 충분한 공지를 제공하여야 한다.

제6장 규 율

제39조 모든 포로 수용소는, 억류국의 정규군대에 속하는 책임있는 장교의 직접지휘 하에 두어야 한다. 그러한 장교는, 본 협약의 사본을 소지하고 수용소 직원 및 경비원이 본 협약의 규정을 확실히 알고 있도록 하며 또한 그의 정부의 지시하에 본 협약의 적용에 대하여 책임을 져야 한다. 장교를 제외한 포로들은 억류국의 모든 장교들에 대하여 경례하고 또한 자국군에 적용되는 규칙이 정하는 경의의 외부적 표시를 나타내어야 한다. 장교 포로는 억류국의 상급 장교에 대하여만 경례를 하여야 한다. 단, 그들은 수용소장에 대하여는 그의 계급에 관계없이 경례를 하여야 한다.

제40조 계급장 및 국적 표지 및 훈장의 착용은 허가하여야 한다.

제41조 모든 수용소에는 본 협약 및 그 부속서의 본문과 제6조에 규정하는 모든 특별 협정의 내용을 포로가 사용하는 언어로써 모든 포로가 읽을 수 있는 장소에 게시하여야 한다. 게시를 볼 기회가 없는 포로에 대하여는 그의 청구에 응하여 게시문의 사본을 교부하여야 한다. 포로의 행동에 관한 각종 규칙, 명령, 통고 및 공시는 포로가 이해하는 언어로써 전하여야 한다. 이들 규칙, 명령, 통고 및 고시는 전항에 정하는 방법으로 게시하여야 하고 그 사본은 포로 대표에게 배부하여야 한다. 포로에 대하여 개인적으로 발하는 명령 및 지령도 당해 포로가 이해하는 언어로 하여야 한다.

제42조 포로, 특히 도주하고 있는 또는 도주하려하는 포로에 대한 무기의 사용은 극단적인 조치가 되는 것으로서 이에 앞서 당해 사정에 적합한 경고를 반드시 행하여야 한다.

제7장 포로의 계급

제43조 충돌 당사국은, 적대 행위가 개시될 때에 같은 계급에 속하는 포로들 대우의 평등을 보장하기 위하여, 본 협약 제4조에 말한 모든 자의 직위와 계급을 상호 통지하여야 한다. 그후에 설정된 직위 및 계급도 동일하게 통지하여야 한다. 억류국은 포로가 속하는 국가에 의하여 정식으로 통고된 포로의 계급의 승진을 승인 하여야 한다.

제44조 장교인 포로 및 장교에 상당하는 지위의 포로는 그의 계급 및 연령에 적당한 고려를 하고 대우하여야 한다. 장교 수용소에 있어서의 잡역을 확보하기 위하여 동일 군대의 사병으로서 가급적 동일한 언어를 말하는 자를 장교인 포로 및 장교에 상당하는 지위의 포로의 계급을 고려하여 충분한 인원만큼 동수용소에 파견하여야 한다. 이들 사병에 대하여는 다른 어떤 노동도 요구하여서는 아니된다. 장교 자신에 의한 식사의 관리에 대하여는 모든 방법으로 편의를 제공하여야 한다.

제45조 장교인 포로 및 장교에 상당하는 지위의 포로 이외의 포로는 그의 계급 및 연령에 적당한 고려를 하고 대우하여야 한다. 이들 포로 자신에 의한 식사의 관리에 대하여는 모든 방법으로 편의를 제공하여야 한다.

제8장 수용소에 도착한 후의 포로의 이동

제46조 억류국은 포로의 이동을 결정함에 있어서는 포로 자신의 이익을 고려하여야 하고 특히 포로의 송환을 일층 곤란하게 하지 않도록 하여야 한다. 포로의 이동은 항상 인도적으로 또한 억류국의 군대의 이동의 조건 보다도 불리하지 않은 조건으로 하여야 한다. 포로의 이동에 관하여는 항상 포로가 몸에 익은 기후상태를 고려하여야 하며, 이동의 조건은 여하한 경우에도 포로의 건강을 해하는 것이어서는 아

니된다. 억류국은 이동중의 포로에 대하여 그 건강을 유지하기 위한 충분한 식량 및 음료수와 필요한 피복, 숙사 및 의료상의 조력을 제공하여야 한다. 억류국은 특히 해상 또는 공중 수송의 경우에 있어서는 이동중의 포로의 안전을 확보하도록 적당한 예방조치를 취하여야 한다. 억류국은 이동되는 포로의 완전한 명부를 출발전에 작성하여야 한다.

제47조 부상자 또는 병자인 포로는 이동에 의하여 그들의 완쾌가 방해될 염려가 있는 동안은 이동하여서는 아니된다. 단, 이들의 안전을 위하여 절대로 이동을 필요로 하는 경우에는 그러하지 아니하다. 전선이 수용소에 접근한 경우에는 그 수용소의 포로는 충분히 안전한 조건으로 이동할 수 있을 때 또는 포로를 현지에 남겨두면 이동할 경우보다 더 큰 위험에 노정하게 될 때를 제외하고는 이동하여서는 아니된다.

제48조 이동의 경우에는 포로에 대하여 그의 출발 사실 및 새로운 우편용 주소를 정식으로 통지하여야 한다. 이 통지는 포로가 충분히 그의 소지품을 준비하고 또한 그의 가족에 통보할 수 있도록 시간적 여유를 주어야 한다. 포로에 대하여는 그의 개인 용품 및 그들에게 온 통신물과 소포를 휴대함을 허가하여야 한다. 이들 물품의 중량은 이동의 조건에 의하여 필요한 때에는 각 포로가 운반할 수 있는 적당한 중량으로 제한할 수 있다. 그 중량은 여하한 경우에도 포로 1인당 25킬로그램을 초과하지 못한다. 구 수용소로 보내온 통신물 및 소포는 지체없이 포로에게 전달하여야 한다. 수용소장은 포로대표와 협의하여 포로의 공유물 및 본조 제2항에 따라 부담하게 되는 제한에 따라 포로가 휴대하지 못하는 소지품의 수송을 확보하기 위하여 필요한 조치를 취하여야 한다. 이동의 비용은 억류국이 부담하여야 한다.

제3부 포로의 노동

제49조 억류국은, 특히 포로들을 신체적 및 정신적 건강의 양호한 상태로 유지하기 위하여, 그들의 연령, 성별, 계급 및 신체적 적성을 고려하여 신체적으로 적합한 포로의 노동을 이용할 수 있다. 포로인 하사관들은 감독의 일만을 행함이 요구된다. 그렇게 요구되지 않은 자들은 가능한 한 그들을 위하여 발견되는 다른 적당한 노동을 요청할 수 있다. 장교 또는 이에 상당한 지위의 자들이 적당한 노동을 요청할 경우에, 그들을 위하여 가능한 한 그러한 일을 찾아내어야 한다. 단, 그들은 어떠한 경우에 있어서도 노동을 강요당하지 아니한다.

제50조 포로들은, 수용소의 행정, 시설 또는 유지에 관련된 노동 이외에 다음의 종류에 포함되는 노동에 한하여 이를 행하도록 강제할 수 있다.
가. 농업,
나. 원료의 생산 또는 채취에 관련되는 산업, 제조공업(야금업, 기계공업 및 화학공업은 제외한다) 및 군사적 성질 또는 목적을 가지지 않는 토목업과 건축업,
다. 군사적 성질 또는 목적을 가지지 않는 운송업과 창고업,

라. 상업 및 예술과 공예,

마. 가내 용역,

바. 군사적 성질 또는 목적을 가지지 않는 공익사업, 위의 규정에 대한 위반이 있을 경우에는 포로들은 제78조에 따라 청원의 권리를 행사하도록 허용되어야 한다.

제51조 포로들은 특히 숙사, 음식, 피복 및 장비에 관하여 적절한 노동조건을 허여하여야 한다. 그러한 조건은 유사한 노동에 종사하는 억류국의 국민이 향유하는 조건보다 불리하여서는 아니 된다. 기후 조건도 고려되어야 한다. 억류국은 포로들의 노동을 이용하는데 있어서 그러한 포로들이 노동하는 지역에 있어서 노동의 보호에 관한 국내법령 특히 노동자의 안전에 관한 규칙이 정당하게 적용되도록 보장하여야 한다. 포로들은 훈련을 받아야 하며, 또한 그들이 행하여야 하는 노동에 적합하고, 억류국 국민에게 부여되는 바에 유사한 보호 수단을 제공받아야 한다. 제52조의 규정에 따를 것을 조건으로 하여, 포로들은 민간인 노동자가 겪는 보통의 위험에 노출시킬 수 있다. 노동조건은 어떠한 경우에도 징계조치에 의하여 더욱 곤난하게 하지 못한다.

제52조 포로는 스스로의 희망하지 않는 한 건강에 해로운 또는 위험한 성질의 노동에 사용하지 못한다. 포로는 억류국 자신의 군대의 구성원에 대하여 굴욕적이라고 인정되는 노동에 배치되지 아니한다. 지뢰 또는 유사한 장치의 제거는 위험한 노동으로 간주한다.

제53조 왕복 시간을 포함하는 포로들의 일일 노동시간은 과도하여서는 아니되며, 또한 어떠한 경우에도 억류국의 국민으로서 동일한 노동에 고용되고 있는 당해 지방의 민간인 노동자에게 허용되는 바를 초과하지 못한다. 포로들은 매일의 노동의 중간에 1시간 이상의 휴식을 허여 받아야 한다. 이 휴식은, 억류국의 노동자들이 취할 권리가 있는 휴식이 더 길 경우에는 그러한 휴식과 동일한 것으로 한다. 그들은 이 휴식외에, 되도록이면 일요일 또는 그들의 출신국에 있어서의 휴일에 매주 24시간 연속의 휴식을 허여 받아야 한다. 또한 1년간 노동한 모든 포로들은 8일간 연속의 유급 휴식을 허여 받아야 한다. 청부 노동과 같은 노동 방법이 사용될 경우에 그에 의하여 작업기간이 과도하게 되어서는 아니된다.

제54조 포로들이 받아야 하는 노동 임금은 본 협약 제62조의 규정에 따라 결정되어야 한다. 노동에 관련하여 재해를 입는 또는 그들의 노동중 또는 노동의 결과로서 질병에 걸리는 포로들은 그들의 사태가 필요로 하는 모든 간호를 받아야 한다. 또한 억류국은, 그러한 포로들에게 그들이 의존하는 국가에게 그들의 청구를 제기할 수 있도록 하는 진단서를 발급하여야 하며, 또한 그 진단서의 사본을 제123조에 규정된 중앙 포로 기구에 송부하여야 한다.

제55조 노동에 대한 포로의 적성은 적어도 매월 1회 의사의 진찰에 의하여 정기적으로 확인되어야 한다. 그 진찰은 포로가 명령 받은 노동의 성질을 특히 고려하여야

한다. 포로는, 그가 노동할 수 없다고 스스로 인정할 경우에, 그의 수용소의 의무 당국에 출두하도록 허용되어야 한다. 의사들은 그들의 견해상 노동에 적합하지 않다고 생각되는 포로들을 노동으로 부터 면제할 것을 건의할 수 있다.

제56조 노동분견대의 조직 및 관리는 포로수용소의 조직 및 관리와 동일하게 하여야 한다. 모든 노동분견대는 포로수용소의 감독하에 두며 또한 관리면에 있어서는 그 일부로 한다. 위에 말한 수용소의 군당국 및 대장은 그들의 정부의 지시하에 노동분견대에 있어서의 본 협약의 규정의 준수에 대하여 책임을 진다. 수용소 소장은 그의 수용소에 소속하는 노동 분견대의 최신의 기록을 보관하며, 또한 그 수용소를 방문할 수 있는 이익보호국, 국제 적십자 위원회 및 포로들에게 원조를 주는 기타의 단체의 대표들에게 그 기록을 통고하여야 한다.

제57조 개인을 위하여 노동하는 포로들의 대우는, 동 개인이 그들을 감시 및 보호하는 책임을 지는 경우에도, 본 협약이 정하는 대우 보다도 불리한 것이어서는 아니 된다. 억류국 및 그러한 포로들이 소속하는 수용소의 군 당국 및 수용소장은 그러한 포로들의 급양, 간호 및 노동임금의 지불에 대하여 전적인 책임을 진다. 그러한 포로들은 그들이 속하는 수용소내의 포로 대표와 연락을 보지할 권리를 가진다.

제4부 포로들의 금전 관계

제58조 적대 행위가 시작된 때, 또한 이익 보호국과 이 문제에 관하여 합의가 성립할 때까지 억류국은 현금 또는 이에 유사한 형식으로 포로들이 소지할 수 있는 최고한도의 금액을 정할 수 있다. 그들이 정당하게 소지하고 있었으며 또한 그들로 부터 입수 되었거나 또는 그들에게 인도 되지 않은 초과금액은 그들이 예치한 금전과 같이 그들의 계정에 올려야 하며, 또한 그들의 동의를 얻지 않고는 다른 통화로 교환하지 못한다. 포로들이 수용소 밖에서 용역 또는 물품을 구입하고 현금으로 지불하도록 허용될 경우에, 그러한 지불은 포로 자신 또는 수용소 행정부가 행하며, 동 수용소 행정부는 동 지불금액을 관계포로들의 계정에서 공제 한다. 억류국은 이에 관하여 필요한 규칙을 정한다.

제59조 포로가 된 때에 포로들로 부터 제18조에 따라 입수한 억류국의 통화로 된 현금은 본부 제64조의 규정에 따라 그들의 독립 계정에 올려야 한다. 포로가 된 때에 포로들로부터 압수한 기타의 통화를 억류국의 통화로 교환한 금액도 그들의 독립계정에 예치하여야 한다.

제60조 억류국은 모든 포로에 대하여 월급을 선지불 하여야 하며, 그 금액은 다음의 액을 억류국의 통화로 환산하여 정한다.

제1류 : 병장이하의 계급의 포로-8 스위스 프랑.
제2류 : 병장 및 기타의 하사관, 또는 이에 상당하는 계급의 포로-12 스위스 프랑.
제3류 : 준위 및 대위계급이하의 임관된 장교 또는 이에 상당하는 계급의 포로-50

스위스 프랑.

제4류 : 소령, 중령, 대령 또는 이에 상당하는 계급의 포로-60 스위스 프랑.

제5류 : 장관급 장교 또는 이에 상당하는 계급의 포로-75 스위스 프랑.

그러나 관계 충돌 당사국은, 특별 협정에 의하여 위의 부류의 포로가 받아야 할 전불 금액을 변경할 수 있다. 또한 위의 제1항에 정하는 금액이 억류국의 군대의 봉급에 비하여 부당하게 높은 경우, 또는 어떤 이유에 의하여 억류국을 심히 난처한 입장에 서게할 경우에는, 전기 금액의 변경을 위하여 포로들이 소속하는 국가와 특별 협정을 체결할 때까지 억류국은,

가. 전기 제1항에 정하는 금액을 계속 포로의 계정에 예치하여야 하며,

나. 포로에 대하여 선 지불된 급여중 그들 자신의 사용을 위하여 이용할 수 있도록 된 금액을 합리적인 금액으로 임시적으로 제한할 수 있다. 단, 그 금액은 제1류에 관하여는 억류국이 자국 군대의 구성원에 지급하는 금액 보다 소액이어서는 아니 된다. 제한에 대한 이유는 지체없이 이익 보호국에게 제시하여야 한다.

제61조 억류국은 포로들이 소속하는 국가가 그들에게 송부하는 금액을 추가 급여로서 포로들에게 분배하기 위하여 접수하여야 한다. 단, 분배되는 금액이 동일부류의 각 포로에 대하여 동일금액이며 당해국에 속하는 동일부류의 모든 포로에게 분배되고, 또한 가능한한 조속히 제64조의 규정에 따라 그들의 독립계정에 올릴 것을 조건으로 한다. 그 추가 급여는 억류국에 대하여 본 협약에 의한 여하한 의무도 면제하는 것은 아니다.

제62조 포로들은 억류당국에 의하여 공정한 노동 임금을 직접 지급 받는다. 그 임금은 억류당국이 정하는, 여하한 경우에도 노동일에 대하여 4분의 1 스위스 프랑 미만이어서는 아니된다. 억류국은 자국이 정하는일급의 액수를 포로 자신과 이익보호국의 중계에 의하여 포로가 소속하는 국가에 통지하여야 한다. 노동 임금은 수용소의 행정, 시설 또는 유지에 관련되는 임무 또는 숙련노동, 반 숙련 노동을 항구적으로 할당받은 포로 및 포로를 위하여 종교상 또는 의료상의 임무의 수행을 요구받은 포로에게 억류당국이 동일하게 지불하여야 한다. 포로 대표와 그 고문 및 보조자의 노동임금은 주보외 이익으로 유지되는 기금에서 지불하여야 한다. 그 임금의 액은 포로대표가 정하고, 또한 수용 소장의 승인을 얻어야 한다. 전기의 기금이 없는 경우에는 이들 포로에게 공정한 노동 임금을 억류 당국이 지불하여야 한다.

제63조 포로들은 개인적 또는 집단적으로 그들에게 송금된 금전을 수령하도록 허가되어야 한다. 모든 포로들은, 억류국이 정하는 범위내에서 다음 조에 규정하는 그들의 계정의 대변 잔고를 처분할 수 있으며, 억류국이 필요하다고 인정하는 재정상 또는 통화상의 제한에 따를 것을 조건으로 하여, 외국으로 향하는 지불을 할 수 있다. 이 경우에는 억류국은 포로가 부양가족에게 보내는 지불에 대하여 우선권을 주어야 한다. 포로들은, 여하한 경우에도 또한 그들이 소속하는 국가의 동의를 받을 것을 조

건으로 하여, 다음의 방법으로 자국에게 지불을 행하도록 할 수 있다. 즉 억류국은 이익 보호국을 통하여 전술한 국가에게 포로, 지불금의 수령자 및 억류국의 통화로 표시한 요지불 금액에 관한 모든 필요한 세목을 기재한 통지서를 송부하여야 한다. 그 통지서에는 당해 포로가 서명하고 또한 수용 소장이 부서한다. 억류국은 전기의 금액을 포로의 계정에서 공제하고 이 금액을 포로가 소속하는 국가의 계정에 대기한다. 억류국은 전기의 규정을 적용하기 위하여 본 협약 제5 부속서의 표본 규칙을 참고 할 수 있다.

제64조 억류국은 각 포로에 대하여 적어도 다음 사항을 표시하는 계정을 설정하여야 한다.

1. 포로에게 지불할 금액 또는 급료의 선 지불로서나 노동임금으로서 포로가 수령한 금액, 또는 기타의 원천에서 취득한 금액, 포로로부터 압수한 억류국의 통화로 된 금액 및 포로로부터 압수하여 그의 요청에 따라 억류국의 통화로 교환한 금액.

2. 현금 또는 기타의 유사한 형식으로 포로에게 지불된 금액, 포로를 위하여 또한 그 요청에 따라 지불된 금액 및 제63조제3항에 의하여 송금된 금액.

제65조 포로의 계정에 기입된 모든 항목은 당해 포로 또는 그를 대리하는 포로 대표가 부서 또는 "이니시알" 하여야 한다. 포로들은 언제든지 그들의 계정을 열람하고 또한 그 사본을 입수할 적당한 편의를 허여 받아야 한다. 그들의 계정은 이익 보호국의 대표자가 수용소를 방문한 때에 감사할 수 있다. 포로들이 수용소로부터 다른 수용소로 이동될 때에는, 포로의 개인 계정을 그와 함께 이전한다. 억류국으로부터 다른 억류국으로 이동할 경우에는, 포로들의 재산으로서 억류국의 통화로 되어 있지 않는 금전은 그들과 함께 이전한다. 이 포로들은 그들의 계정에 대기되어 있는 다른 모든 금전에 대하여 증명서를 발급 받아야 한다. 관계충돌 당사국은 이익보호국을 통하여 정기적으로 포로의 계정의 금액을 상호 통고할 것을 합의할 수 있다.

제66조 포로의 신분이 석방 또는 송환에 의하여 종료된 때에는, 억류국은 포로의 신분이 종료한 때에 있어서의 포로의 대변잔고를 표시하는 증명서를 포로에게 교부하여야 하며, 동 증명서에는 억류국의 권한있는 장교가 서명하여야 한다. 억류국은 또한 포로가 소속하는 국가에게 이익 보호국을 통하여 송환, 석방, 도주, 사망 또는 기타의 사유로 포로의 신분이 종료한 모든 포로에 관하여 적절한 모든 상세와 그들 포로의 대변잔고를 표시하는 일람표를 송부하여야 한다. 그 일람표는 1매 마다 억류국의 권한 있는 대표자가 인증 하여야 한다. 본조의 위의 어느 규정도 그 충돌 당사국 간의 상호합의에 의하여 변경할 수 있다. 포로가 소속하는 국가는 포로의 신분이 종료한 때에 억류국으로 부터 포로에게 지불할 대변잔고를 당해 포로에 대하여 지불할 책임을 진다.

제67조 제60조에 따라 포로에게 지급되는 급료의 선 지불은 포로가 소속하는 국가에

대하여 행한 것으로 간주한다. 그 급료의 선 지불과 제63조3항 및 제68조에 의하여 억류국이 행한 모든 지불은 적대 행위가 끝나는 때에 관계국간의 협정의 대상으로 하여야 한다.

제68조 노동에 의한 부상 또는 기타의 신체장해에 대한 포로의 보상 청구는 이익 보호국을 통하여 포로가 소속하는 국가에 대하여 행해져야 한다. 억류국은 제54조에 따라 여하한 경우에도 부상 또는 신체 장해에 대하여 그의 성질, 그것이 발생한 사정 및 이에 대하여 행한 의료상 또는 병원에서의 치료에 관한 명세를 표시하는 증명서를 당해 포로에게 교부하여야 한다. 이 증명서는 억류국의 책임있는 장교가 서명하고 또한 의료명세는 군의관이 증명한다. 제18조에 의하여 억류국이 압수한 개인 용품, 금전 및 유가물로서 송환시에 반환되지 않았던 것과 포로가 입은 손해로서 억류국 또는 그 기관의 책임으로 돌아갈 사유에 의한다고 인정되는 것에 관한 포로의 보상 청구도 포로가 소속하는 국가에 대하여 행하여야 한다. 단, 전기의 개인용품으로서 포로가 포로의 신분에 있는 동안 그 사용을 필요로 하는 것에 대하여서는 억류국 부담으로 현물보상을 하여야 한다. 억류국은 여하한 경우에도 전기의 개인용품, 금전 또는 유가물이 포로에게 반환되지 않았던 이유에 관한 가능한 모든 정보를 제공하며 또 책임있는 장교가 서명한 증명서를 포로에게 교부하여야 한다. 이 증명서의 사본 1통은 제123조에 정하는 중앙 포로 기구를 통하여 포로가 소속하는 국가에 송부하여야 한다.

제5부 포로의 외부와의 관계

제69조 억류국은 포로가 그의 권력내에 들어온 때에는 곧 포로 및 이익 보호국을 통하여 포로가 소속하는 국가에게 본부의 규정을 실시하기 위하여 취하는 조치를 통지하여야 한다. 억류국은 그 조치가 후에 변경된 때에는 그 변경에 대하여 동일하게 전기의 관계국에 통지하여야 한다.

제70조 모든 포로는 포로가 된 때에 즉시, 또는 수용소(임시수용소 포함)에 도착한 후 1주일내에, 또는 질병에 걸린 때나 또는 병원이나 다른 수용소로 이동된 경우에도 그후 1주일내에 그 가족 및 제123조에 정하는 중앙정보기구에 포로로 된 사실, 주소 및 건강상태를 통지하는 통지표를 직접 송부할 수 있도록 하여야 한다. 그 통지표는 가능한 한 본 협약의 부속양식과 같은 형식의 것이어야 한다. 그 통지표는 가능한 한 조속히 송부하여야 하며, 여하한 경우에도 지연되어서는 아니된다.

제71조 포로들은 편지나 엽서를 송부하고 또한 받을 것이 허가되어야 한다. 억류국이 각 포로가 발송하는 편지 및 엽서의 수를 제한함이 필요하다고 인정할 경우에는, 그 수는 제70조에 정하는 통지표를 제외하고 매월 편지 2통 및 엽서 4통이상이어야 한다. 이들 편지 및 엽서는 가능한 한 본 협약의 부속양식과 같은 형식의 것이어야 한다. 억류국이 필요한 검열의 실시상 유능한 번역자를 충분히 얻을 수가 없기 때문에 번역에 곤란을 초래하고 따라서 당해 제한을 행함이 포로의 이익이라고

이익 보호국이 인정하는 경우에 한하여 기타의 제한을 과할 수가 있다. 포로에게 보낸 통신이 제한되지 않으면 아니되는 경우에는 그 제한은 통상 억류국의 요청에 따라 포로가 소속하는 국가만이 명할 수 있다. 전기의 편지 및 엽서를 억류국이 사용할 수 있는 가장 신속한 방법으로 송부하여야 하며 징계의 이유로 지연시키거나 보류하여서는 아니된다. 장기간에 걸쳐 가족으로부터 소식을 받지 못하는 포로 또는 가족과의 사이에 통상의 우편 노선에 의하여 서로 소식을 전할 수가 없는 포로 및 가족으로 부터 심히 먼 장소에 있는 포로에 대하여는 전보를 발신함을 허가하여야 한다. 그 요금은 억류국에 있어서의 포로의 계정에서 공제하거나 또는 포로가 처분할 수 있는 통화로 지불하여야 한다. 포로는 긴급한 경우에도 이 조치에 의한 혜택을 받아야 한다. 포로의 통신은 원칙적으로 모국어로 써야 한다. 충돌 당사국은 기타의 언어로 통신함을 허가할 수 있다. 포로의 우편물을 넣는 우편물 행낭은 확실히 봉인하고 또한 그 내용을 명시한 표찰을 붙이고 난 후에 목적지향 우체국으로 송부하여야 한다.

제72조 포로에게는 특히 식량, 피복, 의료품 및 포로의 필요를 충족시킬 수 있는 도서, 종교용품, 과학용품, 시험용지, 악기, 운동구 및 포로에게 연구 또는 문화 활동을 할 수 있게 하는 여러 용품을 포함하여 종교상, 교육상 또는 오락상의 용품이 들어 있는 개인 또는 집단적인 화물을 우편 또는 기타의 경로에 의하여 수령함을 허가하여야 한다. 이들 화물은 억류국에 대하여 본 협약에서 억류국에 과하는 의무를 면제하는 것은 아니다. 전기의 화물에 대하여 과할 수 있는 유일한 제한은 이익 보호국이 포로 자신의 이익을 위하여 제안하는 제한 또는 국제적십자 위원회 기타 포로에게 원조를 주는 단체가 운송상의 과도한 혼잡으로 인하여 당해 단체 자신의 화물에 관하여서만 제안하는 제한으로 한다. 개인적 화물 또는 집단적 구제품의 발송에 관한 조건은 필요하다면 관계국간의 특별 협정의 대상으로 하여야 한다. 관계국은 여하한 경우에도 포로에 의한 구제품의 수령을 지연시켜서는 아니된다. 도서는 피복 또는 식량의 화물중에 넣어서는 아니된다. 의료품은 원칙적으로 집단적 화물속에 송부하여야 한다.

제73조 집단적 구제품의 수령 및 분배의 조건에 관하여 관계국간에 특별협정이 없는 경우에는, 본 협약에 부속하는 집단적 구제에 관한 규칙을 적용하여야 한다. 전기의 특별 협정은 여하한 경우에도 포로 대표가 포로에게 보내온 집단적 구제품을 보유하고 분배하고 또한 포로의 이익이 될 수 있도록 처분하는 권리를 제한 하여서는 아니된다. 전기의 특별 협정은 또한 이익 보호국, 국제 적십자 위원회 또는 포로에게 원조를 주는 기타의 단체로서 집단적 화물의 전달에 관하여 책임을 지는 자들의 대표자가 수령인에 대한 당해 화물의 분배를 감독할 권리를 제한하여서는 아니된다.

제74조 포로를 위한 모든 구제품은 수입세, 세관수수료 또는 기타의 과징금으로 부터 면제된다. 포로에게 보내오고 또는 포로가 발송하는 통신, 구제품 및 허가된 송금으

로서 우편에 의하는 것은 직접 송부 되거나 제122조에 정하는 정보국 및 제123조에 정하는 중앙 포로 정보기구를 통하여 송부되거나를 불문하고 발송국, 접수국 및 중계국에서 우편요금이 면제된다. 포로에게 발송된 구제품이 중량 또는 기타의 이유로서 우편으로 송부할 수 없는 경우에는 그 수송비는 억류국의 관리하에 있는 모든 지역에 있어서는 억류국이 부담하여야 한다. 본 협약의 기타의 체약국은 각자의 영역에서의 수송비를 부담하여야 한다. 관계국간에 특별협정이 없는 경우에는 전기의 구제품의 수송에 요하는 비용으로서 전기에 의하여 면제되는 비용을 제외한 것은 발송인이 부담하여야 한다. 체약국은 포로가 발신하고 또는 포로에게 보내온 전보의 요금을 가능한 한 염가로 하도록 노력하여야 한다.

제75조 군사 행동으로 인하여 관계국이 제70조, 제71조, 제72조 및 제77조에 정하는 송부품의 수송을 보장하는 의무를 이행할 수 없는 경우에는, 관계 이익 보호국, 국제 적십자 위원회, 또는 충돌 당사국이 정당히 승인한 기타의 단체는 화차, 자동차, 선박, 항공기 등 적당한 수송 수단에 의하여 그 송부품의 전달을 보장하도록 기도할 수 있다. 이를 위하여 체약국은 이들에게 전기의 수송 수단을 제공하도록 노력하고 또한 특히 필요한 안도권을 주어서 수송 수단의 사용을 허가하여야 한다. 전기의 수송 수단은 다음의 것의 수송을 위하여도 사용할 수 있다.

  가. 제123조에 정하는 중앙 포로 정보기구와 제122조에 정하는 각국의 정보국과의 사이에 교환되는 통신, 명부 및 보고서

  나. 이익보호국, 국제적십자위원회 또는 포로에게 원조를 주는 기타의 단체가 그의 대표 또는 충돌 당사국과의 사이에 교환되는 포로에 관한 통신 및 보고서전기의 규정은 충돌 당사국이 희망하는 경우에 다른 수송 수단에 관하여 협정할 권리를 제한하는 것은 아니며 또한 서로 합의된 조건으로 그의 수송 수단에 대하여 안도권이 주어짐을 배제하지 아니한다. 특별 협정이 없는 경우에는 수송 수단의 사용에 요하는 비용은 그로 인하여 자국민이 이익을 받는 충돌당사국이 안분하여 부담한다.

제76조 포로에게 보내오고 또는 포로가 발송하는 통신의 검열은 가능한 한 조속히 행하여야 한다. 그 통신은 발송국 및 접수국만이 각각 1회에 한하여 검열할 수 있다. 포로에게 보내온 화물의 검사는 그중의 물품을 손상할 염려가 있는 상태하에서 행하여서는 아니된다. 그 검사는 문서 또는 인쇄물의 경우를 제외하고 수령인 또는 수령인이 정당히 위임한 포로의 입회하에 행하여야 한다. 포로에 대한 개인 또는 집단적인 화물의 인도는 검사의 곤난을 구실로 지연시켜서는 아니된다. 충돌 당사국이 명하는 통신의 금지는 군사적 이유에 의한 것이거나 정치적 이유에 의한 것이거나를 불문하고 일시적이어야 하고 그 금지 기간은 가능한 한 짧아야 한다.

제77조 억류국은 포로를 위하여 작성되거나 또는 포로들이 발송하는 종류의 서류, 특히 위임장과 유서를 이익 보호국이나 제123조에 규정한 중앙 포로 정보국을 통하여 발송하는데 있어서 모든 편이를 도모하여야 한다. 모든 경우에 있어서 억류국은

포로들을 위한 서류의 작성과 집행에 있어서 편의를 제공하여야 한다. 특히 억류국은 포로들이 변호사와 상의할 것을 허용해야 하며 포로들의 서명을 확인하는데 필요한 어떠한 절차라도 강구하여 주어야 한다.

제6부 포로와 당국과의 관계
제1장 억류 조건에 관한 포로의 이의 제청

제78조 포로들은 그 권력하에 그들이 있는 군 당국에 대하여 억류조건에 관한 요청을 제기할 권리를 가진다. 포로들은 또한 그 억류 조건중 이의를 제기하려고 하는 사항에 대하여 이익 보호국의 대표자의 주의를 환기하기 위하여 포로 대표를 통하거나 또는 필요하다고 인정할 때에는 직접 이익 보호국의 대표자에 대하여 신청할 무제한의 권리를 가진다. 전기의 요청 및 이의는 제한하지 못하며 또한 제71조에 정하는 통신의 할당수의 일부를 구성하는 것으로 인정하여서는 아니된다. 이 요청 및 불평이 이유가 없다고 인정된 경우에도 처벌의 이유로 하여서는 아니된다. 포로 대표는 이익 보호국의 대표자에 대하여 수용소의 상태 및 포로의 요청에 관한 정기적 보고를 할 수가 있다.

제2장 포로대표

제79조 포로들은, 장교들이 있는 장소를 제외하고 포로가 있는 모든 장소에 있어서, 군당국, 이익보호국, 국제적십자위원회 및 포로를 원조하는 기타의 단체에 대하여 그들의 대표 행위를 위임할 포로대표를 6개월마다 또는 결원이 생긴 때마다 자유로히 비밀 투표로 선거 하여야 한다. 이 포로 대표는 재선될 수 있다. 장교 및 이에 상당하는 자의 수용소 또는 혼합수용소에서는 포로중의 선임장교가 그 수용소의 포로대표로 인정된다. 장교의 수용소에서는 포로 대표는 장교에 의하여 선출된 1인 또는 2인 이상의 고문에 의하여 보좌된다. 혼합수용소에서는 포로 대표의 보조자는 장교가 아닌 포로중에서 선출되어야 하며 또한 장교가 아닌 포로에 의하여 선출되어야 한다. 포로가 책임을 지고 있는 수용소의 행정임무를 수행하기 위하여 포로의 노동 수용소에는 동일국적의 장교 포로를 배치하여야 한다. 이들 장교는 본조 제1항에 따라 포로대표로서 선출될 수 있다. 이 경우에는 포로 대표의 보조자는 장교가 아닌 포로중에서 선출되어야 한다. 선출된 포로대표는 모두 그 임무에 취임하기 전에 억류국의 승인을 얻어야 한다. 억류국은 포로에 의하여 선출된 포로대표의 승인을 거부한 때에는 그 거부의 이유를 이익 보호국에 통지하여야 한다. 포로 대표는 여하한 경우에도 자기가 대표하는 포로와 동일한 국적, 언어 및 관습을 가진 자라야 한다. 이리하여 국적, 언어, 및 관습에 따라 상이한 수용소에 구분 수용된 포로는 전 각항에 따라 그 구분마다 각자의 포로 대표를 가진다.

제80조 포로 대표는 포로의 육체적, 정신적 및 지적 복지를 위하여 공헌하여야 한다. 특히 포로가 그들 상호간에 상호 부조의 제도를 조직하도록 결정한 경우에는 이 조직은 본 협약의 다른 규정에 의하여 포로에게 위임되는 특별한 임무와는 별도로 포로 대표의 권한에 속한다. 포로 대표는 그의 임무만의 이유로서는 포로가 범한 죄에 대하여 책임을 지지 아니한다.

제81조 포로 대표들은, 그들의 임무의 수행이 다른 노동에 의하여 일층 곤란하게 될 때에는 다른 노동에 강제되지 아니한다. 포로 대표들은 그들이 필요로 하는 보조자를 포로중에서 지명할 수가 있다. 포로 대표들에 대하여는, 모든 물질적 편의, 특히 그 임무(노동 분견대의 방문보급품의 수령 등)의 달성을 위하여 필요한 어느 정도의 행동의 자유를 허가하여야 한다. 포로 대표들에게 포로들이 억류되어 있는 시설을 방문함이 허가 되어야 한다. 모든 포로들은 그들의 포로 대표들과 자유로이 협의할 권리를 가진다. 포로 대표들에 대하여는 또한 억류국의 당국, 이익 보호국, 국제적십자 위원회와 이들의 대표, 혼성의료 위원회 및 포로를 원조하는 단체와 우편 또는 전신으로 통신하기 위한 모든 편의를 주어야 한다. 노동 분견대의 포로 대표들은 주요 수용소의 포로 대표들과 통신하기 위하여 동일한 편의를 향유한다. 이 통신은 제한되어서는 아니되며 또한 제71조에 정하는 할당수의 일부를 구성하는 것으로 간주 하여서는 아니된다. 이동 되는 포로 대표들은 그들의 후임자에게 현재의 사정을 설명하도록 충분한 시간을 받아야 한다. 해임의 경우에 있어서는 그에 대한 이유를 이익 보호국에 통지하여야 한다.

제3장 형벌 및 징계벌
I. 총 칙

제82조 포로는 억류국의 군대에 적용되는 법률, 규칙 및 명령에 복종하여야 한다. 억류국은 그의 법률, 규칙 및 명령에 대한 포로의 위반행위에 대하여 사법상 또는 징계상의 조치를 취할 수 있다. 단, 그 절차와 처벌은 본장의 규정에 배치되어서는 아니된다. 억류국의 법률, 규칙 또는 명령이 포로가 행한 행위를 처벌한다고 선언한 경우 동일 행위가 억류국의 군대의 구성원에 의하여 행하여질 때에는 이를 처벌할 것이 못되는 때에는 그러한 행위에 대하여는 징계벌만을 과할 수 있다.

제83조 억류국은 포로가 행하였다고 인정되는 위반 행위에 대한 처벌이 사법상 또는 징계상의 절차중의 어떤 것에 의할 것인가를 결정함에 있어서 권한있는 당국이 최대의 관용을 보이고 또한 가급적 사법상의 조치보다도 징계상의 조치를 취하도록 보장하여야 한다.

제84조 포로는 군재만이 재판할 수 있다. 단, 포로가 범하였다고 주장되어 있는 당해 위반행위와 동일한 행위에 관하여 억류국의 군대의 구성원을 민재에서 재판함이 억류국의 현행법령상 명백히 허용되어 있는 경우에는 그러하지 아니하다. 포로는 여하한 경우에도 일반적으로 인정된 독립과 공평에 관한 불가결의 보장을 주지 않는,

특히 그 절차가 제105조에 정하는 변호의 권리 및 수단을 피고인에게 주지 않는 어떠한 종류의 법원에 의하여도 재판을 받지 아니한다.

제85조 포로가 되기 전에 행한 행위에 대하여 억류국의 법령에 의하여 소추된 포로는 유죄 판결을 받은 경우라 하드라도 본 협약의 혜택을 보유한다.

제86조 포로는 동일한 행위 또는 동일의 범죄 사실에 대하여 두번 처벌되지 아니한다.

제87조 억류국의 군당국 및 법원은 포로에 대하여 동일한 행위를 한 억류국의 군대의 구성원에 관하여 규정한 형벌 이외의 형벌을 과하지 못한다. 억류국의 법원 또는 당국은 형벌을 결정함에 있어서 피고인이 억류국의 국민이 아니고 동국에 대하여 충성의 의무를 지지않는 사실 및 피고인이 그의 의사에 관계없는 사정에 의하여 억류국의 권력내에 있는 사실등을 가능한 고려하여야 한다. 전기의 법원 또는 당국은 포로가 소추된 위법 행위에 관하여 정하여진 형벌을 자유로이 경감할 수 있으며 따라서 법이 정하는 가장 경한 형벌을 적용할 의무를 지지 아니한다. 개인의 행위에 대한 집단적 형벌, 육체에 가하는 형벌, 일광이 들어오지 않는 장소에의 구금 및 일반적으로 모든 종류의 고문과 잔학 행위는 금지한다. 억류국은 포로의 계급을 박탈하여서는 아니되며 또한 포로의 계급장의 착용을 방해하여서는 아니된다.

제88조 징계벌 또는 형벌에 복하는 장교포로, 하사관 및 병졸에 대하여는 동일한 벌에 관하여 억류국의 군대중 동등 계급의 구성원에게 주는 대우 보다도 더 가혹한 대우를 하여서는 아니된다. 여자포로에 대하여는 억류국의 군대의 구성원인 여자가 동일한 위반 행위에 대하여 받는 것보다 더 가혹한 벌을 과하여서는 아니 되며 벌에 복하는 동안 가혹한 대우를 하여서는 아니된다. 여자포로에 대하여는, 여하한 경우에도 억류국의 군대의 구성원인 남자가 동일한 위반 행위에 대하여 받는 것보다 더 가혹한 벌을 과하여서는 아니되며 또한 벌에 복하는 동안 가혹한 대우를 하여서는 아니된다. 포로는 징계벌 또는 형벌에 복한 후에는 다른 포로와 차별 대우를 받지 아니한다.

II. 징계벌

제89조 포로에 대하여 과할 수 있는 징계벌은 다음과 같다.
1. 30일 이내의 기간에 긍하여 제60조 및 제62조의 규정에 따라 포로가 수령할 선지불의 봉급과 노임의 백분의 50이하의 벌금.
2. 본 협약에 정하는 대우 이외에 부여 되고 있는 특권의 정지.
3. 1일 2시간내의 노역.
4. 구치. 3에 정하는 벌은 장교에게는 과하지 아니한다. 징계벌은 여하한 경우에도 비인도적인 것, 잔학한 것, 또는 포로의 건강에 해로운 것이어서는 안된다.

제90조 하나의 징계벌의 기간은 여하한 경우에도 30일을 초과하지 못한다. 기율 위반

행위에 대한 심문을 기다리는 동안 또는 징계벌 결정이 있을 때 까지의 구금 기간은 포로에게 언도하는 본벌에 통산되어야 한다. 포로가 징계의 결정을 받는 경우에 있어서 동시에 둘 이상의 행위에 관하여 책임이 추궁되는 때에도 이들 행위간의 관련성유무를 불문하고 전기의 30일의 최대한도는 초과할 수 없다. 징계의 언도와 집행간의 기간의 기간은 1개월을 초과할수 없다. 포로에 대하여 거듭 징계의 결정이 있는 경우에 그 중 하나의 징계벌의 기간이 10일이상인 때에는 양 징계벌의 집행사이에는 적어도 3일간의 기간을 두어야 한다.

제91조 포로의 도주는 다음 경우에는 성공한 것으로 간주한다.
1. 포로가 그가 속하는 국가 또는 동맹국의 군대에 복귀한 경우,
2. 포로가 억류국 또는 그 동맹국의 지배하에 있는 지역을 떠났을 때,
3. 포로가 억류국의 영해에서 그가 속하는 국가 또는 동맹국의 국기를 게양하는 함선에 승선했을 때. 단, 상기 함선이 억류국의 지배하에 있는 경우를 제외한다. 본 조의 의미에 있어서의 도주에 성공한 후 다시 포로로 된 자에 대하여는 이전의 도주에 대하여 처벌할 수 없다.

제92조 도주를 기도하는 포로와 제91조의 의미에 있어서의 도주에 성공하기전 다시 붙잡힌 포로에 대하여는 그 위반행위가 반복된 경우라도 그것에 대하여는 징계벌만 과하여야 한다. 다시 붙잡힌 포로는 지체없이 권한 있는 군 당국에 인도되어야 한다. 제88조제4항의 규정에 불구하고 성공하지 못한 도주의 결과로서 처벌되는 포로는 특별한 감시하에 둘 수가 있다. 그 감시는 포로의 건강 상태를 해하는 것이어서는 안되고, 포로수용소내에서 행하여 져야 하며, 또한 본 협약에 의하여 포로에게 부여되는 보호의 어떠한 것도 배제되어서는 안된다.

제93조 도주 또는 도주의 기도는, 그것이 반복된다 하드라도, 포로가 도주 또는 도주의 기도중에 행한 범죄행위에 대하여 사법 절차에 의한 재판에 회부 될 경우에 형을 가중하는 정상으로 간주되어서는 아니된다. 포로가 도주를 용이하게 할 의사만으로 행한 위반행위로서 생명 및 신체에 대한 폭행을 동반하지 않는것, 예컨대 공용 재산에 대하여 행한 위법 행위, 이득의 의사가 없는 도취, 위조문서의 작성 또는 행사, 군복 이외의 피복의 착용 등에 대하여는 제83조에 정한 원칙에 따라 징계벌만을 과할 수 있다. 도주 또는 노주의 기도를 방조하고 또는 교사한 포로에 대하여는 그 행위에 대하여 징계벌만을 과할 수 있다.

제94조 도주한 포로가 다시 붙잡힌 경우에는 그 사실을 제122조에 정하는 바에 따라 포로가 속하는 국가에 통고하여야 한다. 단, 그 도주가 이미 통고되어 있는때에 한한다.

제95조 기율 위반 행위에 대하여 입건된 포로는 억류국의 군대의 구성원이 유사한 위반행위에 대하여 입건된 때와 마찬가지로 구금되는 경우와 수용소의 질서 및 기율의 유지 때문에 필요로 하는 경우를 제외하고는 징계의 결정이 있기까지 구금되어

서는 아니된다. 기율 위반 행위에 대한 처분이 있기까지의 포로의 구금기간은 최소한도로 하여야 하고 또한 14일을 경과하여서는 아니된다. 본장 제97조 및 제98조의 규정은 기율 위반 행위에 대한 처분이 있기까지 구금되어 있는 포로에게 적용한다.

제96조 기율 위반행위를 구성하는 행위는 즉시 조사하여야 한다. 법원 및 상급의 군 당국의 기득권은 침해함이 없이 징계벌은 수용소장의 자격으로 징계권을 갖는 장교, 또는 그를 대리하거나 그의 징계권이 위임된 책임있는 장교에 의하여서만 언도될 수 있다. 징계권은 여하한 경우에도 포로에게 위임되거나 포로에 의하여 행사되어서는 안된다. 징계결정의 언도에 앞서 입건된 포로에 대하여는 입건된 죄과의 정확한 내용을 알려주고 또한 당해 포로가 자기의 행위를 해명하고 자기를 변호할 기회가 부여되어야 한다. 그 포로에게는 특히 증인을 소환하고 필요하면 자격있는 통역관에게 통역 시킬것을 허여하여야 한다. 판결은 당해포로 및 포로대표에게 통고하여야 한다. 징계의 기록은 수용소장이 보관하고 또한 이익 보호국의 대표자의 열람에 공하여야 한다.

제97조 포로는 여하한 경우에도 감옥, 구치소, 도형장등의 구치시설에 이동하여 징계벌을 받게 하여서는 안된다. 포로를 징계벌에 복하게 하는 모든 장소는 제25조에 따르는 위생상의 요건을 충족시켜야 한다. 징계벌에 복하는 포로는 제29조의 규정에 따라 그들 자신을 청결한 상태로 유지 할수 있도록 하여야 한다. 장교 및 이에 상당하는 자는 하사관 또는 병졸과 동일장소에 구금하여서는 안된다. 징계벌에 복하는 여자포로는 남자포로와 분리된 장소에 구금하고 또한 여자의 직접 감시하에 두어야 한다.

제98조 징계벌로서 구금되는 포로는 구금된 사실만으로서 본 협약의 규정의 적용이 필연적으로 불가능하게 된 경우를 제외하고는 계속하여 본협약규정의 혜택을 받는다. 제78조 및 제126조에 규정된 혜택은 여하한 경우에도 그 포로로부터 박탈하여서는 아니된다. 징계벌에 복하는 포로로 부터 그의 계급에 따르는 특권을 박탈하여서는 아니된다. 징계벌에 복하는 포로에 대하여서는 하루에 적어도 두시간 운동하고 또한 옥외에 있음을 허가하여야 한다. 이들 포로에 대하여서는 그의 요청이 있는 때에는 매일 검진을 받을 수 있도록 하여야 한다. 이들 포로는 그의 건강 상태에 따라 필요로하는 치료를 받고 또한 필요한 경우에는 수용소의 병동 또는 병원에 이송되어야 한다. 그들에게는 읽고, 쓰고 편지를 수발 하도록 허가하여야 한다. 단, 보내온 소포 및 금전은 처벌이 종료될 때까지 유치한다. 그 동안 보내온 소포 또는 금전은 포로대표에게 위탁하여야 하며 포로 대표는 그 소포중에 포함되어 있는 변질하기 쉬운 물품을 병실에 인도하여야 한다.

III. 사법절차

제99조 그 행위당시에 유효하였던 억류국의 법령 또는 국제법에 의하여 금지되어 있

지 않는 포로의 행위에 대하여는 이를 재판에 회부하거나 형벌을 과할 수 없다. 입건된 행위를 유죄로 인정시키기 위하여 포로에게 정신적 또는 육체적 강제를 가하여서는 아니된다. 포로는 자신을 변호할 기회와 자격있는 변호인의 원조를 받은 후가 아니면, 이에 대하여 유죄의 판결을 받을수 없다.

제100조 억류국은 포로 및 이익 보호국에 대하여 억류국의 법령에 따라 사형에 처할 수 있는 범죄행위를 가급적 조속히 통지하여야 한다. 연후 기타의 범죄행위는 포로가 속하는 국가의 동의를 얻지않고 사형에 처할 수 없다. 법원은 제87조제2항에 따라 포로는 억류국의 국민이 아니므로 충성의 의무를 지지 않는 다른 사실과 그의 의사에 관계없는 사정에 의하여 억류국의 권력내에 있다는 사실을 유의하지 않고서는 포로에게 사형을 언도 하지 못한다.

제101조 포로에 대하여 사형을 언도한 경우에는 제107조에 정하는 상세한 통고를 이익 보호국의 지정된 수신처가 수령한 날로부터 적어도 6개월의 기간이 경과하기 전에는 그 판결을 집행하여서는 안된다.

제102조 포로에 대하여 언도된 판결은 억류국의 군대의 구성원의 경우와 동일한 절차에 따라 동일한 법원에서 행하여지고 또한 본장의 규정이 준수된 경우가 아니면 효력을 가지지 못한다.

제103조 포로에 대한 사법상의 심문은 사정이 허락하는 한 조속히 행하여 그러함으로서 재판이 가급적 조속히 개정되도록 하여야 한다.

포로는 억류국의 군대의 구성원이 동일한 범죄행위로서 입건 구속되는 경우 또는 국가의 안전상 그 구속을 필요로 하는 경우를 제외하고는 재판을 기다리는 동안 구류되지 아니한다. 여하한 경우에도 이 구류는 3개월을 초과할 수 없다. 재판이 있기까지의 포로가 구류되는 기간은 당해 포로에게 과하는 구속일자에 통산하여야 하며 또한 형의 결정에 있어서 고려에 넣어야 한다. 본장 제97조 및 제98조의 규정은 재판이 있기까지 구류된 포로에게 적용된다.

제104조 억류국이 포로에 대하여 재판절차를 게시하기로 결정한 경우에는 이익 보호국에 대하여 가급적 조속히 그리고 적어도 재판 개시 3주일전에 그 사실을 통보하여야 한다. 이 3주일의 기간은 이익 보호국이 미리 억류국에 지정한 이익보호국내의 주소에 상기 통고가 도착한 날로부터 계산한다. 전기의 통고에는 다음 사항을 포함하여야 한다.
1. 포로의 성명, 계급, 군번, 군의 명칭, 연대의 명칭, 개인의 번호, 또는 군번, 생년월일 및 직업.
2. 억류 또는 구류의 장소.
3. 포로에 대한 공소 사실의 상세와 적용 법규.
4. 사건을 취급할 법원의 지정 및 재판개시 일자와 장소. 억류국은 포로대표에게도 동일한 통지를 하여야 한다. 재판 개시의시 이익보호국, 포로본인 및 관계포로

대표가 적어도 재판 개시 3주일전에 전기의 통지를 수령하였다는 증거를 제출하지 않는 경우에는 재판을 개시하지 못하며, 이를 연기하여야 한다.

제105조 피고 포로는 동료 1인의 보좌를 받으며 자신이 선임한 자격있는 변호사에 의하여 변호되고 증인의 소환을 요구하여 그가 필요하다고 생각할 때에는 유능한 통역관에게 통역시킬 권리를 가진다. 억류국은 재판개시전 적당한 시기에 포로에게 이들 권리에 관하여 통고하여야 한다. 이익 보호국은 포로가 변호인을 선임하지 못하는 경우는 변호인을 붙여주어야 하며 이를 위하여 이익 보호국은 적어도 1주간의 유예기간을 가져야 한다. 억류국은 이익보호국의 요구가 있으면 변호사 자격이 있는 인명부를 전달하여야 한다. 억류국은 포로 자신이나 이익 보호국이 변호인을 선임하지 못하는 경우에는 변호를 위하여 자격있는 변호인을 지명하여야 한다. 포로의 변호에 임하는 변호인에 대하여는 피고인의 변호의 준비를 위하여 재판 개시전 적어도 2주간의 유예기간을 주고 또한 필요한 편의를 도모하여야 한다. 이 변호인은 특히 자유로이 피고인을 방문하고 또한 입회인이 없이 피고인과 면접할 수 있다. 이 변호인은 또한 변호를 위하여 포로를 포함하는 증인과 협의할 수 있다. 이 변호인은 불복 신립 또는 청원의 기간이 만료할 때까지 전기의 편익을 향유한다. 포로에 대한 기소영장과 억류국의 군대에 적용되는 법령에 따라 통상 피고인에게 송달되는 서류는 포로가 이해하는 언어로 기재하고 재판 개시전 충분한 여유를 두고 조속히 피고인인 포로에게 송달하여야 한다. 포로의 변호에 임하는 변호인에 대하여서도 동일한 조건으로 동일하게 송달하여야 한다. 이익 보호국의 대표자는 특히 국가의 안전을 위하여 재판이 비공개로 행하여지는 경우를 제외하고는 사건의 재판에 입회할 권리를 가진다. 이 경우 억류국은 이익 보호국에 대하여 그 취지를 통고 하여야 한다.

제106조 각 포로는 자기에 대하여 언도되는 판결에 관하여 억류국의 군대의 구성원이 하는 방식에 따라 판결의 기각, 정정 또는 재심을 청구하기 위하여 불복을 신립하고 또는 청원할 권리를 가진다. 그 포로에 대하여는 불복 신립 또는 청원의 권리 및 이것을 행사할 수 있는 시한에 관하여 충분한 통고를 하여야 한다.

제107조 포로에 대하여 언도되는 판결은 요약된 문서로서 즉시 이익 보호국에 통고하여야 한다. 그 문서에는 포로가 판결의 기각 정정 또는 재심을 청구하기 위하여 불복을 신립하고 또는 청원을 할 권리를 가지는 가의 여부도 기재하여야 한다. 이 문서는 관계포로 대표에게도 송부하여야 한다. 포로가 출두하지 않고 판결이 언도된 때에는 피고인인 포로에 대하여서도 이 문서를 당해 포로가 이해하는 언어로 작성하여 교부하여야 한다. 억류국은 또한 불복 신립 또는 청원의 권리를 행사하는 여부에 관한 포로의 결정을 이익 보호국에 즉시 통고하여야 한다. 또한 포로에 대하여 유죄의 판결이 확정된 경우 및 제1심 판결에서 사형의 언도가 있는 경우에는 억류국은 이익 보호국에 대하여 다음 사항을 기재한 상세한 문서를 가급적 조속히 송부하여야 한다.

1. 사실 인정 및 판결의 정확한 본문,
2. 예심 조사 및 재판에 관한 개요와 보고로서 특히 소추 및 변호의 요점을 명시한 것,
3. 필요한 경우에는 형이 집행될 시설의 통고.

전 각호에 정하는 통고는 이익 보호국이 미리 억류국에 통고한 주소로 송부 하여야 한다.

제108조 유죄판결이 적법하게 실시된 후 포로에 대하여 행하여진 선고는 억류국 군대의 구성원의 경우와 동일한 시설에서 동일한 조건하에 집행되어야 한다. 이 조건은 모든 경우에 있어서 위생 및 인도상의 제 요건을 갖추어야 한다. 전기의 형이 언도된 여자 포로는 분리된 장소에 구금하고 또한 여자의 감시하에 두어야 한다. 자유형이 언도된 포로는 여하한 경우에도 본 협약 제78조 및 제126조의 규정에 의한 혜택을 계속 향유한다. 또한 포로는 통신을 송수하며 매월 적어도 1개의 구호품 소포를 수령하고 옥외에서 규칙적으로 운동하며 그 건강상태에 따라 필요로 하는 의료와 그들이 희망하는 정신상의 원조를 받을 수 있도록 허가하여야 한다. 이들 포로에게 과하는 형벌은 제87조제3항의 규정에 따라야 한다.

제4편 포로 신분의 종류
제1부 직접 송환 및 중립국에서의 수용

제109조 본조 제3항의 규정에 따를 것을 조건으로 충돌 당사국은 중상 및 중병의 포로를 그의 수와 계급의 여하를 불문하고 그들이 여행에 적합할때까지 치료한 후에 다음조 제1항에 따라 본국으로 송환하여야 한다. 충돌 당사국은 적대행위중 관계 중립국의 협력에 의하여 다음조 제2항에서 언급하는 부상자 또는 병자인 포로의 중립국내에서의 수용에 관하여 조치를 취하도록 노력하여야 한다. 뿐만 아니라, 충돌 당사국은 장기간 포로의 신분으로 있었던 건강한 포로의 직접 송환 또는 중립국내에서의 억류에 관하여 협정을 체결할 수 있다. 본조 제1항에 의하여 송환의 대상이 되는 부상자, 또는 병자인 포로는 적대 행위의 기간중 그의 의사에 반하여 송환되어서는 아니된다.

제110조 다음의 자는 직접 송환하여야 한다.
1. 불치의 부상자 또는 병자로서 정신적 또는 육체적 기능이 현저히 감퇴되었다고 인정되는 자.
2. 1년이내에 회복할 가망이 없다고 의학적으로 진단된 부상자 또는 병자로서 그의 상태가 요양을 필요로 하고 또한 정신적 및 육체적 기능이 현저히 감퇴되었다고 인정되는 자.
3. 회복한 부상자 또는 병자로서 정신적이나 육체적 기능이 현저히 그리고 영구적으로 감퇴되었다고 인정되는 자.

다음의 자는 중립국내에서 수용할 수 있다.
1. 부상 또는 발병일로 부터 1년이내에 회복된다고 예상되는 부상자나 병자로서 중립국에서 요양하면 일층 확실하고 신속히 회복한다고 인정되는 자.
2. 계속하여 포로의 신분으로 있으면 정신 또는 육체의 건강에 현저한 위험이 있다고 의학적으로 진단되는 포로로서 중립국에 수용하면 이 위험이 제거될 것이라고 인정되는 자. 중립국에 수용된 포로가 송환되기 위하여 충족시킬 조건 및 이들 포로의 지위는 관계국간의 협정으로 정하여야 한다.

일반적으로 중립국에 수용되어 있는 포로로서 다음 부류에 속하는 자는 송환하여야 한다.
1. 건강 상태가 직접 송환에 관하여 정한 조건에 이를 정도로 악화한 자.
2. 정신적 또는 육체적 기능이 요양 후에도 현저히 악화되어 있는 자. 직접 송환 또는 중립국에서의 수용의 이유로 되는 장해 또는 질병의 종류를 결정하기 위한 특별 협정이 관계 충돌 당사국간에 체결되어 있지 않는 경우에는 이들의 종류는 본 협약에 부속된 부상자 또는 병자인 포로의 직접 송환 및 중립국에서의 수용에 관한 표본 협정과 혼성의료 위원회에 관한 규칙이 정하는 원칙에 따라 결정하여야 한다.

제111조 억류국, 포로가 속하는 국가 및 그 2국간에 합의된 중립국은 적대 행위가 종료할 때까지 그 중립국 영토내에 포로를 억류할 수 있도록 하는 협정의 체결에 노력하여야 한다.

제112조 적대행위가 시작된 때 부상자 또는 병자인 포로를 진찰하고 그 포로에 관하여 적절한 모든 결정을 취하도록 혼성의료위원회를 설치하여야 한다. 혼성 의료위원회의 임명, 임무 및 활동에 관하여는 본 협약 부속 규칙에 정하는 바에 따라야 한다. 그러나, 억류국의 의료당국이 명백히 중병이라고 인정하는 포로는 혼성 의료위원회의 진찰을 거치지 않고 송환할 수 있다.

제113조 억류국의 의료당국이 지정한 포로외에 다음 부류에 속하는 부상자나 병자인 포로는 전조에 정하는 혼성 의료위원의 진찰을 받을 권리를 가진다.
1. 동일 국적을 갖는 의사 또는 당해 포로 소속국의 동맹국인 충돌 당사국 국민인 의사로서 수용소내에서 그 임무를 행하는 자가 지정한 부상자 및 병자.
2. 포로 대표가 지정한 부상자 및 병자.
3. 그가 속하는 국가, 또는 포로에게 원조를 주는 단체로서 그 국가가 정당히 승인한 기관에 의하여 지정된 부상자 및 병자. 전기의 3부류의 하나에 속하지 않는 포로도 이들 부류에 속하는 자의 진찰 후에는 혼성 의료위원회의 진찰을 받을 수 있다. 혼성의료위원회의 진찰을 받는 포로와 동일한 국적을 갖는 의사 및 포로대표에 대하여서는 그 진찰에 입회함을 허가하여야 한다.

제114조 재해를 입은 포로는 고의로 상해를 받은 경우를 제외하고는 송환 또는 중립국에서의 수용에 관하여 본 협약에 규정된 혜택을 향유한다.

제115조 징계벌이 과하여 짐으로서 송환 또는 중립국내에서의 수용에 적합한 자는 처벌의 미료를 이유로 억류하여 두어서는 아니된다. 소추나 유죄판결을 받고 억류된 포로로서 송환 또는 중립국내에서의 수용이 지정된 자는 억류국이 동의한 때에는 사법 절차 또는 형의 만료전에 송환 또는 중립국 내에서의 수용의 혜택을 향유한다. 충돌 당사국은 사법 절차 또는 형 만료까지 억류되는 포로의 성명을 상호 통고하여야 한다.

제116조 포로의 송환 또는 중립국 이송의 비용은 억류국의 국경으로부터는 포로가 속하는 국가가 부담하여야 한다.

제117조 송환된 자는 현역 군무에 복무시켜서는 아니된다.

제2부 적대행위 종료시의 포로의 석방과 송환

제118조 포로는 적극적인 적대행위가 종료한 후 지체없이 석방하고 송환하여야 한다. 적대행위의 종료를 위하여 충돌 당사국간에 체결된 협정에 상기 취지의 규정이 없거나 그러한 약정이 없는 경우에는 각 억류국은 전항에 정하는 원칙에 따라 지체없이 송환 계획을 작성하고 실천하여야 한다. 전항의 어느 경우에라도 채택된 조치는 포로에게 통지 하여야 한다. 포로 송환의 비용은 여하한 경우에도 억류국과 포로 소속 국에 공평히 할당하여야 한다. 이 할당은 다음 기초에 따라 행하여 져야 한다.
  가. 양국이 인접하여 있을 경우에는 포로 소속 국은 억류국 국경으로부터의 송환 비용을 부담하여야 한다.
  나. 양국이 인접하지 아니하는 경우에는 억류국은 자국의 국경에 이르기까지 또는 포로 소속국 영토에 가장 가까운 자국의 승선항에 이르기 까지의 포로 수송 비용을 부담하여야 한다. 관계국은 기타의 송환비용을 공평히 할당하기 위하여 서로 협정하여야 한다. 이 협정 체결은 여하한 경우에도 포로의 송환을 지연시키는 이유로 하지 못한다.

제119조 송환은 제118조 및 다음항 이하의 규정을 고려하여 포로의 이동에 대하여 본 협약 제46조로부터 제48조까지 정한 조건과 동일한 조건으로 실시 하여야 한다. 송환에 제하여 제18조의 규정에 따라 포로로부터 압수한 유가물 및 억류국의 통화로 교환하지 않은 외국 통화는 포로에게 반환하여야 한다. 이유의 여하를 불문하고 송환에 있어서 포로에게 반환하지 않는 유가물 및 외국 통화는 제122조에 따라 설치되는 포로정보국에 인도하여야 한다. 포로는 그 개인 용품과 수령한 통신 및 소포를 휴대함이 허락되어야 한다. 이들 물품의 중량은 송환조건에 의하여 필요할 때에는 각 포로가 휴대할 수 있는 적당한 중량으로 제한할 수 있다. 각 포로는 여하한 경우에도 적어도 25키로그람의 물품을 휴대할 수 있어야 한다. 송환된 포로의 기타 개인 용품은 억류국이 보관하여야 한다. 이들 개인 용품은 억류국이 포로

의 소속국가와 수송조건 및 수송비용의 지불을 정하는 협정을 체결하면 곧 포로에게 송부하여야 한다. 위반 행위에 대한 형사소추가 진행중인 포로는 그러한 소추가 종료될 때까지 그리고 필요하면 형의 종료시까지 억류할 수 있다. 이것은 위반행위로 이미 유죄 판결을 받은 포로에 대하여서도 동일하게 적용된다. 충돌 당사국은 소추 종료시까지 또는 형의 종료시까지 억류되는 포로의 성명을 상호 통고하여야 한다. 충돌 당사국간의 협정으로 위원회를 구성함으로서 분산된 포로를 수색하고 또한 가급적 속히 포로를 송환할 것을 보장하여야 한다.

제3부 포로의 사망

제120조 포로의 유언서는 본국법에서 필요로 하는 유효요건을 충족시키도록 작성하여야 하고 본국은 이점에 관한 요건을 억류국에 통지하기 위하여 필요한 조치를 취한다. 유언서는 포로의 요청이 있는 경우와 포로의 사망후 모든 경우에 이익 보호국에 지체 없이 송부하고 그 인증등본은 중앙 포로 정보국에 송부하여야 한다. 포로로서 사망한 모든 자에 대하여는 본 협약에 부속된 표본에 합치되는 사망 증명서 또는 책임 있는 장교가 인증한 표를 제122조에 따라 설치되는 포로 정보국에 가급적 조속히 송부하여야 한다. 동 증명서 또는 인증한 표에는 제17조 제3항에 규정하는 신분증명서의 상세, 사망 연월일, 장소, 사인, 매장 년월일과 그 장소, 묘를 식별하기 위하여 필요한 모든 특기 사항을 기재하여야 한다. 포로의 매장 또는 화장은 반드시 사망을 확증하고, 보고서의 작성을 가능케 하고 또한 필요한 때에는 사망자의 신원을 확정할 목적으로 시체의 의학적 검시를 한 후에 행하여야 한다. 억류당국은 포로의 신분으로 있는 동안에 사망한 포로가 가급적 그가 속하는 종교의 의식에 따라 정중하게 매장된 것과 또한 그 분묘가 존중되고 적당히 유지되며 언제든지 찾아 낼 수 있도록 표지될 것을 보장하여야 한다. 사망한 포로로서 동일국에 속하는 자는 가급적 같은 장소에 매장하여야 한다. 사망한 포로는 공동 분묘를 사용하여야 할 불가피한 사정이 없는한 각각 별개의 분묘에 매장하여야 한다. 시체는 위생학상의 절대적인 이유나, 사망자의 종교 또는 화장에 대한 본인의 명백한 희망에 따라서만 화장할 수 있다. 화장한 경우에는 포로의 사망증명서에 화장의 사실 및 이유를 기재하여야 한다. 매장 및 분묘에 관한 모든 명세는 분묘를 언제든지 찾아 낼 수 있도록 억류국이 설치하는 분묘 등록 기관에 의하여 기록 비치 되어야 한다. 분묘의 목록 및 묘지와 기타의 장소에 매장된 포로들에 관한 명세서는 그 포로들의 소속국에 송부하여야 한다. 이들의 분묘를 관리하고 또한 추후에 있어서의 시체의 이동을 기록하는 책임은 그 지역을 관할하는 국가가 본 협약의 체결국인 경우에는 그 국가가 지어야 한다. 본 항의 규정은 본국의 희망에 따라 적절히 처리될 때까지 분묘 등록 기관이 보관하는 유골에 대하여서도 적용한다.

제121조 위병, 다른 포로 또는 기타인에게 기인하거나 또는 기인한 혐의가 있는 포로의 사망이나 중상 및 원인 불명의 사망에 대하여는 억류국이 곧 정식 조사를 행하

여야 한다. 전기의 사항은 곧 이익 보호국에 통고 하여야 한다. 증인, 특히 포로인 증인으로부터 진술을 청취하고 그 진술을 포함하는 보고서를 이익 보호국에 송부하여야 한다. 조사에 의하여 1인 또는 2인 이상의 자가 죄를 범하였다고 인정될 때에는 억류국은 책임을 져야할 자를 소추하기 위하여 모든 조치를 취하여야 한다.

제5편 포로에 관한 정보국과 구제단체

제122조 각 충돌당사국은 충돌이 개시될 때와 모든 점령의 경우에 그 권력내에 있는 포로에 관한 공설 정보국을 설치하여야 한다. 제4조에서 말한 부류중의 하나에 속하는 자를 자국영토내에 수용한 중립국 또는 비교전국은 그들에 관하여 동일한 조치를 취하여야 한다. 관계국은 포로 정보국에 대하여 그의 능률적인 운영에 필요한 건물 설비 및 직원을 제공할 것을 보장하여야 한다. 관계국은 본 협약중의 포로의 노동에 관한 부에 정하는 조건에 따라서 포로정보국에서 포로를 사용할 수 있다. 각 충돌당사국은 그의 권력내에 있는 제4조에서 말한 부류중의 하나에 속하는 적국인에 관하여 본조제4항, 제5항 및 제6항에서 말하는 정보를 가급적 신속히 자국의 포로정보국에 제공하여야 한다. 중립국 또는 비교전국은 그의 영토내에 수용한 전기의 부류에 속하는 자에 관하여 동일한 조치를 취하여야 한다. 포로 정보국은 이익 보호국 및 제123조에 정하는 중앙 포로 정보국의 중개에 의하여 그러한 정보를 가장 신속한 방법으로 즉시 관계국에 통고하여야 한다. 그 정보는 관계 있는 근친자에게 신속히 양지시킬 수 있는 것이어야 한다. 제17조의 규정에 따를 것을 조건으로 그 정보는 포로 정보국으로서 입수 가능한 한 각 포로에 관하여 그의 성명, 계급, 군의 명칭, 연대의 명칭, 개인번호와 군번, 출생지 생년월일, 소속국, 부친의 명 및 모친의 구성명, 통지를 받을 자의 성명 및 주소, 포로에 대한 서신을 송부할 수 있는 주소를 포함하여야 한다. 포로 정보국은 포로의 이동, 석방, 송환, 도주, 입원 및 사망에 관한 정보를 각 부처로부터 입수하여 그 정보를 전기의 제3항에 정하는 방법으로 통지하여야 한다. 마찬가지로 중병이나 중상자인 포로의 건강상태에 관한 정부도 정기적으로 가능하면 매주 제공하여야 한다. 포로 정보국은 또한 포로의 신분으로 있는 동안에 사망한 자를 포함하는 포로에 관한 모든 조회에 답변할 책임을 진다. 포로정보국은 정보의 요청을 받은 경우에 그 정보를 가지고 있지 않는 때에는 그것을 입수하기 위하여 필요한 조사를 행한다. 정보국의 모든 서면 통신은 서명 또는 날인하여 인증하여야 한다. 포로 정보국은 또한 송환, 석방, 도주, 혹은 사망한 포로가 남긴 억류국 통화 이외의 통화 및 근친자에게 중요한 서류를 포함하는 모든 개인적인 유가물을 수집하여 관계국에 송부 하여야 한다. 포로 정보국은 이들 유가물을 봉인한 포장에 넣어 송부하여야 한다. 그 봉인 포장에는 그 물품을 소지하고 있던 자를 식별하기 위한 명확하고 완전한 명세서 및 내용물의 완전한 목록을 첨부하여야 한다. 전기 포로의 기타 개인 용품은 관계충돌 당사국간에 체결되는 협정에 따라 송부 하여야 한다.

제123조 (중앙 포로 정보국은 중립국에 설치 한다.) 국제 적십자위원회는 필요하다고 인정하는 경우 관계국가에 대하여 중앙 포로 정보국의 조직을 제안하여야 한다. 중앙 포로 정보국의 직능은 공적 또는 사적 경로로 입수할 수 있는 포로에 관한 모든 정보를 수집하고 포로의 본국 또는 포로가 속하는 국가에 그 정보를 가급적 조속히 전달하여야 한다. 충돌 당사국은 중앙 포로 정보국이 그러한 정보를 전달하는데 대하여 모든 편의를 제공하여야 한다. 체약국과 특히 그 국민이 중앙 포로 정보국업무의 혜택을 향유하는 국가는 중앙 포로 정보국에 대하여 그가 필요로 하는 재정적 원조를 제공할 것을 요한다. 전기의 규정은 국제 적십자 위원회 또는 제125조에 정하는 구제단체의 인도적 활동을 제한하는 것으로 해석되어서는 아니된다.

제124조 각국의 포로 정보국 및 중앙 포로 정보국은 우편 요금의 면제 및 제74조에 정하는 모든 면제를 받으며 또 가능한 전보 요금의 면제 또는 적어도 상당한 감액을 받아야 한다.

제125조 억류국이 자국의 안전을 보장하거나 또는 기타 합리적인 필요에 대처하기 위하여 긴요하다고 인정하는 조치에 따를 것을 조건으로, 종교단체, 구제단체, 기타 포로에게 원조를 주는 단체의 대표자 및 정당하게 위임받은 대리인들은 포로의 방문, 그리고 그 출처의 여하를 불문하고 종교, 교육 또는 오락 목적을 가지는 구제품과 물자를 분배하고 수용소내에서 여가를 활용하도록 원조하는데 필요한 편의를 억류국으로부터 제공받아야 한다. 전기의 단체나 기관은 억류국의 영토내에서나 기타의 여하한 국가내에서도 설립할 수 있으며 또한 국제적 성격을 가질 수도 있다. 억류국은 대표들이 자국 영토내에서 억류국의 감독하에 임무를 수행할것이 허용되고 있는 단체 또는 조직의 수를 제한할 수 있다. 단, 그 제한은 모든 포로에 대한 충분한 구제를 효과적으로 시행하는 것을 방해하지 않아야 한다. 이 분야에 있어서의 국제 적십자 위원회의 특별한 지위는 항상 승인되고 존중되어야 한다. 전기의 목적에 충당되는 구제품 및 물자가 포로에게 교부된 때에는 즉시 또는 교부후 단기간 내에 포로 대표가 서명한 각 송부품의 수령증을 그 송부품을 발송한 구제 단체 또는 기관에 송부하여야 한다. 이와 동시에 포로의 보호 책임을 지는 행정당국은 그 송부품의 수령증을 송부하여야 한다.

제6편 협약의 시행
제1부 총 칙

제126조 이익 보호국의 대표자나 사절단은 포로가 있는 모든 장소, 특히 억류, 구금 및 노동의 장소를 방문할 수 있으며 포로가 사용하는 모든 시설에 출입할 수 있다. 그들은 또한 이동되는 포로의 출발, 통과 및 도착 장소를 방문할 수 있다. 그들은 입회인이 없이 직접 또는 통역을 통하여 포로 특히 포로 대표와 회견할 수 있다. 이익 보호국의 대표나 사절단은 자유로이 그들이 방문하고자 하는 장소를 선정할

수 있다. 그 방문 기간과 회수는 제한할 수 없다. 방문은 긴급한 군사상 필요를 이유로 하는 예외적이고 일시적인 조치로서 행하여 지는 경우를 제외하고는 금지되지 아니한다. 억류국 및 전기의 방문을 받는 포로들의 소속국은 필요할 경우에는 이들 포로의 동국인이 방문에 참가하는 것을 합의할 수 있다. 국제 적십자 위원회의 대표도 동일한 특권을 향유한다. 그 대표의 임명은 방문을 받는 포로를 억류한 국가의 승인을 받아야 한다.

제127조 체약국은 전시, 평시를 막론하고 본협약 전문을 가급적 광범위하게 자국내에 보급시킬 것이며, 특히 군교육계획, 가능하면 민간교육계획에도 본 협약에 관한 학습을 포함시킴으로써 본 협약의 원칙을 전군대와 국민에게 습득시킬 것을 약속한다. 전시에 있어서 포로에 대하여 책임을 지는 군당국과 기타의 당국은 본협약의 본문을 소지하고 또한 본 협약의 규정에 대하여 특별한 교육을 받아야 한다.

제128조 체약국은 스위스 연방 정부를 통하여 또한 전시중에는 이익 보호국을 통하여 본협약의 공식번역문과 협약의 시행을 위하여 제정한 제 법령을 상호 통보하여야 한다.

제129조 체약국은 본 협약에 대하여 130조에서 정의하는 중대한 위반행위를 범하였거나 또는 범하도록 명령한 자에 대한 유효한 형벌을 규정하기 위하여 필요한 입법 조치를 취할 것을 약정한다. 각 체약국은 중대한 위반행위를 범하였거나 범할 것을 명령한 혐의가 있는 자를 수사할 의무를 지며, 이러한 자는 국적여하를 불문하고 자국의 법원에 기소되어야 한다. 또한 각 체약국은 희망이나 자국 국내법의 규정에 따라 이러한 자를 다른 관계 체약국에서 재판을 받도록 인도할 수 있다. 단, 관계 체약국이 해 사건에 관하여 일단 유리한 증거를 제시하는 경우에 한한다. 각 체약국은 다음 조항에서 정의하는 중대한 위반행위 이외에 본 협약 제 규정에 위반되는 모든 행동을 방지하기 위하여 필요한 조치를 취하여야 한다. 피고인은 모든 경우에 있어서 본 협약 제105조 및 그 이하에 규정하는 것보다 불리하지 않는 정당한 재판과 변호가 보장되어야 한다.

제130조 전조에 달하는 중대한 위반행위란 본 협약이 보호하는 사람 또는 재산에 대하여 행하여지는 다음의 행위를 의미한다. 고의적인 살인, 신체 또는 건강을 크게 해치거나 고통을 주는 고문이나 비인도적 대우(생물 학적 실험을 포함), 또는 적국의 군대에 복무하도록 포로를 강요하는 것, 또는 본 협약에 정하는 공정한 정식 재판을 받을 권리를 박탈하는 것.

제131조 체약국은 전조에서 말한 위반행위에 관하여 자국이 져야할 책임을 벗어나거나 또는 타방 체약국으로 하여금 동국이 져야할 책임으로부터 벗어나게 하여서는 아니된다.

제132조 본협약에 대한 위반 혐의에 관하여 충돌 당사국의 요청이 있을 때에는 관계국 간에 결정되는 방법으로 심문하여야 한다. 심문 절차에 관한 합의가 이루어지지

아니하였을 때는 관계국은 그 절차를 결정할 심판관의 선임에 관하여 합의하여야 한다. 위반행위가 확인되었을 때 충돌 당사국은 지체없이 위반행위를 종식시키거나 억제하여야 한다.

제2부 최종규정

제133조 본 협약은 영어와 프랑스어로 작성되며 양자 공히 정본이다. 스위스연방정부는 본 협약이 쏘련어와 스페인어로 공식 번역되도록 조치하여야 한다.

제134조 본 협약은 체약국간의 관계에 있어서는 1929년 7월 27일의 협약에 대신한다.

제135조 본 협약의 체약국으로서 1899년 7월 29일 또는 1907년 10월 18일의 육전 법규 및 관행에 관한 헤그 조약에 의하여 구속 받고 있는 국가간의 관계에 있어서는 본 협약은 동 헤그 조약 부속 규칙 제2장을 보완한다.

제136조 오늘 날자의 본 협약은 1949년 4월 21일 제네바에서 개최된 회의에 대표를 파견한 국가와, 동 회의에 대표는 파견하지 않았으나 1929년 7월 27일자 조약의 체약국에 대하여 1950년 2월 12일까지 그 서명을 위하여 개방된다.

제137조 본 협약은 가급적 조속히 비준되어야 하며 비준서는 베른에 기탁한다. 스위스 연방정부는 각 비준서의 기탁에 관한 기록을 작성하며 그 기록의 인증등본을 본 협약 서명국과 가입국에 전달하여야 한다.

제138조 본 협약은 2개이상의 비준서가 기탁된 6개월후부터 효력을 발생한다. 그 이후 본협약은 각 체약국이 비준서를 기탁한 6개월후에 각 체약국에 대하여 효력을 발생한다.

제139조 본협약은 그 효력 발생일로 부터 본 협약에 서명하지 않은 모든 국가의 가입을 위하여 개방된다.

제140조 본협약에의 가입은 스위스 연방정부에 서면으로 통고해야 하며 그 가입서가 접수된 날로부터 6개월후에 발효한다. 스위스 연방정부는 가입사실을 본 협약 서명국과 가입국에 통고하여야 한다.

제141조 제2조와 제3조에 규정된 경우는 전쟁 또는 점령의 개시전후에 충돌 당사국이 행한 비준 또는 가입을 즉시 발효시킨다. 스위스 연방정부는 충돌 당사국으로부터 접수된 비준서 또는 가입서를 가장 신속한 방법으로 통고하여야 한다.

제142조 각 체약국은 본 협약에서 자유로이 탈퇴할 수 있다. 탈퇴는 서면으로 스위스 연방정부에 통고하여야 하며 스위스 연방 정부는 그 통고를 모든 체약국 정부에 전달하여야 한다. 탈퇴는 스위스 연방정부에 통고한 1년후에 발효한다. 단, 탈퇴국이 탈퇴를 통고할 당시에 전쟁에 개입하고 있는 경우에는 강화조약 체결시까지, 또한

본 협약에 의하여 보호되는 자의 석방과 송환 업무가 종료될 때까지 발효하지 아니한다. 탈퇴는 탈퇴하는 국가에 대하여서만 효력을 발생한다. 탈퇴는 문명인간의 확립된 관행, 인도의 법칙, 대중적 양심에 기인한 국제법의 원칙에 따라 충돌 당사국이 계속 이행하여야 할 의무를 해하여서는 아니된다.

제143조 스위스 연방 정부는 본협약을 국제연합 사무국에 등록하여야 한다. 스위스 연방 정부는 또한 본협약에 관하여 동 정부가 접수하는 모든 비준, 가입 및 탈퇴를 국제연합 사무국에 통고하여야 한다. 이상의 증거로서 하기인은 각자의 전권위임장을 기탁하고 본 협약에 서명하였다. 1949년 8월 12일 제네바에서 영어와 프랑스어로 작성하였다. 원본은 스위스 연방 정부의 문서 보관소에 기탁한다.

스위스 연방정부는 그 인증등본을 각 서명국과 가입국에 송부하여야 한다.

1949년 8월 12일자 제네바협약에 대한 추가 및 국제적 무력충돌의 희생자 보호에 관한 의정서
(1977년 제1추가의정서)

체약당사국은 제국민간에 평화가 지배하도록 하기 위한 그들의 진지한 희망을 선언하고 모든 국가는 국제연합헌장에 따라 국제관계에 있어서 국가의 주권, 영토보존, 정치적 독립에 대하여 또는 국제연합의 목적과 불일치하는 여하한 방법으로 무력의 위협 또는 사용을 하지 않을 의무를 가진다는 것을 상기하고, 무력충돌의 희생자를 보호하는 제규정을 재확인하고 발전시키며 동 규정의 적용을 강화하기 위한 제조치를 보충할 필요가 있음을 믿고, 본 의정서 및 1949년 8월 12일자 제네바협약의 어느 규정도 국제연합헌장과 배치되는 여하한 침략행위 또는 무력행사를 합법화하거나 용인하는 것으로 해석될 수 없다는 확신을 표명하고, 나아가서 1949년 8월 12일자 제네바협약 및 본 의정서의 규정은 무력충돌의 성격이나 원인 또는 충돌당사국에 의하여 주장되거나 충돌당사국에 기인하는 이유에 근거한 어떠한 불리한 차별도 없이 이들 약정에 의하여 보호되는 모든 자에게 어떠한 상황하에서도 완전히 적용됨을 재확인하며, 다음과 같이 합의하였다.

제1편 총 칙

제1조 일반원칙 및 적용범위
1. 체약당사국은 모든 경우에 있어서 본 의정서를 존중할 것과 본 의정서의 존중을 보장할 것을 약정한다.
2. 본 의정서 또는 다른 국제협정의 적용을 받지 아니하는 경우에는 민간인 및 전투원은 확립된 관습, 인도원칙 및 공공양심의 명령으로부터 연원하는 국제법원칙의 보호와 권한하에 놓인다.
3. 전쟁희생자 보호를 위한 1949년 8월 12일자 제네바 제협약을 보완하는 본 의정서는 이들 협약의 공통조항인 제2조에 규정된 사태에 적용한다.
4. 전항에서 말하는 사태는 유엔헌장 및 "유엔헌장에 따른 국가간 우호관계와 협력에 관한 국제법원칙의 선언 "에 의하여 보장된 민족자결권을 행사하기 위하여 식민통치, 외국의 점령 및 인종차별정권에 대항하여 투쟁하는 무력충돌을 포함한다.

제2조 정 의
본 의정서의 목적을 위하여
가. "제1협약", "제2협약", "제3협약" 및 "제4협약"이라 함은 각각 육전에 있어서의 군대의 부상자 및 병자의 상태개선에 관한 1949년 8월 12일자 제네바협약, 해상

에 있어서의 군대의 부상자, 병자 및 난선자의 상태개선에 관한 1949년 8월 12일자 제네바협약, 포로의 대우에 관한 1949년 8월 12일자 제네바협약, 전시에 있어서의 민간인의 보호에 관한 1949년 8월12일자 제네바협약을 의미하며, "제협약"이라 함은 전쟁희생자 보호를 위한 1949년 8월 12일자 제네바 4개협약을 의미한다.

나. "무력충돌에 적용되는 국제법의 규칙"이라 함은 충돌당사국이 당사자인 국제협정에 명시된 전시에 적용되는 규칙과 전시에 적용가능한 국제법의 일반적으로 인정된 원칙 및 규칙을 의미한다.

다. "이익보호국"이라 함은 충돌당사국에 의하여 지정되고 적대당사국에 의하여 수락되었으며 제협약과 본 의정서에 따라 이익보호국에 부여된 기능을 수행할 것에 동의한 중립국 또는 충돌 비당사국을 의미한다.

라. "대리기관"이라 함은 제5조에 따라 이익보호국을 대신하여 활동하는 기구를 의미한다.

제3조 적용의 개시 및 종료

항시 적용되는 규정을 침해함이 없이,

가. 제협약 및 본 의정서는 본 의정서 제1조에 규정된 사태가 개시될 때로부터 적용된다.

나. 제협약 및 본 의정서의 적용은 충돌당사국의 영역내에서는 군사작전의 일반적인 종료시, 점령지역의 경우에는 점령의 종료시에 끝난다. 단, 양 경우에 있어서 최종석방, 송환, 복귀가 그 후에 행하여지는 자는 예외로 한다. 이러한 자들은 그들의 최종석방, 송환, 복귀시까지 본 의정서 및 제협약의 관련규정으로부터 계속 혜택을 향유한다.

제4조 충돌당사국의 법적지위

제협약과 본 의정서의 적용 및 그에 규정된 협정의 체결은 충돌 당사국의 법적지위에 영향을 주지 아니한다. 영토의 점령 또는 제협약 및 본 의정서의 적용은 문제지역의 법적지위에 영향을 주지 아니한다.

제5조 이익보호국 및 그 대리기관의 지명

1. 충돌당사국은 충돌이 개시된 때부터 하기 조항에 따라 특히 이익보호국의 지명과 수락을 포함한 이익보호국제도의 적용에 의하여 협약과 본 의정서의 감시와 실시를 확보할 의무가 있다. 이러한 이익보호국은 충돌당사국의 이익을 보장할 의무를 진다.

2. 제1조에 규정된 사태가 개시된 때로부터 각 충돌당사국은 지체 없이 제협약 및 본 의정서의 적용을 목적으로 이익보호국을 지정하여야 하며, 지체없이 그리고 동일한 목적을 위하여 적대국에 의하여 지명되고 자국에 의하여 수락된 이익보호국의 활동을 허용하여야 한다.

3. 본 의정서 제1조에 규정된 사례가 개시된 때로부터 이익보호국이 지명되고 수락되지 않은 경우에는 기타 공정한 인도적 단체가 행동할 권리를 침해함이 없이 국제적십자위원회가 충돌당사국이 동의하는 이익보호국의 지체없는 지명을 목적으로 주선을 제공한다. 이 목적을 위하여 국제적십자위원회는 각 당사국에게 그 당사국이 적대당사국과의 관계에서 자국을 위하여 이익보호국으로 행동함을 수락할 수 있다고 생각하는 최소한 5개국의 명단을 제공할 것과 각 적대당사국에게 상대당사국의 이익보호국으로 수락할 수 있는 최소한 5개국의 명단을 제공할 것을 요청할 수 있다. 이들 명단은 요청을 접수한 때부터 2주일이내에 통보되어야 한다. 국제적십자위원회는 동 명단들을 비교하고 양측 명단에 기재된후보국가에 대한 합의를 모색한다.
4. 전항의 규정에도 불구하고 이익보호국이 없는 경우에는 충돌당사국은 국제적십자위원회 또는 공정성과 능률성이 보장되는 기타 조직이 관계 당사국과 필요한 협의를 한 후 이러한 협의의 결과를 고려하여 대리기관으로 행동할 것을 제의하는 경우 이를 지체없이 수락하여야 한다. 이러한 대리기관의 기능은 충돌당사국의 동의를 얻어야 한다. 충돌당사국은 제협약 및 본 의정서에 따라 업무를 수행하는 대리기관의 활동을 촉진시키기 위하여 모든 노력을 다하여야 한다.
5. 제4조에 따라 제협약 및 본 의정서를 적용하기 위한 이익보호국의 지명과 수락은 충돌당사국 또는 점령지를 포함한 어떠한 영토의 법적지위에 대하여도 영향을 주지 아니한다.
6. 충돌당사국간의 외교관계의 유지 또는 당사국의 이익 및 자국국민의 이익의 보호를 외교관계에 관한 국제법의 규칙에 따라 제3국에게 위임하는 것은 협약과 본 의정서의 적용을 위한 이익보호국의 지명에 장애가 되지 아니한다.
7. 이하 본 의정서의 이익보호국에 관한 언급에는 대리기관도 포함된다.

제6조 자격있는 요원
1. 평시에 체약당사국은 국내적십자(적신월, 적사자태양)사의 지원을 받아 제협약 및 본 의정서의 적용과 특히 이익보호국의 활동을 촉진시키기 위하여 자격있는 요원을 훈련시키도록 노력한다.
2. 그러한 요원의 선발과 훈련은 국내 관할사항이다.
3. 국제적십자위원회는 체약당사국이 작성하여 그 목적으로 송부한 훈련된 요원의 명단을 체약당사국이 이용하도록 유지한다.
4. 국가 영역밖에서 그러한 요원의 사용을 규율하는 조건은 각 경우에 관계당사국간의 특별협정의 대상이 된다.

제7조 회 의
본 의정서의 수탁국은 제협약 및 본 의정서의 적용에 관한 일반적인 문제를 토의하기 위하여 1개국 또는 그 이상의 체약당사국의 요청과 체약당사국 과반수의 찬성을 얻어 체약당사국 회의를 개최한다.

제2편 부상자·병자·난선자
제1장 일반적 보호

제8조 정 의

본 의정서의 목적을 위하여

가. "부상자"와 "병자"라 함은 군인 또는 민간인을 불문하고 외상, 질병, 기타 신체적·정신적인 질환 또는 불구로 인하여 의료적 지원 또는 가료가 필요한 자로서 적대행위를 하지 아니하는 자를 말한다. 이들 용어는 임산부, 신생아 및 허약자나 임부와 같은 즉각적인 의료적 지원 또는 가료를 필요로 하는 자로서 적대행위를 하지 아니하는 기타의 자를 포함한다.

나. "난선자"라 함은 군인 또는 민간인을 불문하고 본인 또는 그를 수송하는 선박 또는 항공기에 영향이 미치는 재난의 결과로 해상 또는 기타 수역에서 조난을 당한 자로서 적대행위를 하지 아니하는 자를 말한다. 이들은 적대행위를 하지 아니하는 한 제협약 또는 본 의정서에 따라 다른 지위를 취득할 때까지의 구조 기간 중 난선자로 간주된다.

다. "의무요원"이라 함은 충돌당사국에 의하여 전적으로 마. 호에 열거된 의료목적이나 의무부대의 행정 또는 의료수송의 운영 또는 행정에 배속된 자를 의미한다.

(1) 제1및 제2협약에 규정된 자를 포함하여 군인 또는 민간인을 불문하고 충돌당사국의 의료요원 또는 민방위조직에 배속된 의료요원

(2) 국내적십자(적신월·적사자태양)사와 충돌당사국에 의하여 정당히 인정되고 허가된 기타 국내 자발적 구호단체의 의료요원

(3) 본 의정서 제9조2항에 규정된 의무부대와 의료수송차량의 의무요원

라. "종교요원"이라 함은 군목과 같이 전적으로 성직에 종사하고 있고 아래에 소속된 군인 또는 민간인을 의미한다.

(1) 충돌당사국의 군대

(2) 충돌당사국의 의무부대 또는 의무수송차량

(3) 제9조제2항에 규정된 의무부대 또는 의무수송차량

(4) 충돌당사국의 민방위조직종교요원의 소속은 영구적 또는 임시적일 수 있으며 카. 호의 관련규정이 그들에게 적용된다.

마. "의무부대"라 함은 부상자, 병자, 난선자에 대한 일차진료를 포함한 수색, 수용, 수송, 진찰 및 치료와 같은 의료목적과 질병의 예방을 위하여 구성된 군인 또는 민간시설 및 기타 부대를 의미한다. 이 용어는 예를 들어 병원 및 유사한 단체, 수혈센터, 예방의료본부 및 기관, 의료창고와 의무부대의 의료 및 의약품창고를 포함한다. 의무부대는 고정식 또는 이동식, 영구적 또는 임시적일 수 있다.

바. "의무수송"이라 함은 제협약 및 본 의정서에 의하여 보호되는 부상자, 병자, 난선자, 의무요원, 종교요원, 의료장비, 의료품의 육지, 해상, 공중을 통한 수송을 의미한다.

사. "의무수송수단"이라 함은 군용 또는 민간용이든 영구적 또는 일시적이든간에 충돌당사국의 권한있는 당국의 통치하에 있고 의무수송에 전적으로 할당된 모든 수송수단을 의미한다.

아. "의무차량"이라 함은 육상의무수송수단을 의미한다.

자. "의무용 선박"이라 함은 해상의무수송수단을 의미한다.

차. "의무항공기"라 함은 공중의무수송수단을 의미한다.

카. "상임의무요원", "상설의무부대 ", "상설의무수송수단"이라 함은 불특정한 기간동안 의료목적에 전적으로 할당된 것들을 의미한다. "임시의무요원", "임시의무부대", "임시의무수송수단"이라 함은 그러한 기간 전체의 한정된 기간동안 의료목적에 전적으로 할당된 것들을 의미한다. 별도의 규정이 없는 한, "의무요원", "의무부대", "의무수송수단"은 상설 및 임시적인 부류를 모두 포함한다.

타. "식별표장'이라 함은 의무부대 및 수송수단, 의무 및 종교요원, 장비 또는 보급품의 보호를 위하여 사용될 경우의 백색바탕의 적십자·적신월 ·적사자태양의 식별표장을 의미한다.

파. "식별신호"라 함은 전적으로 의무부대 또는 수송수단의 구분을 위하여 본 의정서의 제1부속서 제3장에 규정된 모든 신호 또는 통신을 의미한다.

제9조 적용범위

1. 부상자, 병자 및 난선자의 상태개선을 목적으로 하는 본 편의제규정은 인종, 피부색, 성별, 언어, 종교, 신념, 정치적 또는 기타 견해 민족적·사회적 출신여하, 빈부, 출생 및 기타 지위 또는 모든 유사한 기준에 근거한 어떠한 불리한 차별도 함이 없이 제1조에 규정된 사태에 의하여 영향을 받는 모든 자에게 적용한다.

2. 제1협약의 제27조와 제32조의 관계규정은 하기 당국이 인도적 목적을 위하여 충돌당사국에 공여하는 의무부대 및 의무수송수단(제2협약의 제25조가 적용되는 병원선을 제외하고)과 그 요원에 대하여 적용된다.

   가. 충돌당사자가 아닌 중립국 또는 기타 국가

   나. 그러한 국가가 인정하고 허가하는 구호단체

   다. 공평한 국제인도주의 단체

제10조 보호 및 가료

1. 모든 부상자, 병자 및 난선자는 그들의 소속국 여하를 불문하고 존중되고 보호된다.

2. 모든 경우에 있어서 그들은 가능한 최대한으로 그리고 지체없이 그들의 상태에 따라 요구되는 의료적 가료와 간호를 받고 인도적으로 대우되어야 한다. 의료적인 것 이외의 다른 이유에 근거하여 그들 사이에 차별을 두어서는 아니된다.

제11조 개인의 보호

1. 적대국의 권력내에 있거나 또는 제1조에 언급된 사태의 결과로 구류, 억류되었거나 달리 자유가 박탈된 자의 육체적 또는 정신적 건강 및 완전성은 부당한 작

위 또는 부작위로 인하여 위태롭게 되어서는 아니된다. 따라서, 본조에 규정된 자들에 대하여 당해인의 건강상태로 보아 필요하지 아니하며 그 절차를 행하는 당사국이 유사한 의료적 상황하에서 자유가 박탈되지 않은 자국민에게 적용하는 일반적으로 인정된 의료기준과 일치하지 아니하는 어떠한 의료적 처리를 받도록 하는 것은 금지된다.
2. 특히 그러한 자들에게 하기 행위를 행하는 것은 그들의 동의가 있는 경우라도 금지된다.
가. 신체 절단
나. 의학 또는 과학실험
다. 이식을 위한 조직 또는 장기의 제거
단, 이러한 행위가 1항에 규정된 조건에 따라 정당화되는 경우는 제외한다.
3. 2항 다. 호의 금지에 대한 예외는 수혈을 위한 헌혈 또는 이식을 위한 피부기증이 어떤 강제 또는 유인이 없이 자발적이며 기증자와 수혜자 양측의 이익을 위하여 일반적으로 인정된 의료기준과 감독에 일치하는 조건하에서 치료 목적으로 이루어진 경우에 한한다.
4. 소속국이외의 당사국의 권력하에 있는 자의 신체적·정신적 건강 또는 완전성을 심히 위태롭게 하며 1항 및 2항의 금지를 위반하거나 3항의 요건에 따르지 못하는 모든 고의적 작위 또는 부작위는 본 의정서의 중대한 위반이 된다.
5. 1항에 규정된 자는 어떠한 외과수술도 거부할 권리가 있다. 거부의 경우 의무요원은 환자가 서명 또는 인정한 그러한 취지의 서면진술을 받도록 노력하여야 한다.
6. 각 충돌당사국은 그 충돌당사국의 책임하에 이루어진 경우, 1항에 언급된 자에 의한 수혈 또는 이식을 위한 피부기증에 대한 의학적 기록을 유지하여야 한다. 그밖에 각 충돌당사국은 1항에 언급된 사태의 결과로 구류, 억류 또는 기타 자유가 박탈된 자에 대하여 행한 모든 의학적 처치의 기록을 유지하도록 노력하여야 한다. 이 기록은 이익보호국에 의한 검열이 항상 가능하도록 하여야 한다.

제12조 의무부대의 보호
1. 의무부대는 항상 존중되고 보호되며, 공격의 대상이 되어서는 아니된다.
2. 1항은 민간의무대들이 다음과 같은 조건을 갖춘 경우에 적용된다.
 가. 충돌당사국의 일방에 속하거나
 나. 충돌당사국 일방의 권한있는 당국에 의하여 인정되고 허가되거나
 다. 본 의정서 제9조2항 및 제1협약의 제27조에 따라 허가될 것.
3. 충돌당사국은 고정의무부대의 위치를 상호 통고할 것이 요청된다. 이러한 통고의 부재는 어느 당사국을 제1항의 규정에 따를 의무로부터 면제하는 것이 아니다.
4. 어떠한 경우에도 의무부대는 군사목표물을 공격으로부터 엄폐하기 위한 목적으로 사용되어서는 아니된다. 충돌당사국은 가능한 한 의무부대가 군사목표물에 대한 공격으로 인하여 그 안전이 위태롭지 않게 위치하도록 보장하여야 한다.

제13조 민간의무대의 보호의 정지
1. 민간의무대가 받을 권리가 있는 보호는 동 부대가 인도적기능이외의 적에게 해로운 행위를 하는데 이용되지 아니하는 한 정지되지 아니한다. 그러나, 보호는 적절한 경우 합리적인 시한을 부친 경고를 발한 후 그리고 그러한 경고가 무시된 후에 정지될 수 있다.
2. 다음 사항은 적에게 해로운 행위로 간주되지 아니한다.
   가. 부대요원이 자신 또는 그들 책임하에 있는 부상자 및 병자의 방어를 위한 개인용 소화기를 휴대하는 것.
   나. 동 부대가 초병, 보초 또는 호위병에 의하여 방어되는 것.
   다. 부상자와 병자로부터 수거되었거나 아직 적절한 기관에 인계되지 못한 소화기, 탄약등이 부대내에서 발견되는 것.
   라. 군대구성원 또는 기타 전투원이 의료상의 이유로 동 부대내에 있는것

제14조 민간의무대의 징발에 대한 제한
1. 점령국은 점령지역내 민간인의 의료적 필요가 계속 충족되도록 보장할 의무를 진다.
2. 따라서, 점령국은 민간의무부대와 그 장비, 자재 또는 요원의 역무가 민간주민에 대한 적절한 의료봉사의 제공과 이미 치료받고 있는 부상자 및 병자의 계속적인 의료적 가료를 위하여 필요한 한 이들을 징발하여서는 아니된다.
3. 2항에 언급된 일반규칙이 계속 준수될 것을 조건으로 점령국은 아래의 특수조건에 따라 전기의 자원을 징발할 수 있다.
   가. 이러한 자원이 점령군 또는 포로중의 부상자 및 병자의 적절하고 즉각적인 의료처치에 필요한 것일 것.
   나. 이러한 필요성이 존재하는 동안에만 징발이 계속될 것.
   다. 징발에 의하여 영향을 받는 민간인 및 치료중인 부상자와 병자의 의료적 필요가 계속 충족되는 것을 보장하도록 즉각적인 협정이 체결될 것.

제15조 민간의무요원 및 종교요원의 보호
1. 민간의무요원은 존중되고 보호된다.
2. 필요한 경우 전투행위로 인하여 민간의료봉사가 중단된 지역에 있는 민간의무요원에 대하여 모든 가능한 원조가 제공되어야 한다.
3. 점령국은 점령지역에서 민간의무요원이 그들의 인도적 기능을 최대한 수행할 수 있도록 모든 원조를 제공하여야 한다. 점령국은 그러한 기능의 수행에 있어서 의학적 이유를 제외하고는 이들 요원으로 하여금 어떠한 자에게도 치료의 우선권을 주도록 요구하여서는 아니된다. 그들은 인도적 임무와 양립될 수 없는 업무를 수행하도록 강요되어서는 아니된다.
4. 민간의무요원은 관련 충돌당사국이 필요하다고 인정하는 감독, 안전조치에 복종하여 그들의 봉사가 필요한 어느 장소로도 출입이 가능하여야 한다.

5. 민간종교요원은 존중되고 보호된다.

의무요원의 보호와 신분증명서에 관한 협약과 본 의정서의 규정은 이러한 자에 대하여 동등하게 적용된다.

제16조 의료업무의 일반적 보호

1. 누구도 의료윤리에 적합한 의료활동을 수행함을 그 이유로 그 수혜자가 누구인가를 불문하고 결코 처벌받지 아니한다.
2. 의료활동에 종사하는 자는 의료윤리에 관한 규칙 또는 기타 부상자와 병자의 이익을 위하여 정하여진 규칙, 제협약 또는 본 의정서에 반하는 행동 또는 업무를 수행하도록 강제되거나, 그러한 규칙 및 규정에 의하여 요구되는 행동 또는 업무를 수행하지 못하도록 강제되지 아니한다.
3. 의료활동에 종사하는 자는 자국의 법률에 의하여 요구되는 경우를 제외하고는 자기의 가료를 받고 있거나 또는 받았던 부상자, 병자에 관한 어떠한 정보라도 그의 견해상 그러한 정보가 관련 환자 또는 그 가족에 유해 할 것으로 판단될 경우, 적대국에 소속하든 자국에 소속하든 불문하고 누구에게도 이를 제공하도록 강요되지 아니한다. 단, 전염병 질병에 대한 의무적인 통보에 관한 규칙은 존중된다.

제17조 민간주민 및 구호단체의 역할

1. 민간주민은 부상자, 병자, 난선자가 적대당사국에 속하더라도 그들을 존중하며 그들에게 여하한 폭행도 행하여서는 아니된다. 민간주민 및 적십자(적신월, 적사자태양)사와 같은 구호단체는 피침 또는 피점령지역에서 일지라도 부상자, 병자, 난선자를 자발적으로 수용 및 간호하는 것이 허용된다. 누구도 그러한 인도적행위때문에 가해당하거나 소추, 유죄언도 또는 처벌되지 아니한다.
2. 충돌당사국은 1항에 언급된 민간주민 및 구호단체에 대하여 부상자, 병자, 난선자를 수용 및 간호하며 사망자를 수색하고 그 위치를 통보할 것을 호소할 수 있다. 그 당사국은 이 호소에 응한 자들에게 보호 및 필요한 편의를 부여하여야 한다. 적대국이 지역의 지배권을 취득 또는 재취득하는 경우, 그 적대국도 또한 필요한 기산동안 동일한 보호 및 편의를 제공하여야 한다.

제18조 식 별

1. 각 충돌당사국은 의무 및 종교요원과 의무부대 및 수송수단이 식별될 수 있도록 보장하기 위하여 노력하여야 한다.
2. 각 충돌당사국은 식별표장 및 식별신호를 사용하는 의무부대 및 수송수단을 인지하는 것을 가능케 하기 위한 방법과 절차를 채택하고 실시하도록 노력하여야 한다.
3. 점령지역 및 전투가 발생중이거나 발생가능성이 있는 지역에서 민간의무요원과 민간종교요원은 식별표장과 그 지위를 증명하는 신분증명서에 의하여 인지될 수 있어야 한다.

4. 의무부대 및 수송수단은 권한있는 당국의 동의를 얻어 식별표장에 의하여 표시되어야 한다. 본 의정서 제22조에 언급된 선박과 주정은 제2협약의 규정에 따라 표시되어야 한다.
   5. 식별표장에 추가하여 충돌당사국은 본 의정서 제1부속서 제3장에 규정된 바에 따라 의무부대 및 수송수단을 식별하기 위한 식별신호의 사용을 허가한다. 예외적으로 전기 제3장에서 취급되고 있는 특별한 경우에는 의무수송수단은 식별표장을 부착함이 없이 식별신호를 사용할 수 있다.
   6. 본조 제1항부터 제5항까지의 제규정의 적용은 본 의정서 제1부속서 제1장부터 제3항까지의 규제를 받는다. 의무부대 및 수송수단의 배타적 사용을 위하여 제1부속서 제3장에 규정된 신호는 상기 제3장에 규정된 바를 제외하고는 그 장에 규정된 의무부대 및 수송수단을 식별하려는 것 이외의 여하한 목적을 위하여서도 사용되어서는 아니된다.
   7. 본조는 제1협약 제44조에 규정된 것보다 더 광범위하게 평시에 식별표장을 사용하는 것을 허용하는 것은 아니다.
   8. 식별표장의 사용에 대한 감독과 그 남용의 방지와 억제에 관한 제협약 및 본 의정서의 규정은 식별신호에도 적용된다.

제19조 중립국 및 충돌 비당사국
중립국 및 충돌 비당사국은 본 편에 의하여 보호받는 자로서 그들의 영토내에 접수되었거나 구금된 자 및 그들이 발견한 충돌당사국의 사망자에 관하여 본 의정서의 관련 규정을 적용하여야 한다.

제20조 보복의 금지
본 편에 의하여 보호받는 자와 물건에 대한 보복은 금지된다.

제2장 의무수송

제21조 의무차량
의무차량은 협약과 본 의정서에 따라 이동 의무부대와 같은 방법으로 존중되고 보호된다.

제22조 병원선 및 연안구명정
   1. 하기에 관한 제협약의 제규정, 즉
   가. 제2협약의 제22조, 제24조, 제25조, 제27조에 규정된 선박
   나. 동 선박의 구명정 및 주정
   다. 동 선박의 요원 및 승무원
   라. 동 승선중인 부상자, 병자, 난선자에 관한제협약의 제규정은 이러한 선박이 제2협약 제13조의 어느 범주에도 속하지 아니하는 민간 부상자, 병자, 난선자를 수송하는 경우에도 적용된다. 그러나, 그러한 민간인은 자국이 아닌 어느 당사

국에 항복하거나 해상에서 체포되지 아니한다. 만일 그들이 타방 당사국의 수중에 들어가는 경우에는 그들은 제4협약 및 본 의정서의 적용을 받는다.
2. 제2협약의 제25조에 규정된 선박에 대하여 제협약에 의하여 부여되는 보호는 인도적 목적을 위하여 하기자가 충돌당사자에게 대여한 병원선에도 적용된다.
   가. 중립 또는 충돌비당사국
   나. 공평한 국제인도조직단, 각 경우에 있어서 동조에 규정된 요건에 따를 것을 조건으로 한다.
3. 제2협약의 제27조에 규정된 소주정은 동조에 규정된 통고가 없는 경우에도 보호된다. 충돌당사국은 그럼에도 불구하고 그 식별과 인지가 용이하도록 하기 위하여 이러한 소주정에 관한 상세한 사항을 상호간에 통보하여 줄 것이 요망된다.

제23조 기타 의무용 선박 및 주정

1. 본 의정서의 제22조와 제2협약 제38조에 언급되지 아니한 의무용선박 및 주정은 해상에 있거나 또는 기타 수역에 있거나를 불문하고 제협약 및 의정서상의 이동의무부대와 같은 방법으로 존중되고 보호된다. 이 보호는 병원선 또는 소주정으로 식별되고 인지될 수 있을 때에만 유효하다. 그러므로, 이러한 함정은 식별표장으로 표시되어야 하며 가능한 한 제2협약 제43조 제2항의 규정에 따라야 한다.
2. 1항에 언급된 선박과 주정은 전쟁법의 적용을 받는다. 명령을 즉시 집행할 수 있는 해상에 있는 어떤 전함도 그들에게 정지, 퇴거 또는 특정 항로를 따를 것을 명령할 수 있으며, 이러한 선박과 주정은 승선중인 부상자, 병자 및 난선자를 위하여 요구되는 한 의료임무와 달리 전용될 수 없다.
3. 본조1항에 규정된 보호는 제2협약 제34조 및 제35조에 규정된 조건에 따르는 경우에 한하여 정지된다. 본조 2항에 따라 행한 명령에 따를 것을 분명히 거부하는 것은 제2협약 제34조에 의거하여 적에게 유해한 행위가 된다.
4. 특히 총톤수가 2천톤이상인 선박의 경우에 일방 충돌당사국은 적대당사국에게 가능한 한 항행전에 선박 또는 주정의 선명, 규격, 항행예정시간, 항로 및 추정속도를 통고할 수 있으며 기타 식별 및 인지를 용이하게 할 수 있는 정보를 제공할 수 있다. 적대당사국은 이러한 정보의 접수를 확인하여야 한다.
5. 제2협약 제37조의 규정은 이러한 선박 및 주정의 의무요원 및 종교교원에 대하여 적용된다.
6. 제2협약의 규정은 이러한 의무용선박 및 주정에 승선중인 제2협약 제13조와 본 의정서 제44조에 규정된 부상자, 병자 및 난선자에 대하여 적용된다. 민간인인 부상자, 병자 및 난선자로서 제2협약 제13조와 본 의정서 제42조에 언급된 범주에 속하지 아니하는 자는 해상에서 소속국이 아닌 당사국에게 항복하도록 강요되어서는 아니되며, 이러한 선박 및 주정으로부터 퇴거당하지 아니한다. 그들이 소속국이 아닌 충돌당사국의 수중에 들어간 경우에는 제4협약 및 본 의정서의 적용을 받는다.

제24조 의무항공기의 보호
의무항공기는 본 편의 규정에 따라 존중되고 보호된다

제25조 적대당사국에 의하여 통제되지 아니하는 지역에서의 의무항공기
우호국에 의하여 실질적으로 지배되는 육지 및 그 상공과 적대당사국에 의하여 실질적으로 지배되지 아니하는 해상 및 그 상공에서의 충돌당사국의 의무항공기의 존중과 보호는 적대당사국과의 어떠한 협정에도 의존하지 아니한다. 그러나 보다 큰 안전을 위하여 이 지역에서 의무항공기를 사용하는 당사국은 특히 그러한 항공기가 적대당사국의 지대공 무기체계의 사정거리내를 비행할 때는 제29조에 규정한 것처럼 적대당사국에 통고할 수 있다.

제26조 접촉지역 또는 그와 유사한 지역내의 의무항공기
1. 우호국에 의하여 실질적으로 통치되는 접촉지역과 그 상공 및 실질적 지배가 확정되지 않은 지역과 그 상공에서의 의무항공기의 보호는 제29조에 규정된 바와 같이 충돌당사국의 권한있는 군당국간의 사전협정에 의하여서만 완전히 유효하다. 그러한 협정의 부재시에는 의무항공기는 스스로 위험부담을 지고 운행되나 그럼에도 불구하고 의무항공기로 인지되었을 경우에는 존중되어야 한다.
2. "접촉지역"이라함은 충돌당사국의 선두부대가 상호 접촉하는 육상지역, 특히 지상으로부터의 직접적인 포화에 노출되는 지역을 의미한다.

제27조 적대당사국에 의하여 지배되는 지역내의 의무항공기
1. 충돌당사국의 의무항공기는, 항공에 대한 사전합의가 적대당사국의 권한 있는 당국 사이에 있는 경우, 적대당사국에 의해 실질적으로 지배되는 육지 및 해양의 상공비행중 계속해서 보호되어야 한다.
2. 비행착오 또는 비행의 안전에 영향을 주는 긴급사태 때문에 1항에 규정된 합의없이 또는 합의의 규정을 이탈하여 적대당사국에 의하여 실질적으로 지배되는 지역을 비행하는 의무항공기는 자신을 식별시키고 적대당사국에 사태를 통보하여 주기 위하여 모든 노력을 다하여야 한다. 그러한 의무항공기가 적대당사국에 의하여 인식되는 즉시, 동 당사국은 제30조 1항에 언급된 육지 및 해상에 착륙하도록 하거나 자신의 이익을 보호하기 위한 다른 조치를 취하도록 명령을 내리기 위하여 두 경우 모두 항공기에 대한 공격을 하기 전에 복종할 수 있는 시간을 항공기에 주도록 모든 합리적인 노력을 다하여야 한다.

제28조 의무항공기 운행제한
1. 충돌당사국이 적대당사국으로부터 군사적 이득을 얻기 위하여 의무항공기를 사용하는 것은 금지된다. 의무항공기의 배치는 군사목표물을 공격으로부터 면제시키기 위한 목적으로 사용되어서는 아니된다.
2. 의무항공기는 정보자료를 수집하고 송부하는데 사용될 수 없으며 그러한 목적으로 의도된 어떠한 장비도 수송하여서는 아니된다. 의무항공기가 제8조 바호의 정의에 포함되지 않은 사람 또는 화물을 수송하는 것은 금지된다. 탑승원의 휴대품

또는 전적으로 비행, 통신, 식별을 촉진시키기 위한 목적을 가진 장비를 운반하는 것은 금지되는 것으로 간주되지 아니한다.
3. 의무항공기는 탑승중인 부상자, 병자, 난선자로부터 접수하여 아직 적절한 사용을 위하여 인계되지 않은 소화기, 탄약과 탑승중인 의무요원 자신 및 그들의 보호하에 있는 부상자, 병자, 난선자를 방어하기 위하여 필요한 개인 소화기 이외의 어떠한 무기도 수송하여서는 아니된다.
4. 제26조 및 제27조에 언급된 비행을 수행하는 중에 의무항공기는 적대당사국과의 사전협의에 의하지 아니하고는 부상자, 병자, 난선자의 수색에 사용되어서는 아니된다.

제29조 의무항공기에 관한 통고 및 합의
1. 제25조에 규정된 통고 또는 제26조, 제28조 4항 또는 제31조에 규정된 사전합의의 요청에는 예정된 의무항공기의 수, 비행계획, 식별 수단이 언급되어야 하며, 모든 비행은 제28조에 따라 수행될 것임을 의미하는 것으로서 이해되어야 한다.
2. 제25조의 규정에 따라 행하여진 통고를 받은 당사국은 즉시 그러한 통고의 접수를 확인하여야 한다.
3. 제26조, 제27조, 제28조 4항 또는 제31조에 규정된 사전합의의 요청을 받은 당사국은 가능한한 빨리 요청국에 하기사항을 통고하여야 한다.
  가. 요청에 동의한다는 것.
  나. 요청에 거부한다는 것, 또는
  다. 요청에 대한 합리적인 대안당사국은 또한 해당 기간동안 그 지역에의 타 비행의 금지 또는 제한을 제외할 수 있다. 요청국이 대안을 수락한 경우 동 국가는 타당사국에 그러한 수락을 통고하여야 한다.
4. 당사국들은 또한 통고 및 합의가 조속히 이루어지도록 보장하기 위하여 필요한 조치를 취하여야 한다.
5. 당사국들은 또한 관계 군부대에 그러한 통고 및 합의의 내용을 조속히 보급시키기 위하여 필요한 조치를 취하여야 하며, 또 문제의 의무항공기에 의하여 사용될 식별수단에 관하여 동 군부대에 통고히여야 한다.

제30조 의무항공기의 착륙 및 검열
1. 적대당사국에 의하여 실질적으로 지배되거나 실질적 지배가 명백히 확립되지 않은 지역의 상공을 비행하는 의무항공기는 적절한 경우에는 하기항에 따른 조사를 허용하도록 하기 위하여 착륙 또는 착수하도록 명령받을 수 있다. 의무항공기는 그러한 명령에 복종하여야 한다.
2. 그러한 항공기가 그렇게 하도록 명령을 받거나, 또는 다른 이유로 착륙 또는 착수할 경우 3항 및 4항에 언급된 문제를 결정하기 위하여서만 검열받을 수 있다. 그러한 검열은 지체없이 시작되어야 하며 신속히 수행되어야 한다. 검열국은 이동이 검열을 위하여 필수적이 아닌 한 부상자 및 병자를 항공기로부터 이동시키

도록 요청할 수 없다. 검열국은 어떠한 경우에도 부상자나 병자의 상태가 검열이나 이동에 의하여 불리한 영향을 받지 않도록 보장하여야 한다.
 3. 검열에 의하여 그 항공기가,
  가. 제8조 차. 호에 의미에 부합되는 의무항공기라는 것.
  나. 제28조에 규정된 조건을 위반한 것이 아니라는 것.
  다. 사전합의가 요청되는 경우에는 사전합의없이 또는 사전합의를 위반하여 비행한 것이 아니라는 것이 밝혀지는 경우 그 항공기 및 탑승원중 적대당사국, 중립국, 또는 충돌 비당사국에 속하는 자는 지체없이 비행을 계속하도록 허가되어야 한다.
 4. 검열에 의하여 그 항공기가 가. 제8조 바. 호의 의미에 부합되는 의무항공기가 아니라는 것 나. 제28조에 규정된 조건을 위반한 경우라는 것 다. 사전합의가 요청되는 경우에는 사전합의없이 또는 사전합의를 위반하여 비행한 것이라는 것이 밝혀지는 경우 그 항공기는 압류될 수 있다. 그 탑승원은 제협약 및 본 의정서의 관련규정에 따라 취급된다. 영구 의무항공기로서 배정되었다가 압류된 모든 항공기는 그후로는 의무항공기로서만 사용될 수 있다.

제31조 중립국 및 충돌비당사국
 1. 사전합의에 의하지 아니하고는 의무항공기는 중립국 또는 충돌비당사국의 상공을 비행하거나 그 영토내에 착륙하지 못한다. 그러나 그러한 합의가 있는 경우 그들은 전비행기간중 및 모든 기착기간중 존중되어야 한다. 그럼에도 불구하고, 동 항공기들은 적절한 경우 모든 착륙 또는 착수명령에 복종하여야 한다.
 2. 의무항공기가 비행착오 또는 비행안전에 영향을 주는 긴급사태 때문에 협정의 부재시 또는 협정규정을 이탈하여 중립국 또는 기타 충돌비당사국의 상공을 비행하는 경우에는 비행을 통지하고 자신을 식별하기 위하여 모든 노력을 다하여야 한다. 그러한 의무항공기가 인지되는 즉시 그 당사국은 제30조 1항에 언급된 착륙 또는 착수명령을 하거나 자국의 이익을 보호하기 위한 다른 조치를 취하도록, 그리고 양 경우 모두 항공기에 대한 공격개시 전에 그 항공기에 복종할 수 있는 시간을 주도록 모든 합리적인 노력을 다하여야 한다.
 3. 의무항공기가 합의에 의하여 또는 본조2항에 언급된 상황하에서 명령에 의해서건 또는 다른 이유에 의해서건 중립국 및 충돌비당사국 영토에 착륙 또는 착수할 경우, 그 항공기가 실제로 의무항공기인지를 결정할 목적의 검열을 받아야 한다. 검열은 지체없이 시작되어야 하며 신속히 행하여져야 한다. 검열국은 동 항공기를 운행하는 당사국의 부상자 및 병자의 이동이 검열에 필수적이 아닌 한 그들을 이동하도록 요청할 수 없다. 검열국은 모든 경우에 검열이나 이동에 의하여 부상자나 병자의 상태가 불리한 영향을 받지 않도록 보장하여야 한다. 검열결과 동 항공기가 실제로 의무항공기임이 밝혀질 경우 전시에 적용될 국제법규칙에 따라 구금될 자 이외의 탑승원과 함께 항공기는 비행을 계속하도록 허가되어야 하며 비행의 계속을 위한 합리적인 편의가 주어져야 한다. 검열결과 동 항공기가 의무

항공기가 아니라는 것이 밝혀질 경우에는 압류되며 탑승원은 본조4항에 따라 취급된다.
4. 중립국 및 충돌비당사국 영토내의 타방당사국의 동의를 얻어서 의무항공기로부터 일시적이 아닌 착륙을 한 부상자, 병자, 난선자는 그 당사국과 분쟁당사국 사이에 달리 합의되어 있지 않는 한 무력충돌에 적용되는 국제법상 규칙이 요구하는 경우 재차 적대행위에 참가할 수 없도록 억류된다. 의료비와 억류비용은 그 자들의 소속국이 부담한다.
5. 중립국 또는 충돌비당사국은 그들의 상공으로의 의무항공기의 통과 또는 영토내의 의무항공기의 착륙에 대한 조건 및 제한을 모든 충돌당사국에 동등하게 적용한다.

제3장 실종자 및 사망자

제32조 일반원칙
본장의 시행에 있어 체약당사국, 충돌당사국 및 제협약과 본 의정서에 언급된 국제적 인도주의 기구의 활동은 주로 친척들의 운명을 알고자하는 가족의 권리에 의하여 촉진되어야 한다.

제33조 실종자
1. 상황이 허락하는 즉시, 그리고 아무리 늦어도 실질적 적대행위의 종결시부터 각 충돌당사국은 적대당사국에 의하여 실종된 것으로 보도된 자들을 수색하여야 한다. 동 적대당사국은 그러한 수색을 촉진시키기 위하여 그러한 자들에 관한 모든 관련정보를 전달하여야 한다.
2. 전항에 따른 정보의 수집을 촉진시키기 위하여 각 충돌당사국은 제협약 및 본 의정서에 의하여 보다 유리한 배려를 받지 못하는 자에 대하여 하기사항을 행하여야 한다.
   가. 적대행위 또는 점령의 결과 2주이상 구류, 구금 또는 기타 포획당한 자들 및 구류기간중 사망한 자들에 관여하는 제4협약 제138조에 특성된 정보를 기록하여야 한다.
   나. 적대행위나 점령의 결과 다른 상황하에서 죽은 자들의 경우 그들의 수색 및 그들에 관한 정보의 기록을 가능한 최대한도로 촉진하고 필요하다면 이를 수행하여야 한다.
3. 1항에 따라 실종된 것으로 보고된 자에 관한 정보 및 그러한 정보에 대한 요청은 직접 또는 이익보호국이나 국제적십자위원회의 중앙심인기관 또는 국내적십자(적신월, 적사자태양)사를 통하여 전달되어야 한다. 정보가 국제적십자위원회 및 동 위원회의 중앙심인기관을 통하여 전달되지 아니한 경우 각 충돌당사국은 그러한 정보도 역시 중앙심인기관에 제공되도록 보장하여야 한다.
4. 충돌당사국은 적절한 경우 조사단이 적대당사국에 의하여 지배되는 지역에서 이

들 임무를 수행하는 동안 적대당사국의 요원이 그러한 조사단을 동반하도록 하는 합의를 포함하여 조사단이 전장에서 사망자를 수색하고 식별하고 발견하기 위한 합의에 도달하도록 노력하여야 한다. 그러한 조사단의 요원은 이러한 임무를 전담하여 수행하는 동안 존중되고 보호되어야 한다.

제34조 사망자의 유해

1. 점령에 관련된 이유로 또는 점령 및 적대행위의 결과로 구류중 사망한 자의 유해 및 적대행위의 결과로서 사망한 그 국가의 국민이 아닌 자의 유해는 존중되어야 한다. 모든 그러한 자들의 묘지는 그들의 유해나 묘지가 제협약 및 본 의정서 하에서보다 유리한 배려를 받지 못할 경우 제4협약 제130조에 규정된 것처럼 존중되고 유지되고 표시되어야 한다.
2. 상황 및 적대당사국간의 관계가 허용하는 대로, 그 영토내에 분묘 및 경우에 따라서는 적대행위의 결과로 점령중 또는 구류중 사망한 자들의 유해가 소재하는 체약당사국은 하기목적을 위하여 협정을 체결하여야 한다.
   가. 사망자의 친척 및 공적분묘 등록기관의 대표에 의한 묘지에의 접근을 촉진시키고, 그러한 접근을 위한 실질적 절차를 규율함.
   나. 그러한 묘지를 영구히 보호하고 유지함.
   다. 모국의 요청에 의하여 또는 모국이 반대하지 않으면 근친의 요청에 의하여 사망자의 유해 및 휴대품의 모국에의 귀환을 촉진시킴.
3. 2항나. 호 또는 다. 호에서 규정한 협정의 부재시 또는 그러한 사망자의 모국이 자국의 비용으로 묘지의 유지를 위한 준비를 하려고 하지 아니할 때는 그 영토내 묘지가 소재하고 있는 체약당사국은 사망자유해의 모국으로의 송환을 촉진시키도록 제의할 수 있다. 그러한 제의가 수락되지 않는 경우 체약당사국은 제의일로부터 5년경과후 모국에의 정당한 통고에 의하여 묘지 및 분묘에 관련되는 자국의 법에 규정된 절차를 채택할 수 있다.
4. 본조에 언급된 묘지가 자국의 영토내에 소재하는 체약당사국은 오직 하기조건에 따라서만 발굴이 허용된다.
   가. 2항나. 호 및 3항에 따를 것, 또는
   나. 발굴의 의료적 및 조사적인 필요의 경우를 포함하여 중요한 공공필요의 문제인 경우, 그리고 이 경우에는 체약당사국은 항상 유해를 존중하고 계획된 재매장 장소의 세부사항과 함께 유해를 발굴할 의도를 유해의 모국에 통고하여야 한다.

제3편 전투방법 및 수단·전투원 및 전쟁포로의 지위
제1장 전투방법 및 수단

제35조 기본규칙

1. 어떤 무력충돌에 있어서도 전투수단 밑 방법을 선택할 충돌당사국의 권리는 무

제한한 것이 아니다.
2. 과도한 상해 및 불필요한 고통을 초래할 성질의 무기, 투사물, 물자, 전투수단을 사용하는 것은 금지된다.
3. 자연환경에 광범위하고 장기간의 심대한 손해를 야기할 의도를 가지거나 또는 그러한 것으로 예상되는 전투수단이나 방법을 사용하는 것은 금지된다.

제36조 신무기

신무기, 전투수단 또는 방법의 연구·개발·획득 및 채택에 있어서 체약당사국은 동무기 및 전투수단의 사용이 본 의정서 및 체약당사국에 적용 가능한 국제법의 다른 규칙에 의하여 금지되는지의 여부를 결정할 의무가 있다.

제37조 배신행위금지

1. 적을 배신행위에 의하여 죽이거나 상해를 주거나 포획하는 것은 금지된다. 적으로 하여금 그가 무력충돌시 적용 가능한 국제법 규칙하의 보호를 부여받을 권리가 있다거나 의무가 있다고 믿게 할 적의 신념을 유발하는 행위로서 그러한 신념을 배신할 목적의 행위는 배신행위를 구성한다. 하기 행위들은 배신행위의 예이다.
   가. 정전이나 항복의 기치하에서 협상할 것처럼 위장하는 것.
   나. 상처나 병으로 인하여 무능력한 것처럼 위장하는 것.
   다. 민간인이나 비전투원의 지위인 것처럼 위장하는 것.
   라. 국제연합 또는 중립국, 비전쟁 당사국의 부호, 표창, 제복을 사용함으로써 피보호 자격으로 위장하는 것.
2. 전쟁의 위계는 금지되지 아니한다. 그러한 위계는 적을 오도하거나 무모하게 행동하도록 의도되었으나 전시에 적용되는 국제법 규칙에 위반되지 아니하며 또한 법에 의한 보호와 관련하여 적의 신뢰를 유발하지 아니하기 때문에 배신행위가 아닌 행위들을 말한다. 다음은 그러한 위계의 예이다. 위장, 유인, 양동작전, 오보의 이용

제38조 승인된 표장

1. 적십자·적신월·적사자태양 등 식별표장, 제협약 및 본 의정서에 의하여 부여된 다른표장, 부호, 신호의 부당한 사용은 금지된다. 무력충돌에 있어서 정전기를 포함하여 국제적으로 승인된 보호표장, 부호 또는 신호와 문화재의 보호표장을 고의적으로 남용하는 것 역시 금지된다.
2. 국제연합의 식별표장을 국제연합에 의하여 승인된 것 이외로 사용하는 것은 금지된다.

제39조 국적표장

1. 중립국 및 충돌비당사국의 기, 군표장, 기장, 제복을 무력충돌시에 사용하는 것은 금지된다.
2. 공격에 참가하는 중에 또는 군사작전을 엄폐, 지원, 보호 또는 방해하기 위하여

적대당사국의 기, 군사표장, 기장, 제복을 사용하는 것은 금지된다.
3. 본조 또는 제37조 1항 가. 호의 어느 것도 간첩행위 및 해전수행시 기의 사용에 적용되는 일반적으로 승인된 기존 국제법규에 영향을 미치지 아니한다.

제40조 구 명
몰살명령을 내리거나 그러한 식으로 상대방을 위협하거나 그러한 근거위에서 적대행위를 수행하는 것은 금지된다.

제41조 전의를 상실한 적의 보호
1. 전의를 상실한 것으로 인정되는 자 또는 상황에 따라서 그러한 자로 되어야만 하는 자는 공격의 목표가 되어서는 아니된다.
2. 다음 경우에 처한 자는 적대행위를 하지않고 도피하려 하지 않는다면 전의 상실자이다.
    가. 적대당사국의 권력내에 있는 자.
    나. 항복할 의사를 분명히 표시한 자.
    다. 의식을 잃었거나 상처나 병으로 무력하게 되었거나 해서 자신을 방어할 수 없는 자.
3. 전쟁포로로서 보호받을 권리가 있는 자가 제3협약 제3편 제1장에 규정될 바와 같이 소개를 할 수 없도록 하는 특수한 전투상황하에 적대당사국의 권력내에 들어갔을 경우 그들은 석방되어야 하며 그들의 안전을 보장하기 위하여 모든 가능한 예방조치가 취하여져야 한다.

제42조 항공기탑승자
1. 조난당한 항공기로부터 낙하산으로 하강하는 자는 그의 하강중 공격의 목표가 되어서는 아니된다.
2. 조난당한 항공기로부터 낙하산으로 하강하는 자는 적대당사국에 의하여 통제되고 있는 영토내의 육지에 도달하면 그가 적대행위를 취하고 있음이 명백하지 않는 한 공격의 대상이 되기에 앞서 항복할 기회가 주어져야 한다.
3. 공수부대는 본 조에 의하여 보호되지 아니한다.

제2장 전투원 및 전쟁포로의 지위

제43조 군 대
1. 충돌당사국의 군대는 동국이 적대당사국에 의하여 승인되지 아니한 정부 또는 당국에 의하여 대표되는 경우라 하더라도 자기 부하의 지휘에 관하여 동국에 책임을 지는 지휘관 휘하에 있는 조직된 모든 무장병력, 집단 및 부대로 구성된다. 그러한 군대는 내부 규율체계 특히 무력충돌에 적용되는 국제법의 규칙에의 복종을 강제하는 규율체계에 복종하여야 한다.
2. 충돌당사국의 군대구성원(제3협약제33조에 규정된 의무요원 및 종교요원 제외)

은 전투원이다. 즉 그들은 직접 적대행위에 참여할 권리가 있다.
3. 충돌당사국은 준군사적 또는 무장한 법 집행기관을 군대에 포함시킬 경우 타충돌당사국에 그러한 사실을 통고하여야 한다.

제44조 전투원 및 전쟁포로
1. 제43조에 정의된 자로서 적대당사국의 권력내에 들어간 모든 전투원은 전쟁포로가 된다.
2. 모든 전투원은 무력충돌에 적용되는 국제법의 규칙을 준수할 의무가 있으나 이들 규칙의 위반으로 인하여 전투원이 될 권리를 박탈당하지 아니하며, 적대당사국의 권력내에 들어갈 경우에는 3항 및 4항에 규정된 경우를 제외하고는 전쟁포로가 될 권리를 박탈당하지 아니한다.
3. 적대행위의 영향으로부터 민간인 보호를 제고하기 위하여 전투원은 그들이 공격이나 공격전의 예비적인 군사작전에 참여하고 있는 동안 그들 자신을 민간인과 구별하여야 한다. 그러나 적대행위의 성격 때문에 무장전투원이 자신을 그와 같이 구별시킬 수 없는 무력충돌의 상황이 존재함을 감안하여 그러한 상황하에서 다음 기간중 무기를 공공연히 휴대하는 경우에는 전투원으로서의 지위를 보유한다.
  가. 각 교전기간중 및
  나. 공격 개시전의 작전 전개에 가담하는 동안 적에게 노출되는 기간중본 항의 요구에 복종하는 행위는 제37조1항
  다. 호에서 의미하는 배신적 행위로 간주되지 아니한다.
4. 3항의 2번째 문장에 제시된 요구를 충족시키지 못하는 동안 적대당사국의 권력내에 들어간 전투원은 전쟁포로가 될 권리를 상실한다. 그러나, 모든 면에 있어서 제3협약 및 본 의정서에 의하여 전쟁포로에게 부여되는 것과 대등한 보호를 받아야 한다. 이러한 보호에는 자신이 범한 어떠한 범죄로 인하여 심리 및 처벌을 받는 경우에 제3협약에 의거하여 전쟁포로에 부여되는 것과 동등한 보호가 포함된다.
5. 공격 또는 공격전의 군사작전에 참여하지 아니하는 동안 적대당사국의 권력내에 들어간 모든 전투원은 이전의 행위로 인하여 전투원 및 전쟁포로가 될 권리를 상실하지 아니한다.
6. 본 조는 제3협약 제4조에 따른 어떠한 자의 전쟁포로가 될 권리를 침해하지 아니한다.
7. 본 조는 충돌당사국의 제복을 착용한 정규군부대에 배속된 전투원의 제복 착용과 관련하여 일반적으로 인정된 국가의 관행을 변경시키려고 의도하는 것이 아니다.
8. 제1, 2협약 제13조에 언급된 자들의 범위에 추가하여, 본 의정서 제43조에 정의된 충돌당사국 군대의 모든 구성원은 그들이 부상을 입었거나 병이 들었을 경우 또는 제2협약에서와 같이 바다 밑 다른 수역에서 조난되었을 경우에는 상기 제협약에 따른 보호를 받을 자격이 있다.

제45조 적대행위에 가담한 자들의 보호
1. 적대행위에 가담하고 적대당사국이 규력내에 들어간 자는 전쟁포로로 간주되며 따라서 그가 전쟁포로의 지위를 주장하거나 그러한 지위의 자격이 있는 것처럼 보이거나 또는 그의 소속이 그를 위하여 억류국 및 이익보호국에 통고함으로써 그러한 자유를 주장하는 경우 제3협약에 의하여 보호되어야 한다. 전쟁포로로서의 자격여부에 관하여 의문이 있을 때에도 그는 그러한 자격을 계속 보유하며 따라서 그의 자격이 권한있는 재판정에 의하여 결정될 때까지 제3협약 및 본 의정서에 의하여 계속 보호된다.
2. 적대당사국의 권력내에 들어간 자가 전쟁포로로 취급되지 아니하고 적대행위에 연유한 범행으로 인하여 동 당사국에 의하여 심리를 받게 될 경우 그 자는 사법재판정에서 전쟁포로 자격을 주장하고 그 문제에 대하여 판결받을 권리를 가진다. 판결은 가급적 적용가능한 절차에 의하여 범행에 대한 심리를 하기전에 이루어져야 한다. 이익보호국의 대표는 그러한 절차가 예외적으로 국가안보이익을 위하여 비밀리에 열리는 경우를 제외하고는 동 문제의 판결절차에 참석할 자격이 있다. 그러한 경우 억류국은 이익보호국에 이를 통보하여야 한다.
3. 적대행위에 참여하고 전쟁포로 지위의 자격이 없으며 제4협약에 따른 보다 유리한 대우의 혜택을 받지 못하는 자는 항시 본 의정서 제75조의 보호를 받을 권리를 가진다. 간첩으로 인정되지 아니하는 한 누구나 제4협약 제5조의 규정에도 불구하고 점령지에서 동 협약에 따른 통신의 권리를 가진다.

제46조 간 첩
1. 제 협약 및 본 의정서의 다른 규정에도 불구하고 간첩행위에 종사하는 동안 적대당사국의 권력내에 들어간 충돌당사국의 군대의 구성원은 전쟁포로로서의 지위를 가질 권리가 없으며 간첩으로 취급될 수 있다.
2. 소속당사국을 위하여 적대당사국에 의하여 지배되는 영토내에서 정보를 수집하거나 또는 수집하려고 기도하는 충돌당사국 군대의 구성원은 그렇게 하는 동안 그가 군대의 제복을 착용하는 한 간첩행위에 종사하는 것으로 간주되지 아니한다.
3. 적대당사국에 의하여 점령된 영토의 주민으로서 소속국을 위하여 그 영토내에서 군사적 가치가 있는 정보를 수집 또는 수집하려 하는 충돌당사국 군대의 구성원은 위장 행위 또는 고의적으로 은밀한 방법으로 그렇게 하지 아니하는 한 간첩행위에 종사하는 것으로 간주되지 아니한다. 더욱이 그러한 주민은 전쟁포로로서의 지위를 잃지 아니하며 그가 간첩행위에 종사하고 있는 중에 체포되지 아니하는 한 간첩으로 취급되지 아니한다.
4. 적대당사국에 의하여 점령된 영토내의 주민이 아니면서 그 영토내에서 간첩행위에 종사하는 충돌당사국의 군대구성원은 전쟁포로로서의 권리를 잃지 아니하며 그의 소속군대로의 복귀전에 체포되지 아니하는 한 간첩으로 취급되지 아니한다.

제47조 용병

1. 용병은 전투원 또는 전쟁포로가 될 권리를 가지지 아니한다.
2. 용병은 다음의 모든 자를 말한다.
   가. 무력충돌에서 싸우기 위하여 국내 또는 국외에서 특별히 징집된 자
   나. 실지로 적대행위에 직접 참가하는 자
   다. 근본적으로 사적 이익을 얻을 목적으로 적대행위에 참가한 자 및 충돌당사국에 의하여 또는 충돌당사국을 위하여 그 당사국 군대의 유사한 지위 및 기능의 전투원에게 약속되거나 지급된 것을 실질적으로 초과하는 물질적 보상을 약속받은 자
   라. 충돌당사국의 국민이 아니거나 충돌당사국에 의하여 통치되는 영토의 주민이 아닌 자
   마. 충돌당사국의 군대의 구성원이 아닌 자
   바. 충돌당사국이 아닌 국가에 의하여 동국의 군대구성원으로서 공적인 임무를 띠고 파견되지 아니한 자

제4편 민간주민
제1장 적대행위의 영향으로부터의 일반적 보호
제1절 기본규칙 및 적용분야

제48조 기본규칙

민간주민과 민간물자의 존중 및 보호를 보장하기 위하여 충돌당사국은 항시 민간주민과 전투원, 민간물자와 군사목표물을 구별하며 따라서 그들의 작전은 군사목표물에 대해서만 행하여지도록 한다.

제49조 공격의 정의 및 적용분야

1. "공격"이라함은 공세나 수세를 불문하고 적대자에 대한 폭력행위를 말한다.
2. 공격에 관한 본 의정서의 제규정은 충돌당사국에 속하나 적대국의 지배하에 있는 국가영역을 포함하며, 그것이 행하여지는 영역의 여하를 불문하고 모든 공격에 적용된다.
3. 본 장의 제규정은 지상의 민간주민, 민간개인 또는 민간물자에 영향을 미칠 수 있는 모든 지상, 공중 및 해상에서의 전투에 적용된다. 동 규정은 또한 지상의 목표물에 대한 해상 및 공중으로부터의 모든 공격에도 적용되나, 해상 또는 공중에서의 무력충돌에 적용되는 국제법의 제규칙에 영향을 미치지 아니한다.
4. 본 장의 제규정은 제4협약, 특히 동 제2편과 체약당사국들을 구속하는 기타 국제협정에 포함되어 있는 인도적 보호에 관한 제규칙 및 적대행위의 영향으로부터 지상, 해상 또는 공중의 민간인 및 민간물자의 보호에 관한 국제법의 기타 규칙들에 대한 추가규정이다.

제2절 민간인 및 민간주민

제50조 민간인 및 민간주민의 정의
1. 민간인이라 함은 제3협약 제4조A (1), (2), (3), (6) 및 본 의정서 제43조에 언급된 자들의 어느 분류에도 속하지 아니하는 모든 사람을 말한다. 어떤 사람이 민간인 인지의 여부가 의심스러운 경우에는 동인은 민간인으로 간주된다.
2. 민간주민은 민간인인 모든 사람들로 구성된다.
3. 민간인의 정의에 포함되지 아니하는 개인들이 민간주민내에 존재하는 경우라도 그것은 주민의 민간적 성격을 박탈하지 아니한다.

제51조 민간주민의 보호
1. 민간주민 및 민간개인은 군사작전으로부터 발생하는 위험으로부터 일반적 보호를 향유한다. 이러한 보호를 유효하게 하기 위하여 기타 적용 가능한 국제법의 제규칙에 추가되는 아래 규칙들이 모든 상황에 있어서 준수된다.
2. 민간개인은 물론 민간주민도 공격의 대상이 되지 아니한다. 민간주민사이에 테러를 만연시킴을 주목적으로 하는 폭력행위 및 위협은 금지된다.
3. 민간인들은 적대행위에 직접 가담하지 아니하는 한, 그리고 그러한 기간동안 본 장에 의하여 부여되는 보호를 향유한다.
4. 무차별공격은 금지된다. 무차별공격이라 함은, 가. 특정한 군사목표물을 표적으로 하지 아니하는 공격 나. 특정한 군사목표물을 표적으로 할 수 없는 전투의 방법 또는 수단을 사용하는 공격 또는, 다. 그것의 영향이 본 의정서가 요구하는 바와 같이 제한될 수 없는 전투의 방법 또는 수단을 사용하는 공격을 말하며, 그 결과 개개의 경우에 있어서 군사목표물과 민간인 또는 민간물자를 무차별적으로 타격하는 성질을 갖는 것을 말한다.
5. 그 중에서도 다음 유형의 공격은 무차별적인 것으로 간주된다.
   가. 도시, 읍, 촌락 또는 민간인이나 민간물자가 유사하게 집결되어 있는 기타 지역내에 위치한 다수의 명확하게 분리되고 구별되는 군사목표물을 단일군사목표물로 취급하는 모든 방법 또는 수단에 의한 폭격
   나. 우발적인 민간인 생명의 손실, 민간인에 대한 상해, 민간물자에 대한 손상, 또는 그 복합적 결과를 야기할 우려가 있는 공격으로서 소기의 구체적이고 직접적인 군사적 이익에 비하여 과도한 공격
6. 보복의 수단으로서의 민간주민 또는 민간인에 대한 공격은 금지된다.
7. 민간주민이나 민간개인의 존재 또는 이동은 특정지점이나 지역을 군사작전으로부터 면제받도록 하기 위하여, 특히 군사목표물을 공격으로부터 엄폐하거나 또는 군사작전을 엄폐, 지원 또는 방해하려는 기도로 사용되어서는 아니된다. 충돌당사국은 군사목표물을 공격으로부터 엄폐하거나 군사작전을 엄폐하기 위하여 민간주민 또는 민간개인의 이동을 지시하여서는 아니된다.
8. 이러한 금지에 대한 어떠한 위반도 제57조에 규정된 예방조치를 취할 의무를 포

함하여 민간주민 및 민간인에 대한 충돌당사국의 법적의무를 면제하지 아니한다.

제3절 민간물자

제52조 민간물자의 일반적보호
1. 민간물자는 공격 또는 보복의 대상이 되지 아니한다. 민간물자라함은 제2항에 정의한 군사목표물이 아닌 모든 물건을 말한다.
2. 공격의 대상은 엄격히 군사목표물에 한정된다. 물건에 관한 군사목표물은 그 성질·위치·목적·용도상 군사적행동에 유효한 기여를 하고, 당시의 지배적 상황에 있어 그것들의 전부 또는 일부의 파괴, 포획 또는 무용화가 명백한 군사적 이익을 제공하는 물건에 한정된다.
3. 예배장소, 가옥이나 기타 주거 또는 학교와 같이 통상적으로 민간목적에 전용되는 물건이 군사행동에 유효한 기여를 하기 위하여 사용되는 지의 여부가 의심스러운 경우에는, 그렇게 사용되지 아니하는 것으로 추정된다.

제53조 문화재 및 예배장소의 보호
무력충돌의 경우에 있어서 문화재의 보호를 위한 1954년5월14일자 헤이그협약의 제규정 및 기타 관련 국제협약의 제규정을 침해함이 없이 다음 사항은 금지된다.
  가. 국민의 문화적 또는 정신적 유산을 형성하는 역사적 기념물, 예술작품 또는 예배장소를 목표로 모든 적대행위를 범하는 것.
  나. 그러한 물건을 군사적 노력을 지원하기 위하여 사용하는 것.
  다. 그러한 물건을 보복의 대상으로 하는 것.

제54조 민간주민의 생존에 불가결한 물건의 보호
1. 전투방법으로서 민간인의 기아작전은 금지된다.
2. 민간주민 또는 적대국에 대하여 식료품·식료품생산을 위한 농경지역·농작물·가축·음료수 시설과 그 공급 및 관개시설과 같은 민간주민의 생존에 필요 불가결한 물건들의 생계적 가치를 부정하려는 특수한 목적을 위하여 이들을 공격·파괴·이동 또는 무용화하는 것은 그 동기의 여하를 불문하고, 즉 민간인을 굶주리게 하거나 그들을 퇴거하게 하거나 또는 기타 어하한 동기에서이든 불문하고 금지된다.
3. 제2항에서의 금지는 동항의 적용을 받는 물건이 적대국에 의하여 다음과 같이 사용되는 경우에는 적용되지 아니한다.
  가. 오직 군대구성원의 급양으로 사용되는 경우, 또는
  나. 급양으로서가 아니라 하더라도 결국 군사행동에 대한 직접적 지원으로 사용되는 경우. 다만, 여하한 경우에라도 민간주민의 기아를 야기시키거나 또는 그들의 퇴거를 강요하게 할 정도로 부족한 식량 또는 물을 남겨놓을 우려가 있는 조치를 취하지 아니하는 것을 조건으로 한다.

4. 이러한 물건은 보복의 대상이 되어서는 아니된다.
5. 침략으로부터 자국영역을 방위함에 있어서 충돌당사국의 필요불가결한 요구를 인정하여, 충돌당사국은 긴박한 군사상의 필요에 의하여 요구되는 경우에는 자국의 지배하에 있는 그러한 영역내에서 제2항에 규정된 금지사항을 파기할 수 있다.

제55조 자연환경의 보호
1. 광범위하고 장기적인 심각한 손상으로부터 자연환경을 보호하기 위하여 전투중에 주의조치가 취하여져야 한다. 이러한 보호는 자연환경에 대하여 그러한 손상을 끼치고 그로 인하여 주민의 건강 또는 생존을 침해할 의도를 갖고 있거나 또는 침해할 것으로 예상되는 전투방법 또는 수단의 사용금지를 포함한다.
2. 보복의 수단으로서의 자연환경에 대한 공격은 금지된다.

제56조 위험한 물리력을 포함하고 있는 시설물의 보호
1. 위험한 물리력을 포함하고 있는 시설물, 즉 댐·제방·원자력발전소는 비록 군사목표물인 경우라도 그러한 공격이 위험한 물리력을 방출하고 그것으로 인하여 민간주민에 대해 극심한 손상을 야기하게 되는 경우에는 공격의 대상이 되지 아니한다. 이러한 시설물내에 위치하거나 또는 그에 인접하여 위치한 기타 군사목표물도 그러한 공격이 시설물로부터 위험한 물리력을 방출하고 그것으로 인하여 민간주민에 대하여 극심한 손상을 야기하게 되는 경우에는 공격의 대상이 되지 아니한다.
2. 제1항에 규정된 공격에 대한 특별보호는 다음의 경우에 중지한다.
    가. 댐 또는 제방에 관하여는, 그것이 통상적인 기능 이외의 다른 목적으로 사용되고 군사작전에 대한 정규적이고 중요한 직접적인 지원으로 사용되며 또한 그러한 공격이 지원을 종결시키기 위하여 실행 가능한 유일의 방법일 경우
    나. 원자력발전소에 관하여는, 그것이 군사작전에 대한 정규적이고 중요한 직접적인 지원으로 전력을 제공하며 그러한 공격이 지원을 종결시키기 위하여 실행 가능한 유일의 방법일 경우
    다. 이러한 시설물내에 또는 그에 인접하여 위치한 기타의 군사목표물에 관하여는, 그것들이 군사작전에 대한 정규적이고 중요한 직접적인 지원으로 사용되며 또한 그러한 공격이 지원을 종결시키기 위하여 실행가능한 유일의 방법일 경우
3. 모든 경우에 있어서 민간주민 및 민간개인은 제57조에 규정된 예방조치의 보호를 포함하여 국제법에 의하여 그들에게 부여된 모든 보호를 받을 자격이 있다. 보호가 중지되고 제1항에 언급된 모든 시설물 또는 군사목표물이 공격받는 경우에는, 위험한 물리력의 방출을 피하기 위하여 모든 실제적인 예방조치가 취하여져야 한다.
4. 제1항에 언급된 모든 시설물 또는 군사목표물을 보복의 대상으로 하는 것은 금지된다.

5. 충돌당사국은 어떠한 군사목표물이라도 제1항에 언급된 시설물에 인접하여 설치되지 않도록 노력하여야 한다. 그러나 보호대상인 시설물을 공격으로부터 방위하려는 목적만을 위하여 건설된 시설물은 허용될 수 있으며, 그것들은 공격의 대상이 되지 아니한다. 단, 보호대상인 시설물에 대한 공격에 대응하기 위하여 필요한 방어적 행위의 경우를 제외하고는 그것들이 적대행위에 사용되지 아니할 것과 그것들의 무장화가 보호대상인 시설물에 대한 적대행위의 격퇴만을 가능하게 하는 무기에 국한될 것을 조건으로 한다.
6. 체약당사국 및 충돌당사국은 위험한 물리력을 포함하는 물건에 대한 추가적 보호를 규정하기 위하여 그들 상호간에 추가적 협정을 체결하도록 권고된다.
7. 본 조에 의하여 보호되는 물건들의 식별을 용이하게 하기 위하여, 충돌당사국은 본 의정서 제1부속서 제16조에 규정된 바와 같이 동일한 축선상에 위치하는 선명한 오렌지색의 3개의 원군으로 구성되는 특별한 표지로써 그것들을 표시할 수 있다. 그러한 표지의 부재는 어떠한 충돌당사국에 대하여서도 본 조에 의한 그들의 의무를 결코 면제하지 아니한다.

제4절 예방조치

제57조 공격에 있어서의 예방조치
1. 군사작전 수행에 있어 민간주민, 민간인 및 민간물자가 위해를 받지 아니하도록 하기 위하여 부단한 보호조치가 취하여져야 한다.
2. 공격에 관하여 다음의 예방조치가 취하여져야 한다.
  가. 공격을 계획하거나 결정하는 자들은,
  (1) 공격의 목표가 민간인도 아니고 민간물자도 아니며, 특별한 보호를 받는 것도 아니나 제52조 제2항의 의미에 속하는 군사목표물이기 때문에 그것들을 공격하는 것이 본 의정서의 제규정에 의하여 금지 되지 아니한다는 것을 증명하기 위하여 실행가능한 모든 것을 다하여야 한다.
  (2) 우발적인 민간인 생명의 손실, 민간인에 대한 상해 및 민간물자에 대한 손상을 피하고 어떠한 경우에도 그것을 극소화하기 위하여 공격의 수단 및 방법의 선택에 있어서 실행가능한 모든예방조치를 취하여야 한다.
  (3) 우발적인 민간인 생명의 손실, 민간인에 대한 상해, 민간물자에 대한 손상 또는 그 복합적 결과를 야기할 우려가 있거나 또는 구체적이고 직접적인 소기의 군사적 이익과 비교하여 과도한 모든 공격의 개시를 결정하는 것을 피하여야 한다.
  나. 목표물이 군사목표물이 아니거나 특별한 보호를 받는 것이 분명한 경우 및 공격이 우발적인 민간인 생명의 손실·민간인에 대한 상해·물자에 대한 손상 또는 그것들의 결합을 야기할 우려가 있거나 또는 구체적이고 직접적인 소기의 군사적 이익과 관련하여 과도한 것으로 될 것이 분명한 경우에는 그 공격은 취소 또

는 중지되어야 한다.
다. 상황이 허용되는 한, 민간주민에게 영향을 미칠 공격에 관하여 유효한 사전경고가 주어져야 한다.
3. 유사한 군사적 이익을 취득하기 위하여 수개의 군사목표물의 선택이 가능한 경우에는 선택되는 목표물은 그것에 대한 공격이 민간인 생명 및 민간물자에 대하여 최소한의 위험만을 야기시킬 것으로 예상되는 것이어야 한다.
4. 해상 또는 공중에서의 군사작전 수행에 있어 충돌당사국은 무력충돌에 적용되는 국제법의 제규칙하에서의 자국의 권리와 의무에 따라, 민간인 생명의 손실 및 민간물자의 손상을 피하기 위하여 모든 합리적인 예방조치를 취하여야 한다.
5. 본 조의 어떠한 규정도 민간주민, 민간인 또는 민간물자에 대한 어떠한 공격이라도 이를 허가하는 것으로 해석되어서는 아니된다.

제58조 공격의 영향에 대한 예방조치
충돌당사국은 가능한 한 최대한도로,
가. 제4협약 제49조를 침해함이 없이 자국의 지배하에 있는 민간주민, 민간개인 및 민간물자를 군사목표물의 인근으로부터 이동시키도록 노력하여야 한다.
나. 군사목표물을 인구가 조밀한 지역내에 또는 인근에 위치하게 하는것을 피하여야 한다.
다. 자국의 지배하에 있는 민간주민, 민간개인 및 민간물자를 군사작전으로부터 연유하는 위험으로부터 보호하기 위하여 기타 필요한 예방조치를 취하여야 한다.

제5절 특별보호의 대상이 되는 지구 및 지대

제59조 무방호지구
1. 충돌당사국이 무방호지구를 공격하는 것은 어떠한 방법에 의해서든지 금지된다.
2. 충돌당사국의 적절한 당국은 군대가 접전하고 있는 지대에 인접하여 있거나 또는 그 안에 있는 어떠한 거주지역이라도 적대국에 의한 점령을 위하여 개방되어 있을 경우에는 동 지역을 무방호지구로 선언할 수 있다. 그러한 지구는 다음의 조건을 충족시켜야 한다.
가. 모든 전투원과 이동가능한 무기 및 군사장비는 철수되었을 것.
나. 고정군사시설 또는 설비가 적대적으로 사용되지 아니할 것.
다. 당국 또는 주민에 의하여 여하한 적대행위도 행하여지지 아니할 것.
라. 군사작전을 지원하는 어떠한 활동도 행하여지지 아니할 것.
3. 제협약 및 본 의정서에 의하여 특별히 보호되는 자 및 법과 질서의 유지를 유일한 목적으로 보존되는 경찰력의 이 지역내의 존재는 제2항에 규정된 제 조건에 저촉되지 아니한다.
4. 제2항에 따라 행하여진 선언은 적대국에 통보되어야 하며 무방호지구의 한계를 가능한 한 정확하게 정의하고 표시하여야 한다. 선언을 통고 받은 충돌당사국은

그것의 접수를 확인하고 제2항에 규정된 조건이 실제로 충족되는 한 그 지구를 무방호 지구로 취급하여야 하며, 이 경우 동국은 선언을 행한 당사국에게 이를 즉시 통고하여야 한다. 제2항에 규정된 조건이 충족되지 아니한 경우에도 그 지구는 본 의정서의 기타 규정 및 무력충돌시에 적용되는 국제법의 기타 규칙들에 의하여 부여된 보호를 계속 향유한다.
5. 충돌당사국은 그 지구가 제2항에 규정된 조건을 충족시키지 못하는 경우라도 무방호 지구의 설정에 합의할 수 있다. 그 합의는 무방호 지구의 한계를 가능한 한 정확하게 정의하고 표시하여야 한다.
6. 그러한 합의에 의하여 규제되는 지구를 통제하고 있는 당사국은, 가능한 한 타당사국과 합의된 표지로 그 지구를 표시하여야 하며, 그 표지는 그것이 명료하게 보이는 장소, 특히 그 지구의 주위와 경계선 및 공로상에 부착되어야 한다.
7. 어떤 지구가 제2항 또는 제5항에 언급된 합의에 규정된 제조건을 충족시키지 못하는 경우에는 그 지구는 무방호 지구로서의 지위를 상실한다. 그러한 경우에는 그 지구는 본 의정서의 기타 규정 및 무력충돌시 적용되는 국제법의 기타 규칙에 의하여 부여된 보호를 계속 향유한다.

제60조 비무장지대

1. 충돌당사국들이 합의에 의하여 비무장지대의 지위를 부여한 지대에 그들의 군사작전을 확장하는 것은, 그러한 확장이 동합의의 조건에 반하는 경우에는 금지된다.
2. 동합의는 명시적 합의이어야 하고 구두 또는 문서로 직접 또는 이익보호국이나 공정한 인도적 기관을 통하여 체결될 수 있으며, 상호적 및 합의적 선언들로써 이루어질 수 있다. 동합의는 적대행위의 발발이후에 뿐 아니라 평시에도 체결될 수 있으며, 비무장지대의 경계를 가능한 한 정확하게 정의하고 표시하여야 한다. 그리고 필요한 경우에는 감독의 방법을 규정하여야 한다.
3. 그러한 합의의 대상은 통상적으로 다음의 제 조건을 충족하는 모든지대로 한다.
   가. 모든 전투원과 이동가능한 무기 및 군사장비는 철수되었을 것.
   나. 고정군사시설 또는 설비가 적대적으로 사용되지 아니할 것.
   다. 당국 또는 주민에 의하여 여하한 적대행위도 행하여지지 아니할 것.
   라. 군사적 노력과 관련된 모든 활동이 중지되었을 것.
   충돌당사국은 다. 호에 규정된 조건에 대하여 부여될 해석 및 제4항에 언급된 자가 아닌자로서 비무장 지대출입이 허용되는 자들에 관하여 합의하여야 한다.
4. 제 협약 및 본 의정서에 의하여 특별히 보호되는 자 및 법과 질서의 유지를 유일한 목적으로 보존되는 경찰력의 이 지역내의 존재는 제3항에 규정된 제 조건에 저촉되지 아니한다.
5. 그러한 지대를 통제하고 있는 당사국은 가능한 한 타당사국과 합의된 표지로 그 지대를 표시하여야 하며 그 표지는 그것이 명료하게 보이는 장소에, 특히 그 지대의 주위와 경계선 및 공로상에 부착되어야 한다.

6. 전투행위가 비무장지대에 접근해 오고, 또한 충돌당사국이 그렇게 합의하였을 경우에는 어느 당사국도 군사작전 수행에 관련되는 목적으로 그 지대를 사용하거나 일방적으로 그 지위를 철회할 수 없다.
7. 충돌당사국 일방이 제3항 또는 제6항의 규정에 대하여 중대한 위반을 하는 경우에는 타방은 그 지대에 비무장지대의 지위를 부여한 합의에 의한 의무로부터 면제된다. 그러한 경우에는 그 지위를 상실하나 본 의정서의 기타 규정 및 무력충돌에 적용되는 기타 국제법규에 의하여 제공되는 보호를 계속 향유한다.

제6절 민방위

제61조 정의 및 범위

본 의정서의 제목적을 위하여,
가. "민방위"라 함은 적대행위 또는 재해의 위험에 대하여 주민을 보호하고, 주민이 그것의 직접적 영향으로부터 복구할 수 있게 하고 또한 주민의 생존에 필요한 조건을 부여함을 목적으로 하는, 다음에서 말하는 인도적 임무의 일부 또는 전부의 수행을 의미한다. 이러한 임무는 다음과 같다.
  (1) 경 고
  (2) 대 피
  (3) 대피소의 관리
  (4) 등화관제조치의 관리
  (5) 구 조
  (6) 의료(응급조치를 포함) 및 종교활동
  (7) 소화작업
  (8) 위험지역의 탐사 및 표시
  (9) 오염물 정화 및 유사한 보호조치
  (10) 비상숙소 및 물자의 공급
  (11) 이재지역에 있어서의 질서의 회복 및 유지를 위한 긴급지원
  (12) 불가결한 공익시설물의 긴급보수
  (13) 사망자의 긴급처리
  (14) 생존에 불가결한 물건의 보전상의 지원
  (15) 전기임무중 어느 것이라도 수행하는데 필요한 보충적인 활동(계획, 조직등 포함)
나. "민방위단체"라 함은 충돌당사국의 권한 있는 당국에 의하여 가. 호에 언급된 모든 임무를 수행하기 위하여 조직 또는 허가된 그리고 그러한 임무에 배속되어 그것을 전담하는 상설 편성 및 기타 편성단위를 의미한다.
다. 민방위단체의 "요원"이라 함은 충돌당사국에 의하여 가. 호에 언급된 임무의 수행만을 위하여 배속된 자(동 당사국의 권한 있는 당국에 의하여 이러한 단체

의 행정에만 배속된 요원을 포함)들을 의미한다.
  라. 민방위단체의 "자재"라 함은 가. 호에 언급된 임무의 수행을 위하여 이러한 단체에 의하여 사용되는 장비, 물자 및 수송기관을 의미한다.

제62조 일반적 보호

1. 민간민방위단체 및 그 요원은, 본 의정서의 제규정, 특히 본장의 제규정을 따를 것을 조건으로 하여, 존중되고 보호된다. 그들은 절대적인 군사상 필요의 경우를 제외하고 그들의 민방위임무를 수행할 자격이 있다.
2. 제1항의 규정은, 비록 민간민방위단체의 구성원은 아니라 하더라도, 권한 있는 당국의 호소에 응하여 그것의 지배하에서 민방위임무를 수행하는 민간인들에게도 또한 적용된다.
3. 민방위 목적에 사용되는 건물과 자재 및 민간주민에게 제공되는 대피소는 제52조의 적용을 받는다. 민방위 목적에 사용되는 물건은 그것들이 속하는 당사국에 의하지 아니하고는 파괴되거나 또는 그것들의 고유한 용도가 변경될 수 없다.

제63조 피점령지역에 있어서의 민방위

1. 피점령지역에 있어서, 민간민방위단체는 당국으로부터 자체의 임무수행에 필요한 편의를 제공받는다. 여하한 상황에 있어서라도 그 요원은 이러한 임무의 고유적 수행을 방해하게 될 활동을 하도록 강요되어서는 아니된다. 점령국은 이러한 단체의 임무의 효율적 수행을 위태롭게 하는 방식으로 그 조직 또는 요원을 변경하여서는 아니된다. 이러한 단체는 점령국의 국민 또는 이해관계에 대하여 우선권을 부여하도록 요구하여서는 아니된다.
2. 점령국은 민간민방위단체에 대하여 민간주민의 이익을 해치는 방식으로 그들의 임무를 수행하도록 강요, 강제 또는 유도하여서는 아니된다.
3. 점령국은 안전상의 이유로 민방위단체의 무장을 해제할 수 있다.
4. 점령국은, 만일 그러한 적용 또는 수용이 민간주민에게 유해하게 될 경우에는 민방위 단체들에게 속하거나 그것들에 의하여 사용되는 건물 또는 자재에 대하여 그것의 고유적용도를 변경하거나 또는 그것을 수용하여서는 아니된다.
5. 제4항의 일반규직이 계속 준수될 것을 조건으로 하여, 점령국은 다음의 특별한 조건에 따라 이러한 자원을 수용 또는 전용할 수 있다.
  가. 건물 또는 자재가 민간주민의 기타 욕구를 위하여 필요할 것, 그리고
  나. 수용 또는 전용이 그러한 욕구가 존재하는 기간중에 한하여 계속될 것.
6. 점령국은 민간주민의 사용에 제공되거나 또는 그러한 주민이 필요로 하는 대피소를 전용하거나 수용할 수 없다.

제64조 중립국 또는 기타 충돌비당사국의 민간민방위단체 및 국제조정 기구

1. 제62조, 제63조, 제65조 및 제66조는 한 충돌당사국의 영역내에서 그 당사국의 동의 및 그 통제하에서 제61조에 언급된 민방위 임무를 수행하는 중립국 또는 기타 충돌비당사국의 민간민방위단체들의 요원 및 자재에도 또한 적용된다. 그러

한 원조의 통고는 가능한 한 조속히 모든 관계적 대국들에게 대하여 행하여진다. 어떠한 상황에 있어서도 이러한 활동은 충돌에 대한 개입으로 간주되지 아니한다. 단, 이러한 활동은 관계충돌당사국의 안보상의 이해관계에 대하여 충분한 고려를 하여 수행되어야 한다.
2. 제1항에서 말하는 원조를 받는 충돌당사국 및 그것을 공여하는 체약국은 적절한 경우에는 그러한 민방위 활동의 국제적 조정을 용이하게 하여야 한다. 그러한 경우에 있어 관계 국제기구는 본절의 제규정의 적용을 받는다.
3. 피점령지역에 있어서는 점령국은 자국의 자원 또는 피점령지역의 자원으로 민방위 임무의 적절한 수행을 보장할 수 있는 경우에 한하여 중립국 또는 기타 충돌비당사국의 민간민방위단체 및 국제조정기구들의 활동을 배제 또는 제한할 수 있다.

제65조 보호의 정지

1. 민간민방위단체와 그 요원, 건물, 대피소 및 자재가 받을 자격이 있는 보호는 이들이 고유의 임무에서 일탈하여 적에게 유해한 행위를 범하거나 이를 범하도록 사용되지 아니하는 한, 정지되지 아니한다. 단, 보호는 하시라도 적절한 경우, 타당한 시한이 설정된 경고가 발하여진 연후에, 그리고 그러한 경고가 무시된 연후에라야만 정지될 수 있다.
2. 다음의 것은 적에게 유해한 행위로 간주되어서는 아니된다.
    가. 민방위임무가 군당국의 지시 또는 그 지배하에서 수행되는 것.
    나. 민간민방위요원이 민방위임무 수행에 있어서 군요원과 협동하는 것, 또는 약간의 군요원이 민간민방위단체에 부속되는 것.
    다. 민방위임무의 수행이 부수적으로 군인 희생자들, 특히 전투능력상실자들에게 이익을 주는 것.
3. 민간민방위요원이 질서유지를 위하여 또는 자위를 위하여 개인용 소화기를 휴대하는 것도 또한 적에게 유해한 행위로 간주되어서는 아니된다. 단, 지상전투가 진행되고 있거나 또는 진행될 것 같이 보이는 지역에 있어서는 충돌당사국은 민방위요원과 전투원간의 구별을 용이하게 하기 위하여 동화기를 피스톨 또는 연발권총과 같은 권총으로 한정시키는 적절한 조치를 취한다. 민방위요원이 그러한 지역내에서 기타 개인소화기를 휴대하고 있는 경우라 하더라도, 일단 그들의 민방위요원으로서의 자격이 인지되는 즉시 그들은 존중되고 보호된다.
4. 민간민방위단체의 편성이 군사적 편제를 따르고 그 복무가 강제적임을 이유로 본절에 의하여 부여된 보호를 그들로부터 박탈하여서는 아니된다.

제66조 신분증명 및 식별

1. 각 충돌당사국은 자국의 민방위단체와 그 요원, 건물 및 자재가 민방위임무를 전담 수행하는 기간동안 식별될 수 있도록 보장하기 위하여 노력한다. 민간주민에게 제공되는 대피소도 동일하게 식별될 수 있어야 한다.

2. 각 충돌당사국은 또한 민방위의 국제적 식별표지가 부착되는 민방위요원, 건물 및 자재는 물론 민간인 대피소를 분간하는 것을 가능하게 할 방법 및 절차를 채택하고 시행하기 위하여 노력한다.
3. 피점령지역 및 전투가 진행되고 있거나 또는 진행될 것 같이 보이는 지역에 있어서는 민간민방위요원은 민방위의 국제적 식별표지에 의하여 그리고 그들의 지위를 증명하는 신분증명서에 의하여 인지될 수 있어야 한다.
4. 민방위의 국제적 식별표지는 그것이 민방위단체와 그 요원, 건물 및 자재의 보호와 민간인 대피소를 위하여 사용되는 경우 오렌지색 바탕에 청색 정삼각형으로 한다.
5. 식별표지에 추가하여 충돌당사국은 민방위의 식별 목적을 위한 식별신호의 사용에 관하여 합의할 수 있다.
6. 제1항부터 제4항까지의 제규정의 적용은 본 의정서 제1부속서 제5장에 의하여 규정된다.
7. 평시에 있어서, 제4항에 규정된 표지는 권한있는 국내 당국의 동의를 얻어 민방위 식별 목적을 위하여 사용될 수 있다.
8. 체약당사국 및 충돌당사국은 민방위의 국제적 식별표지의 부착을 감독하기 위하여 그리고 그것의 모든 남용을 방지하고 억제하기 위하여 필요한 조치를 취한다.
9. 민방위의 의무 및 종교요원, 의무대 및 의무용 수송기관의 식별은 또한 제18조에 의하여 규제된다.

제67조 민방위단체에 배속된 군대구성원 및 군부대
1. 민방위단체에 배속된 군대구성원 및 군부대는 다음 사항을 조건으로 하여 존중되고 보호된다.
  가. 그러한 요원 및 그러한 부대가 제61조에 언급된 어떠한 임무의 수행을 위하여 영구적으로 배속되고 전담될 것.
  나. 상기와 같이 배속되었을 경우, 그러한 요원은 충돌기간중에 어떠한 다른 군사적 임무도 수행하지 아니할 것.
  다. 그러한 요인은 적절한 대형 규격의 국제적 민방위 식별표지를 뚜렷하게 부착함으로써 여타의 군대구성원과 명백히 구별될 수 있어야 하며, 그들의 지위를 증명하는 본 의정서 제1부속서 제5장에서 말하는 신분증명서를 발급 받을 것.
  라. 그러한 요원 및 그러한 부대는 질서유지의 목적을 위하여 또는 자위를 위하여 개인용 소화기만으로 무장할 것. 제65조제3항의 규정은 이 경우에도 또한 적용된다.
  마. 그러한 요원은 적대행위에 직접 가담하지 아니할 것. 그리고 그들의 민방위 임무를 일탈하여 적대국에게 유해한 행위를 범하거나 또는 이를 범하기 위하여 사용되지 아니할 것.
  바. 그러한 요원 및 그러한 부대는 자국의 영역내에서만 그들의 민방위임무를 수행할 것. 상기 가. 및 나. 호에 규정된 조건에 의하여 구속되는 모든 군대구성원

에 의한 상기 마. 호에 기술된 조건의 위반은 금지된다.
2. 민방위단체내에서 복무하는 군요원은, 적대국의 권력내에 들어가는 경우, 포로로 된다. 피점령지역에 있어서는 그들은 필요한 경우 오직 동지역 민간주민의 이익을 위하여서만, 민방위 임무에 사용될 수 있다. 단, 만일 그러한 업무가 위험한 것일 경우에는 그들이 그러한 임무를 위하여 자원하는 것을 조건으로 한다.
3. 민방위단체에 배속된 군부대의 건물과 장비 및 수송기관의 주요 물품은 국제적 민방위 식별표지로 명백히 표시된다. 이 식별표지는 적절한 대형의 규격이어야 한다.
4. 민방위단체에 영구적으로 배속되고 민방위 임무를 전담하는 군부대의 자재 및 건물은, 만일 그것들이 적대국의 수중에 들어가는 경우에는 전쟁법의 규율을 받는다. 그것들이 민방위 임무의 수행을 위하여 요구되는 경우에는, 민간주민의 필요 충족을 위한 사전 조치가 취하여지지 아니하는 한, 긴급한 군사상 필요의 경우를 제외하고는 민방위 목적으로부터 전용될 수 없다.

제2장 민간주민을 위한 구호

제68조 적용범위
본장의 제규정은 본 의정서에서 규정된 바와 같은 민간주민에게 적용되며, 제4협약의 제23조, 제55조, 제59조, 제60조 제61조, 제62조 및 기타 관계규정에 대한 보완 규정이다.

제69조 피점령지역에 있어서의 기본적 필요
1. 식량 및 의료품에 관한 제4협약 제55조에 규정된 의무에 추가하여, 점령국은 가용한 수단을 다하여 그리고 어떠한 불리한 차별도 함이 없이, 피복, 침구, 대피장소, 피점령지역의 민간주민의 생존에 필수적인 기타물품 및 종교적 예배에 필요한 물건의 공급을 또한 보장한다.
2. 피점령지역의 민간주민을 위한 구호활동은 제4협약 제59조, 제60조, 제61조, 제62조, 제108조, 제109조, 제110조 및 제111조 그리고 본 의정서 제71조에 의하여 규제되며 지체없이 시행된다.

제70조 구호활동
1. 만일 충돌당사국의 지배하에 있는 자들로서 피점령지역이 아닌 모든 지역의 민간주민이 제69조에서 언급된 물품을 충족히 공급받지 못하는 경우에는, 그 성질상 인도적이고 공정한 그리고 어떠한 불리한 차별도 없이 행하여지는 구호활동은 그러한 구호활동과 관계있는 당사국들의 합의에 따를 것을 조건으로 행하여져야 한다. 그러한 구호의 제의는 무력 충돌에 대한 개입이나 또는 비우호적 행위로 간주되어서는 아니된다. 구호품의 분배에 있어서는 아동, 임산부 및 보모로서 제4협약 또는 본 의정서에 의하여 특전적 대우 또는 특별한 보호가 부여되는 자들

에게 우선권이 주어진다.
2. 충돌당사국 및 각 체약당사국은 그러한 원조가 적대국의 민간주민에게 행선하는 것이라하더라도, 본장에 의하여 제공되는 모든 구호품, 장비 및 요원의 신속하고 무해한 통과를 허용하고 이에 대한 편의를 제공하여야 한다.
3. 제2항에 의하여 구호품, 장비 및 요원의 통과를 허용하는 충돌당사국 및 각 체약당사국은,
   가. 그러한 통과가 허용되는 기술적 조치(검색을 포함)를 지시할 권리가 있다.
   나. 이익보호국의 현지 감독하에 행하여지는 이러한 원조의 분배에 있어서 그러한 허용을 조건부로 할 수 있다.
   다. 관계 민간주민의 이익관계상 긴급한 필요의 경우를 제외하고는, 절대로 구호품의 본래 의도된 용도를 전용하거나 또는 전달을 지체하여서는 아니된다.
4. 충돌당사국은 구호품을 보호하고 그것들의 신속한 분배를 용이하게 하여야 한다.
5. 충돌당사국 및 관계 각 체약당사국은 제1항에서 말하는 구호활동의 효율적 조정을 장려하고 용이하게 하여야 한다.

제71조 구호활동에 참여하는 요원
1. 필요한 경우에는, 구호요원은 특히 구호품의 수송 및 분배를 위하여 모든 구호활동에 제공된 원조의 일부를 형성할 수 있다. 그러한 요원의 참여는 그들이 자신의 임무를 수행할 영역이 속하는 당사국의 승인에 따를 것을 조건으로 한다.
2. 그러한 요원은 존중되고 보호된다.
3. 구호품을 수령하는 각 당사국은 실행 가능한 최대한도로, 그들이 구호임무를 수행하는데 있어서 제1항에서 말하는 구호요원에게 조력한다. 오직 긴급한 군사상 필요의 경우에 있어서만 구호요원의 활동은 제한될 수 있거나 또는 그들의 이동이 일시적으로 제한될 수 있다.
4. 어떠한 상황하에서라도 구호요원은 본 의정서에 의한 그들의 임무의 조건을 초과할 수 없다. 특히 그들은 자신의 임무를 수행중인 영역이 속하는 당사국의 안보상의 요구를 고려하여야 한다. 이러한 조건을 존중하지 아니하는 모든 요원의 임무는 중지될 수 있다.

제3장 충돌당사국의 권력내에 있는 개인의 대우
제1절 적용범위 및 개인과 물건의 보호

제72조 적용범위
본장의 제규정은 국제적 무력충돌 기간중에 있어서의 기본적 인권의 보호에 관한 기타의 적용 가능한 국제법규에 대하여뿐 아니라, 제4협약 특히 그 제1편 및 제3편에 들어있는 자로서 충돌당사국의 권력내에 있는 민간인 및 민간물자의 인도적 보호에 관한 제규칙에 대한 보완규정이다.

제73조 피난민 및 무국적자

적대행위의 개시전에 관계 당사국들에 의하여 채택된 관련 국제조약에 의하거나 또는 피난국이나 거류국의 국내법에 의하여 무국적자 또는 피난민으로서 인정된 자들은 모든 상황에 있어서 그리고 어떠한 불리한 차별도 받음이 없이 제4협약 제1편 및 제3편이 의미하는 피보호자로 된다.

제74조 이산가족의 재결합

체약당사국 및 충돌당사국은 무력충돌의 결과로 이산된 가족들의 재결합을 모든 가능한 방법으로 용이하게 하며, 특히 제협약 및 본 의정서의 제규정에 의하여 그리고 각기 자국의 안전보장규칙에 따라 이러한 임무에 종사하는 인도적 단체들의 사업을 장려한다.

제75조 기본권보장

1. 충돌당사국의 권력내에 있고 제협약 또는 본 의정서에 의하여 보다 유리한 대우를 받지 못하는 자들은, 본 의정서의 제1조에서 말하는 사태에 의하여 영향을 받는 한, 모든 상황에 있어 인도적으로 대우되며, 인종·피부색·성별·언어·종교·신앙·정치적 또는 기타의 견해·국가적 또는 사회적 출신여하·빈부·가문 또는 기타의 지위 및 기타 유사한 기준에 근거한 불리한 차별을 받음이 없이, 최소한 본조에 규정된 보호를 향유한다. 각 당사국은 모든 그러한 자들의 신체·명예·신념 및 종교의식을 존중한다.
2. 다음의 제행위는 행위주체가 민간인이든 군사대리인이든 불문하고 또한 시간과 장소에 관계없이 금지된다.
   가. 인간의 생명, 건강 및 신체적 또는 정신적인 안녕에 대한 폭력행위, 특히
     (1) 살 인
     (2) 신체적이든 정신적이든 불문하고 모든 종류의 고문
     (3) 체형 및
     (4) 신체절단
   나. 인간의 존엄성에 대한 침해, 특히 모욕적이고 치욕적인 취급, 강제매음 및 모든 형태의 저열한 폭행
   다. 인질행위파. 집단적 처벌 및
   마. 전기의 행위중 어느 것을 행하도록 하는 위협
3. 무력충돌에 관계되는 행위로 인하여 체포 또는 구류되는 모든 자는 자기가 이해하는 언어로 이 조치가 취하여진 이유를 신속히 통지받는다. 형사범죄를 이유로 하는 체포 또는 구류의 경우를 제외하고, 그러한 자는 가능한 최소한의 지체후 그리고 체포, 구류 또는 억류를 정당화하는 상황이 종식되는 즉시 모든 경우에 있어 석방된다.
4. 일반적으로 승인된 정식의 사법절차 원칙을 존중하는 공정하고 정식으로 구성된 법원에 의하여 언도되는 유죄판결에 따르는 경우를 제외하고는, 무력충돌에 관련

되는 형사범죄의 유죄성이 인정된 자에 대하여 어떠한 선고도 언도될 수 없고 어떠한 형벌도 집행될 수 없으며, 전기의 원칙은 다음을 포함한다.
   가. 동절차는 피고인이 자신의 혐의사실에 관하여 지체없이 통지받도록 규정하고 재판의 전과 그 기간중에 피고인에게 모든 필요한 항변의 권리와 수단을 제공한다.
   나. 누구도 개인적인 형사책임에 근거한 것을 제외하고는 범행에 대하여 유죄판결을 받지 아니한다.
   다. 누구도 범행 당시에 자기가 복종하는 국내법 또는 국제법에 의하여 형사범죄가 구성되지 아니하는 어떠한 작위 또는 부작위를 이유로 하여 형사범죄로 기소되거나 또는 유죄판결을 받지 아니한다. 또한 형사범죄의 행위당시에 적용되는 것보다 더 중한형벌이 과하여져서는 아니된다. 만일 범행후에, 보다 경한 형벌을 과하기 위한 규정이 제정되는 경우에는 그 범행자는 그것의 이익을 향수한다.
   라. 모든 피의자는 법에 의하여 유죄가 입증될 때까지 무죄로 추정된다.
   마. 모든 피의자는 출석재판을 받을 권리가 있다.
   바. 누구나 자신에게 불리한 증언을 하거나 또는 유죄를 자백하도록 강요되지 아니한다.
   사. 모든 범행피의자는 자기에게 불리한 증언을 심문할 권리와, 자기에게 불리한 증언과 동일한 조건하에서 자기에게 유리한 입회 및 심문을 취득할 권리가 있다.
   아. 누구도 자기를 무죄 또는 유죄로 하는 최종판결이 전에 언도된 바있는 범행을 이유로, 동일한 당사국에 의하여 동일한 법률 및 사법절차에 따라 기소되거나 또는 처벌받지 아니한다.
   자. 범행을 이유로 기소된 자는 누구나 공개적인 판결언도를 받을 권리가 있다. 그리고차. 유죄판결을 받은 자는 언도 즉시 자기의 사법적 및 기타 구제책과 그것의 행사시한에 관하여 통지받는다.
5. 무력충돌에 관련된 이유로 자유가 제한된 여성은 남성숙소로부터 분리된 숙소에 수용된다. 그들은 여성의 직접적인 감독하에 놓인다. 단, 가족들이 구류 또는 억류되는 경우에는, 그들은 가능하면 한시라도 동일한 장소에 수용되고 가족단위로 숙박한다.
6. 무력충돌에 관련된 이유로, 체포, 구류 또는 억류된 자들은 무력절차의 종식후에라도, 그들의 최종석방, 송환 또는 복귀시까지 본조에 규정된 보호를 향유한다.
7. 전쟁범죄 또는 인도에 대한 죄로 기소된 자들의 기소 및 재판에 관한 모든 의문을 없애기 위하여 다음의 제원칙이 적용된다.
   가. 그러한 범죄로 기소된 자들은 적용가능한 국제법규에 부합하는 기소의 목적 및 재판에 복종하여야 한다. 그리고
   나. 제협약 또는 본 의정서에 의하여 보다 유리한 대우를 받지 못하는 모든 그러

한 자들은, 그들이 기소당한 범죄가 제협약 또는 본 의정서의 중대한 위반을 구성하는지 여부를 불문하고, 본조에 의하여 규정된 대우를 받는다.
8. 본조의 어느 규정도 제1항에 규정된 자들에 대하여 모든 적용 가능한 국제법규에 의하여 보다 큰 보호를 부여하는 보다 유리한 다른 모든 규정을 제한 또는 침해하는 것으로 해석되지 아니한다.

제2절 부녀자 및 아동을 위한 조치

제76조 부녀자의 보호
1. 부녀자는 특별한 보호의 대상이 되며 특히 건강, 강제매음 및 기타 모든 형태의 저열한 폭행으로부터 보호된다.
2. 무력충돌에 관련된 이유로 체포, 구류 또는 억류된 임부 및 영아의 모는 최우선적으로 심리된다.
3. 충돌당사국은 가능한 최대한도로 임부 또는 영아의 모에 대하여 무력충돌에 관련된 범행을 이유로 하는 사형언도를 피하도록 노력한다. 그러한 범행을 이유로 한 사형은 전기한 부녀자에게 집행되어서는 아니된다.

제77조 아동의 보호
1. 아동은 특별한 보호의 대상이 되며 모든 형태의 저열한 폭행으로부터 보호된다. 충돌당사국은 그들의 연령 기타 어떠한 이유를 불문하고 그들이 필요로 하는 양호 및 원조를 제공한다.
2. 충돌당사국은 15세 미만의 아동이 적대행위에 직접 가담하지 아니하고, 특히 자국군대에 그들이 징모되지 아니하도록 하기 위하여 모든 실행가능한 조치를 취한다. 15세 이상 18세미만의 그러한 자들중에서 징모하는 경우에는, 충돌당사국은 최연장자들에게 우선 순위를 부여하기 위하여 노력한다.
3. 만일 예외적으로 제2항의 규정에도 불구하고 15세미만의 아동들이 적대행위에 직접 가담하여 적대국의 권력에 들어가는 경우에는, 그들이 포로이든 아니든 불문하고 그들은 본조에 의하여 부여된 특별한 보호를 계속 향수한다.
4. 만일 무력충돌에 관련된 이유로 체포, 구류 및 억류된 경우에는 제75조5항에 규정된 바와 같이 가족들이 가족단위로 숙박하게 되는 경우를 제외하고, 아동들은 성인의 숙소와 분리된 숙소에 수용된다.
5. 무력충돌에 관련된 범행을 이유로 하는 사형은, 범행 당시에 18세 미만인 자에 대하여 집행되어서는 아니된다.

제78조 아동의 소개
1. 어떠한 충돌당사국도 자국민이 아닌 아동들의 외국으로의 소개를 위한 조치를 취하여서는 아니된다. 단, 아동의 건강상 또는 치료상 불가피한 이유가 있거나 또는 피점령지역 내에서의 경우를 제외하고 안보상의 이유가 있는 일시적 소개는

제외한다. 부모 또는 법정후견인이 있을 경우에는 이러한 소개에 대한 그들의 서명동의를 요한다. 만일 그러한 자들이 없을 경우에는 법률 또는 관습에 의하여 아동의 양호에 1차적 책임을 지는 자들에 의한 이러한 소개에 대한 서명동의를 요한다. 모든 이러한 소개는 관계 당사국, 즉 소개조치를 취하는 당사국, 아동을 수용하는 국가 그리고 소개되는 아동이 소속하는 당사국의 동의를 얻어 이익보호국에 의한 감독을 받는다. 각 경우에 있어 모든 충돌당사국은 소개를 위태롭게 함을 피하기 위하여 모든 실행가능한 조치를 취한다.

2. 제1항에 의하여 소개가 행하여지는 경우에는 하시라도, 각 아동의 교육 (그의 부모가 원하는 바와 같은 그들의 종교적 및 윤리적 교육을 포함)은 그 아동이 외국에 있는 동안에도 가능한 최대한도의 지속성을 가지고 실시된다.

3. 본조에 의하여 소개된 아동들이 자기의 가족 및 소속국가에로 귀환하는 것을 용이하게 함을 목적으로, 소개조치를 취하는 당사국의 당국과 그리고 적절한 경우에는 수용국의 당국은 각 아동을 위하여 사진이 첨부된 카드를 작성하여 그것을 국제적십자위원회의 중앙심인기관에 송부한다. 각 카드에는 가능하면 하시라도, 그리고 그것이 아동에게 유해한 아무런 위험도 내포하지 아니하는 경우에는 항상, 다음의 사항이 기재된다.

가. 아동의 성
나. 아동의 이름
다. 아동의 성별
라. 출생지 및 생년월일 (만일 그 일자가 미상이면 추정연령)
마. 부친의 성명
바. 모친의 성명
사. 아동의 근친자
아. 아동의 국적
자. 아동의 모국어 및 그가 말할 수 있는 기타 모든 언어
차. 아동의 가족주소
카. 아동의 모든 신분증명서 번호
타. 아동의 건강상태
파. 아동의 혈액형
하. 모든 특징
거. 아동의 발견일자 및 장소
너. 아동의 소속국가를 출국한 날짜 및 장소
더. 아동의 종교 (만일 가지고 있을 경우에 한함)
러. 수용국내의 아동의 현주소
머. 아동의 귀환전에 사망한 경우에는 사망한 일자, 장소 및 상황과 매장장소

제3절 기 자

제79조 기자의 보호조치
1. 무력충돌지역내에서 위험한 직업적 임무에 종사하는 기자들은 제50조 제1항이 의미하는 민간인으로 간주된다.
2. 그들은 민간인으로서의 자신의 지위에 불리하게 영향을 미치는 어떠한 행위도 하지 아니할 것을 조건으로 하여, 제협약 및 본 의정서에 의하여 민간인 자격으로 보호되며, 종군기자의 권리를 침해받음이 없이 제3협약 제4조A(4)에 규정된 지위로서 군대에 파견한다.
3. 그들은 본 의정서 제2부속서에 첨부된 모형과 동일한 신분증명서를 소지할 수 있다. 이 증명서는 언론기관의 소재지국 정부에 의하여 발급되어야 하며 기자로서의 그의 지위를 증명하여야 한다.

제5편 제협약 및 본 의정서의 시행
제1장 총 칙

제80조 시행을 위한 조치
1. 체약당사국 및 충돌당사국은 제협약 및 본 의정서에 의한 자국 의무의 이행을 위하여 지체없이 모든 필요한 조치를 취하여야 한다.
2. 체약당사국 및 충돌당사국은 제협약 및 본 의정서의 준수를 보장하기 위하여 명령과 지시를 내려야 하며 그 집행을 감독하여야 한다.

제81조 적십자 및 기타 인도적 단체의 활동
1. 충돌당사국은 충돌 희생자에 대한 보호와 원조를 보장하기 위하여 제협약 및 본 의정서에 의하여 국제적십자위원회에 맡겨진 기능을 수행할 수 있도록 하기 위하여 자국의 능력의 범위내에서의 모든 편의를 동위원회에 제공하여야 한다. 국제적십자위원회는 또한 관계 충돌당사국의 동의를 조건으로 이러한 희생자들을 위한 기타 모든 인도적 활동을 수행할 수 있다.
2. 충돌당사국은 각기 자국의 적십자(적신월, 적사자태양)단체들이 제협약 및 본 의정서의 제규정과 국제적십자회의에서 제정된 적십자 기본 원칙에 따라 충돌희생자들을 위한 그들의 인도적 활동을 수행하도록 하기 위하여 필요한 편의를 제공하여야 한다.
3. 체약당사국 및 충돌당사국은 적십자(적신월, 적사자태양)단체 및 적십자사연맹이 제협약 및 본 의정서의 제규정과 국제적십자회의에서 제정된 적십자 기본 원칙에 따라 충돌희생자들에게 제공하는 원조에 대하여 모든 가능한 방법으로 편의를 제공하여야 한다.
4. 체약당사국 및 충돌당사국은 가능한한 최대 한도로, 제협약 및 본 의정서에 언

급된 것들로서 각기 충돌당사국에 의하여 정식으로 허가되고 제협약 및 본 의정서에 제규정에 따라 자체의 인도적 활동을 수행하는 기타 인도적 단체들에게 제공되는 제2항 및 제3항에서 언급한 것과 유사한 편의를 제공하여야 한다.

제82조 군대내의 법률고문
체약당사국은 항시 그리고 충돌당사국은 무력충돌시 필요한 경우에, 제협약 및 본 의정서의 적용에 관하여 그리고 이 문제에 있어 군대에 시달되는 적절한 지시에 관하여 적절한 수준에서 군지휘관에 대한 자문을 하게 될 법률 고문들의 확보를 보장하여야 한다.

제83조 보 급
1. 체약당사국은 무력충돌시에 있어서와 같이 평시에 있어서도, 제협약 및 본 의정서를 각기 자국내에서 가급적 광범위하게 보급하고 특히 자국의 군사교육계획속에 이에 관한 학습을 포함시키고 민간주민의 이에 관한 학습을 장려함으로써 동 협약 및 의정서가 군대 및 민간주민에게 습득되도록 하여야 한다.
2. 무력충돌시에 제협약 및 본 의정서의 적용에 관하여 책임을 지는 군 또는 민간 당국은 그것의 본문에 정통하여야 한다.

제84조 적용규칙
체약당사국은 가능한한 조속히 수탁국을 통하여 그리고 적절한 경우에는 이익보호국을 통하여, 본 의정서의 적용을 보장하기 위하여 자국이 채택한 법률 및 규칙은 물론 본 의정서의 공식번역문을 상호 전달하여야 한다.

제2장 제협약 및 본 의정서에 대한 위반의 억제

제85조 본 의정서에 대한 위반의 억제
1. 위반 및 중대한 위반의 억제에 관한 제협약의 기존 규정들과 본장에 의하여 추가되는 규정들은 본 의정서의 위반 및 중대한 위반의 억제에도 적용된다
2. 제협약에서 중대한 위반으로 규정된 제행위는, 그것들이 본 의정서 제44조, 제45조 및 제73조 에 의하여 보호되는 자로서 적대국의 권력내에 있는 자들에 대하여 또는 본 의정서에 의하여 보호되는 적대국의 부상자, 병자 및 난선자에 대하여 또는 적대국의 지배하에 있고 본 의정서에 의하여 보호되는 의무 또는 종교요원, 의무부대, 의무용수송기관에 대하여 범하여진 경우에는 본 의정서의 중대한 위반이 된다.
3. 제11조에 규정된 중요한 위반외에 다음의 제행위는, 본 의정서의 관련규정을 위반하여 고의적으로 행하여짐으로써 사망이나 신체 또는 건강에 대한 중대한 상해를 야기하는 경우에는 본 의정서의 중대한 위반으로 간주된다.
　　가. 민간주민이나 민간개인을 공격의 대상으로 하는 것.
　　나. 그러한 공격이 제57조 제2항 가.(3)에 규정된 바와 같이 과도한 생명의 손실,

민간에 대한 상해 또는 민간물자에 대한 손상을 야기하리라는 것을 인식하면서 민간주민 또는 민간물자에 영향을 미치는 무차별 공격을 개시하는 것.
다. 그러한 공격이 제57조 제2항 가.(3)에 규정된 바와 같이 과도한 생명의 손실, 민간인에 대한 상해 또는 민간물자에 대한 손상을 야기하리라는 것을 인식하면서 위험한 물리력을 함유하는 시설물에 대하여 공격을 개시하는 것.
라. 무방호지구 및 비무장지대를 공격의 대상으로 하는 것.
마. 어떠한 사람이 전투능력 상실자임을 알면서 그 자를 공격의 대상으로 하는 것.
바. 제37조에 위반하여 적십자, 적신월 또는 적사자태양의 식별표장 또는 제협약이나 본 의정서에 의하여 승인된 기타 보호표시를 배신적으로 사용하는 것.
4. 전항 및 제협약에 정의된 중대한 위반 외에 다음의 것은 제협약 및 본 의정서에 위반하여 고의적으로 행하여진 경우에는 본 의정서의 중대한 위반으로 간주된다.
가. 점령국이 제4협약의 제49조에 위반하여 자국민간주민의 일부를 피점령지역으로 이송하거나 피점령지역 주민의 전부 또는 일부를 동지역 내부 또는 외부로 추방 또는 이송하는 것.
나. 포로 또는 민간인의 송환에 있어서의 부당한 지체
다. 인종차별 정책의 관행 및 기타 인종차별정책에 기초하여 인간의 존엄에 대한 모욕을 포함하는 비인도적이고 품위를 저하시키는 관행
라. 제국민의 문화적, 정신적 유산을 형성하는 것으로서 예컨대 권위있는 국제기구의 체제내에서 특별협정에 의하여 특별한 보호가 부여되고 있는 명백히 인정된 역사적 기념물, 예술작품, 또는 예배장소를 공격의 대상으로 함으로써 적대국에 의한 제53조 나.호에 대한 위반의 증거가 없으며, 그리고 그러한 역사적 기념물, 예술작품 및 예배장소가 군사목표물에 바로 인접하여 소재하지 아니함에도 불구하고 결과적으로 그것들의 광범위한 파괴를 야기하는 것.
마. 제협약에 의하여 보호되는 자 또는 본조 제2항에 언급된 자로부터 공정한 정식의 재판을 받을 권리를 박탈하는 것.
5. 제협약 및 본 의정서의 적용을 침해함이 없이 동 협약 및 의정서의 중대한 위반은 전쟁범죄로 간주된다.

제86조 부작위

1. 체약당사국 및 충돌당사국은 작위의무가 있는 경우에 이를 행하지 않음으로써 발행하는 제협약 또는 본 의정서의 중대한 위반을 억제하며 기타 모든 위반을 억제하기 위하여 필요한 조치를 취하여야 한다.
2. 제협약 및 본 의정서의 위반이 부하에 의하여 행하여졌다는 사실은 경우에 따라 부하가 그러한 위반을 행하고 있는 중이거나 행하리라는 것을 알았거나 또는 당시의 상황하에서 그렇게 결론 지을 수 있을 만한 정보를 갖고 있었을 경우, 그리고 권한내에서 위반을 예방 또는 억제하기 위하여 실행 가능한 모든 조치를 취하지 아니하였을 경우에는 그 상관의 형사 또는 징계책임을 면제하지 아니한다.

제87조 지휘관의 의무

1. 체약당사국 및 충돌당사국은 군 지휘관들에게 그들의 지휘하에 있는 군대구성원 및 그들의 통제하에 있는 다른자들의 제협약 및 본 의정서에 대한 위반을 예방하고 필요한 경우에는 이를 억제하며 권한있는 당국에 이를 보고하도록 요구하여야 한다.
2. 위반을 예방하고 억제하기 위하여 체약당사국 및 충돌당사국은 군지휘관들이 그들의 책임수준에 상응하게 그들의 지휘하에 있는 군대구성원들이 제협약 및 본 의정서에 의거한 자신의 의무를 알고 있도록 보장할 것을 요구하여야 한다.
3. 체약당사국 및 충돌당사국은 자신의 통제하에 있는 부하 또는 다른 자들이 제협약 또는 본 의정서의 위반을 행하려 하거나 행하였다는 것을 알고 있는 모든 지휘관에게 제협약 또는 본 의정서의 그러한 위반을 예방하기 위하여 필요한 조치를 솔선하여 취하도록 요구하여야 한다.

제88조 형사문제에 있어서의 상호부조

1. 체약당사국은 제협약 또는 본 의정서의 중대한 위반에 관하여 제기된 형사 소추와 관련하여 최대한도의 부조를 상호 제공한다.
2. 제협약 및 본 의정서 제85조 제1항에 규정된 권리 및 의무에 따라 그리고 상황이 허용하는 경우에는 체약당사국은 범죄인 인도문제에 있어 협조하여야 한다. 그들은 혐의를 받는 범행이 발생한 영역이 속하는 국가의 요청에 대하여 충분한 고려를 하여야 한다.
3. 요청을 받은 체약당사국의 법률은 모든 경우에 적용된다. 단, 전항의 규정은 형사문제에 있어서의 상호부조 대상의 전부 또는 일부를 규제하고 있거나 규제하게 될 쌍무적 또는 다자적 성질의 기타 모든 조약의 규정으로부터 발생하는 의무에 영향을 미치지 아니한다.

제89조 협조제협약 또는 본 의정서의 중대한 위반의 경우에 체약당사국은 공동으로 또는 개별적으로 유엔과 협조하여 그리고 유엔헌장에 쫓아 행동할 것을 약정한다.

제90조 국제사실조사위원회

1. 가. 높은 덕망과 공인된 공정성을 갖춘 위원 15인으로 구성되는 국제사실조사위원회(이하 위원회라 칭한다)가 설치된다.
   나. 20개국 이상의 체약당사국이 제2항에 따라 위원회 권능을 수락하기로 합의한 경우에는 수탁국은 그때 그리고 그후 5년의 간격을 두고 위원회 위원의 선출을 위하여 체약당사국 대표로 구성되는 회의를 소집한다. 동 회의에서 대표들은 각 체약당사국이 1명씩 지명한 명단중에서 비밀투표에 의하여 위원회 위원을 선출한다.
   다. 위원회 위원은 개인자격으로 봉직하며 차기회의에서 새로운 위원이 선출될때까지 재임한다.
   라. 선거시에 체약당사국은 위원회위원으로 선출되는 자가 필요한 자격을 개인적

으로 보유할 것과 위원회 전체로서는 공평한 지역적 대표성이 안배되도록 보장하여야 한다.

마. 불의의 결원이 생길 경우에는, 전호들의 제규정을 충분히 고려하여 위원회 자체가 그 결원을 충원하여야 한다.

바. 수탁국은 위원회의 기능수행을 위하여 필요한 행정적 편의를 동 위원회에 제공하여야 한다.

2. 가. 체약당사국은 서명·비준·가입시 또는 그 이후의 기타 모든 시기에 있어 그들과 동일한 의무를 수락하는 기타 모든 체약당사국과의 관계에 있어 본조에 의하여 허가된 바와 같이 그러한 기타 체약당사국에 의하여 주장되는 혐의사실을 조사하기 위한 위원회의 권능을 사실상 그리고 특별한 합의없이 인정한다는 것을 선언할 수 있다.

나. 위에서 언급된 선언은 수탁국에 기탁되어야 하며, 수탁국은 그것의 사본을 체약당사국들에 전달하여야 한다.

다. 위원회는 다음 사항에 대하여 권한이 있다.

(1) 제협약 및 본 의정서에 정의된 바와 같은 중대한 위반이라고 주장되는 모든 혐의사실 또는 제협약이나 본 의정서의 기타 심각한 위반에 대한 조사,

(2) 위원회의 주선을 통하여 제협약 및 본 의정서를 존중하는 태도의 회복 촉진.

라. 기타의 상황하에서는, 위원회는 오직 기타의 관계 당사국들의 동의하에서만 충돌당사국의 요청에 따라 조사를 행한다.

마. 본항의 위의 제규정에 따라 제1협약 제52조, 제2협약 제53조, 제3협약 제132조 및 제4협약 제149조의 제규정은 제협약의 모든 위반혐의에 대하여 계속 적용되며 본 의정서의 위반 혐의에도 확대 적용된다.

3. 가. 관계당사국들에 의하여 달리 합의되지 아니하는 한, 모든 조사는 다음과 같이 임명되는 위원 7인으로 구성되는 소위원회에 의하여 수행된다.

(1) 충돌당사국의 국민이 아닌 자로서 위원장이 형평한 지역적 대표성의 기초위에서 충돌당사국과의 협의후에 임명한 위원회의 위원 5인

(2) 어느 충돌당사국의 국민도 아닌자로서 각 측이 1인씩 지명하는 2인의 특별위원나. 조사요청이 접수되는 위원회 위원장은 소위원회의 설치를 위하여 적절한 시한을 지정한다. 특별위원이 시한내에 지명되지 아니하는 경우에는, 위원장은 소위원회의 위원 정원을 충원하기 위하여 필요한 추가 위원을 즉시 지명한다.

4. 가. 조사임무를 수행하기 위하여 제3항에 따라 설치된 소위원회는 충돌당사국들이 그것에 대하여 조력하고 증거를 제출하도록 요청한다. 소위원회는 또한 적절하다고 생각되는 기타의 증거를 찾을 수 있으며 적절하게 사태의 조사를 수행할 수 있다.

나. 모든 증거는 위원회를 상대로 그것에 관하여 비평할 수 있는 권리가 있는 당사국들에게 충분히 공개되어야 한다.

다. 각 당사국은 그러한 증거에 대항할 권리가 있다.
5. 가. 위원회는 적절하다고 생각하는 건의사항을 첨부하여 사실조사에 관한 보고서를 당사국들에게 제출하여야 한다.
나. 소위원회가 진실되고 공정한 사실판정을 위한 충분한 증거를 입수하는 것이 불가능한 경우에는 위원회는 그 불가능의 이유를 설명하여야 한다.
다. 위원회는 모든 충돌당사국이 위원회로 하여금 그렇게 하도록 요구하지 아니하는 한, 사실판정을 공표하여서는 아니된다.
6. 위원회는 위원회의 위원장직 및 소위원회의 위원장직에 관한 규칙을 포함하는 자체의 규칙을 제정한다. 동 규칙들은 위원회 위원장의 직능이 항시 행사될 것과 군사임무수행의 경우에는 충돌당사국의 국민이 아닌 자에 의하여 그러한 기능이 행사되도록 보장하여야 한다.
7. 위원회의 행정비용은 제2항에 의거한 선언을 행한 체약당사국들로부터의 기여금과 자발적인 기여금에 의하여 충당된다. 조사를 요청하는 당사국은 소위원회의 경비를 위해 필요한 자금을 선납하며 제소된 상대 당사국으로부터 소위원회 소요경비의 50%까지를 상환받는다. 반대주장이 소위원회에 제기되는 경우에는 각측은 필요한 자금의 50%씩을 선납한다.

제91조 책 임

제협약 또는 본 의정서의 규정을 위반하는 충돌당사국은 필요한 경우에는 보상금을 지불할 책임이 있다. 동 당사국은 자국군대의 일부를 구성하는 자들이 행한 모든 행위에 대하여 책임을 진다.

제6편 최종규정

제92조 서 명

본 의정서는 최종의정서 서명 6개월후부터 제협약의 당사국들에 의한 서명을 위하여 개방되며 12개월간 개방된다.

제93조 비 준

본 의정서는 가급적 조속히 비준되어야 한다. 비준서는 제협약의 수탁국인 스위스 연방정부에 기탁된다.

제94조 가 입

본 의정서는 제협약의 당사국으로서 이에 서명하지 아니한 모든 당사국의 가입을 위하여 개방된다. 가입서는 수탁국에 기탁된다.

제95조 발 효

1. 본 의정서는 2개국의 비준서 또는 가입서가 기탁된 6개월후부터 효력을 발생한다.
2. 본 의정서 발효후에 비준 또는 가입하는 제협약당사국에 대하여는 그 당사국에

의하여 비준서 또는 가입서가 기탁된 6개월후부터 효력을 발생한다.

제96조 본 의정서 발효이후의 조약관계
1. 제협약 당사국들이 동시에 본 의정서의 당사국인 경우에는, 제협약은 본 의정서에 의하여 보완되어 적용된다.
2. 충돌당사국중 일방이 본 의정서의 구속을 받지 아니하는 경우에는, 의정서 당사국들은 그들 상호관계에 있어서 본 의정서의 구속을 받는다. 더우기 그들은 본 의정서의 구속을 받지 아니하는 개개의 당사국과의 관계에 있어서, 만일 후자가 본 의정서의 정규를 수락하고 이를 적용하는 경우에는, 본 의정서의 구속을 받는다.
3. 체약당사국에 대항하여 제1조 제4항에 규정된 유형의 무력충돌에 가담하는 민중을 대표하는 당국은 수탁국에 제출되는 일방적선언의 방식으로 당해 충돌에 관하여 제협약 및 본 의정서를 적용할 것을 보증할 수 있다. 그러한 선언은 수탁국에 접수되는 즉시 당해 충돌에 관하여 다음과 같은 효력을 가진다.
   가. 제협약 및 본 의정서는 충돌당사국인 전기당국에 대하여 즉시 효력를 발생한다.
   나. 전기당국은 제협약 및 본 의정서의 체약당사국들에게 부여된 것과 동일한 권리와 의무를 지닌다. 그리고,
   다. 제협약 및 본 의정서는 모든 충돌당사국을 동일하게 구속한다.

제97조 개 정
1. 모든 체약당사국은 본 의정서의 개정을 제안할 수 있다. 모든 개정안은 수탁국에 전달되며 수탁국은 체약당사국 및 국제적십자위원회와의 협의 후, 개정안을 심의하기 위한 회의의 소집여부를 결정한다.
2. 수탁국은 제협약의 체약당사국들과 함께 본 의정서의 모든 체약당사국들을 본 의정서의 서명국인지 여부를 불문하고 동 회의에 초청한다

제98조 제1부속서의 개정
1. 본 의정서의 효력 발생후 4년이 경과하기전에 그리고 그 후 4년 이상의 간격을 두고 국제적십자위원회는 본 의정서 제1부속서에 관해 체약당사국과 협의하며, 만일 동 위원회가 필요하다고 생각하는 경우에는 제1부속서를 재검토하고 이에 대한 바람직한 개정안을 제안하기 위한 전문가 회의를 제의할 수 있다. 체약당사국들에 대하여 그러한 회의를 위한 제의를 통지한 후, 6개월 이내에 그들중 3분의 1이상이 반대하지 아니하는 한, 국제적십자위원회는 회의를 소집하고 적절한 국제기구의 옵서버도 초청한다. 그러한 회의는 또한 체약당사국 3분의 1이상의 요구가 있을 경우에는 국제적십자위원회에 의하여서도 하시라도 소집된다.
2. 수탁국은 만일 전문가 회의후에 국제적십자위원회 또는 체약당사국의 3분의 1이상의 요구가 있을 경우에는, 동 회의에서 제의된 개정안을 심의하기 위하여 체약당사국 및 제협약 체약당사국회의를 소집한다.

3. 제1부속서에 대한 개정안은 전기회의에 출석하고 투표한 체약당사국 3분의 2이상의 다수에 의하여 채택될 수 있다.
4. 수탁국은 전기와 같이 채택된 모든 개정내용을 체약당사국 및 제협약 체약당사국들에게 통지한다. 개정은 전기와 같이 통지된 때로부터 1년의 기간이 만료하기 전에, 체약당사국 3분의 1이상에 의한 동 개정의 불수락선언이 수탁국에 전달되지 아니하는 한 그 기간의 말일에 수락된 것으로 간주된다.
5. 제4항에 따라 수락된 것으로 간주되는 개정은, 동항에 따라 불수락선언을 행한 국가가 아닌 여타의 모든 체약당사국들에 대하여 수락 3개월 후에 효력을 발생한다. 그러한 선언을 행한 모든 당사국은 하시라도 그 선언을 철회할 수 있으며, 개정은 그 당사국에 대하여 그때로부터 3개월 후에 효력을 발생한다.
6. 수탁국은 체약당사국 및 제협약 체약당사국에게 개정의 효력발생, 개정으로 구속을 받는 당사국, 각 당사국과의 관계에 있어서의 발효일자, 제4항에 따른 불수락선언 및 그러한 선언의 철회에 관하여 통고한다.

제99조 탈 퇴

1. 한 체약당사국이 본 의정서로부터 탈퇴하는 경우에는, 그 탈퇴는 탈퇴서의 접수 1년 후라야만 효력을 발생한다. 단, 1년기간의 만료직후 탈퇴국이 제1조의 규정에 의한 사태중 하나에 가담하고 있는 경우에는, 그 탈퇴는 무력충돌 또는 점령의 종료이전 및 모든 경우에 있어서 제협약 또는 본의정서에 의하여 보호되는 자들의 최종석방·송환 또는 복귀와 관계되는 업무가 종료되기 전까지는 효력을 발생하지 아니한다.
2. 탈퇴는 서면으로 수탁국에 통고되며, 수탁국은 이를 모든 체약당사국에 전달한다.
3. 탈퇴는 오직 탈퇴하는 당사국에 대해서만 효력을 발생한다.
4. 제1항에 의한 모든 탈퇴는, 그 탈퇴가 발효하기 전에 행하여진 모든 행위와 관련하여, 무력충돌을 이유로 본 의정서에 의하여 탈퇴당사국에게 이미 발생된 의무에 영향을 미치지 아니한다.

제100조 통 고

수탁국은 제협약당사국 및 체약당사국들에게 본 의정서의 시명국인지의 여부를 불문하고 다음 사항을 통보한다.
  가. 본 의정서에 대한 서명과 제93조 및 제94조에 따른 비준서, 가입서의 기탁
  나. 제95조에 따른 본 의정서의 발효일자
  다. 제84조, 제90조 및 제97조에 따라 접수된 통지 및 선언
  라. 제96조 3항에 따라 접수된 선언(이것은 가장 신속한 방법으로 전달되어야 한다)
  마. 제99조에 따른 탈퇴

제101조 등 록

1. 본 의정서는 발효후 국제연합헌장 제102조에 따라 등록 및 공포를 위하여 수탁

국에 의하여 국제연합사무국에 전달된다.
2. 수탁국은 또한 본 의정서에 관하여 접수된 모든 비준, 가입 및 탈퇴에 관하여 국제연합사무국에 통보한다.

제102조 인증등본

아랍어, 중국어, 영어, 프랑스어, 러시아어 및 스페인어 본이 동등히 인증된 의정서의 원본은 수탁국에 기탁되며, 수탁국은 그 인증등본을 모든 제협약당사국에게 전달한다.

제1부속서
식별에 관한 규칙

제1장 신분증명서

제1조 상임민간의무요원 및 종교요원용 신분증명서

1. 의정서 제18조 제3항의 규정에 의한 상임민간의무요원 및 종교요원용 신분증명서는 다음과 같은 것이어야 한다.
   가. 식별표장이 들어있고 호주머니속에 휴대할 수 있는 규격일 것.
   나. 실제적으로 내구성이 있을 것.
   다. 국어 또는 공용어로 기재될 것 (추가로 기타 언어로도 기재될 수 있음)라. 소지자의 성명, 생년월일(또는 생년월일을 알 수 없을 때에는 발급 당시의 연령) 그리고 신분증번호가 있으면 이를 기입할 것.
   마. 소지자가 어떤 자격으로 제협약 및 의정서의 보호를 받을 권리가 있는 지가 기재되어 있을 것.
   바. 소지자의 서명이나 무지인 또는 그 양자와 함께 그의 사진이 붙어 있을 것.
   사. 권한있는 당국의 관인 및 서명이 들어 있을 것.
   아. 증명서의 발급일자 및 유효기간 만료일자가 기재되어 있을 것.
2. 신분증명서는 각 체약당사국의 전역을 통하여 통일된 것이어야 하고, 가능한 한 모든 충돌당사국에 대하여 동일한 양식의 것이어야 한다. 충돌당사국은 표1에서 보는 바와 같은 단일언어식 예형에 따를 수 있다. 만일 그러한 예형이 표1에 제시된 것과 상이한 경우에는, 그들은 적대행위의 발발시에 그들이 사용하는 예형의 견본을 상호 전달한다. 신분증명서는, 가능한 경우에는 2통으로 작성되어 발급당국이 1통을 보관하며, 동 당국은 자신이 발행한 증명서의 통제를 유지하여야 한다.
3. 여하한 상황에 있어서도, 상임민간의무요원 및 종교요원은 자신의 신분증명서를 박탈당하여서는 아니된다. 신분증명서를 분실한 경우에는, 그들은 부본을 발급받을 권리가 있다.

제2조 임시민간의무요원 및 종교요원용 신분증명서

1. 임시민간의무요원 및 종교요원용 신분증명서는 가능한한 언제나 본 규칙 제1조에 규정된 것과 동일하여야 한다. 충돌당사국은 표1에 제시된 예형에 따를 수 있다.
2. 임시민간의무요원 및 종교요원에게 본 규칙 제1조에 규정된 것과 동일한 신분증명서의 발급이 저해되는 형편일 경우에는 동 요원에게 권한있는 당국이 서명한 증명서가 발급되며, 그 증명서에는 피발급자가 임시요원으로서의 임무에 배속되고 있다는 것을 증명하고 가능하면 그러한 임무배속의 기간 및 식별표장을 착용할 수 있는 권리가 기재되어야 한다. 동 증명서에는 소지자의 성명 및 생년월일(또는 생년월일을 알 수 없을 때에는 발급당시의 연령), 또는 직무 및 신분증번호가 있으면 이를 기입하여야 한다. 동 증명서에는 소지자의 서명이나 무지인, 또는 양자가 함께 찍혀 있어야 한다.

표1 : 신분증명서의 예형   (규격 : 가로74mm×세로105mm)

제4장 식별표장

제3조 형태 및 성질

1. 식별표장(백색바탕에 적색)은 상황에 따라 적절한 대형의 규격이어야 한다. 십자, 신월 또는 사자태양의 형태에 관하여서는, 체약국은 표2에 제시된 예형에 따를 수 있다.
2. 야간이나 또는 가시도가 감소된 때에는, 식별표장은 조명 또는 채색될 수 있다. 그것은 또한 기술적인 탐지수단에 의하여 분간될 수 있는 자재로 제작될 수 있다.

표2 : 백색바탕에 적색의 식별표장

제4조 사 용
1. 식별표장은 언제든지 가급적 여러 방향 및 원거리에서 볼 수 있는 평면상 또는 기치상에 표시된다.
2. 권한있는 당국의 지시에 따를 것을 조건으로 하여, 전투지역에서 자신의 임무를 대행하는 의무 및 종교요원은 가능한 한 식별표장이 부착된 모자 및 피복을 착용한다.

제3장 식별신호

제5조 선택적 사용
1. 본 규칙 제6조의 규정에 따를 것을 조건으로 하여, 의무부대 및 수송기관에 의한 독점적 사용을 위하여 본 장에 규정된 신호는 기타 어떠한 목적을 위하여서도 사용되어서는 아니된다. 본 장에서 말하는 모든 신호의 사용은 선택적이다.
2. 시간의 부족이나 또는 그 성질 때문에 식별표장으로 표시될 수 없는 임시의무용 항공기는 본 장에서 허가된 식별번호를 사용할 수 있다. 다만, 식별표장이든 제6조에 규정된 광선신호이든 또는 그 양자이든 불문하고, 본 규칙 제7조 및 제8조에서 말하는 여타 신호들까지 추가되는 시각적 신호들의 사용은 의무용 항공기의 효과적인 식별 및 분간을 위한 최선의 방법이 된다.

제6조 광선신호
1. 청색섬광으로 형성되는 광선신호는 의무용 항공기가 자신의 정체를 신호하는데 이를 사용하도록 하기 위하여 제정된다. 기타 여하한 항공기도 이 신호를 사용하여서는 아니된다. 권장되는 청색은 다음의 것들을 3색도 좌표로 사용함으로써 얻어진다. 녹색부분 $Y = 0.065 + 0.805x$ 백색부분 $Y = 0.400 - x$ 자주색부분 $x = 0.133 + 0.600y$
청색광선의 권장되는 섬전속도는 1분에 60회 내지 100회이다.
2. 의무용 항공기는 가급적 여러 방향에서 볼 수 있는 광선신호를 발하는데 필요한 광원을 장비하여야 한다.
3. 의무용 차량과 동 선박 및 주정의 식별을 위한 청색섬광의 사용권을 보류하는 충돌 당사국간의 특별합의가 없는 경우에는, 다른 차량 또는 선박들을 위한 전기신호의 사용은 금지되지 아니한다.

제7조 무선신호

1. 무선신호는 국제전신연합의 세계무선주관청회의에서 지정되고 승인된 우선적 식별번호에 선행하는 무선전화 또는 무선전신의 통신으로 이루어진다. 그것은 관련 있는 의무수송수단의 호출신호에 앞서 3회 전달된다. 이 통신은 제3항에 따라 규정된 빈도의 적절한 간격을 두고 영어로 전달된다. 우선적신호의 사용은 오직 의무부대 및 의무수송수단에만 국한한다
2. 제1항의 규정에 의한 우선적 식별번호에 후속되는 무선통신은 다음의 자료를 전달한다.
   가. 의무수송수단의 호출신호
   나. 의무수송수단의 위치
   다. 의무수송수단의 수효 및 종류
   라. 예정노선
   마. 적합할 경우, 주행예상시간 및 출발과 도착 예상시각
   바. 비행고도, 보호되는 무선주파수, 사용어 및 보조탐색레이다(SSR)방식 및 약호와 같은 기타 모든 정보
3. 의정서 제22조, 제23조, 제25조, 제26조, 제27조, 제28조, 제29조, 제30조 및 제31조의 규정에 의한 통신뿐 아니라, 제1항 및 제2항에서 말하는 통신을 용이하게 하기 위하여, 체약당사국들, 충돌당사국들 또는 합의에 의하거나 단독으로 행동하는 충돌당사국 일방은 국제전신협약에 부속된 무선규정속의 주파수 배정표에 따라, 그들이 그러한 통신을 위하여 사용할 국내선별주파수를 지정하고 공표할 수 있다. 이들 주파수들은 세계무선주관청회의에서 승인된 절차에 따라 국제전신연합에 통고된다.

제8조 전자식 식별

1. 1944년 12월 7일자 국제민간항공에 관한 시카코협약 제10부속서에 규정된 후 수시로 수정된 바와 같은 보조탐색레이다(SSR)체제는, 의무용 항공기를 식별하고 그 항로를 추적하기 위하여 사용될 수 있다. 의무용 항공기의 독점적 사용을 위하여 유보되는 방식과 약호는, 국제민간항공기에 의하여 권고된 설차에 따라, 체약당사국들, 충돌당사국들 또는 합의에 의하거나 단독으로 행동하는 충돌당사국 일방에 의하여 제정된다.
2. 충돌당사국은 그들 간의 특별합의에 의하여, 의무용 차량 및 의무용 선박과 주정의 식별을 위하여 그들이 사용할 유리한 전자식 체제를 설정할 수 있다.

제4장 통 신

제9조 무선통신

본 규칙의 제7조에 규정된 우선적 신호는, 의정서 제22조, 제23조, 제25조, 제26조, 제27조, 제28조, 제29조, 제30조 및 제31조에 의하여 시행되는 절차의 적용에

있어 의무부대 및 수송기관에 의한 적절한 무선통신에 선행할 수 있다.

제10조 국제약호의 사용

의무부대 및 수송기관은 또한, 국제전신연합, 국제민간항공기구 및 정부간 해사자문기구에 의하여 제정된 약호 및 신호를 사용할 수 있다. 이러한 약호 및 신호는 전기 제기구에 의하여 제정된 기준, 관행 및 절차에 따라 사용된다.

제11조 기타 통신수단

송수신양용 무선통신이 불가능한 경우에는 정부간 해사자문기구에 의하여 채택된 국제신호법 또는 1944년 12월 7일자 국제민간항공에 관한 시카고협약의 해당부속서에 규정된 후 수시로 수정된 바와 같은 신호가 사용될 수 있다.

제12조 비행계획

의정서 제29조에 규정된 비행계획에 관한 합의 및 통고는 가능한한 국제민간항공기구에 의하여 제정된 절차에 따라 작성된다.

제13조 의무용 항공기의 요격에 관한 신호 및 절차

만일 요격기가 비행중에 있는 의무용 항공기의 정체를 확인하기 위하여 또는 의정서 제30조 및 제31조에 따라 동 항공기를 착륙하도록 요구하기 위하여 사용되는 경우에는, 1944년 12월 7일자로 체결된 후 수시로 수정된 시카고협약 제2부속서에 규정된 시각적 및 무선적요격표준절차가 요격기에 의하여 사용되어야 한다.

제5장 민방위

제14조 신분증명서

1. 의정서 제66조 제3항에 규정된 민방위요원용 신분증명서는 본 규칙 제1조의 관계규정에 의하여 규제된다
2. 민방위요원용 신분증명서는 표3에 제시된 예형에 따를 수 있다.
3. 만일 민방위요원이 개인용 소화기를 휴대하는 것이 허용되는 경우에는, 그러한 취지의 항목이 전기 신분증명서상에 기재되어야 한다.

표3 : 민방위요원용 신분증명서 예형   (규격 : 가로74mm×세로105mm)

제15조 국제적 식별표장

1. 의정서 제66조 제4항에 규정된 국제적 민방위표장은 오렌지색바탕에 청색 정삼각형으로 한다.

   그 예형은 표4와 같다.

   표4 :오렌지색 바탕에 청색의 삼각형

   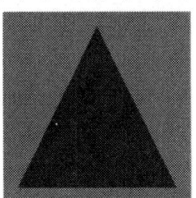

2. 다음의 사항이 권고된다.

   가. 만일 청색삼각형이 기치, 완장 또는 근무복에 표시되는 경우에는, 그 삼각형에 대한 바탕은 오렌지색의 기지, 완장 또는 근무복으로 할 것.

   나. 삼각형의 일각은 수직상향으로 할 것.

   다. 삼각형의 모든 각은 오렌지색 바탕의 가장자리에 닿지 아니할 것.

3. 국제적 식별표장은 상황에 따라 적절한 대형의 규격이어야 한다. 식별표장은 가능할 경우에는 하시라도 가급적 여러 방향 및 원거리에서 볼 수 있는 평면상 또는 기치상에 표시된다. 권한 있는 당국의 지시에 따를 것을 조건으로 하여, 민방위요원은 가능한 한 국제적 식별표장이 부착된 모자 및 피복을 착용한다. 야간이나 또는 선명도가 감소된 때에는, 표지는 조명 또는 채색될 수 있다. 그것은 또한 기술적인 탐지수단에 의하여 분간될 수 있는 자재로 제작될 수 있다.

제6장 위험한 물리력을 함유하는 사업장 및 시설

제16조 국제적 특별표지

1. 의정서 제56조 제7항에 규정된 위험한 물리력을 함유하는 사업장 및 시설을 위한 국제적 특별표지는 표5의 도해에 따라, 동일한 축선상에 위치하고 각 원 사이의 간격이 그 반경의 길이와 같은 동일규격의 선명한 오렌지색 3개의 원군으로 하여야 한다.
2. 동 표지는 상황에 따라 적절한 대형의 규격이어야 한다. 연장된 표면상에 표시될 때에는, 그것은 상황에 따라 적절한 회수로 반복될 수 있다. 동 표지는 가능할 경우에는 하시라도 가급적 여러 방향 및 원거리에서 볼 수 있는 평면상 또는 기치상에 표시되어야 한다.
3. 기치상에서는 표지의 윤곽선과 기치의 인접변간의 간격은 그 반경의 길이와 동일하여야 한다. 기치는 직사각형이고 그 바탕은 백색이어야 한다.
4. 야간이나 또는 가시도가 감소된 때에는 표지는 조명 또는 채색될 수 있다. 그것은 또한 기술적 탐지수단에 의하여 분간될 수 있는 자재로 제작될 수 있다.

표5 :위험한 물리력을 함유하는 사업장 및 시설을 위한 국제적 특별표지

(유보사항)
1. 제I의정서 제44조에 관하여, 동조 3항 둘째 문장에 기술된 "상황"은 점령지역 또는 1조 4항에의하여 규율되는 무력충돌에서만 존재할 수 있으며, 대한민국 정부는 동조 3항 나호의 "전개"를 "공격이 개시되는 장소로 향한 모든 움직임"을 말하는 것으로 해석한다.
2. 제I의정서 제85조 4항 나호에 관하여, 전쟁포로를 억류하고 있는 국가가 공개적이고 자유롭게 발표된 포로의 의사에 따라 그 포로를 송환하지 아니함은 본 의정서의 중대한 위반행위중 포로송환에 있어서의 부당한 지연에 포함되지 아니한다.
3. 제I의정서 제91조에 관하여, 제협약 또는 본 의정서의 규정을 위반하는 충돌당사국은 피해 체약당사국에게 보상책임을 지며 이는 피해 체약당사국이 무력충돌의 법적 당사자인지 여부는 불문한다.
4. 제I의정서 제96조 3항에 관하여, 제1조 4항의 요건을 진정으로 충족시키는 당국에 의한 선언만이 제96조 3항에 규정된 효과를 가질 수 있으며, 동 당국은 적절한 지역 정부간 기구에 의하여 승인받는 것이 필요하다.

【1980년 과도한 상해 또는 무차별적 효과를 초래할 수 있는 특정재래식무기의 사용금지 또는 제한에 관한 협약】

제1조 적용범위

이 협약 및 부속의정서는 전쟁희생자의 보호를 위한 1949년 8월 12일자 제네바 제협약의 공통 제2조가 언급하고 있는 상황과 동 제네바 제협약의 제1추가의정서 제1조제4항에 기술되어 있는 모든 상황에 적용된다.

제2조 다른 국제협정과의 관계

이 협약 또는 부속의정서의 어떠한 규정도 무력충돌에 적용되는 국제인도법에 의하여 체약당사국에게 부과되는 여타 의무들을 경감시키는 것으로 해석되지 아니한다.

제3조 서명

이 협약은 1981년 4월 10일부터 12월동안 뉴욕의 국제연합 본부에서 모든 국가들의 서명을 위하여 개방된다.

제4조 비준·수락·승인 또는 가입

1. 이 협약은 서명국의 비준·수락 또는 승인을 받는다. 이 협약을 서명하지 아니한 어느 국가도 이 협약에 가입할 수 있다.
2. 비준서·수락서·승인서 또는 가입서는 수탁자에게 기탁된다.
3. 이 협약에 부속된 의정서에 대한 기속적 동의표시는 각 국가의 선택사항이다. 다만, 해당 국가는 이 협약의 비준서·수락서·승인서 또는 가입서를 기탁할 때, 동 의정서중 2개 이상에 대한 기속적 동의를 수탁자에게 통고하여야 한다.
4. 어느 국가도 이 협약의 비준서·수락서·승인서 또는 가입서를 기탁한 이후 언제라도 자국이 아직 기속되지 아니하는 어떠한 부속의정서에 대한 기속적 동의를 수탁자에게 통고할 수 있다.
5. 어느 체약당사국을 기속하는 모든 부속의정서는 그 국가에 대하여는 이 협약의 불가분의 일부를 구성한다.

제5조 발효

1. 이 협약은 20번째의 비준서·수락서·승인서 또는 가입서가 기탁되는 날부터 6월후에 발효한다.
2. 20번째의 비준서·수락서·승인서 또는 가입서가 기탁된 날 이후에 비준서·수락서·승인서 또는 가입서를 기탁하는 국가에 대하여 이 협약은 그 국가가 자국의 비준서·수락서·승인서 또는 가입서를 기탁하는 날부터 6월후에 발효한다.
3. 이 협약의 각 부속의정서는 20개의 국가가 이 협약 제4조제3항 및 제4항의 규정에 따라 해당 부속의정서에 대한 기속적 동의를 통고한 날부터 6월후에 발효한다.
4. 20개의 국가가 특정 부속의정서에 대한 기속적 동의를 통고한 날 이후에 기속적 동의를 통고한 국가에 대하여 동 의정서는 해당 국가가 동 기속적 동의를 통고한 날부

터 6월후에 발효한다.
제6조 보급
이 체약당사국들은 무력충돌시뿐만 아니라 평시에 있어서도 이 협약과 자국이 기속되는 부속의정서를 가능한 한 광범위하게 자국안에 보급하며, 특히 이러한 문서들이 자국 군대에 주지될 수 있도록 자국의 군사교육프로그램에 이에 관한 과목을 포함시킬 의무가 있다.

제7조 이 협약 발효 이후의 조약관계
1. 충돌당사자의 일방이 어느 부속의정서의 기속을 받지 아니하는 경우에도 이 협약 및 동 부속의정서에 기속되는 당사국들은 그들 간의 상호관계에 있어서 여전히 이에 기속된다.
2. 어느 체약당사국도 이 협약 제1조가 언급하고 있는 상황하에서, 이 협약의 비당사국 또는 관련 부속의정서의 기속을 받지 아니하는 국가와의 관계에 있어서 그 국가가 이 협약 또는 관련 의정서를 수락·적용하고 이를 수탁자에게 통고하는 경우, 이 협약과 자국에 대하여 효력을 발생하고 있는 모든 부속의정서에 기속된다.
3. 수탁자는 이 조제2항에 따라 접수한 모든 통고내용을 즉시 관련 체약 당사국들에게 통보한다.
4. 이 협약 및 어느 체약당사국이 기속되는 부속의정서는 동 체약당사국에 대하여 발생하는, 전시희생자의 보호를 위한 1949년 8월 12일자 제네바 제협약의 제1추가의정서 제1조제4항에서 언급하는 유형의 무력충돌에 대하여 다음 각목의 경우 동 국가에게 적용된다.
가. 동 체약당사국이 또한 제1추가의정서의 당사국이고, 동 추가의정서제96조제3항에서 언급하는 당국이 동 추가의정서 제96조제3항에 따라 제네바 제협약과 제1추가의정서를 적용하겠다고 약속하였으며, 동 당국이 충돌과 관련하여 이 협약과 관련 부속의정서를 적용하겠다고 약속하는 경우
나. 동 체약당사국이 제1추가의정서의 당사국은 아니지만, 위의 가목에서 언급된 유형의 당국이 동 충돌과 관련하여 제네바 제협약과 이 협약 및 관련 부속의정서상의 의무를 수락하고 적용하는 경우. 이러한 수락 및 적용은 충돌과 관련하여 다음과 같은 효과를 가진다.
(1) 제네바 제협약과 이 협약 및 관련 부속의정서는 충돌당사국에 대하여 즉시 발효한다.
(2) 위에서 언급한 당국은 제네바 제협약과 이 협약 및 관련 부속의정서의 당사국에게 부여된 것과 동일한 권리와 의무를 지닌다.
(3) 제네바 제협약과 이 협약 및 관련 부속의정서는 모든 충돌당사국들을 동등하게 기속한다.
체약당사국과 당국은 또한 상호주의하에 제네바 제협약의 제1추가의정서상의 의무를 수락하고 적용하기로 합의할 수 있다.

제8조 검토 및 개정

1. 가. 어느 체약당사국도 이 협약의 발효후 언제든지 이 협약 및 자국이 기속되는 특정 부속의정서의 개정을 제안할 수 있다. 어떠한 개정의 제안도 수탁자에게 통고되며, 수탁자는 그것을 모든 체약당사국들에게 통고하고 동 개정안을 검토하기 위한 회의의 소집 여부에 관하여 체약당사국들의 의견을 구한다. 체약당사국중 18개국 이상의 다수결에 의하여 합의되는 경우, 수탁자는 신속하게 모든 체약당사국이 초청되는 회의를 소집한다. 이 협약의 당사국이 아닌 국가들은 옵저버로 회의에 초청된다.
나. 이러한 회의는 개정안에 대하여 합의할 수 있으며, 합의된 개정안은 이 협약 및 부속의정서와 동일한 방식으로 채택 및 발효한다. 다만, 이 협약개정안은 체약당사국에 의하여서만 채택될 수 있고, 특정 부속의정서에 대한 개정안은 동 의정서에 기속되는 체약당사국에 의하여서만 채택될 수 있다.
2. 가. 이 협약의 어느 체약당사국도 협약의 발효후 언제든지 현행 부속의정서가 취급하지 아니하는 다른 범주의 재래식무기에 관련되는 별도 의정서를 제안할 수 있다. 별도 의정서를 위한 어떠한 제안도 수탁자에게 통지되며, 수탁자는 이를 이 조제1항가목의 규정에 따라 모든 체약당사국들에게 통고한다. 체약당사국중 18개국 이상의 다수결에 의하여 합의하는 경우, 수탁자는 신속하게 모든 체약당사국이 초청되는 회의를 소집한다.
나. 이러한 회의에서는 동 회의에 대표를 보낸 모든 국가들의 전원 참석하에 별도 의정서에 대하여 합의할 수 있으며, 합의된 추가의정서는 이 협약과 동일한 방식으로 채택되며, 이 협약 제5조제3항 및 제4항의 규정에 따라 발효한다.
3. 가. 이 협약의 발효후 10년이 경과한 이후에도 이 조제1항가목 또는 제2항가목에 따른 회의가 개최되지 아니하는 경우, 어느 체약당사국도 수탁자에게 이 협약 및 동 부속의정서의 범위와 운영을 검토하고 이 협약 또는 현행 부속의정서에 관한 어떠한 개정안의 심의를 위하여 모든 체약당사국이 참가하도록 초청되는 회의의 소집을 요청할 수 있다. 이 협약의 당사국이 아닌 국가들도 동 회의의 옵저버로 참가하도록 초청된다. 동 회의는 개정안에 대하여 합의할 수 있고, 합의된 개정안은 상기 제1항나목에 따라 채택되고 발효한다.
나. 이러한 회의는 현행 부속의정서가 취급하지 아니하는 다른 범주의 재래식무기에 관련되는 별도 의정서의 제안에 대하여도 심의할 수 있다. 동 회의에 대표를 보낸 모든 국가는 이러한 심의에 완전하게 참여할 수 있다. 어떠한 별도 의정서도 이 협약과 동일한 방식으로 채택·부속되며, 이 협약 제5조제3항 및 제4항의 규정에 따라 발효한다.
다. 이러한 회의는 이 조제3항가목에 언급된 것과 유사한 기간이 경과한 이후에도 이 조제1항가목 또는 제2항가목에 따른 회의가 개최되지 아니하는 경우, 어느 체약당사국의 요청에 따라 추가회의 소집에 관한 규정을 마련하는 문제를 심의할 수 있다.

제9조 폐기

1. 어떠한 체약당사국이든지 수탁자에게 통고함으로써 이 협약 또는 특정 부속의정서를 폐기할 수 있다.

2. 이러한 폐기는 오로지 수탁자가 폐기통고를 접수한 날부터 1년이 지난 후 발효한다.그러나, 동 기간의 만료직후 폐기통고국이 제1조에서 언급하는 어떠한 사태에 개입되어 있는 경우, 그 당사국은 무력충돌 및 점령의 종료 이전 그리고 어느 경우이든 무력충돌에 적용되는 국제법규칙에 의하여 보호받는 자의 최종석방·송환 또는 복귀와 관련되는 활동의 종료 이전에는 어떠한 부속의정서가 국제연합군 및 국제연합 대표가 관련 지역에서 평화유지·관찰활동 또는 이와 유사한 직무를 수행하고 있는 사태와 관련한 규정을 포함하는 경우 이러한 직무종료시까지는 이 협약 및 관련 부속의정서에 여전히 기속된다.
3. 이 협약에 대한 폐기는 폐기통고국이 기속되는 모든 부속의정서에까지 적용되는 것으로 간주된다.
4. 어떠한 폐기도 오직 폐기통고국에 대하여서만 효력을 발생한다.
5. 어떠한 폐기도 이의 효력발생 이전에 행하여진 모든 행위와 관련하여, 무력충돌을 이유로 이 협약 및 그 부속의정서에 의하여 동 폐기통고국에게 이미 발생한 의무에 영향을 미치지 아니한다.

제10조 수탁자

1. 국제연합 사무총장은 이 협약 및 그 부속의정서의 수탁자가 된다.
2. 수탁자는 자신의 통상적인 직무에 부가하여 모든 국가들에게 다음 사항을 통고한다.
가. 제3조에 따른 이 협약에 첨부된 서명상황
나. 제4조에 따른 이 협약의 비준서·수락서·승인서 또는 가입서의 기탁상황
다. 제4조에 따른 부속의정서에 대한 기속적 동의의 통고상황
라. 제5조에 따른 이 협약 및 각 부속의정서의 발효일자
마. 제9조에 따라 접수된 폐기통고상황과 동 폐기의 효력발생일자

제11조 정본

아랍어·중국어·영어·불어·러시아어 및 스페인어로 작성된 동등하게 정본인 부속의정서를 포함한 이 협약의 원본은 수탁자에게 기탁되며, 수탁자는 모든 국가들에게 그 인증사본을 송부한다.

【과도한 상해 또는 무차별적 효과를 초래할 수있는 특정재래식무기의 사용금지 또는 제한에 관한 협약 제1조 개정】
(발효일: 2004. 5. 18.)

1. 이 협약 및 부속의정서는 전쟁희생자의 보호를 위한 1949년 8월 12일자 제네바 제협약의 공통 제2조에서 언급하고 있는 상황과 동 제네바 제협약의 제1추가의정서 제1조제4항에서 기술되어 있는 모든 상황에 적용된다.

2. 이 협약 및 부속의정서는 상기 제1항에서 언급하는 상황에 추가하여 1949년 8월 12일자 제네바 제협약의 공통 제3조에서 언급하는 상황에도 적용된다. 이 협약 및 부속의정서는 무력충돌이 아닌 폭동, 개개의 산발적인 폭력행위 및 이와 유사한 성질의 그밖의 행위와 같은 국내적인 소요 및 긴장상황에는 적용되지 아니한다.

3. 어느 하나의 체약당사국의 영역안에서 발생하는 비국제적인 무력충돌의 경우, 각 충돌당사자는 이 협약 및 부속의정서에서 규정하는 금지 및 제한사항의 적용을 받는다.

4. 이 협약 및 부속의정서의 어떠한 규정도 모든 적법한 수단을 통하여 자국안의 법과 질서를 유지 또는 재확립하거나, 국가의 통합 및 영토보존을 수호하기 위한 개별 국가의 주권 및 해당 정부의 책무에 영향력을 행사할 목적으로 원용될 수 없다.

5. 이 협약 및 부속의정서의 어떠한 규정도 어떠한 이유를 막론하고 직·간접적으로 체약당사국의 영토안에서 발생하는 무력충돌이나 동 국가의 국내외 문제에 대한 간섭을 정당화하기 위한 수단으로 원용될 수 없다.

6. 체약당사국이 아닌 국가로서 이 협약 및 부속의정서를 수락한 충돌당사자에 대하여 이 협약 및 부속의정서의 규정들이 적용되더라도, 그 사실로 인하여 동 충돌당사자의 법적 지위나 분쟁관계에 있는 영토의 법적 지위가 명시적으로 또는 묵시적으로 변경되지 아니한다.

7. 이 조 제2항 내지 제6항의 규정은, 이 조와 관련하여 그 적용의 범위를 적용, 배제 또는 수정할 수 있는 2002년 1월 1일 이후에 채택되는 부속서를 저해하지 아니한다.

【1996년 5월 3일 개정된 지뢰, 부비트랩 및 기타 장치의 사용금지 또는 제한에 관한 제2부속의정서】 (과도한 상해 또는 무차별적 효과를 초래할 수 있는 특정재래식무기의 사용금지 또는 제한에 관한 협약 제2부속의정서)

제1조 적용범위

1. 이 의정서는 해안·수로 또는 하천의 도섭지점을 차단하기 위하여 설치된 지뢰를 포함하여 이 의정서에서 정의하고 있는 지뢰·부비트랩 및 기타장치의 지상사용과 관련되나, 대함지뢰의 해상 또는 내륙수로에서의 사용에 대하여는 적용되지 아니한다.
2. 이 의정서는 이 협약 제1조에서 언급하는 상황에 추가하여 1949년 8월 12일자 제네바 제협약의 공통제3조에서 언급하는 상황에도 적용된다. 이 의정서는 무력충돌이 아닌 폭동, 개개의 산발적인 폭력행위 및 이와 유사한 성질의 기타 행위와 같은 국내적인 소요 및 긴장상황에는 적용되지 아니한다.
3. 어느 하나의 체약당사국의 영역안에서 발생하는 비국제적인 무력충돌의 경우, 각 충돌당사자는 이 의정서에서 규정하는 금지 및 제한사항의 적용을 받는다.
4. 이 의정서의 어떠한 규정도 모든 적법한 수단을 통하여 자국안의 법과 질서를 유지 또는 재확립하거나, 국가의 통합 및 영토보존을 수호하기 위한 개별 국가의 주권 및 해당 정부의 책무에 영향력을 행사할 목적으로 원용될 수 없다.
5. 이 의정서의 어떠한 규정도 어떠한 이유를 막론하고 직·간접적으로 체약당사국의 영토안에서 발생하는 무력충돌이나 동 국가의 국내외 문제에 대한 간섭을 정당화하기 위한 수단으로 원용될 수 없다.
6. 체약당사국이 아닌 국가로서 이 의정서를 수락한 충돌당사자에 대하여 이 의정서의 규정들이 적용되더라도, 그 사실로 인하여 동 충돌당사자의 법적 지위나 분쟁관계에 있는 영토의 법적 지위가 명시적으로 또는 묵시적으로 변경되지 아니한다.

제2조 정 의

이 의정서에 대하여,

1. "지뢰"라 함은 지표 또는 기타 표면지역의 아래·위 또는 근접지에 설치되어 사람 또는 차량의 출현·접근 또는 접촉에 의하여 폭발되도록 고안된 탄약을 말한다.
2. "원격투발지뢰"라 함은 직접 설치되는 것이 아닌, 야포·미사일·로케트·박격포 또는 이와 유사한 수단에 의하여 투발되거나, 항공기에서 투하되는 지뢰를 말한다. 다만, 사거리 500미터 이내의 지상투발수단에 의하여 투발되는 지뢰는 이 의정서 제5조 및 기타 관련조항에 따라 사용되는 한 "원격투발지뢰"로 간주되지 아니한다.

3. "대인지뢰"라 함은 사람의 출현·접근 또는 접촉에 의하여 폭발되어 1인 이상의 사람을 무력화하고 살상하는 것을 그 일차적 목적으로 고안된 지뢰를 말한다.
4. "부비트랩"이라 함은 사람이 외견상 무해한 물체를 건드리거나 그것에 접근할 때 또는 안전한 것으로 여겨지는 행동을 할 때, 의외로 작동하여 인명을 살상하도록 고안·제조또는 개조된 장치나 물체를 말한다.
5. "기타장치"라 함은 인명을 살상하거나 피해를 입히기 위하여 즉석 제조되는 폭파장치를 포함하여 수동·원격조정 또는 일정시간의 경과후에 자동적으로 작동되며 손으로 설치하는 탄약 및 장치를 말한다.
6. "군사목표물"이라 함은 그 성질·위치·목적 또는 사용이 군사적 행동에 효과적으로 기여하며, 그 당시의 지배적인 상황하에서 그것의 전부 또는 일부의 파괴·노획 또는 무용화가 명백한 군사적 이익을 제공하는 물건을 말한다.
7. "민간물자"라 함은 제6항에서 정의하고 있는 군사목표물이 아닌 모든 물건을 말한다.
8. "지뢰지대"라 함은 지뢰가 설치된 지역을 말하고, "지뢰지역"라 함은 지뢰의 존재로 인하여 위험한 지역을 말한다. "위장지뢰지대"라 함은 지뢰지대로 위장한, 지뢰가 없는 지역을 말한다. "지뢰지대"라는 용어에는 위장지뢰지대를 포함한다.
9. "기록"이라 함은 지뢰지대·지뢰지역·지뢰·부비트랩 및 기타장치의 위치확인을 용이하게 하여 주는 모든 가용한 정보를 공식적인 기록물로 등록하기 위한 목적으로, 이를 취득하고자 하는 물리적·행정적 및 기술적 작업을 말한다.
10. "자동폭파장치"라 함은 탄약내부에 장착되거나 그 외부에 부착된 탄약의 폭파를 보장하여 주는 자동작동장치를 말한다.
11. "자동중화장치"라 함은 탄약의 작동을 불가능하게 하는 탄약내부에 장착된 자동작동장치를 말한다.
12. "자동무능화"라 함은 탄약의 작동에 필수적인 부품, 예를 들면 배터리의 불가역적(不可易的)인 소진 등을 통하여 자동적으로 탄약의 작동을 불가능하게 하는 것을 말한다.
13. "원격조정"이라 함은 원거리에서의 지시에 의한 통제를 말한다
14. "지뢰제거 방지장치"라 함은 지뢰를 보호할 의도로 만들어진 장치로서, 지뢰에 내장·연결·부착되거나 지뢰밑에 설치되어 지뢰를 조작하려고 할 때 폭파하는 장치를 말한다.
15. "이전"이라 함은 국가의 영역안 또는 영역밖으로의 물리적 이동뿐만 아니라, 지뢰에 대한 소유권 및 통제권의 이전을 포함한다. 설치된 지뢰를 포함하고 있는 영토의 이양은 여기에 포함되지 아니한다.

제3조 지뢰·부비트랩 및 기타장치의 일반적 사용제한
1. 이 조는 다음에 적용된다.
   가. 지뢰
   나. 부비트랩

다. 기타장치
2. 각 체약당사국 또는 각 충돌당사자는 이 의정서의 규정에 의하여 자신이 사용하고 있는 모든 지뢰·부비트랩 및 기타장치에 대하여 책임을 지며, 의정서 제10조에 명시된 바와 같이 이것을 제거·철거·파괴 또는 유지할 것을 약속한다.
3. 어떠한 경우에 있어서도 그 속성상 과도한 상해 또는 불필요한 고통을 발생시키거나, 또는 그러한 목적으로 고안된 모든 지뢰·부비트랩 및 기타장치의 사용은 금지된다.
4. 이 조가 적용되는 무기는 기술부속서에서 분야별로 명시된 기준 및 제한사항에 엄격히 일치하여야 한다.
5. 통상적인 지뢰탐지기를 이용한 지뢰탐지활동에 있어서, 흔히 취득할 수 있는 지뢰탐지기의 접근시 발생하는 자장 기타 비접촉감응으로 인하여 탄약이 폭파되도록 특별히 고안된 장치를 사용하는 지뢰·부비트랩 또는 기타장치의 사용은 금지된다.
6. 자동무능화지뢰라고 하여도 지뢰의 기능상실 이후에도 작동가능하도록 고안된 지뢰제거 방지장치를 부착하고 있는 것은 그 사용이 금지된다.
7. 어떠한 경우에 있어서도 이 조의 적용을 받는 무기를 공격적·방어적 또는 보복의 수단으로 민간인 집단이나 개개의 민간인 및 민간물자 등을 표적으로 하는 것은 금지된다.
8. 이 조의 적용을 받는 무기의 무차별적인 사용은 금지된다. 무차별적인 사용이라 함은 이들 무기를 아래와 같이 설치하는 경우를 말한다.
가. 군사목표물에 설치되지 아니하거나 이를 표적으로 하지 아니하는 무기의 설치. 예배장소·가옥 기타 주거시설·학교와 같이 통상적으로 민간목적에 전용되는 목표물이 군사행동에 유효한 기여를 하도록 사용되고 있는지의 여부가 의심스러운 경우 동 목표물은 그와 같이 사용되지 아니하는 것으로 추정된다.
나. 특정한 군사목표물을 표적으로 할 수 없는 투발방법 및 수단을 사용하는 무기의 설치다. 구체적이고 직접적인 군사적 이익에 비하여 과도한 우발적인 민간인 생명의 손실, 민간인에 대한 상해, 민간물자에 대한 피해 또는 그 복합적 결과를 야기할 가능성이 있는 무기의 설치
9. 특정한 도시·읍·촌락 또는 민간인이나 민간물자가 이와 유사하게 밀집되어 있는 기타 지역안에 존재하는 수개의 명확하게 분리되고 구별되는 군사목표물은 단일군사목표물로 취급되지 아니한다.
10. 이 조가 적용되는 무기의 효과로부터 민간인을 보호하기 위하여 모든 실행가능한 예방조치가 취하여져야 한다. 실행가능한 예방조치라 함은 인도주의적·군사적 고려사항을 포함하여, 당시의 지배적인 모든 상황에 비추어 실행가능하거나 실질적으로 가능한 예방조치를 말한다. 이러한 상황에는 다음 각목의 경우가 포함되나, 이에 한정되지 아니한다.
가. 지뢰지대의 존속기간동안 해당지역의 민간인에 대한 지뢰의 장·단기 효과
나. 민간인의 보호를 위한 가능한 조치(예를 들면, 담장설치·부호·경고 및 감시)

다. 대체수단사용의 가용성 및 실행가능성
라. 지뢰지대의 장·단기의 군사적 필요조건
11. 상황이 허락하는 한, 민간인에 대하여 영향을 미칠 수 있는 지뢰·부비트랩 및 기타장치의 모든 설치에 대하여는 효과적인 사전경고를 실시한다.

제4조 대인지뢰의 사용제한

기술부속서 제2항에 명시된 바와 같이 탐지불가대인지뢰의 사용은 금지된다.

제5조 원격투발지뢰가 아닌 대인지뢰의 사용제한

1. 이 조는 원격투발지뢰가 아닌 대인지뢰에 적용된다.
2. 이 조가 적용되는 무기로서 자동폭파 및 자동무능화에 관한 기술부속서의 규정에 일치하지 아니하는 무기는 아래의 경우를 제외하고는 사용이 금지된다.
  가. 민간인의 접근에 대한 효과적 차단을 보장할 수 있도록 군인의 감시하에 놓여 있으며, 담장 또는 다른 수단에 의하여 보호되는 경계선표시지역안에 설치되어 있는 경우. 경계선표시는 구별가능하고 훼손되지 아니하여야 하며, 적어도 경계선표시지역에 들어가려는 자가 식별할 수 있어야 한다.
  나. 이러한 무기가 설치된 지역을 포기하는 때에는 사전에 동 지역안의 해당 무기를 제거하는 경우. 다만, 이 조에서 요구하는 보호조치의 유지책임과 추후 해당 무기의 제거책임을 수용하는 국가에게 동 지역을 이양하는 경우를 제외한다.
3. 적의 직접적인 군사적 행동으로 인한 상황을 포함하여 적의 군사적 행동의 결과로 해당 지역에 대한 통제권을 강제적으로 상실함으로써 상기 제2항가목 및 나목의 규정의 준수가 실행불가능한 경우, 충돌당사자는 동 규정의 의무로부터 면제된다. 만일 동 충돌당사자가 해당 지역에 대한 통제권을 재획득하는 경우에는 이 조제2항가목 및 나목의 규정을 다시 준수하여야 한다.
4. 충돌당사자의 군대가 이 조의 적용을 받는 무기가 설치되어 있는 지역에 대한 통제권을 획득하는 경우, 동 군대는 해당 무기가 제거될 때까지 실행가능한 한 최대한으로 이 조에서 요구하는 보호조치를 유지하며, 필요시 이를 수립한다.
5. 경계표시구역의 경계선설치에 사용되는 장치·시스템·물자의 무단제거·훼손·파괴 및 은닉을 방지하기 위하여 모든 실행가능한 조치를 취하여야 한다.
6. 이 조의 적용을 받는 무기로서 90°이하의 수평원호(水平圓弧)로 파편을 비산시키고 시표년 또는 그위에 설치되는 무기는 다음 각목의 경우 최대 72시간동안은 이 조제2항가목에 규정된 조치없이도 사용할 수 있다.
  가. 해당 무기가 그것을 설치한 군부대에 바로 근접하여 있는 경우
  나. 민간인접근의 효과적인 차단을 보장할 수 있도록 해당 지역이 군인의 감시하에 놓인 경우

제6조 원격투발지뢰의 사용제한

1. 원격투발지뢰는 기술부속서 제1항나목에 일치시켜 기록하지 아니하는 한 그 사용이 금지된다.
2. 기술부속서상의 자동폭파 및 자동무능화 관련규정에 일치하지 아니하는 원격투발

대인지뢰의 사용은 금지된다.
3. 원격투발지뢰로서 대인지뢰가 아닌 지뢰는 실행가능한 범위안에서 효과적인 자동폭파 또는 자동무능화 장치를 갖추지 못하거나 보조자동무능화장치를 갖추지 못하는 경우 그 사용이 금지된다. 보조자동무능화장치라 함은 해당 지뢰가 최초로 설치된 군사적 목적에 맞지 아니하는 경우 지뢰로서의 기능을 상실하게 되도록 고안된 장치를 말한다.
4. 상황이 허락하는 한, 민간주민에 영향을 미칠 수 있는 원격투발지뢰의 투발이나 낙하에 대하여는 효과적인 사전경고를 실시한다.

제7조 부비트랩 및 기타장치의 사용금지

1. 반역 및 배신행위와 관련하여 무력충돌에 적용되는 국제법규칙을 저해함이 없이, 부비트랩 및 기타장치는 어떠한 경우에 있어서도 다음 각목에 열거한 물체에 부착 또는 결합하여 사용하는 것이 금지된다.
  가. 국제적으로 승인된 보호 표장·부호 또는 신호
  나. 병자·부상자 또는 사망자
  다. 매장지·화장지 또는 묘지
  라. 의료시설·의료장비·의약품 또는 의료수송수단
  마. 아동용 장난감 기타 휴대용 물건 또는 아동을 위한 급식·건강·위생·의류 또는 교육 목적으로 특별히 고안된 제품
  바. 음식물 또는 음료수
  사. 군시설·군주둔지 또는 군보급창이 아닌 장소에 있는 주방용품 또는 주방기구
  아. 종교적 성격이 명백한 물건
  자. 국민의 문화적 또는 정신적 유산을 형성하는 역사적 기념물, 예술작품 또는 예배장소
  차. 동물 또는 동물의 사체
2. 폭발물질을 내장할 수 있게 특별히 고안·제작되고, 외견상 무해하게 보이는 휴대용 물건의 형태로 부비트랩 및 기타장치를 사용하는 것은 금지된다.
3. 제3조의 규정을 저해함이 없이, 민간인이 밀집되어 있는 도시·읍·촌락 기타 지역으로서 지상군간의 전투행위가 진행되고 있지 아니하거나 임박하지 아니한 것으로 보이는 경우에는 이 조의 적용을 받는 무기의 사용은 다음 각목의 경우외에는 금지된다.
  가. 군사목표물 위 또는 이에 근접하여 해당 무기가 설치된 경우
  나. 경고목적의 초병배치, 경고발령 또는 담장설치 등 해당무기의 효과로 부터 민간인을 보호할 수 있는 조치가 취하여진 경우

제8조 이전

1. 이 의정서의 목적을 촉진시키기 위하여, 각 체약당사국은 다음 사항을 행할 의무가 있다.
  가. 이 의정서상 사용이 금지된 어떠한 지뢰의 이전도 금지한다.

나. 지뢰를 인수받을 권한이 있는 국가 또는 국가기관이 아닌 수령자에 대하여 어떠한 지뢰의 이전도 금지한다.
　　다. 이 의정서상 사용이 제한되고 있는 모든 지뢰의 이전억제. 특히, 각 체약당사국은 이 의정서에 기속되지 아니하는 수령국이 이 의정서를 적용하겠다고 동의하지 아니하는 한, 그 국가에 대하여 어떠한 대인지뢰의 이전도 금지한다.
　　라. 이 조에 따른 이전을 함에 있어서 이전국과 수령국은 모두 이 의정서의 관련규정과 적용가능한 국제인도법 규범의 충실한 준수를 보장한다.
　2. 어느 체약당사국이 기술부속서의 규정에 의하여 특정한 지뢰의 사용에 관한 규정의 준수를 유예한다고 선언하는 경우에도, 이 조제1항가목의 규정은 해당 지뢰에 적용된다.
　3. 모든 체약당사국은 이 의정서가 발효될 때까지 이 조제1항가목의 규정에 일치하지 아니하는 어떠한 행동도 자제한다.

제9조 지뢰지대·지뢰지역·지뢰·부비트랩 및 기타장치
관련 정보의 기록 및 사용
1. 지뢰지대·지뢰지역·지뢰·부비트랩 및 기타장치에 관한 모든 정보는 기술부속서의 규정에 따라 기록된다.
2. 이러한 모든 기록은 충돌당사자들에 의하여 유지되어야 하며, 동 당사자들은 적극적 적대행위의 종료 이후 지체없이 자신의 통제하에 있는 지뢰지대·지뢰지역·지뢰·부비트랩 및 기타장치의 효과로부터 민간인을 보호하기 위하여 상기 제1항에 따른 정보의 이용을 포함하여 모든 필요하고도 적절한 조치를 취한다. 동시에 동 충돌당사자들은 더 이상 자신의 통제하에 있지 아니한 지역에 자신이 설치한 지뢰지대·지뢰지역·지뢰·부비트랩 및 기타장치에 관하여 보유하는 모든 정보를 다른 당사자들과 국제연합 사무총장에게 제공한다. 다만, 상호주의 조건하에서 충돌당사자 일방의 병력이 적대중인 타방당사자의 영역안에 위치하고 있을 경우, 어느 일방당사자도 자신의 병력이 타방의 영토에 남아 있는 동안에는 안보의 이익상 보류가 필요한 범위안에서 사무총장 및 타방당사자에 대하여 그러한 정보의 제공을 보류할 수 있다. 후자의 경우, 안보의 이익이 허락하는 때에는 즉시 보류된 정보를 공개한다. 가능한 경우, 충돌당사자들은 상호 합의에 의하여 각자의 안보이익에 부합하는 방식으로 가능한 한 가장 조속한 시간내에 이러한 정보의 공개를 모색하여야 한다.
3. 이 조는 이 의정서 제10조및 제12조의 규정을 저해하지 아니한다.

제10조 지뢰지대·지뢰지역·지뢰·부비트랩 및 기타 장치의 철거와 국제협력
1. 적극적인 적대행위가 종료된 이후에는 지체없이 모든 지뢰지대·지뢰지역·지뢰·부비트랩 및 기타장치들은 이 의정서 제3조및 제5조제2항에 따라 제거·철거·파괴 또는 유지된다.
2. 체약당사국과 충돌당사자들은 자신의 통제하에 있는 지역안의 지뢰지대· 지뢰지역·지뢰·부비트랩 및 기타장치들에 대하여 위의 책임을 진다.
3. 더 이상 자신의 통제력을 행사할 수 없는 지역에 지뢰지대·지뢰지역·지뢰·부비트랩

및 기타장치를 설치한 일방당사자는 이 조제2항에 따라 그리고 자신의 여건이 허락하는 한도안에서 해당 지역을 통제하게 된 당사자에게 상기 책임의 이행에 필요한 기술적·물질적 지원을 제공하여야 한다.

4. 당사자들은 필요하면 언제라도 그들 상호간에 또는 적절한 경우 다른 국가 및 국제기구와 적절한 상황하에서의 공동활동의 착수를 포함하여 상기 책임을 이행하기 위하여 필요한 기술적·물질적 지원의 제공에 관한 협정을 체결하도록 노력하여야 한다.

제11조 기술 협력 및 지원

1. 각 체약당사국은 의정서의 이행 및 지뢰제거 수단과 관련한 장비·물질 및 과학기술정보의 교환을 용이하게 할 의무가 있으며 가능한 한 최대한 그에 참가할 권리를 가진다. 특히, 체약당사국들은 인도적 목적을 위한 지뢰제거장비 및 관련 기술에 관한 정보의 제공에 부당한 제한을 가하여서는 아니 된다.

2. 각 체약당사국은 국제연합안에 설치된 지뢰제거 관련 데이터베이스에 정보 특히 다양한 지뢰제거 수단 및 기술, 지뢰제거 전문가·전문기관 또는 국내연락처 목록을 제공할 의무가 있다.

3. 각 체약당사국은 여건이 허락하는 경우 국제연합체제, 기타 국제단체들 또는 양자적 차원에서 지뢰제거를 위한 지원을 제공하거나, 지뢰제거의 지원을 위한 자발적 국제연합 신탁기금에 기여하여야 한다.

4. 체약당사국들은 국제연합, 다른 적절한 기관 또는 다른 국가들에게 정보에 의하여 입증되는 지원요청서를 제출할 수 있다. 동 요청서는 국제연합 사무총장에게 제출될 수 있으며, 사무총장은 이를 모든 체약당사국들과 관련 국제기구에 송부하여야 한다.

5. 국제연합에 상기 지원요청이 제출되는 경우 국제연합 사무총장은 자신에게 가용한 재원의 범위안에서 상황평가를 위한 적절한 조치를 취할 수 있으며, 지원 요청국과의 협력하에 지뢰제거 또는 동 의정서의 이행을 위한 적절한 지원의 제공을 결정할 수 있다. 또한, 사무총장은 요구된 지원의 유형·범위 및 상기 상황평가의 내용을 체약당사국들에게 보고할 수 있다.

6. 자국의 헌법 기타 법률규정을 저해함이 없이, 체약당사국들은 이 의정서가 규정하는 관련 금지 및 제한사항의 이행을 촉진하기 위한 협력 및 기술이전의 의무가 있다.

7. 적절한 경우에 있어서 각 체약당사국은 다른 체약당사국들로부터 필요하고도 실행가능한 범위안에서, 기술부속서가 규정하는 유예기간을 단축하기 위하여 무기기술을 제외한 특정 관련기술에 관한 지원을 모색하고 제공받을 권리를 가진다.

제12조 지뢰지대·지뢰지역·지뢰·부비트랩 및 기타 장치의 효과로부터의 보호

1. 적용

가. 이 조는 어느 체약당사국의 영역안에서 임무가 수행될 경우, 동 국가의 동의를 얻은 지역에서 임무를 수행하는 대표단에 적용된다. 다만, 이 조제2항가목(1)에서 언

급된 군대와 대표단은 이 조의 적용을 받지 아니한다.
나. 이 조의 규정이 체약당사국들이 아닌 충돌당사자들에게 적용된다 하더라도, 그 사실로 인하여 그들의 법적 지위 또는 분쟁관계에 있는 영토의 법적 지위는 명시적으로 또는 묵시적으로 변경되지 아니한다.
다. 이 조의 규정은 이 조에 따라 임무를 수행하는 인원에 대하여 보다 높은 수준의 보호를 제공하는 현행 국제인도법, 다른 적용가능한 국제문서 또는 국제연합 안전보장이사회의 결정을 저해하지 아니한다.

2. 평화유지 기타 특정 군대 및 대표단

가. 이 항은 다음의 군대 및 대표단에 적용된다.
(1) 국제연합헌장에 따라 어느 지역에서 평화유지·감시 또는 이와 유사한 임무를 수행하는 모든 국제연합군 및 국제연합 대표단
(2) 국제연합헌장 제8장에 따라 구성되어 충돌지역에서 임무를 수행하는 모든 대표단
나. 이 항이 적용되는 군대 및 대표단의 장이 요청하는 경우에 각 체약당사국 및 충돌당사자는 다음 사항을 행하여야 한다.
(1) 가능한 한, 자신의 통제하에 있는 어느 지역안에 있는 지뢰·부비트랩 및 기타장치의 효과로부터 동 군대 및 대표단을 보호하기 위하여 필요한 조치
(2) 동 군대원 및 대표단원을 효과적으로 보호하기 위하여 필요한 경우, 가능한 한 동 지역안에 있는 모든 지뢰·부비트랩 및 기타장치의 제거 또는 무해화
(3) 동 군대 및 대표단이 임무를 수행하고 있는 지역에 존재하는 모든 알려진 지뢰지대·지뢰지역·부비트랩 및 기타장치의 위치를 동 군대 및 대표단의 장에게 통보. 가능한 경우, 지뢰지대·지뢰지역·부비트랩 및 기타장치와 관련하여 자신이 보유하고 있는 모든 정보를 동 군대 및 대표단의 장에게 제공

3. 국제연합체제하의 인도적대표단 및 사실조사단

가. 이 항은 국제연합체제하의 모든 인도적대표단 및 사실조사단에게 적용된다.
나. 이 항의 적용을 받는 대표단 및 조사단의 장이 요청하는 경우, 각 체약당사국 또는 충돌당사자는 다음 사항을 행하여야 한다.
(1) 이 조제2항나목(1)에서 규정하는 보호조치를 해당 단원에게 제공
(2) 대표단 및 조사단의 임무수행상 자신의 통제하에 있는 어떠한 장소에 해당 단원이 접근 또는 통과할 필요가 있는 경우 및 동 단원에게 안전한 접근로나 통과로를 제공하기 위하여,
(가) 진행중인 적대행위로 인한 지장이 없다면, 동 대표단 및 조사단의 장에게 해당 장소에 이르는 안전한 통로에 대한 가용한 정보를 통보
(나) 상기 (가)에 따라 안전한 통로에 대한 정보를 제공할 수 없는 경우, 필요하고도 실행가능한 범위안에서 지뢰지대를 통과할 수 있는 통로를 개척

4. 국제적십자위원회 대표단

가. 이 항은 접수국의 동의를 전제로, 1949년 8월 12일자 제네바 제협약의 규정과 적용가능한 경우 동 제협약 추가의정서의 규정에 따라 임무를 수행하는 국제적십자위

원회의 모든 대표단에게 적용된다.
나. 이 항의 적용을 받는 대표단의 장이 요청하는 경우, 각 체약당사국 및 충돌당사자는 다음 사항을 행하여야 한다.
(1) 이 조제2항나목(1)에서 규정하고 있는 보호조치를 해당 단원에게 제공
(2) 이 조제3항나목(2)에서 규정하고 있는 조치
5. 기타 인도적대표단 및 사실조사단
가. 상기 제2항·제3항 및 제4항의 적용을 받지 아니하는 다음의 대표단이 충돌지역안에서 임무를 수행하거나, 충돌희생자들을 지원할 경우에는 이 항의 적용을 받는다.
(1) 국내 적십자사·적신월사 또는 그 국제연맹으로 구성된 모든 인도적대표단
(2) 중립적인 인도적 지뢰제거대표단을 포함한 모든 중립적인 인도적 기구의 대표단
(3) 1949년 8월 12일자 제네바 제협약의 규정과 적용가능한 경우, 동 제협약 추가의 정서의 규정에 따라 설립된 모든 사실조사 대표단
나. 이 항의 적용을 받는 대표단의 장이 요청하는 경우, 각 체약당사국 또는 충돌당사자는 실행가능한 범위안에서 다음 사항을 행하여야 한다.
(1) 이 조제2항나목(1)에서 규정하고 있는 보호조치를 해당 단원에게 제공
(2) 이 조제3항나목(2)에서 규정하고 있는 조치 이행
6. 비밀보호
이 조에 따라 비밀로 제공된 모든 정보에 대하여 수령자는 엄격한 보안을 유지하고, 정보제공자의 명시적 허가없이는 해당 군대 및 대표단의 외부로 이를 유출하여서는 아니된다.
7. 법령의 존중
해당 군대 및 대표단이 향유할 수 있는 특권·면제 또는 그 임무수행에 필요한 사항을 저해함이 없이, 이 조에 언급하는 군대원 및 대표단원은 다음 각목의 사항을 행하여야 한다.
가. 접수국 법령의 존중
나. 자신들의 임무가 갖는 중립적·국제적 성격에 배치되는 어떠한 행동 및 활동의 자제

제13조 체약당사국 간의 협의
1. 체약당사국들은 이 의정서의 운영과 관련된 모든 문제들에 대하여 상호 협의하고 협력할 의무가 있다. 이를 위하여 체약당사국 연례총회를 개최한다.
2. 연례총회의 참석범위는 합의된 절차규칙에 따라 결정된다.
3. 연례총회에서는 다음의 업무를 수행하여야 한다.
가. 이 의정서의 운영 및 지위에 대한 검토
나. 이 조제4항에 따른 체약당사국 연례보고서로부터 제기되는 사안의 심사
다. 검토회의의 준비
라. 지뢰의 무차별적 살상효과로부터 민간인을 보호하기 위한 기술개발의 심사
4. 체약당사국들은 수탁자에게 다음 각목의 사안에 관한 연례보고서를 제출하여야 하

며, 수탁자는 동 보고서를 연례총회의 개최 이전에 모든 체약당사국들에게 회람한다.
가. 자국의 군대 및 민간인에게 이 의정서와 관련된 정보의 보급
나. 지뢰제거 및 재건 계획
다. 이 의정서의 기술요건을 충족시키기 위하여 취하여진 조치 기타 동 조치와 관련되는 기타 모든 정보
라. 이 의정서와 관련되는 입법
마. 국제기술정보교환, 지뢰제거에 관한 국제협력, 기술협력 및 지원과 관련하여 취하여진 조치
바. 기타 관련사항
5. 체약당사국 연례총회의 개최비용은 이 의정서의 체약당사국과 비체약당사국으로서 동 총회에 참가하는 국가들이 적절히 조정된 자국의 국제연합 분담금의 비율에 따라 부담한다.

제14조 준 수

1. 각 체약당사국은 자국의 관할 또는 통제하에 있는 사람에 의한 또는 지역에서의 의정서의 위반행위를 방지·억제하기 위하여 입법 및 기타 관련조치를 포함한 모든 적절한 조치를 취하여야 한다.
2. 이 조제1항에서 예정하고 있는 조치들은 무력충돌과 관련하여 이 의정서의 규정에 반하여 고의적으로 민간인을 살해하거나 중상을 초래한 개인에 대한 형사처벌의 부과 및 기소를 위한 적절한 조치를 포함한다.
3. 각 체약당사국은 또한 이 의정서의 규정을 준수할 수 있도록 자국 군대에 대하여 적절한 군사지침 및 작전절차를 발간하도록 하며, 군대원에 대하여 의무와 책임에 상응하는 정도의 훈련을 실시하도록 하여야 한다.
4. 체약당사국들은 이 의정서 규정의 해석 및 적용과 관련하여 발생하는 모든 문제의 해결을 위하여 상호 협의하며, 국제연합 사무총장 및 다른 적절한 국제절차를 통하여 양자차원에서 상호 협력할 것을 약속한다.

【국제형사재판소 관할 범죄의 처벌 등에 관한 법률】

제1장 총칙

제1조(목적) 이 법은 인간의 존엄과 가치를 존중하고 국제사회의 정의를 실현하기 위하여 「국제형사재판소에 관한 로마규정」에 따른 국제형사재판소의 관할 범죄를 처벌하고 대한민국과 국제형사재판소 간의 협력에 관한 절차를 정함을 목적으로 한다.

제2조(정의) 이 법에서 사용하는 용어의 뜻은 다음과 같다.
 1. "집단살해죄등"이란 제8조부터 제14조까지의 죄를 말한다.
 2. "국제형사재판소"란 1998년 7월 17일 이탈리아 로마에서 개최된 국제연합 전권외교회의에서 채택되어 2002년 7월 1일 발효된 「국제형사재판소에 관한 로마규정」(이하 "국제형사재판소규정"이라 한다)에 따라 설립된 재판소를 말한다.
 3. "제네바협약"이란 「육전에 있어서의 군대의 부상자 및 병자의 상태 개선에 관한 1949년 8월 12일자 제네바협약」(제1협약), 「해상에 있어서의 군대의 부상자, 병자 및 조난자의 상태 개선에 관한 1949년 8월 12일자 제네바협약」(제2협약), 「포로의 대우에 관한 1949년 8월 12일자 제네바협약」(제3협약) 및 「전시에 있어서의 민간인의 보호에 관한 1949년 8월 12일자 제네바협약」(제4협약)을 말한다.
 4. "외국인"이란 대한민국의 국적을 가지지 아니한 사람을 말한다.
 5. "노예화"란 사람에 대한 소유권에 부속되는 모든 권한의 행사를 말하며, 사람 특히 여성과 아동을 거래하는 과정에서 그러한 권한을 행사하는 것을 포함한다.
 6. "강제임신"이란 주민의 민족적 구성에 영향을 미치거나 다른 중대한 국제법 위반을 실행할 의도로 강제로 임신시키거나 강제로 임신하게 된 여성을 정당한 사유 없이 불법적으로 감금하여 그 임신 상태를 유지하도록 하는 것을 말한다.
 7. "인도(人道)에 관한 국제법규에 따라 보호되는 사람"이란 다음 각 목의 어느 하나에 해당하는 사람을 말한다.
  가. 국제적 무력충돌의 경우에 제네바협약 및 「1949년 8월 12일자 제네바협약에 대한 추가 및 국제적 무력충돌의 희생자 보호에 관한 의정서」(제1의정서)에 따라 보호되는 부상자, 병자, 조난자, 포로 또는 민간인
  나. 비국제적 무력충돌의 경우에 부상자, 병자, 조난자 또는 적대행위에 직접 참여하지 아니한 사람으로서 무력충돌 당사자의 지배하에 있는 사람
  다. 국제적 무력충돌 또는 비국제적 무력충돌의 경우에 항복하거나 전투 능력을 잃은 적대 당사자 군대의 구성원이나 전투원

제3조(적용범위) ① 이 법은 대한민국 영역 안에서 이 법으로 정한 죄를 범한 내국인과 외국인에게 적용한다.
 ② 이 법은 대한민국 영역 밖에서 이 법으로 정한 죄를 범한 내국인에게 적용한다.
 ③ 이 법은 대한민국 영역 밖에 있는 대한민국의 선박 또는 항공기 안에서 이 법으

로 정한 죄를 범한 외국인에게 적용한다.
④ 이 법은 대한민국 영역 밖에서 대한민국 또는 대한민국 국민에 대하여 이 법으로 정한 죄를 범한 외국인에게 적용한다.
⑤ 이 법은 대한민국 영역 밖에서 집단살해죄등을 범하고 대한민국영역 안에 있는 외국인에게 적용한다.

제4조(상급자의 명령에 따른 행위) ① 정부 또는 상급자의 명령에 복종할 법적 의무가 있는 사람이 그 명령에 따른 자기의 행위가 불법임을 알지 못하고 집단살해죄등을 범한 경우에는 명령이 명백한 불법이 아니고 그 오인(誤認)에 정당한 이유가 있을 때에만 처벌하지 아니한다.
② 제1항의 경우에 제8조 또는 제9조의 죄를 범하도록 하는 명령은 명백히 불법인 것으로 본다.

제5조(지휘관과 그 밖의 상급자의 책임) 군대의 지휘관(지휘관의 권한을 사실상 행사하는 사람을 포함한다. 이하 같다) 또는 단체·기관의 상급자(상급자의 권한을 사실상 행사하는 사람을 포함한다. 이하 같다)가 실효적인 지휘와 통제하에 있는 부하 또는 하급자가 집단살해죄등을 범하고 있거나 범하려는 것을 알고도 이를 방지하기 위하여 필요한 상당한 조치를 하지 아니하였을 때에는 그 집단살해죄등을 범한 사람을 처벌하는 외에 그 지휘관 또는 상급자도 각 해당 조문에서 정한 형으로 처벌한다.

제6조(시효의 적용 배제) 집단살해죄등에 대하여는 「형사소송법」 제249조부터 제253조까지 및 「군사법원법」 제291조부터 제295조까지의 규정에 따른 공소시효와 「형법」 제77조부터 제80조까지의 규정에 따른 형의 시효에 관한 규정을 적용하지 아니한다.

제7조(면소의 판결) 집단살해죄등의 피고사건에 관하여 이미 국제형사재판소에서 유죄 또는 무죄의 확정판결이 있는 경우에는 판결로써 면소(免訴)를 선고하여야 한다.

제2장 국제형사재판소 관할 범죄의 처벌

제8조(집단살해죄) ① 국민적·인종적·민족적 또는 종교적 집단 자체를 전부 또는 일부 파괴할 목적으로 그 집단의 구성원을 살해한 사람은 사형, 무기 또는 7년 이상의 징역에 처한다.
② 제1항과 같은 목적으로 다음 각 호의 어느 하나에 해당하는 행위를 한 사람은 무기 또는 5년 이상의 징역에 처한다.
 1. 제1항의 집단의 구성원에 대하여 중대한 신체적 또는 정신적 위해(危害)를 끼치는 행위
 2. 신체의 파괴를 불러일으키기 위하여 계획된 생활조건을 제1항의 집단에 고의적으로 부과하는 행위
 3. 제1항의 집단 내 출생을 방지하기 위한 조치를 부과하는 행위
 4. 제1항의 집단의 아동을 강제로 다른 집단으로 이주하도록 하는 행위
  ③ 제2항 각 호의 어느 하나에 해당하는 행위를 하여 사람을 사망에 이르게 한 사

람은 제1항에서 정한 형에 처한다.
④ 제1항 또는 제2항의 죄를 선동한 사람은 5년 이상의 유기징역에 처한다.
⑤ 제1항 또는 제2항에 규정된 죄의 미수범은 처벌한다.

제9조(인도에 반한 죄) ① 민간인 주민을 공격하려는 국가 또는 단체·기관의 정책과 관련하여 민간인 주민에 대한 광범위하거나 체계적인 공격으로 사람을 살해한 사람은 사형, 무기 또는 7년 이상의 징역에 처한다.

② 민간인 주민을 공격하려는 국가 또는 단체·기관의 정책과 관련하여 민간인 주민에 대한 광범위하거나 체계적인 공격으로 다음 각 호의 어느 하나에 해당하는 행위를 한 사람은 무기 또는 5년 이상의 징역에 처한다.

　1. 식량과 의약품에 대한 주민의 접근을 박탈하는 등 일부 주민의 말살을 불러올 생활조건을 고의적으로 부과하는 행위
　2. 사람을 노예화하는 행위
　3. 국제법규를 위반하여 강제로 주민을 그 적법한 주거지에서 추방하거나 이주하도록 하는 행위
　4. 국제법규를 위반하여 사람을 감금하거나 그 밖의 방법으로 신체적 자유를 박탈하는 행위
　5. 자기의 구금 또는 통제하에 있는 사람에게 정당한 이유 없이 중대한 신체적 또는 정신적 고통을 주어 고문하는 행위
　6. 강간, 성적 노예화, 강제매춘, 강제임신, 강제불임 또는 이와 유사한 중대한 성적 폭력 행위
　7. 정치적·인종적·국민적·민족적·문화적·종교적 사유, 성별 또는 그 밖의 국제법규에 따라 인정되지 아니하는 사유로 집단 또는 집합체 구성원의 기본적 인권을 박탈하거나 제한하는 행위
　8. 사람을 장기간 법의 보호로부터 배제시킬 목적으로 국가 또는 정치단체의 허가·지원 또는 묵인하에 이루어지는 다음 각 목의 어느 하나에 해당하는 행위
　　가. 사람을 체포·감금·약취 또는 유인(이하 "체포등"이라 한다)한 후 그 사람에 대한 체포등의 사실, 인적 사항, 생존 여부 및 소재지 등에 대한 정보 제공을 거부하거나 거짓 정보를 제공하는 행위
　　나. 가목에 규정된 정보를 제공할 의무가 있는 사람이 정보 제공을 거부하거나 거짓 정보를 제공하는 행위
　9. 제1호부터 제8호까지의 행위 외의 방법으로 사람의 신체와 정신에 중대한 고통이나 손상을 주는 행위

③ 인종집단의 구성원으로서 다른 인종집단을 조직적으로 억압하고 지배하는 체제를 유지할 목적으로 제1항 또는 제2항에 따른 행위를 한 사람은 각 항에서 정한 형으로 처벌한다.

④ 제2항 각 호의 어느 하나에 해당하는 행위 또는 제3항의 행위(제2항 각 호의 어느 하나에 해당하는 행위로 한정한다)를 하여 사람을 사망에 이르게 한 사람은 제1

항에서 정한 형에 처한다.

⑤ 제1항부터 제3항까지에 규정된 죄의 미수범은 처벌한다.

제10조(사람에 대한 전쟁범죄) ① 국제적 무력충돌 또는 비국제적 무력충돌(폭동이나 국지적이고 산발적인 폭력행위와 같은 국내적 소요나 긴장 상태는 제외한다. 이하 같다)과 관련하여 인도에 관한 국제법규에 따라 보호되는 사람을 살해한 사람은 사형, 무기 또는 7년 이상의 징역에 처한다.

② 국제적 무력충돌 또는 비국제적 무력충돌과 관련하여 다음 각 호의 어느 하나에 해당하는 행위를 한 사람은 무기 또는 5년 이상의 징역에 처한다.

1. 인도에 관한 국제법규에 따라 보호되는 사람을 인질로 잡는 행위

2. 인도에 관한 국제법규에 따라 보호되는 사람에게 고문이나 신체의 절단 등으로 신체 또는 건강에 중대한 고통이나 손상을 주는 행위

3. 인도에 관한 국제법규에 따라 보호되는 사람을 강간, 강제매춘, 성적 노예화, 강제임신 또는 강제불임의 대상으로 삼는 행위

③ 국제적 무력충돌 또는 비국제적 무력충돌과 관련하여 다음 각 호의 어느 하나에 해당하는 행위를 한 사람은 3년 이상의 유기징역에 처한다.

1. 인도에 관한 국제법규에 따라 보호되는 사람을 국제법규를 위반하여 주거지로부터 추방하거나 이송하는 행위

2. 공정한 정식재판에 의하지 아니하고 인도에 관한 국제법규에 따라 보호되는 사람에게 형을 부과하거나 집행하는 행위

3. 치료의 목적 등 정당한 사유 없이 인도에 관한 국제법규에 따라 보호되는 사람을 그의 자발적이고 명시적인 사전 동의 없이 생명·신체에 중대한 위해를 끼칠 수 있는 의학적·과학적 실험의 대상으로 삼는 행위

4. 조건 없이 항복하거나 전투능력을 잃은 군대의 구성원이나 전투원에게 상해(傷害)를 입히는 행위

5. 15세 미만인 사람을 군대 또는 무장집단에 징집 또는 모병의 방법으로 참여하도록 하거나 적대행위에 참여하도록 하는 행위

④ 국제적 무력충돌 또는 비국제적 무력충돌과 관련하여 인도에 관한 국제법규에 따라 보호되는 사람을 중대하게 모욕하거나 품위를 떨어뜨리는 처우를 한 사람은 1년 이상의 유기징역에 처한다.

⑤ 국제적 무력충돌과 관련하여 다음 각 호의 어느 하나에 해당하는 행위를 한 사람은 3년 이상의 유기징역에 처한다.

1. 정당한 사유 없이 인도에 관한 국제법규에 따라 보호되는 사람을 감금하는 행위
　　2. 자국의 주민 일부를 점령지역으로 이주시키는 행위
　　3. 인도에 관한 국제법규에 따라 보호되는 사람으로 하여금 강제로 적국의 군대에 복무하도록 하는 행위
　　4. 적국의 국민을 강제로 자신의 국가에 대한 전쟁 수행에 참여하도록 하는 행위
　⑥ 제2항·제3항 또는 제5항의 죄를 범하여 사람을 사망에 이르게 한 사람은 사형, 무기 또는 7년 이상의 징역에 처한다.
　⑦ 제1항부터 제5항까지에 규정된 죄의 미수범은 처벌한다.

제11조(재산 및 권리에 대한 전쟁범죄) ① 국제적 무력충돌 또는 비국제적 무력충돌과 관련하여 적국 또는 적대 당사자의 재산을 약탈하거나 무력충돌의 필요상 불가피하지 아니한데도 적국 또는 적대 당사자의 재산을 국제법규를 위반하여 광범위하게 파괴·징발하거나 압수한 사람은 무기 또는 3년 이상의 징역에 처한다.
　② 국제적 무력충돌과 관련하여 국제법규를 위반하여 적국의 국민 전부 또는 다수의 권리나 소송행위가 법정에서 폐지·정지되거나 허용되지 아니한다고 선언한 사람은 3년 이상의 유기징역에 처한다.
　③ 제1항 또는 제2항에 규정된 죄의 미수범은 처벌한다.

제12조(인도적 활동이나 식별표장 등에 관한 전쟁범죄) ① 국제적 무력충돌 또는 비국제적 무력충돌과 관련하여 다음 각 호의 어느 하나에 해당하는 행위를 한 사람은 3년 이상의 유기징역에 처한다.
　　1. 국제연합헌장에 따른 인도적 원조나 평화유지임무와 관련된 요원·시설·자재·부대 또는 차량이 무력충돌에 관한 국제법에 따라 민간인 또는 민간 대상물에 부여되는 보호를 받을 자격이 있는데도 그들을 고의적으로 공격하는 행위
　　2. 제네바협약에 규정된 식별표장(識別表裝)을 정당하게 사용하는 건물, 장비, 의무부대, 의무부대의 수송수단 또는 요원을 공격하는 행위
　② 국제적 무력충돌 또는 비국제적 무력충돌과 관련하여 제네바협약에 규정된 식별표장·휴전기(休戰旗), 적이나 국제연합의 깃발·군사표지 또는 제복을 부정한 방법으로 사용하여 사람을 사망에 이르게 하거나 사람의 신체에 중대한 손상을 입힌 사람은 다음의 구분에 따라 처벌한다.
　1. 사람을 사망에 이르게 한 사람은 사형, 무기 또는 7년 이상의 징역에 처한다.
　2. 사람의 신체에 중대한 손상을 입힌 사람은 무기 또는 5년 이상의 징역에 처한다.
　③ 제1항 또는 제2항에 규정된 죄의 미수범은 처벌한다.

제13조(금지된 방법에 의한 전쟁범죄) ① 국제적 무력충돌 또는 비국제적 무력충돌과 관련하여 다음 각 호의 어느 하나에 해당하는 행위를 한 사람은 무기 또는 3년 이상의 징역에 처한다.
　　1. 민간인 주민을 공격의 대상으로 삼거나 적대행위에 직접 참여하지 아니한 민간

인 주민을 공격의 대상으로 삼는 행위
2. 군사목표물이 아닌 민간 대상물로서 종교·교육·예술·과학 또는 자선 목적의 건물, 역사적 기념물, 병원, 병자 및 부상자를 수용하는 장소, 무방비 상태의 마을·거주지·건물 또는 위험한 물리력을 포함하고 있는 댐 등 시설물을 공격하는 행위
3. 군사작전상 필요에 비하여 지나치게 민간인의 신체·생명 또는 민간 대상물에 중대한 위해를 끼치는 것이 명백한 공격 행위
4. 특정한 대상에 대한 군사작전을 막을 목적으로 인도에 관한 국제법규에 따라 보호되는 사람을 방어수단으로 이용하는 행위
5. 인도에 관한 국제법규를 위반하여 민간인들의 생존에 필수적인 물품을 박탈하거나 그 물품의 공급을 방해함으로써 기아(飢餓)를 전투수단으로 사용하는 행위
6. 군대의 지휘관으로서 예외 없이 적군을 살해할 것을 협박하거나 지시하는 행위
7. 국제법상 금지되는 배신행위로 적군 또는 상대방 전투원을 살해하거나 상해를 입히는 행위
② 제1항제1호부터 제6호까지의 죄를 범하여 인도에 관한 국제법규에 따라 보호되는 사람을 사망 또는 상해에 이르게 한 사람은 다음의 구분에 따라 처벌한다.
1. 사망에 이르게 한 사람은 사형, 무기 또는 7년 이상의 징역에 처한다.
2. 중대한 상해에 이르게 한 사람은 무기 또는 5년 이상의 징역에 처한다.
③ 국제적 무력충돌 또는 비국제적 무력충돌과 관련하여 자연환경에 군사작전상 필요한 것보다 지나치게 광범위하고 장기간의 중대한 훼손을 가하는 것이 명백한 공격 행위를 한 사람은 3년 이상의 유기징역에 처한다.
④ 제1항 또는 제3항에 규정된 죄의 미수범은 처벌한다.

제14조(금지된 무기를 사용한 전쟁범죄) ① 국제적 무력충돌 또는 비국제적 무력충돌과 관련하여 다음 각 호의 어느 하나에 해당하는 무기를 사용한 사람은 무기 또는 5년 이상의 징역에 처한다.
　1. 독물(毒物) 또는 유독무기(有毒武器)
　2. 생물무기 또는 화학무기
　3. 인체 내에서 쉽게 팽창하거나 펼쳐지는 총탄
② 제1항의 죄를 범하여 사람의 생명·신체 또는 재산을 침해한 사람은 사형, 무기 또는 7년 이상의 징역에 처한다.
③ 제1항에 규정된 죄의 미수범은 처벌한다.

제15조(지휘관 등의 직무태만죄) ① 군대의 지휘관 또는 단체·기관의 상급자로서 직무를 게을리하거나 유기(遺棄)하여 실효적인 지휘와 통제하에 있는 부하가 집단살해죄등을 범하는 것을 방지하거나 제지하지 못한 사람은 7년 이하의 징역에 처한다.
② 과실로 제1항의 행위에 이른 사람은 5년 이하의 징역에 처한다.
③ 군대의 지휘관 또는 단체·기관의 상급자로서 집단살해죄등을 범한 실효적인 지휘와 통제하에 있는 부하 또는 하급자를 수사기관에 알리지 아니한 사람은 5년 이

하의 징역에 처한다.

제16조(사법방해죄) ① 국제형사재판소에서 수사 또는 재판 중인 사건과 관련하여 다음 각 호의 어느 하나에 해당하는 사람은 5년 이하의 징역 또는 1천500만원 이하의 벌금에 처하거나 이를 병과(倂科)할 수 있다.
1. 거짓 증거를 제출한 사람
2. 폭행 또는 협박으로 참고인 또는 증인의 출석·진술 또는 증거의 수집·제출을 방해한 사람
3. 참고인 또는 증인의 출석·진술 또는 증거의 수집·제출을 방해하기 위하여 그에게 금품이나 그 밖의 재산상 이익을 약속·제공하거나 제공의 의사를 표시한 사람
4. 제3호의 금품이나 그 밖의 재산상 이익을 수수(收受)·요구하거나 약속한 참고인 또는 증인

② 제1항은 국제형사재판소의 청구 또는 요청에 의하여 대한민국 내에서 진행되는 절차에 대하여도 적용된다.

③ 제1항의 사건과 관련하여 「형법」 제152조, 제154조 또는 제155조제1항부터 제3항까지의 규정이나 「특정범죄 가중처벌 등에 관한 법률」 제5조의9에 따른 행위를 한 사람은 각 해당 규정에서 정한 형으로 처벌한다. 이 경우 「형법」 제155조제4항은 적용하지 아니한다.

④ 제1항의 사건과 관련하여 국제형사재판소 직원에게 「형법」 제136조, 제137조 또는 제144조에 따른 행위를 한 사람은 각 해당 규정에서 정한 형으로 처벌한다. 이 경우 국제형사재판소 직원은 각 해당 규정에 따른 공무원으로 본다.

⑤ 제1항의 사건과 관련하여 국제형사재판소 직원에게 「형법」 제133조의 행위를 한 사람은 같은 조에서 정한 형으로 처벌한다. 이 경우 국제형사재판소 직원은 해당 조문에 따른 공무원으로 본다.

⑥ 이 조에서 "국제형사재판소 직원"이란 재판관, 소추관, 부소추관, 사무국장 및 사무차장을 포함하여 국제형사재판소규정에 따라 국제형사재판소의 사무를 담당하는 사람을 말한다.

제17조(친고죄·반의사불벌죄의 배제) 집단살해죄등은 고소가 없거나 피해자의 명시적 의사에 반하여도 공소를 제기할 수 있다.
[전문개정 2011.4.12]

제18조(국제형사재판소규정 범죄구성요건의 고려) 제8조부터 제14조까지의 적용과 관련하여 필요할 때에는 국제형사재판소규정 제9조에 따라 2002년 9월 9일 국제형사재판소규정 당사국총회에서 채택된 범죄구성요건을 고려할 수 있다.

제3장 국제형사재판소와의 협력

제19조(「범죄인 인도법」의 준용) ① 대한민국과 국제형사재판소 간의 범죄인 인도에 관하여는 「범죄인 인도법」을 준용한다. 다만, 국제형사재판소규정에 「범죄인 인도법」

과 다른 규정이 있는 경우에는 그 규정에 따른다.

② 제1항의 경우 「범죄인 인도법」 중 "청구국"은 "국제형사재판소"로, "인도조약"은 "국제형사재판소규정"으로 본다.

제20조(「국제형사사법 공조법」의 준용) ① 국제형사재판소의 형사사건 수사 또는 재판과 관련하여 국제형사재판소의 요청에 따라 실시하는 공조 및 국제형사재판소에 대하여 요청하는 공조에 관하여는 「국제형사사법 공조법」을 준용한다. 다만, 국제형사재판소규정에 「국제형사사법 공조법」과 다른 규정이 있는 경우에는 그 규정에 따른다.

② 제1항의 경우 「국제형사사법 공조법」중 "외국"은 "국제형사재판소"로, "공조조약"은 "국제형사재판소규정"으로 본다.

부칙 〈법률 제8719호, 2007.12.21〉

이 법은 공포한 날부터 시행한다.

부칙 〈법률 제10577호, 2011.4.12〉

이 법은 공포한 날부터 시행한다.

사항색인

(ㄱ)

간주	41
강제규범	4
강행법	26
강화조약	150, 152, 153
개전 시기	145
게릴라의 교전 자격	172
경방조	239
경성헌법	7
고문금지	121
공격면제 목표물	200
공전법규	225
공전법규안	200, 226
공전법의 기본원칙	227
공전에서 특히 허용된 무기	232
공포	11
과잉금지의 원칙	91
관습국제법	20
관습법	14
교전단체	127
교전자	165
교전자의 교전자격요건	168, 170
구속영장	116
구속적부심사제	119
국가배상청구권	125
국내법과 국제법의 적용 순위	64
전쟁법 준수와 교육 의무	322
국선변호인제도	123
국제사법재판소	193
국제인권규약	75
국제인권조약	67
국제형사재판소 관할 범죄의 처벌 등에 관한 법률	220, 328
국제형사재판소에 관한 로마규정	209
국제형사재판소의 관할 범죄	211
군대의 정의	171
군민병	167
군사	202
군사목표물	231
군사목표물 원칙	199, 231
군사목표물 제한	231
군사봉쇄와 상사봉쇄	240
군사적 방조	238
군사필요(軍事必要)의 원칙	139
군용항공기	228
군용항공기에 대한 공격	229
군용항공기에 대한 공격의 제한	230
군인복무기본법	325
군함	234
군함과 공선(公船)에 대한 공격	235
군함과 공선에 대한 공격의 제한	236
군함으로 변경된 상선	234
권리	49
권리남용(權利濫用)의 금지	57
규범	2
규칙	12

금지된 무기를 사용한 전쟁범죄	329	무력충돌에서의 문화재 보호에 관한	
금지된 방법에 의한 전쟁범죄	224, 329	협약	204
기뢰	245	무죄추정(無罪推定)의 원칙	121
기뢰사용의 금지	245	문화재의 보호	204
기뢰사용의 제한	246	미라이 학살 사건	323
기본권	66, 80	민간인	201
기본권의 법적 성격	81	민간인 등에 대한 복구	208
기본권의 분류	84	민간인(民間人)의 보호	273
기본권의 이중적 성격	83	민간인에 대한 기본적 보장	287
기본권의 제한	89	민방위	206
기사도(騎士道)의 원칙	140	민병	167
기아작전	208		
기자의 보호조치	292		

(ㄴ)

		(ㅂ)	
내부봉쇄와 외부봉쇄	241	반도단체	127, 154
		배신행위	206
		버지니아 권리장전	67
		법적용 순서	34

(ㄷ)

		법률불소급(法律不遡及)의 원칙	34
담담탄 사용금지	175	법률안거부권	10
대량파괴무기의 규제	190	법앞에 평등	104
		법원(法源)	6

(ㄹ)

		법의 실효성	31
라드브루흐(Gustav Radbruch)	6	법의 타당성	29
러시아와 우크라이나 간 전쟁	323	법의 형식적 효력	32
런던선언	160	법적확신설	15
		병원 및 의무부대	203

(ㅁ)

		복구	145, 257
마르텐스(Martens) 조항	192	복지국가	23
명령	11	봉쇄	240
몰살작전	209	봉쇄의 성립요건	242

봉쇄침파	244	세계보건기구	193
부녀자(婦女子) 및 아동의 보호	290	세계인권선언	65, 68
부분적 휴전	151	소이성 무기의 사용제한	188
부비트랩	187	속인주의	36
부상자 및 병자의 보호	293	속지주의	36
부전조약	126, 129	슈몰러(G. Schmoller)	5
북한의 핵무기	194	스타르크(J. G. Starke)	306
불선언전쟁	144	스톤(J. Stone)	305
비교전상태	155	시부이아이디(CVID)	195
비인도주의적 범죄	212	식료품 및 농작물	203
비전시금제품	162	신의성실(信義誠實)의 원칙	57
비정규군	167	신체의 자유	111
비정규군의 교전자격요건	168	신체의 자유의 보장	113
		실명레이저 무기사용의 제한	189

(ㅅ)

사람에 대한 전쟁범죄	223, 329	(ㅇ)	
사법방해죄	225	악법	32
사선(私船)	237	얄타(Yalta) 비밀협약	297
사실의 간주	41	연속항해주의	165
사실의 입증	40	연좌제(連坐制)의 금지(禁止)	114
사실의 추정	41	영세중립	155
사회권	55	영장제도	114
사회법	23	영장제도의 예외	117
사회주의법	24	영전일대(榮典一代)의 원칙	109
상급자의 명령에 따른 행위	222, 330	예링(Rudolf von Jhering)	4
상대적 전시금제품	162	옐리네크(Georg Jellinek)	5
생물학무기	197	오펜하임(Oppenheim)	305
생물학무기금지협약	198	용병의 금지	174
선전포고	143	워싱턴 선언	195
성 페테스부르크 선언	175	위험한 시설물	206

유권해석	43	자연권성	82
유엔 한국임시위원회	300	자연법사상	66
유엔총회	193	자유와 권리의 행사와 제한	73
유엔(UN)헌장	67	자치법규	13
육전법규	165	작전지휘권 이양	309
육전의 법 및 관습에 관한 규칙	176	장거리봉쇄	241
육전의 법 및 관습에 관한 협약	176	재산 및 권리에 대한 전쟁범죄	223, 329
의무	51	저항사선	235
의용병	167	적대행위 개시에 관한 조약	143
이원론과 일원론	58	적대행위의 실행	144
인간과 시민의 권리선언	67	적법절차	114
인간의 존엄과 가치	70, 96	적선·적화,중립선·중립화주의	248
인간의 존엄과 가치의 법적 성격	98	적선·적화의 포획	249
인간의 존엄과 가치의 효력	101	적성감염주의	247
인권	65, 66, 81	적성목적지	163
인도에 반한 죄	223, 328	전시금제품	160
인도적 활동이나 식별표장 등에 관한 전쟁범죄	224, 329	전시봉쇄와 평시봉쇄	240
		전쟁개시의 방법	143
인도주의(人道主義)의 원칙	140	전쟁개시의 법적 효과	145
일·소 공동선언	315	전쟁범죄	214
일반명령 제1호(General Oder No.1)	298	전쟁법	20, 58, 78, 131
일반적 휴전	150	전쟁법 준수를 위한 훈령	326
일반주민의 일반적 보호	274	전쟁법의 개념	131
일본 극동국제군사재판소	145	전쟁법의 기본원칙	138
일사부재리(一事不再理)의 원칙	113	전쟁법의 연혁 및 발전	132
임의법	27	전쟁의 개념	126
		전쟁의 개시	142
(ㅈ)		전쟁의 의사	129
자백(自白)의 증거능력(證據能力) 및 증명력 제한	122	전쟁의 종료	152
		전쟁의 주체	127

전쟁희생자의 보호	251	조약서명자	308
전투능력을 상실한 교전자	201	조직적인 저항운동단체의 구성원	169
전투방법	199	존 로크(John Locke)	80
전투방법의 규제	199	죄형법정주의	113
전투수단	175	주관적 공권성	81
전투수단과 방법	229, 235	준중립	154
전투수단의 규제	175	중립국 해역	246
절대적 전시금제품	161	중립국의 의무	156
점령지역의 주민	282	중립국의 지위와 의무	154
정규군	166	중방조	239
정규군의 교전자격요건	168	지뢰, 부비트랩 및 기타 장치의 사용 금지	
정박봉쇄와 순항봉쇄	241	또는 제한	181
정전 3인단	302	지상봉쇄	241
정전협정의 법적 당사자	307	지휘관 등의 직무태만죄	224, 329
정전협정의 법적 성격	304	지휘관 및 기타 상급자의 책임	219
제1추가의정서	176, 201, 202, 203,	지휘관과 그 밖의 상급자의 책임	330
	205, 206, 207, 293	진술거부권	122
제1추가의정서상의 민간인 보호	287	집단살해죄	211, 223, 328
제네바 4개 협약	252		
제네바 정치회의	312	(ㅊ)	
제네바 제1협약	293	천부인권론	66, 81
제네바 제4협약	203	체포영장	115
제네바 제4협약상의 민간인 보호	273	총가입조항	145
제네바 협약 2개 추가의정서	252	충돌당사국의 영역내에 있는 피보호자	279
제네바법	136	친고죄 · 반의사불벌죄의 배제	225
조건부선전포고	144	침략범죄	219
조난된 낙하산병	202		
조리	18	(ㅋ)	
조약	13, 20	카이로 선언	297
조약당사자	308	카호우카댐	323

콘솔라토 델 마레	247
크리미아 전쟁	149, 197
클라우스비치(Clausewitz)	126

(ㅌ)

탐지 불능한 파편성 무기의 사용 금지	180
특별히 금지된 전투의 방법	206
특정 재래식 무기사용 규제협약	178

(ㅍ)

파리선언	248
판례법	17
평등권	70, 102
평등권의 제한	110
평등의 원칙	104
평화체제의 개념	313
평화협정에 포함할 주요 내용	318
평화협정의 개념	314
평화협정의 체결로 제기되는 문제	318
포괄적 핵실험 금지협약	192
포로	253
포로 도주의 경우	270
포로를 원조하기 위하여 억류된 의무요원 및 송교요원	262
포로에 대한 사법(司法)절차	270
포로에 대한 형벌 및 징계조치	268
포로와 수용소 당국과의 관계	267
포로의 개념	253
포로의 계급	264
포로의 규율	263

포로의 노역	264
포로의 대우	257
포로의 보급	260
포로의 봉급	265
포로의 신분을 얻을 수 있는 자	254
포로의 심문 등	258
포로의 억류	259
포로의 외부와의 관계	266
포로의 위생 및 의료	261
포로의 일반적 보호	257
포로의 적대행위 종료시 석방과 송환	272
포로의 종교적, 지적 및 육체적 활동	262
피보호자 범위의 확대	294
피보호자 보호의 강화	295
피보호자 정보처	286
피보호자의 보호에 관한 공통규칙	278

(ㅎ)

학리해석	44
한 · 미 상호방위조약	312
한국방위수역	242
한반도 전쟁과 정전협정	296
한반도 정전체제의 발생 배경	296
한반도 정전협정의 체결	301
한반도 평화협정 체결 방안	313
한반도 평화협정체결에 있어서 견지해야할 기본원칙	316
한반도의 비핵화에 관한 공동선언	194
항변권	54
해상포획	247

해전법규	233	헤이그법	136
해전법규의 연혁과 발전	233	형사보상청구권	125
핵무기	190	형사피의자와 형사피고인의 권리	121
핵무기 금지협약	192	형성권	53
핵무기 비확산조약	191	혼합법	137
핵무기 사용에 관한 국제사법재판소의 결정	192	화학무기	196
		화학무기협약	197
핵협의 그룹	196	환경보전의 원칙	141
행복추구권	101	효력발생	11
행정규칙	13	휴전	149
헌법	7	휴전의 종료	152
헤이그 육전규칙	176, 201, 206	흑사병	198

지 대 남

육군사관학교 졸업
서울대학교 법과대학 졸업
독일 Göttingen대학교 졸업(법학박사, Dr. jur.)
미국 The University of Washington Law School Visiting Scholar
한국군사법학회 고문
한국헌법학회/한국공법학회/유럽헌법학회 부회장
한국군사학회 상임이사
국방부 군사법제도 개혁위원
육군3사관학교 교수(역임)
경북대학교 Law School / 영남대학교 대학원 / 계명대학교 /
대구가톨릭대학교 / 동국대학교 / 한국외국어대학교 외래교수(역임)

저 서
군사법
군형사법
법과 생활
남북한 군통합의 법적문제

논 문
한반도 정전체제의 평화체제로의 전환방안과 통일방안 등 다수

전쟁법

2021년 2월 1일 초판 발행
2023년 8월 15일 개정판 발행
2024년 11월 15일 개정판 2쇄 발행
지은이/펴낸이 지 대 남
발행처   바른지식
          대구시 수성구 신매로 71, 225-306
          전 화 010-8583-3941 / 053-791-9316
          등 록 2020. 12. 29. 제2020-000038호

본서의 무단복제를 금합니다. 저자와 협의하여 인지를 생략합니다.
정 가 30,000원   ISBN 979-11-973312-9-9